深基坑型钢组合支撑与变形控制技术

胡琦 著

中国建筑工业出版社

图书在版编目（CIP）数据

深基坑型钢组合支撑与变形控制技术/胡琦著. —
北京：中国建筑工业出版社，2022.2（2022.10重印）
ISBN 978-7-112-27078-1

Ⅰ．①深… Ⅱ．①胡… Ⅲ．①型钢-深基坑支护
Ⅳ．①TU46

中国版本图书馆 CIP 数据核字（2022）第 023391 号

为响应国家"碳达峰，碳中和"政策的号召，基于长期工程实践积累，本书详细阐述了新的基坑支护体系、装配式型钢组合支撑技术及相关的其他支护技术。本书以土力学的基本概念为切入点，介绍了各类深基坑支护技术与施工工艺的适用性与优劣，分析各类技术和工艺的安全性、可靠性、经济性、高效性、环保性；结合钢支撑技术的发展和应用情况，着重阐述型钢组合支撑的体系选型、结构设计、受力特点、构件设计、施工工艺、主动变形控制；结合装配式围护桩（墙）技术的发展和应用情况，介绍组合钢板桩技术的体系选型、结构设计、受力特点、构件设计、施工工艺；型钢组合支撑技术与组合钢板桩技术最终形成完整的装配式支护体系；最后，通过大量的工程实例，介绍了各类技术设计和施工的操作过程。

责任编辑：辛海丽
责任校对：李欣慰

深基坑型钢组合支撑与变形控制技术

胡琦　著

*

中国建筑工业出版社出版、发行（北京海淀三里河路 9 号）
各地新华书店、建筑书店经销
霸州市顺浩图文科技发展有限公司制版
北京中科印刷有限公司印刷
*

开本：787 毫米×1092 毫米　1/16　印张：35½　字数：883 千字
2022 年 2 月第一版　　2022 年 10 月第二次印刷
定价：**288.00** 元
ISBN 978-7-112-27078-1
（38790）

前　　言

提及"钢"支撑，必绕不开"混凝土"支撑，似乎两者"被人为地"变成了"矛"与"盾"的关系。型钢组合支撑结构与钢筋混凝土支撑结构之间的差异可以分为：钢结构与混凝土结构的差异；现浇结构与装配式结构的差异。从材料受力性能上讲：钢材各向均质、强度高，不易发生材料破坏；混凝土材料具有良好的抗压性能，但抗拉、抗剪能力弱，易发生受拉或受剪破坏。从结构体系受力特性上讲：为节省用钢量、减轻自重以及方便安装，钢结构截面面积小，钢结构易发生失稳破坏；钢筋混凝土结构多为大截面实心构件，不易发生失稳破坏。从设计和施工角度讲：现浇结构受力清晰、设计简便，现场一次成型，节点部位整体性好、约束强；装配式结构受力复杂，需要精细设计、精确加工、精准施工，节点连接做法要求高。

基坑工程要解决的问题：结构的强度问题；基坑整体稳定性问题；变形控制问题。装配式钢结构要解决的问题：结构体系的承载力和稳定性问题；构件和节点的强度问题。标准化的组合结构体系解决了型钢支撑的承载力和稳定性问题，标准化的构件与连接方式解决了装配式结构的节点强度问题，主动变形控制技术是型钢组合支撑体系的最后一块拼图，解决了变形控制问题，三者将型钢组合支撑技术的应用前景推向了无限广阔的空间："未来已来、势不可挡"。型钢组合支撑结构与装配式组合钢板桩围护结构相结合，实现了基坑支护体系的全装配化。留给工程技术人员的工作是：把握合理用钢量与安全度之间的关系；不同形状基坑的支撑布局设计；现场施工的组织与管理。

工程问题和工程技术有着非常显著的时代特征，本书是短暂时代的产物。随着时间的推移，当社会发展到更高层次，本书所讨论的问题可能将不再是问题，本书的观点可能会不值一提，甚至贻笑大方；但是希望能够一直延续用辩证的态度去思考问题、用科学的方式去开拓创新、用包容的心态去甄别技术、用踏实的脚步去丈量未来。

在本书撰写过程中得到了很多同学、学生、同事的热情支持与帮助：我亲爱的同学们，徐晓兵博士、申文明博士、李瑛博士、沈恺伦博士、陈赟博士、丁智博士；我挚爱的硕士研究生们，谢家文、李俊逸、王志健、潘鹏飞、张海、刘雨冰、施坚、宋均国、张凯、骆圣明、何品品、张逸；我可爱的同事们，东通岩土科技股份有限公司技术部陆少琦、方华建、黄星迪、朱海娣、黄天明、娄泽峰、邓以亮、竹相、李健平、王涛、茹怡，以及工程部的同事和一线工人。在此对你们的付出一并表示感谢！

2021 年 12 月，杭州西城美墅

目　　录

第1章 绪 论

进入21世纪，"中国速度"势不可挡，跃居世界第二大经济体，与此同时，"中国建设"也在规模和速度上引领全球，创造了一个又一个世界纪录，一时间"基建狂魔"这样的称号享誉海内外。1998年，我国建筑业总产值10062亿元，2019年，我国建筑业总产值248446亿元，占国内生产总值的25%。

在取得成绩的背后，是粗放式建设的代价。苍穹之下、雾霾遮天、垃圾围城，在很长一段时间里是我们心中挥之不去的阴霾（图1.0.1）。2018年中国能源使用碳排放总量达100亿t，约占全球碳排放量30%，其中仅水泥生产排放达7亿t。2017～2019年，我国每年产生的建筑垃圾约20亿t，其中，剩余混凝土、桩头、碎砖、砂浆、包装材料，约占工程施工过程中所产生建筑施工垃圾的80%。同时，粗放式的建筑施工工艺，给质量监管带来了巨大的难度，尤其是地下隐蔽工程，存在大量的偷工减料和以次充好的现象，造成重大安全事故。要让这些数据和现象成为历史，需不断改进我们的生产方式和施工工

图1.0.1 环境污染

艺。对于建筑行业，建筑施工工业化和装配式化，是我们前进的方向，同时也可以提高资源的再生和重复利用。

基坑支护结构，是一种比较独特的结构物，其最显著的特点是：（1）与地下水和地基土密不可分；（2）隐蔽性强，施工质量难以监管；（3）服役期短，属于临时构筑物，服役结束后将变成建筑垃圾或者地下障碍物；（4）地下施工，施工机械和施工技术要适应复杂地质条件。

基坑支护结构的基本服务功能是为地下结构施工提供安全的工作面，同时保护基坑外的周边环境，可以简单地分为：（1）止水，通过止水帷幕将坑外地下水与坑内开挖面隔断；（2）挡土，通过围护桩（墙）抵抗坑内外的水土压力差；（3）支撑，与围护桩（墙）以及基底土体，形成封闭的结构体，共同抵抗水土压力，同时控制基坑变形。

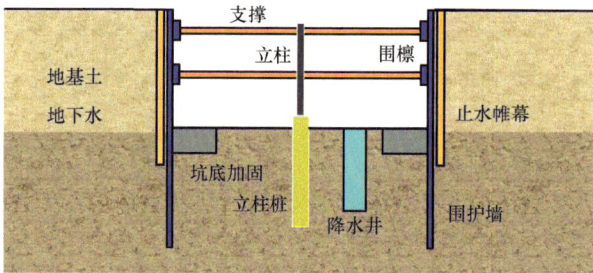

图 1.0.2　基坑系统

由图 1.0.2 可见，基坑工程需要解决止水（降水）问题、挡土受力问题、控制变形问题，因此需要运用土力学、结构力学、材料力学、施工技术等知识，通过科学的方式，进行基坑工程的设计与施工。基坑支护结构体系和施工工艺的选型很多，应针对不同的水文地质条件、基坑形状、开挖深度、周边环境条件，选择合理的基坑支护结构体系和施工工艺。这种选择往往是多样性的，不是非此即彼的单一模式，也不存在绝对的优劣。在进行选择时，应遵循以下原则，以获取相对合理的方式。

1. 安全性

这是首要原则，必须确保基坑工程在服役期内的稳定和安全，同时根据周边环境的保护等级，将基坑变形控制在合理范围内，这里所指的基坑变形不仅包括土方开挖、基坑降水所带来的变形，还应包括振动、挤土、槽壁变形、工后变形等施工扰动所带来的影响。

2. 可靠性

基坑支护结构大部分在地基土中施工，属于典型的隐蔽工程，其施工质量受施工机械和施工技术的影响极大，不同工艺，其质量可靠性有极大的差异，这种可靠性是指工艺所能达到设计标准的程度，可靠性越高，施工质量离散性越小、越接近设计值或理论值。对于止水结构，以防渗漏为主，均匀、密实、无缺陷最为重要，因此要尽量选择均匀、密实、不容易产生缺陷的工艺，按可靠性由低到高，止水结构类型可以大致分为高压喷射水泥土结构、现浇混凝土结构、锁扣连接预制钢板桩结构、机械搅拌水泥土结构。对于挡土结构，以受力为主，强度是最重要的，因此要尽量选择强度质量可靠的工艺，按可靠性由低到高，挡土结构类型可以大致分为水泥土结构、现浇钢筋混凝土结构、预制钢筋混凝土结构、预制钢板桩结构。对于支撑结构，除了受力以外，还需要控制变形，并且具有良好的稳定性，因此要尽量选择刚度、强度和稳定性可靠的工艺，按可靠性由低到高，支撑结构类型可以大致分为锚杆（锚索）结构、单杆式钢管（型钢）支撑结构、组合式型钢（钢管）支撑结构、现浇钢筋混凝土结构。衡量基坑支护结构可靠性的标准还可以一言以蔽之："施工质量易于检测"，越是容易检测的工艺，其可靠性越高。

3. 经济性

经济性不是一成不变的，一方面，随着社会的发展，生产力水平的提高，材料价格的上涨，废弃物处置要求的提高，不同工艺的经济性会发生转变，受社会发展趋势的影响和国家政策的引导，建筑施工将更多地依靠施工机械而非人力，高能耗、高排放的水泥、混凝土、钢筋等一次性耗材的价格将不断走高，泥浆、渣土、置换土、碎渣等废弃物的处置和填埋费用也将变得非常昂贵；另一方面，抓住主要矛盾、解决重点问题，选择性价比高的措施，也就是"好钢用在刀刃上""该花的钱不能省、不需要的投入不要浪费"。对于渗透性好的地层，主要矛盾是防止渗漏水，因此需要选择止水性能最可靠的工艺，这类土往往是粗颗粒土，土体力学性能较好，土压力相对较小，地基稳定性能也好，因此不需要过多地在挡土结构上投入。对于力学性能差的软弱土，主要矛盾是围护结构的受力和地基稳定性，因此需要选择强度最为可靠的工艺，并且确保围护结构的嵌固深度质量可控，防止围护结构失效或地基失稳。这类土往往是细颗粒黏性土，其本身就能止水，因此不需要过多地在止水结构上投入。对于变形控制要求很高的情况，主要矛盾是施工扰动引起的变形、围护结构弯曲变形、基底土的隆起和侧向挤压变形、支撑收缩和压缩变形，因此需要选择扰动小、围护结构刚度最为可靠、基底土加固效果最为可靠、可以主动控制支撑变形的工艺。

4. 高效性

基坑支护结构的基本服务功能是为地下结构施工提供安全的工作面，因此，支护结构自身的施工工艺应尽量简单，尽量减少对施工周期和工作场地的占用，并应为地下结构施工提供尽量开阔的工作面。基坑支护结构的效率越高、施工周期越短，对工作面的要求越低、越能适应复杂的施工环境。高效性与经济性也是息息相关的，提高功效能大幅降低各种配套费用。

5. 环保性

如前所述，建筑行业面临着严重的资源消耗和环境污染问题，需要不断改进我们的生产方式和施工工艺，提高资源的重复利用率。基坑支护结构作为临时性构筑物，如果不能做到重复利用，在服役结束后将变成建筑垃圾或者地下障碍物，将极大地浪费资源，加剧环境污染，并影响地下空间的二次开发利用。同时，随着社会的发展，如果不提高基坑支护结构施工工艺的环保性，将付出越来越沉重的经济代价。

综上所述，要合理地解决基坑工程问题，做到安全、可靠、经济、高效、环保，需要科学地运用土力学、结构力学、材料力学、施工技术等知识，选择合理的基坑支护结构体系和施工工艺，进行基坑工程的设计与施工。在以下内容中，首先将从介绍土力学的基本概念入手，只有了解了土的基本性质，方能言谈基坑工程，抛开土力学，一切皆为空谈；其次，介绍深基坑支护技术与施工工艺的适用性及优劣，分析各类技术和工艺的安全性、可靠性、经济性、高效性和环保性；结合钢支撑技术的发展和应用情况，着重阐述型钢组合支撑的体系选型、结构设计、受力特点、构件设计、施工工艺、主动变形控制技术等；结合装配式围护桩（墙）技术的发展和应用情况，介绍组合钢板桩技术的体系选型、结构设计、受力特点、构件设计、施工工艺；最后，将型钢组合支撑技术与组合钢板桩技术相结合，形成完整的深基坑装配式支护体系。

第2章 土力学基本概念

基坑支护结构的基本功能：止水、挡土、控制变形。可见，基坑支护结构与地基土是密不可分的，支护结构的荷载来源于水土压力，土体自身也具有刚度和强度，支护结构被约束在地基土中。因此，土体既是荷载的提供者，又是结构的一部分，可以说土的性质决定了基坑的"一辈子"。要解决基坑工程问题，一定要先清楚土体性质，进行基坑支护结构选型和分析时，要从土与结构相互作用的角度出发（图2.0.1）。

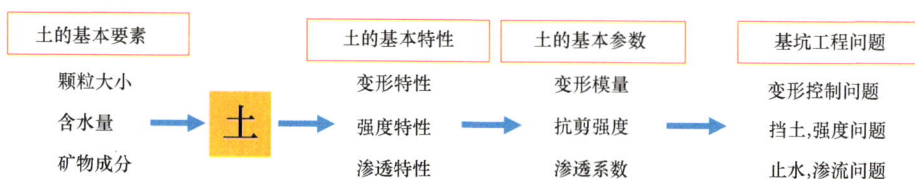

图 2.0.1　土的性质与基坑工程问题

2.1　土的认识

"土"字非常简单，但土绝不简单，可以说是一种力学性能非常复杂的材料。土最典型的特点是"散粒体材料"，其力学性能取决于颗粒间的相互作用力，这种作用力有物理力也有化学力。影响土体力学性能的因素主要有：（1）颗粒尺寸，组成土体的颗粒可以是米级的块石，也可以是毫米级的砂粒、微米级的粉粒和黏粒，甚至是纳米级的胶体；（2）颗粒形状，可以是球状或块状，也可以是扁平的或细长线；（3）颗粒间的结构形式，颗粒与颗粒之间可以组成单粒结构、蜂窝结构、絮状结构；（4）颗粒表面粗糙度，土颗粒表面可能是非常粗糙的，也可以是非常光滑的，甚至是鳞片或锯齿状的；（5）颗粒成分，可以是结晶质黏土或非黏土类矿物、非晶体质材料、有机物和沉淀析出的盐类；（6）颗粒间的孔隙，土颗粒间的孔隙大小差异极大，可以是米级的也可以是微米级，孔隙之间可以是连通的也可能是封闭的；（7）孔隙填充物，土颗粒间填充着各种类型的液体和气体，液体中又含有各种离子，液体与颗粒之间可以是自由的，也可以是半结合或者是强结合，甚至是一体的，气体可能是正压力也可能是负压力。这些因素都影响着土的工程力学性质，天然地基土都是由上述各种因素掺杂在一起，在一定条件下这些因素还会不断转化。

可见，分析土的工程力学性质，一定要抓住土的三个重要特点：

（1）散体性：土骨架由相互独立的颗粒组成，颗粒间无粘结或具有一定的粘结，土的工程力学性质主要取决于颗粒间的滑动摩擦作用。从这个意义上讲，经过固化处理的土，例如水泥土尤其是强度较高的水泥土不能看作是土，而是连续介质材料。只有强度很低的水泥土，水泥水化后形成的胶结作用非常弱，其强度主要取决于颗粒间的滑动摩擦作用，而非胶结作用。对于粉细砂与水泥混合形成的水泥土，胶结强度以 MPa 计，远远超过了颗粒间的摩擦作用，材料破坏需要克服胶结物分子间的范德华力作用，完全可以看作是水泥砂浆，而不是土，如果还含有砾石或者卵石，完全可以看作是低强度等级的混凝土。

（2）多相性：土颗粒中间存在大量孔隙，孔隙被液体和气体填充，组成三相体，相系之间质和量的变化直接影响它的工程力学性质。

（3）变异性：土的形成要经历漫长的地质历史时期，复杂的矿物、复杂的形态，在复杂的环境下，组合成复杂的混合体，随时间的推移，自然条件的变化，或者人类活动的影响，在物理作用、化学作用与生物作用下，土的性质会不断改变，甚至在短时间内会发生剧变。

2.2 土的形成

"王侯将相宁有种乎"，指的是人人平等，不分高低贵贱，不论出生，通过后天的努力皆可改变命运，做出一番事业。但是对于"土"而言，土的出生在很大程度上决定了其工程力学特性。"山崩地塌""积土成山""沧海桑田"，山川地貌的变化也是土的形成过程。成土过程也叫土壤形成过程，是指在各种成土因素的综合作用下，土壤发生、发育的过程，它是土壤中各种物理、化学和生物作用的总和，包括岩石的崩解，矿物质和有机质的分解、合成，以及物质的淋失、淀积、迁移和生物循环等。要认识和理解土的工程性质，首先要了解土的出生和演化过程：它是由什么材料组成的，是如何从岩石变成土的，又经历了怎样的风化、侵蚀、搬运、沉积、淋溶、结晶过程（图 2.2.1），目前达到了哪一种稳定状态？我们经常会说："水土不分家"，不仅是指作为三相体的土，其工程力学特性受水的影响极大，土的出生和成长也同样与水密不可分。岩石变为土的过程中，水扮演了至关重要的角色，土的一生都与水密不可分，如果说岩石是土的"父亲"，那么水就是土的"母亲"。

图 2.2.1 风化、侵蚀、搬运、沉积

2.2.1 土的风化

地壳表层的岩石在阳光、大气、水和生物等因素影响下发生风化作用，地壳表层岩石或矿物在原地产生裂隙、破碎、侵蚀、分解等，并形成各种尺寸和形状非常不同的破碎物。风化作用主要包括物理风化、化学风化和生物风化，它们经常同时进行，互相加剧发展。物理风化是指由于温度变化、水的冻胀、波浪冲击、地震等引起的物理作用使岩体崩解、破碎的过程，这种作用使岩体逐渐变成细小的颗粒。化学风化是指岩体与空气、水和各种水溶液相互作用过程，不仅使岩土颗粒变细，并使岩石成分发生变化，形成大量细微颗粒和可溶盐类。一般情况，物理风化是化学风化的先导，它的主要作用是破碎岩石，使其成为较小的颗粒，从而增加化学侵蚀作用的面积。在化学风化过程中通常也伴随着物理风化的作用。

物理风化是指在各种物理作用下地表岩石在原地发生机械破碎，由大石块分裂为小石块或更小颗粒的过程。物理风化不会改变岩石的化学成分，也不会产生新的矿物。物理风化的作用又可以分为：（1）卸载作用，当岩土体中有效压力（或约束压力）降低时，岩石产生裂隙和节理，岩石表层发生崩裂；（2）温差作用，古人就有利用温差作用攻克敌人的城墙或开采矿石，岩石是热的不良导体，岩石的不同部位温度并不一致，温差作用会产生热胀、冷缩，由此产生裂纹或断裂，长期反复作用，岩石会破裂为碎石或土颗粒，岩石表层会产生层层剥落现象；（3）晶胀裂作用，岩石的裂隙或孔隙中存在各种可能结晶的溶液，当水分蒸发，盐类从溶液中结晶出来，结晶体体积变大，使裂隙或孔隙变大，产生膨胀压力，长期反复作用下，岩石破裂和破碎；（4）冻融作用，岩石裂隙水或孔隙水会冻结，产生冻胀，扩大岩石中的裂隙或孔隙，长期反复作用，使岩体破碎；（5）张拉和剥蚀作用，岩石的裂隙表面或颗粒的接触面有胶体物质存在，在失去水分时，胶体物质会收缩，与之接触的岩体周围产生张拉应力，使岩土体表层剥离；（6）碰撞作用，风、水流、波浪的冲击和夹带物对岩土表面的撞击等都会使岩土体遭受破坏和侵蚀。

化学风化是指母岩表面和碎散的颗粒受环境因素的作用而改变其矿物的化学成分，形成新的矿物，也称次生矿物。这些次生矿物有的被水溶解，并可以随水流去，有的属于不溶解矿物，它们有部分残留在原地，也有部分被搬运到其他地方。常见的化学风化有：（1）水解作用，指某些矿物与水接触后发生的化学反应，矿物离子与水的氢离子或氢氧离子之间发生化学反应，形成带有 OH^- 的新矿物或化合物；（2）水化作用，水被吸收到矿物的晶体结构中，形成含结晶水新矿物的过程，水化作用改变了原来矿物的化学成分，同时也改变了原来岩石的结构，可以使岩石因体积膨胀而产生破坏，加速风化的过程。（3）氧化和还原作用，指大气和水中游离氧与土中某些矿物发生作用，形成新矿物的过程；（4）溶解作用，指岩石中某些矿物成分被水溶解，并以溶液的形式流失；（5）碳酸化作用，是碳酸离子和重碳酸离子与岩石矿物质的化学反应；（6）螯合作用，包括配位和除去金属离子，它也有助于驱动水解作用，螯合物容易被淋溶迁移；（7）阳离子交换作用，赋存或吸附于矿物中的阳离子可以被交换，尤其是黏土矿物具有很强的阳离子交换性质，离子交换的结果会促使矿物水解。化学风化可以形成非常细小的土颗粒，其中最主要的是黏土颗粒（粒径＜0.005mm）以及大量的可溶盐类。由化学风化形成的微细颗粒，其表面积非常大，吸附水的能力很强。

生物风化作用是指各种动植物、微生物及人类活动对岩石的破坏作用。从生物的风化方式看，可分为生物的物理风化和生物的化学风化两种基本形式。生物的物理风化主要是动物和植物产生的机械力造成岩石破碎，例如植物根系在生长过程中会变长、变粗，使岩石楔裂、破碎；生物化学风化则主要是由于生物生长、死亡过程中所产生的化学成分，它们会引起岩石成分改变，并使岩石破坏，例如植物或微生物分泌的某些有机酸、动植物死亡后遗体腐烂产物，使岩石成分变化，并遭到腐蚀破坏。

2.2.2　土的搬运和沉积

风化形成的颗粒，在水、风、冰川、生物等作用下，连续不断地从原风化区域搬运到远近不同的地方，例如地表低凹的湖、海盆地，并沉积下来，形成松散的颗粒堆积物。这些颗粒堆积物在新的物理化学环境中，经过一系列变化，最后形成地基土，其工程性质与搬运和沉积过程关系密切。

搬运方式通常包括：风力搬运、水流搬运、海浪搬运、冰川搬运、地下水搬运、生物搬运等。搬运过程对沉积物工程性质的影响主要表现为：（1）分选过程，通过分选过程产生了具有不同大小颗粒分布的土层，分选过程受流体的流量、流速、颗粒大小和形状影响。流体的流量越大，携带的颗粒物质越多；流体的流速越大，携带的颗粒粒径就越大；球形颗粒通常要比非球形颗粒先下沉，但在流体与固体接触的区域，在接触摩擦作用下，非球形颗粒通常要比球形颗粒先沉降。（2）磨蚀过程，磨蚀会影响土颗粒的大小、形状和表面粗糙度。水能使颗粒变圆，变光滑；风引起的碰撞和冲击使颗粒变小，并使其表面变粗糙。（3）集聚过程，搬运过程中土颗粒不断变小，随着粒径的不断变小，其表面积在不断增加，表面活性也在增加；当粒径减小到某一确定值后，分散作用转变为聚合作用，细小颗粒不再变小，反而会聚合在一起并逐渐变大。

当风化产生的颗粒到达适宜的场所后，发生沉淀和堆积，按沉积环境它可分为大陆沉积与海洋沉积两类，按沉积作用方式可分为机械沉积、化学沉积和生物沉积。大陆环境沉积土包括：（1）残积土（图 2.2.2），岩石风化后未被搬运而残留在原地的堆积物，通常分布在风化作用强烈和地表径流速度小的分水岭、平缓斜坡和剥蚀平原，残积土中的大颗粒一般呈棱角状，在工程中很容易与坡积土、冲洪积土混淆，通常都命名为"含砾粉质黏土"，残积土一个很重要的是特点是还保存着母岩的某些微结构的形态，虽然内部某些物质已经被淋溶走了，但残留物之间某些化学键尚未彻底解体，仍然残留有一定的胶体物质，具有一定的胶结强度作用；（2）坡积土（图 2.2.3），在流水或重力作用下搬运到斜坡下方或坡麓处堆积形成的土，通常分布在斜坡、坡脚、山前区，下部多为碎石、角砾土，上部多为黏性土，物质成分与残积土相似，容易混淆，相比于残积土，无胶结作用，孔隙相对更大，强度相对更低，渗透性相对更强；（3）洪积土（图 2.2.4），由暂时性洪流将山区高地的碎屑物质携带至沟口或平缓地带堆积形成的土，通常分布在山前缓坡、戈壁滩、山口洪积扇，物质成分与坡积土相似，洪积物颗粒相对较细、成分较均匀、厚度较大；（4）冲积土（图 2.2.4），通过搬运、沉积在河床较平缓地带形成的沉积物，由于搬运作用显著，因此碎屑颗粒磨圆度好，随着河流的流速从上游到下游逐渐减小，冲积土有明显的分选现象，上游沉积物多为磨圆粗大颗粒，中下游沉积物大多由砂粒逐渐过渡到粉粒和黏粒，通常分布在山区峡谷、平原河谷、阶地、泛滥平原、浸滩、河网地区；（5）湖泊沉积土（图2.2.5），湖水中物质由于物理、化学和生物作用，在湖内下沉和堆积，包括碎屑沉积物、化学沉积物和生物沉积物，或由其中几种组成的混合体，既有粗颗粒的卵石、圆砾和砂土，也有细小悬浮颗粒沉淀形成的黏土和淤泥，还有动植物残余体形成的有机腐殖质和泥炭，通常分布在湖泊、三角洲湖网等地区；（6）沼泽土（图2.2.6），在地表长期积水、生长喜湿性植被条件下形成的土壤，上部含大量有机质或泥炭，中间有的具锈色过渡层，下部为潜育层，是有机质积累及还原作用强烈的土壤，分布在排水不畅的平原洼地，湖沼边缘、江河滞洪洼地以及山间沟谷；（7）风积土（图2.2.7），指经风力搬运作用至异地降落，堆积所形成的土，其显著特点是土质均匀、质纯、孔隙大，结构松散，最常见的是风成砂和风成黄土，风成黄土受水的淋溶作用较小，含有较多的可溶性盐类，例如重碳酸盐、硫酸盐、氯化物等，且沉积过程中主要依靠自重压力，孔隙较大，受水浸湿后土的结构迅速破坏而发生显著附加下沉和变形。

图 2.2.2　残积土

图 2.2.3　坡积土

图 2.2.4　冲洪积土

图 2.2.5　湖泊沉积土

图 2.2.6　沼泽土

图 2.2.7　风积土

　　海洋沉积土，指海洋环境下，经海洋动力过程产生的一系列沉积，包括来自陆上的碎屑物、海洋生物骨骼和残骸、火山灰等，其特点是颗粒较细而分选好，且在海水温度比大陆温度低而变化小的环境下沉积：（1）滨海相沉积又称海岸带沉积，沉积成分中黏土占80%；（2）浅海相沉积成分主要为砂、软泥、生物与碳酸盐；（3）半深海相沉积又称大陆坡沉积，基本以陆源物质沉积终点为界，沉积物为蓝色、红色等暗色软泥及灰质软泥；（4）深海相沉积主要为抱球虫软泥、红色黏土、硅藻软泥、放射虫软泥，沉积速度仅1～

0.5mm/a。海相沉积另一特点是化学沉积比例较大，尤其碳酸盐沉积。

对于淤泥类的黏性土，其力学特性与土的成因有很大关系，不同的成因，会影响土的矿物成分、颗粒组成（尤其是粉细颗粒的含量）和含水量。受我国地理环境、水系条件的影响，沿海地区淤泥类软黏土具有：从黄河三角洲到长江三角洲再到珠江三角洲，可以发现软黏土总体呈现出孔隙比、含水率、压缩性、灵敏度逐渐增高，强度逐渐降低的分布规律，在力学性质和变形特性上，总体符合"北强南弱，依次变化"的典型特征。

图2.2.8～图2.2.16、表2.2.1为各类成因软黏土的特点及其物理力学指标（力学指标为单个项目的资料，不具备代表性）。

典型软黏土及其物理力学指标　　　　　　　　　　表2.2.1

成相	地区	地质成因	软土特征	物理力学性质(仅供参考,不同的试验方法和试验人员取值差异很大)						
				天然密度(g/cm³)	含水率(%)	孔隙比	液限(%)	塑限(%)	黏聚力(kPa)	摩擦角(°)
河湖相	黄石	第四系全新统河流相和部分河湖相冲积物形成的平原	土层分布具有明显的二元结构,上部为黏性土,下部为砂性土	1.65	70.5	1.78	67.0	33.0	—	—
	汉口			1.80	40.1	1.13	42.7	25.1	—	—
	武汉			1.78	42.2	1.20	61.0	34.0	11.0	13.0
	南京	属于长江漫滩区,其新近沉积的漫滩相软土分布广泛,厚度不均		1.77	40.5	1.14	38.0	22.8	10.1	15.2
	昆明	浅层软土为晚更新世以来分别由湖相沉积、沼泽沉积、河流相沉积三大类成因类型形成的土体	砂粒等粗颗粒含量可达10%以上,且富含有机物,可达20%	1.75	43.0	1.19	53.0	31.0	—	—
海陆交互相	营口	新生代地层的海积和海陆交互沉积为主	垂向上土层分布具有明显的分选性	1.70	40.2	1.06	32.3	20.0	11.6	15.3
	宁波	第四纪早中期陆相与海相交互形成的滨海相沉积		1.65	57.5	1.60	52.4	32.8	7.8	6.2
	温州	全新世沉积相以浅海相为主,全新世末期逐渐转为滨海相		1.60	60.8	1.75	54.2	28.2	11.8	7.3
	漳州	软土为滨海相与海陆交互相沉积为主		1.58	62.0	1.80	55.0	35.6	9.0	5.0
	福州	第四纪上更新世至全新时期的河海交互相沉积		1.57	67.5	1.83	—	—	11.0	3.0

深基坑型钢组合支撑与变形控制技术

续表

成相	地区	地质成因	软土特征	物理力学性质(仅供参考,不同的试验方法和试验人员取值差异很大)						
				天然密度(g/cm³)	含水率(%)	孔隙比	液限(%)	塑限(%)	黏聚力(kPa)	摩擦角(°)
海相	青岛	第四纪地层主要为中—晚更新世的残积坡积层、冲洪积层和全新世滨浅海相沉积层、河湖相冲洪积层,分布厚度明显受古地理条件控制	含较多贝壳及腐殖质,粉粒含量可达70%	1.82	43.1	1.12	35.3	29.5	—	—
	杭州	全新世早期和中期的海相淤泥质黏土,全新世中期淤泥质黏土是历史上最后一次海侵后期沉积的,构成了杭州地区分布最浅最广泛的软弱土层	流塑状态,含有机质、云母碎屑,粉粒含量可达60%	1.72	42.1	1.20	37.5	19.7	12.0	11.0
	深圳	第四纪在江水与海潮复杂交替作用下形成的三角洲相软土及海相软土		1.77	41.8	1.18	34.0	26.0	15.0	11.0
	上海	第四纪在江、河、湖和海动力作用下形成的三角洲相沉积物	粉粒含量可达40%	1.72	45.0	1.17	43.0	—	16.0	12.0
	天津	第四纪全新世在河海、黄河水系泥砂沉积作用下形成的滨海冲积平原		1.76	45.8	1.29	41.6	21.6	7.0	6.5

图 2.2.8　典型淤泥质粉质黏土（浙江杭州）

图 2.2.9　典型淤泥质黏土（浙江杭州）

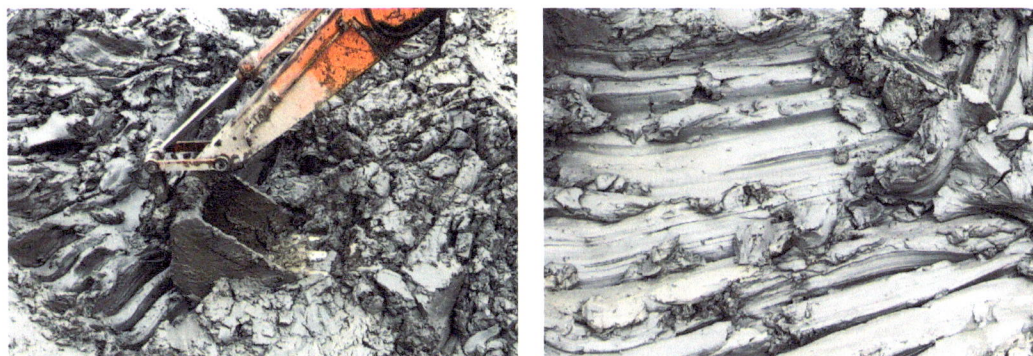

图 2.2.10　典型淤泥（浙江杭州）

图 2.2.11　典型淤泥（浙江温州）

图 2.2.12　含贝壳的淤泥质粉质黏土（浙江余姚）

图 2.2.13　淤泥与粉砂夹层（江苏南京）

图 2.2.14　泥炭土与粉质黏土夹层（云南昆明）

图 2.2.15　粉质黏土（浙江嘉兴）

图 2.2.16　粉质黏土（浙江杭州）

2.2.3　成土作用

各种风化作用产生的颗粒，经过各种搬运作用，在不同的沉积环境下堆积起来，并进一步发生物理、化学和生物转变，形成全新的土体，称之为成土作用。

成土的第一种作用是压密作用。密实程度是影响土体力学性能很重要的一个指标，随着沉积物的不断堆积，土的自重压力也随之增大，颗粒间的孔隙不断减小，气体和液体被逐渐排走，颗粒间的联系越来越紧密，相互作用也不断增强。压密作用受土颗粒的矿物成分、粒径、孔隙液体中电解质情况、沉积环境和搬运条件等因素的影响。颗粒的粒径对初始密度和压密作用影响很大，尤其是黏土沉积物，刚沉积下来的土颗粒的粒径越小，其沉积密度就越小。土颗粒越细，黏性矿物越多，粒间阻力越大，后期压密难度越大。沉积土在水环境中与在空气环境中的压密过程是明显不同的，水中沉积土的初始体积通常大于空气中土的初始体积，空气中沉积的土颗粒开始就相互直接接触，初始密度较大，并且这种接触非常稳定，粒间阻力大，后期压密难度更大；水环境中存在扩散双电层作用，在小压力情况下起排斥作用，影响颗粒间的接触，初始孔隙大，大压力情况下则起润滑作用，粒间阻力小，后期压密难度更小。干湿交替对土的压密也有重要影响，尤其是黏性土，含水量减小后会收缩、含水量增加后会膨胀。即使上覆土压力不变，当环境条件变得干燥，黏土中的水分蒸发，会产生负孔压，迫使土颗粒相互挤密，形成超固结压密，同时胶体颗粒失去水分后体积也会收缩，加大压密效果，当环境条件恢复到饱和湿润状态，这种压密效果会有一定的回弹。在土的沉积过程，会经历不同时期、不同环境、不同类型的土颗粒，因此土的密实程度随深度不是线性的增大，而是会出现密实程度跳跃性的分层土层，但总的来说，对同一种土，密实程度随深度的增大而增大。

成土的第二种作用是胶结作用。压密作用减小了土中孔隙率，增加了土的密实度，增强了颗粒之间的相互接触度，颗粒间的接触力增大，摩擦作用增强，增加了土的强度。土的形成过程中，除了颗粒间的接触和摩擦作用会随着压密作用发生改变，颗粒间的胶结作用也会随着成土过程发生变化，产生颗粒间的附加联结作用和强度。土颗粒间胶结作用所产生的附加联结作用可以分成水稳性胶结和非水稳性胶结：（1）非水稳性胶结，随着水分蒸发，孔隙溶液中盐浓度升高，当盐浓度到达一定程度时会析出微晶体，盐微晶体使土颗粒胶结起来，起到胶结的联结作用，当水分增加时，结晶出来的盐类容易重新溶解，这种胶结作用就会减小甚至完全丧失；（2）水稳性胶结，孔隙液体中存在氢氧化铁、氢氧化铝、氧化硅等形成的胶体，在酸性条件下，这些胶粒带正电，容易和带负电的黏粒相互凝结，形成胶结作用；（3）固化胶结，孔隙溶液中的盐在矿物颗粒上增生新的晶体，将原有颗粒联结起来，形成新颗粒；在高温、高压的长期持续作用下，颗粒间相互直接接触甚至相互侵入，在高压作用下，接触部位形成凝固现象，把土颗粒联结起来，在高温作用下，颗粒分子之间发生相互扩散和渗透，产生极高的联结作用，这种作用的最终结果是土颗粒完全固化成沉积岩。

第三种成土作用是有机物的矿化和腐殖化作用。土的形成除了有无机矿物颗粒的沉积，还会伴随着动物、植物、微生物等有机物的沉积，有机质沉积物通过物理、化学、生物作用，会发生分解和转化，成为土颗粒、溶液或者气体。矿化作用是有机质在土壤微生物的作用下，分解成水、二氧化碳和无机盐的过程。腐殖化作用是有机物在微生物作用下，通过生物化学或化学反应转化为腐殖质的过程，腐殖质是一种组成和结构比原有机物更为复杂的有机高分子化合物，腐殖质在土壤中很稳定，抗微生物分解能力很强，它与黏土矿物紧密结合，以有机-无机复合体方式存在，是土壤胶体颗粒的一种主要形式。土壤腐殖质是非晶态物质，它具有高度的亲水性，最高吸水量含量可达颗粒重量的500%。

2.3　土的力学性质影响因素

前文介绍了土的形成，知道了土的出生，也就知道了土长什么样子。但是光知道土长什么样子不是我们的目的，我们要掌握的是土的工程力学性能。对于基坑工程而言，需要确保基坑安全、控制变形、防止发生渗漏，因此与基坑工程息息相关的土的工程性质是：强度特性、变形特性、渗透特性。如前所述，土的形成过程中，经历了风化、侵蚀、搬运、沉积、成土等一系列复杂过程，土颗粒性状千差万别、矿物成分千变万化、组合方式更是如浩瀚星河，如果要事无巨细、面面俱到地去深究每一种因素的影响，无疑事倍功半、最终一无所获。要掌握土的主要工程力学特性，必须由繁入简，抓住关键影响因素，有序分类。

对于岩石、混凝土或者钢材等连续介质材料，其力学性质取决于材料的抗压或抗拉能力。岩石和混凝土等固体材料，其力学特性取决于分子间的范德华力，材料破坏需要克服分子间的范德华力作用，其破坏机理是在应力场的作用下，原有微裂缝部位局部应力场异常，出现横向拉应力，在拉应力作用下微裂纹萌生、扩展、贯通，直至产生宏观裂纹，最终导致材料破裂，表现出抗压破坏形态（图2.3.1）。钢材等金属材料，具有晶体结构，晶体间具有很强的金属键作用，材料破坏需要克服金属键，当金属材料发生塑性破坏时，金属晶体沿着晶面和晶向发生定向滑移，直至拉断，表现出抗拉破坏形态（图2.3.2）。

作为散粒体材料，土的力学性质主要取决于颗粒间的挤压、摩擦、黏结作用，当土体中的剪应力超过颗粒间的抗剪强度，土体材料发生剪切破坏，因此其强度特性以剪切强度表征；其变形特性也取决于土颗粒的运动，在正应力和剪应力的作用下，土颗粒发生相对运动，颗粒间的孔隙发生改变，颗粒重新排列（图2.3.3）。

| 图2.3.1 混凝土压碎 | 图2.3.2 钢材拉断 | 图2.3.3 土体剪切破坏 |

2.3.1 颗粒大小的影响

作为散粒体材料，土的力学性质主要取决于颗粒间的相互作用，因此颗粒特征对土的力学性能具有重要影响。土颗粒的个体特征主要包括颗粒的大小、形状、表面粗糙度和矿物成分，其中颗粒的大小又是决定土体物理力学性质最主要的因素。颗粒直径 $d \geqslant 60$mm 的称为巨粒，主要有块石、碎石、卵石等；颗粒直径 60mm$> d \geqslant 0.075$mm 的称为粗粒，包括砾石、圆砾、粗砂、细砂等；颗粒直径 $d < 0.075$mm 的称为细粒，包括粉土、黏土和胶体等。如果粗颗粒的重量超过颗粒总量的50%，这种土被分类为粗颗粒土、粒状土或无黏性土；如果细颗粒的重量超过颗粒总量的50%，则这种土被分类为细粒土或黏粒土（图2.3.4）。

粗颗粒土，最符合散粒体材料的特征，颗粒间的独立性好，黏结作用小，土的强度特性主要取决于颗粒间的滑动摩擦阻力。土的抗剪强度可以用经典的库仑公式 $\tau = \sigma \cdot \tan\varphi$ 表述，其中：σ 为正应力，φ 为内摩擦角。粗粒土中的水基本为自由水，孔隙水压力与颗粒间的接触力可以视作相互独立的作用，因此上式也可表述为：$\tau = \sigma' \cdot \tan\varphi'$，其中：$\sigma'$ 为有效应力，φ' 为有效内摩擦角。土的内摩擦角反映土的摩擦特性，是土颗粒间产生相互滑动时所需克服颗粒表面粗糙不平而引起的滑动摩擦作用。内摩擦角与土的孔隙比（或相对密度）和颗粒表面粗糙度有关，土体围压越大、颗粒级配越好，密实度越高，颗粒间的接触越紧密、相互嵌入度越高，内摩擦角越大；颗粒经历的搬运过程越少，磨圆度越低，

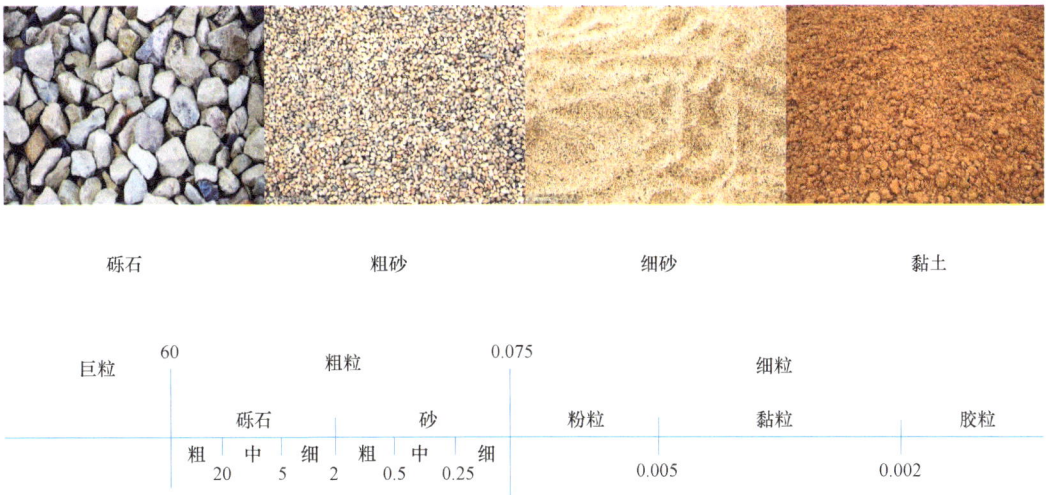

图 2.3.4　按土颗粒大小分类

颗粒表面粗糙程度越大，内摩擦角越大（通常：残积土＞坡积土＞洪积土＞冲积土）。粗颗粒土的内摩擦角通常在 $26°\sim48°$，例如石灰岩石碴的内摩擦角可以达到 $48°$。

细粒土，主要由颗粒直径 $d<0.075$mm 的细粒组成，土颗粒之间除了有摩擦作用，还有不可忽视的黏结作用。土的强度可以分为颗粒间的滑动摩擦阻力和黏聚力，土的抗剪强度可以用经典的库伦公式 $\tau=\sigma\cdot\tan\varphi+c$ 表述，其中：c 为黏聚力。黏聚力又叫内聚力，是物质内部相邻各部分之间的相互吸引力，土的黏聚力是由于土颗粒间的引力和斥力的综合作用。黏土中的引力主要包括：（1）静电引力，黏土颗粒平面部分带负电荷，两边边角处带正电荷，边和面接触会相互吸引，另外，黏土颗粒带负电，在水溶液中会吸收阳离子，两相邻颗粒靠近时，双电层重叠，形成公共结合水膜，通过阳离子将两颗粒相互吸引；（2）范德华力，范德华力是分子间的引力；（3）颗粒间的胶结，黏土颗粒间可以被胶结物所黏结，胶结包括碳、硅、铅、铁的氧化物和有机混合物，这些胶结材料可能来源于颗粒本身，也可能来源于土中溶液，由胶结物形成的黏聚力可达到几百千帕，因此即使含量很小，也能明显地改变土的力学性质。

细粒土的力学性质要比粗颗粒土复杂，影响因素更多，与黏粒含量、矿物成分、孔隙比、含水量、胶体含量有关。通常，黏粒含量越多，土的黏性越强、摩擦特性越低、透水性越低、压缩性越高；黏性矿物成分越多，土的黏性越强；孔隙比越大、含水量越多，土的强度越低、压缩性越高。

土壤中的胶体对黏性土的力学性质有重要影响，胶体是指直径在 $1\sim100$nm 之间的颗粒，但是实际上土壤中直径 $d<1000$nm（也有按 2000nm）的黏性颗粒都具有胶体的性质，它是土壤中最细微的部分，表现出强烈的胶体的特征。土壤中的胶体一般可分为无机胶体、有机胶体、有机无机复合胶体：无机胶体是极细微的黏土矿物；有机胶体主要是腐殖质；有机无机复合胶体，土壤中有机胶体和无机胶体一般很少单独存在，而是彼此结合成有机无机复合胶体，是土壤胶体存在的主要形式。土壤胶体的典型特性，尤其是腐殖质胶体：（1）具有巨大的比表面积，腐殖质胶体总表面积可达 1000m^2/g，比表面积是极其巨大的；（2）带有大量的负电荷，所带负电荷的数量比黏土矿物要大得多，所以保存阳离

子的能力也比黏土矿物要大得多；（3）具有高度的亲水性，可将大量环境中的自由水吸附成结合水，腐殖质胶体最大吸水量可以达到总重量的 80%～90%（即 80%～90% 是水分）。

2.3.2 土中水的影响

"水土不分家"，水对土的力学性能具有至关重要的影响，土中细粒含量越多，水对土的力学性能影响越大。水是一种最普通的物质，但土中的水却不简单，不同形态水的性质截然不同，对土的力学性质影响也千差万别。土中水可以分为两大类：矿物颗粒中的结合水，如结构水、结晶水和沸石水；土孔隙中的水，如土粒表面结合水（强结合水、弱结合水）、自由水（重力水、毛细水）。

矿物颗粒中的结构水也称化合水，以 H^+、OH^-、H_3O^+ 离子的形式存在于化合物或矿物晶格中（图 2.3.5～图 2.3.7），与其他离子的联结相当牢固，当温度在 600～1000℃方能自晶格中逸出；结晶水是结合在化合物中的水分子，如石膏 $Ca(SO_4)$·$2H_2O$，它们也不是液态水，当温度在 100～200℃方能逸出；沸石水是存在于沸石族矿物中的中性水分子，当温度在 80～400℃，水即大量逸出。

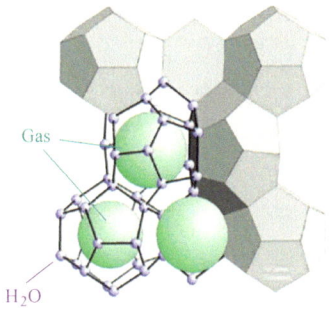

图 2.3.5　结构水　　　　图 2.3.6　胆矾晶体　　　　图 2.3.7　沸石矿

矿物颗粒中的结合水已经属于固体颗粒的一部分，通常只在高温条件下逸出，在常规环境条件下不考虑其影响，也不作为土中的含水量考虑，通常所指的土中水是指孔隙中的液态水，孔隙水可以分为以下两种：

（1）自由水：不受颗粒电场引力作用的水称为自由水，自由水又可分为重力水和毛细水：重力水存在于地下水位以下，在本身重力或压力差作用下运动的自由水，它的性质和正常水一样，能传递静水压力，有溶解能力，对颗粒有浮力作用；毛细水存在于地下水位以上，受水与空气交界面处的表面张力作用而存在于颗粒孔隙中的自由水。

（2）颗粒表面的结合水：当土粒与水相互作用时，土粒会吸附一部分水分子，在土粒表面形成一定厚度的水膜，称为结合水，又称为束缚水、吸附水，结合水的作用机理可以用双电层理论解释，其中强结合水为固定层，弱结合水为扩散层：强结合水层的厚度很薄（几个至几百个分子直径），这种水极其牢固地结合在土颗粒表面，其性质接近于固体，相对密度约 1.2～2.4，具有冰点低（<-78℃）、抗剪强度高、不受重力影响、不传递静水压力、无溶解盐类能力等特点，强结合水只有在转化成气态水时（温度达 110℃以上）才能迁移，当黏性土中只含强结合水时，黏性土呈固体状态，磨碎后呈粉末状态，土颗粒越

细，比表面积越大，强结合水界限含量越大，砂土的含量约为 1%，黏性土则可达 17%；弱结合水指紧靠于强结合水外围形成的一层水膜，其厚度达几百至上千个水分子直径，占结合水的绝大部分，弱结合水也不传递静水压力，不受重力的影响，具有一定的黏滞性和抗剪强度，结合水的黏滞性使得粒间透水的孔隙缩小，甚至充满，导致黏性土透水性差，另外结合水使固体颗粒间的接触作用削弱，降低了抗剪强度，同时颗粒间的结合水因受到颗粒引力的吸附，使得颗粒间具有一定的黏结强度，在受到高压或者高水头差作用时，所施加的外力超过了结合水的抗剪强度，弱结合水也可发生流动，当含有一定量弱结合水后，土则表现为一定的可塑性，弱结合水的存在是黏性土在某一含水量范围内表现出可塑性的原因，因此对土的力学性能有着非常重要的影响，结合水的界限含量也越大，可塑性范围也就越大。

了解土中水的存在方式，有助于理解水对土体物理性能的影响，对于粗颗粒土，水的影响非常直观，主要是重力水的影响，即水位面以上，没有水浮力作用，水位面以下，要考虑水浮力作用；而对于黏性土，土的强度特性、压缩特性、变形特性均与含水量有关，土的黏聚力、摩擦特性受含水量变化的影响。黏性土的含水量有几个非常重要的界限含水量：强结合水的界限含量、弱结合水的界限含量、塑限含水量、液限含水量。为什么要提结合水的界限含量，这是因为结合水与自由水最重要的区别在于能否传递静水压力，结合水不能传递静水压力，只有在电场引力、高压或高水头差的作用下发生移动，与自由水发生转换，才能传递静水压力。

黏性土随着含水量的增加，土的状态变化发生改变：固态—半固态—可塑状态—液体状态，黏性土从一种状态过渡到另外一种状态的分界含水量称为界限含水量，含水量由低到高的变化过程：黏性土呈固态与半固态之间的分界含水量称为缩限 w_S，含水量小于缩限时，孔隙中的水为强结合水，黏性土呈固态，若继续减少土中水分，体积不再收缩；黏性土呈半固态与可塑态之间的分界含水量称为塑限 w_P，半固态与可塑态黏性土孔隙中含有弱结合水，处于半固态时，当变形达到一定值会发生断裂，当弱结合水的含量达到塑限后，黏性土表现出一定的可塑性，在外力作用下发生塑性变形而不断裂，外力消失后能保持既得形状而不变；黏性土呈液态与塑态之间的分界含水量称为液限 w_L，当含水率超过液限时，孔隙中存在自由水，黏性土进入流动状态，进一步削弱了颗粒间的相互作用和抗剪强度。按结合水的形成机理，可以把结合水分为吸附结合水和渗透吸附水：吸附结合水包括强结合水和吸附力最强部分的弱结合水；渗透吸附水为吸附力较弱部分的弱结合水。强结合水界限量对应缩限 w_S，吸附结合水界限量对应塑限 w_P，弱结合水和渗透吸附水界限量对应液限 w_L。

以上含水量均指重量含水量，是指孔隙中所含的水重量与土颗粒重量的比值 $w = m_w/m_s \times 100\%$，含水量的测试通常采用烘干法，将试样放在温度能保持在 $100 \sim 105℃$（低于强结合水的汽化温度）的电热烘箱中烘至恒重，因此通常测得的含水量是指自由水和渗透吸附水的含量。

衡量黏性土的可塑性指标除了上述缩限、塑限和液限以外，还有塑性指数、液性指数：（1）塑性指数 I_P（表 2.3.1），黏性土处于可塑状态下，含水量变化的最大范围，是衡量黏性土可塑性的指标 $I_P = w_L - w_P$，衡量黏性土吸附结合水能力强弱的指标，也是黏性土的分类标准：$I_P \geqslant 17$ 的称为黏土，$17 > I_P \geqslant 10$ 的称为粉质黏土，$10 > I_P \geqslant 3$ 的称为粉土；砂土的塑性指数一般都小于 3。土粒越细、黏粒含量越多、有机质含量越大，比表面积越大，塑性指数 I_p 越大，土能吸附的结合水越多。(2) 液性指数 I_L，指土天然含水量和塑限间差值与塑性指数之比，反映黏性土天然状态的软硬程度 $I_L=(w-w_P)/(w_L-w_P)$。根据液性指数的大小，将黏性土天然状态划分为坚硬、硬塑、可塑、软塑、流塑 5 种状态。

土的塑性指数 表 2.3.1

土的类别	粉土		黏性土				
	砂质粉土	黏质粉土	粉质黏土	黏土			
				无机土	有机质土	泥炭质土	泥炭
黏粒含量	3%~10%	10%~15%	15%~30%	>30%			
有机质含量				$w_u<5\%$	$5\%{\leqslant}w_u{\leqslant}10\%$	$10\%<w_u{\leqslant}60\%$	$w_u>60\%$
塑性指数	$3<I_P{\leqslant}7$	$7<I_P{\leqslant}10$	$10<I_P{\leqslant}17$	$17<I_P{\leqslant}40$	$40<I_P{\leqslant}70$	$70<I_P{\leqslant}300$	$300<I_P{\leqslant}500$
黏土矿物				高岭石	伊利石		蒙脱石
塑性指数				17~23	50~70		100~650

注：各类因素组合后相互影响，上述分类参数仅供参考。

图 2.3.8～图 2.3.10 表示了黏性土孔隙水和土颗粒之间的关系与相互作用，这种关系和相互作用没有绝对的分割线，而是一种渐进式的变化，而且受应力状态、溶液浓度环境等因素的影响，孔隙水的状态也会发生变化。可以用拧毛巾来比喻土和水的关系以及水的状态对土体抗剪强度的影响：(1) 毛巾刚从水中拿起来，滴滴答答，说明自由水在重力作用下流出，这个时候用来擦脸，主要是自由水与皮肤的接触，几乎没有阻力；(2) 略微拧干，将自由水和结合度最弱的水分挤出，此时用毛巾擦脸，皮肤与毛巾的接触通过结合水，因此是比较润滑的感觉，擦脸用力很小，如同用手捏湿润的黏性土，有黏性又润滑；(3) 大力拧毛巾，就如同给土体施加一个很大的剪应力，超过弱结合水的黏结强度，弱结合水变成自由水被排出，此时用毛巾擦脸，皮肤会与毛巾纤维直接接触摩擦，因此有粗糙的感觉，擦脸需要用的力气就比较大，如同用手捏硬塑的黏性土，会有粗糙的感觉，也就是颗粒与皮肤直接摩擦接触。

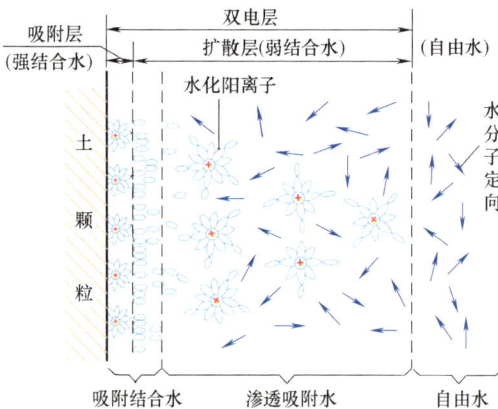
图 2.3.8 孔隙中的水

图 2.3.9 胶体吸水

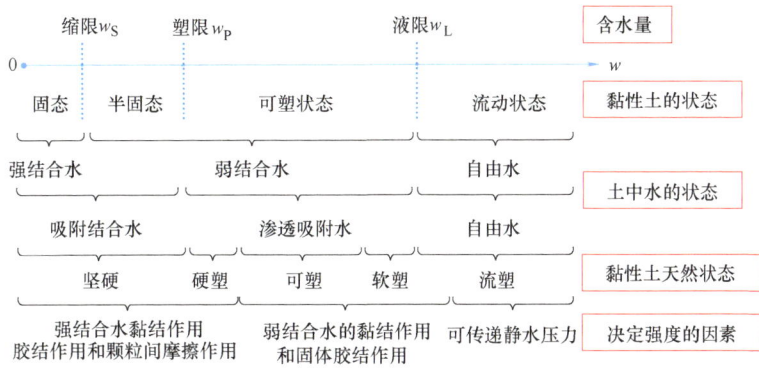

图 2.3.10　黏性土含水量与土的状态

2.3.3　非饱和土特性

上一节讨论了土中水的影响，天然状态下，土中水不一定达到饱和状态，饱和度不同，水对颗粒间的相互作用影响程度不同，土的力学性质也不同（图 2.3.11）。受土颗粒与水分子相互作用的影响，水在土中存在的优先权为：强结合水、弱结合水、毛细水和重力水。拥有高优先权存在形式的水先达到界限含水量后方能存在低优先权形式的水。对于粗颗粒土，水的存在形式和影响非常简单，主要是重力水，毛细水和结合水的界限含水量很低，起到的作用也很弱：水位面以上的粗颗粒土，没有水浮力作用；水位面以下的粗颗粒土，要考虑水浮力的作用。对于细颗粒土，土的强度特性（黏聚力、摩擦角）和变形特性（压缩模量、变形模量）均与含水量和饱和度有关，这主要是由于不同含水量条件下，水的存在形式不一样，黏性土颗粒间的相互作用不一样。

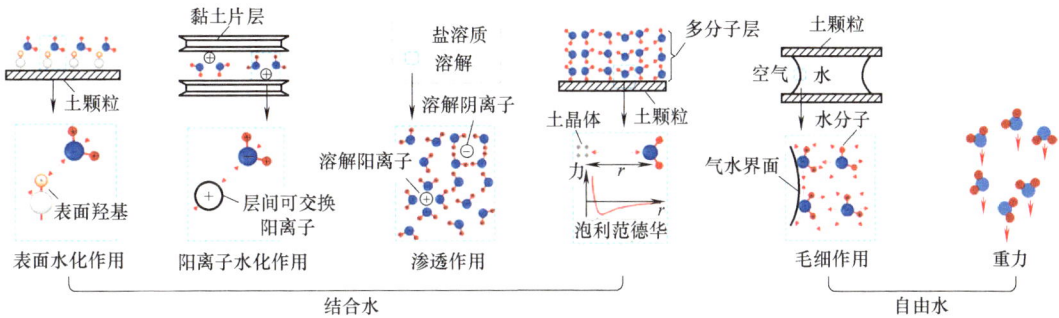

图 2.3.11　土中水的状态

由上可知，黏性土有几个非常重要的界限含水量：根据水存在形式可以分为强结合水的界限含水量 w_{sa} 和弱结合水的界限含水量 w_{wa}；根据黏性土的状态可以分为缩限含水量 w_S、塑限含水量 w_P 和液限含水量 w_L。

黏性土的含水量由低到高的变化过程中：

（1）黏性土呈固态与半固态之间的分界含水量称为缩限 w_S，一般情况下，w_S 与强结合水的界限含水量 w_{sa} 较为接近。含水量小于 w_S 时，孔隙中的水只有强结合水，黏性土呈固态，若继续减少土中水分，体积不再收缩。此时，土颗粒与强结合水分子间的相互作用力为氢键，颗粒间再通过强结合水相互连接，因此原状土颗粒间的联结作用非常牢固，土体强度高，能抵抗较大的外力作用，一旦颗粒间的相互作用被打断，土体发生破碎，颗粒间的相互作用很难恢复。

（2）黏性土呈半固态与可塑态之间的分界含水量称为塑限 w_P，一般情况下，w_P 小于弱结合水的界限含水量 w_{wa}。当含水量大于 w_S 时，孔隙中的水包括强结合水和弱结合水，土颗粒与弱结合水分子之间的相互作用力为范德华力。当含水量大于 w_S 但小于 w_P 时，弱结合水含水量较少，颗粒间既通过强结合水相互连接又通过弱结合水相互连接，黏性土呈半固态，土颗粒间的联结作用较为牢固，土体强度较高，一旦颗粒间的相互作用被打断，土体发生断裂，部分颗粒间的相互作用可以得到恢复。当含水量大于 w_P 但小于 w_{wa} 时，孔隙中含有较多的弱结合水，但仍然没有自由水，颗粒间主要通过弱结合水相互连接，土体强度进一步降低，黏性土进入可塑状态，在外力作用下发生塑性变形而不断裂，外力作用消失后颗粒间的相互作用比较容易恢复，能保持既得形状而不变。

（3）黏性土呈塑态与液态之间的分界含水量称为液限 w_L，一般情况下，w_L 大于弱结合水的界限含水量 w_{wa}。当含水量大于 w_{wa} 并小于 w_L 时，孔隙中的水包括强结合水、弱结合水和毛细水，黏性土仍处于可塑状态，未进入流动状态，颗粒间的连接作用受毛细水表面张力的影响，土体强度进一步降低。当含水量大于 w_L，孔隙中含有一定量的自由水，黏性土进入流动状态，颗粒间的联结作用变得很差。

（4）当黏性土完全饱和，孔隙全部被自由水填满，孔隙中的水能传递静水压力，颗粒间的相互作用被极大削弱，土体强度极低。

可以看出，含水量和饱和度的增大过程，是强结合水、弱结合水、毛细水、自由水不断充满的过程，也是土颗粒间相互作用的削弱过程，土体强度不断下降；相对应的，含水量的减小过程，是自由水、毛细水、弱结合水、强结合水不断去除的过程，也是土颗粒间相互作用的增强过程，土体强度不断增大。因此，原状天然土的力学特性与土的饱和程度有很大关系。

土颗粒与孔隙中水、气的相互作用，可以用基质吸力来表征。土中水、气对土体力学特性的影响，即所谓基质吸力的作用，是非饱和土研究中的核心问题。正是由于基质吸力对土体性状的影响，使得非饱和土的力学特性与饱和土有很大区别。非饱和土基质吸力与土样矿物成分、颗粒级配、应力历史、孔隙比、饱和度等有关。现有的非饱和土抗剪强度理论，主要是以摩尔库伦抗剪强度理论为基础，并引入基质吸力而建立起来的。

饱和土的摩尔-库仑强度理论：

$$\tau_f = c + \sigma \tan\varphi \qquad (2.3.1)$$

式中：τ_f 为抗剪强度；c 为凝聚力；σ 为正应力；φ 为内摩擦角。

目前接受度最广的非饱和土抗剪强度理论是 Fredlund（1978 年）通过大量试验，基于非饱和土的双应力变量（$\sigma - u_a$，$u_a - u_w$）理论，提出的非饱和土抗剪强度理论：

$$\tau_f = c' + (\sigma - u_a)\tan\varphi' + (u_a - u_w)\tan\varphi^b \qquad (2.3.2)$$

式中：c' 为有效凝聚力；u_a 为孔隙气压力；u_w 为孔隙水压力；φ' 为有效内摩擦角；$\tan\varphi^b$ 是抗剪强度随基质吸力 $u_a - u_w$ 的增大而增大的速率，基质吸力对抗剪强度的影响作用与土水特征曲线有关。

将土中体积含水率的变化与 φ^b 通过土水特征曲线（Siol Water Characteristic Curve，简称 SWCC）建立联系，预测非饱和土抗剪强度与含水率的关系：

$$\tan\varphi^b = \left(\frac{\theta-\theta_r}{\theta_s-\theta_r}\right)\tan\varphi' \tag{2.3.3}$$

式中：θ 为体积含水率；θ_r 为残余体积含水率；θ_s 为饱和体积含水率。

非饱和土抗剪强度可表示为：

$$\tau_f = c' + (\sigma-u_a)\tan\varphi' + (u_a-u_w)\left(\frac{\theta-\theta_r}{\theta_s-\theta_r}\right)\tan\varphi' \tag{2.3.4}$$

$$\tau_f = c' + \left[(\sigma-u_a)+(u_a-u_w)\left(\frac{\theta-\theta_r}{\theta_s-\theta_r}\right)\right]\tan\varphi' \tag{2.3.5}$$

土水特征曲线表述了土体的含水率或饱和度与基质吸力之间的关系，随着含水率的变化，基质吸力随之发生变化。土水特征曲线的研究，起初是从土壤学发展起来的，最初主要是研究自然界中表层土的吸力变化、水分的运移特性。随着研究的深入，土水特征曲线的相关理论在边坡稳定性评价等方面得到越来越普遍的应用，从而使得土水特征曲线能够在岩土工程领域中迅速发展。土水特征曲线是土中基质吸力与含水率的变化关系，它代表了土壤水的能量与数量之间的关系，从工程角度来看，土的基质吸力是土中含水率的函数。基质吸力能表明土中水和土颗粒相互作用的强烈程度以及非饱和土中水、气界面的曲率状态，它能从更深层次揭示土中水、气运动的规律和土的体变、强度变化的物理本质，常见土样的土水特征曲线如图 2.3.12 所示。

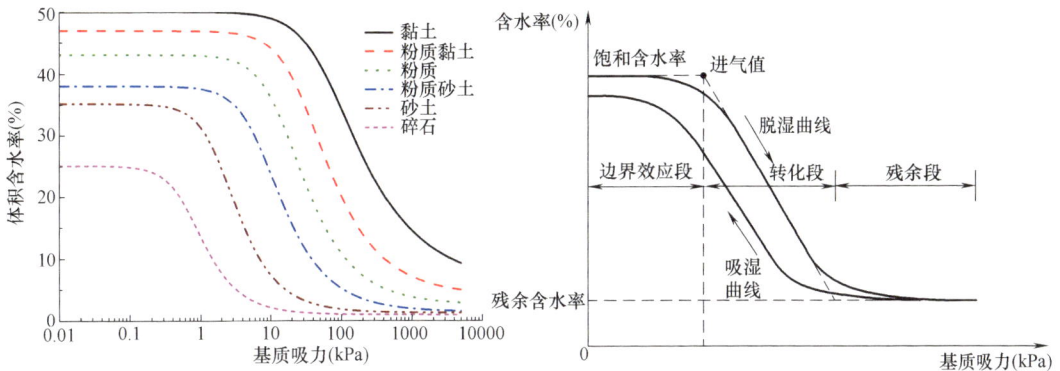

图 2.3.12　非饱和土土水特征曲线

土水特征曲线中的进气值和残余含水率是两个关键值：进气值代表了土体非饱和状态的开始，土体中部分较大孔隙开始排水，同时气体进入该孔隙；残余含水率也代表了一种土体状态，即土体内剩余的孔隙水以结合水形式存在，此时土体排水会使得基质吸力产生较大的改变。土水特征曲线一般根据这两点将其分为三个阶段：（1）边界效应段，土体在这一阶段中可以认为仍处于饱和状态；（2）过渡段，该阶段土体不断排水，基质吸力不断增大，土体的非饱和特性逐渐显现；（3）残余段，土体中的水流动受到阻碍，土中绝大多数孔隙被空气填充。当土介于边界效应段和残余段时，基质吸力对土体性质的影响很小，没有太大意义。过渡段中，水呈液相流动，且土随吸力增加而迅速排水，实际工程中常见的非饱和土大部分都处于过渡段，所以处于过渡段的基质吸力和含水率的关系是非饱和土的重点。

以下为重塑黏土、粉质黏土和黏质粉土的非饱和土强度试验（图 2.3.13），进行非饱和土含水量对基质吸力、土体抗剪强度和强度指标影响的试验，三种土样的基本物理指标如表 2.3.2 所示。

试验用土物理特征　　　　　　　　　　　　　　表 2.3.2

土性	相对密度 G_s	黏粒含量（%）	粉粒含量（%）	砂粒含量（%）	液限 W_L	塑限 W_P	塑性指数 I_P
黏土	2.74	45.20	51.50	3.30	37	17	20
粉质黏土	2.71	28.40	62.70	9.30	28	16	12
黏质粉土	2.68	14.10	68.60	17.30	25	17	8

土水特征曲线试验结果（图 2.3.14）：随着黏粒含量的增加，进气值减小，残余含水率和残余吸力增加；在相同含水率下，黏粒含量越高基质吸力越大，黏土的土水特征曲线过渡段较缓，而黏质粉土的过渡段则较陡；土样的平均粒径越小，黏粒含量越高，其颗粒表面积能结合的水分越多，在相同基质吸力下，持水特性越好。

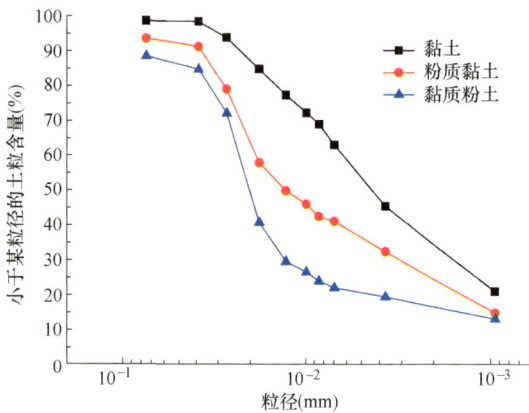

图 2.3.13　试验用土颗粒大小分布曲线　　　图 2.3.14　土水特征曲线试验结果

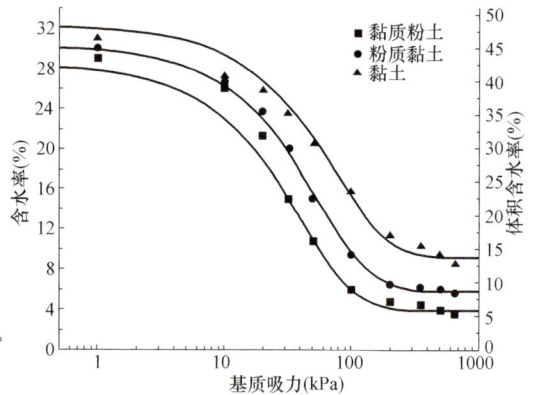

采用指数衰减函数对基质吸力与含水量之间的关系进行拟合（表 2.3.3、表 2.3.4），得出非饱和土土水特征曲线的简单应用方程。

$$w = A \cdot \exp(-s/t) + B \qquad (2.3.6)$$

式中：s 为基质吸力；w 为含水率；A、B、t 为拟合参数。

B 的物理意义：当 $\lim\limits_{s \to \infty} w = B$，即当基质吸力趋向于无限大时，等于一个固定值 B，即为残余含水率。残余含水率可认为是液相开始变得不连续时的含水率，土中的水会越来越难于通过基质吸力的增大而排出，即基质吸力对土样的脱湿作用已经大幅下降，此后只有通过蒸发才能有效排水。

A 的物理意义：$A = \dfrac{w - B}{\exp(-s/t)}$

当 $s = 0$ 时，$w = w_s$，$A = w_s - B$。

式中：w_s 为饱和含水率；A 为整个基质吸力变化过程中含水率的变化范围，定义为可变含水率。

非饱和土试验结果   表 2.3.3

土样类别	进气值（kPa）	残余含水率（%）	残余吸力（kPa）
黏土	10	9.13	500
粉质黏土	8	5.82	350
黏质粉土	5	3.92	200

基质吸力与含水量关系拟合结果   表 2.3.4

土样类别	可变含水率 A	增长模量 t	残余含水率 B	拟合公式
黏土	23.01	75.99	9.13	$w=23.01\exp(-s/75.99)+9.13$
粉质黏土	24.37	55.05	5.82	$w=24.37\exp(-s/55.05)+5.82$
黏质粉土	24.34	40.55	3.92	$w=24.34\exp(-s/40.55)+3.92$

天然状态的土体含水量差异较大，为研究含水量对土体抗剪强度的影响，也采用烘干重新拌和的重塑土进行抗剪强度试验，采用不固结快剪试验模拟非饱和人工填土，固结快剪试验来模拟非饱和原状土（图 2.3.15～图 2.3.20）。

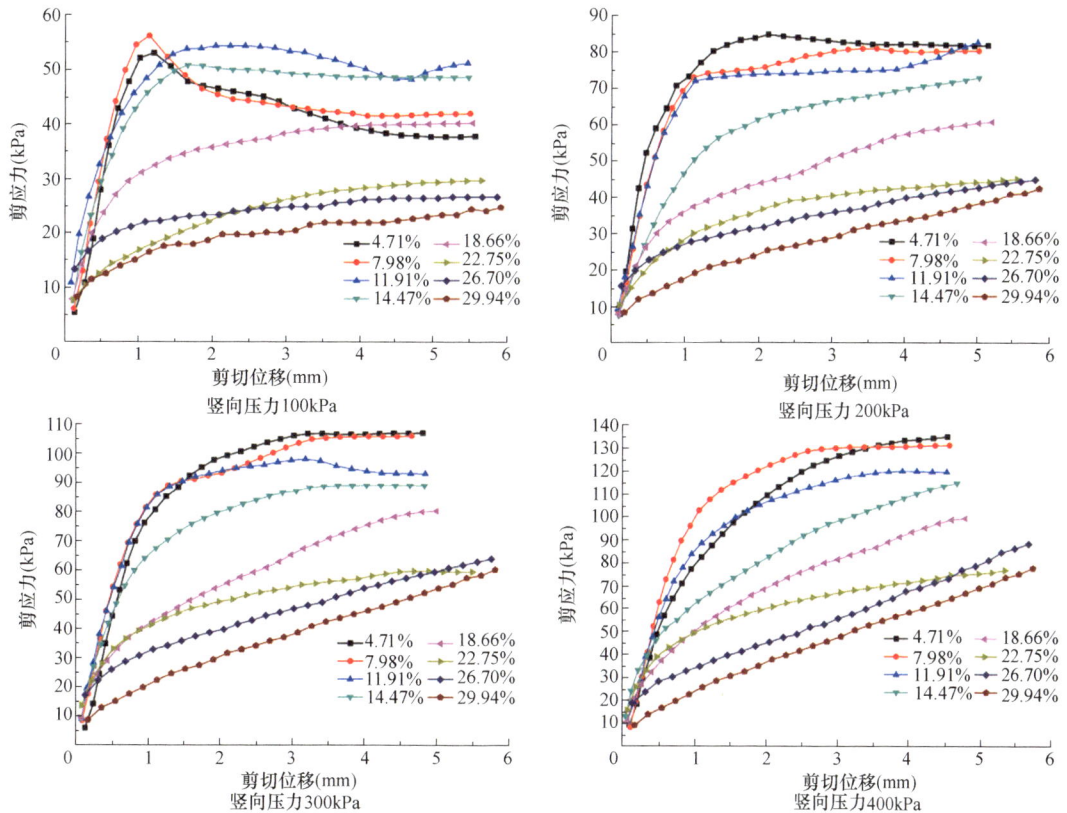

图 2.3.15 黏土不固结快剪试验结果

深基坑型钢组合支撑与变形控制技术

　　不固结快剪试验得到的非饱和土在不同含水率下的剪应力和剪切位移关系：在同一竖向应力下，土体的抗剪强度随着含水率的增加而减小；在竖向应力 100kPa 时，较低含水率的土体出现应变软化现象，随着竖向应力的增加，各含水率的土样均出现明显的应变硬化现象。

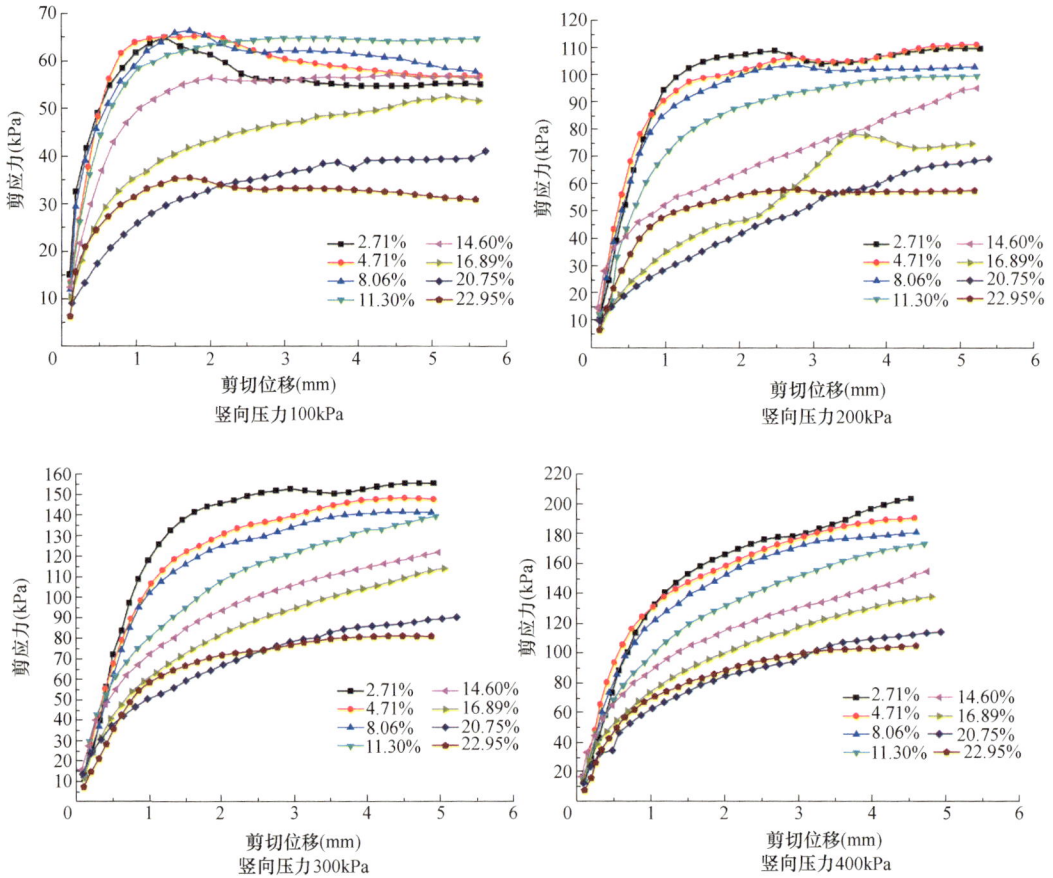

图 2.3.16　粉质黏土不固结快剪试验结果

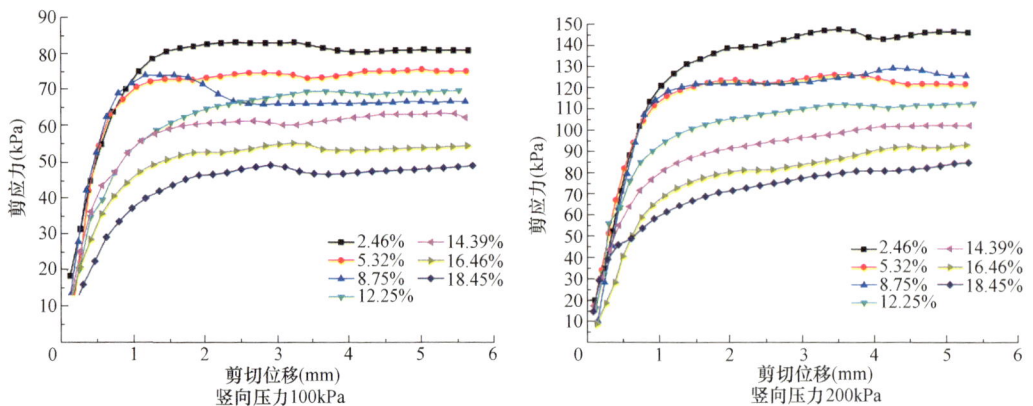

图 2.3.17　黏质粉土不固结快剪试验结果（一）

· 24 ·

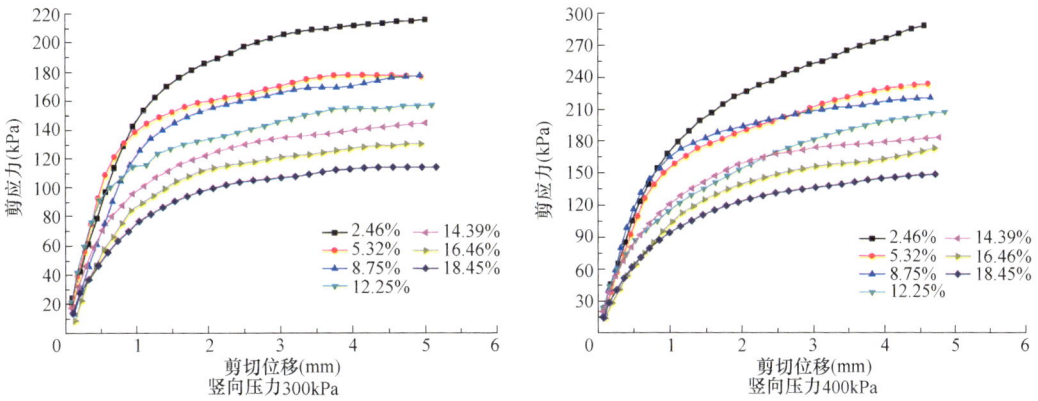

图 2.3.17　黏质粉土不固结快剪试验结果 （二）

固结快剪试验得到的非饱和土在不同含水率下的剪应力和剪切位移关系 （图 2.3.18～图 2.3.20）：在同一竖向应力下，土体的抗剪强度变化规律与不固结快剪结果相近，随着含水率的增加而减小，但抗剪强度要高于不固结快剪；在竖向应力 100kPa、

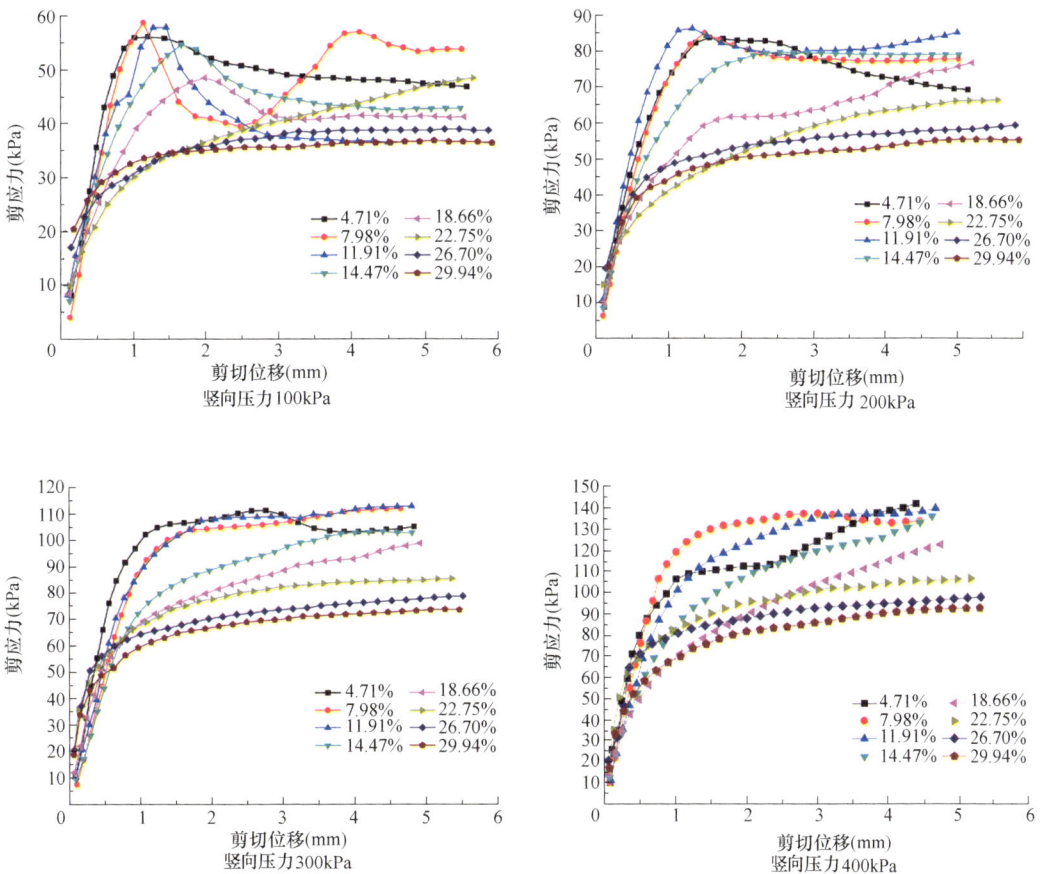

图 2.3.18　黏土固结快剪试验结果

200kPa 时，较低含水率的土体会出现应变软化现象，随着竖向应力的增加，各种含水率的土体均出现明显的应变硬化现象。

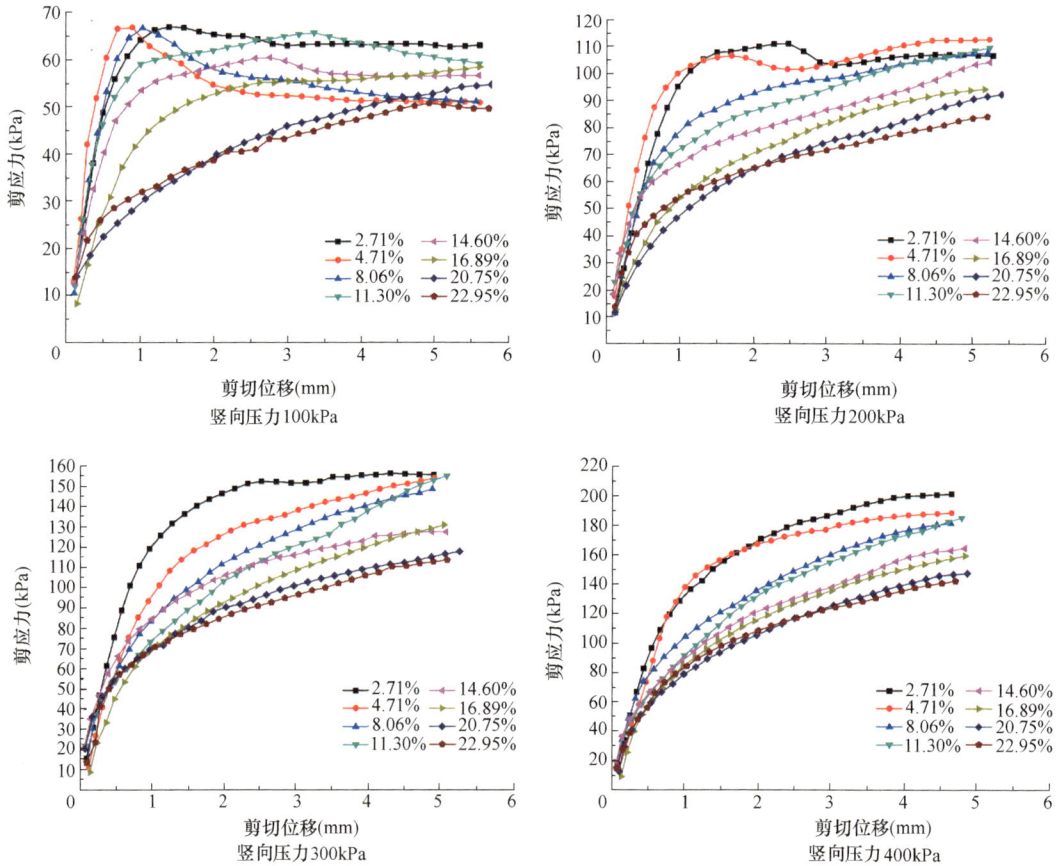

图 2.3.19 粉质黏土固结快剪试验结果

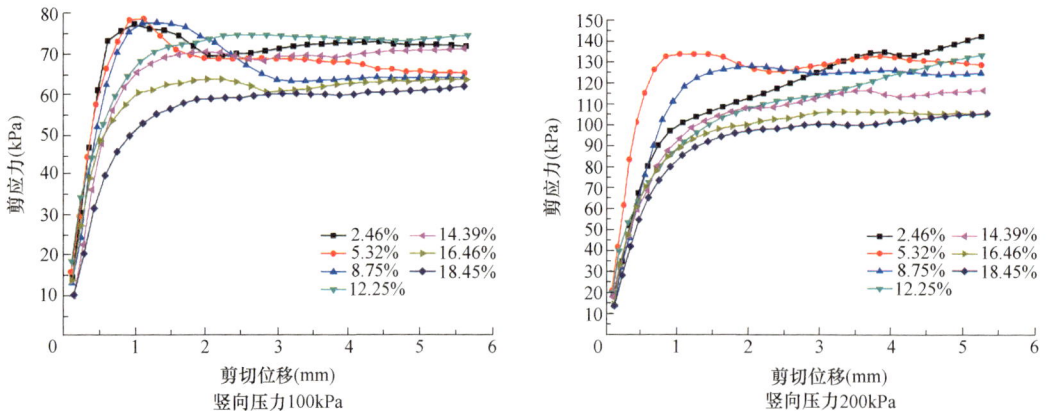

图 2.3.20 黏质粉土固结快剪试验结果（一）

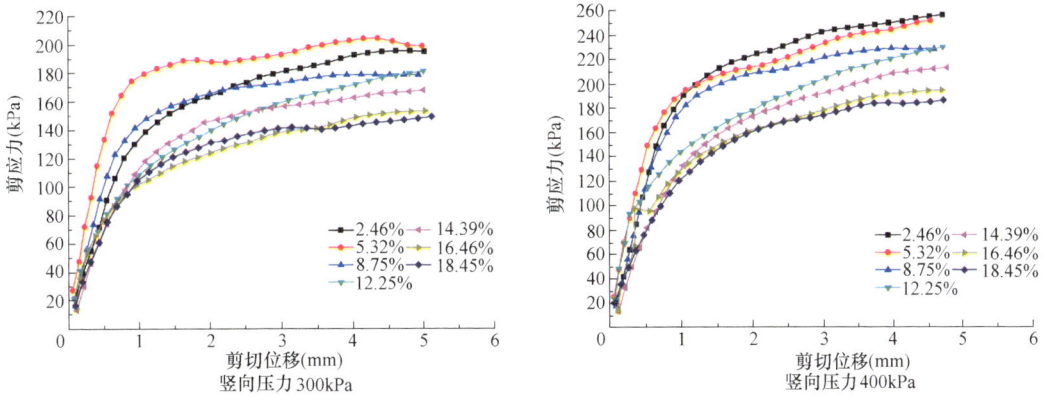

图 2.3.20　黏质粉土固结快剪试验结果（二）

有峰值强度的取峰值点或稳定值为抗剪强度，若无明显峰值点，取剪切位移等于 4mm 对应的剪应力为抗剪强度。

含水量、黏粒含量对土体抗剪强度和强度指标的影响（图 2.3.21～图 2.3.24、表 2.3.5）：黏粒含量越高，在同一含水率下的抗剪强度越小；含水量越大，土体抗剪强度越低；在相同含水率下，黏粒含量越高，黏聚力越大、内摩擦角越小；含水量对黏聚力的影响存在一个峰值黏聚力含水量，黏粒含量越大，峰值黏聚力含水量越大；含水量越大，内摩擦角越小。

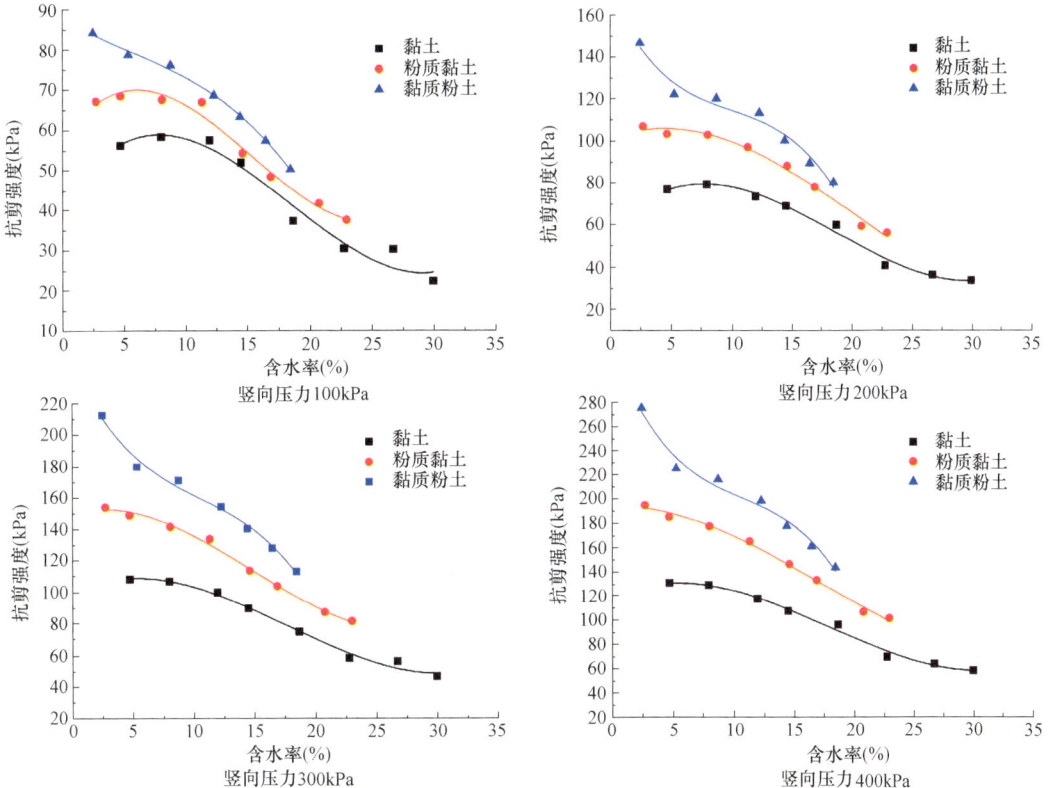

图 2.3.21　含水率对不固结不排水剪强度的影响

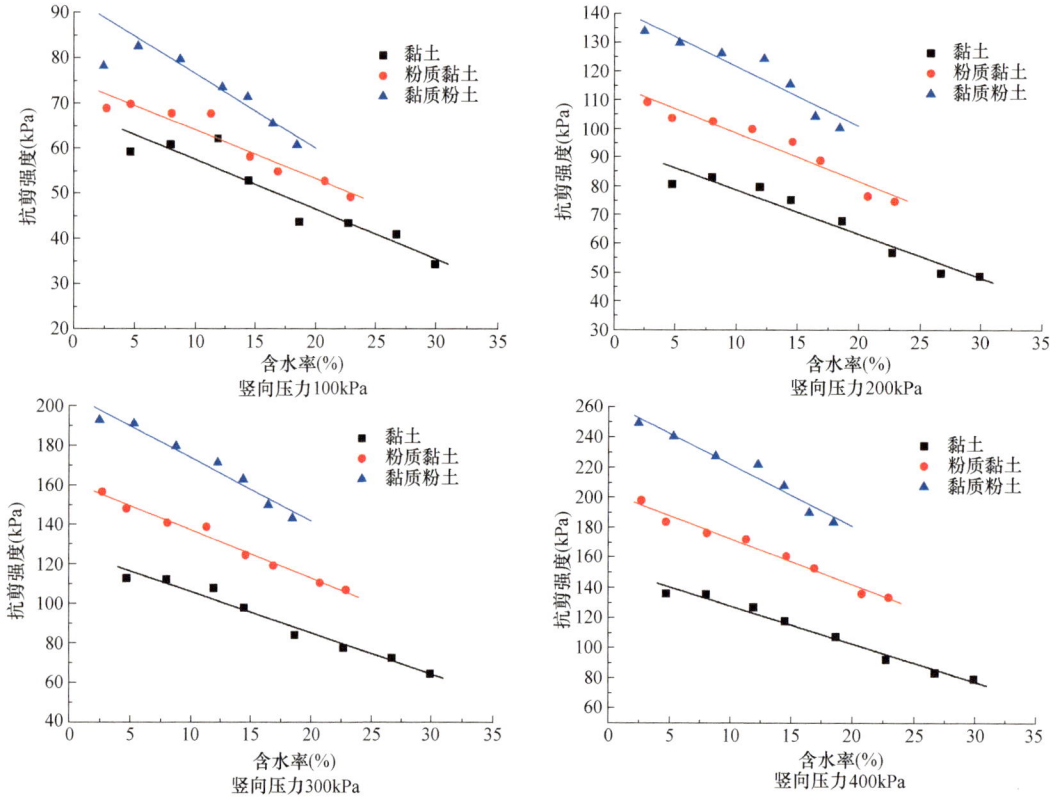

图 2.3.22　含水率对固结不排水剪强度的影响

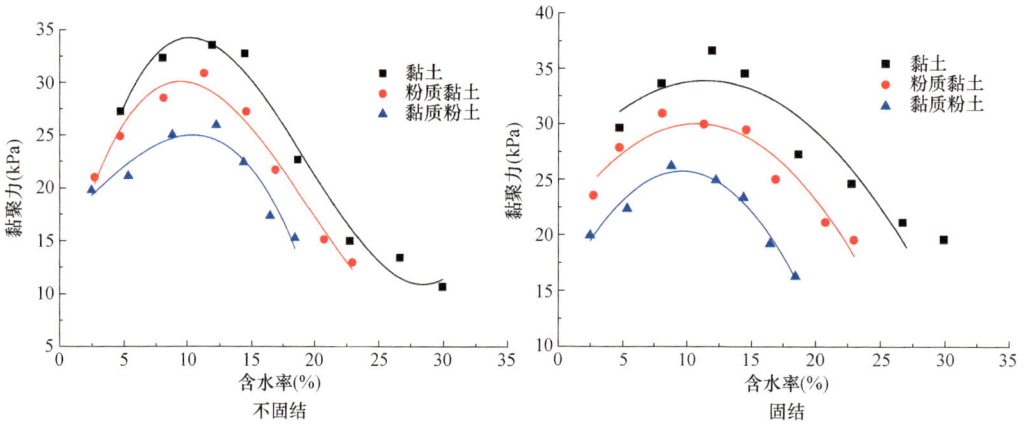

图 2.3.23　含水率对黏聚力的影响

含水率试验结果

表 2.3.5

土性	饱和体积含水率（%）	残余体积含水率（%）	饱和含水率（%）	残余含水率（%）
黏土	48.29	13.72	32.14	9.13
粉质黏土	45.37	8.75	30.19	5.82
黏质粉土	42.46	5.89	28.26	3.92

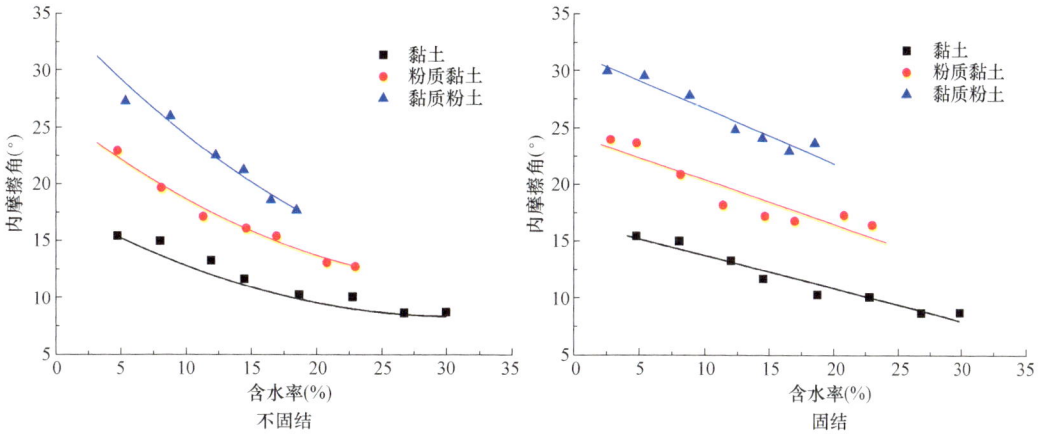

图 2.3.24　含水率对摩擦角的影响

基质吸力对土体抗剪强度和强度指标的影响（图 2.3.25～图 2.3.27）：基质吸力越大，土体抗剪强度越高；基质吸力越大，内摩擦角越大；含水量对黏聚力的影响存在一个

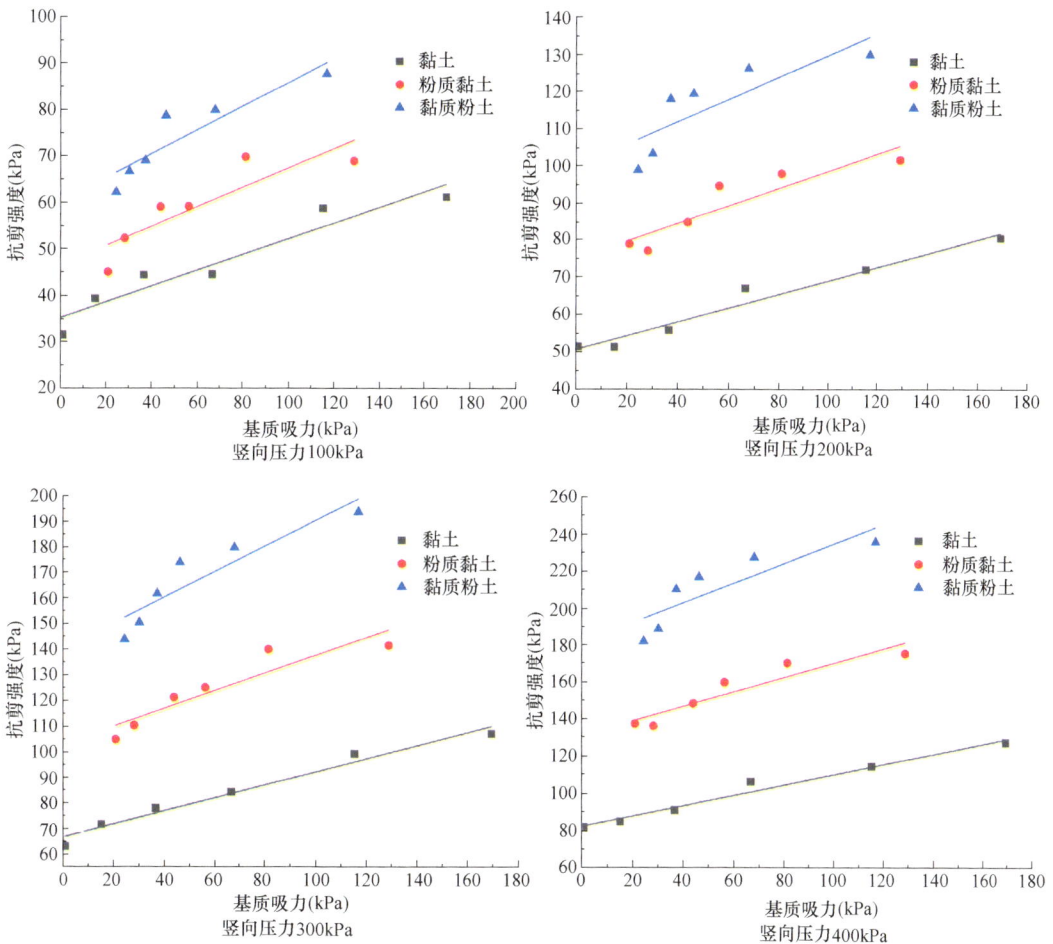

图 2.3.25　基质吸力对固结不排水剪强度的影响

峰值黏聚力对应含水量，黏粒含量越大，峰值黏聚力含水量越大，基质吸力对黏聚力的影响也同样存在一个峰值黏聚力对应基质吸力，黏粒含量越大，峰值越大。说明：当含水量小于峰值黏聚力含水量时，结合水与土颗粒紧密结合，土体处于固态，虽然含水量越小，土颗粒与水之间的结合力（主要表现为氢键作用力）越大，基质吸力越大，但颗粒与颗粒间的黏聚力（主要取决于范德华力）反而减小；当含水量大于峰值黏聚力含水量时，弱结合水含量高，土体处于可塑态，含水量越大，土颗粒与水之间的结合力（主要表现为范德华力）越小，基质吸力越小，颗粒与颗粒间的黏聚力也越小（图2.3.28、图2.3.29）。

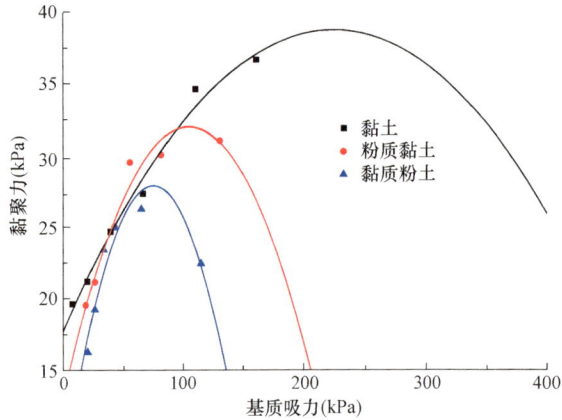

图 2.3.26　基质吸力对黏聚力的影响

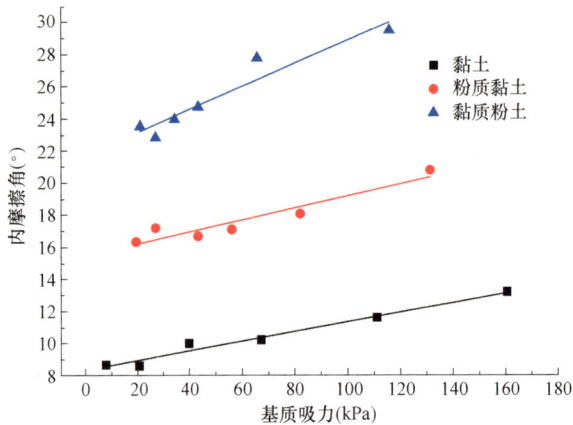

图 2.3.27　基质吸力对摩擦角的影响

图 2.3.28　含水量对粉质黏土形态的影响

干燥松散　　　　　　　　　　潮湿直立　　　　　　　　　　饱和流动

图 2.3.29　含水量对黏质粉土形态的影响

含水量极低、基质吸力大、黏聚力小、摩擦角大；峰值黏聚含水量、

黏聚力大；含水量较大、基质吸力小、有一定的黏聚力、可塑性强

上述试验结果只针对特定的试验土样（且为重塑土），反映了不同黏粒含量和含水量对土体抗剪强度影响的一般规律，具体参数与土的性质有关。

2.3.4　土的渗透性

孔隙水从土体孔隙中透过的现象称为渗透，表征土体渗透性强弱的指标称为渗透系数 k，数值上等于单位水力梯度时对应的渗流速度。水在土体流动过程会受到较大阻力的影响，因此通常流速缓慢，大多情况下为层流，渗流速度 v、渗透系数 k 和水力梯度 i 之间满足达西定律（图 2.3.30）：$v = k \cdot i$。对于黏性土，孔隙水的渗流受到结合水膜黏滞阻力的影响，在受到高压或者高水头差作用时，所施加的外力超过了结合水的抗剪强度，孔隙水方会发生流动，克服结合水的黏滞作用所需要的初始水力梯度，称为黏性土的起始水力梯度 i_0，黏性土中的渗流要对达西定律进行修正：$v = k \cdot (i - i_0)$。地基土中的渗流场，会改变土体应力场，甚至引起渗透破坏（图 2.3.31～图 2.3.33）。

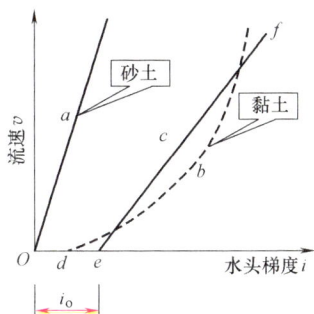

图 2.3.30　达西定律

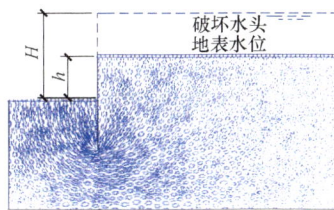

图 2.3.31　地基土中的渗流场

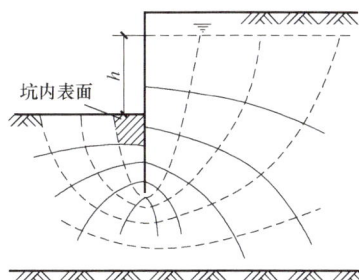

图 2.3.32　渗流场等势线

影响渗透系数的主要因素有：（1）土颗粒的性质，土粒越大、大小越均匀、形状越圆滑，k 值越大；（2）土颗粒矿物成分，黏土矿物含量越高，黏滞阻力越大，k 值越小；（3）土的密实度，土越密实，k 值越小；（4）土的饱和度，一般情况下饱和度越低，k 值越小，这是因为低饱和度土的孔隙中存在较多气泡，会减小过水断面积，甚至堵塞细小孔道；（5）土的构造，天然沉积土层形成渗透性不一致的层理构造，会使水平方向的 k_h 值比垂直方向的 k_v 值大许多倍。土的渗透性可以通过抽水试验获得，图 2.3.34 显示不同地层中降水井的出水量。

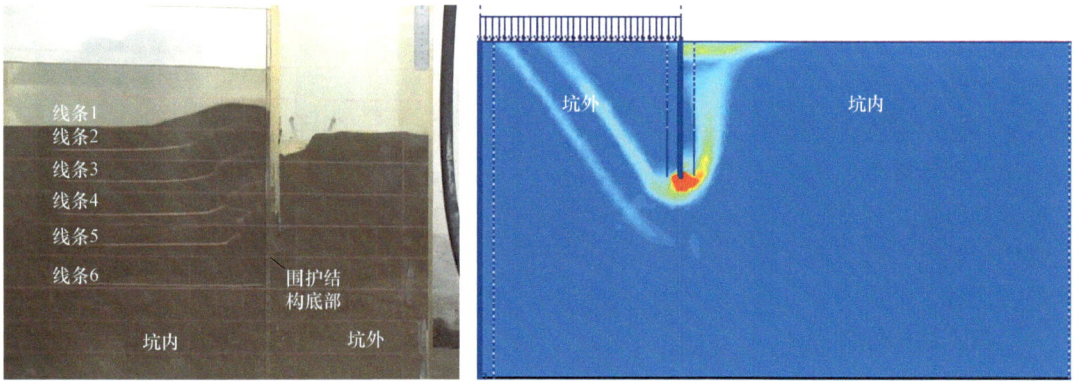

图 2.3.33 渗流引起的基底土竖向应力损失及隆起破坏

粉土地层　　　　　　　粉砂土地层　　　　　　　粗砂地层

卵石层　　　　　　　承压水层　　　　　降水引起的土颗粒流失

图 2.3.34 不同地层中的出水量

2.3.5 土的结构性

"结构"可以定义为：物体在外力作用下保持现状的一种能力。在沉积和成土过程中，土颗粒之间按照一定的排列和联结方式形成土的结构。就如同搭建房屋一样，通过梁、柱、墙、板等不同构件，按照一定的联结方式形成房屋结构，抵抗作用在房屋上的荷载，结构体内有大小不一的空间，不同构件之间的联结作用也不一。土的结构也类似，大小、形状、矿物成分各异的土颗粒，按照一定的联结方式形成土的结构，抵抗作用在土体上的荷载，颗粒间存在大小不一的孔隙，颗粒间的联结作用也各不相同。土体受扰动后结构性被破坏，强度降低，也如同房屋被拆除，梁、柱、墙、板等构件之间的联结作用被破坏，房屋结构抵抗荷载的能力削弱。李广信曾经很风趣地将"土骨架"形容为"白骨精"，以此强调土的结构对力学性能的重要影响，一旦土的结构被破坏，就跟骨头散架一样，有结构的"白骨"能成"精"，没有结构的土变"神经"。

影响土结构性的因素极为复杂，土的结构类型多种多样，遵循"由繁入简"的原则，抓住其主要特征。

颗粒间的联结作用可以分为：（1）接触联结，固体颗粒间直接接触，接触点上的联结强度来源于有效接触压力；（2）胶结联结，颗粒间存在的胶结物质，将颗粒胶结在一起；（3）结合水联结，通过结合水膜将相邻土粒联结在一起，又称水胶联结。

土的结构类型可以分为，粗粒土和无黏性土的单粒结构，黏性土的团聚结构，团聚结构又分为蜂窝结构、絮状结构和非均粒团聚结构：（1）单粒结构的特征，粗颗粒在重力的作用下单独下沉时与稳定的颗粒相接触，土颗粒相互形成稳定的空间位置，就形成单粒结构；（2）蜂窝结构，较细的颗粒在水中单独下沉时，碰到已沉积的土粒，因土粒间的分子引力大于土粒自重，则下沉的土粒被吸引不再下沉，依次一粒粒被吸引，最终形成具有很大孔隙的蜂窝状结构；（3）絮状结构，粒径极细的黏土颗粒在水中长期悬浮，土粒在水中运动时不断碰撞吸引，形成小链环状的土粒集而下沉，一个小链环碰到另一个小链环时相互吸引，不断扩大形成大链环状；（4）非均粒团聚结构，极细颗粒填充在粗颗粒和细颗粒的孔隙中团聚形成的结构。黏性土颗粒在水中沉淀形成絮状结构，如漫天纷飞的柳絮在空中飘落，层层叠叠落满地！

粗粒土和无黏性土的单粒结构联结作用为接触联结，对于同一种土，土体松散则联结强度弱，土的力学性质差，土体密实则联结强度强，土的力学性质好，如果土体受到扰动，土的密实度发生改变，既可能更加密实，也可能变得松散。

黏性土的团聚结构中存在胶结联结和结合水联结，如果土体受到扰动，胶结物质被破坏、胶结强度损失，土粒、离子、水分子之间的平衡体系受到破坏，结合水的吸附作用被削弱，部分吸附水转变为自由水，黏性土的强度降低、压缩性增大。胶结联结是成土过程中，孔隙中的盐溶矿物析出所形成的晶体和无机胶体以及腐殖质有机胶体，将固体土颗粒联结在一起，这种胶结作用一旦被破坏，很难在短时间内恢复。一般的扰动不会改变土颗粒的表面性状和孔隙中水溶液的电荷环境，因此受扰动后土粒、离子、水分子之间会组成新的平衡体系，形成新的结合水膜，结合水联结逐渐恢复。黏性土成土过程中形成的结构性以及含水量对土体性质的影响，与豆腐的制作过程异曲同工：淤泥如豆腐、搅烂变豆花、脱水变豆干！

常用灵敏度 $s_t = q_u/q_u'$ 来衡量黏性土结构性的强弱。土的灵敏度，是指原状土的无侧限抗压强度 q_u 与其重塑后立即进行试验的无侧限抗压强度 q_u' 之比，土的灵敏度越高，结构性越强，受扰动后土的强度降低越多。$1<s_t\leq2$ 为低灵敏度黏性土，$2<s_t\leq4$ 为中灵敏度黏性土，$s_t>4$ 为高灵敏度黏性土。实际工程中，土体受到的扰动程度不同，土的结构破坏程度和恢复程度不同，土的力学性质受影响程度也不同。

杭州市萧山区湘湖区域典型淤泥土、扰动土及其重塑土的固结压缩变形试验结果与土的结构强度试验结果如图 2.3.35～图 2.3.38 所示。扰动不仅会损失土的结构强度，还会损失土体固结应力强度，压缩性大大增加。

图 2.3.35　现场取土

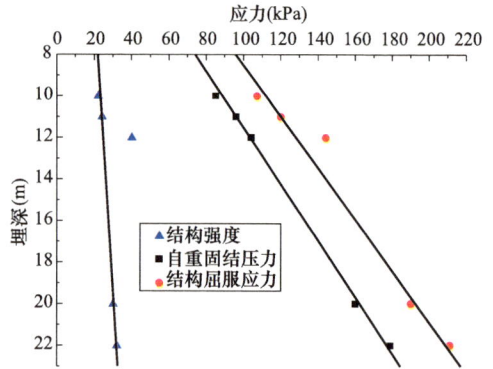

图 2.3.36　土体结构性沿深度变化

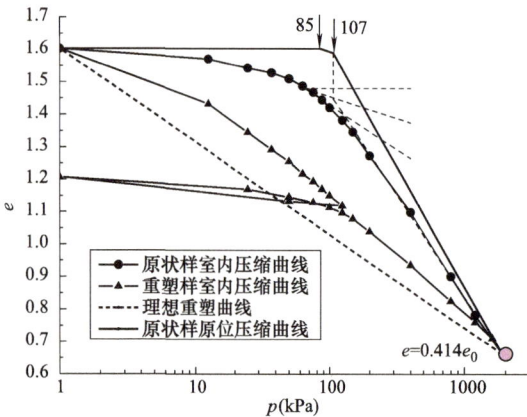

图 2.3.37　埋深 10m 土样固结试验结果

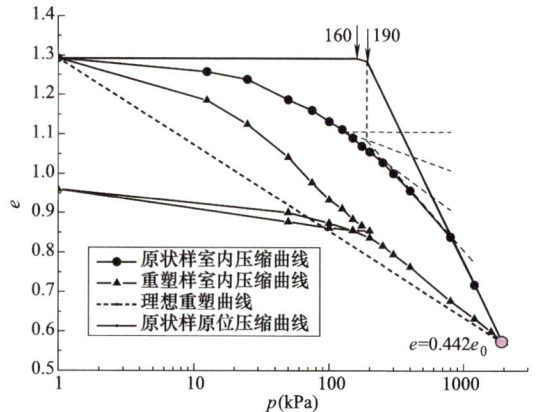

图 2.3.38　埋深 20m 土样固结试验结果

基坑工程施工对地基土的扰动可以分为：

1）止水帷幕施工

机械搅拌和高压喷射类施工对桩身部位土体产生破坏扰动，接近于重塑土，应选择合理的固化剂类型和掺入量，确保桩身土体快速、有效固化；桩侧土体受到挤压扰动，桩侧土体强度降低，应控制搅拌速度、喷射压力，减少桩侧土体扰动。

2）围护桩、墙施工

孔壁或槽壁土体受到侧向卸荷扰动，应通过合理的泥浆比重或护筒措施，减少侧向卸荷，控制此类扰动。

3）预制桩或钢板桩静压施工

桩侧土体受到挤压扰动，应控制压桩速度、选择置换率小的桩型减少扰动。

4）预制桩或钢板桩机械振动施工

振动会产生孔隙水压力的上升，造成砂土地基液化、黏性土地基结构强度降低，应选择免共振设备，避免地基土产生共振，减小土体扰动影响范围。

5）土方开挖施工

土方开挖会产生坑底土竖向卸荷扰动和坑外土体侧向卸荷扰动，应控制基坑开挖范围和暴露时间；开挖面保持干燥、减少水渗入地基土中、避免地基土强度降低；采用主动变形控制技术减少坑内土体侧向受力。

6）降水施工

降水减少孔隙水压力、土颗粒的有效接触应力增大，降水还会改变孔隙水环境，影响结合水联结作用，总体讲降水有利于提高土体强度，但会产生一定的压缩变形，降水施工不利的影响主要是土颗粒的流失，要控制颗粒的流失率、减少降水时间。

7）土方回填

回填土是重度扰动土，甚至可以看作是重塑土，回填土的工后变形很大，受施工作业面的限制，基本不可能采用压实回填，因此要选择级配好的粗颗粒土回填，不宜采用细颗粒土尤其是黏性土，水环境有利于粗颗粒土的回填压实，有条件的情况下还应掺入固化剂，增强回填土的密实度和强度。

8）钢板桩等回收施工

回收施工存在土的二次扰动，除了振动等扰动影响，体积损失也会带来严重的扰动，要选择体积损失小的钢板桩类型。

9）重车碾压

重车的自重和来回碾压的动荷载会对浅层地基土造成较为严重的扰动，尤其是启动和刹车的冲击荷载，能量完全由土体吸收，需要对重车行走道路进行适当加固，分散荷载的范围。

完全控制土体扰动是做不到的，也是没有必要的，在自然条件下地基土自身也在不断发生着变化，应根据基坑安全的需要和周边环境对变形控制的需要，有针对性地进行扰动控制。

2.3.6　土的流变性与非线性

一提到强度的概念，大家会习以为常地想到理想弹塑性模型曲线，尤其是采用内摩擦角来衡量土的强度，土体又具有典型的散粒体特性，因此会习惯地将土的变形特性和强度特性与颗粒之间的摩擦作用画上等号。对于干燥的砂土，可以将土颗粒视作弹性体，土的力学性质取决于颗粒表面的滑动摩擦特性，当剪应力小于颗粒间的摩擦作用，颗粒间不发生相对运动，土体变形可以看作是颗粒的弹性变形，当剪应力超过颗粒间的摩擦力，颗粒运动，土体进入塑性阶段。天然土，是由性状各异的土颗粒、孔隙水、气混合而成，土颗粒间的相互作用不仅有接触联结，还有胶结联结和结合水联结，土的强度不仅取决于颗粒间的摩擦作用，还取决于胶结作用和黏结作用。尤其是黏性土，土颗粒越细、黏粒含量越多、含水量越大，结合水的作用越显著，颗粒间的接触联结和摩擦作用越弱，黏结作用越显著。可以想象，如果图 2.3.39 中的滑动面上涂有胶水或黄油，或者砂土颗粒和胶水或黄油混合后再来做休止角的试验，在较小拉力的作用或较小的角度下，滑动块或砂土混合物就会发生运动，随着拉力或角度的增大，变形速率增大，随着时间的推移，变形也会持续发展。土的这些特性称为非线性和流变性。

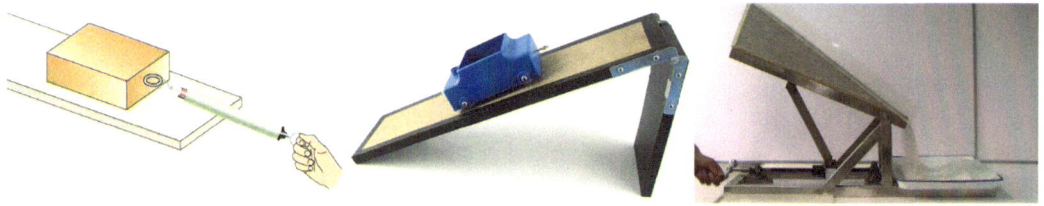

图 2.3.39 休止角试验

流变（图 2.3.40）是物体受力变形中存在的与时间有关的变形特性，土体流变性主要包括蠕变、松弛和长期强度效应等：（1）蠕变，在荷载恒定状态下，变形随时间增加而发展的现象，这也是基坑工程中经常存在的暴露时间问题；（2）应力松弛，在应变恒定状态下，应力随时间增加而减小的现象，这是对于锚索支护结构不可忽视的问题；（3）长期强度，强度随时间而持续有限降低，并逐渐趋近于一个稳定收敛的低限定值。土的流变机理在于土颗粒表面吸附水（结合水）具有黏滞性，从而使颗粒的重新排列和骨架体的错动具有时间效应，土体变形延迟，即变形与时间有关。土的流变性主要来源于结合水的黏结作用，因此颗粒大小、矿物成分、含水量是影响软黏土流变性质的重要因素，同时有机质含量对软土流变性质的影响也非常显著。一般而言，黏粒或有机质含量越多，塑性指数越大，流变性质也越显著；含水量越大，土的蠕变变形也越大，在相同剪应力的作用下越容易破坏；结合水的黏性越大，土的流变特性也越明显；先期固结压力越大，颗粒间的接触作用越强，流变特性越弱，在相同剪应力的作用下越不容易破坏。

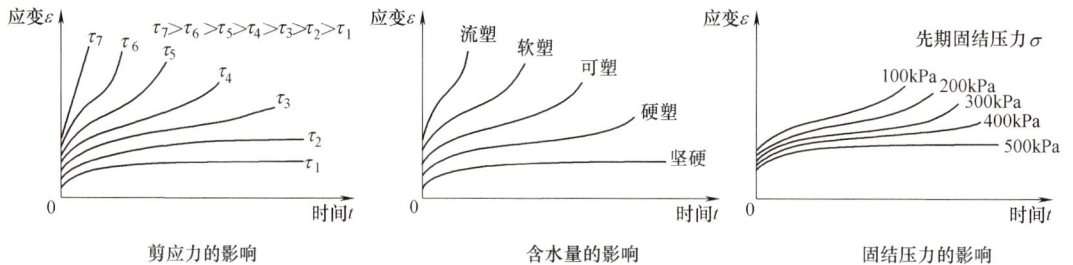

图 2.3.40 土的流变特性

当剪应力小于某一临界值时，蠕变现象逐渐减弱，应变速率也随之逐渐减小，而不会发生破坏，称为衰减型阻尼蠕变，当剪应力大于某一临界值时，土体将发生蠕变破坏，且荷载越大，土体破坏越快，称为非衰减型阻尼蠕变。黏性土的蠕变特性与偏应力（或剪应力）的关系为：（1）偏应力较小时，初始应变小，应变虽然会随时间增加而增大，但应变速率快速减缓趋于稳定；（2）偏应力较大时，应变随时间增加而增大，但速率逐渐减缓，经过较长时间方能收敛趋于一个稳定值；（3）偏应力大时（但仍低于常规试验所定强度），初始应变速率随时间减小，但随后又增大，应变速率无法收敛，最终导致土体破坏，也就是非衰减型阻尼蠕变；（4）偏应力很大时（大于常规试验所定强度），初始应变就很大，应变快速增加，应变速率也快速增大，土体迅速进入破坏阶段。

土体变形的非线性特性也与颗粒间的相互作用有关，当土颗粒要发生相对移动，需要克服颗粒间的接触摩擦作用、胶结作用和黏结作用，不同偏应力状态下，每种作用发挥的程度不同、对土颗粒的约束不同、对强度的贡献也不同，土的应力应变关系呈现出非线性，其中一部分变形是不可恢复的残余变形，也就是非线性变形过程中塑性变形和弹性变形是同时发生的。土的非线性特性与颗粒大小、矿物成分、含水量和应力状态相关，根据相关试验结果，重塑黏性土（清除先期固结压力、天然胶结等影响，制成相同颗粒级配、孔隙比的土样）的剪应力、剪应变关系曲线如图 2.3.41 所示：（1）含水量的影响，对于相同颗粒级配和孔隙比的重塑土样，当含水量越高，颗粒间结合水黏结作用的占比越大，土体变形的非线性特性越显著，含水量越低，颗粒间接触作用的占比越大，应力应变关系越接近理想弹塑性；（2）固结应力的影响，对于相同颗粒级配的饱和重塑土样，在不同固结压力下固结，再进行剪切变形试验，固结应力越小，颗粒间的接触作用越弱，土体变形的非线性特性越显著，固结应力越大，颗粒间接触作用越强，应力应变关系越接近理想弹塑性；（3）胶结作用的影响，将相同的重塑土样与不同比例的水泥固化剂混合，水泥水化后形成颗粒间的胶结作用，当固化剂掺量越多，形成的胶结作用越强，土体强度越高，变形模量越大，应力应变关系越接近理想弹塑性，如果胶结强度占土体强度的大部分，当胶结强度被破坏，土体呈现出应变软化特性。

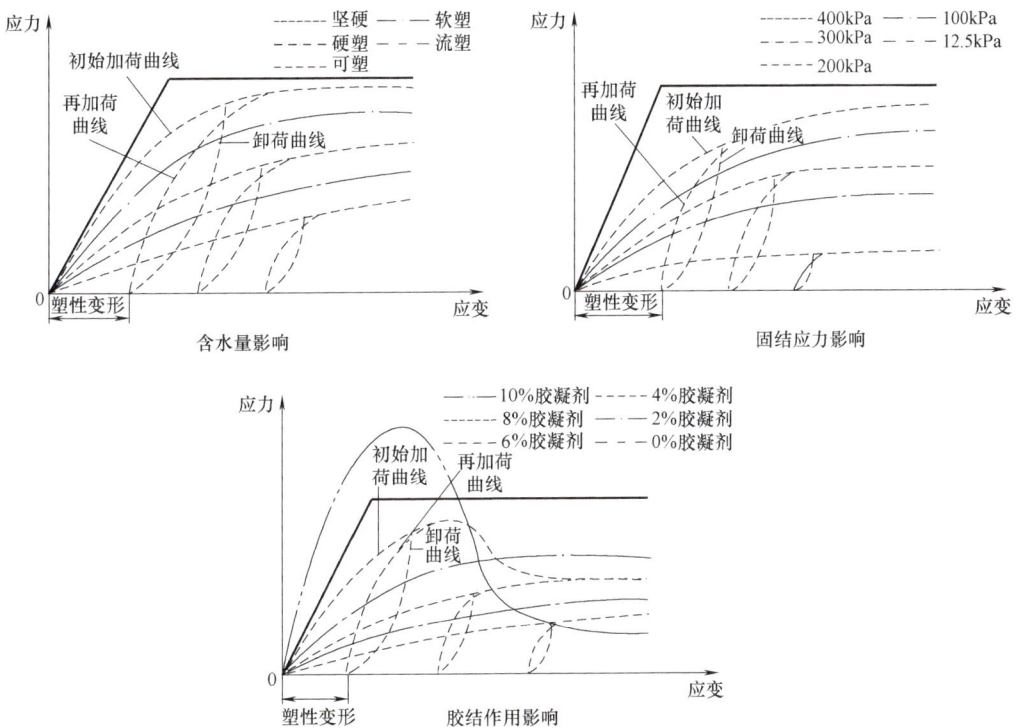

图 2.3.41　土体变形非线性特性

上海地区典型粉土和粉质黏土直剪蠕变试验结果如图 2.3.42、图 2.3.43 所示：剪应力水平越大，初始剪应变越大，剪切蠕变特性越显著；当剪应力水平较低时（剪应力比 $R=25\%$），剪切变形稳定时间较短，一般可以忽略其蠕变影响；当 $R=50\%$ 和 75% 时，蠕变出现衰减蠕变和稳定流动，蠕变呈亚稳定型，蠕变变形随时间的增长逐渐增大。

黏性土的变形特性和强度特性具有显著的流变性和非线性，因此我们不能用理想弹塑

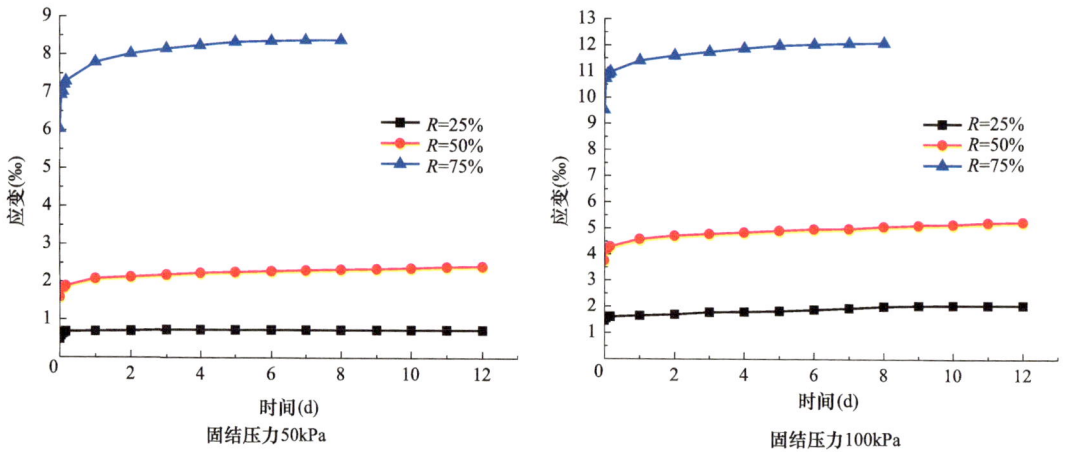

图 2.3.42 粉土蠕变试验结果

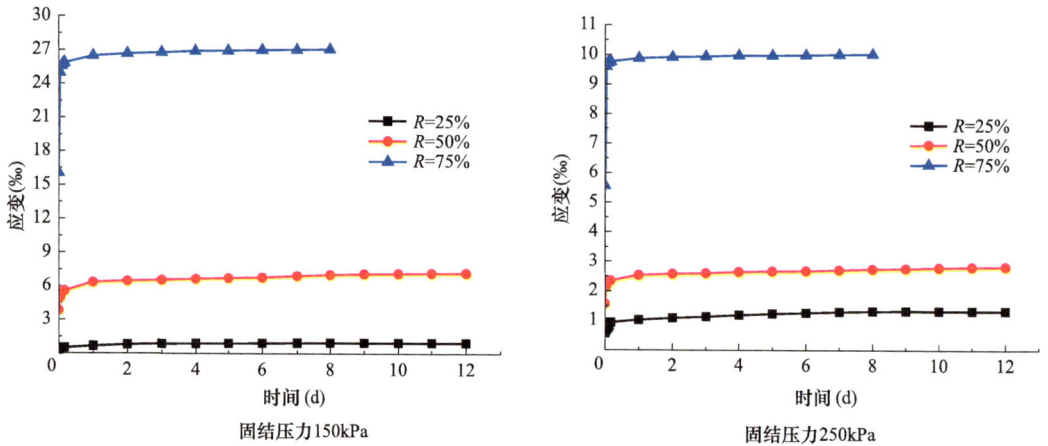

图 2.3.43 粉质黏土蠕变试验结果

性的眼光看待黏性土，不能简单地认为：黏性土的抗剪强度 $\tau = c + \tan\varphi$ 是一个定值，只要剪应力小于抗剪强度就能确保土体不破坏。根据黏性土的非线性特性，不同应变量对应的土体抗剪强度是不一样的；根据黏性土的流变性特性，在保持剪应力不变的情况下，随着时间的推移，土体会产生蠕变变形，甚至发生非衰减型阻尼蠕变破坏。因此，黏性土的变形特性和强度特性会随着偏应力水平和时间发生变化。对于基坑工程而言这非常重要，不能认为用弹性地基法算得一个变形结果就可以了。对于非线性和流变性显著的黏性土，如果计算得到的变形很大，说明基底土的偏应力水平很大，实际工程中当塑性变形和蠕变变形积累到一定程度时就会发生破坏。为避免基坑变形过大或发生破坏，需要控制基底土的偏应力水平，方法有：（1）减少基坑的暴露时间，减小基底土的蠕变变形，也就是时间效应，当然基坑的时间效应不仅是基底土的蠕变问题，还有时间越长，重车碾压等外部因素的影响越显著，混凝土结构的收缩变形、地下水的侵入、温度效应循环作用等影响也越大；（2）利用空间效应，将大基坑分成若干小基坑开挖，支撑施工采用沟槽开挖，减小基底土的竖向卸荷量，从而减小偏应力水平；（3）基底土加固，对临近坑边受侧向挤压影响最大的基底土进行加固，掺入固化剂减小基底土的含水量、提高土体的胶结强度，从而提高土体强度和剪切刚度，减小土体塑性变形和蠕变变形，尤其是采用悬臂支护形式，无支撑分担侧向土压力，基底土承受围护桩传递过来的全部土压力，基底土的偏应力水平很大，需要根据开挖深度和土质条件制定有针对性的基底加固措施，确保加固深度和加固范围覆盖偏应力水平较大的区域；（4）加强支撑（锚索）刚度，尽可能多地让支撑承受侧向土压力，减小基底土所受的侧向压力，从而减小土体的偏应力水平。加强支撑（锚索）刚度的措施有：增大每一道支撑（锚索）的刚度，减小基坑侧向变形，当刚度达到一定程度后，这种措施的效果急剧降低；加密支撑（锚索）竖向道数，减小每一步开挖工况支撑到开挖面的净距，减小基底土所承受的侧向压力；采用主动变形控制措施，将坑外水土压力尽量转换为由支撑所承受的轴力，最大限度地减少基底土所受的侧向挤压作用，可以将基坑变形控制在最小的程度甚至是负位移。减小基底土的偏应力水平，还可以通过加长围护结构刚度和嵌固深度的方法，将侧向挤压力由更深、土质条件更好的土体共同承担，此类措施性价比较低。

2.3.7　土体力学性质改良

土的力学性质取决于颗粒间的摩擦作用、胶结作用和黏结作用，影响土的力学性质因素有颗粒大小、矿物成分、孔隙比、含水量和应力状态，因此，要改良土的力学性质，需要从改善颗粒级配、孔隙比、含水量、颗粒间的胶结作用和固结压力入手。

改善颗粒级配方法的原理是，在细颗粒土中加入粗颗粒，提高颗粒间的接触作用，从而改善土体强度和变形特性，主要方法有：（1）换填法，将强度低、变形大的软弱土挖去，然后回填强度高、压缩性低的级配材料，级配材料应采用粗颗粒的砂、碎石、卵石、素土、灰土、煤渣、矿渣等材料分层充填，并同时以人工或机械方法分层压、夯、振动，使之达到要求的密实度；（2）强夯置换，利用重锤高落差产生的高冲击能将碎石、片石、矿渣等性能较好的粗颗粒材料强力挤入地基中，形成由粗颗粒相互接触作用的墩体结构。

减小孔隙比方法的原理是增大颗粒间的接触作用，主要方法有：（1）振密、挤密法，采用挤压和振动等方法，使土体密实，强度提高、压缩性减小，常采用的方法有振动水冲法（振冲法）、挤密砂桩法、石灰桩挤密法、灰土桩挤密；（2）强夯法又称动力固结法，利用重锤高落差产生的高冲击能对土进行强力夯实，迅速提高地基的承载力及压缩模量。

减少含水量和提高固结压力方法的原理是，孔隙变小、接触应力增大，从而增强颗粒间的接触作用，减少自由水和弱结合水的含量，从而提高结合水的黏结作用，主要方法是排水固结，使土体中的孔隙水排出，逐渐固结，土体压缩，同时强度逐步提高，又可以分为：（1）堆载预压法，临时堆填土石等荷载，对地基进行加载预压，为了加速堆载预压地基固结速度，常与砂井法同时使用，称为砂井堆载预压法；（2）真空预压法，用真空泵对砂垫及砂井进行抽气，产生负压，使地下水沿竖向排水路径排出地表，加速地基排水固结；（3）降水预压法，即用水泵抽出地基地下水来降低地下水位，减少孔隙水压力，使有效应力增大，促进地基加固，降水预压法特别适用于饱和粉土及饱和细砂地基；（4）电渗排水法，在土中插入金属电极并通以直流电，由于直流电场作用，土中的水从阳极流向阴极，然后将水从阴极排除，而不让水在阳极附近补充，借助电渗作用可逐渐排除土中水；（5）掺入脱水剂，对于亲水性很强的黏性土或有机质含量很高的污泥等，结合水的含量很高，与颗粒间的黏结性强，黏滞阻力很大，极难排水，可以掺入一定的脱水剂，削弱颗粒的亲水性和结合水的黏结性，提高脱水效率。

提高颗粒间胶结作用方法的原理是固化，在土体中掺入石灰、水泥、粉煤灰等固化剂，固化剂与孔隙中的水发生化学反应，将自由水和结合水转变为固态的结晶水，在减少孔隙比和含水量的同时，水化产生的无机盐晶体和胶体，将固体土颗粒胶结在一起，即增大了颗粒间的接触作用，也增大了胶结作用，从而提高土体强度、减少压缩性。以水泥作为固化剂为例，普通硅酸盐水泥与水接触后，从开始水化到水化完全要经过如下的一系列变化，每一步都是将孔隙中的水转变为胶体和晶体的过程（图 2.3.44）。

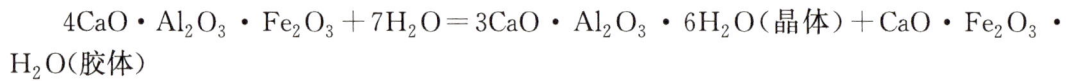

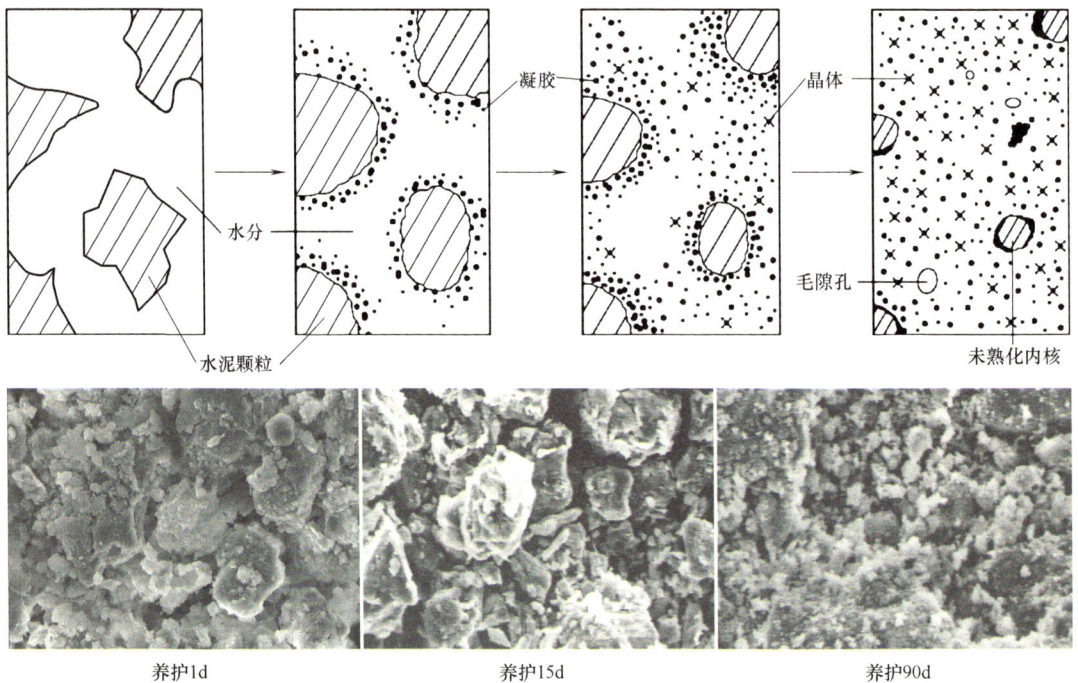

$3(CaO \cdot SiO_2) + 6H_2O = 3CaO \cdot 2SiO_2 \cdot 3H_2O(胶体) + 3Ca(OH)_2(晶体)$

$2(2CaO \cdot SiO_2) + 4H_2O = 3CaO \cdot 2SiO_2 \cdot 3H_2O(胶体) + Ca(OH)_2(晶体)$

$3CaO \cdot Al_2O_3 + 6H_2O = 3CaO \cdot Al_2O_3 \cdot 6H_2O(晶体)$

$4CaO \cdot Al_2O_3 \cdot Fe_2O_3 + 7H_2O = 3CaO \cdot Al_2O_3 \cdot 6H_2O(晶体) + CaO \cdot Fe_2O_3 \cdot H_2O(胶体)$

养护1d　　　　　养护15d　　　　　养护90d

图 2.3.44　水泥土固化过程

2.4　土的力学指标

作为散粒体材料的土，土的种类千差万别，不同土的工程力学性质差异性极强、变化性极大。因此，通过土的基本三相指标，能够快速、准确地判断各种土的各种力学性质，是岩土工程师的基本技能。

2.4.1 土的基本力学参数

"工程地质勘察报告"是工程建设过程中能够获得土体力学参数的基本资料，那么如何看待地质勘察报告提供的土力学参数？工程地质勘察报告提供的土体力学参数有三种来源途径：（1）取样进行室内土工试验；（2）现场原位测试；（3）参考类似工程经验。目前工程地质勘察报告中普遍存在的问题：（1）在现场取样及进行室内试验过程中，存在严重扰动现象，导致土体参数严重失真，不仅是黏性土会受到扰动，粗颗粒土也会受到扰动，原状的密实土取样后变成一盘散沙，块状的可塑、硬塑甚至是坚硬的黏性土在制样过程中被破碎（导致试验土样基本为重塑土），软塑或流塑状的黏性土被挤压揉搓，土的结构性被严重破坏，甚至含水量也被改变；（2）试验过程不规范，甚至不试验，随意借鉴类似工程资料；（3）为了弥补试验不规范的问题，在提供设计参数时，处于自身安全考虑，盲目减小土层的强度指标，致使设计参数严重失真。因此，要学会甄别"工程地质勘察报告"所提供的土体力学参数，尤其是经常出现强风化或中风化岩石按土体材料方式取值的情况。

自然界中存在的土都是由大小不同的土粒组成，工程上将各种不同的土粒按粒径范围的大小进行分组，各粒组的相对含量就称为土的颗粒级配，常采用粒径累计曲线表示土的颗粒级配。不同土类的物理力学指标统计结果如表 2.4.1～表 2.4.4 所示。

土按颗粒成分的分类　　　　　　　　　　　　　　　　　　　表 2.4.1

土类		细分类别	颗粒级配	
无黏性土	碎石土	漂石	$d>200$mm 的颗粒质量超过总质量 50%	
		块石		
		卵石	$d>20$mm 的颗粒质量超过总质量 50%	
		碎石		
		圆砾	$d>2$mm 的颗粒质量超过总质量 50%	
		角砾		
	砂土	砾砂	$d>2$mm 的颗粒质量不超过总质量的 50%，$d>0.075$mm 的颗粒质量超过总质量的 50%	$d>2$mm 的颗粒质量占总质量 25%～50%
		粗砂		$d>0.5$mm 的颗粒质量超过总质量 50%
		中砂		$d>0.25$mm 的颗粒质量超过总质量 50%
		细砂		$d>0.075$mm 的颗粒质量超过总质量 85%
		粉砂		$d>0.075$mm 的颗粒质量超过总质量 50%
	粉土	砂质粉土	$d>0.075$mm 的颗粒质量不超过总质量的 50%，且满足塑性指数 $I_P \leqslant 10$	$d<0.005$mm 的颗粒质量超过总质量 6%，小于等于总质量的 10%
		黏质粉土		$d<0.005$mm 的颗粒质量超过总质量 10%，小于等于总质量的 15%
黏性土		粉质黏土	$d<0.005$mm 的颗粒质量超过总质量 15%，小于等于总质量的 30%	
		黏土	$d<0.005$mm 的颗粒质量超过总质量 30%	
	淤泥质土	淤泥质粉质黏土		
		淤泥质黏土		
		淤泥		
		泥炭质土		
		泥炭		

不同土的基本特性 表 2.4.2

土类		细分类别	孔隙比	含水率（%）	天然重度（kN/m³）	液限 w_L（%）	塑限 w_P（%）	塑性指数 I_P	有机质含量 w_u（%）
无黏性土	碎石土	漂石	0.40～0.60	10～20	19.0～21.0	—	—	—	—
		块石							
		卵石							
		碎石							
		圆砾							
		角砾							
	砂土	砾砂	0.60～0.75	20～25	18.5～20.5				
		粗砂							
		中砂							
		细砂	0.70～0.85	20～25	18.0～20.0				
		粉砂							
	粉土	砂质粉土	0.70～0.80	18～30	17.5～19.0	24～27	17～19	6～10	
		黏质粉土	0.75～0.95	18～35	18.0～19.5	27～34	18～23	9～10	
黏性土		粉质黏土	0.70～1.00	20～38	18.5～20.0	28～40	18～24	10～17	—
		黏土	0.70～1.10	20～40	18.0～20.0	40～47	22～28	16～20	
	淤泥质土	淤泥质粉质黏土	1.00～1.45	35～55	17.0～18.5	33～39	20～23	12～17	5～10
		淤泥质黏土	1.25～1.60	45～60	16.5～17.5	38～45	21～25	17～21	
		淤泥	1.60～1.85	60～70	15.0～16.5	46～52	25～29	20～30	
		泥炭质土	1.75～3.20	70～140	15.0～18.0	95～140	40～75	35～65	10～60
		泥炭	—						>60

不同土的力学指标大致范围 表 2.4.3

土类		细分类别	压缩模量 E_s（MPa）	黏聚力 c（kPa）	内摩擦角 φ（°）	桩侧摩阻力特征值 q_{sia}（kPa）	地基承载力特征值 f_o（kPa）
无黏性土	碎石土	漂石	—	0～20（夹泥越多越大）	36～42（夹泥越多越小）	68～78	—
		块石					
		卵石	54～65				300～1000
		碎石	29～65				200～1000
		圆砾					200～800
		角砾	14～42				200～800
	砂土	砾砂		0～5	28～36	55～65	200～550
		粗砂	36～48			35～55	
		中砂	31～42			25～45	150～450
		细砂	19～36		28～36	20～40	100～350
		粉砂	9～21				90～300
	粉土	砂质粉土	9～12	7～12	22～28	15～35	120～300
		黏质粉土	5～10	10～25	15～22		

续表

土类		细分类别	压缩模量 E_s(MPa)	黏聚力 c(kPa)	内摩擦角 φ(°)	桩侧摩阻力特征值 q_{sia}(kPa)	地基承载力特征值 f_o(kPa)
黏性土	粉质黏土	沉积类	4～7	10～35	12～20	15～50	100～300
		风化类	8～20	30～60	20～25		
	黏土	沉积类	3～7	15～60	10～15		
		风化类	5～15	40～100	15～20		
	淤泥质土	淤泥质粉质黏土	2～4	10～15	9～12	9～13	30～80
		淤泥质黏土	2～4	10～15	7～9		
	淤泥		1～3	8～10	4～7	5～8	
	泥炭质土		1～3	5～10	3～15	—	—
	泥炭		与粗颗粒含量有关,离散性很大				

　　风化成因的残坡积粉质黏土和黏性土,原状土保留了一定的胶结作用、密实性高、含水量低,力学性质好。

不同土的渗透系数大致范围　　　　　　　　　　表2.4.4

土的类别	土的渗透系数参考值		
	m/d	m/s	cm/s
黏土	$<5\times10^{-3}$	$<5\times10^{-8}$	$<5\times10^{-6}$
粉质黏土	$5\times10^{-3}\sim1\times10^{-1}$	$5\times10^{-8}\sim1\times10^{-6}$	$5\times10^{-6}\sim1\times10^{-4}$
粉土	$1\times10^{-1}\sim5\times10^{-1}$	$1\times10^{-6}\sim5\times10^{-6}$	$1\times10^{-4}\sim5\times10^{-4}$
黄土	$2\times10^{-1}\sim5\times10^{-1}$	$2\times10^{-6}\sim5\times10^{-6}$	$2\times10^{-4}\sim5\times10^{-4}$
粉砂	$5\times10^{-1}\sim1$	$5\times10^{-6}\sim1\times10^{-5}$	$5\times10^{-4}\sim1\times10^{-3}$
细砂	$1\sim5$	$1\times10^{-5}\sim5\times10^{-5}$	$1\times10^{-3}\sim5\times10^{-3}$
中砂	$5\sim20$	$5\times10^{-5}\sim2\times10^{-4}$	$5\times10^{-3}\sim2\times10^{-2}$
粗砂	$20\sim50$	$2\times10^{-4}\sim5\times10^{-4}$	$2\times10^{-2}\sim5\times10^{-2}$
圆砾	$50\sim100$	$5\times10^{-4}\sim1\times10^{-3}$	$5\times10^{-2}\sim1\times10^{-1}$
卵石	$100\sim500$	$1\times10^{-3}\sim5\times10^{-3}$	$1\times10^{-1}\sim5\times10^{-1}$

　　岩石类等已经不属于散粒体材料,力学参数应取无侧限抗压强度并考虑岩石节理裂隙和产状情况进行折减(表2.4.5～表2.4.10)。岩体参数取值参照BQ法,岩体的基本质量指标BQ,根据分级因素的定量指标岩石饱和单轴抗压强度 R_c 和岩体完整性指数 K_v,按下式计算:

$$BQ=100+3R_c+250K_v \qquad (2.4.1)$$

　　BQ值小于250的第五类极破碎岩体,已经属于散粒体结构,其工程性质可按土体考虑。

R_c 与岩石坚硬程度的对应关系　　　　　　　　表2.4.5

R_c(MPa)	＞60	60～30	30～15	15～5	≤5
坚硬程度	硬质岩		软质岩		
	坚硬岩	较坚硬岩	较软岩	软岩	极软岩

岩石坚硬程度的定性划分　　　　　　　　　　　　　表 2.4.6

坚硬程度		定性鉴定	代表性岩石
硬质岩	坚硬岩	锤击声清脆,有回弹,震手,难击碎; 浸水后,大多无吸水反应	未风化~微风化的: 花岗岩、正长岩、闪长岩、辉绿岩、玄武岩、安山岩、片麻岩、硅质板岩、石英岩、硅质胶结的砾岩、石英砂岩、硅质石灰岩等
	较坚硬岩	锤击声较清脆,有轻微回弹,稍震手,较难击碎; 浸水后,有轻微吸水反应	1. 中等(弱)风化的坚硬岩; 2. 未风化~微风化的: 熔结凝灰岩、大理岩、板岩、白云岩、石灰岩、钙质砂岩、粗晶大理岩等
软质岩	较软岩	锤击声不清脆,无回弹,较易击碎; 浸水后,指甲可刻出印痕	1. 强风化的坚硬岩; 2. 中等(弱)风化的较坚硬岩; 3. 未风化~微风化的: 凝灰岩、千枚岩、砂质泥岩、泥灰岩、泥质砂岩、粉砂岩、砂质页岩等
	软岩	锤击声哑,无回弹,有凹痕,易击碎; 浸水后,手可掰开	1. 强风化的坚硬岩 2. 中等(弱)风化~强风化的较坚硬岩; 3. 中等(弱)风化的较软岩; 4. 未风化的泥岩、泥质页岩、绿泥石片岩、绢云母片岩等
	极软岩	锤击声哑,无回弹,有较深凹痕,手可捏碎; 浸水后,可捏成团	1. 全风化的各种岩石; 2. 强风化的软岩; 3. 各种半成岩

岩体完整程度定性划分　　　　　　　　　　　　　表 2.4.7

完整程度	结构面发育程度		主要结构面的结合程度	主要结构面类型	相应结构类型
	组数	平均间距(m)			
完整	1~2	>1.0	结合好或结合一般	节理、裂隙、层面	整体状或巨厚层状结构
较完整	1~2	>1.0	结合差	节理、裂隙、层面	块状或厚层状结构
	2~3	1.0~0.4	结合好或结合一般		块状结构
较破碎	2~3	1.0~0.4	结合差	节理、裂隙、劈理、层面、小断层	裂隙块状或中厚层状结构
	≥3	0.4~0.2	结合好		镶嵌碎裂结构
			结合一般		薄层状结构
破碎	≥3	0.4~0.2	结合差	各种类型结构面	裂隙块状结构
		≤0.2	结合一般或结合差		碎裂结构
极破碎	无序		结合很差		散体状结构

注:平均间距指主要结构面间距的平均值。

结构面间距划分　　　　　　　　　　　　　表 2.4.8

结构类型	《岩土工程勘察规范》GB 50021	《铁路工程岩土分类标准》TB 10077	《岩土锚杆与喷射混凝土支护工程技术规范》GB 50086	《水力发电工程地质勘察规范》GB 50287	《工程地质手册》(第四版)	《工程岩体分级标准》GB/T 50218
完整(整体状)	>1.5(1~2)	>1.0(1~2)	>0.8(2~3)	>1.0(1~2)	>1.5(1~2)	>1.0(1~2)
较完整(块状)	1.5~0.7(2~3)	1.0~0.4(2~3)	0.8~0.4(3)	1.0~0.5(1~2) 0.5~0.3(2~3)	1.5~0.7(2~3)	>1.0(1~2) 1.0~0.4(2~3)

续表

结构类型	《岩土工程勘察规范》GB 50021	《铁路工程岩土分类标准》TB 10077	《岩土锚杆与喷射混凝土支护工程技术规范》GB 50086	《水力发电工程地质勘察规范》GB 50287	《工程地质手册》(第四版)	《工程岩体分级标准》GB/T 50218
较破碎(层状)	—	0.4~0.2(3)	0.4~0.2(3)	0.3~0.1(2~3) <0.1(2~3)	—	1.0~0.4(2~3) 0.4~0.2(>3)
破碎(碎裂状)	0.5~0.25(>3)	<0.2(>3)	0.4~0.2(>3)	<0.1(>3)	0.5~0.25(>3)	0.4~0.2(>3) ≤0.2(>3)
极破碎(散体状)	—	无序		无序		无序

注：表中括号内数值为结构面组数。

岩体基本质量分级　　　　　　　　　　　　　　　表 2.4.9

岩体基本质量级别	岩体基本质量的定性特征	岩体基本质量指标(BQ)
Ⅰ	坚硬岩,岩体完整	>550
Ⅱ	坚硬岩,岩体较完整; 较坚硬岩,岩体完整	550~451
Ⅲ	坚硬岩,岩体较破碎; 较坚硬岩,岩体较完整; 较软岩,岩体完整	450~351
Ⅳ	坚硬岩,岩体破碎; 较坚硬岩,岩体较破碎~破碎; 较软岩,岩体较完整~较破碎; 软岩,岩体完整~较完整	350~251
Ⅴ	较软岩,岩体破碎; 软岩,岩体较破碎~破碎; 全部极软岩及全部极破碎岩	≤250

岩体物理力学参数　　　　　　　　　　　　　　　表 2.4.10

岩体基本质量级别	重力密度 γ(kN/m³)	抗剪断峰值强度		变形模量 E(GPa)	泊松比 μ
		内摩擦角 φ(°)	黏聚力 c(MPa)		
Ⅰ	>26.5	>60	>2.1	>33	<0.20
Ⅱ		60~50	2.1~1.5	33~16	0.20~0.25
Ⅲ	26.5~24.5	50~39	1.5~0.7	16~6	0.25~0.30
Ⅳ	24.5~22.5	39~27	0.7~0.2	6~1.3	0.30~0.35
Ⅴ	<22.5	<27	<0.2	<1.3	>0.35

岩体结构面抗剪断峰值强度

类别	两侧岩石的坚硬程度及结构面的结合程度	内摩擦角 φ(°)	黏聚力 c(MPa)
1	坚硬岩,结合好	>37	>0.22
2	坚硬~较坚硬岩,结合一般	37~29	0.22~0.12
	较软岩,结合好		

续表

类别	两侧岩石的坚硬程度及结构面的结合程度	内摩擦角 φ(°)	黏聚力 c(MPa)
3	坚硬~较坚硬岩,结合差	29~19	0.12~0.08
	较软岩~软岩,结合一般		
4	较坚硬~较软岩,结合差~结合很差	19~13	0.08~0.05
	软岩,结合差		
	软质岩的泥化面		
5	较坚硬岩及全部软质岩,结合很差	<13	<0.05
	软质岩泥化层本身		

不同破碎和风化程度的岩体如图 2.4.1~图 2.4.9 所示。

图 2.4.1 基本完整岩体　　图 2.4.2 较完整岩体　　图 2.4.3 较破碎岩体

图 2.4.4 破碎岩体　　图 2.4.5 极破碎岩体　　图 2.4.6 全风化

图 2.4.7 残积粉质黏土　　图 2.4.8 残积含砾粉质黏土　　图 2.4.9 残积粉土、粉砂

2.4.2 弹性地基法

土的基本特性是散粒体材料,在进行桩(围护结构)、土共同作用分析时,如果要分

析每个颗粒的受力状态及其与桩或围护结构的相互作用，将是一件无比复杂的问题。为了实现能够计算，工程应用中通常经过一定的假设，将自然现象简化为计算方法，基坑工程中通常将土体模拟成连续介质或弹性地基，当然更为复杂一点的模拟是离散元方法。任何方法的模拟，都会与自然现象存在偏差，这种偏差是不是能满足工程应用很重要，模拟方法越简单，需要的参数越少，计算越简便，但是与自然现象偏离越大；模拟方法越复杂，需要的参数越多，计算越复杂，反映自然现象的准确程度取决于参数的获取精度。

基坑工程的设计计算，常采用弹性地基梁法对桩土共同作用进行模拟，地基土看作是弹性地基，土体采用土弹簧模拟，围护桩（墙）作为弹性地基上的梁，按文克尔假定，梁身任一点的土抗力和该点的位移成正比进行求解 $F_i = K_i \cdot \delta_i$，其中：F_i 为某一深度地基土提供的抗力；K_i 为某一深度土弹簧刚度，又称为水平向基床系数；δ_i 为该点的位移。土弹簧是自然界不存在的物体，是弹性地基法的简化产物，土弹簧刚度 K 也不是土的基本力学参数，只是用来表征土抗力和位移的关系。但这种方法的基本概念明确，基本反映了单位面积上土体受力和变形的关系，加之方法简单，所得结果亦可满足工程应用要求，被大量采用。这种简化方法的核心思想是：坑外土体和地下水简化为纯水土压力荷载，作为基坑围护结构的荷载来源，坑内土体简化为土弹簧，与围护结构一起抵抗坑外水土压力荷载。这种简化假定忽略了以下几种作用：（1）忽略地基土对围护结构的竖向约束和水平径向约束，仅考虑水平法向的相互作用；（2）分层土体之间相互独立，即土弹簧相互独立受力变形，不考虑土层之间剪应力的传递和协同变形受力。

水平向基床系数 K 不是土的基本力学参数，需要根据土的基本力学参数结合现场测试、经验公式或理论方法推导得到。影响 K 值的因素很多：土的类别、应力水平、侧向变形大小等。确定 K 值的方法也很多，对不同的土体有不同的适用性。当考虑固结应力水平对水平向基床系数的影响时，K 随深度成正比时，可以表述为 $K = m \cdot z$，其中：m 定义为水平基床系数的比例系数；z 为土的埋置深度。常用的 K、m 参考取值如表 2.4.11、表 2.4.12 所示。

按土的类别确定 K 值（适合浅层土）　　表 2.4.11

土　类	K(MN/m³)
流塑黏性土 $I_L \geqslant 1$、淤泥	1～2
软塑黏性土 $1 > I_L \geqslant 0.5$、粉砂	2～4.5
硬塑黏性土 $0.5 > I_L \geqslant 0$、细砂、中砂	4.5～6
坚硬、半坚硬黏性土 $I_L < 0$、粗砂	6～10
砾砂、角砾、圆砾、碎石、卵石	10～13
密实卵石粗砂、密实漂卵石	13～20

按土的类别确定 m 值　　表 2.4.12

土　类		m(MN/m⁴)
流塑的黏性土		0.5～1.5
软塑黏性土、松散粉土和砂土		2～4
可塑黏性土、稍密～中密粉土和砂土		4～6
坚硬黏性土、密实粉土和砂土		6～10
淤泥土中搅拌桩加固,置换率>25%	水泥掺量<8%	1～2
	水泥掺量>15%	2～3

深基坑型钢组合支撑与变形控制技术

对于淤泥土中搅拌桩加固体的参数取值是一个很复杂的问题，不能生搬硬套，一定要谨慎选取：首先与淤泥土的细分类型有关，土的含水量越大，加固效果越差；其次是与加固方式有关，加固方式有裙边加固、抽条加固、满堂加固，同一种加固方式，置换率也各不相同；最后是加固质量，也是最为重要的因素，加固质量差的时候加固土的强度还不如原状土的强度，俗称"搅了还不如不搅"，加固质量好的时候会大幅提高土的强度。对于加固方式的影响，如果是采用满堂或抽条加固，基坑底部加固土形成可以直接传力的封闭式受力方式，如同内支撑一样，因此可以借鉴复合地基的理念，加固土的强度和刚度与置换率有关，通常淤泥类的加固土无侧限抗压强度要求达到 0.8MPa，实际只能达到 0.2～0.5MPa，加固土的抗压强度按置换率换算，以加固土的无侧限抗压强度 0.4MPa 作为基准数：满堂加固方式，加固置换率 70%，则复合地基的黏聚力 $c = \tau = 400 \times 0.7/2 = 140\text{kPa}$；抽条加固方式，加固置换率 40%，则复合地基的黏聚力 $c = \tau = 400 \times 0.4/2 = 80\text{kPa}$。对于裙边加固，尤其是大面积的宽基坑，加固只是改良了坑边局部很小范围的土体，地基土整体仍然是原状土，加固土形成不了封闭的受力方式，因此对地基土整体刚度和被动土抗力的提高作用很有限。

典型淤泥土中水泥土强度室内配比试验结果　　　　表 2.4.13

批次	土类及区域	强度指标	原状	1	2	3	4	5	6	7	8	9	10	20	30
				水泥掺量(%)(水灰比0.5)												
1	淤泥质粉质黏土(杭州)	黏聚力 c(kPa)	16	17	20	23	26	33	46	57	73	90	115	237	341
		摩擦角 φ(°)	15	20	23	24	26	26	27	27	29	30	32	48	61
2	淤泥质土(杭州三墩)	水泥掺量(%)		16					18		20				
		水灰比	原状	1	1.2	1.5	2	3	1	1.2	1	1.2			
		黏聚力 c(kPa)	14	153	122	110	93	55	172	135	182	144			
		摩擦角 φ(°)	9	18	17	16	14	13	18	17	19	18			
3	淤泥质土(浙江海宁)	水泥掺量(%)(水灰比1.0)		3.5	7	11	14								
		无侧限抗压 q(MPa)		0.42	1.2	2.11	2.76								
		黏聚力 c(kPa)	14												
		摩擦角 φ(°)	11												

从试验结果（表 2.4.13）可以看出，水泥土强度与原状土性质、水泥掺量、水灰比有关，原状土含水量越小、粉土颗粒含量越多、水灰比越大、水泥掺量越高，加固土的强度越高。按水灰比 1.0、水泥掺量 11% 时，室内配比试验的水泥土强度就能达到 2MPa。实际现场施工的水灰比基本在 1.5～2.0，甚至达 2.5～3.0，水泥掺量也通常达不到设计要求，因此，实际水泥土强度都要低于设计要求的 0.8MPa，甚至是远低于设计要求，反而把原状土的结构性破坏。在设计计算时应充分考虑施工离散性的影响（图 2.4.10、图 2.4.11），加固土参数建议取值如表 2.4.14 所示。

弹性地基法计算时被动区加固参数取值建议

表 2.4.14

土类		原状土	加固土			原状土	加固土			原状土	加固土		
			裙边	抽条	满堂		裙边	抽条	满堂		裙边	抽条	满堂
		c(kPa)				φ(°)				m(MN/m⁴)			
淤泥	弱加固水泥掺量 >8%	8~10	12	30	50	4~7	8	10	12	0.5~0.8	1.0	1.5	2.0
	强加固水泥掺量 >15%		15	50	80		10	12	15		1.2	3.0	4.0
淤泥质土	弱加固水泥掺量 >8%	10~15	15	40	70	6~10	10	12	15	0.8~1.2	1.2	2.0	3.0
	强加固水泥掺量 >15%		20	60	100		12	15	18		1.8	4.0	6.0
淤泥质粉质黏土	弱加固水泥掺量 >8%	10~15	20	60	100	9~12	12	15	18	1.0~1.5	1.5	3.0	4.0
	强加固水泥掺量 >15%		25	80	130		15	18	20		2.0	6.0	8.0

图 2.4.10 加固效果极好的水泥土

图 2.4.11 加固效果极差的水泥土

变形模量 E 是表征土体应力应变关系的参数，K、m 是表征土弹簧受力与变形的参数，通过弹性半空间理论，可以推导出两者之间的关系：$K=\alpha \cdot E=\alpha \cdot \lambda \cdot \sigma'$、$m=\alpha \cdot \lambda \cdot \gamma'$。其中：$E$ 为土的变形模量，对于坑内地基土，取排水条件下竖向卸荷应力应变关系曲线中的初始切线模量；α 为通过弹性半空理论计算得到的系数（图 2.4.12），与基坑宽度和土的埋置深度有关，基坑宽度越大，α 值越小，基坑宽度超过 100m 以后基本不变，浅层土体 α 值随深度增加而增大，0.5 倍基坑宽度以下基本不变；λ 为应力路径影响系数，与变形模量 E 有关 $\lambda=E/\sigma'$；σ' 为竖向有效应力；γ' 为有效重度。以杭州地区典型粉土为例（图 2.4.13），通常取 $m=3\sim5$MN/m⁴，通过弹性半空间理论推导的 m 值与基坑宽度有关（坑内土体处于饱和状态 $\gamma'=9.0$kN/m³），当基坑宽度较小（10~20m），$m=3\sim5$MN/m⁴，当基坑宽度较大（50~100m），$m=1.5\sim2.5$MN/m⁴。另外，水平基床系数和土的变形模量均与应力水平有关，实际工程中，坑内进行疏干降水，坑内土体干重度可以达到 $\gamma=16.0$kN/m³ 左右，m 值将成倍增大，当基坑宽度较小时，$m=6\sim10$MN/m⁴，当基坑宽度较大时，$m=3\sim5$MN/m⁴。

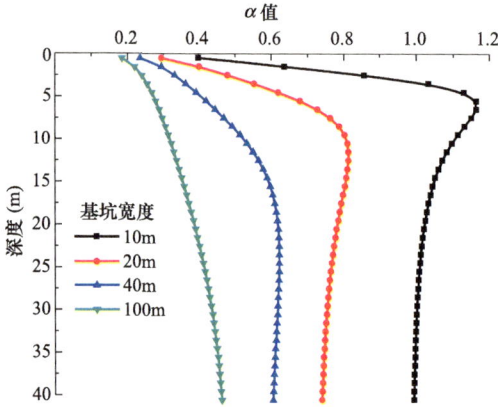

图 2.4.12 土弹簧刚度和变形模量间的系数　　图 2.4.13 杭州地区典型粉土 m 值

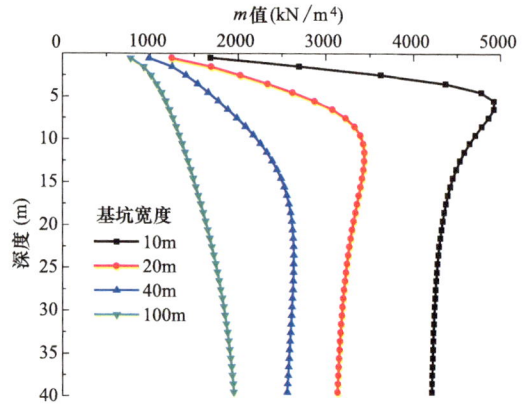

弹性地基法的第二个重要的参数就是坑外水土压力系数和分布模式，也就是支护结构上的荷载如何确定，在基坑工程研究领域，这是一件非常古老而又热门的话题。从工程应用的角度，就个人观点而言："真是没必要太复杂"。岩土工程不是一门精确计算的科学，在确保方法正确的情况下，对偏差的包容性很强，5%、10%甚至 20%的偏差能不能接受？如果是因为土压力模式的选择而带来围护结构受力变形计算结果有 20%的差异性，是完全可以接受的。这种程度的差异完全在简化计算模型与真实自然现象之间差异的范围内。例如：围护桩与支撑实际是有截面宽度的，而不是简化计算模型里面的点线面；地基土与围护结构的相互作用不只是法线方向，坑内外土体不仅给围护结构提供水土压力荷载，还会在竖向和径向提供约束，存在剪应力的传递作用；坑内外的土压力分布也不是简单的随着深度线性增加，当围护结构变形，地基土也会协同变形，不同深度土体之间通过剪应力的传递，土压力有均布化的趋势。这些因素都在弹性地基模型里面被简化，与实际自然现象存在很大差异，而且是向有利于安全性的方向简化。此外，我们在土体参数取值上的折减、围护结构材料承载力上的折减、结构荷载的分项系数等方面做了非常多的保障，确保允许存在一定的偏差。合理的偏差是可以接受的，但其前提是方法正确，因此在土压力系数的确定上，只要不出现错误，也就没有必要太纠结哪种方法或模式更"精确"。

土压力取值争议最多的是水土合算和分算，一如有效应力法和总应力法的争论，这取决于孔隙中水的状态，孔隙中的水是否对土颗粒形成水浮力的作用，是否能有效地传递静水压力，自由水能否相互连通且包裹土颗粒。对于饱和状态的粗颗粒土，土颗粒对水的吸附作用小，孔隙中的水基本为自由水，能有效地传递静水压力；对于细颗粒土的粉土，土颗粒对水的吸附作用不可忽视，大部分的孔隙水是吸附水，但小部分的自由水也能传递静水压力，这种传递会受到土颗粒和吸附水的阻碍，静水压力传递范围不完全，如果粉土中的含水量小于液限，则可看作自由水不能完全传递静水压力；黏性土孔隙水主要是结合水，孔隙间的通道也基本被结合水所封闭，自由水的流动受到限制，不能有效地传递静水压力。因此，首先分土的类别：对于无黏性土（粗颗粒土和粉土），孔隙水能比较顺利地传递静水压力，采用水土分算，地下水位面以下采用有效重度，水位面以上采用总重度；对于黏性土或含水量小于液限的粉土，颗粒间水的存在形式以结合水为主，不能有效地传递静水压力，完全可以将水土视为一体，采用水土合算。其次是静止土压力和主动土压力的争议，静止土压力对应的是围护结构完全保持不变形的条件，主动土压力是围护结构变形达到土的主动破坏状态，随着围护结构变形的增大，坑外土压力逐渐由静止土压力转变为主动。那么问题来了，弹性地基法是一个荷载与变形相关的问题，怎么办？当然也好办，与坑内土体简化成土弹簧一样，坑外土体也简化为土弹簧，坑外土体的水平基床系数也可以通过弹性半空间理论推到获得，弹簧受拉相当于土压力减小。对于这点偏差，有没有必要精确计算呢？以常见的几种土举例，静止土压力系数 $K_0=1-\sin\varphi$、主动土压力系数 $K_a=\tan^2(45°-\varphi/2)$，先不考虑含水量对强度参数的影响和黏聚力对侧压力系数的影响。可以看出，对于饱和砂土、饱和粉土和淤泥，这种土压力比较大的情况，静止土压力和主动土压力之间的差异基本在 10%～20%，用这两种土压力进行围护结构计算，相比于模型简化偏差、强度参数取值偏差、现场施工精度偏差、施工质量偏差，这种差异是完全可以为工程应用所接受的。只有非流塑状态的黏土、粉土和非饱和的砂土，两者差异才较大，这些土只要有很小的变形，就容易进入主动状态。总体来说，如果变形控制要求不高，可以采用主动土压力计算，如果对变形要求很高，基坑变形控制在毫米级（或基坑开挖深度的 1‰左右），应采用静止土压力计算（表 2.4.15）。

侧压力系数对比 表 2.4.15

	总重度 γ(kN/m³)	水侧压力系数 K_w	内摩擦角 φ(°)	静止土压力系数 K_0	主动土压力系数 K_a	总的静止侧压力系数	总的主动侧压力系数	两者差异（%）
饱和砂土	19.00	0.90	30.00	0.50	0.33	0.74	0.65	12.14
流塑粉土	19.00	0.60	24.00	0.59	0.42	0.72	0.60	16.17
流塑黏土	17.00	—	8.00	0.86	0.76	0.86	0.76	11.63
非流塑粉土	19.00	—	24.00	0.59	0.42	0.59	0.42	28.81
非流塑黏土	19.00	—	25.00	0.58	0.41	0.58	0.41	29.31
非饱和砂土	17.00	—	30.00	0.50	0.33	0.50	0.33	34.00

水土分算中的水压力取值也是一个值得探讨的问题，土体中的静水压力是孔隙中的水在自重作用下产生的，静水压力需要通过孔隙中的自由水进行传递，因此孔隙水压力的大小与孔隙中自由水传递压力的有效性有关：对于黏性土，孔隙水的存在形式基本是结合水，少部分自由水也被结合水和土颗粒所包裹并相互阻隔，因此很难有效传递静水压力；对于粗颗粒土，孔隙水的存在形式基本是自由水，孔隙间的自由水也基本是连通的，因此能有效地传递静水压力；对于粉土，既存在结合水对孔隙水压力传递的阻碍作用，但自由水也能传递一部分静水压力。天然土，基本是由各种类型的土颗粒混合而成，形成不同渗透性的土体，孔隙水压力传递的有效性也不一样。参照《基坑工程手册（第二版）》中对水压力取值的建议方法 $p_w=K_w\cdot\gamma_w\cdot z$，其中：$K_w$ 为孔隙水的侧压力系数，可根据土体渗透系数取 0.5～0.7（渗透性小者取小值，大者取大值）；γ_w 为水的重度；z 为水头高度。当然，如果考虑孔隙水压力打折，相应的土体有效重度也要提高，$\gamma'=\gamma-K_w\cdot\gamma_w$，其中：$\gamma$ 为饱和重度；γ' 为有效重度。对于 K_w 的取值，个人观点（没有试验结果和实测数据可以支持，谨慎采用）：根据土体渗透系数取 0.2～0.9，依次对应黏质粉土（0.2～0.4）、砂质粉土（0.4～0.6）、粉细砂（0.6～0.8）、中粗砂（0.7～0.9），其中粉土的含水量大于液限时采用水土分算，否则应采用水土合算。

2.4.3　连续介质有限元法

弹性地基法作为一种简单有效的分析方法，进行围护结构受力分析足以满足工程应用的要求，但对于稳定性分析、精确的变形分析，这些简化就带来了很多问题。目前规范的稳定性分析主要简化为：整体稳定性，即假定基坑可能发生的破坏模式为整体圆弧滑动，验算假定圆弧滑动面上的抗滑力与下滑力的比值；坑底抗隆起稳定性，即假定基坑可能发生的破坏模式为绕着最底下支撑点圆弧滑动破坏，验算假定圆弧滑动面上的抗滑力与下滑力的比值；围护墙底抗隆起稳定性，即假定基坑可能发生的破坏模式为围护结构底部位置的地基失稳破坏，验算围护结构底部位置的地基承载力；抗倾覆稳定性，即假定基坑可能发生的破坏模式为倾覆破坏，验算主动土压力、被动土压力和支撑极限抗力三者力矩的关系。

可以看出，在计算手段有限的条件下，为了能验算基坑的稳定性，把可能发生的破坏情况都预测一遍，为了便于采用数学方程进行计算，采用简化的破坏面模式对实际情况进行模拟。简化的破坏模式可能与实际情况有较大差异，为了保证基坑安全，尤其是隐蔽工程存在较大的质量不可靠性，因此各类安全系数均提得比较高：整体稳定性安全系数 1.25～1.35；坑底抗隆起安全系数 1.4～1.6；墙底抗隆起安全系数 1.4～1.8；抗倾覆安全系数 1.1～1.3。过大的安全系数取值，给工程应用带来了很多困扰（图 2.4.14）。

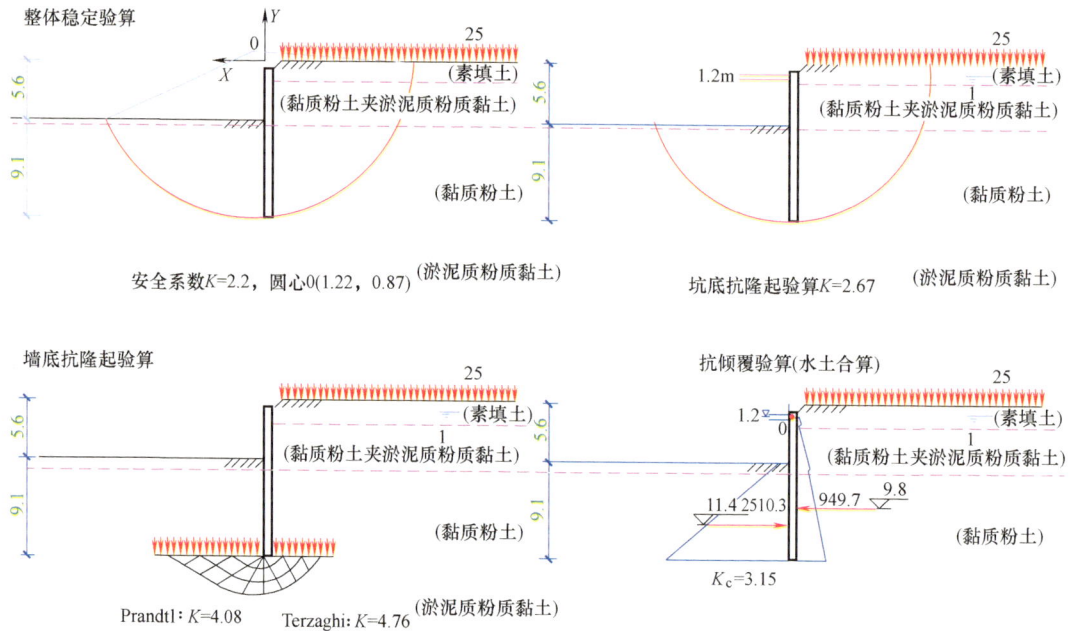

图 2.4.14　公式法基坑稳定性安全系数

随着计算机计算能力的提高，基坑稳定性完全可以采用连续介质有限元数值计算方法甚至是离散元数值计算方法，不需要人为地假定某种破坏模式。连续介质有限元数值计算方法也是一种对物理世界的模拟，数值模拟也叫计算机模拟，依靠电子计算机，结合有限元的概念，通过数值计算达到对工程问题和物理问题乃至自然界各类问题研究的目的。这种在计算机上实现的特定计算，非常类似于履行一个物理实验，跳出了数学方程的圈子来对待物理现象，就像做一次物理实验，在各个行业、各个领域里面均发挥着巨大的作用，可以说是现代科技水平的集中体现。数值模拟可以理解为用计算机来做试验，比如某一特定机翼的绕流分析，通过数值模拟计算，可以获得流场的各种细节，如激波是否存在，它的位置、强度、流动的分离、表面的压力分布、受力大小及其随时间的变化等。岩土工程有限元数值模拟也是通过计算机计算模拟物理试验，通过数值计算达到对岩土工程问题和物理问题的研究目的。

连续介质有限元法最核心的问题是土的本构模型选取，本构模型是描述材料应力-应变关系的数学模型，也称作本构关系。土的应力-应变关系非常复杂，具有非线性、流变性、弹塑性、剪胀性和各向异性等特性，同时应力路径、应力历史都对其有着显著的影响，某一种本构模型只能反映土的一种或几种特性，尚难面面俱到，因此都具有一定的适用性，在分析具体问题时应选择适合的本构模型（图2.4.15、图2.4.16）。目前常用的本构模型有：线弹性模型、各向同性 Duncan-Chang（DC）模型（非线性弹性模型）、Mohr-Coulomb（MC）塑性模型（摩尔-库仑理想弹塑性模型）、Drucker-Prageratum（DP）模型、修正剑桥模型（MCC）、Hardening Soil（HS）模型（硬化模型）和 HS-Small（HSS）模型（小应变硬化模型）等。

作为一种颗粒尺度差异性极大的散粒体材料，土的性质复杂多变，其本构模型可以无穷无尽地演化，但想用一种模型涵盖土的各类工程特性，显然是不切实际。有的模型虽然理论严密，但往往由于参数取值非常困难，而使计算结果不合理；相反，有些模型尽管形式简单，但常由于参数物理意义明确，容易确定，计算结果反而更接近实际。因此，选择土的本构模型时，还应在精确性和可靠性之间寻找合适的平衡点，根据实际问题以及所要分析的重点，选择适合求解问题的本构模型。对于稳定性问题分析，可以采用 MC 理想弹塑性模型，对于精确的变形问题分析，可以采用 HSS 模型。

1. MC 理想弹塑性模型

Mohr-Coulomb 模型（简称 MC 模型）能反映岩土类材料在屈服时，平均应力和偏应力间相关的特性，在岩土工程中被广泛地应用，且模型参数较少（黏聚力、内摩擦角、变形模量），可通过常规试验测定。

2. HSS 小应变硬化模型

MC 模型是一种理想弹塑性模型，实际土的变形特性既不是完全的弹性材料，也不同于理想的塑性材料，而是具有非常显著的非线性特性，在小应变范围内土体刚度较大，随应变量的增大刚度不断减小，当接近破坏时，土体刚度很小。根据土体刚度的递减特性，应力-应变关系曲线可以分为三个阶段：非常小应变（$<0.001\%$）、小应变（$0.01\%\sim 0.1\%$）和大应变（$>1\%$）。因此，要精确计算土的变形，需要采用能够反映土体在小应变范围内刚度较大，并随应变增大不断减小的性质。针对土体复杂应力应变关系的特性，一些学者提出了小应变本构模型，如 Whittle 提出的 MIT-E3 模型、Benz 提出的 HS-Small 模型、Finno 提出的切线刚度模型等。

Hardening Soil Small（HSS）本构模型是 Benz（2007）以 Hardening Soil（HS）模型为基础，结合修正的 Hardin-Drnevich 剪切模量关系式，并考虑土体的应变历史的影响和屈服面的多轴膨胀，所提出的一种可以反映土体小应变与卸荷特征的硬化土小应变模型。

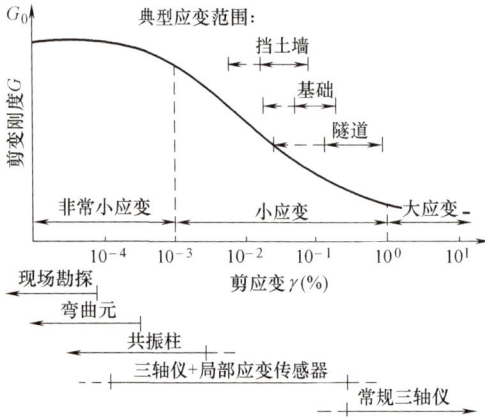

图 2.4.15　土体应变量三阶段

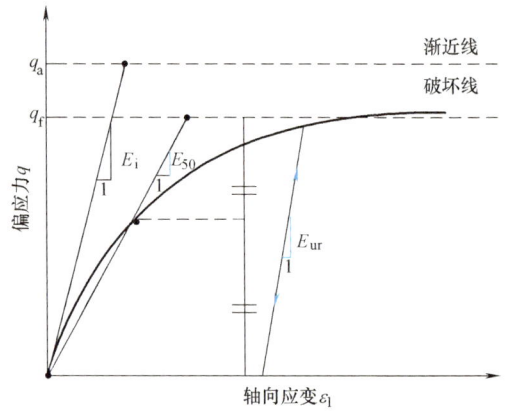

图 2.4.16　标准排水三轴试验的应力-应变关系

3. HSS 模型参数取值确定

HSS 模型中的强度参数包括黏聚力 c、内摩擦角 φ 和剪胀角 ψ。土体抗剪强度指标一般通过室内实验测定，但室内实验测定土体的抗剪强度指标应根据土体的实际固结情况和排水条件而定。对于黏性土的有效应力强度指标可以通过三轴固结排水试验、直剪仪的慢剪试验和带测孔压的三轴固结不排水试验确定；对于砂土无条件实测时，可采用静力触探试验或标准贯入试验的经验资料确定。但在工程实践中强度指标的选取具有一定困难，试验的排水条件和应力路径与工程实际很难一致，所以在选取土体的黏聚力和内摩擦角均以岩土勘察报告的建议值选取。

HSS 模型中的刚度参数包括应力相关刚度 m、标准三轴排水试验所得参考割线模量 E_{50}^{ref}、侧限加载试验的参考切线模量 E_{oed}^{ref}、卸载-再加载参考模量 E_{ur}^{ref}、卸载-再加载泊松比 ν_{ur}、小应变参考剪切模量 G_0^{ref} 和小应变剪切应变水平 $\gamma_{0.7}$。

通过单元体试验确定 HHS 模型的参数，是一项非常严谨细致的工作，对试验仪器、操作过程和试验水平有着极高的要求。工程实践中，通过积累大量的工程实测数据，结合室内试验成果，得到了一些经验性的参数，有一定的借鉴性。

第3章　基坑支护技术与工艺

事物都有其发展过程，基坑支护技术和施工工艺也是随着社会发展的需要在不断进步。当前，城市建筑与大型公共基础设施建设蓬勃发展，地下空间的开发与利用成了社会发展的重要组成部分。基坑的深度越来越深、规模越来越大、所面对的环境条件也越来越复杂，对基坑支护技术和施工工艺不断提出挑战。目前国内最深的软土地基基坑为上海苏州河深隧工程竖井基坑，在软土地基中开挖深度接近60m，相当于20层楼的高度。不仅单体基坑规模越来越大，众多相邻基坑同时施工的情况也屡见不鲜，涌现了大量的城市基坑群。随着快速的城市化进程，基坑周边环境变得极其敏感，可能左边是百米高楼、右边是千年古刹、前面是立交、后面是管廊，底下还有地铁（图3.0.1～图3.0.4）。

图 3.0.1　超深基坑

为了实现社会的可持续发展，基坑支护技术和施工工艺不仅要做到安全、可靠、经济，还要高效、节能、环保、对环境影响小。基坑支护技术可以分为以下几个阶段（图3.0.5）：（1）不倒就行，这一阶段基坑开挖深度较浅、基坑规模小、周边环境空旷、用地条件充足，基坑的主要功能是确保不发生坍塌、基底干燥，对变形控制要求不高，基坑支护技术主要以放坡支护、土钉墙支护、重力挡墙或悬臂支护为主，对地下水的处理主要以降水为主；（2）变形控制，这一阶段基坑开挖深度越来越深、基坑规模越来越大、周边环境越来越复杂，因此对基坑的安全性和变形控制都提出了很高的要求，基坑支护技术以桩锚支护、桩撑支护、逆作法支护为主，对地下水的处理也以止水为主；（3）绿色支护，这一阶段对基坑支护技术的环保特性提出了要求，强调基坑支护技术和施工工艺要节约能源、资源重复利用、减少污染物排放、对人居环境的影响小；（4）智能化控制，对基坑支护结构的施工精度、施工质量、施工过程进行智能化监控，并能够信息化反馈、预警和应急处理。

图 3.0.2　大规模基坑群

图 3.0.3　复杂环境逆作法施工

图 3.0.4　拥挤的城市地下空间

环境简单，简易支护　　　　　　环境复杂，强力支护　　　　　　低碳社会，绿色支护

图 3.0.5　基坑支护技术发展

3.1　基坑支护技术

3.1.1　放坡与土钉墙支护

1. 放坡支护

放坡支护方式，利用土体自身强度，形成稳定的边坡结构。前提条件：场地开阔、四周空旷，具备放坡条件。优势：施工速度快，造价便宜。劣势：挖、填土方量大，回填土不易压实，工后沉降大。

值得注意的是黏性土中的放坡与粗颗粒土不同，粗颗粒土边坡稳定性主要取决于内摩擦角，即放坡坡度小于内摩擦角的情况下即能保持边坡稳定，黏性土除了有摩擦力的作用，还有黏聚力的作用，因此在边坡高度较小的时候，放坡坡度可以大于内摩擦角，当边坡坡度较大时，黏聚力对稳定性的贡献比例就很小，此时如果进行放坡支护，放坡坡度就应按照土的内摩擦角控制。如果是混合类的土层，或粉土地层，内摩擦角和黏聚力均有一定的贡献，尤其是降水以后，土体内部形成一定的基质吸力，可以大大增加边坡的稳定性，减小坡度，其风险是当降水失效，或大量雨水和地下水侵入（临近管线破裂等情况），边坡极易失稳。天然粗颗粒土不同程度地含有一定的细颗粒土，也有一定的含水量，因此也具有一定的黏聚力和基质吸力的作用。在灵敏度高的地层中采用放坡支护，要充分考虑施工扰动对土体强度和边坡稳定的影响，受挤土桩施工、挖土施工、重车碾压等影响，地基土受到扰动、强度降低、边坡稳定性大大降低，尤其是基坑内部高差处的放坡支护（图 3.1.1）。不同地层的建议放坡坡度如表 3.1.1 所示。

放坡支护坡度建议值　　　　　　　　　　　　　　　　　　表 3.1.1

土层性质		淤泥	淤泥质土	淤泥质粉质黏土	黏土	粉土	砂土	碎石土
黏聚力(kPa)		8~10	10~15	10~15	15~60	10~25	0~5	5~10
内摩擦角(°)		4~7	6~10	9~12	12~22	20~26	28~36	28~40
边坡高度	3	1:2	1:1.5	1:1.5	1:(0.2~0.75)	1:(0.2~0.5)	1:(0.5~0.75)	1:(0.5~1.0)
	5	1:3	1:2.5	1:2	1:(0.5~1.5)	1:(0.5~0.75)		
	7		1:4	1:3	1:(0.75~2.0)	1:(0.75~1.0)	1:(0.75~1.0)	
	10		1:5	1:5	1:(1.0~2.5)	1:(1.0~1.5)		

粉砂土地层降水不到位边坡滑动　　　　　　淤泥土地层坑内放坡地基失稳

图 3.1.1　边坡滑动及地基失稳

2. 土钉墙支护

土钉墙支护与放坡支护方式类似，利用土体自身强度，形成稳定的边坡结构，区别是采用土钉对边坡土体进行加固，土钉的加固作用类似于加筋土挡墙。不考虑土钉自身抗剪作用的情况，相当于给土体施加了黏结加固作用，这种作用与黏聚力对边坡稳定性的贡献是类似的，仅能起到加强边坡土体的强度，但是对于坡底的地基承载力没有起到加固作用，因此在考虑土钉加固对边坡稳定性贡献的时候，不能忽视地基承载力也应满足要求。对于淤泥土类，由于地基承载力较低，边坡的稳定性经常受地基承载力的控制，因此土钉加固对放坡高度的影响较小。对于黏性土和砂土，地基承载力较大，边坡的稳定性主要受坡体的稳定性控制，因此对边坡土体进行加固，能起到比较显著的效果。不同地层中土钉墙支护建议放坡坡度如表 3.1.2 所示。

土钉墙支护坡度建议值　　　　　　　　　　表 3.1.2

土层性质		淤泥	淤泥质土	淤泥质粉质黏土	黏土	粉土	砂土	碎石土
黏聚力（kPa）		8～10	10～15	10～15	15～60	10～25	0～5	5～10
内摩擦角（°）		4～7	6～10	9～12	12～22	20～26	28～36	28～40
边坡高度	3	1：1	1：1	1：1	1：(0.2～0.75)	1：(0.2～0.5)	1：(0.5～0.75)	1：0.5
	5	1：2	1：2	1：1.5	1：(0.5～1.0)			
	7		1：3	1：2.5	1：(0.5～1.5)	1：(0.5～0.75)		
	10			1：4	1：(0.75～2.0)			

3. 复合土钉墙支护

复合土钉墙支护针对土钉支护不能提高基底土地基承载力的问题，在利用土钉对土体进行加固的同时，坡前设置抗滑桩，增大潜在滑动面的深度，提高地基承载力。复合土钉墙的坡前抗滑桩宜采用刚性桩，不宜采用抗剪强度很弱的水泥土桩。虽然设置了坡前抗滑桩，但是土钉墙由放坡卸土开挖变为垂直开挖，大大增加了侧向土压力，由于土钉的加固范围有限，不能像锚索结构一样为抗滑桩提供充足的侧向锚固作用，最终的侧向土压力均通过抗滑桩传递至坑内基底土，对基底土的侧向抗滑移能力提出了更高的要求，因此复合土钉墙不宜应用在较深的基坑工程中，否则会发生倾覆破坏。如果设置了锚索（或锚杆）

等具有锚固作用的结构，与抗滑桩共同受力，抵抗侧向土压力的作用，可适当加深应用范围。不同地层中复合土钉墙支护最大垂直建议开挖深度如表 3.1.3 所示。

复合土钉墙支护坡度建议值　　　　　　　　　　　　　　表 3.1.3

土层性质		淤泥	淤泥质土	淤泥质粉质黏土	黏土	粉土	砂土	碎石土
黏聚力(kPa)		8～10	10～15	10～15	15～60	10～25	0～5	5～10
内摩擦角(°)		4～7	6～10	9～12	12～20	20～26	28～36	28～40
高度	无锚索	3	4	4	5～7			
	有锚索	5	5	6	6～10			

三种基坑支护技术如图 3.1.2～图 3.1.4 所示。

图 3.1.2　放坡支护　　　　　　图 3.1.3　土钉墙支护　　　　　　图 3.1.4　复合土钉墙支护

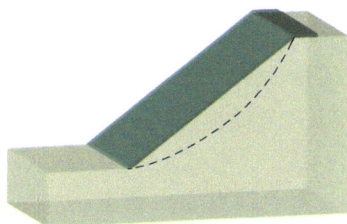

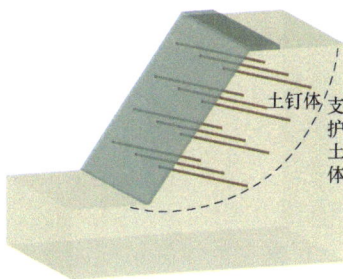

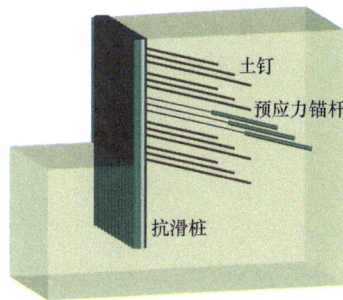

3.1.2　悬臂式支护

1. 重力式挡墙

以水泥系材料为固化剂，通过搅拌机械或高压喷射等方法，将固化剂和地基土强行搅拌，形成连续搭接的水泥土柱状加固体挡墙。加固体依靠自身强度可以保持直立，并依靠加固体的重力，抵抗侧向土压力的作用，保持基坑稳定。此类做法需要依靠墙体的自重保持平衡，因此墙体厚度较大，土体加固量大；需要通过墙体材料的抗剪能力抵抗侧向土压力作用，对加固体强度的质量有较高要求，在淤泥类土中存在较大的质量缺陷风险；对地基承载力有一定的要求，如果地基承载力较低，重力式挡墙的深度还要能保证竖向承载力。水泥土中固化剂的水化时间较长，尤其是淤泥土，要远比混凝土中的时间长，因此，采用搅拌桩重力式挡墙，应确保有充分的养护时间，否则极易发生墙体破坏。此类问题在土钉、锚索等支护中同样存在，都需要有充足的水泥土养护时间，以确保水泥土强度（图 3.1.5）。

图 3.1.5 水泥土强度不足，搅拌桩墙体开裂变形

2. 悬臂桩

通过刚性支护桩的抗弯能力来维持基坑的稳定，依靠足够的入土深度来确保地基承载力和抗倾覆，刚性桩的类型可以选用钻孔灌注桩、钢管桩、钢板桩、组合钢板桩。由于坑外土压力完全依靠围护桩悬挑支挡，因此悬臂桩的弯曲变形和坑内土体的侧向挤压变形较大。尤其是淤泥类的地基土，对桩的抗弯刚度、抗弯承载力和坑内土体的抗侧向变形能力要求很高。一旦应用不当，极易发生变形过大或倾覆破坏。

3. 双排桩

在悬臂桩的基础上增加一排围护桩，通过桩顶的冠梁和连系梁将前后排围护桩连接成门架式结构体系，通过门架结构的抗弯能力来维持基坑的稳定，依靠足够的入土深度来确保地基承载力和抗倾覆。与悬臂桩的区别是，门架式结构的桩顶与冠梁相互形成约束，限制了桩顶的转动，改善了桩的抗弯能力，减小了由于桩身弯曲产生的侧向变形。

三种悬臂式支护结构形式（图 3.1.6～图 3.1.8）的共同点是：无内支撑结构，土方开挖与地下室施工方便，广受欢迎；依靠桩（墙）的侧向抗弯能力来抵抗侧向土压力的作用，相比而言，重力式挡墙和双排桩的侧向抗弯刚度要大于悬臂桩；侧向土压力通过桩（墙）最终均传递至坑内基底土，对基底土体的抗侧向变形能力和承载力要求很高。在淤泥类土层中，由于地基土的侧向刚度和承载力很弱，完全依靠地基土抵抗土压力，极易发生变形过大和倾覆破坏。在土的力学性质一章中我们知道，土体变形和抗剪强度有非线性和流变性，其变形模量和抗剪强度并不是一个定值，会随着偏应力水平和时间发生变化，对于非线性和流变性显著的黏性土，为避免基坑变形过大或发生破坏，需要控制基底土的偏应力水平与暴露时间。悬臂式支护方式显然违背了控制基底土偏应力水平这条原则，基底土承受了全部的坑外侧向土压力作用，偏应力水平很高，剪应力不仅超过常规定义的抗剪强度，甚至远远超过蠕变破坏临界值，发生非衰减型阻尼蠕变，不仅应变快速增加，应变速率也快速增大，土体迅速进入破坏阶段。发生破坏的土体范围由临近围护桩区域、表层基底土向基坑中部和深部不断扩散，直至发生整体倾覆破坏。这种破坏是无法通过弹性地基法计算得到的，弹性地基法认为土弹簧随着变形发展，弹簧支反力不断增加。实际情况是，基底土发生非衰减型阻尼蠕变进入破坏状态，所能提供的支反力不仅不会增加，反而会因为土体破坏、变形过大受到扰动而迅速衰减。为解决这一问题，通常采用基底土加固的方法，增强坑边土体的刚度和强度。在大面积开挖工程中，受工程造价的限制，加固土的范围非常有限，在加固区以外，地基土依然存在侧向变形大、易发生破坏的风险，因此此类支护形式要严格控制使用范围。在不考虑表层放坡的情况下，同时淤泥类土中被动区加固宽度不小于开挖深度、被动区加固质量有保障的条件下，不同地层中悬臂支护建议最大垂直开挖深度如表 3.1.4 所示。

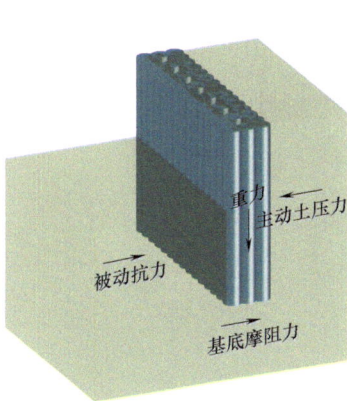

图 3.1.6　重力式挡墙支护　　　　图 3.1.7　悬臂支护　　　　图 3.1.8　双排桩支护

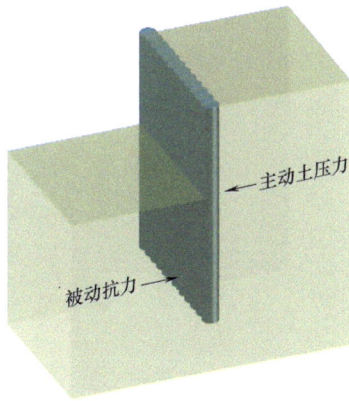

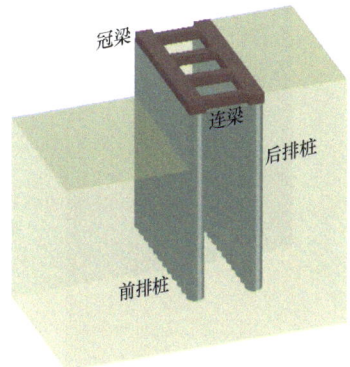

悬臂支护垂直开挖深度建议值　　　　　　　　　表 3.1.4

土层性质	淤泥	淤泥质土	淤泥质粉质黏土	黏土	粉土	砂土	碎石土
	被动区进行有效加固				坑外进行有效降水		
黏聚力(kPa)	8～10	10～15	10～15	15～60	10～25	0～5	5～10
内摩擦角(°)	4～7	6～10	9～12	12～20	20～26	28～36	28～40
重力式挡墙	4	4	5	5～7	5～6	5～7	
悬臂桩	3	3	4	5～7	5～6	5～7	7～8
双排桩	4	5	6	7～10	7～8	8～10	10～12

3.1.3　桩锚支护

桩锚支护可分为锚索和拉锚两种（图 3.1.9）：（1）锚索，通过在坑外土层中打入锚索，利用坑外土体与锚固体之间的摩擦作用，对围护桩形成锚固作用，限制围护桩变形、减小围护桩受弯；（2）拉锚，在坑外足够远位置打入锚桩，通过拉索将锚桩围护桩连接，依靠坑外土体对锚桩的侧向约束，起到限制围护桩桩顶变形的作用。两种方式均依靠坑外土体给围护桩提供约束，因此对坑外地基土的特性和用地条件有一定要求。

与复合土钉墙支护结构中，土钉只对土体起到加固作用有所不同，锚索支护结构必须

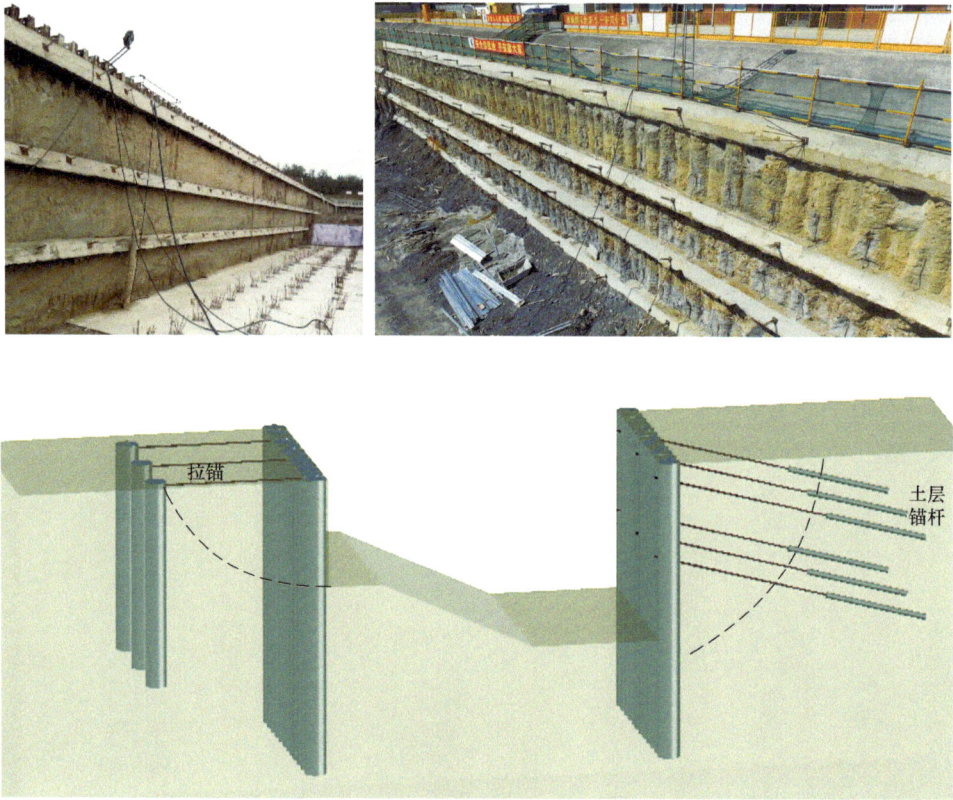

图 3.1.9 桩锚支护

为围护桩提供有效的水平拉力支撑，因此锚固体需要打入相对不发生位移的土体中，也就是需要穿透坑外土体潜在的滑动面深度，以提供足够有效的锚固力。与双排桩支护结构依靠门式桁架提高围护桩抗弯性能不同，拉锚支护结构依靠锚桩的侧向抗力给围护桩桩顶提供水平拉力，因此锚桩要远离坑外土体潜在的滑动面范围，并且坑外土体要能对锚桩形成有效的侧向抗力。桩锚支护与拉锚支护刚度取决于桩土、桩锚相互作用，与土的蠕变变形、非线性变形特性有关，其锚固刚度不是一成不变的，会随着时间和应力水平发生变化，因此可以视作柔性支护结构。同时桩土、桩锚相互作用刚度相对较小（1～5MN/m），需要发生较大变形方能提供相应的支反力，导致基底土承受大部分的侧向土压力，因此需要通过张拉施加预应力，减少基坑变形。不同地层中桩锚支护建议最大开挖深度如表 3.1.5 所示。

桩锚支护开挖深度建议值   表 3.1.5

土层性质	淤泥	淤泥质土	淤泥质粉质黏土	黏土	粉土	砂土	碎石土
	被动区进行有效加固				坑外进行有效降水		
黏聚力（kPa）	8～10	10～15	10～15	15～60	10～25	0～5	5～10
内摩擦角（°）	4～7	6～10	9～12	12～20	20～26	28～36	28～40
单道或拉锚	4	5	6	6～10	7～8	8～10	8～10
多道锚索				10～15	10～12	10～20	20～30

不论是采用悬臂式支护结构或桩锚式支护结构，除了要严格控制施工质量来确保基坑安全，还应采用跳仓法分块开挖等施工措施，充分利用空间效应，增强基坑安全性，减小基坑变形，在淤泥土中分段开挖长度不宜超过 20m，地下室底板结构跳仓施工完毕后方能进行下一次序的开挖。

3.1.4　桩撑支护

桩撑支护（图 3.1.10）采用刚性结构的内支撑系统，为围护桩（墙）提供刚性支撑，减小围护的受力和变形。内支撑结构可以分为钢管支撑、型钢支撑、型钢组合支撑、钢筋混凝土支撑、型钢与钢筋混凝土组合支撑等。其特点是刚度大、安全性高，无需侵占坑外地下空间资源，但占用坑内施工空间，对土方开挖和地下室结构施工带来一定影响。通过选择合理的支撑结构体系、合理设置支撑竖向与水平向的布局、采用主动变形控制技术，可以最大化地将侧向土压力由支撑轴力承担，减小坑内基底土的侧向压力，因此能很好地控制基底土的偏应力水平，有利于控制变形和稳定性，尤其是采用多道内支撑的支护结构。

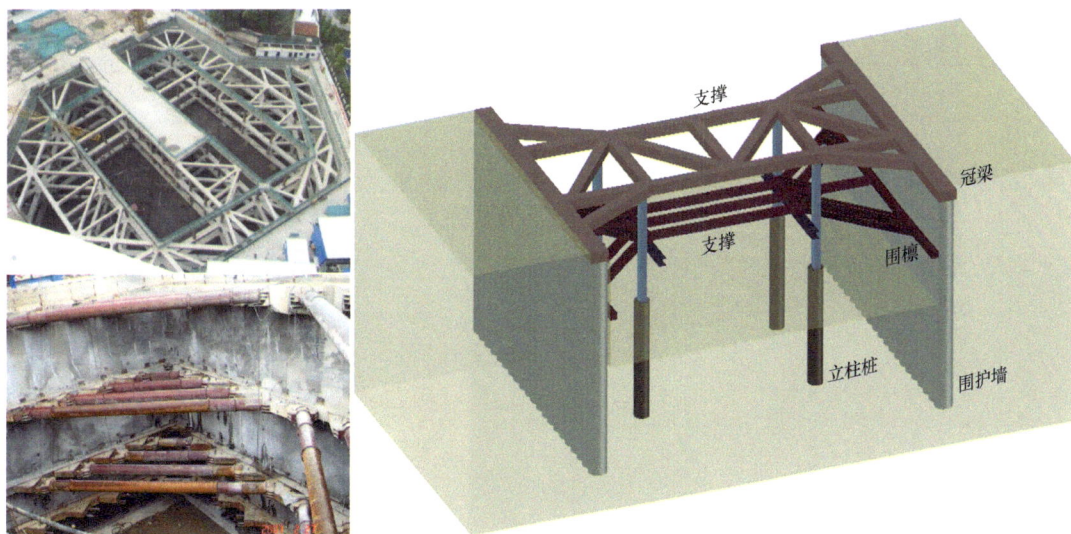

图 3.1.10　桩撑支护

桩撑支护结构里面有一种特殊的支撑结构——斜支撑。斜支撑具有施工速度快、经济性好、施工便捷等优势，是超宽、超大基坑工程支撑结构的一种选择，同时在应急抢险工程中也经常采用。斜支撑技术的关键在于：

（1）需要有能够提供足够抗力的支撑点；

（2）斜支撑与水平面的夹角应尽量小，水平荷载是恒定的，夹角越小，支撑轴力越小，支撑承受的竖向荷载分量越小，斜支撑承受的弯矩也越小；

（3）节点连接要可靠，斜撑的施工质量要便于检验，以保障其承载力；

（4）施工要简便、快速，减小对土方开挖及地下室结构施工的影响。

根据支点的类型，斜支撑可以分为：

1）斜抛撑

斜抛撑又可以分为：

（1）采用地下结构作为反力支点的斜抛撑（图 3.1.11～图 3.1.14），需要采用盆式开挖，先施工基坑中部的地下结构，待结构具有一定强度后作为斜抛撑的支点。根据基坑大小和土质情况，通过设置多层楼板斜抛撑，可适用于各类开挖深度的基坑。其缺点是地下结构需要分区施工，斜抛撑下方土体需要预留、分次开挖，对施工进度和土方开挖有一定影响。

图 3.1.11　钢筋混凝土斜抛撑

图 3.1.12　钢管斜抛撑

图 3.1.13　型钢组合支撑斜抛撑

图 3.1.14　楼板位置型钢斜抛撑

（2）采用锚桩作为支点的斜抛撑（图 3.1.15～图 3.1.20），锚桩斜抛撑是通过在基坑内部施工锚桩，通过锚桩的侧向抗力作为斜抛撑的支点反力，斜抛撑下方土体同样需要分次开挖，但地下结构无需分块施工，因此具有更好的施工便利性。锚桩斜抛撑工艺需要锚桩具有足够的侧向抗力，因此对基底土有一定的要求，根据基底土的性质，通过设置多层锚桩斜抛撑，可适用于各类开挖深度的基坑。

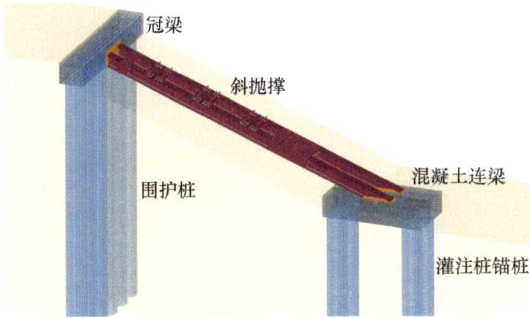

图 3.1.15　采用灌注桩作为锚桩（需要
施工混凝土连系梁，影响工期）

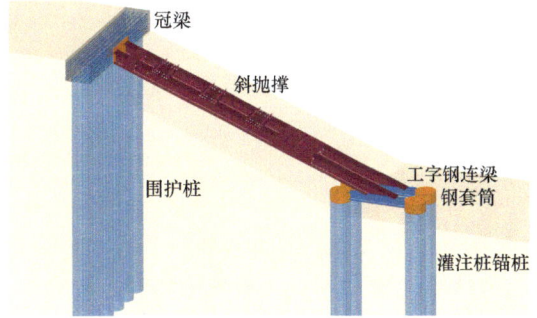

图 3.1.16　灌注桩锚桩预埋钢套筒（采用
工字钢连系梁，可快速形成斜撑）

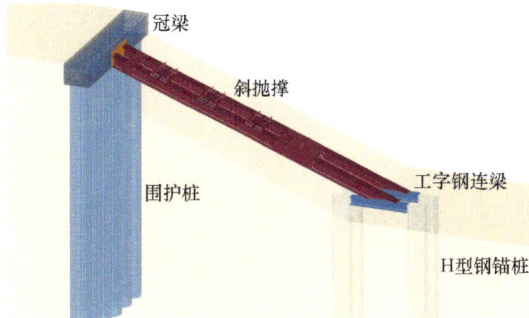

图 3.1.17　采用 H 型钢或钢管桩作为锚桩（可在开挖至坑底时再施工锚桩）

图 3.1.18　锚桩、连系梁与斜抛撑焊接

图 3.1.19　斜抛撑与底板整体浇筑

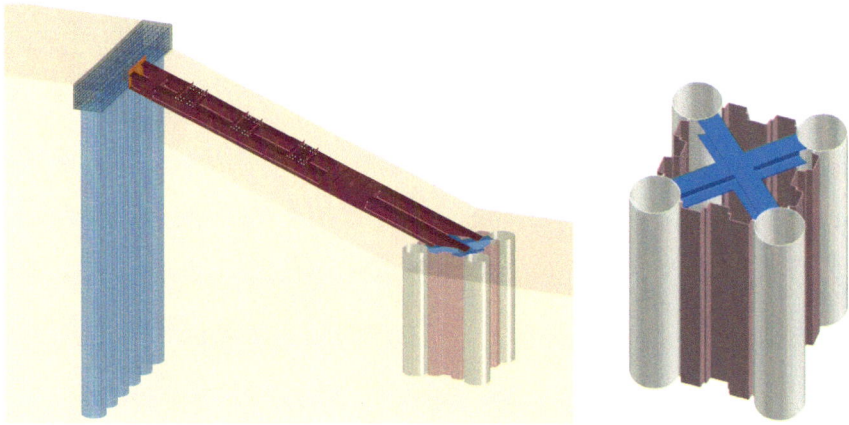

图 3.1.20 采用桩桶式结构作为锚桩

桩桶式锚桩结构，通过钢板桩将锚桩横向连接成一个整体，形成侧向刚度大、迎土面积大的桩桶式锚碇，以提供较大的水平抗力和竖向抗力。软土地层中桩桶式锚桩结构侧向抗力现场试验结果如图 3.1.21 所示：最大水平加载 1100kN；5m 桩长的侧向位移 8～9cm，8m 桩长的侧向位移 6cm。本次试验场地表层土为淤填土，厚度约 2.1m，中间夹有一层 1.3m 厚粉质黏土（耕植土），底部为淤泥。本次试验只有钢管锚桩，未采用拉森钢板桩进行连接，若采用拉森钢板桩对钢管锚桩进行连接，水平抗力将大幅增加。

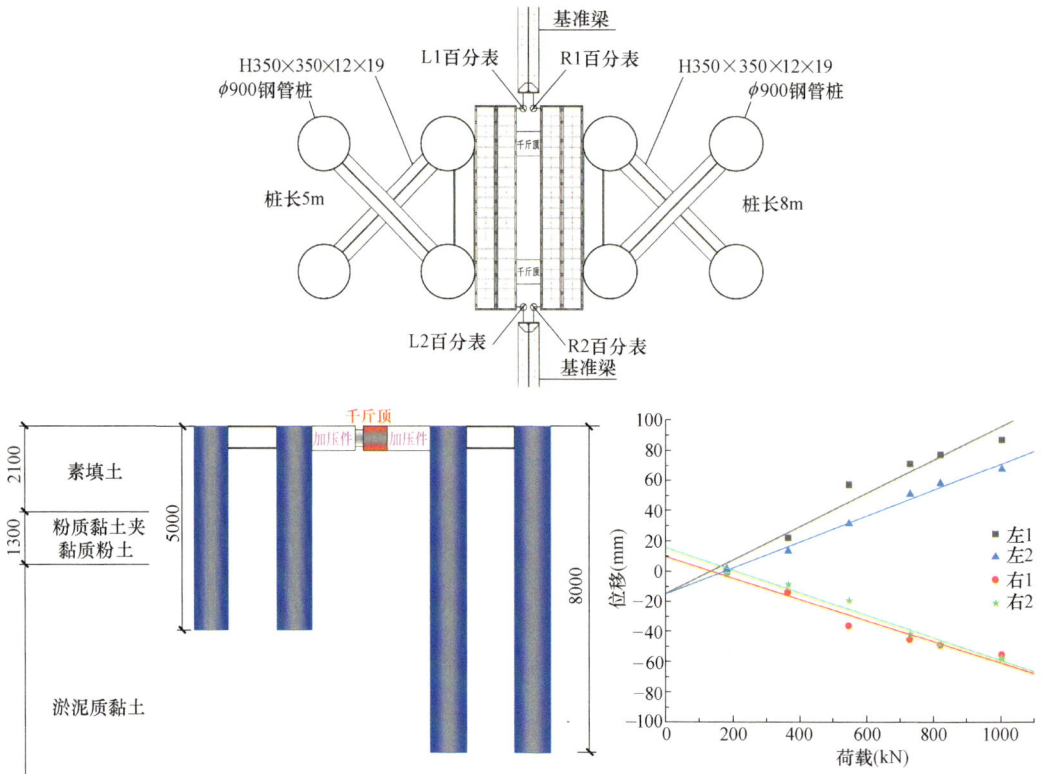

图 3.1.21 桩桶式锚桩水平承载力试验及结果

2）斜桩撑

斜桩可以承受较大水平荷载的作用，被广泛应用于桥梁、码头以及大型输电线路等建（构）筑物的基础中。采用斜桩来抵抗水平荷载的概念源于结构力学分析，即把斜桩看作斜向支撑，将桩轴向承载力在水平方向进行分解，以抵抗水平作用力。斜桩对竖向和水平荷载的分担作用不仅是力的分解问题，还与桩的轴向刚度和侧向刚度有关，进行斜桩撑分析需要考虑轴向与侧向刚度的耦合，才能明确单桩所承担的轴向荷载与侧向荷载情况。因此，斜桩撑的设计涉及桩的轴向刚度、轴向承载力、侧向刚度和侧向抗弯承载力。同时斜桩撑只能在开挖前施工，因此斜桩撑的支点只有一个，对基坑开挖深度有一定限制。

斜桩撑的施工方法有：

（1）直接打入式

通过机械手等设备，将型钢或钢管打入土体内部（图3.1.22、图3.1.23），此类方法在硬质地层中施工难度较大、倾斜度控制较难、倾斜角度小、旋喷桩加固质量难以控制。

图3.1.22　打入式H型钢或钢管斜桩

图3.1.23　桩侧土体采用高压旋喷桩加固

（2）跟套管钻孔法

与锚杆或锚索施工工艺类似，通过钻机成孔，套管防止塌孔，成孔后插入钢管并注浆填充，此类方法成桩桩径小，斜桩轴向和侧向承载力小。

（3）加筋水泥土斜桩

采用高压旋喷或搅拌桩机，先形成水泥土桩，在水泥土硬化之前，插入型钢或钢管，水泥土桩起到扩大桩径，提高轴向承载力的作用，型钢或钢管为刚性传力构件，承受轴向压力和侧向弯矩的作用。

采用加筋水泥土斜桩作为支撑，需要解决好以下几个问题：

① 水泥土桩的施工可行性及质量问题

水泥土桩施工方法有单轴搅拌工艺和高压旋喷工艺，当倾斜角小的时候，可采用搅拌工艺，为获得较大直径的水泥土桩，宜采用 IMS（图 3.1.24）或 SCM 等工艺；当倾斜角大的时候，搅拌类工艺的后坐力不足，宜采用高压旋喷工艺，且宜采用 MJS 或 RJP 等超高压喷射工艺，以形成较大直径的水泥土桩。为减少水泥土的养护时间，避免水泥土强度不足，应掺入能提高早期强度的外加剂，尤其是淤泥质土地层中。

图 3.1.24　IMS 斜向搅拌桩施工

② 水泥土桩侧摩阻力问题

斜桩支撑需要提供较大的水平承载力，设计值为 $500 \sim 1000$kN，相应的轴向承载力设计值为 $700 \sim 1500$kN。在淤泥土中，水泥土桩的桩径宜采用 $1.0 \sim 1.2$m，桩长不宜小于 20m，轴向承载力极限值 $1000 \sim 2000$kN；粉砂土与黏性土地层中，水泥土桩的桩径宜采用 $0.8 \sim 1.0$m，桩长不宜小于 10m，轴向承载力极限值不小于 $1000 \sim 2000$kN。

③ 斜桩桩身受弯问题

斜桩桩身可采用 H 型钢、钢管或钢格构柱（图 3.1.25～图 3.1.27），在同样用钢量条件下，桩身宜采用强轴方向抗弯强度高的 H 型钢，也可以避免二次加工的质量问题，同时便于斜桩穿底板和外墙的止水处理。

④ 型钢与水泥土的摩擦力问题

斜桩撑轴向承载力不仅取决于水泥土桩侧摩阻力，还取决于型钢与水泥土的摩阻力，型钢桩身应分段设置加劲板，起到压力分散的效果。

⑤ 承载力的检验问题和变形控制问题

与锚索结构一样，斜桩撑的承载力检验非常重要，同时为减小变形，需要施加预应力，预应力不应小于设计轴向承载力的 120%。

| 图 3.1.25　H型钢斜桩撑 | 图 3.1.26　钢管斜桩撑 | 图 3.1.27　角钢格构柱斜桩撑 |

⑥ 施工作业面和施工工序问题

施工作业面既包括外部作业面，也包括内部作业面，首先要确保施工机械的操作空间，同时要避开地下室结构的桩基、承台、梁、柱、墙等结构。为确保水泥土有足够的养护时间，要合理规划施工工序。

斜桩竖向承载特性与刚度分析可以分为经验方法、简化分析法、弹性理论法以及数值计算法。常用的简化分析方法又分为荷载传递法和剪切位移法，荷载传递法将桩沿着桩长方向离散成若干单元，土体与桩体之间相互作用用弹簧来模拟，每一点桩侧阻力仅与该点沉降有关；剪切位移法假定桩土之间没有相对位移，桩侧土体上下土层之间没有相互作用，剪应力传递引起周围土体沉降。弹性理论法认为土质均匀、各向同性，假定土体特性不因桩体的插入而发生变化，通过桩体位移与土体位移相协调，求得桩体位移与桩身应力。这些方法均需假定桩土之间的相互作用模式，对桩侧摩阻力、端阻力的传递方式以及桩土相对位移发生情况等均需进行简化。

斜桩水平承载特性与刚度分析可以分为地基反力系数法、弹性理论法、有限元法以及极限平衡法。其中常用的地基反力系数法根据土弹簧刚度的取值不同又可以分为线弹性的 m 法和非线性的 p-y 曲线法，其共同特点是把桩周土离散为一个个独立作用的土弹簧。有限元法是一种成熟的数值计算方法，在桩土相互作用分析中被广泛应用。有限元法能有效地分析土体应力场和变形场的变化情况，同时能考虑土的非线性和弹塑性特性，可以模拟桩土界面受力变形特性。

斜桩的受力变形特性与土体性质、桩倾斜角、桩长、桩顶约束等因素有关，下面以算例说明斜桩的轴向和侧向受力变形特性（图3.1.28～图3.1.35、表3.1.6、表3.1.7）。斜桩单桩受力变形问题简化为平面应变问题，即分析桩墙的轴向和侧向承载特性。桩顶约束分为铰接（桩顶可自由转动）与固支（桩顶不能转动）两种情况。

斜桩受力分析土层参数　　　　　　　　表 3.1.6

土性	黏性土	砂土
黏性土抗剪强度(kPa)	15+0.5z	
砂土摩擦角 φ(°)		30
饱和重度 γ_s(kN/m³)	16.0	19.0
变形模量 E(MPa)	1+0.6z	5+1.44z

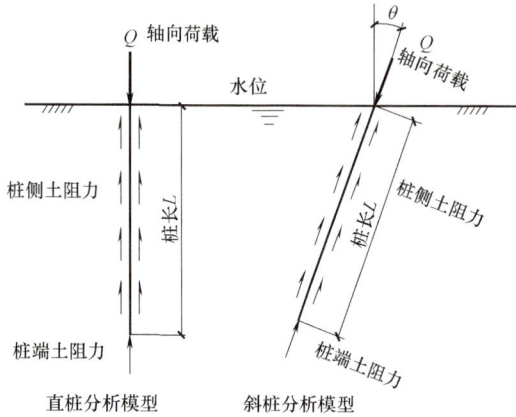

图 3.1.28 斜桩轴向承载特性分析模型

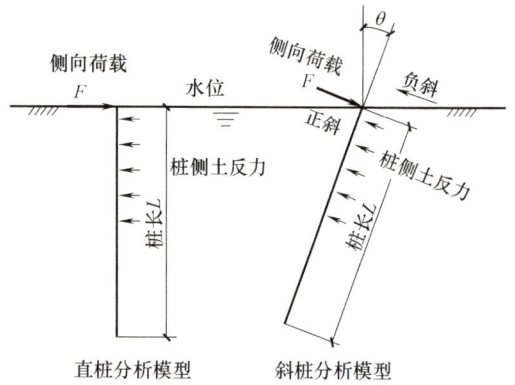

图 3.1.29 斜桩侧向承载特性分析模型

斜桩受力分析模型参数 表 3.1.7

工况	土性	倾斜角 θ(°)	桩长 L(m)	桩顶约束
1	黏性土	-20、-10、0、10、20	10、30、60	铰接
2	砂土	-20、-10、0、10、20	10、30、60	铰接
3	黏性土	-20、-10、0、10、20	10、30、60	固支
4	砂土	-20、-10、0、10、20	10、30、60	固支

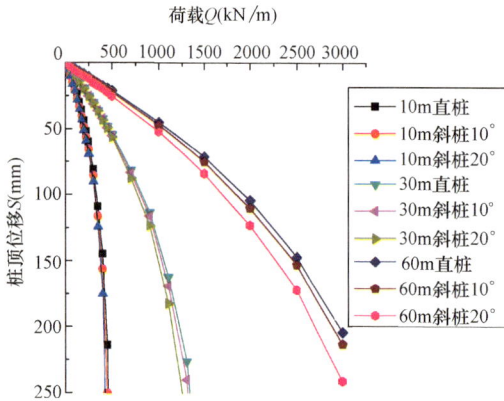

图 3.1.30 黏性土中斜桩轴向受力变形曲线

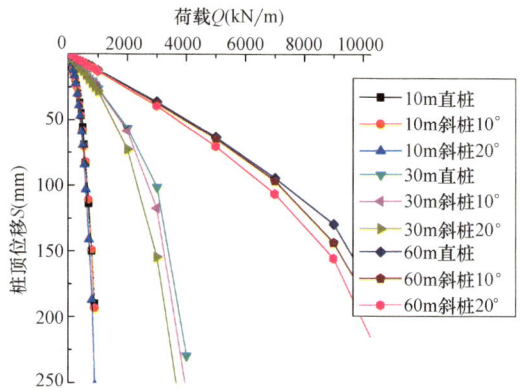

图 3.1.31 砂土中斜桩轴向受力变形曲线

采用连续介质有限元法分析斜桩撑桩身受弯情况（图 3.1.36～图 3.1.39），土体强度指标为固结不排水剪切有效应力指标，$\tau = c' + \sigma' \tan\varphi' = 5.2 + \sigma' \tan22.9°$。坑内土体卸荷回弹模量 E_r 取 $E_{r100-200} = 10$MPa。算例基坑开挖深度 10m，桩墙厚度 0.8m，前后两排桩间距 2m，桩顶为固支连接。

从桩身受力分析结果可以看出：斜桩倾斜度越大（与竖向夹角越大），充分发挥斜桩的轴向受力作用，对围护桩的约束越强，围护桩的受力变形越小；斜桩承受较大的弯矩作用，倾斜角越小（与竖向夹角越小），斜桩轴向受力发挥的作用越小，需要依靠斜桩受弯抵抗侧向土压力的作用，斜桩的桩身弯矩越大，其受力变形模式与双排桩接近，当倾斜角为 0，

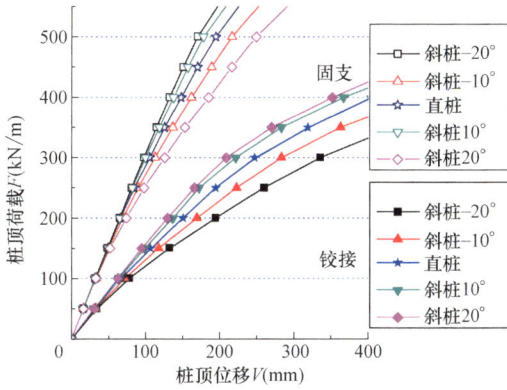

图 3.1.32　黏性土中斜桩侧向受力变形曲线

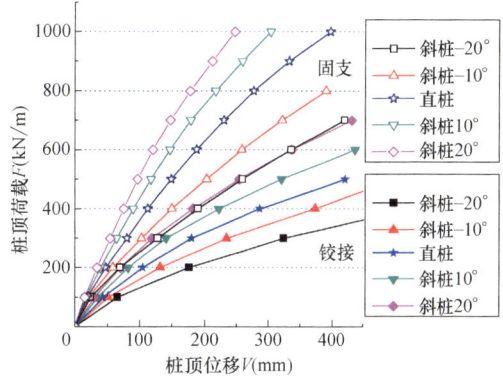

图 3.1.33　砂土中斜桩侧向受力变形曲线

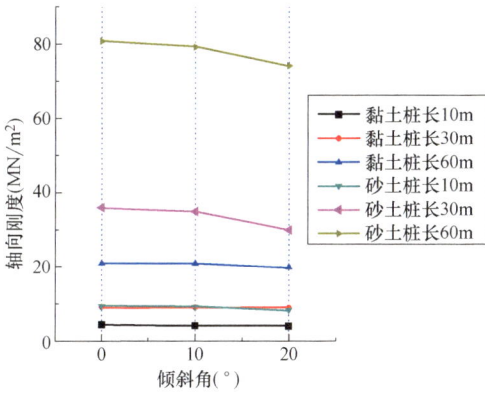

图 3.1.34　斜桩轴向刚度

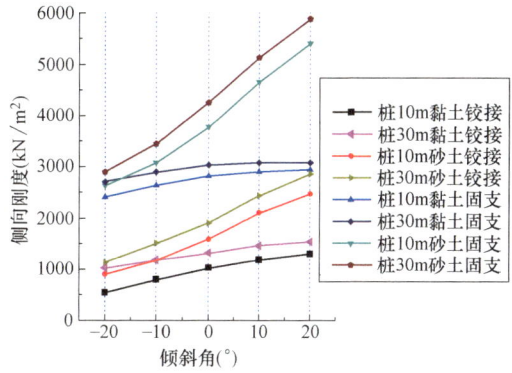

图 3.1.35　斜桩侧向刚度

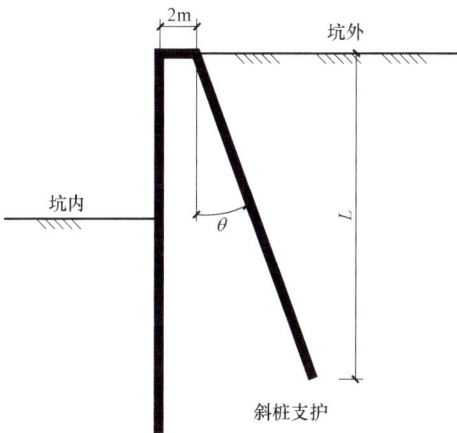

图 3.1.36　斜桩撑分析模型

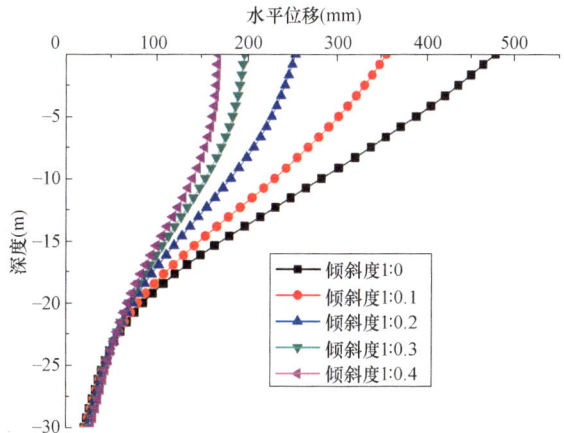

图 3.1.37　斜桩撑变形分析结果

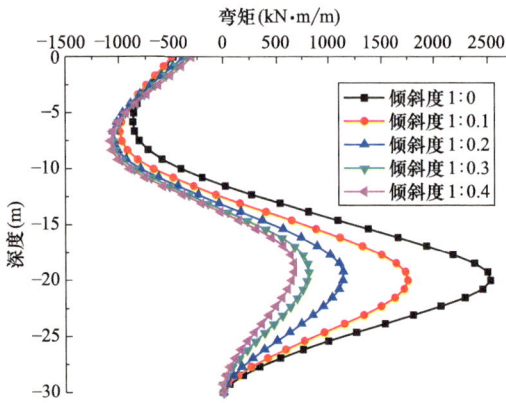

图 3.1.38　围护桩桩身弯矩

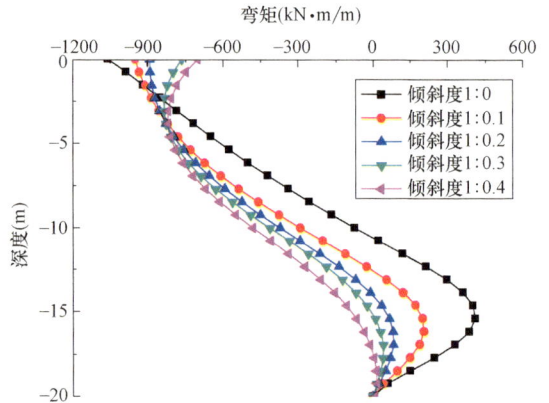

图 3.1.39　斜桩桩身弯矩

就是通常的双排桩。因此，如果要采用斜桩撑，斜桩的倾斜角宜大不宜小（与竖向夹角 45°～60°或与水平夹角 30°～45°为宜）。

采用斜桩撑时，应采用围护桩、斜桩、支墩整体计算的方式，三者不能剥离独立计算受力和变形，同时对围护桩受弯、斜桩轴向受压、斜桩受弯、支墩的受剪和受弯承载力进行验算，并做相应的设计（图 3.1.40、图 3.1.41）。

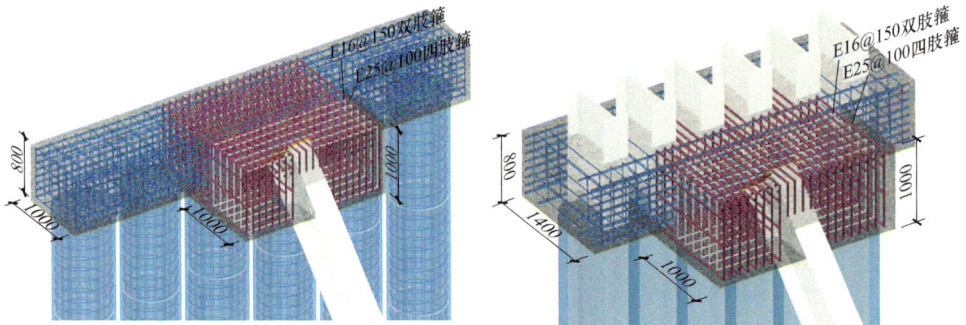

图 3.1.40　斜桩撑支墩做法

图 3.1.41　斜桩倾斜度太小时支座处受剪或受弯破坏

3.2　基坑施工工艺

如何有效地实施上述基坑支护方式，让基坑支护结构达到设计控制标准和实现设计意图，确保基坑安全、控制基坑风险、减小基坑变形，有针对性地选择施工简便、具有施工可行性、质量可靠、造价合理的施工工艺，对基坑工程有着至关重要的意义。基坑工程可能存在的风险及控制措施：（1）地基土力学性质差，围护结构承受的侧压力大，需要采用侧向抗弯和抗压强度最能得到保障的支护技术和施工工艺；（2）周边环境复杂，需要严格控制基坑变形，因此要选用施工扰动小、整体性好、侧向抗弯和抗压刚度最能得到保障的支护技术与施工工艺，甚至采用主动变形控制技术和工艺；（3）围护桩落在软土层中，地基容易失稳，需要采用桩长和桩身质量最能获得保障的支护技术与施工工艺；（4）地基土渗透性强、地下水丰富、水源补给充足，易发生止水帷幕渗漏，需要采用止水帷幕缺陷率最小、桩身质量均质性最好、施工质量受人为因素影响最小的支护技术和施工工艺。一项基坑工程是否安全、施工过程是否可控，并不取决于最强的环节做得怎么样，而是取决于最弱的环节做得怎么样，可以用木桶短板理论来解释基坑工程的安全性（图 3.2.1）。

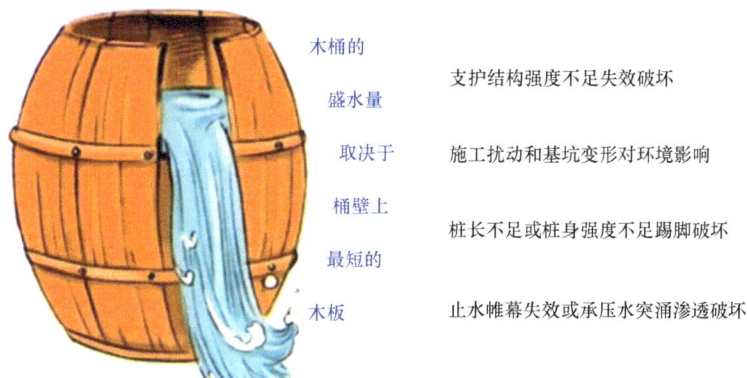

木桶的
盛水量
取决于
桶壁上
最短的
木板

支护结构强度不足失效破坏

施工扰动和基坑变形对环境影响

桩长不足或桩身强度不足踢脚破坏

止水帷幕失效或承压水突涌渗透破坏

图 3.2.1　基坑安全短板原理

基坑支护结构施工工艺主要包括：止水帷幕和地基加固类的搅拌桩和高压喷射注浆工艺；围护桩（墙）类的钢板桩、H 型钢、预支钢筋混凝土桩、灌注桩、地下连续墙工艺；支撑类的锚索、钢管支撑、型钢支撑、组合型钢支撑、钢筋混凝土支撑工艺；降排水类的轻型井点、自流深井、真空井工艺。

3.2.1　搅拌桩工艺

搅拌桩施工工艺种类很多，但其基本原理是一致的，通过回转的搅拌叶片对地基土进行机械搅拌、破碎，将地基土颗粒与水泥等固化剂强制搅拌混合，利用固化剂和孔隙水、土颗粒之间所产生的一系列物理、化学反应，形成强度更高、致密性更强、整体性更好的固化土。水泥是搅拌桩工艺中最常用的一种固化剂，因此也通常称为水泥搅拌桩工艺，当水泥与经过机械搅拌、破碎的地基土充分拌和后，水泥颗粒表面的矿物很快与孔隙水发生水解和水化反应，生成氢氧化钙、含水硅酸钙、含水铝酸钙及含水铁酸钙等化合物。这些化合物具有胶结作用，凝结后形成水泥土的胶结强度。此外，水泥中的硫酸钙与铝酸三钙与孔隙水发生反应后，生成针状结晶形式的化合物，把水化反应剩余的自由水以结晶水的形式固定下来。当各种化合物生成后，有的水化物自身硬结，形成水泥石骨架；有的水化物则与其周围具有一定活性的黏土颗粒发生作用，形成新的矿物。通过减小孔隙水含量（尤其是自由水）、增大土的密实度、生成胶结化合物，从而从多方面增强土颗粒间的连接作用：减小孔隙水含量，可以增强结合水膜的水胶联结强度；增大土的密实度，可以增强固体颗粒间的接触强度；形成胶结物质，可以提高胶结联结强度。同时固化土的孔隙比减小、自由水含量降低、颗粒与水的黏结作用增强，水在孔隙中流动的阻力大大提高，水稳性大大增强，透水性将显著下降。

搅拌桩工艺对土体的固化作用需要经历一定的时间，首先是固化剂的水化需要一定的时间，其次是土体与固化剂不是完全均匀混合，水化物在土体中的迁移需要一定的时间。在实际施工操作中，土体破碎搅拌是机械切削搅拌，混合是注浆搅拌，虽然可以在一定程度上将土体搅松，但不可能像室内试验一样将土体烘干、碾碎，再与水泥充分混合均匀。尤其是黏性土，经机械搅拌后的土体被破碎成一个个的小土块，水泥等固化剂只是填充在土块间的大孔隙中，同时将小土块包裹起来，所以现场实际搅拌施工后形成的水泥土是不均匀的，有水泥含量较多的团块，也有内部没有水泥的小土块，这种情况在干粉搅拌工艺中尤其显著。在水泥土中不可避免地会产生强度较高的、水稳定性较好的水泥石区域和强度相对较弱的小土块区域。随着时间的推移，小土块表面的水解化合物逐渐渗透至土颗粒的周围，才能逐渐改变加固土的性质。因此现场实际的水泥土固化时间要长于室内试验所制作的水泥土，尤其是黏性土，甚至是含有腐殖质的淤泥土，水泥要充分水化并和土颗粒发生作用，需要更长的时间。由此也说明了实际施工时，将水泥与土搅拌得越均匀、土块被粉碎得越小，水泥土结构强度的离散性也就越小，均质性越好、整体强度越高、渗透性越小，各项力学指标就越接近室内试验制作的水泥土。

固化土的性能取决于：（1）天然土的性质，粗颗粒含量越多，固化土的力学性能越好；（2）固化剂掺量，掺量越大，形成的胶结物质越多，固化土的力学性能越好；（3）水的用量，在保证和易性的条件下，水的用量越少，水化所能减少的孔隙水量越多，固化土的力学性能越好；（4）土的粉碎程度，粉碎程度越高，固化剂与土颗粒的接触越密切，水化程度越高、固化土越均质、颗粒间的作用越强，固化土的力学性能越好；（5）水化时间，固化剂的水化时间越长，水化越充分，固化土的力学性能越好。因此，虽然不同搅拌工艺的原理相同，但在搅拌能力、对土的粉碎能力、用水量、固化剂掺量等方面存在着很大的差异，所施工出来的固化土（以下称水泥土）力学性能也大相径庭。

1）搅拌桩施工工艺

（1）单轴、双轴、三轴、五轴、六轴搅拌桩工艺

搅拌方式都是轴式旋转，通过叶片转动在水平方向切削土体，因此形成的水泥土是柱状，也称水泥搅拌桩。除了字面上转动轴的数量不一样，不同机械设备的注浆方式、搅拌功率也不一样。

常规所指的单轴搅拌桩工艺（图3.2.2）是一种搅拌能力较弱、设备功率小、加固深度浅的搅拌桩工艺，通常在软土中采用，且加固深度一般不超过12m，搅拌桩直径500～600mm。不同的机械设备，其技术参数也有所不同，常规单轴搅拌桩设备主要技术参数有：只注入水泥浆液，钻进速度0.5～1.0m/min，转数约60r/min，喷浆压力0.4～

0.8MPa，浆液流量 20～40L/min，水灰比 0.5 左右，水泥掺量 12％～15％。单轴搅拌桩的切削能力较弱，单次搅拌的均匀性很难保证，通常采用四次搅拌、两次喷浆的施工方法。第一次注浆钻进，停止注浆提升钻杆；第二次注浆钻进，再停止注浆，提升钻杆。这些技术参数不是固定不变的，为保证搅拌的均匀性和水泥用量，可根据需要调整技术参数：钻进速度越慢，转速越快，搅拌越均匀；注浆压力越大、流量越大，注浆量也越多。但也不能一味地追求钻进速度慢、提高注浆压力，对不同的地层、不同的设备，应通过试桩的方法找到均衡的施工参数，匹配钻进速度、注浆压力、浆液流量和搅拌次数，在保证质量的条件下提高施工效率，减少浆液浪费。

　　双轴水泥搅拌桩工艺（图 3.2.3）与单轴搅拌桩工艺类似，其差异是增加了一根钻杆，提高了设备的搅拌功率，加固深度可以达到 15m 左右，搅拌桩直径 700mm。常规双轴搅拌桩主要技术参数有：钻进速度 0.5～1.0m/min，提钻速度 0.5m/min 左右，转数约 60r/min，喷浆压力 0.4～0.8MPa，浆液流量 40～80L/min，水灰比 0.5 左右，水泥掺量 15％～20％。与单轴搅拌类似，也不能一味地追求钻进速度慢、提高注浆压力，应通过试桩的方法找到均衡的施工参数，在保证质量的条件下提高施工效率，减少浆液浪费。

　　三轴水泥搅拌桩工艺（图 3.2.4），与单轴和双轴搅拌桩工艺相比，三轴搅拌桩工艺不只是多了一根钻杆，其设备功率、扭矩有了大幅度提高，螺旋叶片范围也大大增加（钻杆底部 10m 范围内），是长螺旋桩的一种，搅拌均匀性得到大幅度提高，加固深度可以达到 30m，搅拌桩直径 650mm、850mm，加强型的三轴搅拌桩加固深度可达 45m，搅拌桩直径 1000mm。三轴搅拌桩在注浆的同时还会通过空压机打入压缩空气，两侧钻头底部为浆孔，负责喷射水泥浆，中间钻头底部为气孔，通过注入压缩空气，形成涡流效应，达到松动土体、增加和易性的目的。同时，三轴搅拌桩在下钻时，两侧钻杆正方向旋转、中间钻杆反方向旋转，提钻时，两侧钻杆反方向旋转、中间钻杆正方向旋转，达到充分搅拌土体的目的。常规的三轴搅拌桩设备主要技术参数有：钻进速度 0.5～1m/min，提钻速度 1.0～2.0m/min，转速约 20～40r/min，喷浆压力 1.0～2.0MPa，气压 0.6～0.8MPa，浆液流量 150～300L/min，水灰比 1.0～2.0，水泥掺量 18％～25％。三轴搅拌工艺一个重要的部件是钻杆最前端的钻头，对于不同地层，宜选用相应的钻头，在保障搅拌均匀性

图 3.2.2　单轴搅拌桩机　　　　图 3.2.3　双轴搅拌桩机　　　　图 3.2.4　三轴搅拌桩机

的同时提高施工效率。砂土及碎石土中宜采用直刀式搅拌钻头（图3.2.5），黏性土中宜采用磨盘式搅拌钻头（图3.2.6）。

图 3.2.5　砂土中直刀式钻头和直刀式叶片

图 3.2.6　黏性土中磨盘式
钻头加螺纹式叶片

通常，三轴搅拌桩的切削、搅拌能力较强，常采用两次搅拌、两次喷浆的方式（一次下、一次上），即可保证施工质量，也可采用四搅两喷或四搅四喷的方式，增强搅拌均匀性。为了避免钻杆之间由于开叉导致搭接不到位的情况，可以采用复打的施工方式，进一步保证搅拌桩的质量；当然，相应的水泥掺量也会有所增加。在实际工程中，屡屡发生钻杆开叉导致止水帷幕失效的事故，尤其是开挖深度超过10m的基坑，因此有时候会采用双排止水帷幕的方式，以增加止水帷幕的可靠性。对于止水帷幕而言，相邻两幅桩之间需要进行搭接施工，方能形成不透水的止水帷幕，因此双排止水帷幕之间也应搭接施工，以保证止水帷幕形成整体。由于三轴搅拌桩桩机设备庞大，对地基承载力要求高，三轴施工时又需要开挖沟槽，制约了前后排桩的施工时序，通常都是先施工前排桩，再施工后排桩，很难做到前后排交叉施工。先行施工的搅拌桩凝固后，与后期施工的搅拌桩就无法形成有效搭接，因此实际双排止水帷幕就"真"的是两排桩，而不是搭接在一起的整体止水帷幕。常规的三轴止水帷幕采用套接一孔法，即相邻两幅桩有一孔套接在一起，相当于有一个孔是复打的。为增强止水帷幕的效果，可以采用复打的方式取代双排止水帷幕，即全断面复打的方式，相邻两幅桩套接两孔，每孔都经历三次搅拌施工，其工作量与双排止水帷幕相同，但是比双排止水帷幕更具有可操作性（图3.2.7）。

三轴搅拌桩经常与内插H型钢组合使用，将止水帷幕与围护桩合二为一，搅拌桩在起到止水作用的同时，为H型钢的插入提供便利，H型钢作为受弯构件，抵抗侧压力的作用，通常称为SMW工法。SMW工法中搅拌桩的工艺技术要求与纯止水帷幕是相同的，增加了H型钢的施工技术要求，主要包括H型钢的选型、焊接、垂直度几个方面。直径650mm搅拌桩内插H型钢500mm×300mm，直径850mm搅拌桩内插H型钢

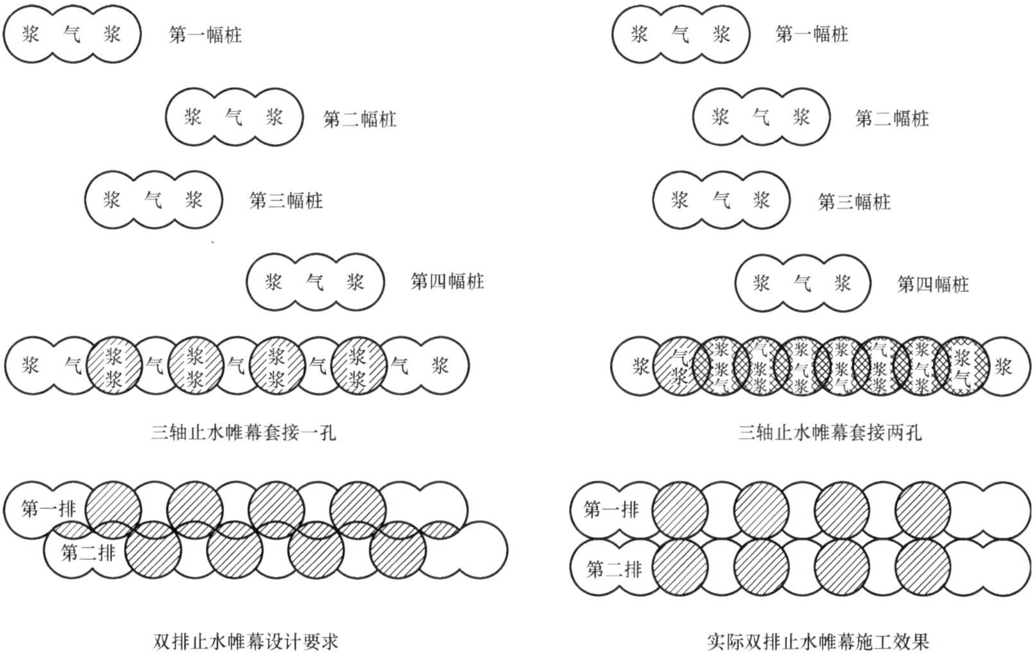

图 3.2.7　套打施工与双排止水帷幕实际效果对比

700mm×300mm，直径 1000mm 搅拌桩内插 H 型钢 800mm×300mm 或 900mm×300mm。H 型钢作为抵抗侧压力的受弯构件，分段型钢之间的焊接质量是影响基坑安全的最主要因素，因此必须严格控制。分段焊接时应采用坡口等强焊接，单根型钢中焊接接头不宜超过 2 个，相邻型钢的接头竖向位置应相互错开，错开距离不宜小于 1m。H 型钢的接头错缝相较于灌注桩的钢筋笼错缝有更大的可操作性，钢筋的标准长度通常是 9m 或 12m，为了减少钢筋损耗，相邻桩之间是不错缝的，只是将同一根桩中的钢筋进行错缝，因此灌注桩的钢筋笼接头基本在同一位置。H 型钢可以通过不同长短的材料搭配使用，将相邻 H 型钢的接头全部错开。在采用内插 H 型钢作为受力构件时，随着 H 型钢的受力增大，桩弯曲程度增加，搅拌桩也会逐渐进入开裂状态，裂缝的大小取决于型钢的应力水平，因此应合理控制内插 H 型钢的应力水平。通常 H 型钢应力不宜超过其强度设计值的 70%，在控制搅拌桩止水帷幕开裂的同时，也避免焊接接头的受力过大（图 3.2.8~图 3.2.10）。

图 3.2.8　坡口焊缝

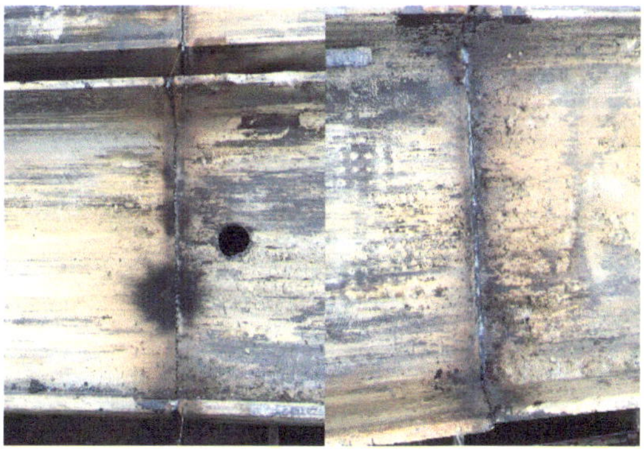

图 3.2.9　非坡口焊缝

图 3.2.10　加强焊缝适用于超长 H 型钢桩

采用内插型钢方式作为围护桩结构，另一个需要注意的是 H 型钢桩顶水平方向的平整度，不只是为了美观，更重要的是会影响压顶梁的受力特性（图 3.2.11、图 3.2.12）。H 型钢桩顶需要通过压顶梁连接成一个整体，为了方便 H 型钢起拔，型钢四周需要采用塑料膜等材料包裹起来，与压顶梁混凝土隔离开，这也导致了钢筋混凝土压顶梁不是一个完整的实心梁，而是工字形的空心梁，受弯、受剪性能都被削弱，因此压顶梁的宽度不仅要将 H 型钢有效包裹，还应能够确保其受弯、受剪性能（图 3.2.13、图 3.2.14）。通常要求搅拌桩直径为 650mm（内插 H 型钢 500mm×300mm）时，压顶梁截面宽度不宜小于 800mm，H 型钢两侧压顶梁厚度 150mm；当搅拌桩直径为 850mm（内插 H 型钢 700mm×300mm）时，压顶梁的截面宽度不宜小于 1200mm，H 型钢两侧压顶梁厚度 250mm；当搅拌桩直径为 1000mm（内插 H 型钢 800mm×300mm）时，压顶梁的截面宽度不宜小于 1400mm，H 型钢两侧压顶梁厚度 300mm。此类规定的前提是，H 型钢在垂直于基坑边线方向的平面位置误差小于 10mm，形心转角小于 3°。在实际施工过程中，H 型钢的偏位情况可能要远大于规定值，尤其是桩顶标高低于施工地平的时候，施工精度控

图 3.2.11　整齐的 H 型钢桩　　　　**图 3.2.12　偏斜的 H 型钢桩**

图 3.2.13　紧密的隔离层包裹

图 3.2.14　松散的隔离层包裹
（极大影响冠梁刚度和承载力）

制很难保障。H 型钢偏位，会大大削减压顶梁的截面刚度和强度，压顶梁被削弱而发生开裂、断裂的情况屡见不鲜。因此建议压顶梁的宽度应进一步放大：内插 H 型钢 500mm×300mm 时，压顶梁截面宽度不宜小于 1100mm，H 型钢两侧压顶梁厚度 300mm；内插 H 型钢 700mm×300mm 时，压顶梁的截面宽度不宜小于 1400mm，H 型钢两侧压顶梁厚度 350mm；内插 H 型钢 800mm×300mm 时，压顶梁的截面宽度不宜小于 1500mm，H 型钢两侧压顶梁厚度 350mm，同时在靠基坑内侧方向应设置防开裂附加筋。应确保在 H 型钢有较大偏差的情况下（不大于 100mm），压顶梁的抗剪和抗弯也能满足要求，且压顶梁还需进行局部抗剪验算，即单根 H 型钢传递给压顶梁的剪力（图 3.2.15～图 3.2.17）。

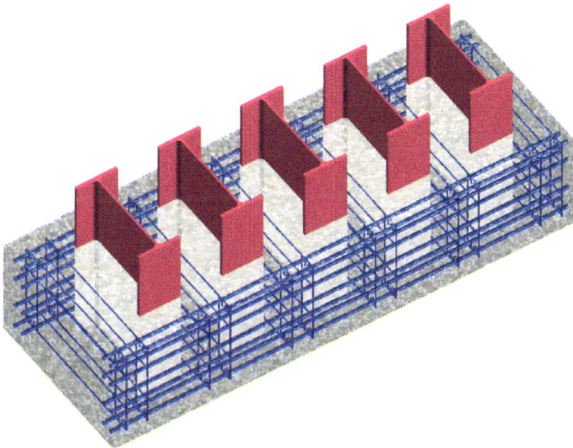

图 3.2.15　工法桩冠梁的受力模式

除了单轴、双轴和三轴搅拌施工工艺，还有一些特殊的搅拌工艺，如四轴搅拌、五轴搅拌、六轴搅拌、海上多轴搅拌桩等（图 3.2.18～图 3.2.21），其原理都是类似的，在保证搅拌均匀、水泥掺入量的同时，提高施工效率。此外，还有超大直径、超深深度搅拌加

图 3.2.16 由于型钢偏位、混凝土厚度不足、箍筋缺失等原因导致冠梁开裂

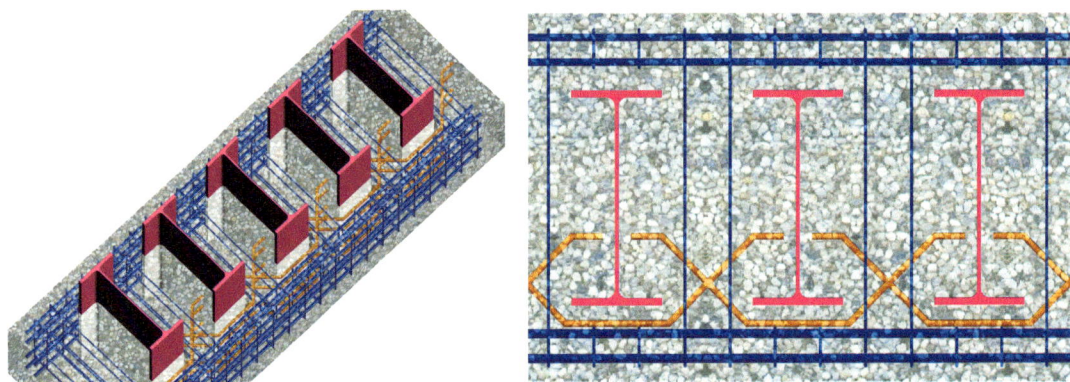

图 3.2.17 设置防开裂附加筋

固工艺，如 SCM 单轴搅拌工艺、IMS 单轴搅拌工艺等，凭借着超强的转动、掘进、破碎能力，具有成桩直径大、成桩深度大、施工效率高、桩体均匀性好等优点。SCM 单轴搅拌工法单桩直径可达 2000mm，最大加固深度 50m（图 3.2.22、图 3.2.23）。

| 图 3.2.18 四轴搅拌 | 图 3.2.19 五轴搅拌 | 图 3.2.20 六轴搅拌 |

IMS 工艺与常规单轴搅拌桩非常类似，但其搅拌能力和压力控制能力却更加强大：采用三道搅拌叶片，其中自由叶片不随土体运动，提高了切削能力，有效防止糊钻和形成泥球，锯齿状搅拌叶片提高了切割搅拌效率，同时减少了对周边土体的拖带影响；成桩直

图 3.2.21　海上多轴搅拌桩机　　　　　　图 3.2.22　SCM 单轴搅拌

图 3.2.23　SCM 单轴搅拌成桩效果

径较小时，可以通过干搅施工下钻，成桩直径大于 1200mm 时，通过搅拌叶片端部设置的喷浆口喷浆或喷水，降低叶片端部的土体强度；钻杆侧壁的自然排浆通道，使搅拌过程中的浆液压力与地层压力平衡，避免周边土体受到侧向挤压；与三轴搅拌工艺相比，下钻时可以干搅拌钻进，减少了用水量，提高了孔壁稳定性，喷浆施工时可以不需要空气压力辅助，浆液液面及压力稳定，减小了对周边土体的扰动；与 TRD 工艺相比，可以实现跳打施工作业，利用时空效应减少地层扰动，故而也称之为微扰动搅拌工艺。其最大加固深度 35m，最大桩径 1600mm。IMS 工艺作为一种单轴搅拌桩，适合进行地基加固，采用 IMS 工艺作为止水帷幕时，因搭接缝多，无套打，也会发生开叉或搭接不到位等问题，因此需要增加搭接长度（图 3.2.24～图 3.2.28、表 3.2.1）。

IMS 单轴搅拌桩机型号参数　　　　　　　　　表 3.2.1

桩机型号	GI-80C（Ⅰ型）			GI-130C（Ⅱ型）				GI-220C（Ⅲ型）				
适用直径(mm)	600	800	1000	800	1000	1200	1400	800	1000	1200	1400	1600
适用最大深度(m)	12		10	22			18	35				25
施工空间高度要求(m)	5			8				10				

IMS 工艺水泥掺量 15%～20%，水泥浆水灰比可取 0.5～1.0（水灰比越小、水用量越少、浆液越浓、地应力损失越少），下沉和提升速度应通过试桩确定，搅拌下沉速度宜控制在 0.5～1m/min，提升速度宜控制在 0.8～1.5m/min，并保持匀速下沉或提升。

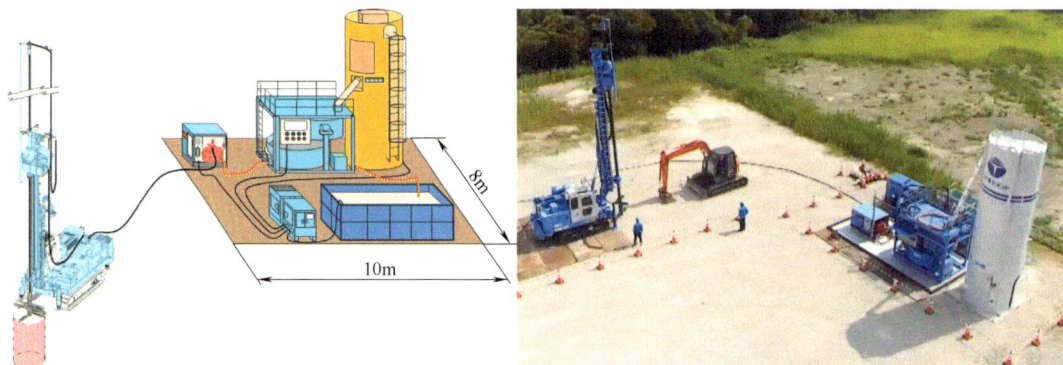

图 3.2.24　IMS 单轴搅拌桩机

GI-80C(Ⅰ型)　　　　　GI-130C(Ⅱ型)　　　　　GI-220C(Ⅲ型)

图 3.2.25　不同型号 IMS 单轴搅拌桩机

图 3.2.26　IMS 施工现场

图 3.2.27　IMS 桩机搅拌头

图 3.2.28　IMS 搅拌施工及成桩效果

（2）CSM 双轮铣深搅或 SMC 铣削深搅水泥土搅拌墙工艺

这两种工艺原理类似，都是通过铣槽设备改进而来。与三轴搅拌桩通过钻杆轴向转动驱动底部叶片搅拌的方式不同，铣削深搅工艺是通过钻具底端的两组铣轮竖向旋转掘削地基土，至设计深度后提升喷浆搅拌，形成一定宽度的水泥土墙幅，并通过对相邻已施工的墙幅铣削、连接，构筑成等厚度水泥土搅拌墙。铣削深搅工艺的特点可以归总为：动力设备安置在底端，直接驱动两组铣轮对向转动，无需通过钻杆旋转驱动，因此可以为铣轮提供更大的扭矩，具备更强的切削能力，也就可以适应更深、更硬的地层，软黏土、密实砂土、粒径 20cm 内的卵砾石和单轴抗压强度小于 20MPa 的岩层都可施工；两个铣轮固定在钻杆底部，打同一幅墙体时不会因为钻杆的偏位而劈叉，相邻墙幅采用跳打方式，即先施工 1、3、5、7 墙幅，再施工 2、4、6 墙幅，每幅墙宽约 2800mm，两幅之间的搭接可以自由调整，通常搭接 300mm，墙厚 700～1200mm，由于墙幅宽度较大、中间幅墙体施工时左右墙体水泥土已硬化、强度较高，因此单幅墙体施工时也不易发生偏斜的情况，确保了搭接的有效性；铣轮是竖向转动的，形成的是等厚水泥土墙，而不是三轴搅拌桩的柱状墙体，因此整体性和搭接更好；两个铣轮对向旋转搅拌，不仅能起到切削土体的作用，还能对土块进行挤压，因此土的破碎程度更高、水泥土的均匀性更好；铣削深搅工艺可以采用导杆式，也可以采用悬挂式，导杆式铣削深搅设备，施工深度可达 40～50m，如采用悬吊式铣削深搅设备，可以在城市高架桥等低净空环境下施工，最大施工深度可达 80m（图 3.2.29、图 3.2.30）。

（3）TRD 渠式切割搅拌桩工艺

又称为"等厚地下水泥土连续墙工法"或"渠式切割深层搅拌地下水泥土连续墙工

图 3.2.29　双轮铣桩机

| 软土地层 | 密实粉砂 | 圆砾及卵石 | 致密地层 |

图 3.2.30　双轮铣桩机铣削头

法"。从字面上就可以解读这种工艺的特点："渠式切割"意思是用切割的方法将地基土开出一条水渠或槽体；"深层搅拌"意思是在开出的槽体内部进行全断面搅拌；"水泥土连续墙"意思是搅拌完成后形成一堵由水泥土组成的地下连续墙。因此 TRD 工法具有两个动作，一个是切割，一个是搅拌。其原理是在地面上垂直插入切割箱，切割箱侧面四周为链锯，通过链锯绕着切割箱往返循环，将土体搅松，在切割箱底部注入固化液，通过链锯的往返搅拌，将固化液与槽体内被破碎的土体混合，再由地面主机带动切割箱往前运动，持续推进形成等厚的水泥土地下连续墙。TRD 水泥墙体内也可以插入 H 型钢等芯材，形成刚性挡土墙，起到挡土的功能（图 3.2.31～图 3.2.35）。

| 切割、搅拌 | 推进 | 成墙 |

图 3.2.31　TRD 止水帷幕施工工序

| 下刀排 | 切割推进 | 插入型钢 | 开挖 |

图 3.2.32　TRD 内插 H 型钢工法桩施工工序

图 3.2.33　TRD 工艺成墙质量

图 3.2.34　硬质地层中旋挖与 TRD 组合工艺

　　TRD 渠式切割搅拌桩工艺的特点：桩基设备小，无需钻杆，切割箱都在地下，主机设备最大高度 10m，但施工深度可达 60m，可以在狭小的空间施工；相比于三轴搅拌桩工艺，TRD 工艺形成的是等厚连续墙体；相比于铣削深搅工艺，没有铣轮或搅拌叶片的上下运动，注浆点固定在底部，切割、搅拌均由链锯上下往复循环运动完成，形成全断面切割搅拌，能有效地粉碎土体，减少土块残留，因此整个切割槽体内的混合浆液更加均

图 3.2.35　超深止水帷幕成槽机与 TRD 组合工艺

匀；由主机带动刚性的切割箱整体水平推进，除转角位置需要搭接以外，其余位置均为整体式墙体，因此存在缺陷的风险很小；TRD 工艺强在搅拌，切割能力要弱于铣削深搅工艺，对于卵石、块石、岩石等地层，需要其他工艺辅助，如旋挖机、铣槽机等设备对地层先行破碎。TRD 水泥土搅拌墙具有良好的均匀性和极小的缺陷率，渗透系数可以达到 1×10^{-7} cm/s 甚至 1×10^{-8} cm/s，除了适用于超深基坑开挖，还可应用于垃圾填埋场的防渗帷幕中（图 3.2.36～图 3.2.40、表 3.2.2）。

图 3.2.36　三轴水泥土样　　　图 3.2.37　TRD 水泥土浆　　　图 3.2.38　TRD 水泥土样

图 3.2.39　TRD 现场取样、称重、制样（一）

图 3.2.39　TRD 现场取样、称重、制样（二）

图 3.2.40　TRD 水泥土样渗透系数测试

TRD 水泥土渗透系数测试结果　　　　　　　　　　　　表 3.2.2

工程名称	切割深度范围内土层信息				TRD 施工信息	水泥土 28d 渗透系数(cm/s)
	土层名称	饱和重度 (kN/m³)	厚度 (m)	厚度占比 (%)		
余杭污水处理厂	①₂ 素填土	18.5	0.5	1.48	850 渠式水泥土搅拌墙，水泥掺量 25%，水灰比 1∶1；切割深度 33.7m；水泥土浆液重度 14.8kN/m³(底部有坚硬的圆砾层，切割时间长，土颗粒被大量置换，泥浆相对密度低)	三步法第三步①：4.4×10⁻⁷ 三步法第三步②：4.7×10⁻⁷
	②₁ 质黏土	18.7	1.1	3.26		
	③₁ 淤泥质粉质黏土	16.9	1.0	2.97		
	④₁ 粉质黏土	19.0	3.9	11.57		
	④₃ 粉质黏土夹粉土	18.6	4.8	14.24		
	⑤₁ 粉质黏土	18.3	1.2	3.56		
	⑥₁ 粉质黏土	19.2	6.9	20.47		
	⑥₃ 粉砂	19.3	1.6	4.75		
	⑦₁ 粉质黏土	18.0	1.7	5.04		
	⑧₁ 细砂	19.3	0.8	2.37		
	⑧₂ 圆砾	20.5	3.9	11.57		
	⑧夹 粉质黏土	19.0	1.5	4.45		
九堡江干科技园 JG 1505-08 地块安置房	①₁ 杂填土	—	2.2	9.24	850 渠式水泥土搅拌墙，水泥掺量 25%，水灰比 1∶1；切割深度 23.82m；三步法的第一步浆重度 17.4kN/m³；三步法的第三步水泥土浆液重度 17.6kN/m³	三步法第一步①：3.3×10⁻⁶ 三步法第一步②：5.0×10⁻⁷ 三步法第三步：2.3×10⁻⁷
	①₃ 砂质粉土	19.1	3.2	13.43		
	②₁ 砂质粉土	19.5	7.7	32.33		
	②₂ 粉砂夹粉土	19.3	7.3	30.65		
	③ 淤泥质粉质黏土	17.6	3.4	14.36		

续表

工程名称	切割深度范围内土层信息				TRD 施工信息	水泥土 28d 渗透系数(cm/s)
	土层名称	饱和重度 (kN/m³)	厚度 (m)	厚度占比 (%)		
钱江世纪城 H16 号地块	①杂填土	—	0.8	3.84	800 渠式水泥土搅拌墙,水泥掺量 25%,水灰比 1:1,切割深度 20.82m;三步法的第一步泥浆重度 17.0kN/m³;三步法的第三步水泥土浆重度 16.8kN/m³;一步法水泥土浆重度 17.4kN/m³	三步法第一步: 1.0×10⁻⁶ 三步法第三步: 7.1×10⁻⁷ 一步法①: 4.35×10⁻⁷ 一步法②: 4.67×10⁻⁷
	②₁ 砂质粉土	18.6	1.0	4.80		
	②₂ 砂质粉土	18.7	7.0	33.62		
	②₃ 粉砂	19.2	5.6	26.90		
	③₂ 淤泥质黏土	17.4	6.4	30.84		
之江度假区 单元项目	①填土	17.0	3.5	14%	三步法的第三步水泥土浆重度 15.9kN/m³	三步法第三步: 1.92×10⁻⁶
	①₁ 砂质粉土	18.6	1.8	7%		
	①₂ 砂质粉土	18.5	2.0	8%		
	②₂ 粉质黏土夹粉土	18.5	4.1	17%		
	③₁ 圆砾	20.0	3.0	12%		
	③₂ 淤泥质黏土	17.17	8.3	34%		
	⑥₃ 角砾	21.0	1.5	6%		
	⑩₁ 全风化砂质泥岩	19.61	0.5	2%		
萧山机场蓄 车楼项目	①₁ 杂填土		1.5	6%	水灰比 1:1,水泥掺量 18%;三步法的第三步水泥土浆重度 16.9kN/m³;28d 抗压强度 2.0MPa	三步法第三步: 2.16×10⁻⁷
	①₂ 素填土		2.0	7%		
	③₂ 粉砂夹砂质粉土	19.2	8.5	31%		
	③₃ 粉砂	19.4	5.8	21%		
	③₅ 粉砂夹粉质黏土	19.6	9.3	34%		
宁波大桥 局项目	①₁ 杂填土	(18.0)	1.5	6%	水灰比 1.5:1,水泥掺量 25%;三步法的第三步水泥土浆重度 14.7kN/m³;28d 抗压强度 0.6MPa	三步法第三步: 6.27×10⁻⁷
	①₂ 淤泥质黏土	17.7	4.1	16%		
	②₂ 淤泥质黏土	17.2	6.6	27%		
	③₂ 粉质黏土	18.9	5.7	23%		
	⑤₁ 粉质黏土	19.6	5.0	20%		
	⑤₃ 砂质粉土	18.9	2.0	8%		
富阳综合 管廊项目	①₁ 杂填土	(18.0)	3.0	11%	水灰比 1:1,水泥掺量 20%;三步法的第三步水泥土浆重度 14.1kN/m³;28d 抗压强度 0.5MPa	三步法第三步: 1.62×10⁻⁶
	②₂ 粉质黏土	18.8	1.8	7%		
	②₃₋₁ 黏质粉土	19.0	1.5	6%		
	④₁ 淤泥质黏土	17.0	6.2	23%		
	⑨₄ 圆砾	(20.5)	5.0	18%		
	⑨₄₋₂ 黏土混圆砾	(20.0)	1.7	6%		
	⑩全风化花岗岩	19.5	8.0	29%		
良睦路项目	①素填土		2.0	10%	水灰比 1:1,水泥掺量 25%;一步法水泥土浆重度 16.0kN/m³;28d 抗压强度 1.0MPa;水泥土浆稠度 45.8mm	一步法: 1.38×10⁻⁷
	②₁ 砂质粉土	19.0	2.0	10%		
	④₁ 淤泥质粉质黏土	17.4	15.7	80%		

　　与搅拌桩搅拌掘进、注浆搅拌提升的施工步序一样，TRD 工艺的切割、注浆、搅拌步序可以分开进行也可以合并进行，目的是搅拌均匀、固化剂与土体充分混合。通常 TRD 工艺采用三步施工法：第一步横向前行时注入切割液（清水或加入一定的膨润土润滑剂）切割，一定距离（5～10m）后切割终止，这一步推进速度较慢，目的是将地基土初步粉碎成泥浆；第二步主机反向回切，即向相反方向移动，这一步通常较快，在进一步搅拌土体的同时将主机回至出发位置；第三步推进过程中，从切割箱底端注入固化液，使前期两步已经被充分粉碎的泥浆与固化剂混合搅拌。根据墙体深度的不同，三步法的推进速度：墙深 20m 以内，第一步切割推进速度 15～20min/m、第二步回切 5～10min/m、第三步注浆搅拌 15～20min/m；墙深 30～40m，第一步切割推进速度 40～60min/m、第二步回切 15～20min/m、第三步注浆搅拌 30～40min/m；墙深超过 40m，第一步切割推进速度 60～80min/m、第二步回切 20～30min/m、第三步注浆搅拌 50～60min/m。如遇坚硬地层，第一步切割速度被迫放缓，切割时间长，此时应降低切割液的注入速度，避免土颗粒被大量带走，导致泥浆稀释。采用三步法施工，槽体内土体经过三次切割搅拌，能够确保土体被粉碎并与固化剂混合均匀，其缺点是切割时间长，注入的切割液多、用水量大，会带走大量的土颗粒，导致泥浆被稀释，影响水泥土的密实性，同时槽壁侧压力减小，会引起槽壁变形，施工扰动加剧。因此，只要在保证切割均匀的条件下，当对施工扰动有严格控制要求的时候，可以采用一步法施工，其施工原理与三步法类似，只是在第一步时就注入固化剂，在切割推进的同时搅拌混合。为保证土体被切割粉碎并搅拌混合充分，相应的推进速度应放缓，一步法的推进速度：墙深 20m 以内，90～120min/m；墙深 30～40m，120～150min/m；墙深超过 40m，150～180min/m。一步法的注浆时间要长于三步法，因此固化剂掺量要适当增加。对于污染物防治等工程，对于渗透系数的要求更加严苛，需要达到 $1×10^{-8}$cm/s，此类情况应采用三步法施工，同时根据地层的情况，添加相应的外加剂，提高固化土的抗渗性能和抗污染物离子击穿性能（图 3.2.41～图 3.2.46）。

图 3.2.41　TRD 一步法微扰动施工

　　工艺可以千变万化、设备可以日新月异，搅拌桩工艺的加固原理（即如何将固化剂最有效地与土体混合形成加固土）恒久不变。加固土的强度与水泥掺量、土体破碎程度、搅拌均匀性、固化时间有关，止水效果与工艺的缺陷率和设备的最大施工深度有关。一种工艺越普遍，其解决工程问题的范围越广泛；一种工艺越独特，其解决的工程问题越有针对性、功能目标越显著。在选择工艺与设备的时候，一定要根据地质情况、施工条件、功能要求，做出合理判断，切忌生搬硬套、照本宣科、盲目模仿。通常情况下，三轴搅拌工艺

图 3.2.42　一步法施工水泥土浆

图 3.2.43　水泥土浆相对密度测试结果（1.73～1.77）

都能很好地解决地基加固、防渗止水的要求，当地基加固土的强度有更高要求时，可以通过复搅、复打、增大水泥掺量实现，也可以选择 SCM 工艺等能力更强的设备；对于止水性能要求更高、帷幕深度更深、地质条件更复杂的情况，可以选择 CSM（SMC）工艺或 TRD 工艺等缺陷率更低、施工深度更深的设备；如需严格控制施工对周边环境的扰动，可以选择 IMS 微扰动搅拌工艺；当施工作业面受限，可选择悬挂式 CSM（SMC）工艺或 TRD 工艺。采用搅拌桩作为基坑工程止水帷幕时，最重要的是不漏水（明水流动）而不是不渗水（表面湿润），因此控制标准是均匀、均质、无缺陷，同时具有一定的抗渗性（10^{-6}cm/s 量级就能满足要求）、强度（通常纯止水帷幕大于 0.5MPa 就能满足要求，内插 H 型钢工法桩的加固土需要更高的抗剪和抗裂能力，为防止加固土开裂渗水，粗颗粒

图 3.2.44　三步法施工第一步的泥浆（相对密度 1.39）

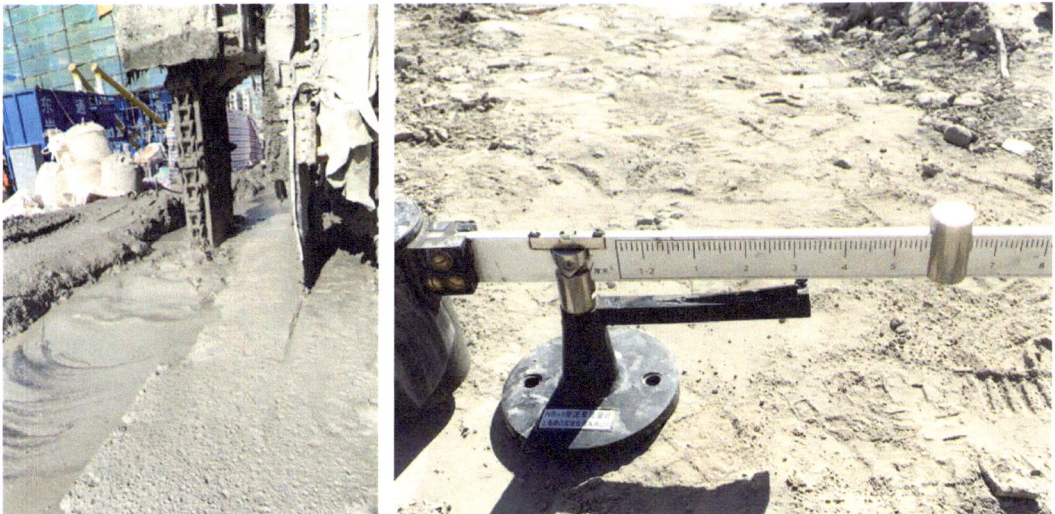

图 3.2.45　三步法施工第三步的水泥土浆（相对密度 1.57）

土中的水泥土强度应大于 2.0MPa）和厚度（通常纯止水帷幕厚度大于 600mm 就能满足要求），并应防止阳角等部位拉裂、防止围护桩与止水帷幕间脱空导致止水帷幕被挤压开裂。如果搅拌桩质量不均应，即使取芯样品的强度和渗透系数指标都非常完美，一旦存在局部夹泥、夹砂、裂缝、开叉等缺陷，一样要发生漏水。

　　2）搅拌桩取样

　　目前最有效的搅拌桩质量检验方式还是原位钻孔取样，搅拌桩的强度不高、脆性易碎，取样方法不合适时，容易在取样过程中破坏水泥土样，尤其是当地层中含有卵砾石等大颗粒，钻机回转钻进过程中容易切碎土样，导致取样不合格。搅拌桩水泥土取样应采用单动双管钻具，外管连接钻头的切削刃或研磨材料削磨水泥土使之破碎，而内管（即芯管）在钻进过程中保持不动，避免芯样扰动，能基本保持原始状态（图 3.2.47、图 3.2.48）。

图 3.2.46 同样地层中三步法（左）与一步法（右）的效果

| 原状土 | 取样过程 | 单动双管 | 双管芯样 | 单管芯样 |

图 3.2.47 水泥土样取芯

图 3.2.48 水泥土样现场抗剪强度简易测试方法

3）搅拌桩置换土体积

搅拌桩施工的置换率也是衡量工艺性能的一个指标，受现场施工环境的影响，置换土常与场地内的土混淆，很难准确测出置换率。这里根据固体颗粒质量守恒原则，给出一种置换率的测试方法。固体颗粒包括：原状土所含的土颗粒、水泥水化产物颗粒、水泥土颗粒、置换土所含的土颗粒。四者质量之间的关系：

原状土土颗粒质量＋水泥水化产物颗粒质量＝水泥土颗粒质量＋置换土颗粒质量

（1）原状土土颗粒质量 m_{tk}

$$m_{tk}=m_t-m_s=\frac{\gamma_t V(1-\omega_t)}{g} \tag{3.2.1}$$

（2）水泥水化产物颗粒质量 m_{sc}

$$m_{sc}=a \cdot m_{sn}=acm_t=\frac{ac\gamma_t V}{g} \tag{3.2.2}$$

（3）水泥土颗粒质量 m_{st}

$$m_{st}=\frac{\gamma_{st} V(1-\omega_{st})}{g} \tag{3.2.3}$$

（4）置换土颗粒质量 m_{zt}

$$m_{zt}=\frac{\gamma_{zt} V_{zt}(1-\omega_{zt})}{g} \tag{3.2.4}$$

（5）固体质量守恒

$$m_{st}+m_{zt}=m_{tk}+m_{sc} \tag{3.2.5}$$

$$m_{zt}=m_{tk}+m_{sc}-m_{st}=\frac{\gamma_t V \cdot 1/(1+\omega_t)+ac\gamma_t V-\gamma_{st} V \cdot 1/(1+\omega_{st})}{g} \tag{3.2.6}$$

$$V_{zt}=\frac{m_{zt}}{\rho_s}+\frac{m_{zt}\times\omega_{zt}}{\rho_w} \tag{3.2.7}$$

式中　m_{tk}——原状土土颗粒质量；

$\quad\quad m_t$——原状土的质量；

$\quad\quad m_s$——原状土中水的质量；

$\quad\quad \gamma_t$——原状土的重度；

$\quad\quad g$——重力加速度，$10N/kg$；

$\quad\quad V$——水泥土的体积；

$\quad\quad \omega_t$——原状土的含水量；

$\quad\quad m_{sc}$——水泥水化产物颗粒质量；

$\quad\quad a$——水泥水化产物质量与水泥质量的关系系数，约为 $1.22\sim1.25$；

$\quad\quad m_{sn}$——水泥的质量；

$\quad\quad c$——水泥掺量；

$\quad\quad m_{st}$——水泥土颗粒质量；

$\quad\quad \gamma_{st}$——水泥土的重度；

$\quad\quad \omega_{st}$——水泥土的含水量；

$\quad\quad m_{zt}$——置换土颗粒质量；

$\quad\quad \gamma_{zt}$——置换土的重度；

$\quad\quad V_{zt}$——置换土的体积；

$\quad\quad \omega_{zt}$——置换土的含水量；

ρ_s——土颗粒相对密度，2.7；

ρ_w——水的相对密度，1.0。

不同地层中的置换率　　　　　　　　　　表 3.2.3

土的类别	土的密度	土的含水率(%)	水泥掺量(%)	水灰比	水泥土密度	水泥土含水率(%)	置换土密度	置换土含水率(%)	置换率(%)
淤泥质土	1.70	53	20	1.0	1.75	47	1.50	89	44
淤泥质土	1.70	53	20	1.5	1.70	53	1.45	103	59
粉质黏土	1.80	42	20	1.0	1.85	37	1.60	68	39
粉质黏土	1.80	42	20	1.5	1.80	42	1.65	60	44
粉土	1.90	33	20	1.0	2.00	26	1.80	42	25
粉土	1.90	33	20	1.5	1.95	29	1.75	47	33

　　从置换土体积的计算结果（表 3.2.3）可以看出：搅拌过程中水灰比越大，土颗粒被带走越多，水泥土和置换土的密度越低，含水量越大，置换率越高；淤泥质土中，体积置换率为 45%～60%；粉质黏土中，体积置换率为 40%～45%；粉土中，体积置换率为 25%～35%。计算结果为置换土的实方体积（即放在沉淀池里面的体积），如果现场经过多次翻运，实方变虚方，则置换土体积会更大（图 3.2.49、图 3.2.50）。

图 3.2.49　实方置换土　　　　　　　图 3.2.50　虚方置换土

　　不同工程实施过程中，水泥掺量、水灰比、原状土的性质都很复杂，如果要准确获得置换土量的测算，应进行原状土的饱和重度和含水量测试、水泥土的饱和重度和含水量测试、置换土的饱和重度和含水量测试。水泥土样应进行原位取芯，且置换土也应从沉淀池中取完整的实方芯样，并将土样进行饱和标准化养护，获得水化完成后的三相指标参数，取样点应该多次多组，以获得统计数据。

　　4）几种搅拌桩工艺成墙对比（图 3.2.51～图 3.2.54）

图 3.2.51　单轴（IMS）搅拌桩墙体

图 3.2.52　三轴（SMW）搅拌桩墙体

图 3.2.53　双轮搅（CSM）搅拌桩墙体

图 3.2.54　渠式切割（TRD）搅拌桩墙体

3.2.2 喷射注浆工艺

喷射注浆工艺也是一种地基土加固工艺，与搅拌桩工艺的区别在于切削搅拌的方式不同，搅拌桩工艺通过搅拌叶片或刀排对地基土进行机械切削搅拌，喷射注浆工艺是以高压设备使浆液成为 20MPa 以上的高压射流，冲击破坏土体。部分土颗粒会随着浆液冒出液面，其余土颗粒在喷射流的冲击力作用下，与浆液搅拌混合，形成加固体。喷射注浆工艺是在化学注浆方法基础上，结合高压水射流切割技术而发展起来，同时具备这两种方法的特点：高压射流切割土体，将地基土破碎与固化剂混合；注浆，通过一定的浆液压力，把固化剂挤入搅拌土内部和搅拌土四周。因此喷射注浆工艺最重要的两个技术指标是射流的压力和注浆压力，这两个工艺参数的控制与地层有着直接的关系，实际操作过程中常常因为生搬硬套而导致地基加固效果不理想，也是制约喷射注浆工艺使用的主要原因。采用喷射注浆工艺进行地基加固，在实际操作中一定要根据设备的情况、地质条件，通过调整旋喷速度、提升速度、喷射压力、喷嘴孔径、喷射流量、注浆压力等参数，并进行试桩和取芯检测，获得适宜的施工参数方能实施，否则会存在很大的质量缺陷和安全隐患。

喷射注浆的浆液有两个出路：一是将部分土体置换，以返浆的形式从孔口冒出；二是通过一定的压力，将地基土中孔隙水排出，固化剂填充至土的孔隙中。因此实施过程中要密切关注孔口冒浆量的大小，孔口冒浆能很好地反映喷射注浆效果：当浆液大量冒出，说明土体未被喷射切碎，浆液未能与土体混合，可通过提高射流压力、减小喷嘴孔径的办法，增强射流的切削能力；若遇到完全不冒浆的情况，说明地层中有较大空隙，浆液均填充到空隙中，可增大浆液浓度或在浆液中掺入适量的速凝剂，缩短凝固时间，使浆液在一定的范围内凝固，同时增大注浆量，直至填满空隙。可见，相比于搅拌桩工艺，喷射注浆工艺缺点是更难掌控加固效果，工艺的技术参数更加多变，依靠射流对土体进行切削，很难保证加固的范围，尤其是地层复杂多变时，不同地层中的参数要不断地调整，实际操作中难度很大，虽然水泥掺量非常高，但有很大一部分被返浆浪费，留在加固体内的水泥量要明显小于掺入量；优点是设备机具小、施工灵活，由于不需要机械搅拌，无需提供强大的扭矩动力，主机设备和钻杆设备均较小，提供高压射流的后台设备可与主机设备分离放置，通过高压注浆管连接即可，只需在地层中钻一个小孔（30~100mm），便可喷射成直径为 0.5~5.0m 的加固体，而且能斜向或水平施工，能在狭小的范围内施工，甚至是已建建筑物的底部施工，此外通过控制喷射旋转角度，可以形成柱状、也可形成扇形或板形加固体，通过控制喷射深度，可以全深度加固也可局部加固，甚至间隔加固成糖葫芦形。

针对不同的加固效果和需求，喷射注浆工艺的种类也很多：常见的有单重管、双重管、三重管高压旋喷桩工艺；超高压旋喷桩工艺有 MJS、RJP、N-jet 等。

常见的高压旋喷桩工艺（图 3.2.55）：单重管旋喷只喷射水泥浆液，既作为切削土体的物质，也作为加固材料，由于水泥浆的黏滞性很大，因此射流的喷射影响范围小，加固体范围小（≤0.6m），一般可用在松散、稍密砂层或淤泥土层中，喷浆压力 20~30MPa，水灰比 1.2~1.5，水泥掺量 25%~30%，旋喷速度 20r/min，提升速度 15~25cm/min，喷嘴直径 2~3mm，浆液流量 80~100L/min；双重管旋喷在单重管的基础上增加了压缩空气，压缩空气压力 0.7~0.8MPa，加固能力有所提升，加固体直径 0.6~0.8m，可用在中密砂层中，水灰比 $1.0\sim1.2$，水泥掺量 30％左右，提升速度 $10\sim20cm/min$；三重管旋喷是通过高压水射流切割土体，压缩空气辅助破碎土体，再注入水泥浆液与切割后的泥浆进行混合，桩径可达 $1.0\sim1.2m$，可以在密实砂土、硬塑黏土、圆砾层内施工，高压水枪压力 $30\sim40MPa$，水灰比 $0.5\sim1.0$，注浆压力 $0.2\sim0.8MPa$，压缩空气压力 $0.5\sim0.8MPa$，水泥掺量 $30％\sim40％$，提升速度 $10\sim15cm/min$。

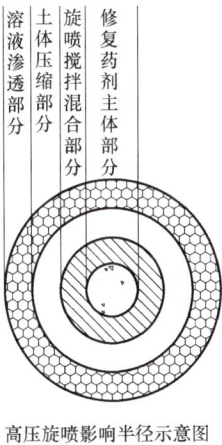

图 3.2.55　高压旋喷桩机

高压喷射类工艺最大的缺点是：施工质量受人和设备的因素影响太大（图 3.2.56）。通俗点讲就是："不知道喷了没有，不知道喷了多长时间，不知道喷出多大桩径"。

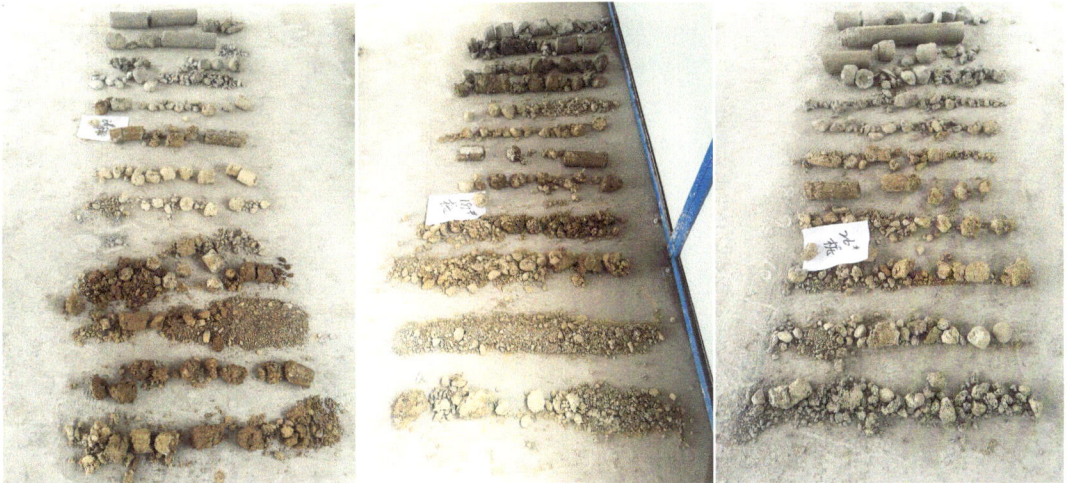

图 3.2.56　加固效果极差的高压旋喷桩芯样

常规的喷射注浆工艺通过一定喷射压力和注浆压力，把固化剂挤入搅拌土内部和搅拌土四周，形成由注浆芯体、搅拌混合体、土体压缩部分、溶液渗透部分组成的加固体。常规的喷射注浆工艺通过气升效果，多余的泥浆需从钻杆与土体之间的缝隙排出，随着深度的增加，气升效果会越来越弱，当缝隙被堵塞的时候，高压喷射口四周的地应力增大，会导致喷射效率下降，影响加固效果和可靠性。另外，由于地应力的增大，会导致周围土体受到挤压扰动。针对这些缺陷，发展出了 MJS、RJP、N-JET 等主动排浆控制或超高压旋喷工艺（图 3.2.57）。

高压射流切削的原理跟子弹类似，子弹在空气中的阻力最小，穿透力最强，在水中或胶体中的阻力增大，散射性增强，穿透能力减弱，浆液越浓、围压越大，高压射流的切削能力越弱，主动排浆控制围压，可以增强高压射流的切削能力，同时减少地层压力增大引起的扰动。

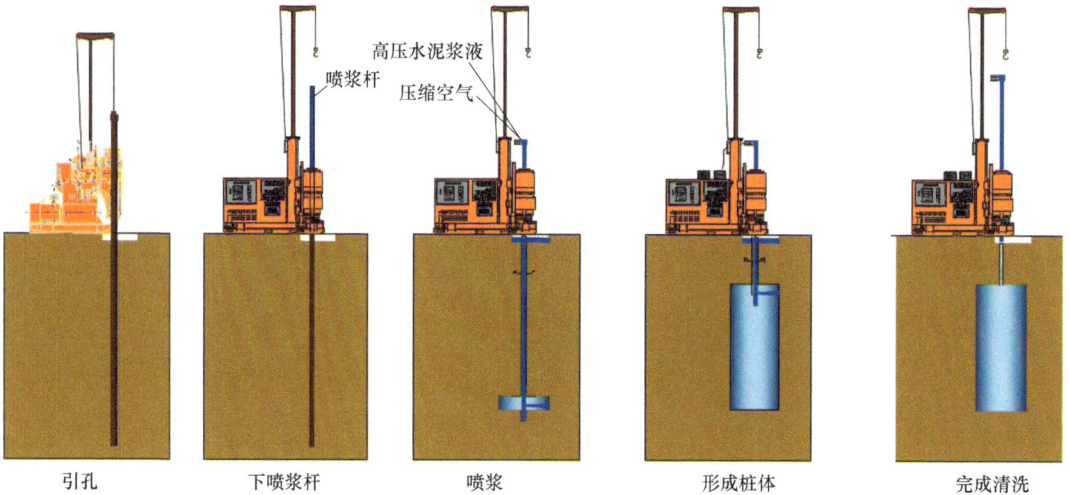

图 3.2.57　超高压旋喷桩工艺

MJS 工艺（Metro Jet System 全方位高压喷射工艺）在普通高压喷射注浆工艺的基础上，采用了独特的多孔管和前端造成装置，多孔管中间有一个 60mm 直径的泥浆抽取管，在倒吸水和倒吸空气适配器的作用下，能将多余的水泥土浆强制抽出，钻头上装有地应力感应器和排泥阀门，并能自由控制排泥阀门大小，当地内压力显示不正常时，调整排泥阀门的大小可顺利地排出泥浆，实现了孔内强制排浆和地应力监测，并通过调整强制排浆量来控制地应力，使周边土体的地应力保持稳定，降低了在施工过程中的地基土扰动，而地应力的降低也进一步保证了切削加固效果。

从扰动控制方面对比搅拌类工艺和高压喷射类工艺，微扰动需要控制两个方面：（1）成桩搅拌和注浆施工的扰动控制；（2）成桩后的地应力损失控制。TRD 与 IMS 等工艺，通过减少气压和浆液压力、控制钻进切割搅拌速度等措施，减少机械施工扰动，同时提高浆液浓度，减少地应力损失，这是一种被动的扰动控制。MJS 主动控制地内压力是实现微扰动控制的核心，注浆过程中加固体的压力略大于四周的地应力，既不会对周边土体产生挤压，又能在加固体强度上来之前不损失地应力，从而实现了主动的扰动控制（图 3.2.58～图 3.2.61）。

MJS 工艺喷射流初始压力达 40MPa，浆液流量约 80～130L/min，空气压力 0.5～1.2MPa，空气流量 1～2m³/min；使用单喷嘴喷射，每米喷射时间 30～50min（平均提升速度 2.0～3.0cm/min），喷射流能量大、作用时间长，加上稳定的同轴高压空气和对地应力调整（地内压力系数 1.2～1.4），使得 MJS 工法成桩直径较大，可达 2.0～3.0m。

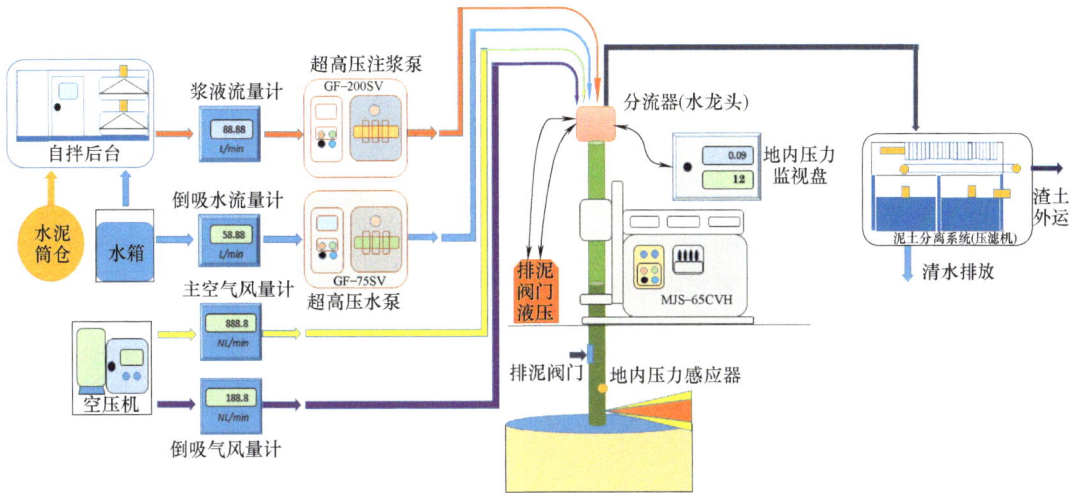

图 3.2.58　MJS 设备联动控制系统

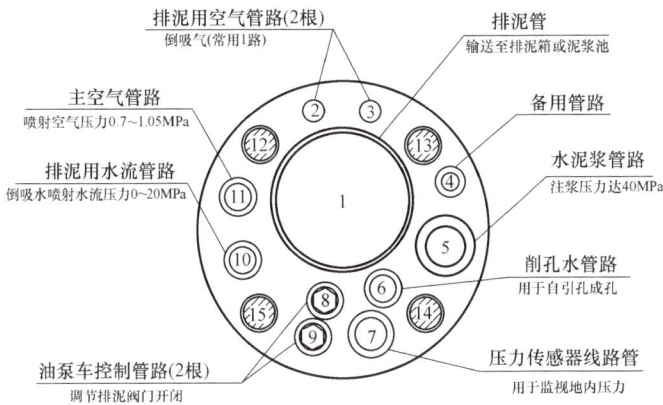

图 3.2.59　MJS 钻杆

图 3.2.60　MJS 桩机及施工现场（一）

图 3.2.60　MJS 桩机及施工现场（二）

图 3.2.61　MJS 成桩

相比于 MJS 工艺单纯采用超高压水泥浆切削，RJP 工艺（图 3.2.62）采用二次切削土体的方式，即上段采用高压水辅以同轴压缩空气进行一次切削（超高水压 20MPa、压缩空气 1.05MPa），下段采用超高压水泥浆辅以同轴压缩空气对土体进行二次切削、破碎（超高浆液压力 40MPa、压缩空气 1.05MPa），并将水泥浆与土体混合搅拌，从而在较短时间里形成大直径的水泥土加固体。RJP 工艺又可以分为：RJP、S-RJP（Speed）、D-RJP（Diameter）。各种类型的工艺参数：RJP 工艺，引导切割水压 20MPa、引导水流量 50L/min，水泥浆压力 40MPa，水泥浆流量 100L/min，压缩空气压力 0.7MPa、空气流量 3～7m³/min，提升速度 30min/m，成桩直径 2～3m；S-RJP 工艺，引导切割水压

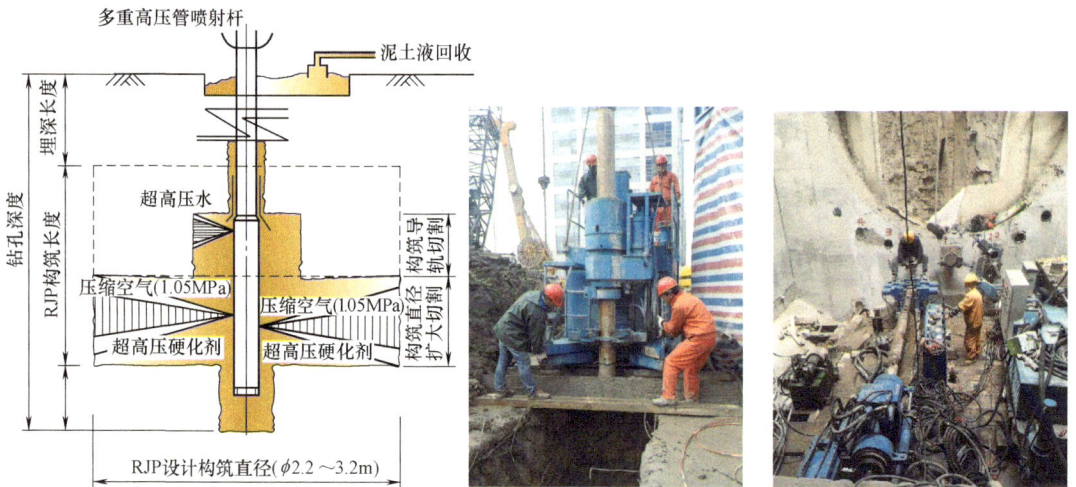

图 3.2.62　RJP 桩机及施工现场

20MPa、引导水流量 50L/min、水泥浆压力 40MPa、水泥浆流量 200L/min、压缩空气压力 1.05MPa、空气流量 3～7m³/min、提升速度 15min/m、成桩直径 2～3m；D-RJP 工艺，引导切割水压 20MPa、引导水流量 50L/min、水泥浆压力 40MPa、水泥浆流量 300L/min，压缩空气压力 1.05MPa、空气流量 3～7m³/min，提升速度 15min/m，成桩直径 3～3.5m。

　　N-JET 是一种多喷嘴多角度的超大直径高压旋喷桩施工工艺（图 3.2.63），可实现大深度地基土的加固，最大加固深度达 100m，最大桩径达 8m。主要技术参数：提升速度 10～20min/m；旋转速度 2～4r/min；水泥比 1∶1～1∶1.5；注浆压力≥40MPa；主空气压力 0.7～1.2MPa；水泥掺入量 40%～45%；浆液流量 100～200L/min。

图 3.2.63　N-JET 桩机及成桩

　　高压喷射类的工艺和设备多种多样，其加固原理是相同的。高压喷射工艺通过高压喷射流切削土体，虽然喷射压力很大，但泥浆的黏滞性也很强，会阻碍切削效果，对硬质地层有可能切削不了，因此还需要通过一定的压力把固化剂挤入搅拌土内部和搅拌土四周方能形成加固体，这种挤压作用必然会对周围土体产生一定的扰动，因此追求大直径加固体与地层扰动控制是一种矛盾。扰动控制的核心在于"慢"，一旦速度加快，超高压喷射注浆带来的地层扰动比普通高压喷射工艺的危害性还要大。因此在选择高压喷射类工艺时，要视情况而定：普通加固，三重管高压旋喷桩通常能满足加固要求；为减小地层扰动，宜选用 MJS 主动排浆控制工艺；需要实现超大直径加固体，可以选用 RJP、N-JET 等超高压旋喷桩工艺。

　　喷射注浆工艺的置换土体积非常难测算，如果喷射切削不到位，大部分的水泥浆被浪费，置换率会非常高。与搅拌类土体加固相比，高压喷射类工艺需要确保喷射切削范围满足设计桩径的要求，提钻速率慢、施工效率低，水泥浆液浪费量很大，水泥用量大，因此造价要比搅拌类高。

3.2.3 围护桩工艺

围护桩（墙）的功能是通过桩（墙）的抗弯能力抵抗侧向水土压力的作用，因此其实际作用是梁或板，围护桩的结构形式很多，总体分为：钢板桩、H型钢、预制板、灌注桩和地下连续墙。

1. 钢板桩工艺

将预制好的拉森钢板桩通过锁口连接，形成一道竖直的墙体，以抵抗侧向水、土压力的作用，同时锁扣连接也能起到止水的效果。钢板桩的打入和拔出方式通常采用振动或静压，如图3.2.64、图3.2.65所示。振动方式对环境有一定影响，通过高频振动将桩周土体液化，从而实现桩的植入，静压方式采用已打入的钢板桩作为反力，将后续桩压入地基土中。通常地基土的自振频率较低，振动设备在开启和关闭时会经过土的自振频率范围，从而引起地基土共振。针对钢板桩振动对环境的影响，近年来发展了免共振技术，通过在启动和关闭时调节振动锤的偏心组块相位差来抵消激振力，从而避开机械本身和土体的共振，振幅可以在0～100%之间自由调整，保证最大振动值和峰值振速不会超标。

图3.2.64 机械手施工拉森钢板桩

图3.2.65 静压施工拉森钢板桩

受拉森钢板桩型号的限制，通常拉森钢板桩的抗弯刚度较小，为了弥补这一缺陷，采用钢管桩与拉森钢板桩组合形成复合桩型，通过锁口将钢管桩与拉森钢板桩连接，同样形成一道竖直的墙体，以抵抗侧向水、土压力的作用，同时锁扣连接也能起到止水的效果。钢管桩是一个闭口环形结构，因此打入过程更加困难，振动也更大，在环境复杂的条件下，需要结合免共振技术，减小对环境的影响（图 3.2.66）。除了采用钢管桩与拉森钢板桩组合，还可以通过 H 型钢与拉森钢板桩组合，在同样的用钢量下，H 形结构的抗弯刚度要显著大于钢管桩。复合桩型将在"装配式围护桩技术"一章中详细阐述。

图 3.2.66　免共振锤施工钢管桩

2. 灌注桩工艺

灌注桩工艺是在工程现场通过机械成孔手段，在地基土中形成桩孔，并在其内放置钢筋笼、灌注混凝土而形成现浇结构，如图 3.2.67～图 3.2.69 所示。灌注桩可以适应所有的地层，施工工艺多种多样，适用性广泛，施工灵活，成桩深度可以达 100m、成孔直径 500～3000mm，是目前应用最为广泛的一种围护桩工艺。灌注桩工艺根据成孔方式的不同，又可以分为：正、反循环回转钻孔灌注桩、旋挖灌注桩、长螺旋灌注桩、潜孔锤灌注桩、冲击成孔灌注桩、冲抓成孔灌注桩。

图 3.2.67　成孔　　　　图 3.2.68　放置钢筋笼　　　　图 3.2.69　灌注混凝土

回转钻孔灌注桩工艺是由动力装置带动钻机回转装置转动，从而带动有钻头的钻杆转动，由钻头切削土壤，回转钻孔灌注桩工艺适用于除大粒径的卵石、孤石、硬质岩以外的各种地层。回转钻孔工艺需采用泥浆护壁成孔，成孔方式为旋转成孔。根据泥浆循环方式

图 3.2.70　正循环回转钻桩机

图 3.2.71　反循环回转钻桩机

不同，分为正循环回转钻（图 3.2.70）和反循环回转钻（图 3.2.71）：正循环回转钻进是以钻机的回转装置带动钻具旋转切削岩土，同时利用泥浆泵向钻杆输送泥浆（或清水）冲洗孔底，携带岩屑的冲洗液沿钻杆与孔壁之间的环状空间上升，随着钻渣的不断排出，钻孔不断向下延伸，直至达到预定的孔深；反循环回转钻成孔利用泵吸、气举、喷射等措施抽吸循环护壁泥浆，挟带钻渣从钻杆内腔吸出孔外的成孔方法。正、反循环的差异主要在于排浆方法，正循环属于被动排浆、反循环属于主动排浆，因此反循环可以获得比正循环高出成倍的施工速度，特别是对于卵石、砾石等沉渣主动排出困难的地层；反循环主动排浆方法的缺点是需要抽吸，控制不好容易塌孔，因此在粉砂土地层中应谨慎采用。

旋挖灌注桩、潜孔锤灌注桩、冲击成孔灌注桩、冲抓成孔灌注桩（图 3.2.72～图 3.2.75）等工艺与回转钻孔灌注桩工艺的主要区别在于成孔设备：旋挖灌注桩工艺通过底部带有活门的桶式或螺旋钻头回转破碎土体，并直接将其装入钻斗内，然后再由钻机提升装置和伸缩钻杆将钻斗提出孔外卸土，这样循环往复，不断地取土卸土，直至钻至设计深度，对粘结性好的地层，可采用干式或清水钻进工艺，无需泥浆护壁，对于松散易坍塌地层，须采用泥浆护壁或护筒护壁，旋挖工艺适合除硬质岩以外的各种地层，旋挖桩最小孔径不宜小于 700mm；潜孔锤灌注桩工艺（又称液动冲击器或液动锤），利用液动冲击，连续不断地对下部钻具施加一定频率的冲击载荷，从而实现冲击回转钻进，潜孔锤工艺特别适合硬质岩地层；冲击成孔灌注桩工艺是指用冲击式钻机或卷扬机悬吊冲击钻头（又称冲锤），在桩位上下往复冲击，将坚硬土或岩层破碎成孔，部分碎渣和泥浆挤入孔壁，大部分泥渣排出成孔，冲击成孔工艺适合卵石、块石和岩石地层；冲抓成孔灌注桩工艺使用锥瓣切入地层，然后用卷扬机通过钢丝绳提升冲抓锥，切入地层的锥瓣收拢并抓取土层，反复循环即达到成孔目的，冲抓成孔工艺对于卵石、砾石土层均适用。其中，潜孔锤和冲击成孔有较大的振动影响，对环境敏感区域不适合。

图 3.2.72　旋挖成孔　　图 3.2.73　潜孔锤成孔　　图 3.2.74　冲击成孔　　图 3.2.75　冲抓成孔

　　上述几种工艺中，旋挖成孔是目前最常用的成孔方式，适用性最广泛、功效最快、施工扰动影响较小。旋挖成孔工艺的适用性和功效除了与设备的大小有关，最重要的是旋挖钻头的选取。旋挖钻头的类型可以分为：螺旋钻头、旋挖钻斗、筒式环状钻头。

　　螺旋钻头又可分为岩石螺旋钻头（图 3.2.76）和土层螺旋钻头（图 3.2.77）：岩石螺旋钻头的切削刃具为头部镶焊有钨钴硬质合金的截齿，主要用于风化基岩、胶结较好的卵、砾石地层及硬质永冻土层，钻头结构形式有直螺和锥螺；土层螺旋钻头所用切削刃具为铲形耐磨合金斗齿或斗齿加截齿，主要用于地下水位以上的土层，砂土层、含少量黏土的密实砂层以及粒径不大的砾石层，结构形式为直螺，有单头单螺、双头单螺、双头双螺三种。

图 3.2.76　岩石螺旋钻头　　　　　　图 3.2.77　土层螺旋钻头

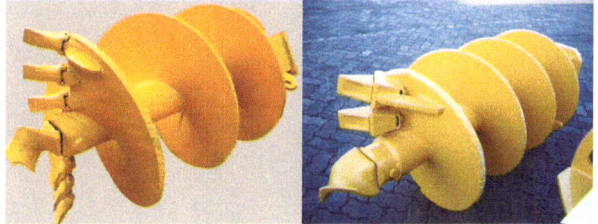

　　旋挖钻斗是一种极为重要的钻头形式，主要用于淤泥、黏土、砂土、卵石和风化软基岩地层，针对不同的地质条件，底部有单层底板和双层底板，如图 3.2.78～图 3.2.83 所示。进土口有单开口和双开口，单开口型开口大，适合钻进较大砾径的砾石层及大的卵石层、漂石层等，双开口钻头适合钻进一般砂土层及小直径砾石层，针对不同土层分为单层

图 3.2.78　黏土层单底钻斗　　图 3.2.79　凝灰岩单底钻斗　　图 3.2.80　清孔单底钻斗

图 3.2.81　混层单底钻斗　　　图 3.2.82　土层双底钻斗　　　图 3.2.83　岩层双底钻斗

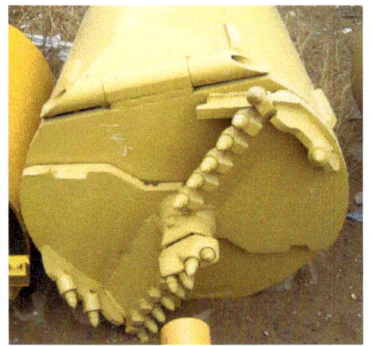

底板旋挖钻斗、双层底板旋挖钻斗、双层底板单开口全镶截齿、斗齿截齿混镶钻斗、带辅助卸土机构的钻斗。

筒式环状钻头用于较硬的基岩地层、大的漂石层及硬质永冻土层，当旋挖钻斗或螺旋钻头钻进比较困难时，采用筒式钻头配合螺旋钻头及捞渣钻斗，钻捞结合钻进，根据所钻地层不同分为可用于风化基岩及永冻层钻进的截齿式环状钻头及用于较硬基岩钻进的牙轮环状筒式钻头，如图 3.2.84～图 3.2.88 所示。

图 3.2.84　截齿环状筒式钻头　　　　　　图 3.2.85　牙轮环状筒式钻头

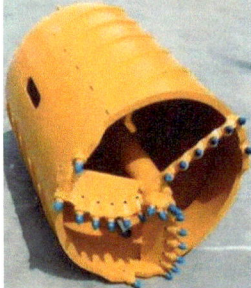

图 3.2.86　卵石地层中施工　　　图 3.2.87　软岩地层中施工　　　图 3.2.88　硬岩
　　　　　　　　　　　　　　　　　　　　　　　　　　　　　　　　　　　地层施工

长螺旋灌注桩工艺（图 3.2.89）与上述成孔灌注桩工艺不同，长螺旋工艺无需成孔，通过螺旋钻头和钻杆钻至设计深度，通过中空的钻杆，在提升钻杆的同时采用高压泵将高流动性的混凝土打入地层中，地基土随之排出，混凝土灌至地面后，在初凝前采用压杆将钢筋笼插入混凝土中，插入钢筋笼的同时对混凝土进行振捣。长螺旋工艺属于不成孔后置

钢筋笼工艺，具有穿硬土层能力强、无泥浆护壁（高压混凝土浆还可挤入桩周土体）、不塌孔、施工效率高、低噪声、只排泥不排污等优点，同样条件下的单桩竖向承载力高。受设备限制，通常桩长小于 30m，桩径 400～1000mm。由于钢筋笼是后置的，在软土地层中插入钢筋笼时，可能发生钢筋笼偏斜至土体中，同时插入钢筋笼的过程中如果振捣过多，还会导致混凝土离析、钢筋笼散架，钻进过程中也可能因为偏钻、串孔，将临近混凝土未凝固的桩钢筋笼带出，因此要跳桩施工。长螺旋灌注桩工艺是一种挤土桩工艺，在钻进过程中会存在挤土扰动，采用高压泵灌注混凝土时也会产生挤土扰动，同时插入钢筋笼的过程有振动影响，因此有微扰动控制要求时不宜采用。

图 3.2.89　长螺旋桩机及施工

对于成孔灌注桩，护壁效果和钢筋接头的焊接质量是影响围护桩受弯承载能力最重要的因素。如果护壁不到位，发生塌孔或缩径，会导致桩身混凝土截面减小、钢筋外露；如果钢筋接头焊接不好，会导致受弯承载力和围护桩刚度大大下降，桩身开裂甚至折断，如图 3.2.90～图 3.2.94 所示。

图 3.2.90　灌注桩钢筋笼孔口焊接施工
（庞大的钢筋数量、繁重的焊接任务、恶劣的立焊环境、糟糕的焊接质量）

钢筋笼接头质量问题对围护桩的影响，可以通过简单的梁抗弯刚度和承载力试验获得。为分析钢筋焊接质量对围护桩抗弯受力特性的影响，进行对比试验，如图 3.2.95～图 3.2.100 所示。分别焊接 $2d$、$4d$、$6d$、$8d$、$10d$、$12d$ 和通长，每种情况分 3 个试验构件，梁截面尺寸 120mm（宽）×180mm（高），纵筋采用Φ12 钢筋，混凝土强度等级 C30。

图 3.2.91　灌注桩露筋、缩径、断桩

图 3.2.92　钢筋搭接位置围护桩开裂

图 3.2.93　钢筋搭接位置围护桩破碎断裂

图 3.2.94　钢筋搭接位置围护桩折断、基坑坍塌

图 3.2.95　试验钢筋笼加工制作

图 3.2.96　试验梁构件制作

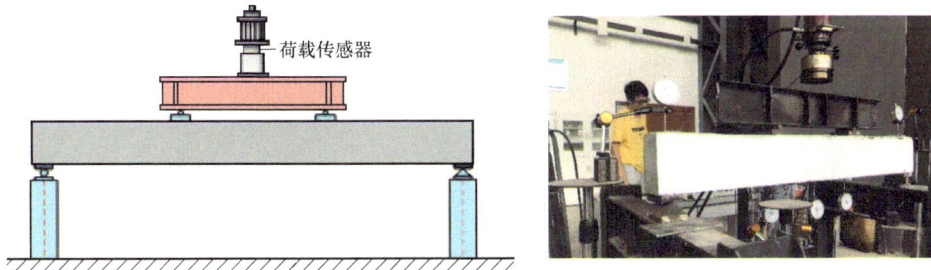

图 3.2.97　抗弯加载试验

焊接2d破坏　　　　　　　　　　　　焊接4d破坏

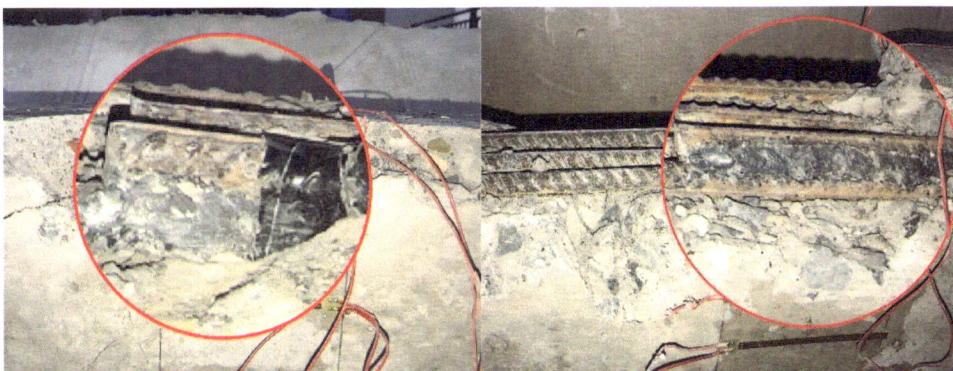

焊接6d破坏　　　　　　　　　　　　焊接8d破坏

图 3.2.98　试验破坏结果

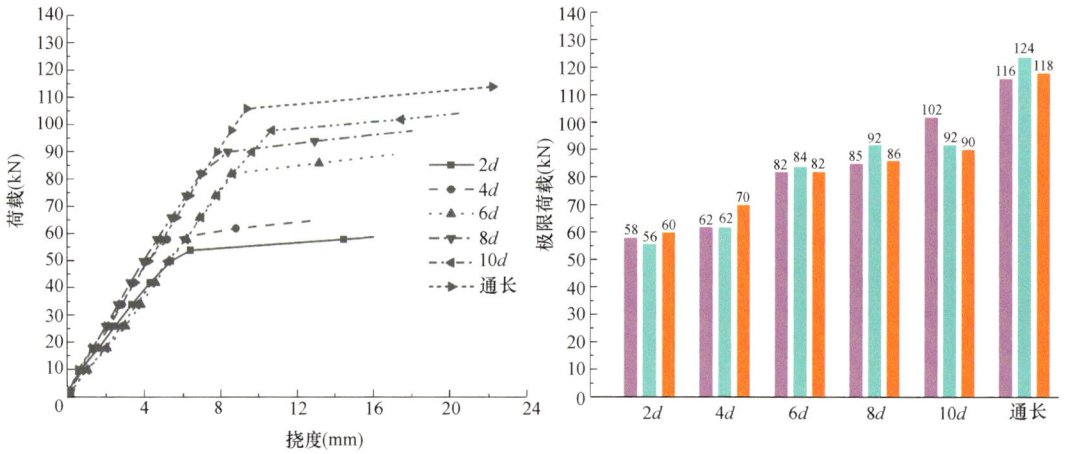

图 3.2.99　焊接质量对梁承载力的影响

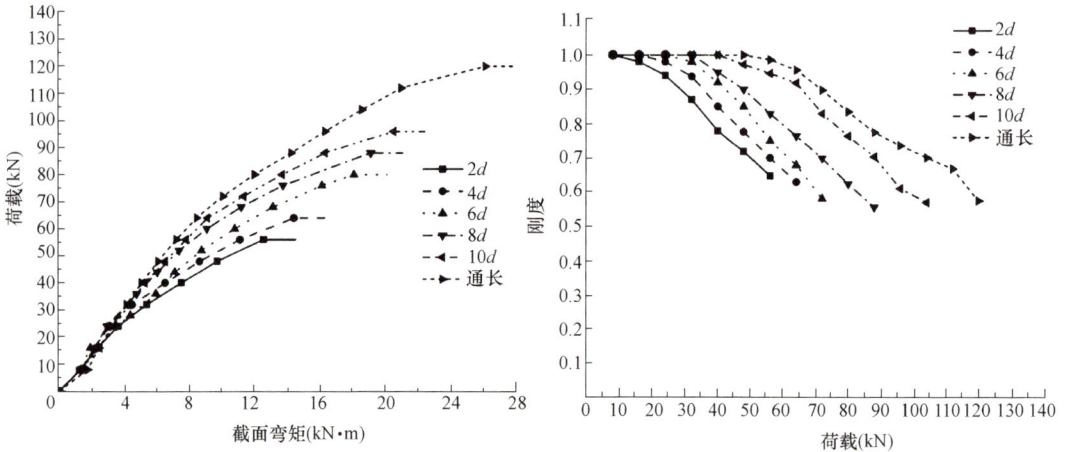

图 3.2.100　焊接质量对梁截面刚度和强度的影响
（焊接质量越差，混凝土截面越容易进入开裂工作阶段，截面刚度和承载力损失越大）

　　某淤泥土中两层地下室基坑倒塌案例分析（图 3.2.101～图 3.2.104），场地土质条件为：杂填土、粉质黏土夹黏质粉土、淤泥质粉质黏土和粉质黏土为主，开挖深度约 11.95m，采用 ϕ1000@1200 钻孔灌注桩加两道钢筋混凝土支撑，围护桩桩身混凝土强度等级 C30、主筋为 30ϕ25 钢筋，主筋配筋率 1.9%。从分析结果中可以看出：焊接质量对钢筋混凝土截面承载力的影响非常显著，按通长钢筋焊接情况，截面受弯极限承载力可以达到 2130kN·m；按 10d 完全满焊的情况，截面受弯极限承载力可以达到 1800kN·m；按 8d 完全满焊的情况，截面受弯极限承载力可以达到 1640kN·m；按 6d 完全满焊的情况，截面受弯极限承载力只有 1400kN·m；按 4d 完全满焊的情况，截面受弯极限承载力只有 1100kN·m；按 2d 完全满焊的情况，截面受弯极限承载力只有 1000kN·m。常规情况，现场孔口焊接可能介于 6d～8d 满焊的质量，围护最大变形 3～6cm，属于正常变形控制范围。如果现场孔口焊接只能达到 2d～4d 满焊的质量，围护最大变形 10～12cm（2d 焊接质量模拟计算至 10cm 变形后超过桩截面承载力计算终止，4d 焊接质量模拟计算至

12cm 变形后超过桩截面承载力计算终止），这已经远远超出了正常变形控制范围，变形不再收敛，直至围护桩折断。若现场孔口焊接介于 $6d \sim 8d$ 满焊质量的情况，围护桩最大弯矩均不会超过截面极限承载力，且距离极限承载力还有较大富裕度（$6d$ 满焊时，截面受弯极限承载力 1400kN·m，实际使用工况截面最大弯矩 750kN·m），即使带裂工作，也不会有明显的裂缝。如果现场孔口焊接只能达到 $2d \sim 4d$ 满焊的质量，围护桩最大弯矩将会超过截面极限承载力，围护桩出现明显的裂缝，且围护桩折断不可避免。

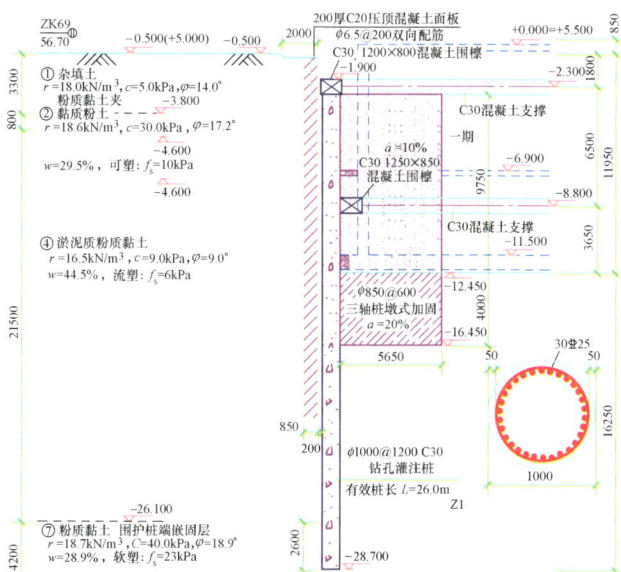

图 3.2.101　案例围护剖面

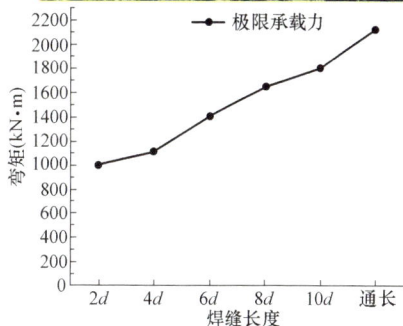

图 3.2.102　焊接长度与围护桩极限承载力

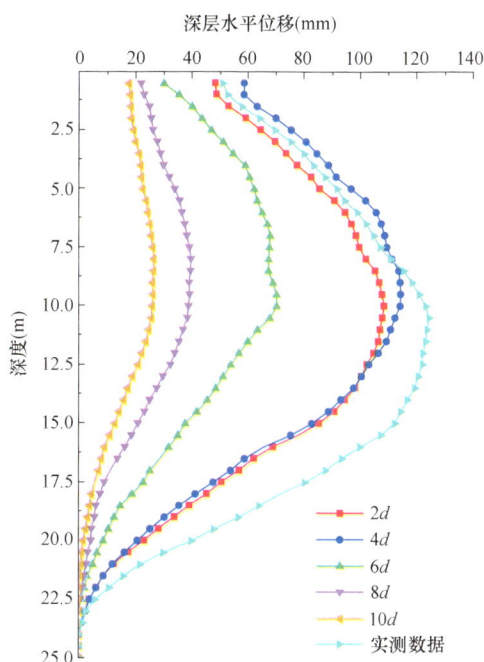

图 3.2.103　焊接质量对围护变形的影响分析

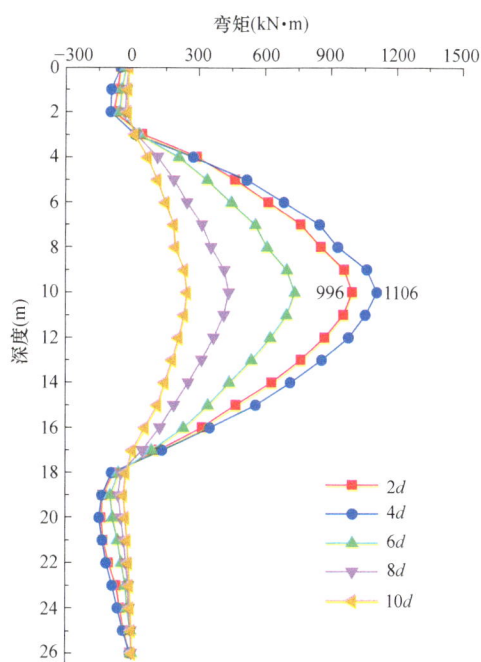

图 3.2.104　焊接质量对围护桩弯矩的影响分析

有反面案例就有正面教材，某淤泥土中三层地下室基坑实例分析（图 3.2.105、图 3.2.106），场地土质条件为：杂填土、粉质黏土、淤泥质黏土、淤泥质粉质黏土和黏土为主，开挖深度 14.05～14.50m，采用 1000@1200 钻孔灌注桩加三道钢筋混凝土支撑，围护桩桩身混凝土强度等级 C30、主筋为 28 根 ϕ25 钢筋，主筋配筋率 1.7%。项目紧邻老旧小区（最近处 5m）与地下隧道工程，因此变形控制要求非常严苛，被动区采用裙边加固，加固宽度 8～10m。本项目围护桩实施过程中，采用孔口焊接，焊接要求按 12d 满焊，所有焊缝除现场检查合格方能下放钢筋笼外，还必须拍照留存。从计算结果中可以看出：在钢筋笼接头焊缝质量有保障的情况下，围护桩截面刚度与理论值相同；按实测变形结果（最大 2.5cm）反推的加固土参数 $m=8MN/m^4$，远大于规范推荐的 $m=2\sim4MN/m^4$，说明本项目的加固质量非常好，按此类土层中常规取值 $m=3MN/m^4$，围护最大变形计算结果 3.8cm，如果加固质量很差，完全不考虑加固效果，围护最大变形计算结果 4.7cm；各工况下围护桩桩身弯矩（最大 1240kN·m）远小于截面极限承载力（2000kN·m），确保了桩身混凝土不开裂，桩体抗弯刚度不损失。

图 3.2.105　案例周边环境条件及钢筋笼焊接验收

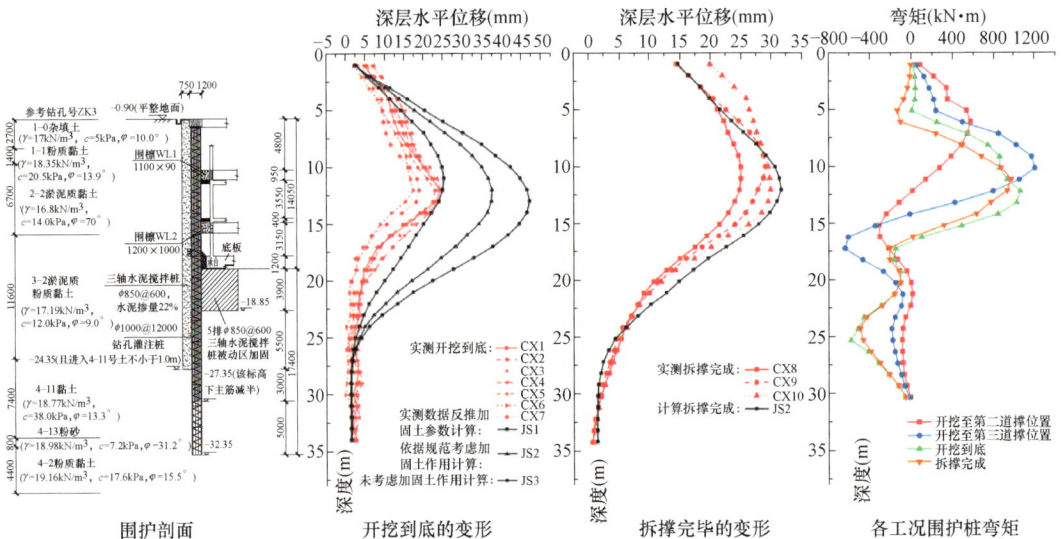

图 3.2.106　案例围护剖面及受力变形分析结果

围护桩钢筋含量大（常常有超过 20 根钢筋的情况，尤其是超深基坑或土质差的情况），钢筋直径多为 ϕ22、ϕ25，甚至 ϕ28（钢筋越粗，焊接质量对围护桩受力性能影响越大），孔口焊接时间长（单面满焊每个接头需要 2～4 人/h，焊接时间长又会反过来影响槽壁稳定性），焊接质量难以得到保障。因此，建议钢筋笼选用质量更可靠的地面焊接加工，或采用钢套筒机械连接，然后整体吊装（或者减少分段数量），减少孔口焊接时间。如需孔口焊接，则每个接头的焊缝必须现场验收合格后方能下放钢筋笼，并拍照留存（图3.2.107~图3.2.109）。

图 3.2.107　钢筋笼整体加工制作

机械连接　　　　　　　　　　立焊接质量验收　　　　　　　　　　整体吊装

图 3.2.108　钢筋笼接头验收及起吊

3. 地下连续墙工艺

在地面采用成槽机械设备，沿着深基坑工程的周边轴线，在泥浆护壁条件下，开挖出一条狭长的深槽，清槽后在槽内整体吊放钢筋笼；然后，用导管法灌筑水下混凝土，筑成一个单元槽段，如此逐段进行，在地下筑成一道连续的钢筋混凝土墙壁，作为防渗和挡土结构。目前，最深的地下连续墙可以施工到超过 150m，国内最厚的地下连续墙可达1.5m，日本东京地下变基坑墙厚达 2.4m。与灌注桩工艺的区别是：采用成槽的方式形成一条狭长的深槽，而不是圆形的桩孔；在地面加工成整体钢筋笼一次性吊放，而不是分段吊放再孔口焊接；相邻槽壁间采用锁口管或型钢连接，形成一道整体的墙体，而不是独立的一根一根桩。地下连续墙的优缺点：地下连续墙施工对垂直精度要求高，场地须硬化平整、还需设置导墙，对于粉砂土等易坍孔的地层，还需做槽壁加固，为保证不同墙幅之间的有效连接，需要刷壁，因此地下连续墙的施工工序较多，施工时间长，水平和竖向均需

不合格接头　　　　　　　　　　　　合格机械连接接头

图 3.2.109　钢筋笼接头机械连接

配筋，含钢量大，造价高；狭长形槽壁的稳定性要显著弱于环形钻孔，因此地下连续墙施工的槽壁变形要大于灌注桩，施工对地层的扰动更大，对于需要严格控制变形的环境敏感工程，应采用有一定刚度的槽壁加固工艺，同时采用高稠度的复合膨润土泥浆护壁，减小槽壁变形和坍孔的影响；地下连续墙的整体性好，可同时作为止水和挡土结构，钢筋笼在地面加工成一个整体，避免了灌注桩孔口焊接质量难以保障的问题，墙幅截面为矩形结构，最大程度地发挥了截面的受弯性能，墙幅与墙幅之间相互连接，因此在同样截面面积的条件下，地下连续墙的整体性、刚度、受弯承载力都要优于灌注桩。地下连续墙成槽方式总体可以分为抓斗型挖泥成槽和粉碎型挖泥成槽两大类：抓斗式成槽工艺（图3.2.110）是目前国内地下连续墙成槽最主要的方式，抓斗挖槽机以履带式起重机悬挂抓斗，抓斗以其斗齿切削土体，切削下的土体收容在斗体内，从槽段内提出后开斗卸土，如

图 3.2.110　抓斗式成槽桩机

此循环往复进行挖土成槽。抓斗式工艺地层适应性广，除大块石与基岩外，一般的土层均可施工；铣槽式成槽工艺（图 3.2.111）是超深地下连续墙施工最有效的手段，适用于密实砂土、砾石、卵石、块石以及中等硬度岩石，同时施工速度快、功效高、噪声及振动小，对周边环境影响小。

图 3.2.111　铣槽式成槽桩机

地下连续墙的另一个重要工艺是接头做法，为保证地下连续墙的整体性、刚度和强度，接头做法至关重要，如图 3.2.112 所示，常采用刚性接头和柔性接头两种形式：刚性接头是为保证地下连续墙槽段间钢筋的贯通连接，确保地下连续墙接头有一定的抗弯和抗剪能力，避免接头成为刚度和强度的薄弱环节，刚性接头做法有 H、V 型钢板或交叉十字钢板接头，刚性接头施工技术复杂、成本高，常用于结构特殊、受力复杂的地下连续墙施工；柔性接头做法是地下连续墙槽段间仅依靠水平贯通和弯曲贯通钢筋，不用接头钢板，柔性接头常用形式有预制隔桩和接头管（锁口管）。不论是刚性接头还是柔性接头，都会不同程度地存在槽段接缝夹泥、夹砂的情况，造成局部渗漏水的问题，套铣接头工艺是将槽段接缝部位的混凝土直接铣削掉，不仅将接缝处的泥砂削掉，还将质量不良的混凝土削掉，露出锯齿形新鲜混凝土与下一幅墙体混凝土进行连接，因此防水性能大大提高，同时也大大节省了刚性接头做法所需要的大量型钢材料（图 3.2.113）。

H型钢接头　　　　　　　　　十字钢板结构　　　　　　　　　套铣接头

图 3.2.112　地下连续墙接头工艺

图 3.2.113　地下连续墙露筋（杂填土或粉砂土地层中槽壁加固很重要）

3.2.4　土钉施工工艺

土钉施工是一种原位土体加筋技术，通过由钢筋或钢管制成的土钉（图 3.2.114），将基坑边坡与其周围土体牢固粘结形成复合体，边坡表面铺设一道钢筋网再喷射一层混凝土面层支护施工方法。土钉施工工艺可以分为：钻孔注浆型、直接打入型、打入注浆型。

图 3.2.114　土钉

1. 钻孔注浆型

先用钻机等机械设备在土体中钻孔，成孔后置入杆体（一般采用带肋钢筋制作），然后沿全长注水泥浆。钻孔注浆钉几乎适用于各种土层，是一种常用的土钉类型，在杂填土、砂土等易坍孔的地层中，需要先降水，再套管跟进施工。

2. 直接打入型

用人力、振动冲击钻或液压锤等机具在土体中直接打入钢管、角钢等型钢，不再注浆。打入式土钉直径小，与土体间的粘结摩阻强度低，承载力低，土钉长度又受限制，所以布置较密。直接打入土钉的优点是不需预先钻孔，对原位土的扰动较小，施工速度快，但在坚硬黏性土中很难打入，应用较少。

3. 打入注浆型

在钢管中部及尾部设置注浆孔做成钢花管，直接打入土中后再压灌水泥浆形成土钉。钢花管注浆土钉具有直接打入钉的优点且抗拔力较高，特别适合于成孔困难的淤泥、砂土和杂填土等软弱土层，应用较为广泛，在卵石、坚硬黏土、岩石中不适合，防腐性能较差，不适用于永久性工程。

3.2.5　锚索施工工艺

锚索是通过外端固定于桩冠梁或围檩上，另一端锚固在潜在滑动面以外的稳定岩土体中，穿过潜在滑动面的预应力高强钢绞线，同时通过施加预张拉力，将岩土体挤紧，使岩土体处于压紧状态，增大岩土体自身的抗滑摩擦阻力，以提高基坑的稳定性。因此锚索的主要工作原理有两个方面：（1）锚索的长度必须确保能穿过潜在滑动面，锚固力只由潜在滑动面以外的锚固体与土的摩擦力提供，潜在滑动面以内的部分为自由段，不提供锚固力；（2）施加预张拉力，提前让锚固体与土的摩擦力发挥出一部分，通过预张拉力将岩土体挤紧，同时消除一部分锚索的张拉变形。

采用锚索支护，不占用基坑内部空间，为土方开挖、地下室施工提供了良好的施工环境，广受欢迎，是一种非常好的技术。但应清醒地认识到，锚索所能提供的锚固力由锚固体和岩土体之间的摩擦力提供，这种施工工艺是一种典型的隐蔽工程，对于质量的监管有较大难度，因此使用锚索的时候应留有充分的安全系数，同时锚固体和岩土体之间的极限摩阻力取值应充分考虑土体蠕变特性和非线性特性，将剪应力水平控制在衰减型阻尼蠕变临界值以内。

受社会发展的影响，基坑工程锚索超红线问题越来越突出，为避免锚索成为地下障碍物，近年来发展了多种多样的可回收锚索工艺。同时为了扩大锚索的应用范围，加大锚固体直径，在增大锚固力的同时减小锚固体和岩土体之间的摩擦力使用值，发展了各种成孔和注浆工艺。

可回收锚索工艺可以分为：拉拔式、热熔式和机械式，如图 3.2.115～图 3.2.117 所示。

图 3.2.115　拉拔式可回收锚索　　图 3.2.116　热熔式可回收锚索　　图 3.2.117　机械式锚杆

（1）拉拔式可回收锚索技术利用钢绞线作为锚索体，当要回收时，只要对钢绞线施加张拉力，就可将钢绞线从锚索体内逐根抽出，回收关键锚索抽出后，在固定座的中心处产生空隙，使其他钢绞线可拔出回收，代表性的有日本的 JCE 回收式锚索和我国的 U 形可抽芯式锚索。

（2）热熔式可回收锚索属于压力分散型锚索，其回收原理是通过对热熔锚通电（36V安全电压）进行拆芯，通电一定时间，热熔锚拆芯结束后可拔出钢绞线回收。

（3）机械式锚杆的锚固原理是胀壳原理，锚杆端头带有一个楔形或两个楔形体，当锚杆受力时锥体深入到胀壳内，使胀壳膨胀并给孔壁一定的挤压力，胀壳在挤压力的作用下与孔壁产生摩擦形成锚固力，锚杆回收时，在紧固端再备紧一螺母，向逆时针方向旋转原螺母，迫使杆体向逆时针方向转动即可将杆体回收。

锚索回收时，地下结构已经起来，回收工作面很局促，多数可回收锚索在回收钢绞线时需要的张拉力较大，有的人工无法拔出，只能采用千斤顶慢慢拔动，因此回收操作有一定的难度且时间较长，往往因为工作面和工期的原因导致没有回收。锚索施工和回收如图3.2.118、图 3.2.119 所示。

扩体锚索工艺可以分为：浆囊袋式、旋喷式和搅拌式。

图 3.2.118　锚索施工

图 3.2.119　锚索回收

（1）浆囊袋扩体锚索（图 3.2.120）主要利用囊袋将水泥浆液约束在囊袋内，形成有效的锚固段，避免浆液流失造成锚固体失效，在淤泥类地层中，直接通过注浆压力就可将囊袋撑开，在较硬的地层中囊袋撑开困难，需要先进行旋喷或搅拌扩孔，再进行囊袋注浆。浆囊袋扩体锚索施工时一定要保护好囊袋的完整性。一旦囊袋破损，浆液流失，不能形成有效的囊体，将严重影响锚固体承载力。

图 3.2.120　浆囊袋锚索

（2）旋喷式（图 3.2.121）和搅拌式锚索的原理与旋喷桩和搅拌桩工艺类似，适合使用在容易塌孔的砂土、杂填土中；同时，通过旋喷或搅拌的方式增加锚固体直径，增大锚固体与土体的接触面积。单纯采用旋喷式或搅拌式工艺，由于水泥土浆质地很软，容易发生索体沉降偏位，影响索体与水泥土加固体的粘结质量，因此通常与浆囊袋式组合使用。

图 3.2.121 高压旋喷锚索

3.2.6 支撑施工工艺

内支撑结构是通过结构自身的抗压、抗弯、抗剪能力，将支撑两端围护结构传递过来的侧压力转变成内支撑结构的内力。支撑施工工艺主要分为：钢筋混凝土支撑、钢管支撑、型钢支撑、型钢组合支撑。支撑结构的组成包括：支撑梁、冠梁或围檩梁、竖向立柱和立柱桩及各类连接构件。

（1）钢筋混凝土支撑梁结构是一种现浇结构，如图 3.2.122、图 3.2.123 所示，在基坑场地内，以地基土为底膜，浇筑钢筋混凝土结构，其施工次序为：立柱桩（多为灌注

| 场地平整、垫层施工 | 绑扎钢筋 | 模板施工 | 混凝土浇筑 |

| 混凝土养护 | 土方开挖 | 支撑拆除及垃圾清理 |

图 3.2.122 钢筋混凝土支撑加工制作及拆除

桩）与立柱（格构柱）施工、场地平整、垫层施工、隔离层施工、钢筋绑扎、模板施工、混凝土浇筑，待支撑结构使用完毕后，再拆除支撑，清理残渣，拆除方式可以采用机械破碎，也可以采用静力切割。

图 3.2.123　钢筋混凝土支撑

（2）钢管支撑是一种预制装配式结构，当支撑长度较小时，不需采用立柱和立柱桩，支撑在地面拼装好后整体吊装安放，支撑两端通过围檩与围护桩（墙）连接，或直接与平整处理过的地下连续墙墙面连接。当支撑长度较大时，中间部位设置立柱，支撑按立柱间距分段吊装再拼接（图 3.2.124）。

地面拼装　　　　起吊　　　　　吊放　　　　　安装

图 3.2.124　钢管支撑拼装

（3）型钢组合支撑也是一种预制装配式结构，结构构件种类和数量远比钢管支撑多，因此通常在基坑内部进行安装，其安装施工工艺在第 4 章中详细阐述。

3.2.7　降水施工工艺

基坑降水是指在开挖基坑时，地下水位高于开挖底面，地下水会不断渗入坑内，为保证基坑能在干燥条件下施工，防止边坡失稳、流砂管涌、坑底隆起和地基承载力下降而做的降水工作。降水施工对于减少基坑发生渗漏水风险，提高地基稳定性均有很重要的意义。针对不同的地质条件，降水施工工艺有：明排降水、轻型井点降水、喷射井点降水、电渗井点降水、深井降水等。

1. 明排降水

明排降水是在基坑侧壁设置一些泄水管、基坑内部设置一些排水沟和集水坑，让地下水自动汇集到集水坑中，通过水泵将水抽到地面排水系统中排走。明排降水容易带走一定的土颗粒，会对周边环境造成一定的影响，因此明排降水主要用于水头差不大的情况，且地基土以粗颗粒为主，如砾石、卵石等地层。

2. 轻型井点降水

轻型井点降水是一种应用广泛的降水方法，井点系统施工简单、安全、经济，特别适用于基坑面积、水位降深不大的情况，尤其是在电梯井等局部深坑降水中能发挥出很好的作用。水位降深一般在 3～5m，若要求降水深度大于 6m，理论上可以采用多级井点系统，但要求基坑四周有足够的空间，以便于放坡。轻型井点适用地层有粉细砂、砂质粉土和黏质粉土，当土层渗透系数偏小时，需要采用黏土封填和保证井点系统各连接部位的气密性等措施，以提高整个井点系统的真空度，才能达到良好的效果。

3. 喷射井点降水

喷射井点管的布置、井点管的埋设方法和要求，与轻型井点基本相同。其特点是在井点管内部安装特制的喷射器，用高压水泵或空气压缩机通过井点管中的内管向喷射器输入高压水或压缩空气，形成水气射流，将地下水经井点外管与内管之间的间隙抽出排走。此方法降水深度可达 8～20m，适用的地层有砂土、粉砂、砂质粉土和黏质粉土。喷射井点降水工艺的抽水系统和喷射井管较为复杂，运行故障率较高，且能量损耗很大，所需费用比其他井点法要高，因此实际应用较少。

4. 管井井点降水

管井井点适用于渗透系数大的细砂、中粗砂、砾砂、卵石等地下水丰富的地层，每口管井出水流量可达到 $10～100\text{m}^3/\text{h}$，一般用于潜水层降水。

5. 深井井点降水

深井井点是基坑支护中应用较多的降水方法，它的优点是排水量大、降水深度大、降水范围大等，水位降深可大于 15m，也可用于降低承压水。适用于砂质粉土、粉细砂、中粗砂、砾砂、卵石等各种地层。在砂质粉土和粉细砂地层中，与轻型井点系统组合应用，降水效果更好。

6. 降水井水泵选择

单井出水量除了与土的渗透系数、管井直径、降水深度等有关，还与水泵扬程和功率有关。为保证单井出水量，要选择相对应的水泵流量、扬程、功率，表 3.2.4 给出典型水泵技术参数。

管井降水和普通的自流深井降水工艺属于重力排水范畴，通过降低井管内的水位，让井壁四周的地下水在自重作用下流入井管内部，从而实现降低水位的目的，一般适用于排出渗透系数较大土层中的自由水。对于砂质粉土、黏质粉土等土层，自由水含量较少，固体颗粒对水的流动约束较大，管井和自流深井往往很难将水排出，因此宜采用轻型井点结合管井或深井降水。轻型井点、喷射井点或真空深井，可以在井管内形成一定的负压（一定的真空度），对土层中的水形成驱动力，加速水的流动，甚至将一部分弱结合水排出，从而加大降水效率，尤其是黏质粉土和含水量较大的粉质黏土。对于此类地层，降水不仅可以防止发生渗漏、管涌等问题，还能大大增加土体强度，大幅度减小水土压力，提高基坑稳定性。

对于降水施工，通常比较担心的是由于降水引起的沉降问题。降水施工引起沉降有两方面的原因：

1. 有效应力增大

土层中水位下降，颗粒间的相互作用力加强（也就是有效应力增大），颗粒间发生相

水泵规格与参数 表 3.2.4

型号	流量 (m³/h)	扬程 (m)	效率 (%)	电动功率 (kW)	口径 (mm)	重量 (kg)	型号	流量 (m³/h)	扬程 (m)	效率 (%)	电动功率 (kW)	口径 (mm)	重量 (kg)
PL25-0.37	2	15	30	0.37	25	24	PL65-7.5	20	51.5	57	7.5	65	95
	2.5	13	35					25	50	61			
	3	12	34					30	47	60			
PL40-0.75	7.2	13	50	0.75	40	31	PL80-7.5	32	38	60	7.5	80	105
	9	11.5	55					40	36	67			
	10.8	10.5	54					48	33	66			
PL50-0.75	12.8	9.5	51	0.75	50	35	PL100-7.5	72	22.5	69	7.5	100	102
	16	8	55					90	20	76			
	19.2	7	54					108	18	75			
PL40-1.5	8.8	17.5	52	1.5	40	39	PL80-11	37.4	46.5	61	11	80	150
	11	16	58					46.8	44	67			
	13.2	14	57					56.2	41	66			
PL50-1.5	8.8	21.5	47	1.5	50	42	PL100-11	72	31.5	71	11	100	161
	12.5	20	52					90	28	77			
	16.3	17.8	51					108	26	76			
PL65-1.5	16.8	16.5	60	1.5	65	45	PL80-15	34.6	64	53	15	80	178
	21	15	67					43.3	60	59			
	25.2	13	66					52	57	58			
PL50-2.2	9.4	29.5	47	2.2	50	52	PL100-15	69.2	40	67	15	100	187
	11.7	28	52					86.6	38	72			
	14	25	50					102	34.5	71			
PL65-2.2	16	20	48	2.2	65	51	PL80-18.5	37	73.5	50	18.5	80	200
	22.3	18	52					46.8	70	61			
	29	14	46					56	65	60			
PL50-3.7	9.4	46	43	3.7	50	72	PL100-18.5	74.8	46	68	18.5	100	221
	11.7	44	46					93.5	44	74			
	13	40	45					112.2	40	73			
PL65-3.7	20	33.5	60	3.7	65	86	PL80-22	40	84	54	22	80	230
	25	32	65					50	80	63			
	30	28.5	64					60	75	62			
PL80-3.7	35.8	18	66	3.7	80	75	PL100-22	80	52.5	68	22	100	276
	44.7	16	73					100	50	76			
	53.6	14	72					120	46	75			
PL100-3.7	56	13.5	66	3.7	100	93	PL80-30	36.4	108	54	30	80	360
	70	12	73					45.4	103	63			
	84	10	72					54.5	93	62			
PL50-5.5	10	52	46	5.5	50	89	PL100-30	74.8	74	65	30	100	307
	12.5	50	48					93.5	70	70			
	15	47	46					112.2	64	69			
PL65-5.5	17.4	40.5	50	5.5	65	90	PL100-37	80	84	65	37	100	388
	21.7	38	56					100	80	70			
	26	34	54					120	72	69			
PL80-5.5	34.6	26	66	5.5	80	100	PL100-45	72	105	54	45	100	472
	43.3	24	69					90	100	62			
	52	21	67					108	92	60			
PL100-5.5	68	17.5	68	5.5	100	102	PL100-55	76	118	58	55	100	562
	85	16	76					95.5	114	64			
	102	14	75					114	102	63			

对运动，孔隙减小，土体发生沉降变形。对于压缩性较大的地层，如松散的杂填土、松散的砂土或含水量较大的黏性土层，易发生此类沉降变形。松散的杂填土和松散的砂土，降水引起的变形在短时间内就会发生。对于黏性土层，水的排出需要经历较长时间，在长时间降水过程中方可能发生较大的固结沉降。对于粉质黏土或粉土与黏性土夹层的情况，土体水平渗透性较好，地下水相对容易被排出，土的压缩性又较大，因此降水引起的附加应力很容易产生沉降变形。

2. 土颗粒流失

降水带走土体中的细颗粒，导致土体固体颗粒体积损失，从而发生变形。通常降水井须设置较好的反滤层，防止固体颗粒流失，降水井的反滤层包括级配砂砾层（可以采用碎石、粗砂等粗骨料）、尼龙滤网和土工布，砂砾层主要过滤粗颗粒，尼龙滤网过滤粉细颗粒，土工布过滤黏性颗粒。反滤层的作用与出水量是一种矛盾，反滤层过滤能力越强，降水井的出水量受到的影响越大，因此需要根据土层的颗粒情况选择合适的反滤层。对于卵石、砾石、粗砂等地层，通常设置砂砾过滤层和筛孔较大（60 目，筛孔尺寸 0.250mm）的尼龙滤网过滤层，以满足大出水量的目的。对于粉细砂、砂质粉土等地层，须设置多层筛孔较小（200 目，筛孔尺寸 0.075mm）的尼龙滤网过滤层，以减少粉细颗粒的流失。对于黏质粉土或粉质黏土等地层，还需设置土工布过滤层，防止黏性颗粒流失。根据《管井技术规范》GB 50296—2014 的要求，降水管井含砂量的体积比应小于 1/100000，这是一个非常严格的控制指标。假设一口井出水流量 $10m^3/h$，每天出水量 $240m^3$，一年出水量 $87600m^3$，如果采用 1/100000 的控制标准，也就是每口井只会产生约 $0.9m^3$ 的土颗粒流失。实际操作过程中，经常只能达到 $1/10000 \sim 1/20000$，也就是会造成 $5 \sim 10m^3$ 的土颗粒流失，这是一个非常大的体积损失，不可避免地会造成土体沉降和变形。土颗粒流失引起的变形，主要集中在降水井周边，因此对于坑内降水而言，土颗粒的流失对环境影响较小。

因此，从降水沉降变形的机理出发，严格控制降水对周边环境的影响（图 3.2.125～图 3.2.129）：（1）对于杂填土、松散砂土等地层，土颗粒非常容易随着水的流动而运动，应严格禁止降水施工；（2）对于粉质黏土或粉土与黏性土夹层，降水引起的附加应力很容易产生沉降变形，应严格禁止降水施工；（3）对于粉细砂、粉土等地层，降水施工容易带走细颗粒，应严格要求反滤层的过滤质量，按 1/100000 的标准控制降水井的含砂量，并减少降水时间；（4）对于存在含水量较高的黏性土软弱下卧层的情况，应控制上部透水层的降水深度，减少降水引起的附加应力，同时减少降水时间；（5）对于密实砂土或卵砾石地层，土的密实度大、颗粒与颗粒之间的接触非常紧密，降水不会引起颗粒的相互运动，也不容易带走土颗粒，降水所增加的附加应力只会引起土骨架的弹性压缩变形，可以适当降水。

图 3.2.125　简易方法成井
（成井过程会带走大量土颗粒）

根据《管井技术规范》GB 50296—2014，降水管井抽水过程中的出砂率应小于 1/100000。实际工程中，很难控制出砂率，实际出砂率可能大于 1/10000，甚至是 1/1000。以算例说

图 3.2.126 规范方法成井

图 3.2.127 不规范成井出水量少　图 3.2.128 规范成井确保降水效果　图 3.2.129 不规范成井出砂率高

明降水及土颗粒流失对周边环境的影响。算例管井半径为 0.3m，深 15m，日抽水量为 13m³，维持井内水位为−10m。模拟出砂率为 1/100000、1/10000 与 1/1000 三种情况下的地表变形。土颗粒的流失量采用管井周边土体的体积损失进行模拟，体积损失通过管井收缩的方式实现。

算例模型为单井轴对称模型，如图 3.2.130、图 3.2.131 所示，根据管井降水影响半径的计算结果，$R=82$m，因此数值模型中取土体范围 100m，厚度 30m，侧面为水源补给边界。

$$R = 2S\sqrt{HK} = 2 \times 10 \times \sqrt{30 \times 6.5 \times 10^{-6} \times 24 \times 3600} = 82\text{m}$$

式中　S——管井降水深度；

　　　H——含水层的厚度；

　　　K——粉砂土的渗透系数；

　　　R——管井降水影响范围。

粉砂土的应力应变本构模型采用 HSS 模型，土体参数如表 3.2.5 所示。

对于水位面以下的饱和粉砂土，渗透模型采用达西定律，并考虑降水过程中的渗透系数变化。

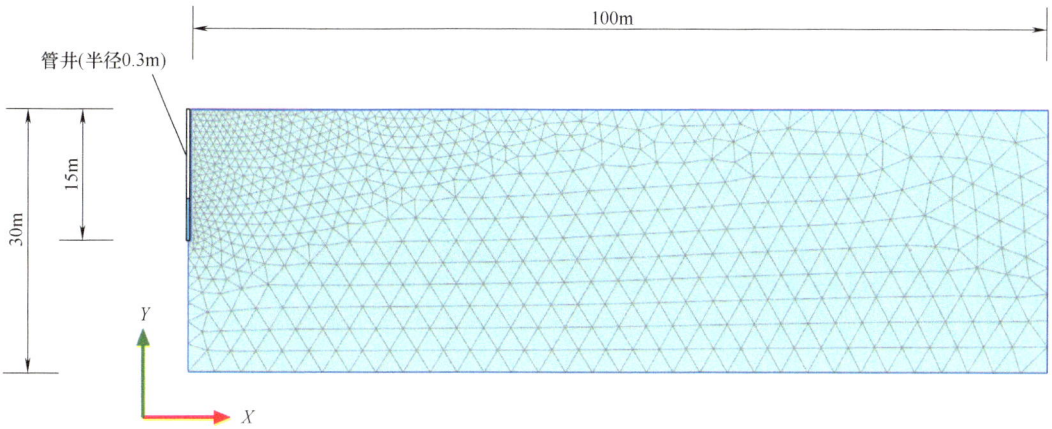

图 3.2.130　降水对环境影响分析模型

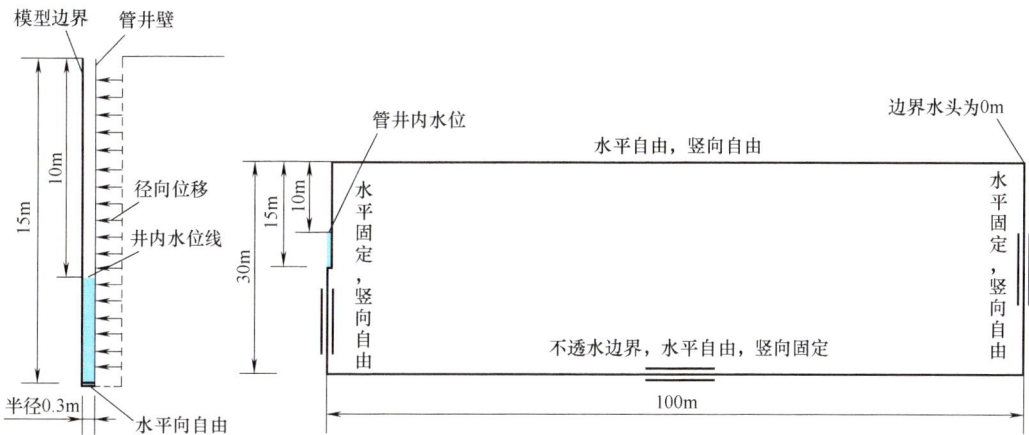

图 3.2.131　降水对环境影响分析模型边界条件

降水对环境影响分析模型参数　　　　　　　　　　　　　　表 3.2.5

颗粒相对密度	初始含水量（%）	初始孔隙比	初始饱和重度 γ_{sat} (kN/m³)	x 向渗透系数 k_x (m/s)	y 向渗透系数 k_y (m/s)	z 向渗透系数 k_z (m/s)	静止土压力系数 k_0	非饱和重度 γ_{unsat} (kN/m³)	渗透系数变化 C_k	VG				
										a	n	m	θ_s	θ_r
2.7	26	0.7	20	6.5×10^{-6}	6.5×10^{-6}	6.5×10^{-6}	0.41	17	0.039	软件根据颗分比例生成				

HSS 模型									
E_{50}^{ref} (MPa)	E_{oed}^{ref} (MPa)	E_{ur}^{ref} (MPa)	m	v_{ur}	R_f	c_{ref}' (kPa)	φ' (°)	Ψ (°)	$\gamma_{0.7}$	G_0^{ref} (MPa)
10	10	50	0.5	0.2	0.9	7	36.3	6.3	0.0001	100

$$\log\left(\frac{k}{k_0}\right) = \frac{\Delta e}{C_k} \qquad (3.2.8)$$

式中　Δe——孔隙比的改变量；

　　　k——渗透系数（m/d）；

　　　k_0——初始饱和渗透系数（m/d）；

　　　C_k——渗透性变化系数。

对于水位面以上的非饱和粉砂土，采用 VG 模型进行模拟。

$$\theta=\theta_r+\frac{\theta_s-\theta_r}{[1+(ah)^n]^m} \tag{3.2.9}$$

式中　　θ——体积含水率（cm^3/cm^3）；

　　　　θ_r——残留含水率（cm^3/cm^3）；

　　　　θ_s——饱和含水率（cm^3/cm^3）；

　　　　h——负压（cmH_2O）；

a、n、m——经验拟合参数（或曲线形状参数）；$m=1-1/n$。

分析结果如表 3.2.6 所示。

降水对环境影响分析结果

表 3.2.6

工况		每日抽水量（m^3）	井内水位深度（m）	总抽水量（m^3）	砂土流失量（m^3）	半径变化量（m）
砂水流失比 1/100000	A1	90d		1170	0.0117	0.0004
	A2	180d		2340	0.0234	0.0008
	A3	270d		3510	0.0351	0.0012
	A4	365d		4745	0.04745	0.0016
砂水流失比 1/10000	B1	90d		1170	0.117	0.004
	B2	180d	13	2340	0.234	0.008
	B3	270d	10	3510	0.351	0.012
	B4	365d		4745	0.4745	0.016
砂水流失比 1/1000	C1	90d		1170	1.17	0.04
	C2	180d		2340	2.34	0.08
	C3	270d		3510	3.51	0.106
	C4	365d		4745	4.745	0.137

单井降水及土颗粒流失引起的周边土体变形分析结果如下：

（1）当不考虑土颗粒流失时，纯粹由水位下降引起的变形，最大地表水平位移为 -1.03mm，最大地表竖向位移为 -2.64mm。

（2）出砂率为 1/100000，降水时间 365d，最大水平位移为 -1.63mm，比无颗粒流失情况下增加了 0.6mm；最大竖向位移为 -8.24mm，比无颗粒流失情况下增加了 5.6mm。

（3）出砂率为 1/10000，降水时间 365d，最大水平位移为 -16.0mm，比无颗粒流失情况下增加了 15.0mm；最大竖向位移为 -22.1mm，比无颗粒流失情况下增加了 19.5mm。

（4）出砂率为 1/1000，降水时间 365d，最大水平位移为 -137.3mm，比无颗粒流失情况下增加了 136.3mm；最大竖向位移为 -85.5mm，比无颗粒流失情况下增加了 82.9mm。

　　由此可见，单井条件下，如果不考虑土颗粒的流失，纯粹由水位下降引起的变形非常小。随着出砂率变大，降水时间增加，变形会迅速增大。因此，管井的质量和出砂率是控制降水引起周边变形的主要因素（图 3.2.132～图 3.2.140）。

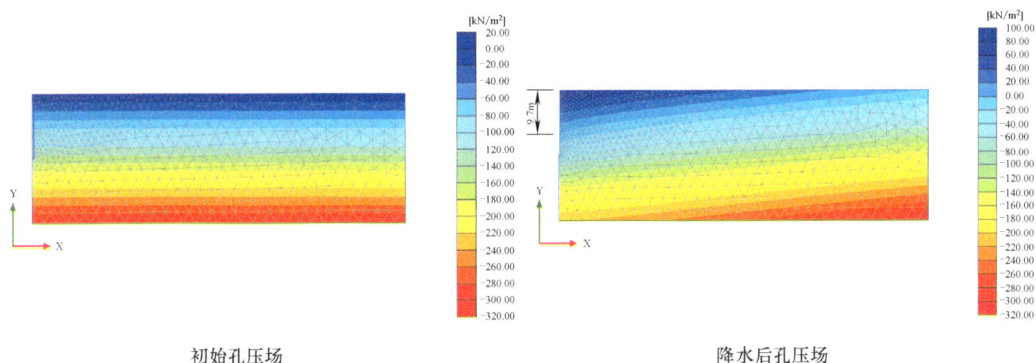

初始孔压场　　　　　　　　　　　　　　降水后孔压场

图 3.2.132　降水对孔压场的影响

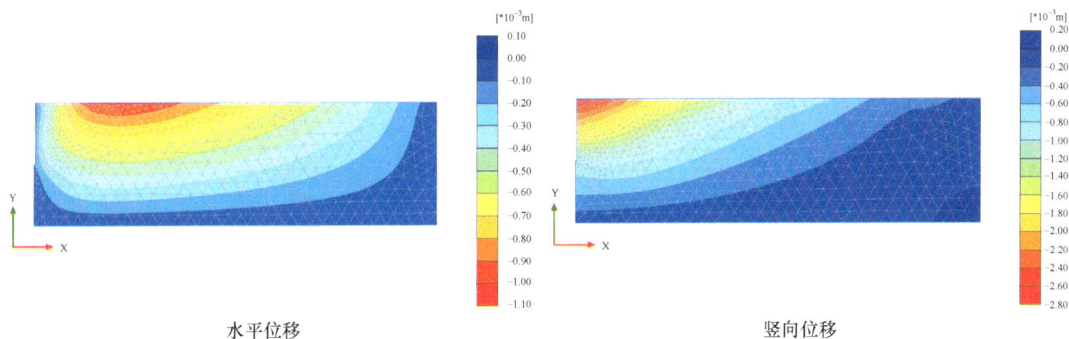

水平位移　　　　　　　　　　　　　　竖向位移

图 3.2.133　不考虑土颗粒流失的土体位移

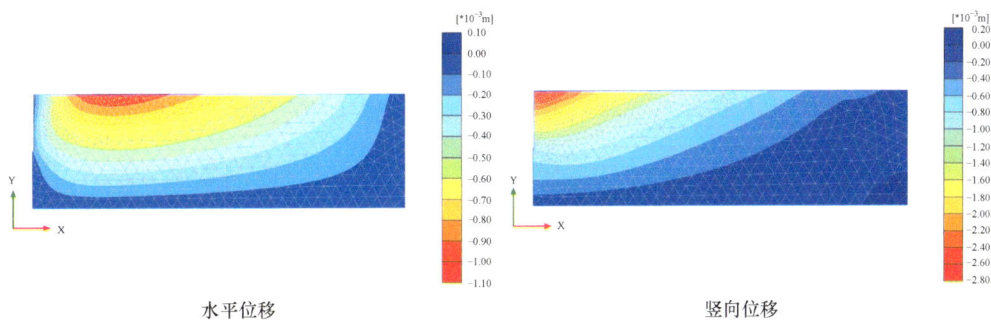

水平位移　　　　　　　　　　　　　　竖向位移

图 3.2.134　出砂率 1/100000 对应的土体位移（降水时间 365d）

　　群井（线性布置，井间距 10m，共 21 口井）降水引起的周边沉降如图 3.2.141 所示：无土体损失时的最大沉降 20.44mm；出砂率 1/100000 时的最大沉降 28.14mm，相比无土体损失时增加了 7.7mm，影响较小；出砂率 1/10000 时的最大沉降 43.76mm，相比无土体损失时增加了 23.32mm，影响较大；出砂率 1/10000 时的最大沉降 125.81mm，相比无土体损失时增加了 105.3mm，影响非常大。

水平位移   竖向位移

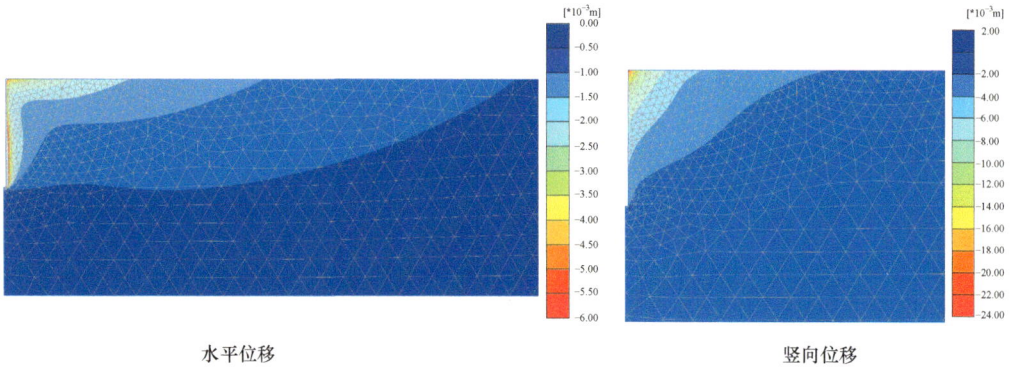

图 3.2.135　出砂率 1/10000 对应的土体位移（降水时间 365d）

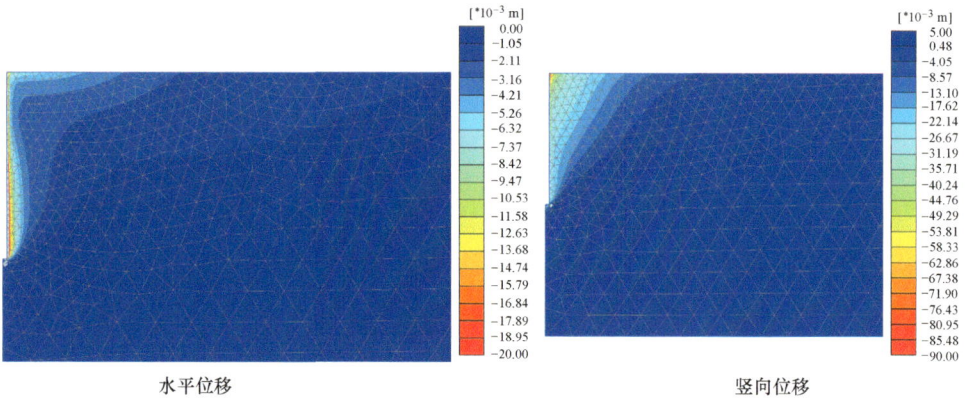

水平位移   竖向位移

图 3.2.136　出砂率 1/1000 对应的土体位移（降水时间 365d）

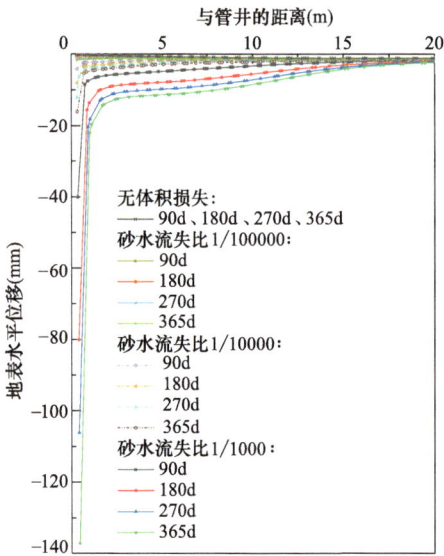

图 3.2.137　降水引起的地表水平位移   图 3.2.138　降水引起的地表竖向位移

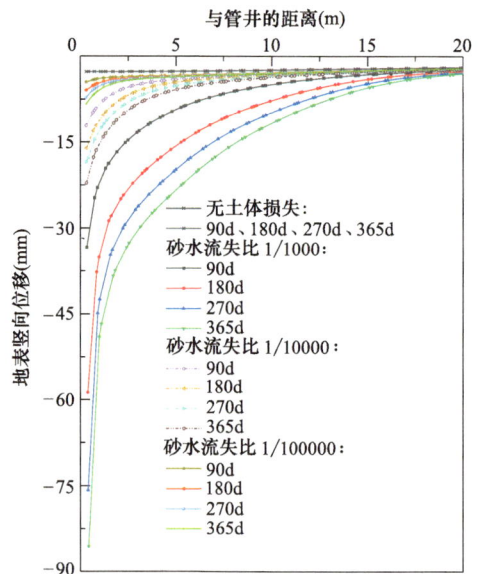

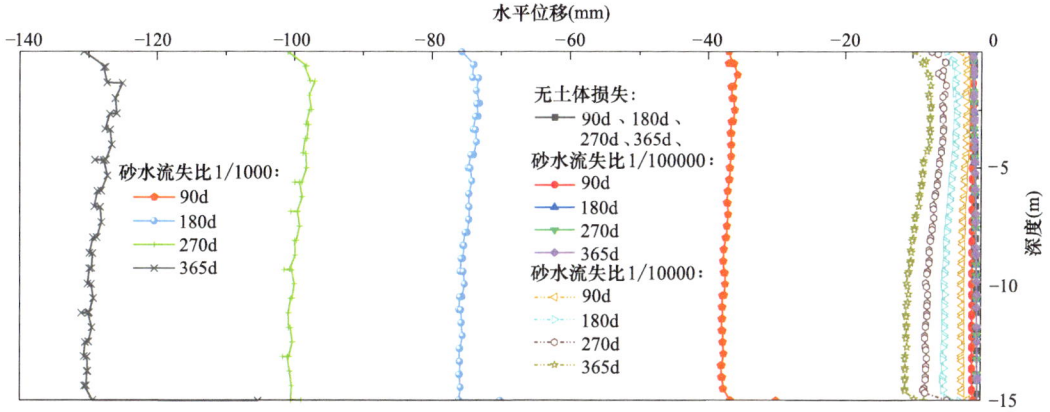

图 3.2.139　降水井侧壁深层土体水平位移

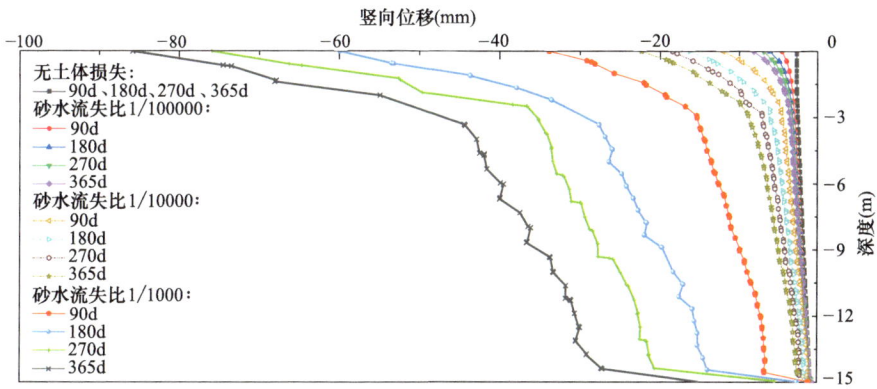

图 3.2.140　降水井侧壁深层土体竖向位移

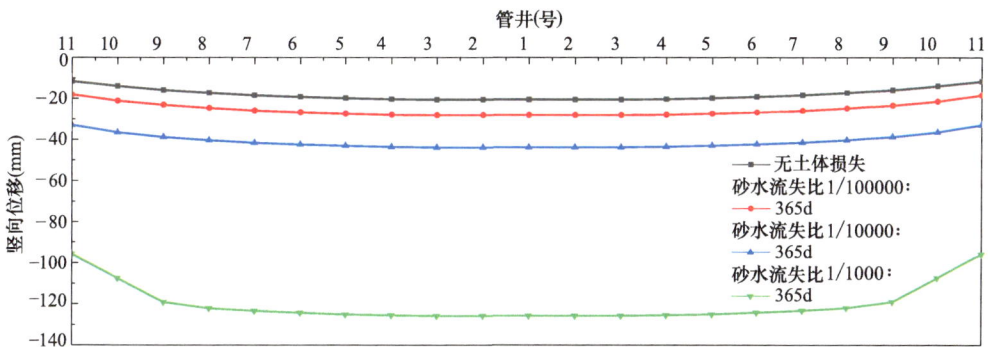

图 3.2.141　群井地表竖向位移

　　本次模拟采用的是体积损失的方式，且沿着管井深度上下损失一样，土颗粒损失引起的地层变形分析结果主要集中在管径四周，与实际情况不完全一致。实际降水引起的土颗粒流失，与地层的成层特性、水源补给、降水井缺陷位置等综合因素有关，通常粉细颗粒容易流失、渗流速度快的位置颗粒容易流失。因此，上述分析结果只能大致反映出砂率对变形的影响规律。

3.2.8　施工微扰动控制

随着城市的不断发展，地下空间开发力度不断加大，不同工程之间的相互影响越来越敏感，尤其像地铁等民生工程的变形控制要求非常严格，其变形控制标准以毫米为单位，对于岩土工程而言，这无疑是"手术刀式的精准控制要求"，因此发展了很多施工微扰动控制技术。微扰动控制的原理很简单：减少地应力损失，控制地应力平衡。可能会发生扰动的基坑施工因素可以归纳为：（1）止水帷幕成桩施工扰动；（2）围护桩（墙）成桩施工扰动；（3）降水施工扰动；（4）基坑开挖围护结构变形扰动；（5）支护结构拆除振动扰动；（6）施工荷载扰动；（7）不良地质条件如沼气释放引起的地层扰动。

微扰动的"微"表示一种程度，多"小"才是"微"呢？通常把 $0.01\%\sim1\%$ 量级的应变称为小应变状态，这也是一般岩土工程问题允许的应变控制范围，对应的地基沉降、桩基沉降、挡墙变形、基坑变形、隧道变形等为 $1\sim10\mathrm{cm}$。如果要实现土体微扰动，应将土的应变水平控制在非常小应变状态，即 0.001% 量级，也就是工程变形量控制在毫米量级。在非常小应变状态，土体变形是由土骨架的弹性变形所产生的，土体处于完全弹性变形范围内，土的剪切模量可以视作弹性模量。因此，将土体应变水平控制在小于 $10^{-3}\%$ 左右，工程变形控制在毫米量级才是"微"（图 3.2.142）。

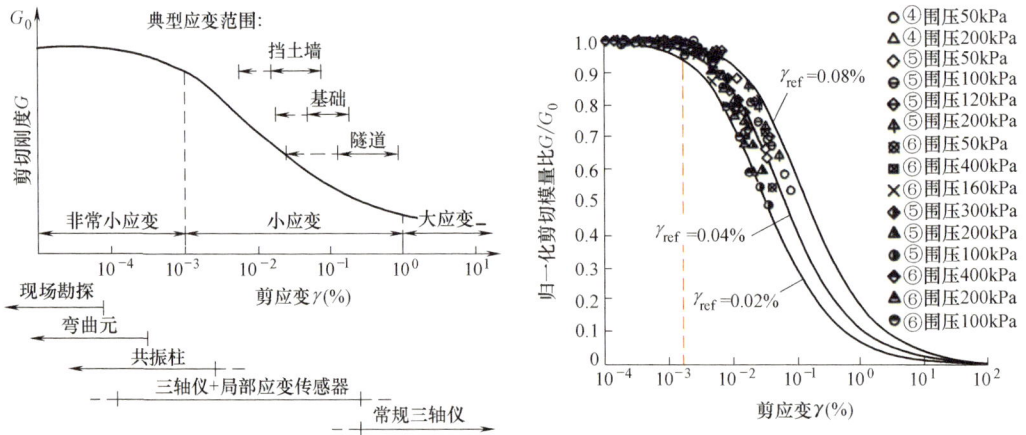

图 3.2.142　土体剪切刚度与剪应变的非线性关系

1. 止水帷幕施工扰动控制

止水帷幕施工工艺主要有搅拌桩工艺、喷射注浆工艺。搅拌桩施工对地层的扰动分为两个阶段：第一阶段是切削、注浆、搅拌施工阶段，这一阶段需要将原状土体通过机械搅拌成泥浆，不可避免地会对周边土体产生挤压和拖带，从而产生扰动；第二阶段是水泥土浆液的固化阶段，在水泥土浆液固化前，浆液的重度要低于原状土体，且浆液没有强度，因此槽壁土体地应力不平衡，地应力损失会导致槽壁变形甚至坍塌，从而产生扰动，普通水泥水化后会发生体积收缩，水泥土的收缩也会引起槽壁变形扰动。以三轴搅拌桩施工为例，下钻过程中需要给钻杆施加向下的推挤力，同时通过搅拌叶片对地基土进行切削，这一过程会对周边土体产生挤压和拖带作用，注浆搅拌过程中喷浆压力 $1.0\sim2.0\mathrm{MPa}$、气压 $0.6\sim0.8\mathrm{MPa}$，这些压力也会对周边土体产生挤压作用产生超静孔隙水压力，同时打入的压缩空气会形成涡旋，如水流一般冲刷槽壁土体；水泥土浆的相对密度通常小于原状土，水泥土从浆液到具备一定强度（接近原状地基土强度）的时间大致为 3～20h（砂土中 3～4h、粉土中 5～10h、淤泥土中 15～20h）。因此，采用搅拌类工艺作为止水帷幕，施工过程中要注意控制：下钻速度，减小挤压力和切削拖带；控制注浆压力，尽量少使用气压；控制喷浆流量，减小水灰比，减少土颗粒的置换量，增大水泥土浆重度，减少槽壁应力损失（按微扰动控制标准，要保持槽壁土体处于非常小应变状态：淤泥土天然重度 1.6～1.7kN/m^3，按总应力平衡，水泥土浆临界重度不应小于 1.55～1.65kN/m^3；粉砂土天然饱和重度 1.88～1.95kN/m^3，按有效应力平衡，水泥土浆临界重度不应小于1.5～1.6kN/m^3）；粗颗粒土中掺入膨润土，增大水泥土浆稠度，提高槽壁稳定性；掺入早强剂（尤其是含有腐殖质的淤泥土中），加快水泥土的固化速度，及早恢复地应力平衡，减小槽壁变形；采用微膨胀水泥，减少水泥水化收缩变形（图 3.2.143～图 3.2.145）。

图 3.2.143　三轴加气施工

图 3.2.144　TRD 加气施工

图 3.2.145　TRD 无气施工

在搅拌桩工艺里面，对于扰动的控制，TRD 工艺是一把双刃剑：TRD 设备的切割为链条整体循环切削，作用力不会集中在某一个截面上，因此对槽壁的挤压和拖带作用小；TRD 工艺的注浆在最底部，可以有效避开注浆压力对槽壁土体的扰动；在不打入压缩空气的情况下，TRD 设备同样可以切削、搅拌，且土颗粒的置换量、水泥土浆液浓度更加可控。但是如果技术参数（分段长度、切割速度、泥浆相对密度、外加剂等）控制不到位，TRD 工艺切割出来的是槽体（且无法跳打施工，必须连续施工），就跟地下连续墙成槽一样，长条形的槽壁稳定性要远弱于环形的孔壁。因此，要严格控制每次的切割长度（根据与保护对象的距离、土层等条件确定，通常不大于 5～10m 一段），在上一段槽体初凝以后（现场简单的测试方法，在槽体内放置石块不会下沉）方能进行下一段槽体施工，两段槽体间回切搭接不小于 50cm。

喷射注浆工艺对地层的扰动也分为两个阶段，与搅拌桩工艺的区别在于第一阶段，第一阶段施工需要通过高压射流切割土体，将地基土破碎与固化剂混合，同时通过一定的浆液压力，把固化剂挤入搅拌土内部和搅拌土四周，因此会导致桩周土体地应力和孔隙水压力大幅增大，地应力的增大会对地基土产生挤压变形，孔隙水压力的增大还会对土的结构性产生扰动。当孔压消散后，扰动土的变形要显著大于原状土。要减小喷射注浆工艺对地层的扰动，需要采用主动强制排浆的方式控制地应力，使周边土体的地应力保持稳定，降低地基土扰动。在喷射注浆工艺里面，对于扰动的控制，MJS 工艺具有显著的优势。

在粗颗粒土地层中，搅拌类工艺的施工扰动对槽壁稳定性影响较大，喷射注浆类工艺产生的超静孔压很容易消散，不易对土体造成扰动，因此在粗颗粒土地层中要控制施工扰动，应首选微扰动喷射注浆类工艺；在黏性土地层中，搅拌类工艺施工对槽壁稳定性的影响较小，但要注意泥浆相对密度控制，避免因泥浆相对密度低而引起槽壁土体的应力释放，喷射注浆类工艺的高压会引起槽壁土体孔隙水压力上升，孔压上升会导致土的结构性被破坏，施工结束后，孔压消散，地基土会产生工后变形，因此黏性土地层中要控制施工扰动，应首选微扰动搅拌类工艺。

2. 围护桩（墙）施工扰动控制

围护桩（墙）主要的施工工艺是灌注桩或地下连续墙，灌注桩成孔与地下连续墙成槽过程中会对地基土产生扰动，扰动机理与搅拌桩施工类似：第一阶段是成孔、成槽过程，需要采用机械设备将地基土取出，不可避免地会对周边土体产生挤压和拖带，从而产生扰动，尤其是采用旋挖成孔或抓斗成槽工艺；第二阶段是浇筑混凝土和混凝土硬化，在浇筑混凝土前，灌注桩和地下连续墙采用泥浆护壁，为避免泥浆对混凝土浇筑质量造成影响，因此泥浆相对密度（1.1～1.2）要远小于搅拌桩的水泥土浆相对密度（1.4～1.7），孔壁和槽壁的地应力被严重削弱，极易发生孔壁或槽壁变形甚至坍塌，混凝土凝固过程中，也会发生一定的收缩引起槽壁变形扰动。因此，围护桩（墙）施工过程中要注意控制：如果采用钢板桩围护，避免采用存在挤压或振动施工工艺，应采用静压施工工艺，同时不拔出钢板桩；在灌注桩或地下连续墙施工前应先完成槽壁加固或止水帷幕施工，减小孔壁或槽壁变形；采用扰动小的正循环回转钻成孔或铣槽式成槽工艺，减少机械扰动；采用高稠度的复合钠基膨润土泥浆护壁，减小槽壁变形和坍塌的影响，尤其是地下连续墙施工，狭长形的深槽，失去了灌注桩环形孔壁的土拱效应，更加容易发生槽壁变形或坍塌；采用微膨胀水泥，减少混凝土收缩变形。灌注桩作为围护桩时，可以采用搅拌桩先进行孔壁加固，灌注桩作为独立的竖向受荷桩时，应采用钢套筒护壁或增设孔壁加固。

复合钠基膨润土泥浆工作原理（图 3.2.146）：膨润土吸附水分子；羟甲基纤维素钠盐增加黏性、增加泥皮强度；纯碱调整泥浆 pH 值，使黏土颗粒分散，颗粒表面负电荷增加，为吸收正离子颗粒提供条件。

为避免围护桩（墙）施工带来的影响，在保证围护结构刚度的同时，可以采用搅拌桩止水帷幕内插型钢的方式，取代灌注桩或地下连续墙，减少成孔施工工序。目前国内已经实现了壁厚更厚、截面高度更高的重型 H 型钢生产，采用重型 H 型钢，其刚度完全可以替代灌注桩和地下连续墙，承载力更是要大于灌注桩与地下连续墙。700×300@600 的 H

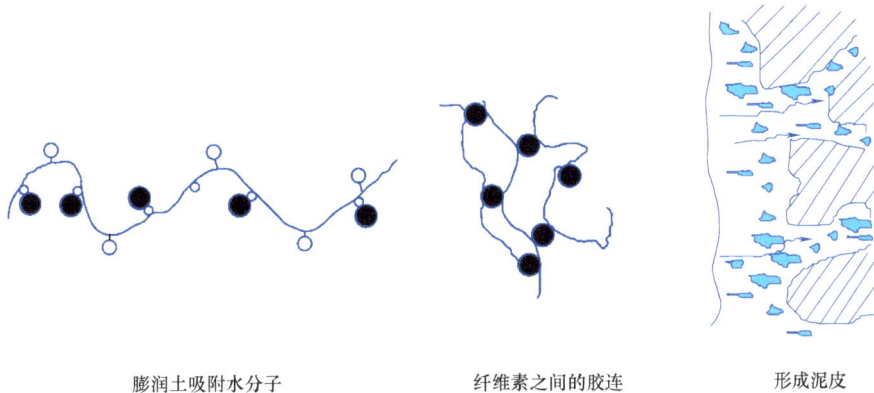

膨润土吸附水分子　　　　　　　纤维素之间的胶连　　　　　　　形成泥皮

图 3.2.146　膨润土泥浆工作原理

型钢可以取代 700mm 厚的地下连续墙或 800mm 直径的钻孔桩；800×300@600 的 H 型钢可以取代 800mm 厚的地下连续墙或 1000mm 直径的钻孔桩；900×300@600 的 H 型钢可以取代 900～1000mm 厚的地下连续墙或 1200mm 直径的钻孔桩。采用搅拌桩内插型钢的围护方式，还需考虑水泥土受力开裂可能会引起的渗漏水问题，因此对水泥土的强度和韧度提出了更高的要求，可以通过掺入岩纤维或玻璃纤维等方式，也可以采用带锁扣的板桩墙（带锁扣的钢板桩或预制混凝土板）。

3. 降水施工扰动控制

对于严格控制变形的基坑工程，止水帷幕应进入相对不透水的黏性土或基岩中，如存在坑底承压水突涌的风险，止水帷幕应隔断承压水。坑外降水施工视情况而定，如果受保护对象处于降水范围以下，可以根据地下水的干湿交替情况进行控制性降水，将地下水位控制在历史最低水位以上，同时控制降水时间和降水范围，这样降水引起的附加应力和土颗粒流失均不会对受保护对象造成影响；如果受保护对象在降水范围以上，则不允许降水施工。

4. 基坑开挖围护结构变形扰动控制

采用大刚度、整体性好、嵌固比大的围护结构，减少围护结构的侧向变形和坑底隆起变形；采用支撑主动变形控制技术，通过调节支撑轴力、减少基底土的侧向受力，实现对围护结构变形的控制；采用质量可靠的地基加固工艺，对淤泥土等软弱地层进行加固，减少基底土的侧向和隆起变形。

5. 围护结构拆除振动扰动控制

现浇钢筋混凝土围护桩（墙）和支撑结构的拆除应采用无振动的静力切割，或采用可割除或拆除的型钢围护结构与型钢支撑。

6. 换撑不到位引起拆撑工况变形

引起换撑不到位的因素（图 3.2.147、图 3.2.148）有：围护桩表面的泥皮和渣土未清理干净，导致换撑结构未与围护桩有效连接；换撑混凝土厚度不满足要求，换撑混凝土强度没有达到设计要求，导致换撑结构破坏；换撑结构浇筑完毕后，由于大板混凝土的收缩，换撑板带与围护桩脱开；为满足防水施工和肥槽回填的要求，楼板换撑结构是间隔一定距离（通常间隔 3～5m）的传力板带，如果不同标高位置楼板换撑传力带设置在同一水平位置，会导致部分围护桩没有换撑。

图 3.2.147 围护桩表面泥皮

图 3.2.148 传力带与围护桩间未贴实

7. 施工工序扰动控制

不同的施工工艺均会产生一定的施工扰动，根据施工扰动的程度，应先施工扰动小的工艺，再施工扰动大的工艺，充分发挥屏蔽作用，进而减小总的扰动量。根据扰动程度由小到大的排序和屏蔽作用由大到小的排序，施工步序为：止水帷幕（或槽壁加固）、围护桩、工程桩。根据由近及远的保护原则，宜先施工靠近保护对象的地下工程，形成一道刚性屏障后，再施工远离保护对象的地下工程。有时候会遇到保护对象两侧均有施工的情况，为减少两侧地层同时被扰动而导致地层应力损失过大的情况，应避免平行施工的情况发生，宜采用梅花形的施工步序，两侧错开施工。

8. 施工荷载扰动控制

施工荷载扰动的影响与受保护对象所在土层和埋深有关：如受保护对象埋深浅、处于软弱地基中，应控制施工荷载对其影响；如受保护对象埋深深、处于坚硬地层中，施工荷载的影响很小；荷载的影响应通过计算分析确定，不能一刀切。施工荷载的影响还与其作用方式有关，以搅拌桩工艺为例，如果采用三轴等大型机械设备，即使受保护对象埋深较深，设备荷载通过地层的分散作用，传递至受保护对象的压力增加有限，但在施工过程中，如采用较大的下压力来加快下钻速度，设备荷载通过钻杆直接传递至受保护对象影响范围内，也会造成严重扰动。

9. 浅表地层施工扰动控制

当施工作业面与受保护对象距离非常近的时候，且受保护对象为浅层地基（浅基础房屋、浅基础线塔、浅埋管线等），浅表地层施工（如沟槽开挖、冠梁施工开挖、隔振沟开挖等）会引起表层土体坍塌、水土流失，进而造成房屋沉降、线塔倾斜、管线破坏等影响（图 3.2.149）。此类问题不应被忽视，可采用压力可控的注浆方式对表层松散土体进行加固、小型钢板桩支护或减小开挖深度（图 3.2.150）。

图 3.2.149　冠梁施工浅表土体流失

图 3.2.150　注浆加固后开挖冠梁

3.3　基坑工程易发生的事故

基坑工程可能会发生的事故有：（1）支锚结构强度不足失效破坏；（2）支撑结构强度和稳定性不足失效破坏；（3）桩长不足踢脚破坏；（4）桩身强度不足坍塌破坏；（5）围护选型不合理导致破坏；（6）止水帷幕失效渗漏破坏；（7）承压水突涌破坏。

3.3.1　支锚结构强度不足失效破坏

在淤泥土和松散填土中，应尽量避免使用锚索支护，如果采用，也应采用高喷、搅拌、浆囊袋等扩孔锚索，尽量降低锚固体与土体间的剪应力水平，同时应避免在此类地层中多层地下室使用；如在填土、砂土地层中采用锚索支护，应进行坑外降水，增大土与锚固体的锚固力，严禁填土泡水软化导致锚索失效（图 3.3.1）。

图 3.3.1　锚索失效破坏

3.3.2　支撑结构强度和稳定性不足失效破坏

从图 3.3.2～图 3.3.10 所示案例可以看出：如采用钢支撑，应尽量采用组合类的支撑结构体系，避免局部失稳破坏导致整体失效；H 型钢围檩腹板在受压条件下极易屈曲失稳破坏，因此对应力集中的部位，应采用加密筋板的方式；不论是型钢组合梁围檩还是张弦梁围檩，都要根据土质条件、开挖深度、支撑间距等因素，合理选择围檩跨度，必须确保围檩的抗剪、抗弯、张索拉力等计算结果均能满足规范要求，切忌"好大喜功、盲目拉开间距"；横梁等构件，应采用整根材料，不应采用拼接材料，更不允许采用临时焊接材料；支撑体系布局应避免应力集中、受力突变等情况，对阳角、局部深坑临边等特殊位置，一是要采取足够强的加固措施，二是分块施工减少风险，阳角位置应在坑内设置双向支撑点，淤泥土中深坑临边处应做被动区加固和深坑封底加固；做好栈桥与立柱的节点处理、控制荷载，当围护变形超控制值，应采取有针对性的加固措施。

图 3.3.2　钢管支撑失稳破坏　　　　　　　图 3.3.3　牛腿失效破坏

图 3.3.4　钢管支撑围檩屈服破坏

图 3.3.5　围檩屈服引发型钢支撑整体失稳破坏

图 3.3.6　张弦梁结构失效破坏

图 3.3.7　横梁焊缝断裂导致支撑体系破坏

图 3.3.8　支撑阳角位置扭转破坏

图 3.3.9　支撑局部失效导致坑底隆起引发整体失效

图 3.3.10　栈桥垮塌、围护变形过大等因素引起支撑体系失效

3.3.3　桩长不足发生踢脚破坏

从图 3.3.11、图 3.3.12 所示案例可以看出：地质勘察资料必须详尽、准确、真实；施工过程中如发现与设计或地勘资料不符的情况必须上报，如基岩或硬土层的埋深变化或出现溶洞、沼气、暗浜等不良地质条件；淤泥土中，必须确保足够的嵌固深度，一是为了满足基底土抗隆起稳定，二是将侧向土压力分散到更深、更广的地层中，将基底土的偏应力水平控制在小于衰减型阻尼蠕变临界值，防止被动土踢脚破坏。牢记不要将稳定控制的

图 3.3.11　深厚淤泥中嵌固不足

图 3.3.12　桩长不足踢脚破坏导致支撑体系竖向拉扯失效

"鸡蛋"放在土体加固的"篮子"里面，这个"篮子"会漏水，花更小的代价增加桩长或加强支撑，对变形控制和稳定控制的效果更显著。

3.3.4　桩身强度不足发生坍塌破坏

在前文已经详细分析了钢筋焊接质量对基坑安全性的影响，钢筋笼焊接质量在很多时候决定基坑的"生死"，而这一极为重要的质量控制要点却长期被忽视（图 3.3.13）。

图 3.3.14 为桩身强度或桩长不足，围护结构发生过大变形（破坏前最大实测变形 13cm），支撑体系竖向拉扯翻转、平面外超大偏心荷载作用下支撑局部失效，导致整体垮塌破坏。

图 3.3.13　钢筋笼焊接质量问题导致围护桩折断

图 3.3.14　围护结构变形过大导致支护结构系统整体失稳破坏

图 3.3.15 为拔坑内钢管桩引起被动区土体扰动，同时坑外超载，围护桩下沉（最大下沉 10cm）、基坑侧向变形增大，导致支撑下沉起翘（最大高差 20cm），快速增设一层支撑加固。

图 3.3.15　坑内土体扰动导致支护结构整体下沉

　　从上述基坑事故工程案例可以看出，很多基坑事故看似支撑体系失效（暴露在外最显著），深入分析监测数据可以看出：在支撑体系失效前，深部的围护桩变形过大甚至断裂（根据上述工程的统计结果，围护桩折断前最大水平变形达 12～16cm，桩身曲率达 0.8%～1.0%），或桩长不足发生踢脚；过大的围护桩变形和桩身弯曲，会给支撑体系施加非常大的平面外偏心荷载，拉扯支撑体系在竖向翻转、局部失效，这种情况是一种极端工况，远远超过了支撑体系正常使用承载能力，不论是钢支撑还是混凝土支撑，不管是单根受压支撑杆件还是超静定桁架支撑系统，不论是单道支撑还是多道支撑，在竖向超大偏心荷载条件下都难以幸免；当支撑体系局部失效以后，围护桩再次失去支撑点，基坑浅部也会发生进一步的坍塌，并把深部的破坏情况掩盖起来，因此只表现出支撑破坏、整体坍塌的现象。对于此类情况，一旦变形超过控制值，应果断回填，再分析原因，针对具体原因采用补桩、土体加固、分区施工、增设斜抛撑或水平支撑并施加预应力向外挤压缓解原有结构受力等形式进行补强，千万不能抱着侥幸心理，认为"抢一抢"就能过去。

3.3.5　围护选型不合理导致破坏

　　从图 3.3.16、图 3.3.17 所示案例中可以看出：淤泥土中一定要慎用悬臂桩、双排桩、桩锚式的支护方式；对局部深坑临边的情况，有时地下室结构发生调整，而未能通知支护设计进行调整，甚至很多时候在建筑结构设计图中，电梯井、集水坑等都采用"详见标准图集"的标注，因此局部深坑很容易被遗忘，导致事故频发。

图 3.3.16　淤泥土中双排桩倾覆破坏

图 3.3.17　杂填土中悬臂支护倾覆

3.3.6　止水帷幕失效发生渗漏破坏

从图 3.3.18～图 3.3.22 所示案例可以看出：漏水带走泥砂，对周边环境的影响非常严重，首先应选择合适的止水帷幕工艺，减少漏水风险，没有绝对不漏水的止水帷幕，也没有绝对漏水的止水帷幕，漏水是一种概率风险，不同的地层、开挖深度、止水帷幕工艺，发生漏水的概率有极大差异；其次，一旦发生渗漏，首先考虑回填土方，将漏水点封堵后方能重新开挖，千万不能觉得水量不大的时候可以一边漏水、一边堵漏、一边挖土；否则，长时间水土流失将会严重影响环境安全。

图 3.3.18　搅拌桩止水帷幕漏水

图 3.3.19　咬合桩漏水

图 3.3.20　漏水后坑内积水

图 3.3.21 漏水导致坑外地面塌陷

图 3.3.22 止水帷幕漏水导致水土流失、地面塌空、围墙倒塌、人员伤亡

止水帷幕漏水处理（图 3.3.23）措施：（1）坑内第一时间覆土回填；（2）坑外启用应急井将水位降至渗漏点以下，应急井应根据地层条件、开挖深度，合理设置，不能盲目套用井间距，同时成井工艺要规范、加强维护，使之能起到应急的作用；（3）轻微渗漏时可采用坑内引流措施；（4）渗漏严重时应采用坑外堵漏，浅层（10m 以内）渗漏可采用高压旋喷工艺，深层（10m 以上）渗漏宜采用 MJS 工艺，慎用双液注浆工艺。

覆土反压　　　　　　　　表层快凝水泥抹面　　　　　　　引流至出清水

图 3.3.23 止水帷幕漏水处理

3.3.7 承压水突涌破坏

承压水突涌是一种非常危险的基坑工程事故，如图 3.3.24～图 3.3.27 所示，严重

图 3.3.24　承压水沿地勘孔或桩侧突涌

图 3.3.25　承压水突涌淹没基坑

图 3.3.26　废弃钻孔桩桩孔突涌及反压处理

时，整个基坑工程都将被水淹没，需要重新进行止水帷幕施工，同时基底土被严重扰动，围护结构和支撑结构也有可能受损；坑外大量水土流失，发生地面塌陷、房屋倾斜等事故。承压水突涌有两种可能，一种是基底不透水层土体的自重不能抵抗承压水水头，发生整体突涌破坏，这种情况最有可能发生在局部深坑位置，对于此类问题，宜进行局部深坑的封底施工，将深坑底部土体与深坑周边土体形成一个整体，利用空间效应抵抗承压水

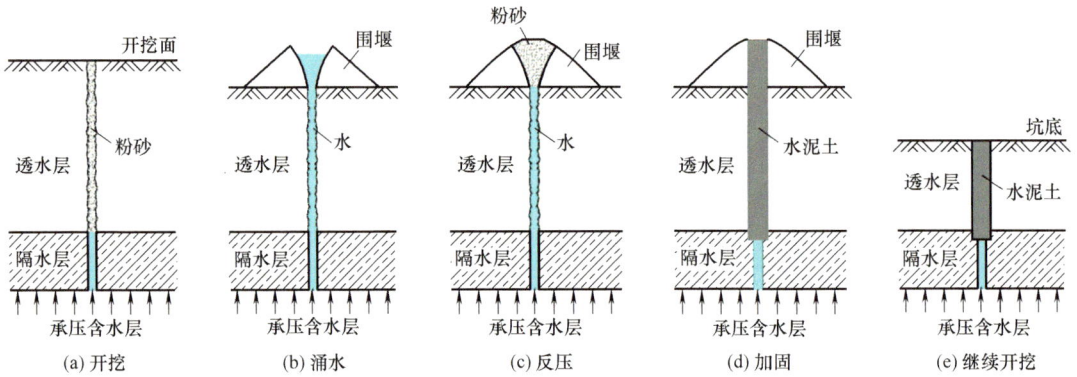

| (a) 开挖 | (b) 涌水 | (c) 反压 | (d) 加固 | (e) 继续开挖 |

图 3.3.27　采用土围堰封堵废弃钻孔桩桩孔突涌

头。实际工程中，承压水的抗突涌安全系数验算一直存在比较大的争议，地基土抵抗承压水的作用不仅可以依靠土的自重和土的抗剪强度，同时地基土中还存在大量的工程桩，尤其是塔楼核心筒等局部深坑位置，工程桩的密度非常大（图 3.3.28～图 3.3.30），这些工程桩对承压水层上部的土体起到了很好的加固作用，与地基土共同抵抗承压水头，因此实际抗突涌安全性要大于完全依靠土体自重的计算结果，甚至是计算值的 1.3～1.6 倍。实际工程中，最容易发生第二种突涌事故，承压水沿着未封闭的地勘孔、降水井、塌孔，未做封闭处理的灌注桩桩孔、管桩桩孔等发生突涌，这些情况是最容易发生突涌事故的原因，此类问题非常难处理，只能提前预防，将各类可能存在的孔点提前封闭。

承压水抗突涌破坏措施及处理方法：

（1）地下室整体开挖深度较大时，宜采用封闭式止水帷幕；局部深坑抗突涌不足时，宜采用 MJS、RJP 等超高压喷射工艺封底，不宜采用三轴或高喷；

（2）地勘孔应采用膨润土或纯水泥浆封闭；

（3）废弃钻孔一定要排查清楚，并采用可靠的工艺加固封闭；

（4）一旦发生突涌，在有条件的情况下反压封闭；现场无黏性土反压时，应采用围堰结合大功率水泵强排，后期再用旋喷注浆加固；涌水量较小的情况下，可采用浆囊袋注浆工艺对渗漏孔进行封堵；

（5）坑内反压失败的情况下，为避免水土流失过多，应及时往坑内注水，后期重打止水帷幕或堵漏。

图 3.3.28　高密度的核心筒工程桩

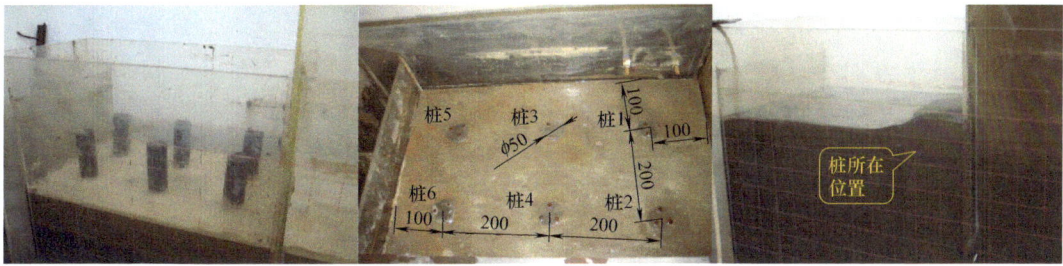

图 3.3.29　工程桩对抗突涌安全性的影响试验

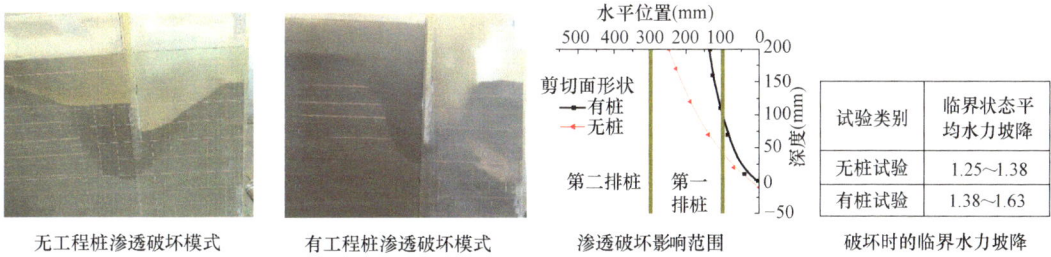

| 无工程桩渗透破坏模式 | 有工程桩渗透破坏模式 | 渗透破坏影响范围 | 破坏时的临界水力坡降 |

试验类别	临界状态平均水力坡降
无桩试验	1.25~1.38
有桩试验	1.38~1.63

图 3.3.30　工程桩对抗突涌安全性的影响试验结果

第4章　型钢组合支撑体系

　　装配式钢结构的两大关键要素：钢结构体系的稳定性、装配式结构的节点做法。为节省材料用量以及方便施工，钢结构无法像混凝土结构一样采用大截面面积的构件，单根构件的截面惯性矩较小，因此钢结构体系的核心问题是稳定性问题。受压构件的稳定性还与支座约束条件及杆件长度有关，为获得稳定性高的钢结构体系，需要加强支座约束，减小单根杆件的长度，即采用超静定的组合式钢结构体系。装配结构，采用标准化生产的构件在现场拼接安装，无法像现浇结构一样所有节点都整浇成一个整体，对于基坑支撑结构，还需要拆除后能重复使用，因此节点连接不能采用焊接，而是采用螺栓连接。如何确保所有的节点连接都是有效、可靠、稳固的连接，需要做到"拼得上、拼得平、靠得上、靠得紧、紧得上、紧得牢"，对构件的加工制作、结构体系的深化设计、安装施工的质量管理均提出了极高的要求。

　　型钢组合支撑作为一种装配式钢结构，是典型的资源重复利用绿色施工工艺，符合节能、减排的社会发展趋势。如前所述，装配式结构，在兼顾施工便利性、经济性与重复利用性的同时，如何保障结构体系的安全，是一件不容轻视的问题，任何轻视，都将付出惨痛的代价。现浇钢筋混凝土支撑体系不论平面布局如何变化，其本质是现浇结构，主撑、次撑、连杆都是由主筋、箍筋、加强筋被混凝土包裹起来的钢筋混凝土结构，各构件之间的连接形式也都是固接，形成有大量多余约束的超静定结构体系，因此现浇钢筋混凝土的结构体系、构件做法都相对单一，不会因设计方案的差异有本质区别，施工质量的差异也不会带来质的变化，不同的设计方案只是会在截面尺寸、含钢量、构造做法、局部薄弱位置的处理上有所差异。不论是支撑体系、构件形式、节点连接做法，装配式型钢结构，与现浇钢筋混凝土结构，都是千差万别，细微的差异或质量缺陷，都会带来灾难性的后果，"差之毫厘，谬以千里"。因此，装配式型钢支撑结构的可靠程度，取决于体系的选型、结构体系受力特点、构件的做法、构件之间的连接方式、设计方案的合理性、拼接安装施工质量，每一个环节对基坑的安全都有决定性的影响。因此，要将型钢组合支撑体系普遍化地在工程中应用，"标准化"尤为重要，需要标准化的结构体系、标准化的构件做法、标准化的连接方式、标准化的设计标准、标准化的施工标准、标准化的检验标准。任何一种装配式型钢支撑体系，都应通过大量严谨、系统、科学的试验测试与渐进式的工程应用，方能普遍化推广。

4.1　钢支撑技术发展现状

　　钢（铁），作为一种最普通的建筑材料，是人类使用最早的材料之一。人类最早发现铁是从天空落下的陨石；早在 4000 年前的古埃及第五王朝至第六王朝的金字塔所藏的宗教经文中，就记述了当时太阳神等重要神像的宝座是用铁制成的；发现最早的铁制物件来自公元前 3500 年的古埃及，古代小亚细亚半岛的赫梯人是第一个从铁矿石中熔炼铁的，开启了铁器时代。在我国，从战国时期到东汉初年，铁器的使用开始普遍起来。钢是含碳量质量百分比介于 0.02%～2.11% 的铁碳合金的统称，英国冶金学家亨利·贝氏麦在 1856 年发明了贝氏炼钢法，把空气吹入液态生铁，利用空气中的氧去除铁中的硅、碳等元素，使铁变成钢，大大提高了炼钢效率，使钢材得到广泛应用。

钢支撑，是基坑工程中被广泛应用的一种结构形式，钢支撑可以采用钢管、H 型钢、角钢等材料制作而成。钢支撑施工速度快、无需养护，同时可回收再利用，具有显著的经济性和环保性。虽然钢支撑具有很多优点，但其缺点也很显著，这种缺点不是因为材料的原因（钢材具有高强度、高延展性，材质均匀，缺陷少，是一种非常理想的建筑材料），而是装配式结构的局限性，装配式结构对形状的适应性远不如现浇结构，构件之间的连接也没有现浇结构方便，尤其是需要回收再用的装配式结构，不允许大量焊接，只能采用螺栓连接。基坑支撑体系作为临时结构，不允许占用过多的施工时间，也不允许现场大量的焊接和割除施工，同时现场焊接施工质量也很难保障。这就使得钢支撑结构只是在管廊、地铁车站等形状规整的基坑工程中大量应用，即使在此类工程中，由于结构体系简单（多为单杆结构）、节点连接不到位、与围护结构不能形成有效约束，屡屡发生变形过大、节点破坏、构件脱落、结构失稳甚至整体失效的事故，久而久之就行成了"钢结构不行"的行业俗语。钢支撑发展受到的另一个阻碍是混凝土结构的大量使用，任何技术，都需要经历被市场选择的过程，当社会环境允许，能源问题、资源问题、环境问题给经济建设让步时，生产混凝土的骨料、水泥等材料供应充足、价格低廉；同时，钢筋混凝土结构的设计、施工相对简单，这时钢筋混凝土支撑相对于结构复杂、技术要求高的钢支撑就是价廉物美的产品，市场也就没有动力去推动钢支撑技术的改进和升级。当社会环境发生变化，能源问题、资源问题、环境问题变得不可忽视，甚至是社会的首要问题，此时，高能耗、高污染、高排放的混凝土产品必然面临着压缩产能、价格飞涨等困境，市场因此也就需要寻找能够取代混凝土结构的产品，这就为钢支撑技术的发展带来了推动力。

钢支撑技术的发展可以分为：简易阶段；单杆体系阶段；组合体系阶段；特殊体系阶段。

4.1.1　简易阶段

这一阶段的钢支撑，仅有材料的概念，无构件的概念，更没有结构体系的概念，仅仅是使用钢材材质的材料作为支撑，与圆木（图 4.1.1）、方木甚至条状块石等没有本质区别，不能称之为一种有效的结构类型。这一阶段的钢支撑规格、尺寸极为混乱，有脚手架钢管，也有单根的角钢、工字钢、槽钢及各种圆钢管，施工精度极低、施工质量不堪入目，所需材料完全依靠现场人工切割、焊接制作。这种简易的钢支撑，只有在土质条件好、基坑开挖深度很浅、周边环境空旷的条件下方能采用，否则极易造成严重变形甚至失效（图 4.1.2）。

图 4.1.1　圆木支撑

图 4.1.2　简易钢支撑

4.1.2　单杆体系

这一阶段的钢支撑，开始注重构件的标准化，构件的规格、尺寸、形状有了明确的做法，根据功能的不同设置相应的构件，构件之间的连接也有了一定的要求。这其中比较具有代表性的就是钢管支撑，钢管支撑主要规格有：$\phi400$、$\phi580$、$\phi600$、$\phi609$、$\phi630$、$\phi800$。常用的规格为：$\phi609\times12$、$\phi609\times16$、$\phi800\times16$、$\phi800\times20$。钢管支撑的主要构件有：标准节、活络端、固定端、围檩、牛腿，标准节之间通过法兰螺栓连接（图 4.1.3～图 4.1.6）。

除了钢管支撑，采用 H 型钢或角钢加工成的标准构件，同样能起到类似作用（图4.1.7）。不论构件是采用钢管、H 型钢还是角钢加工而成，这一阶段的钢支撑共同的特点是单杆受力体，结构受力形式非常简单，每根杆件都是一根独立的压弯受力构件，分段标准节之间通过螺栓连接，但支撑端头与围檩或地下连续墙的连接通常只是贴紧，无任何

图 4.1.3　钢管对撑

图 4.1.4　钢管角撑

图 4.1.5　钢管支撑标准构件

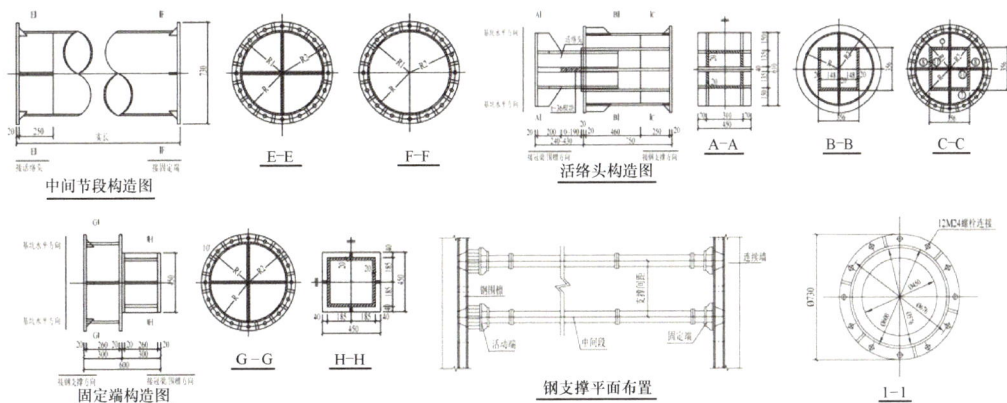

中间节段构造图　　E-E　　F-F　　活络头构造图　　A-A　　B-B　　C-C

固定端构造图　　G-G　　H-H　　钢支撑平面布置　　1-1

图 4.1.6　钢管支撑标准构件做法（一）

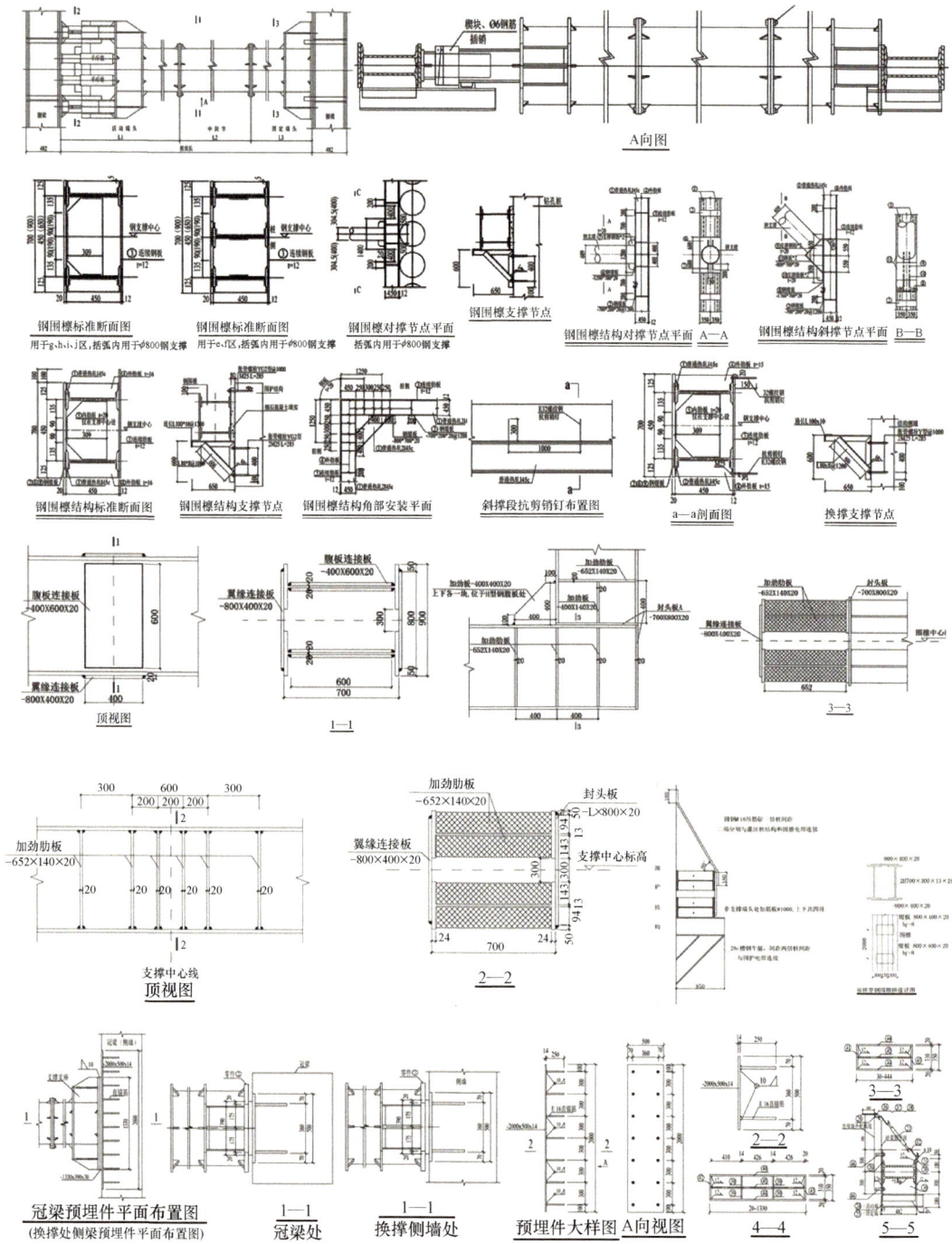

图 4.1.6 钢管支撑标准构件做法（二）

固定约束，因此导致此类支撑结构极易发生受压失稳破坏。为了减小失稳破坏的风险，宜将每根支撑的轴力值控制在较小的范围，但这又导致了支撑的数量增加，支撑的密度增大（通常水平和竖向间距均在 2～4m），不利于土方开挖或地下室结构的施工作业，不能为地下结构施工提供一种友好的工作环境。

图 4.1.7 H 型钢支撑

单杆式支撑结构的受力形式是典型的压杆稳定问题，压杆稳定问题的受力模型如图 4.1.8 所示，其中对压杆稳定最为敏感的因素是两端的约束条件：对于圆钢管支撑，支

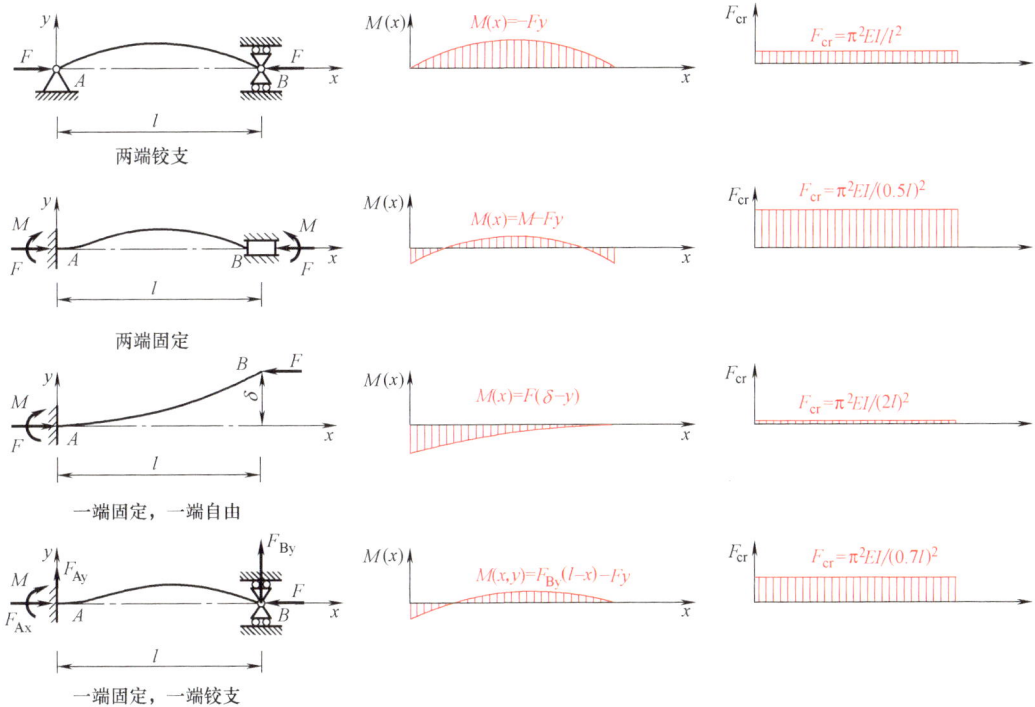

两端铰支

两端固定

一端固定，一端自由

一端固定，一端铰支

图 4.1.8 压杆稳定受力模型

撑构件的形状为圆形，端头法兰开孔为环形，如采用 H 型钢围檩，两者之间难以通过螺栓进行有效连接，如果不采用围檩，直接与围护桩墙连接，更无法通过螺栓进行连接，支撑与围檩或者围护桩墙之间通常只是通过挤压贴紧的方式，支撑端部的水平和竖向约束只能依靠接触面的摩擦，因此支撑两端的约束近似自由，约束条件非常薄弱；对于工字钢支撑，支撑构件与围檩构件可以通过螺栓进行有效连接，支撑两端的约束可以近似看作固定端，约束条件较强，工字钢支撑与圆钢管支撑的区别还在于，工字形截面有强轴和弱轴之分，应按水平方向的弱轴验算压杆稳定（图 4.1.9～图 4.1.11）。从压杆稳定受力分析模型中可以看出，相比于两端铰支和一端自由的情况，两端固定约束，杆件的稳定性大大增加，极限受压承载力大大提高。如果按照目前圆钢管支撑的节点做法，两端约束都介于铰支和自由之间，其稳定性和受压承载力极其堪忧，"简直无法计算，就是个机动结构"。

图 4.1.9　钢管撑与地下连续墙连接

图 4.1.10　钢管撑与围檩连接

图 4.1.11　工字钢支撑与围檩螺栓连接或预埋钢板焊接连接

单杆式支撑结构稳定性差，当杆件轴压较大或围檩、围护桩墙的平整度不好时，易发生失稳破坏，尤其是两端约束不到位，一旦某一根杆件失效，会发生严重的连锁失效反应，这其中以杭州湘湖地铁事故最为典型。单杆式钢支撑结构易发生的问题（图 4.1.12）：（1）压杆失稳后支撑端部与冠梁、围护桩墙脱离跌落；（2）压杆失稳后连接位置薄弱处折断；（3）应力集中位置局部屈服破坏；（4）角撑部位独立牛腿抗剪失效，导致整体失效；（5）构件尺寸不规整、贴合不紧密，导致偏心受压，活动端和螺栓松动，变形增大。

图 4.1.12　单杆式钢支撑结构通病及破坏（一）

图 4.1.12 单杆式钢支撑结构通病及破坏（二）

由此可知，单杆体系的钢支撑结构，只注重了受压杆件的构件标准化，忽视了连接节点和围檩构件的标准化，其现状缺陷主要有：（1）标准节之间的连接，一般通过法兰螺栓连接，这种连接做法的标准化程度高，实际应用中只要控制两个面的贴合程度和螺栓紧固到位，通常情况都能保证连接质量；（2）支撑与围檩或地下连续墙的连接，这是目前圆钢管支撑最为薄弱的一个环节，也是影响支撑体系稳定性最重要的一个环节，现有的圆钢管支撑几乎都只采用压紧贴合的方式，结构稳定性极差，仅通过底部角铁或上端挂钩固定支撑，防止坠落，对于此类问题，必须采用螺栓或焊接的固定连接方式，方能增大单杆式支撑结构的应用前景，否则仍将事故不断；（3）活动端是一个薄弱环节，首先活动端截面小，易折断，其次活动端采用塞铁固定，容易松动，导致支撑轴力损失，对于此类问题，应改进活动端的做法，采用大截面且可以锁定的做法；（4）围檩的做法未标准化，采用工字形围檩，与支撑连接部位受力集中，腹板和翼板受压容易屈曲，必须采用加筋板的方式，同时围檩与围护桩墙的主筋应焊接连接，承受剪力；（5）独立牛腿容易失效，带来连锁反应，现场焊接质量很难达到设计要求，如果某一个牛腿存在较大的质量缺陷，先发生破坏，导致支撑失效，会带来临近支撑轴力增大，形成连锁失效反应，因此独立牛腿的可靠度较低，需要采用贯通的围檩将牛腿形成整体受力体，避免局部破坏，从而提高整体可靠度。针对这些问题，已有一些改进（图 4.1.13），例如加大截面的活动端，减少围檩与支撑连接处受力集中，也有可以锁定的活动端，针对活动端易松动的情况，采用伺服进行轴力补偿。但受造价和施工速度的影响，实际工程中尚应用较少，且未系统地解决上述问题，尤其是支撑与围檩的固定连接问题。

4.1.3 组合体系

单杆式支撑结构容易失稳，特别是当基坑形状不规整、基坑尺寸较大时，因此发展出了组合装配式钢支撑体系，目的是形成整体稳定性较好的框架式结构体系。组合体系有采用钢管组合的，也有采用型钢组合的，或者钢管和型钢搭配组合的；用来组合的构件有标准化的构件，也有非标准化的构件，组合形式也是五花八门，可以说是"标准不一、鱼龙混杂"。

图 4.1.13　活动端易松动及改进做法

（1）最简单的组合方式是，两根支撑合并在一起，如果两根支撑之间不能通过有效连接形成桁架，则仅仅是一加一等于二，只是增大了用钢量、减少每根杆件的受力；即使采用了一定的连接，但形成的桁架整体刚度还是偏弱，仍然属于单杆压弯构件，只是压杆的侧向抗弯刚度有所改善（图 4.1.14）。

图 4.1.14　简易组合形式（一）

图 4.1.14 简易组合形式（二）

（2）纵横交错的网格结构形式，如图 4.1.15 所示将单根受力体的支撑杆件十字交叉组合，相互形成侧向约束。这类结构的稳定性是非常好的（前提是连接要有效），每根杆件都受到大量的侧向约束，结构超静定次数非常高，即使部分杆件受损，也不会引起整体失效。其缺点也是显而易见的：第一，整个支撑体系是一个统一的受力体，只有全部支撑构件安装完毕，形成封闭的、完整的网格结构方能受力，也就是所有的支撑构件必须同时安装、同时拆除。此外，支撑系统将整个基坑完全覆盖，极大地影响大型设备的施工作业，违背了基坑支护结构是为底下结构施工提供友好施工环境的宗旨。第二，杆件数量多、安装复杂，对于预制的标准化构件装配式结构：如果采用平面正交的方式连接，每一个构件的尺寸误差和每一个节点的安装误差都会影响其他节点的连接精度，因此为了实现

图 4.1.15 网格组合形式

能够安装这一最基本的目标，往往以损失安装精度为代价，导致结构偏心受力增大、连接紧密度下降，有时甚至以损伤结构为代价，对标准构件强行切割、焊接，改变预制结构的形状和尺寸；如果采用平面外正交的连接方式，对安装误差的容许程度更高，不同方向、不同杆件独立安装，独立安装完毕后再采用钢筋或角钢抱箍将上下构件捆绑起来，这种捆绑式的交叉节点做法，能形成较好的竖向约束，但是最为重要的侧向约束效果大大降低。第三，预应力施加不便，虽然杆件之间形成了一定的相互约束，但不同方向的不同杆件仍然是独立受力体，因此预应力也只能独立施加；独立施加预应力容易产生受力不均匀、体系扭转等问题，有时甚至不能施加预应力，这对于装配式结构而言是极其不利的。

（3）针对网格式结构体系的缺点，组合体系发展出了形式更灵活、整体性更好、安装更方便的桁架结构：通过连系梁构件，将主梁构件组合成共同受力的结构体系。对于理想的桁架结构，所有连接节点都是铰接，结构内力只有轴力，而没有弯矩和剪力，各杆件受力均为单向拉、压，通过上下弦杆和腹杆的合理布置，形成可以抵抗弯矩和剪力等外荷载作用的结构体系。实际结构，不论是钢筋混凝土现浇结构，还是通过螺栓或焊接的装配式结构，连接节点都不是理想的铰接，更多的时候接近于刚接，单个杆件的内力不仅有轴力，还要承受一定的弯矩和剪力，因此体系的受力更为复杂，更接近于框架结构，更有利于支撑体系的整体稳定性，结构的超静定次数更多。对于支撑结构，虽然我们习惯将其称为"支撑梁"，很大一部分原因是支撑是水平结构，在空间位置上与房屋、桥梁等结构的"梁"相同。支撑结构的实际功能是与围护结构一起抵抗水土压力的作用，从功能上讲，围护结构才是梁或板结构，主要承受弯矩和剪力的作用，支撑结构承受的主要是轴力作用，也就是起到柱子的功能。支撑结构与常规的柱子也有所区别：相比于常规的柱子，支撑结构的跨度要大得多，日常所能见到的最长的柱子可能就是几十米高的高架桥柱子，高架桥的柱子越长、柱子的截面越大，方能保证柱子的稳定性，对于支撑结构，长度一百多米是很常见的，要将单根支撑截面做到如此之大是不现实的；与常规柱子的另一个区别是，由于基坑形状的不规整，支撑结构要承受水平面内各个方向的侧压力，支撑结构的轴线不能保证总是与荷载方向一致，需要不同轴线方向的支撑组合起来共同抵抗水平面内的各向荷载。综上，桁架结构形式的组合支撑体系，需要解决大跨度和荷载的多方向性与偏心受力问题，从而确保体系的稳定（图 4.1.16～图 4.1.19）。

图 4.1.16　钢管组合角撑体系

以上组合体系的基本原理是，采用系杆构件将主撑构件连系起来，但也只是进行了连接，忽略了桁架结构"几何不变体"这个最重要的基本要素，因此并未形成有效的桁架结构体系。此类组合结构抵抗侧向变形的能力需要依靠节点和杆件的受弯，如果是钢筋混凝

图 4.1.17　H 型钢组合角撑体系

图 4.1.18　钢管组合对撑体系

图 4.1.19　H 型钢组合对撑体系

土现浇结构，节点为刚接、杆件的截面抗弯刚度大，具有较强的抗弯性能，但是对于装配式结构，节点和杆件的抗弯性能弱，尤其是当杆件之间的间距较大时，这种组合体系依然存在很大的失稳可能（图 4.1.20、图 4.1.21）。如果采用此类组合方式，必须选用刚性节点和截面刚度大的连杆，并缩小杆件的间距。

图 4.1.20　弱节点与弱连杆

图 4.1.21　强节点与强连杆

要形成稳定的桁架结构组合体系（图 4.1.22），需要设置刚度匹配、连接可靠的斜拉杆连接构件，从而实现"几何不变体"这个最重要的基本要素。诚然，连接越强、用钢量越大，斜拉杆连接越多、装配式预制构件形式越复杂、对安装施工精度要求越高、对基坑形状的适应性越差。为了在合理用钢量的条件下，真正实现装配式结构的稳定性可以媲美现浇结构，对装配式结构体系的合理性、基坑设计方案的可靠性提出了很高的要求，"这绝对不是一件轻松的事"。

4.1.4　特殊体系

上述组合体系只注重了如何形成稳定性高的受压桁架结构，支撑体系除了受压结构，还有受弯、受剪等结构。如果说支撑是柱子，围护结构是楼板，那么围檩就是梁。支撑构件组合的目的除了提高体系的稳定性，还有给地下结构施工提供更友好的环境，即提供更开阔的施工空间。与房屋结构和桥梁结构一样，想获得更大的使用空间、跨越更大的河流沟谷，就需要减少柱子的数量。如果想减少支撑的覆盖面积，就需要拉开支撑间距，而拉开支撑的间距，必然会增大围檩的跨度，对围檩的受弯性能提出了更高的要求。在这一方面，支撑体系的发展借鉴了很多大跨度空间结构的原理。其中，代表性的型钢组合支撑体系有三种：张弦梁结构、树状结构和拱形结构。

1. 张弦梁结构

日本大学的斋藤公男（Masao Saito）教授在 1979 年提出了张弦梁（beam string structure）结构形式（图 4.1.23），由刚性上弦梁、柔性拉索、中间刚性撑杆形成的混合结构体系，其结构组成是一种自平衡体系，也是一种大跨度预应力空间结构体系，柔性拉索的作用是通过刚性撑杆给刚性上弦梁提供弹性支撑，减小刚性梁的弯矩峰值，进而起到

图 4.1.22　桁架结构组合体系

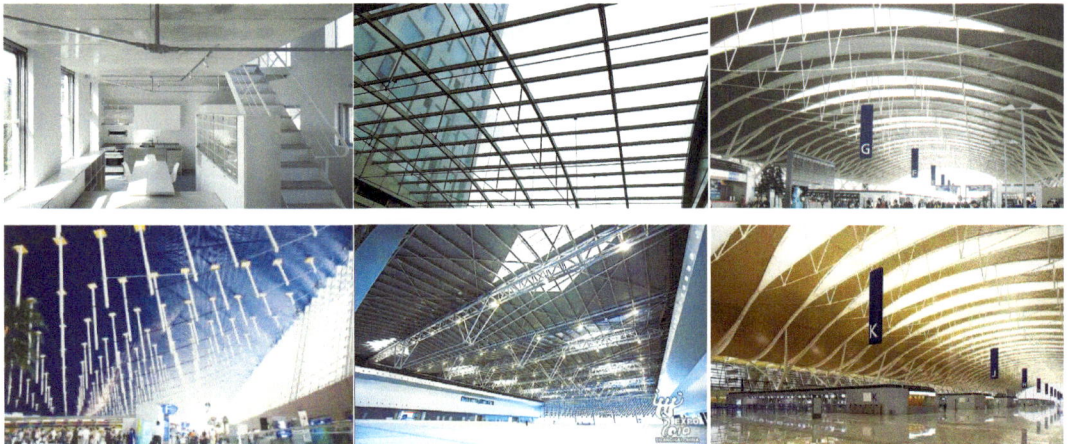

图 4.1.23　张弦梁屋盖结构

增加刚度、减小挠度的作用。张弦梁结构的另一个特点是，在下弦拉索中施加预张拉力，可以使上弦压弯构件产生反挠度，在结构受到外力作用之前先形成反向变形，从而实现在外荷载作用下的最终挠度减小的目的。张弦梁结构与桁架结构都是自平衡体系，两者的区别是：张弦梁结构作为一种刚柔杂交结构，充分发挥了刚柔两种材料和构件的优势，刚性上弦梁充分发挥大截面型钢构件受压和受弯的作用，柔性拉索可以采用截面小但屈服强度非常高的钢绞线，充分发挥其受拉作用；桁架结构的上弦杆、下弦杆和中间连杆均为刚性构件，每个构件都可以承受拉、压作用，因此可以承受由上往下、由下往上、侧面等不同方向的荷载；张弦梁结构只能承受由上往下垂直于上弦梁的荷载，如果荷载方向发生变化，张弦梁结构将无能为力，这也限制了其在形状复杂基坑中的应用。

张弦梁围檩结构（图 4.1.24）与其他张弦梁结构的原理是一样的：上弦梁（靠围护桩侧）采用型钢刚性构件，抗弯和抗压刚度大；下弦（靠基坑侧）为柔性拉索，只承受张拉力，抗拉强度高；中间刚性撑杆，撑杆与上弦梁刚接，撑杆和支座要抵抗拉索张拉引起的弯矩。张弦梁围檩结构形式有：（1）上弦梁为拱形刚性构件，下弦拉索为直线，这种形式类似于一张"弓"；（2）上弦梁为直线形刚性构件，下弦拉索为弧线，这种形式类似于

图 4.1.24　张弦梁围檩结构（一）

图 4.1.24 张弦梁围檩结构（二）

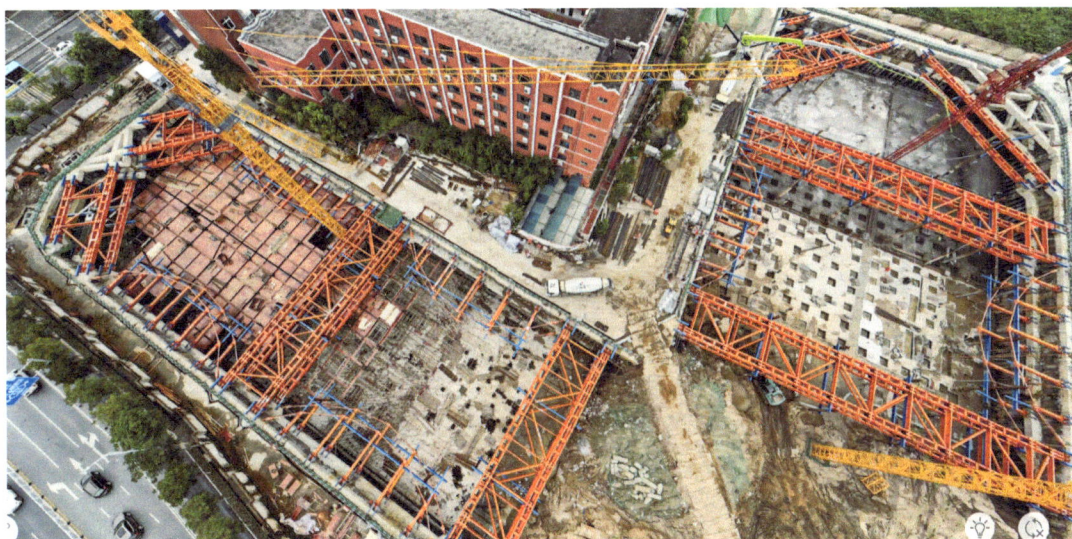

图 4.1.24　张弦梁围檩结构（三）

"切片的西瓜"或一把"刀"，也有称之为"鱼腹"。张弦梁围檩结构形式还可以做成上弦梁为拱形刚性构件，下弦拉索为弧线的形式，形似"柳叶"或"鱼"。从结构受力的合理性而言，上弦梁需要受压和受弯，因此采用拱形是最为合理的，可以减少结构受弯，充分发挥受压的作用，拱形刚性构件的刚度和强度都要优于直线形刚性构件。从理论上说，只要保证荷载方向是由上往下垂直于上弦梁，通过增大上弦梁截面、中间撑杆的长度和下弦拉索的数量，张弦梁结构的跨度可以不断扩大。但受连接做法的影响，下弦拉索的数量和截面积会有很大的限制，同时，张弦梁结构与边桁架结构一样，始终是一种抗弯组合结构，对于土压力很大的基坑工程，抗弯结构的刚度和强度有很大局限性，在设定张弦梁跨度时，要根据侧向土压力的情况和变形控制要求，谨慎选择。张弦梁结构设计时，应特别注重下弦拉索的刚度、强度、数量的设计；张弦梁结构施工时，应特别注重下弦拉索的张拉顺序、锚固锁定、对称受力（图 4.1.25）。

2. 树状结构

树状结构（图 4.1.26）是一种仿生建筑结构，其基本原理是分枝拓扑，通过不断地

图 4.1.25　节点部位约束应加强（一）

图 4.1.25 节点部位约束应加强（二）

图 4.1.26 树状结构

将树形柱结构构件拓扑演化，将荷载由一点变为多点。树状结构具有非常清晰、合理的传力路径，最末端分枝所承受的荷载逐级传递给下一级树分枝，最后把所有的力汇总传递给主枝。树状结构体系最合理的受力形态是各分枝承受沿轴线方向的合力，可以充分发挥材料的抗压能力，因此承载力高、覆盖范围广，可以用较小的杆件形成较大的支撑空间。树状结构的这种分级传力方式与斗栱结构（图 4.1.27）很类似，通过节点分枝拓扑，不断

图 4.1.27 斗栱结构

扩大结构体规模。设计树状结构时，应选择合理的分枝与主干刚度和强度比值，确保结构的破坏是分枝失稳发生在主干失稳之前。

与张弦梁围檩结构不同，树状结构（也有称之为"八"字结构）并不是直接加强围檩的抗弯刚度和强度，树状支撑结构（图4.1.28）通过拓扑分枝受压支撑杆件，在减少主支撑数量的同时不增大围檩的跨度，因此支撑体系仍然保持受压方式为主，而不是依靠增强围檩的抗弯性能来实现扩大作业面空间的目的。树状支撑结构设计时，应确保主干支撑和支干支撑均处于轴向受压状态，避免受弯、受扭，同时支干支撑将轴力传递给主干支撑时，应避免节点部位受剪，主干支撑与支干支撑能形成完美的轴力平衡体系。

图4.1.28　树状支撑结构

3. 拱形结构

与边桁架结构和张弦梁结构作用类似，拱形结构也是为了增强围檩的刚度和强度。拱形结构是一种主要承受轴向压力并由两端推力维持平衡的曲线构件，相比于边桁架结构和张弦梁结构以受弯为主，拱形结构以受压为主，因此具有更优越的刚度和强度。拱形结构不是一个自平衡体系，其缺点是支座会产生水平推力，拱结构的两端支座不仅要承受由拱梁受剪传递过来的轴向压力，还要承受拱梁结构受压传递过来的侧向推力，因此对支座处的支撑杆件受压性能提出了更高的要求。如果拱形结构底部增加下弦拉索，就变成了自平衡体系的"弓"形张弦梁结构（图4.1.29～图4.1.31）。

图4.1.29　拱形结构

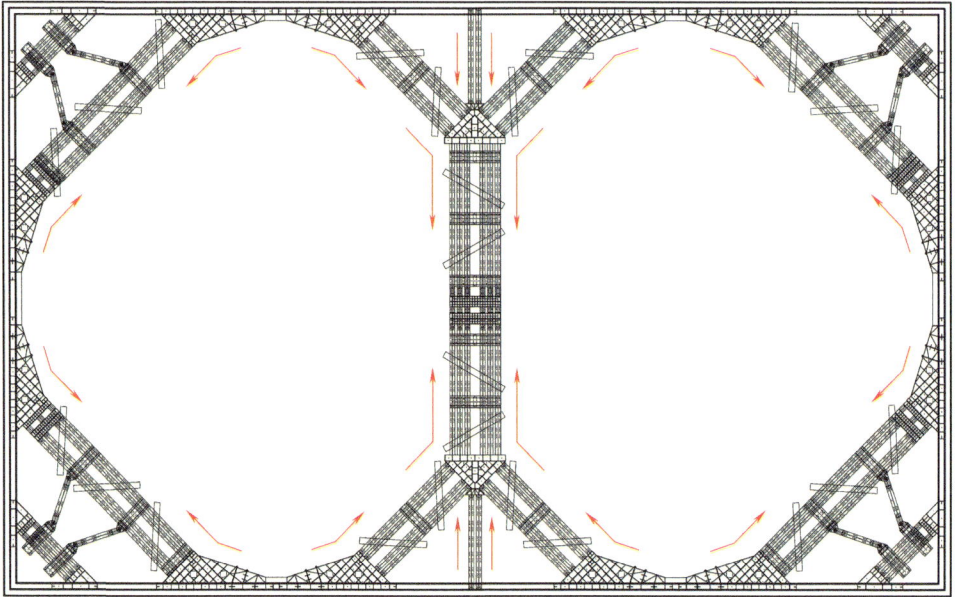

图 4.1.30　树状结构与拱形结构相结合

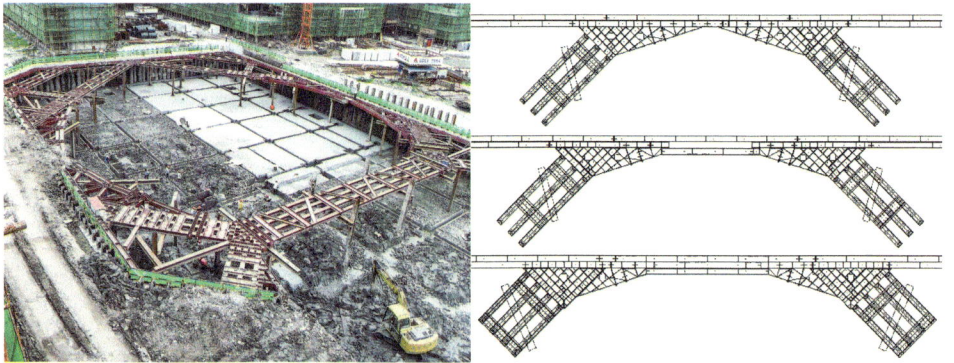

图 4.1.31　拱形支撑结构（一）

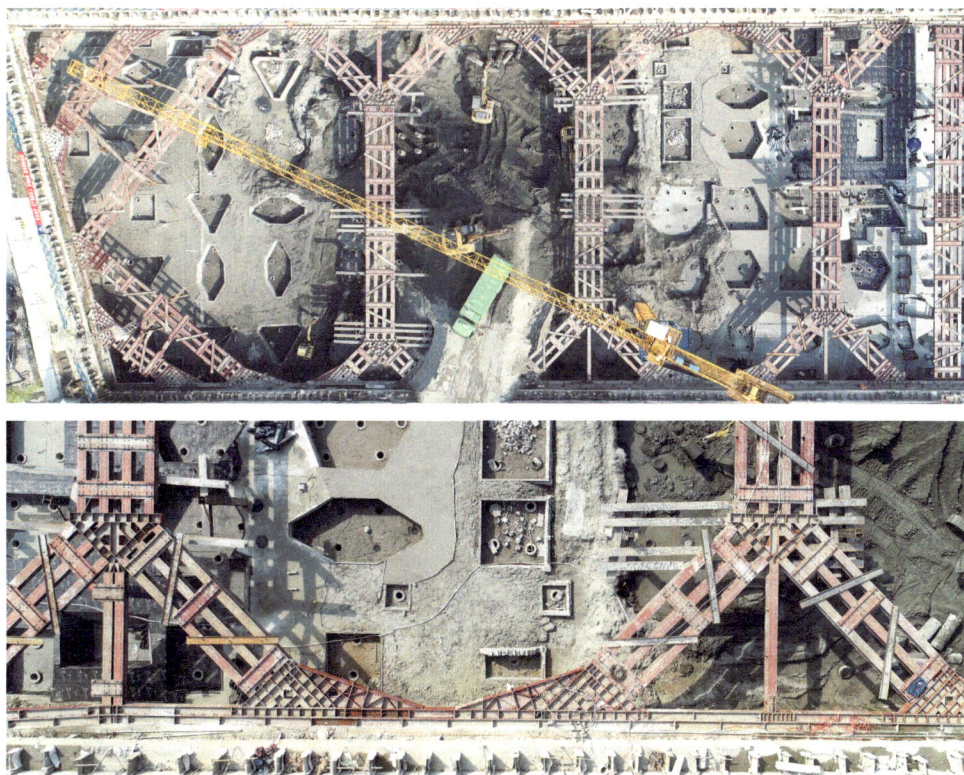

图 4.1.31　拱形支撑结构（二）

4.2　结构体系标准化

　　型钢组合支撑是一种装配式钢结构，其构件基本采用型材加工而成。型材和钢结构均有轻重之分：轻型钢结构（图 4.2.1）不承受大载荷的作用，通常只承受结构自重和风荷载，如采用轻型 H 型钢做成的门形钢架，冷弯薄壁型钢做成的檩条和墙梁，钢板或轻质夹芯板做成的屋面、墙面结构，低层和多层装配式钢结构房屋；重型 H 型钢（图 4.2.2）通常指翼缘厚度范围为 26～144mm，翼缘宽 292～504mm，腹板高 357～1218mm 的型钢；重型 H 型钢通常应用在大高度、大跨度的重型钢结构上，需要承受重载荷的作用，如高层钢结构建筑、大型体育场馆、大型桥梁结构、重型起吊设备的桁架梁结构、深海平台等（图 4.2.3～图 4.2.6）。

图 4.2.1　轻型钢结构

图 4.2.2　国内最大规格热轧重型 H 型钢（510×1300）

图 4.2.3　大跨度体育场馆重型钢结构

图 4.2.4　大跨度桥梁重型钢结构（一）

图 4.2.4　大跨度桥梁重型钢结构（二）

哈利法塔	上海中心大厦	麦加皇家钟塔酒店	高银金融117大厦	平安国际金融中心	乐天世界大厦	世界贸易中心一号楼	广州东塔	天津周大福金融中心	北京中信大厦
828m	632m	601m	597m	593m	555m	541m	530m	530m	528m
用钢10.4万t	用钢10万t	用钢5.8万t		用钢约10万t			用钢18万t	用钢约7万t	用钢约14万t

图 4.2.5　超高层办公楼重型钢结构

图 4.2.6　高层住宅钢结构

量变引起质变，重型钢结构的结构体系、构件尺寸、节点做法，均与轻型钢结构不同。在进行型钢组合支撑结构和构件的选型时，一定要有清晰的意识：基坑支护结构承受的土压力非常大，对于软土地基，侧向土压力荷载可以达到 $100\sim400kPa$；也就是每平方米的荷载达到 $10\sim40t$，相当于每平方米停放一辆重型车辆；单道组合支撑的轴力可以达到上千吨，相当于一个基坑的支撑加起来要支撑起一艘航空母舰或一栋超高层建筑物。因此，基坑支护结构是一种重型结构，型钢组合支撑结构也应该是一种重型钢结构，需要大刚度、高强度、高稳定等特性，支撑结构材料应选用重型或中型型材。

从钢支撑的发展过程来看，结构体系、构件类型、节点做法、安装施工质量等方面都存在很大的差异性，受人的因素影响极大，可以说是"鱼目混珠、乱象频发"。很多人对结构体系、构件类型、节点做法不理解、没吃透，导致钢支撑的做法非常随意，没有统一的设计、制作、安装标准，完全是按个人的想法选择结构体系、加工制作构件、进行现场安装施工。尤其是现场安装质量，做的人不清楚如何做才是标准的，监管的人也不清楚怎么管才是合格的，"一笔糊涂账"。装配式结构要做到媲美现浇结构，对结构体系、构件类型、节点做法、安装施工质量都有严格要求，绝对不能有"我觉得可以""看上去还行""差不多就行"等侥幸心理，各个环节都必须遵循标准化的要求（图 4.2.7～图 4.2.11）。

图 4.2.7　混乱的结构体系

图 4.2.8　糟糕的构件和节点

图 4.2.9　颠倒的施工工序

图 4.2.10　随意的关键节点做法

图 4.2.11　不堪入目的安装质量

（空空如也、拼拼凑凑、缝缝补补、高低起伏、参差不齐、杂乱无章）

4.2.1 结构体系的选择

钢支撑结构体系的发展路径借鉴了钢筋混凝土支撑结构体系的发展历程，并参考了钢结构与空间结构的相关技术：（1）单杆压弯结构（图4.2.12），此类结构稳定性差，支撑密集，作业面狭小，局部失稳容易导致连锁破坏；（2）网格结构体系（图4.2.13），此类结构杆件间互为约束，超静定次数高，即使部分杆件受损，也不会引起整体失效，整个支撑体系是一个统一的受力体，需要同时安装、同时拆除，不利于分块施工，支撑密集，作业面狭小，杆件独立施加预应力容易产生受力不均匀、体系扭转等问题；（3）桁架结构体系（图4.2.14），此类结构抵抗侧向变形的能力强、体系较为稳定，但实际操作中经常忽视桁架结构"几何不变体"这个最重要的基本要素，不设置斜腹杆，或连接节点和斜腹杆的刚度与强度过弱；（4）张弦梁结构体系（图4.2.14），与边桁架结构体系的原理类似，是一种加强型围檩结构，由上弦型钢刚性构件、下弦柔性拉索和中间刚性撑杆组合而成的组合梁结构，与边桁架结构体系相同的是，张弦梁结构是一种自平衡体系，不会对支座产生较大的侧向推力，与边桁架结构不同的时，张弦梁结构是单向受力结构，刚性构件和柔性拉索的作用不能互换，因此对均匀受力、对称受力要求很高，同时，张弦梁结构和边桁架结构始终是一种抗弯组合结构，其刚度和强度都有很大局限性，在设定跨度时，要根据侧向土压力的情况和变形控制要求，谨慎选择；（5）树状结构（或"八"字形结构）体系（图4.2.15），在减少主支撑数量的同时不增大围檩的跨度，支撑体系保持受压方式为主，从而实现扩大作业面空间的目的，树状支撑结构布局时，应确保主干支撑和支干支撑均处于轴向受压状态，避免受弯、受扭；（6）拱形结构体系（图4.2.16），与边桁架结构和张

图 4.2.12 单杆压弯结构

图 4.2.13 网格结构体系

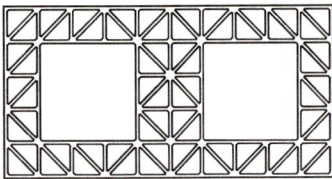

图 4.2.14 边桁架结构和张弦梁结构

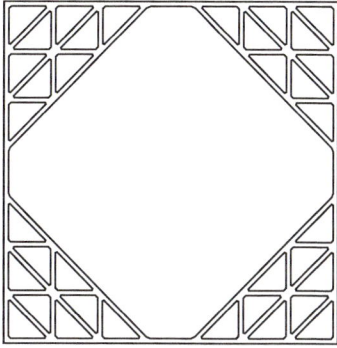

图 4.2.15　角撑结构

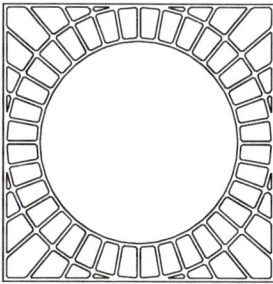

图 4.2.16　环撑结构和拱形结构

弦梁结构作用类似，拱形结构也是为了增强围檩的刚度和强度，但拱形结构以受压为主，因此具有更优越的刚度和强度；拱形结构不是一个自平衡体系，其缺点是支座会产生水平推力，因此对支座处的支撑杆件受压性能提出了更高的要求。

　　不论是现浇钢筋混凝土支撑结构还是装配式型钢组合支撑结构，承受的荷载是相同的，结构内力也是类似的：支撑结构荷载来源于侧向土压力，支撑结构内力有拉力、压力、弯矩、剪力、扭矩（图 4.2.17、图 4.2.18）。

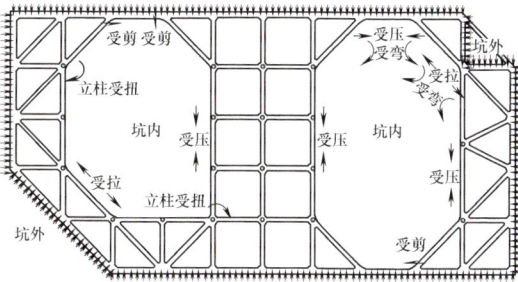

图 4.2.17　钢筋混凝土支撑体系受力特点

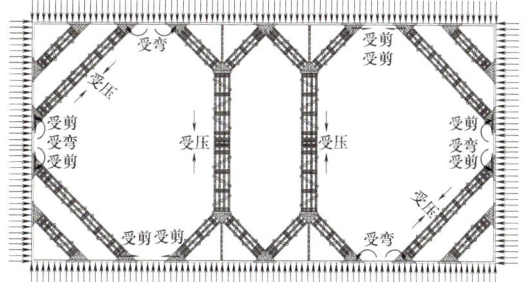

图 4.2.18　型钢组合支撑体系受力特点

　　装配式结构最主要的特点是组装，会存在大量的连接点，基坑支撑结构需要回收重复利用，这些节点需要采用螺栓进行连接，以方便拆装。标准构件完全可以通过增大用钢量做到与现浇结构一样的刚度和强度，甚至更强，但连接节点很难做到跟现浇结构一样刚接。因此，在选择结构体系和进行支撑布局的时候，要尽量让支撑结构处于受压状态，减小受剪和受弯；同时，避免受拉和受扭，尤其是节点部位，更要减小受剪和受弯。

综合各种结构体系的受力特征，选择合理的受力结构：

（1）受压结构（主要是支撑）应采用稳定性高的桁架结构，并采用斜腹杆连接，形成"几何不变体"，节点的连接尽量做到刚接，提高桁架结构的侧向刚度。为扩大施工空间，受压结构可采用桁架组合形式的树形结构。从大偏心受压分析结果可以看出：斜腹杆对桁架侧向刚度的影响很大，对于节点全刚接的情况，有斜腹杆与无斜腹杆的最大变形比 11：16，等同于刚度比是 16：11；无斜腹杆时，节点的剪力和弯矩很大（最大节点剪力与杆件轴力比值 1：3，即如果支撑杆件轴力为 150t 时，最大节点剪力达 50t），主要依靠节点抗剪和抗弯来维持结构稳定，因此对节点的连接要求非常高；有斜腹杆时，节点的剪力和弯矩较小（最大节点剪力与杆件轴力比值 1：7，即如果支撑杆件轴力为 150t 时，最大节点剪力为 20t），主要依靠杆件的轴力传递来抵抗偏心荷载；都有斜腹杆的情况，节点全刚接和全铰支的最大变形比 11：14，等同于刚度比是 14：11；相比于无斜腹杆或节点铰支的情况，有斜腹杆且节点刚接的情况，具有更多的超静定次数，局部失效不容易引起整体失稳。因此，对于装配式结构，在利用节点刚接提高桁架结构侧向刚度和稳定性的同时，还应设置斜腹杆来减小节点受剪和受弯（图 4.2.19～图 4.2.21）。

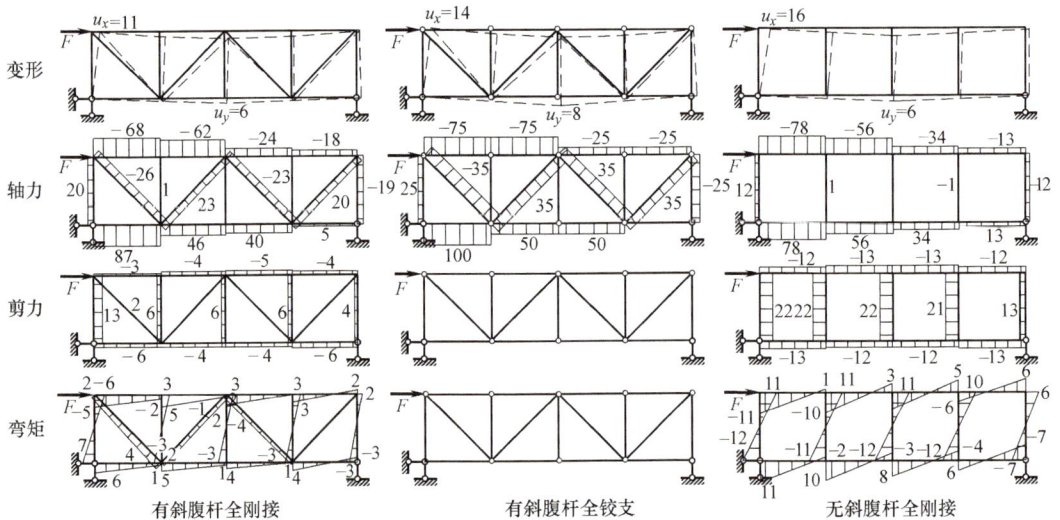

图 4.2.19 桁架结构偏心受压受力变形特性

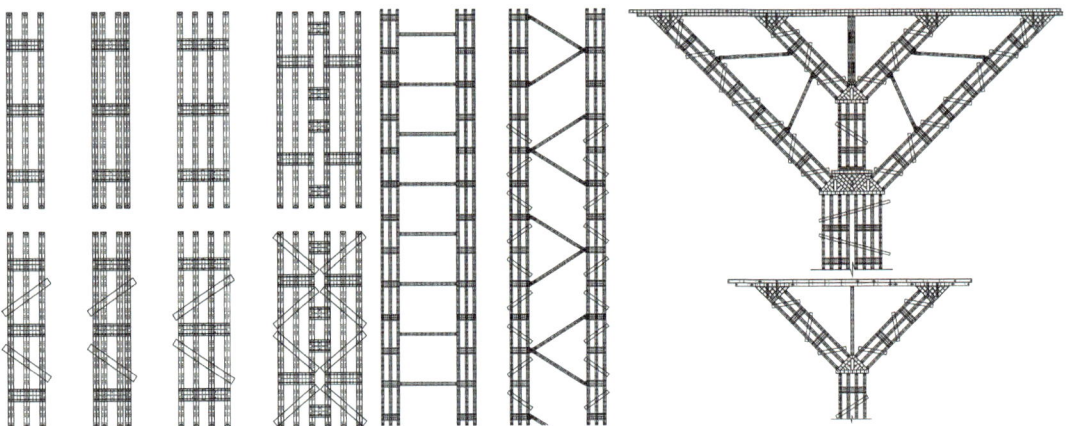

图 4.2.20 组合支撑形式

图 4.2.21　不同组合支撑形式的传力性状

无斜腹杆横向约束弱、点对点传力路径受力不均匀、左右两侧受力大、中间受力小；有斜腹杆横向约束强、面对面的刚性传力路径受力均匀、所有荷载均匀分担（图 4.2.22～图 4.2.26）。

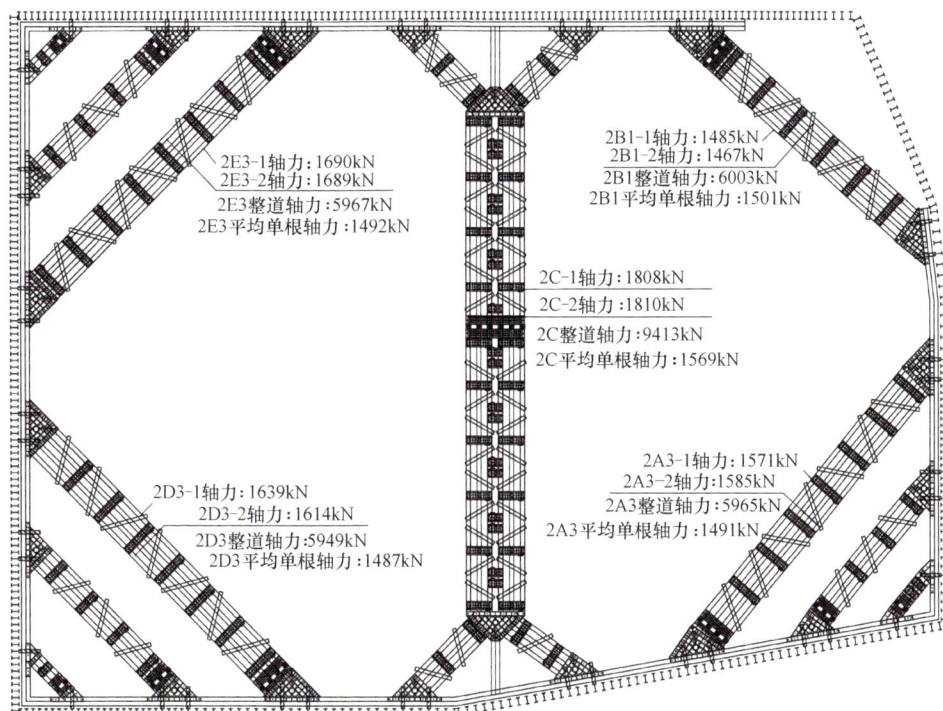

2E3-1轴力:1690kN
2E3-2轴力:1689kN
2E3整道轴力:5967kN
2E3平均单根轴力:1492kN

2B1-1轴力:1485kN
2B1-2轴力:1467kN
2B1整道轴力:6003kN
2B1平均单根轴力:1501kN

2C-1轴力:1808kN
2C-2轴力:1810kN
2C整道轴力:9413kN
2C平均单根轴力:1569kN

2A3-1轴力:1571kN
2A3-2轴力:1585kN
2A3整道轴力:5965kN
2A3平均单根轴力:1491kN

2D3-1轴力:1639kN
2D3-2轴力:1614kN
2D3整道轴力:5949kN
2D3平均单根轴力:1487kN

图 4.2.22　某深基坑支撑轴力实测数据

图 4.2.23　角撑受压结构

图 4.2.24　对撑受压结构

图 4.2.25　上下双拼组合支撑结构

图 4.2.26　"八"字形对撑结构

（2）受弯结构（主要是围檩）应控制其合理跨度，不能一味追求扩大空间而让围檩承受过大的弯矩和剪力，受弯结构应首选拱形结构，其次是边桁架结构、张弦梁结构、叠合梁结构，如果想要减少主撑数量、增大支撑间距，应采用受压的树形结构与上述抗弯结构组合。从受弯分析结果（图 4.2.27）可以看出：对于同样高度的

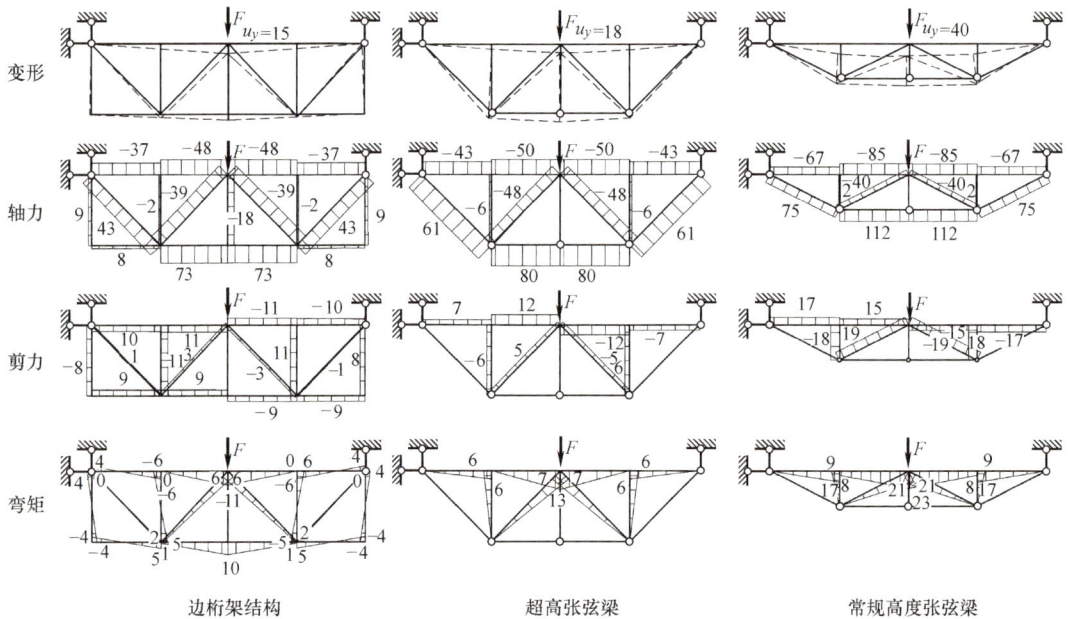

图 4.2.27　边桁架结构与张弦梁结构受力对比

边桁架结构和张弦梁结构，最大变形比 15∶18（或 5∶6），等同于刚度比是 18∶15（或 6∶5）；结构高度对边桁架结构和张弦梁结构的抗弯刚度影响最大，张弦梁结构的高度减小一半，最大变形比 18∶40（或 9∶20），等同于刚度比是 40∶18（或 20∶9），下弦拉索的拉力比 80∶112（或 5∶7），增大 40%，上弦刚性压杆的最大轴力比 50∶85（或 10∶17），增大 70%，上弦刚性压杆与中间刚性撑杆节点的最大剪力比 12∶19，增大 58%，最大弯矩比 13∶24，增大 85%。

从张弦梁结构受力性状分析可以看出，上弦刚性压杆与中间刚性撑杆的连接节点需要承受较大的剪力和弯矩，因此节点应采用刚性连接（图 4.2.28～图 4.2.30）。

图 4.2.28　非刚性连接

图 4.2.29　刚性连接

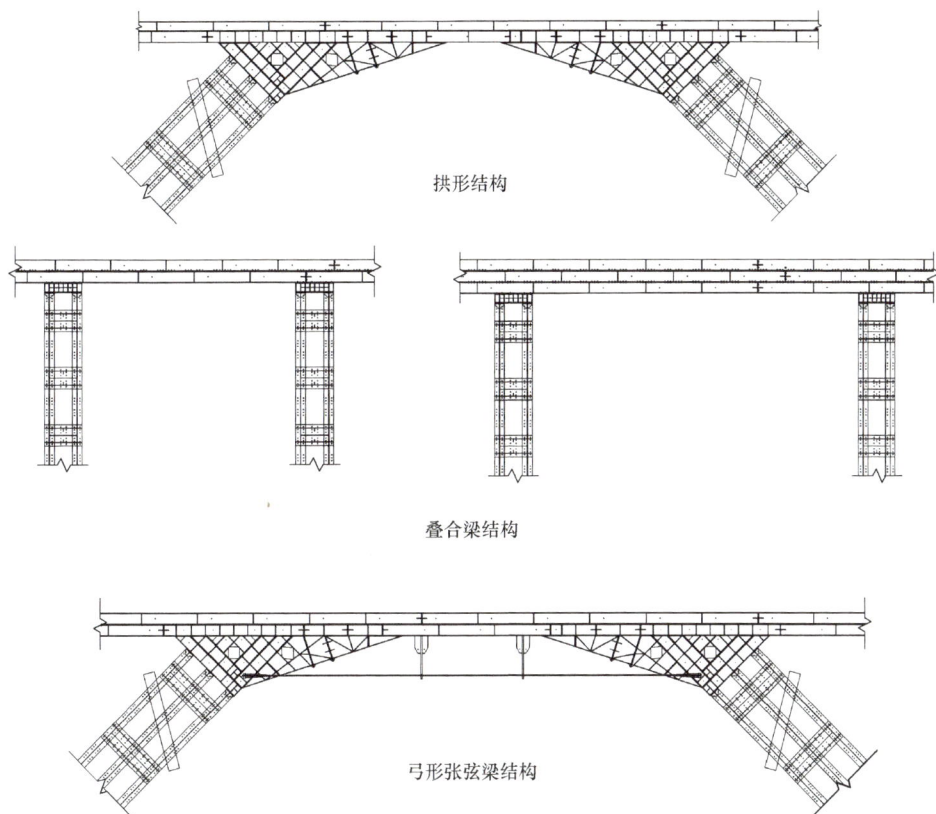

拱形结构

叠合梁结构

弓形张弦梁结构

图 4.2.30　组合支撑体系围檩结构形式（一）

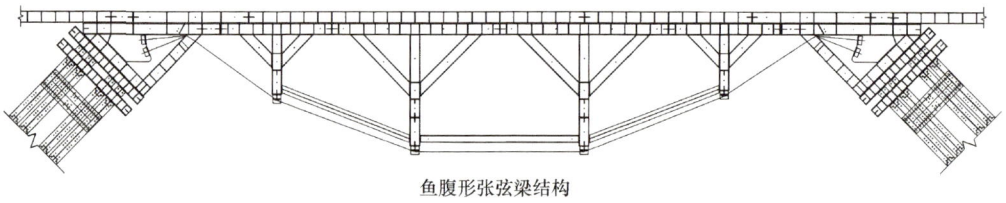

鱼腹形张弦梁结构

图 4.2.30　组合支撑体系围檩结构形式（二）

（3）荷载传力转换件结构（图 4.2.31～图 4.2.33），应尽量采用整体的刚性受力转换构件，避免采用螺栓受剪的传力构件。刚性受力转换构件，能将不同方向荷载均匀传递，且支撑轴线与转角传力件垂直相交，螺栓拼接面均只承受轴力；受剪传力构件，将荷载集中传递至与其直接连接的构件，无法有效传递至其他相邻构件，且螺栓连接面与支撑轴线斜交，支撑轴力须依靠连接部位的螺栓剪力进行传递。

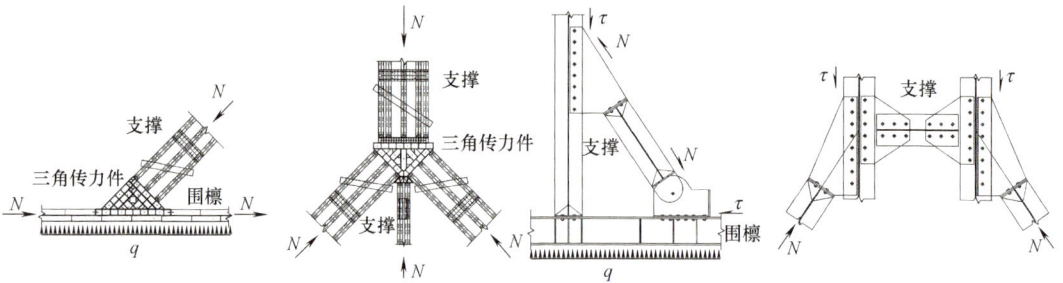

图 4.2.31　不同类型受力转换构件

图 4.2.32　刚性受力转换构件

图 4.2.33　非刚性受力转换构件

刚性受力转换构件可以确保面对面均匀传力、螺栓拼接面只承受轴向压力；非刚性受力转换构件是点对点传力、受力不均匀、螺栓连接面需要承受剪力。

以算例来对比分析不同支撑组合方式的整体刚度，假定淤泥土中一个两层地下室，基坑宽 100m、长 200m、开挖深度 10m，土质参数和围护桩结构相同的条件。分为：（1）钢筋混凝土支撑，支撑截面 800mm×800mm，角撑＋树形对撑、角撑＋对撑＋边桁架，围檩跨度 10m，边桁架跨度 30m；（2）型钢组合支撑，400mm×400mm 工字钢标准构件，角撑＋树形对撑，围檩跨度 10m，主撑间间距 30m、45m；（3）张弦梁型钢组合支撑，400mm×400mm 工字钢标准构件，角撑＋对撑＋张弦梁，张弦梁结构跨度 30m（分50、100 根高强钢绞线）、40m（100 根高强钢绞线）。

变形分析结果（图 4.2.34、图 4.2.35）：（1）采用受压为主的树形对撑方式，不论是

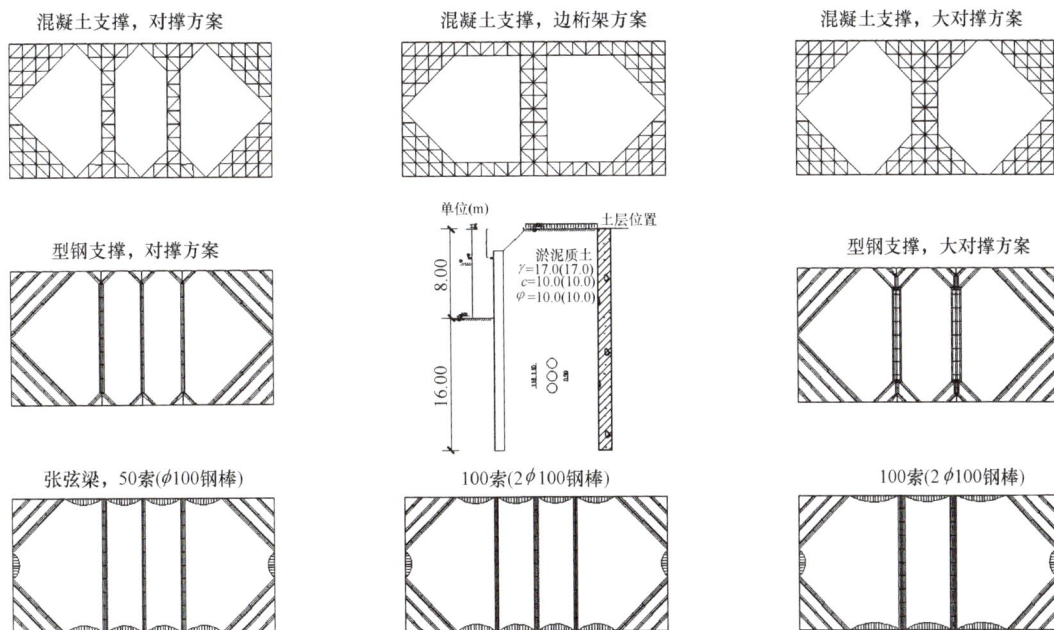

图 4.2.34　不同支撑体系受力变形分析模型

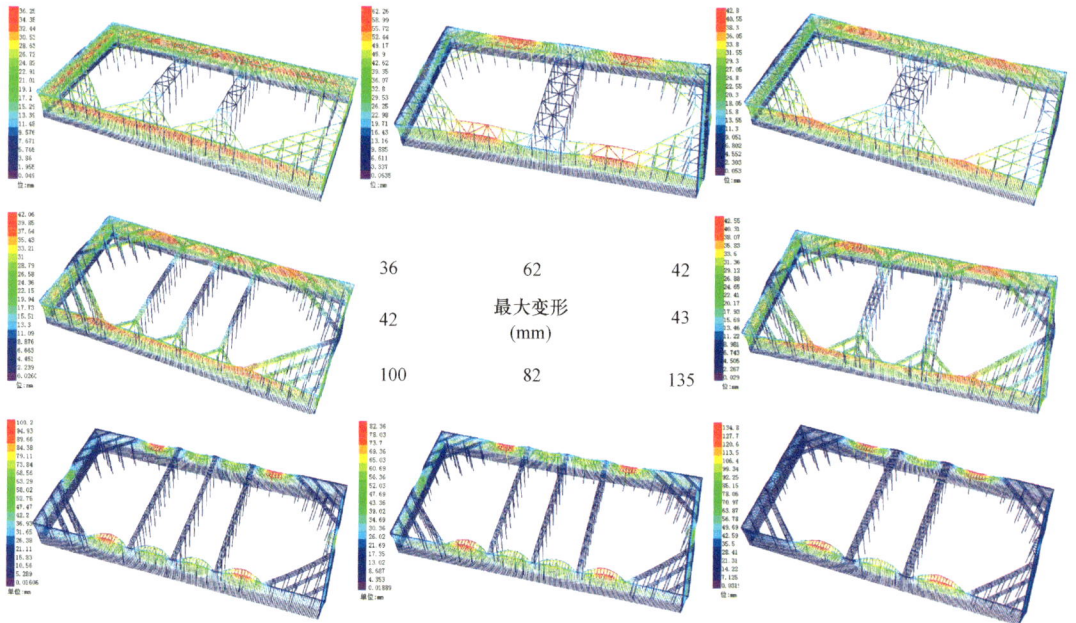

图 4.2.35　不同支撑体系受力变形分析结果

钢筋混凝土支撑还是型钢组合支撑，其最大变形为 36～43mm；（2）采用受弯为主的钢筋混凝土边桁架结构最大变形 62mm；（3）采用受弯为主的张弦梁结构，当跨度控制在 30m 左右时，采用 50 根高强钢绞线（两个锚具，单个锚具锚孔数量 30～36），最大变形 100mm；采用 100 根高强钢绞线（4 个锚具），最大变形 82mm；（4）当张弦梁结构跨度为 45m 时，采用 100 根高强钢绞线（4 个锚具），最大变形 135mm。从变形分析结果可以看出：受压为主的组合结构，刚度要明显优于受弯为主的结构；边桁架结构的抗弯性能要优于张弦梁结构；受弯结构对跨度的敏感性最大，跨度增大 50%，变形增大一倍；张弦梁结构的抗弯刚度取决于刚性上弦梁的抗压和抗弯刚度、柔性拉索抗拉刚度（钢绞线数量）、张弦梁的高度（中间刚性撑杆的长度），张弦梁的高度通常在 3～5m，钢绞线数量受锚具的限制，通常单层支撑每个锚固点只能做到 4 个锚具 100 根左右钢绞线，因此想要将张弦梁的抗弯刚度媲美钢筋混凝土边桁架结构，需要做成上下双拼支撑（200 根左右钢绞线），这样会导致用钢量成倍增加；对于 30m 跨度的张弦梁，如果要将其抗弯刚度达到树形支撑结构（围檩跨度 10m）的刚度，则用钢量还要再翻一倍（上下四拼支撑），或者与钢筋混凝土桁架结构一样，将张弦梁的高度做到 10m（同时还需要上下双拼），这两种做法实施起来都有一定的困难。

综上所述，一种优秀的型钢组合支撑结构（图 4.2.36）应具有以下特点：

（1）结构体系应为超静定桁架结构体系，每道支撑的强度和稳定性均取决于桁架结构自身，受力明确；

（2）结构荷载传递路径为围护桩（墙）面荷载传递给围檩，围檩线荷载传递给支撑，支撑点荷载转换成平衡的结构内力，所有传力路径上的节点和构件连接节点均应为刚性连接，节点强度要大于杆件强度；

（3）正常工作阶段，支撑体系以受压为主，但需要能够承受拉、压、弯、剪、扭等复

图 4.2.36　可承受超大荷载的型钢组合支撑结构体系

杂受力工况荷载的作用；

（4）根据受力的需要可以灵活组合，同时可以施加预应力和可调节轴力；

（5）组合支撑的构件应为工厂化生产的标准构件，现场采用高强度螺栓连接、易于安装和拆除，每一道支撑都能在较短时间内形成独立的封闭受力体系，减少基坑暴露时间，且安装质量容易控制；

（6）支撑结构应集束，占据较少的工作面，支撑之间的空间开阔，可以实现流水化施工作业。

4.2.2　支撑布局

支撑布局的原则：受力平衡、变形协调、无应力集中、不受拉、不受扭、少受弯、支撑密度合理、施工作业面开阔、有利于分区施工。

型钢组合支撑竖向布置应遵循以下原则（图 4.2.37）：

（1）支撑标高的设置应利于控制围护桩（墙）的受力和变形；

（2）为方便土方开挖作业，支撑竖向净距及支撑与底板底的净距不宜小于 4m；

（3）如需楼板换撑施工，为方便地下室主体结构施工作业，支撑底面与其下的基础底板或楼板顶面净距不宜小于 1.2m。

型钢组合支撑平面布置应遵循以下原则：

（1）支撑应在同一平面内形成整体，上下各道支撑宜对齐布置。

（2）围檩或压顶梁上相邻支撑的水平净距：①叠合梁结构围檩，砂土、粉土、黏性土中不宜大于 10m，淤泥质土、淤泥质粉质黏土中不宜大于 8m，淤泥中不宜大于 6m 或采用三拼叠合梁；②拱形结构围檩，砂土、粉土、黏性土中不宜大于 15m，淤泥质土、淤泥质粉质黏土中不宜大于 12m，淤泥中不宜大于 10m；③张弦梁结构围檩，砂土、粉土、黏性土中不宜大于 30m，淤泥质土、淤泥质粉质黏土中不宜大于 20m，淤泥中不宜大于 15m。

图 4.2.37　支撑竖向净距及支撑与板面净距

（3）八字撑结构宜左右对称布置，与围檩之间的夹角宜取 30°～60°。

（4）基坑向内凸出的阳角应设置可靠的双向约束。

（5）支撑立柱宜避开主体结构的梁、柱及承重墙，相邻立柱间距不宜大于 10m，不同方向支撑交汇处应设置立柱和井字托架。

淤泥土中开挖 6m 深、采用一道型钢组合支撑算例（图 4.2.38），给出各种形态基坑的支撑布局参考方式。

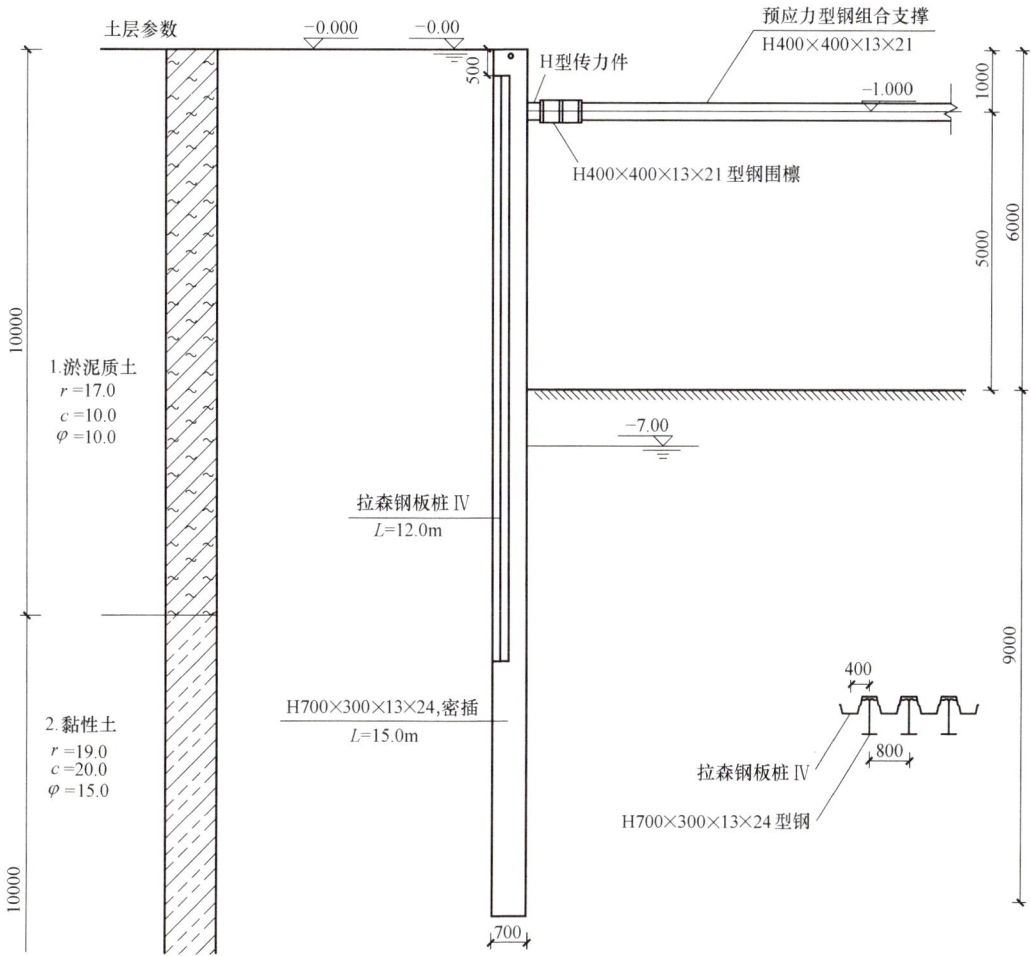

图 4.2.38　型钢组合支撑算例分析模型剖面

（1）三角形（60m×80m×100m）（图 4.2.39、图 4.2.40）

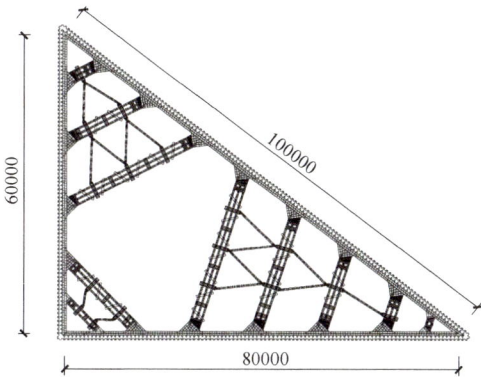

图 4.2.39　三角形基坑平面布局

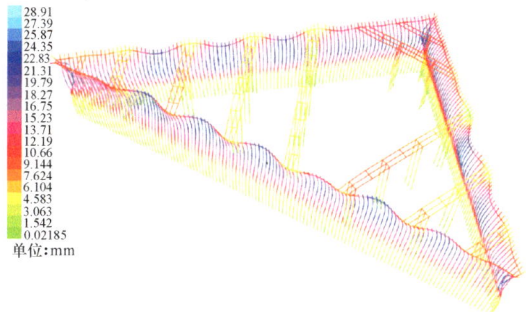

图 4.2.40　三角形基坑变形计算结果

（2）正方形（100m×100m）（图4.2.41、图4.2.42）

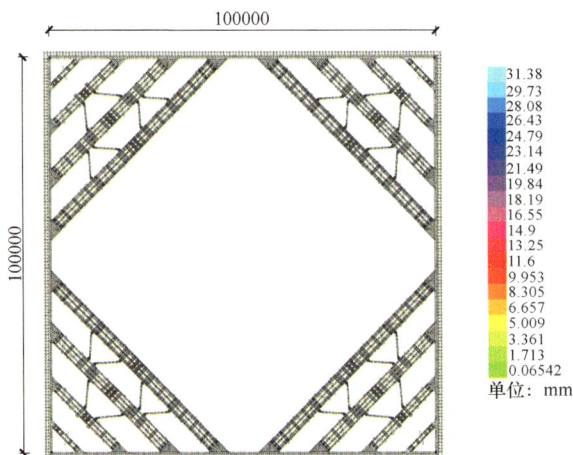

图4.2.41 正方形基坑平面布局

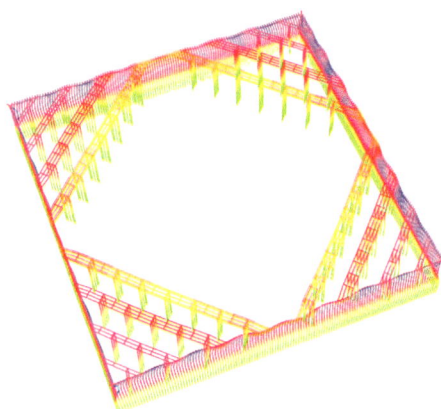

图4.2.42 正方形基坑变形计算结果

（3）正方形缺个角（图4.2.43、图4.2.44）

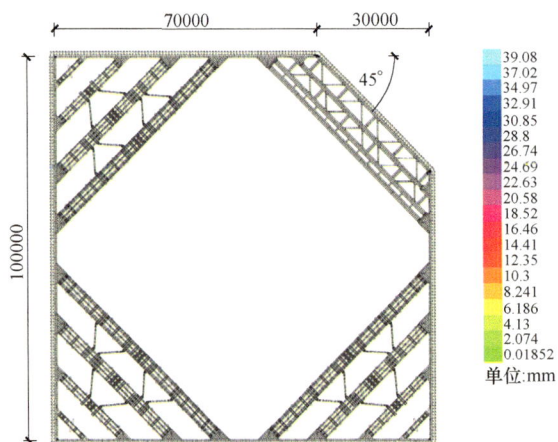

图4.2.43 正方形缺个角基坑平面布局

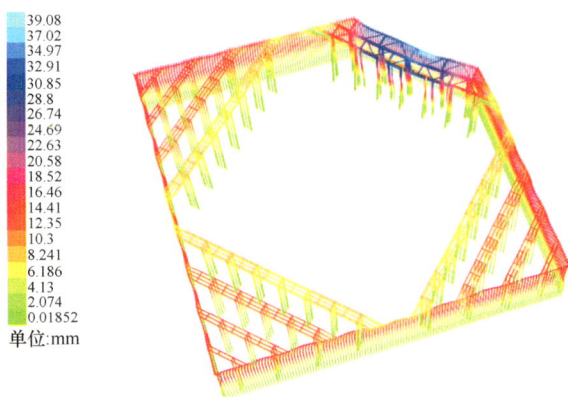

图4.2.44 正方形缺个角基坑变形计算结果

（4）正方形凸个角（图4.2.45、图4.2.46）

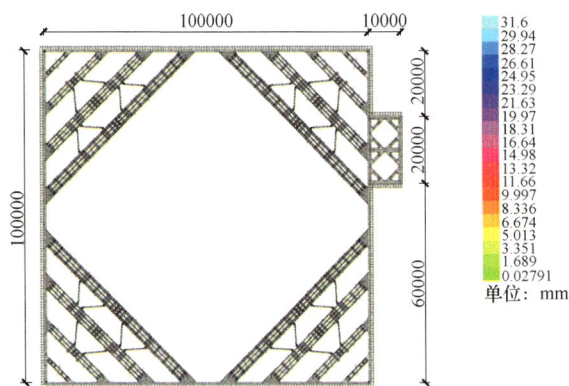

图4.2.45 正方形凸个角基坑平面布局

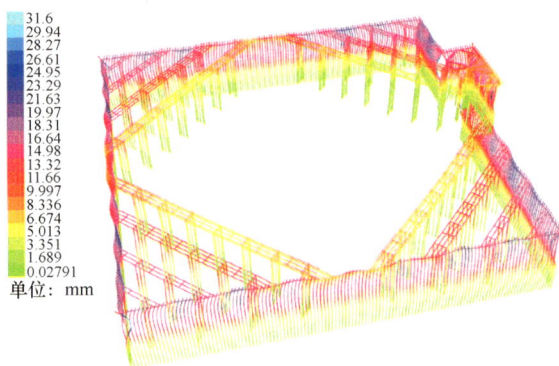

图4.2.46 正方形凸个角基坑变形计算结果

（5）正方形带阳角（图 4.2.47、图 4.2.48）

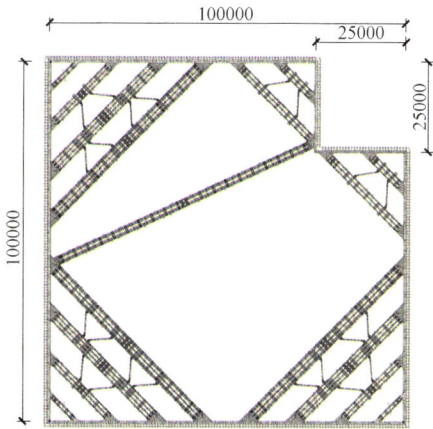

**图 4.2.47　正方形带阳角
基坑平面布局**

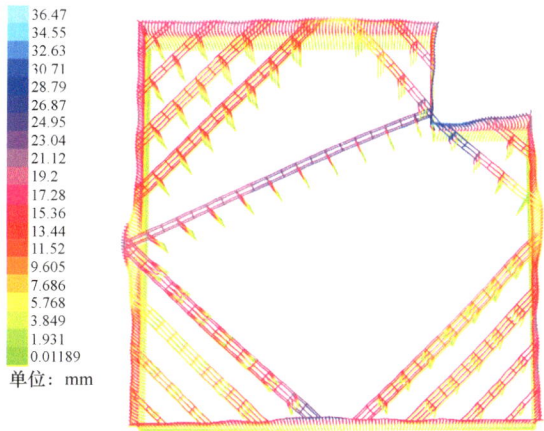

图 4.2.48　正方形带阳角基坑变形计算结果

（6）长方形（图 4.2.49、图 4.2.50）

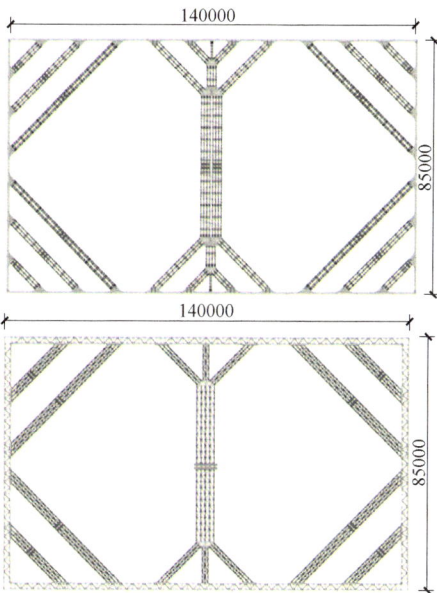

图 4.2.49　长方形基坑平面布局

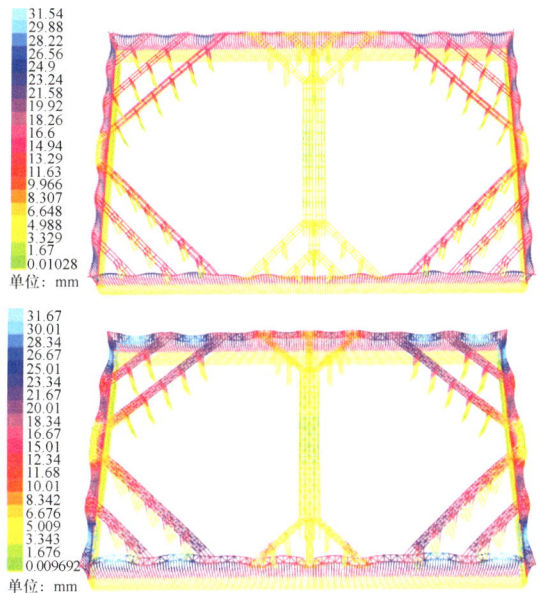

**图 4.2.50　长方形基坑变形
计算结果**

（7）平行四边形（图 4.2.51、图 4.2.52）

（8）长菱形（图 4.2.53、图 4.2.54）

（9）六边形（每边 50m）（图 4.2.55、图 4.2.56）

（10）品字形（图 4.2.57、图 4.2.58）

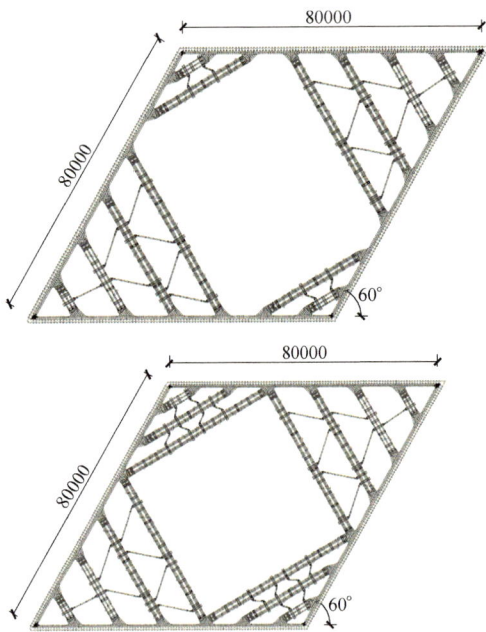

图 4.2.51 平行四边形基坑平面布局

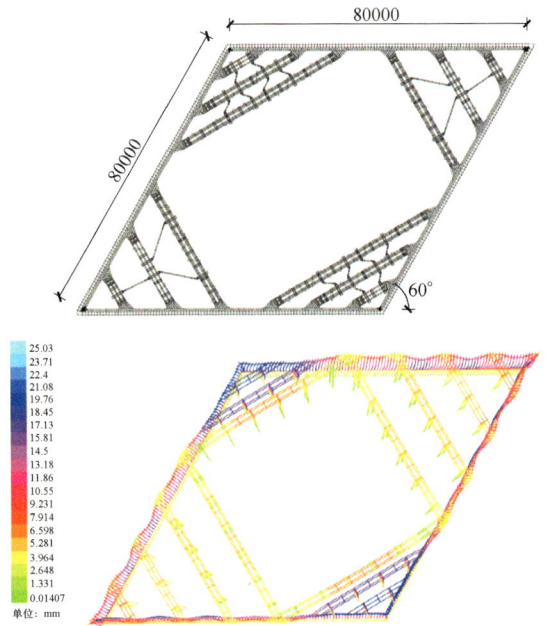

图 4.2.52 平行四边形基坑变形计算结果

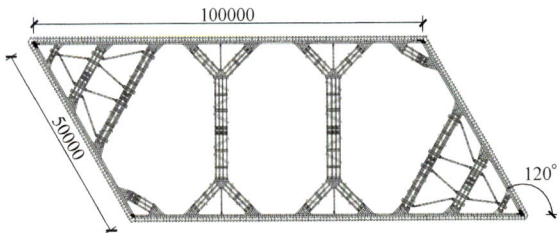

图 4.2.53 长菱形基坑平面布局

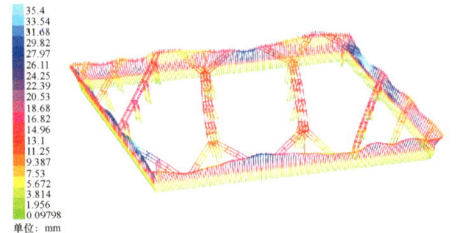

图 4.2.54 长菱形基坑变形计算结果

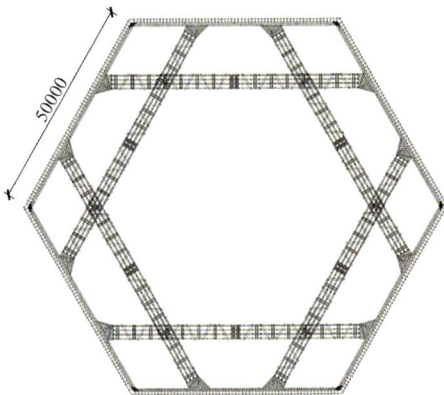

图 4.2.55 六边形基坑平面布局

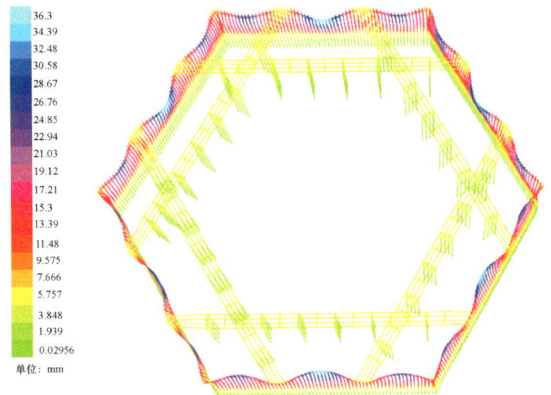

图 4.2.56 六边形基坑变形计算结果

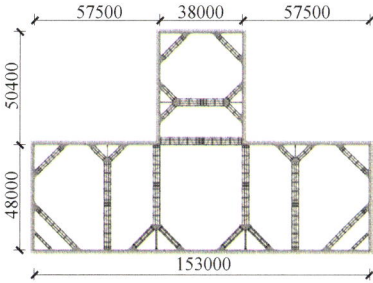

图 4.2.57　品字形基坑平面布局

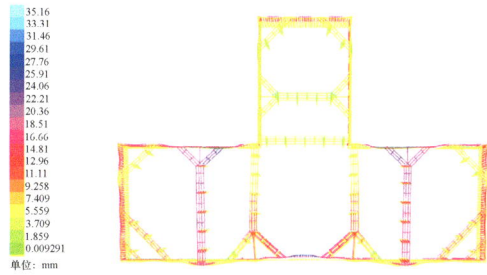

图 4.2.58　品字形基坑变形计算结果

（11）凹字形（图 4.2.59、图 4.2.60）

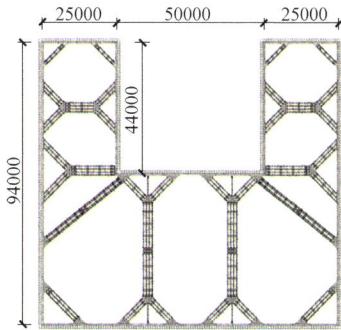

图 4.2.59　凹字形基坑平面布局

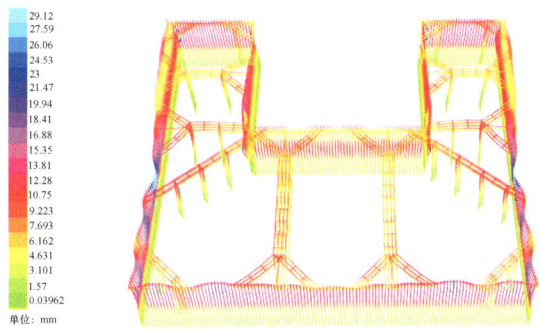

图 4.2.60　凹字形基坑变形计算结果

（12）梯形（图 4.2.61、图 4.2.62）

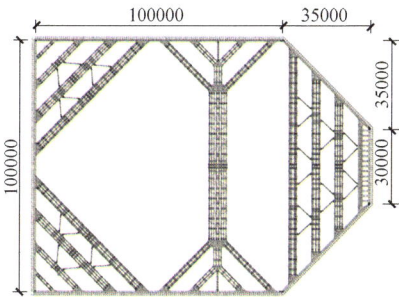

图 4.2.61　梯形基坑平面布局

图 4.2.62　梯形基坑变形计算结果

（13）短 L 形（图 4.2.63、图 4.2.64）

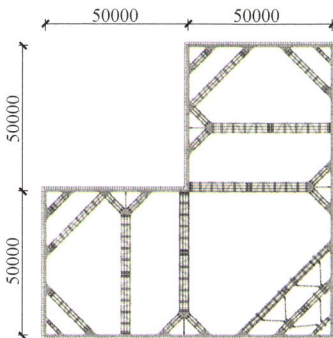

图 4.2.63　短 L 形基坑平面布局

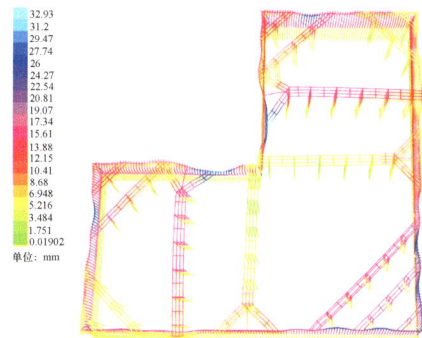

图 4.2.64　短 L 形基坑变形计算结果

（14）长 L 形（图 4.2.65、图 4.2.66）

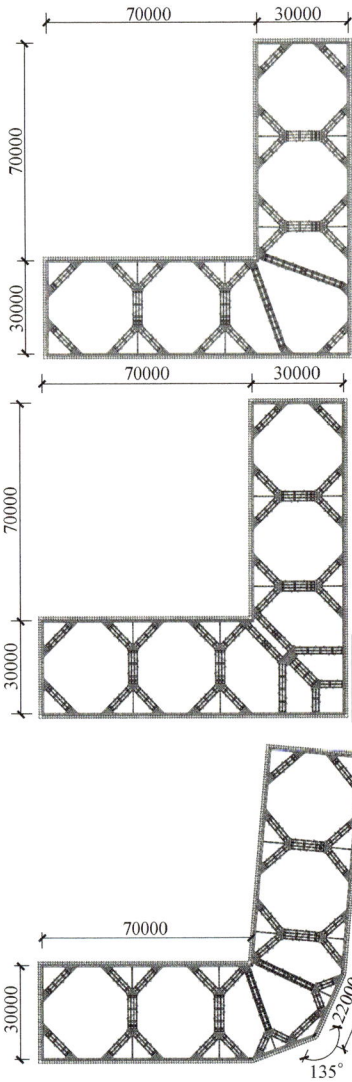

图 4.2.65　长 L 形基坑平面布局

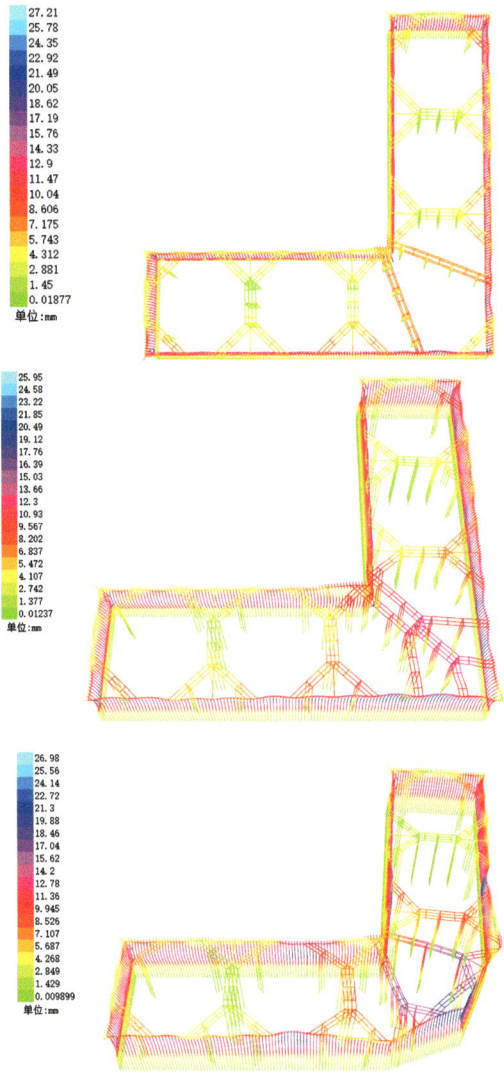

图 4.2.66　长 L 形基坑变形计算结果

（15）扇形（图 4.2.67、图 4.2.68）

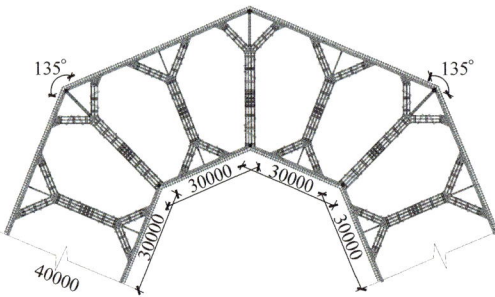

图 4.2.67　扇形基坑平面布局

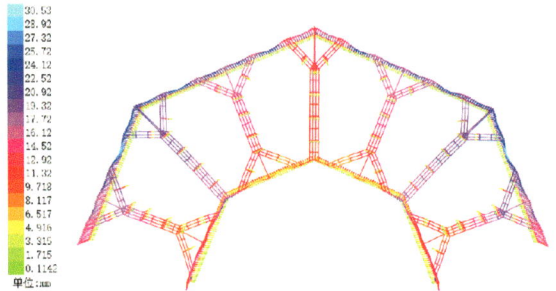

图 4.2.68　扇形基坑变形计算结果

（16）极窄长条形（对撑 15m 宽）（图 4.2.69、图 4.2.70）

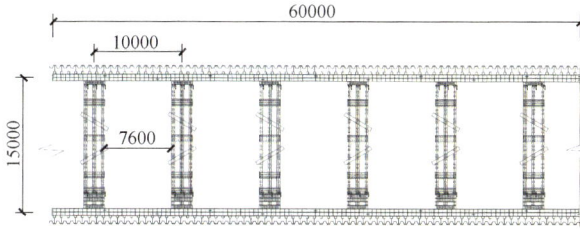

图 4.2.69　极窄长条形基坑平面布局

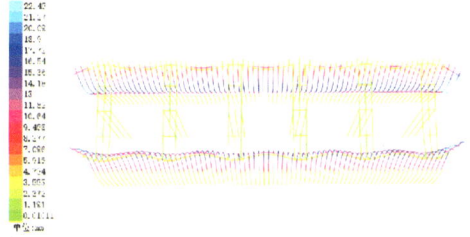

图 4.2.70　极窄长条形基坑变形计算结果

（17）窄长条形（小八字 30m 宽）（图 4.2.71、图 4.2.72）

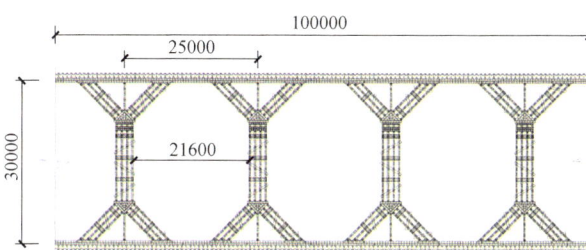

图 4.2.71　窄长条形基坑平面布局

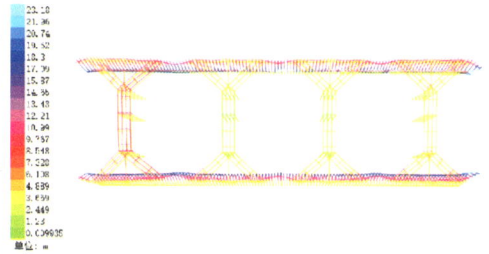

图 4.2.72　窄长条形基坑变形计算结果

（18）长条形（大八字 60m 宽）（图 4.2.73、图 4.2.74）

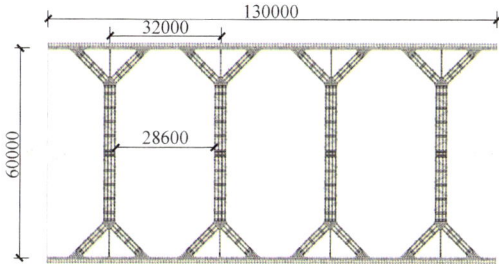

图 4.2.73　长条形基坑平面布局

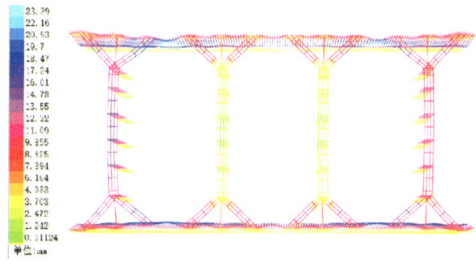

图 4.2.74　长条形基坑变形计算结果

（19）宽长条形（桁架加八字 80m 宽）（图 4.2.75、图 4.2.76）

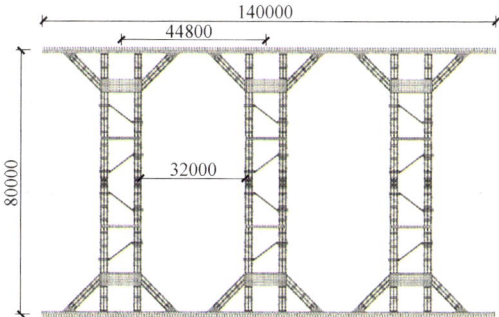

图 4.2.75　宽长条形基坑平面布局

图 4.2.76　宽长条形基坑变形计算结果

（20）超宽长条形（复合八字120m宽）（图4.2.77、图4.2.78）

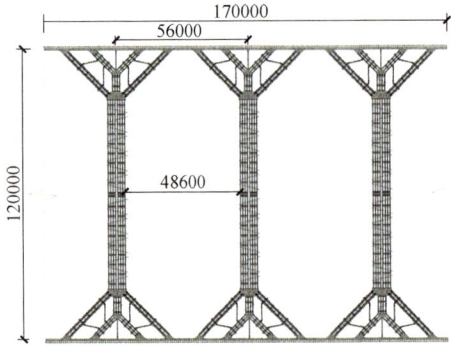

图4.2.77 超宽长条形基坑平面布局

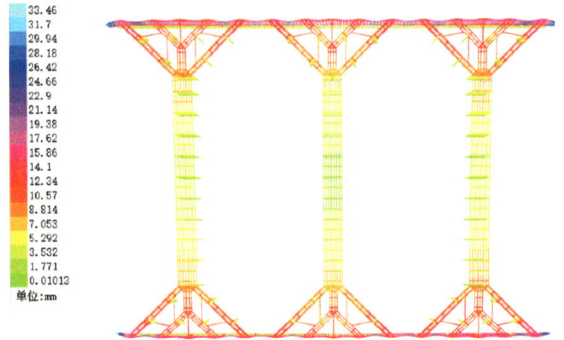

图4.2.78 超宽长条形基坑变形计算结果

（21）极宽长条形（桁架加复合八字150m宽）（图4.2.79、图4.2.80）

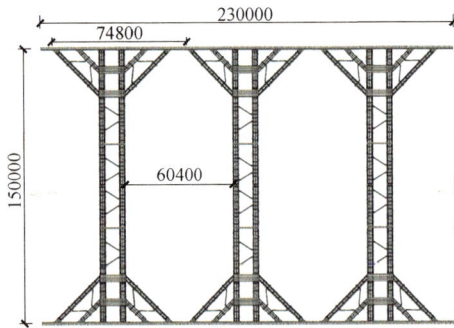

图4.2.79 极宽长条形基坑平面布局

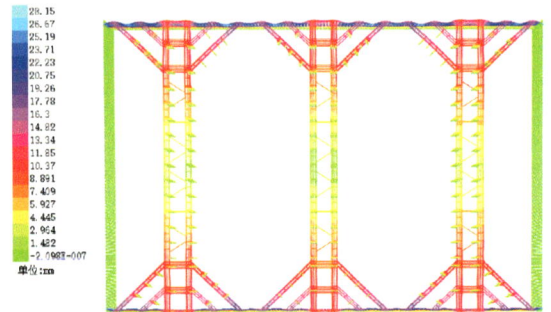

图4.2.80 极宽长条形基坑变形计算结果

用钢量与基坑几何形状的关系（含双拼型钢围檩与型钢支撑用钢量）　　表4.2.1

编号	基坑形态	总用钢量（t）	基坑面积（m²）	每平方米用钢（t/m²）	基坑周长（m）	每米用钢（t/m）
1	三角形	295	2400	0.123	240	1.23
2	正方形	872	10000	0.087	400	2.18
3	正方形缺个角	824	9550	0.086	382	2.16
4	正方形凸个角	897	10200	0.088	420	2.14
5	正方形带阳角	847	9375	0.090	400	2.12
6	长方形	1160	11900	0.097	450	2.58
7	平行四边形	642	4525	0.142	320	2.01
8	长菱形	411	3535	0.116	300	1.37
9	六边形	507	6495	0.078	300	1.69
10	品字形	700	9259	0.076	503	1.39
11	凹字形	639	7200	0.089	476	1.34
12	梯形	1165	12275	0.095	429	2.72
13	短L形	616	7500	0.082	400	1.54

续表

编号	基坑形态	总用钢量 （t）	基坑面积 （m²）	每平方米用钢 （t/m²）	基坑周长 （m）	每米用钢 （t/m）
14	长 L 形	520	5100	0.102	400	1.30
15	扇形	587	7294	0.080	320	1.83
16	极窄长条形	120	900	0.133	120	1.00
17	窄长条形	311	3000	0.104	200	1.56
18	长条形	478	7800	0.061	260	1.84
19	宽长条形	746	11200	0.067	280	2.66
20	超宽长条形	1220	20400	0.060	340	3.59
21	极宽长条形	2178	34500	0.063	460	4.73

从基坑形状、基坑平面尺寸、基坑周长与用钢量之间的关系（表 4.2.1）可以看出，在同样侧压力荷载、基坑变形和安全性基本一致的条件下：①每平方米用钢量（单层支撑用量与基坑占地面积比）约 0.06～0.15t，基坑面积越大，每平方米用钢量越小；②基坑宽度小于 100m 时，每延米用钢量（单层支撑用量与基坑周长比）约 1.0～2.0t，基坑跨度越大，每延米用钢量越大，对于超宽基坑，每延米用钢量可达 3.0～5.0t；③基坑形状越规整，用钢量越少。

4.2.3　用钢量与安全性

型钢组合支撑的安全性主要取决于稳定性，稳定性又与支撑结构承受的侧压力大小和支撑跨度与宽度相关。表 4.2.2 给出不同侧压力和跨度条件下，单道型钢支撑的拼装方式与用钢量选择。

不同侧压力和跨度条件下单道型钢支撑的拼装方式与用钢量选择　　　　表 4.2.2

H400 单拼型钢支撑可实现最大跨度

型钢用材		用途	与腰梁夹角（°）	截面形式		
H400×400×13×21		角撑	45			
型钢根数	总截面积 （m²）	组合截面每延 米重（kg/m）	组合截面宽度 B（m）	组合截面高 度 H（m）	组合截面 I_x（m⁴）	组合截面 I_y（m⁴）
3	0.06561	721.5	2.4	0.4	$1.9980×10^{-3}$	$4.4412×10^{-2}$
腰梁上均布荷载（kN/m）						
100	200	300	400			

续表

支撑覆盖范围(m)	支撑可实现的最大跨度[每平方米用钢量(kg/m²)]			
11	161(103)	106(108)	79(114)	62(119)
13	146(90)	94(96)	69(101)	45(113)
16	129(76)	81(83)	56(91)	—

H400 双拼型钢支撑可实现最大跨度

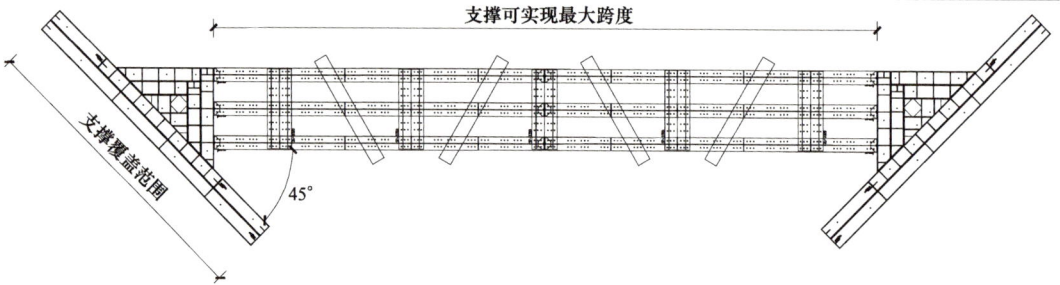

型钢用材	用途	与腰梁夹角(°)	截面形式	
H400×400×13×21	角撑	45		

型钢根数	总截面积(m²)	组合截面每延米重(kg/m)	组合截面宽度 B(m)	组合截面高度 H(m)	组合截面 I_x(m⁴)	组合截面 I_y(m⁴)
6	0.13122	1443	2.4	1.1	2.0070×10^{-2}	9.0168×10^{-2}

腰梁上均布荷载(kN/m)					
200	300	400	500	800	1000

支撑覆盖范围(m)	支撑可实现的最大跨度[每平方米用钢量(kg/m²)]					
11	175(205)	140(209)	118(214)	103(218)	74(230)	61(239)
13	160(177)	127(182)	106(187)	92(192)	64(206)	49(220)
16	142(150)	112(155)	93(161)	80(166)	50(186)	25(241)

H400 单拼型钢支撑可实现最大跨度

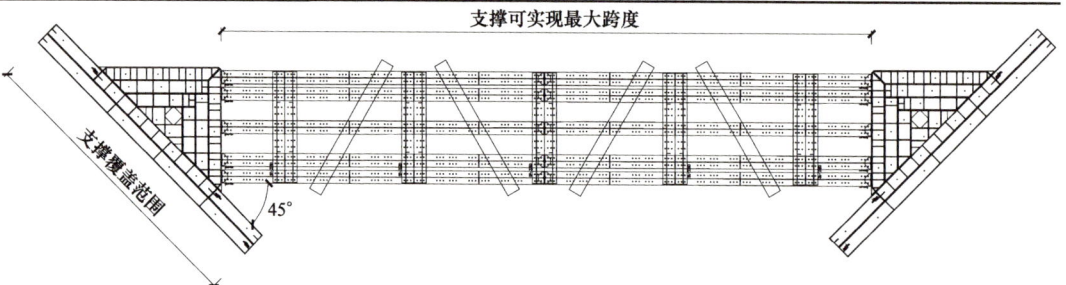

型钢用材	用途	与腰梁夹角(°)	截面形式	
H400×400×13×21	角撑	45		

型钢根数	总截面积(m²)	组合截面每延米重(kg/m)	组合截面宽度 B(m)	组合截面高度 H(m)	组合截面 I_x(m⁴)	组合截面 I_y(m⁴)
5	0.10935	1202.5	3.4	0.4	3.3300×10^{-3}	0.14328

续表

支撑覆盖范围（m）	腰梁上均布荷载（kN/m）					
	200	300	400	500	600	800
	支撑可实现的最大跨度［每平方米用钢量（kg/m²）］					
11	196(162)	152(164)	126(166)	106(169)	90(171)	45(186)
13	177(139)	136(142)	111(144)	92(147)	75(150)	—
16	156(116)	118(118)	93(122)	68(127)	—	—

H400 双拼型钢支撑可实现最大跨度

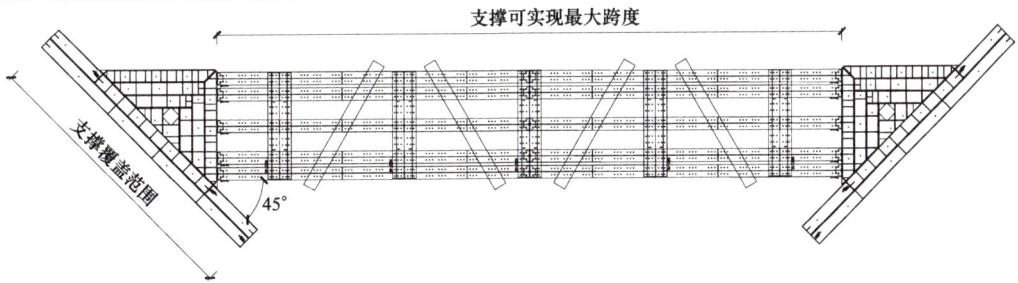

型钢用材	用途	与腰梁夹角（°）	截面形式	
H400×400×13×21	角撑	45		

型钢根数	总截面积（m²）	组合截面每延米重（kg/m）	组合截面宽度 B（m）	组合截面高度 H（m）	组合截面 I_x（m⁴）	组合截面 I_y（m⁴）
10	0.2187	2405	3.4	1.1	$3.3451×10^{-2}$	0.28879

支撑覆盖范围（m）	腰梁上均布荷载（kN/m）					
	400	500	600	800	1000	1200
	支撑可实现的最大跨度［每平方米用钢量（kg/m²）］					
11	210(324)	184(326)	165(327)	137(331)	118(334)	102(338)
13	190(277)	166(279)	149(281)	123(285)	104(290)	88(294)
16	168(230)	146(232)	130(235)	105(240)	86(245)	69(253)

H400 单拼型钢支撑可实现最大跨度

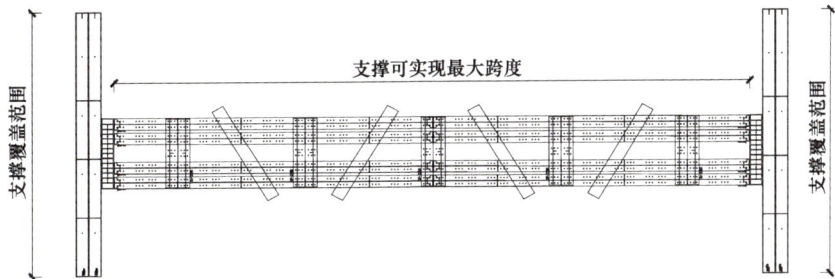

型钢用材	用途	与腰梁夹角（°）	截面形式	
H400×400×13×21	对撑	90		

型钢根数	总截面积 (m^2)	组合截面每延米重(kg/m)	组合截面宽度 B(m)	组合截面高度 H(m)	组合截面 I_x(m^4)	组合截面 I_y(m^4)
4	0.08748	962	2.4	0.4	2.6640×10^{-3}	5.5571×10^{-2}

腰梁上均布荷载(kN/m)					
100	200	300	400	500	800

支撑覆盖范围 (m)	支撑可实现的最大跨度[每平方米用钢量(kg/m^2)]				
10	237(100)	160(102)	126(104)	105(105)	90(107)	62(111)
12	214(85)	144(88)	112(89)	93(90)	79(92)	51(99)
15	189(69)	126(72)	97(74)	79(76)	66(78)	—

H400 双拼型钢支撑可实现最大跨度

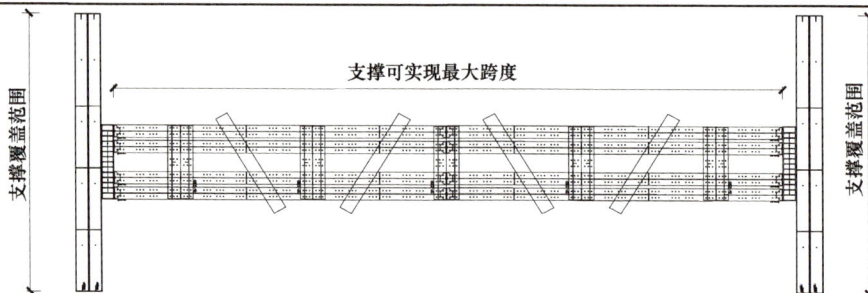

型钢用材	用途	与腰梁夹角(°)	截面形式	
H400×400×13×21	对撑	90		

型钢根数	总截面积 (m^2)	组合截面每延米重(kg/m)	组合截面宽度 B(m)	组合截面高度 H(m)	组合截面 I_x(m^4)	组合截面 I_y(m^4)
8	0.17496	1924	2.4	1.1	2.6761×10^{-2}	0.11293

腰梁上均布荷载(kN/m)					
300	400	500	800	1000	1200

支撑覆盖范围 (m)	支撑可实现的最大跨度[每平方米用钢量(kg/m^2)]				
10	197(202)	168(204)	148(205)	112(209)	97(212)	86(214)
12	178(171)	152(173)	133(175)	100(179)	86(182)	75(186)
15	157(140)	133(142)	117(144)	86(150)	73(154)	62(159)

H400 单拼型钢支撑可实现最大跨度

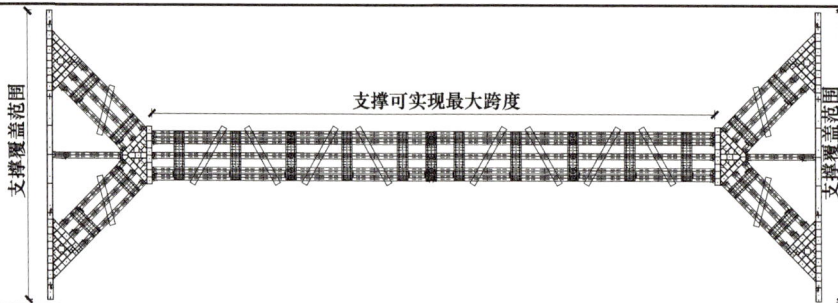

型钢用材		用途	与腰梁夹角(°)	截面形式		
H400×400×13×21		对撑	90			
型钢根数	总截面积 (m²)	组合截面每延 米重(kg/m)	组合截面宽度 B(m)	组合截面高 度 H(m)	组合截面 I_x(m⁴)	组合截面 I_y(m⁴)
5	0.10935	1202.5	3.4	0.4	$3.3300×10^{-3}$	0.14328
	腰梁上均布荷载(kN/m)					
	100	200	300	400	500	
支撑覆盖范围 (m)	支撑可实现的最大跨度[每平方米用钢量(kg/m²)]					
24	230(59)	150(64)	113(67)	88(71)	54(81)	
26	219(56)	142(60)	106(64)	81(68)	—	
30	200(50)	129(54)	94(58)	54(68)	—	

H400 双拼型钢支撑可实现最大跨度

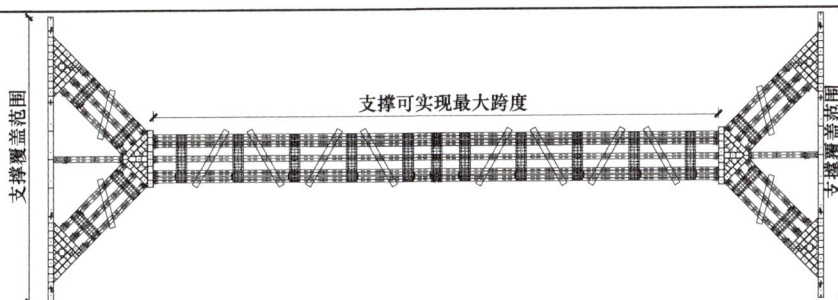

型钢用材		用途	与腰梁夹角(°)	截面形式		
H400×400×13×21		对撑	90			
型钢根数	总截面积 (m²)	组合截面每延 米重(kg/m)	组合截面宽度 B(m)	组合截面高 度 H(m)	组合截面 I_x(m⁴)	组合截面 I_y(m⁴)
10	0.2187	2405	3.4	1.1	$3.3451×10^{-2}$	0.28879
	腰梁上均布荷载(kN/m)					
	300	400	500	800	1000	1200
支撑覆盖范围 (m)	支撑可实现的最大跨度[每平方米用钢量(kg/m²)]					
24	192(122)	162(125)	141(129)	100(138)	81(146)	63(156)
26	184(114)	154(118)	133(121)	93(132)	73(140)	53(153)
30	169(103)	141(106)	121(110)	81(138)	58(133)	—

H400 单拼型钢支撑可实现最大跨度

续表

型钢用材		用途	与腰梁夹角(°)	截面形式		
H400×400×13×21		对撑	90			
型钢根数	总截面积 (m²)	组合截面每延米重(kg/m)	组合截面宽度 B(m)	组合截面高度 H(m)	组合截面 I_x(m⁴)	组合截面 I_y(m⁴)
6	0.13122	1443	5.4	0.4	$3.9960×10^{-3}$	0.38407
	腰梁上均布荷载(kN/m)					
	200	300	400	500	600	
支撑覆盖范围 (m)	支撑可实现的最大跨度[每平方米用钢量(kg/m²)]					
24	237(73)	179(77)	141(82)	103(88)	55(107)	
30	204(62)	150(67)	103(74)	45(95)	—	
36	179(55)	126(60)	55(77)	—	—	

H400 双拼型钢支撑可实现最大跨度

型钢用材		用途	与腰梁夹角(°)	截面形式		
H400×400×13×21		对撑	90			
型钢根数	总截面积 (m²)	组合截面每延米重(kg/m)	组合截面宽度 B(m)	组合截面高度 H(m)	组合截面 I_x(m⁴)	组合截面 I_y(m⁴)
12	0.26244	2886	5.4	1.1	$4.0141×10^{-2}$	0.77083
	腰梁上均布荷载(kN/m)					
	400	500	600	800	1000	1200
支撑覆盖范围 (m)	支撑可实现的最大跨度[每平方米用钢量(kg/m²)]					
28	238(147)	206(151)	182(154)	145(162)	116(171)	89(184)
32	219(123)	188(127)	165(130)	128(139)	97(150)	66(168)
38	195(108)	166(112)	143(116)	105(126)	68(144)	—

H400 单拼型钢支撑可实现最大跨度

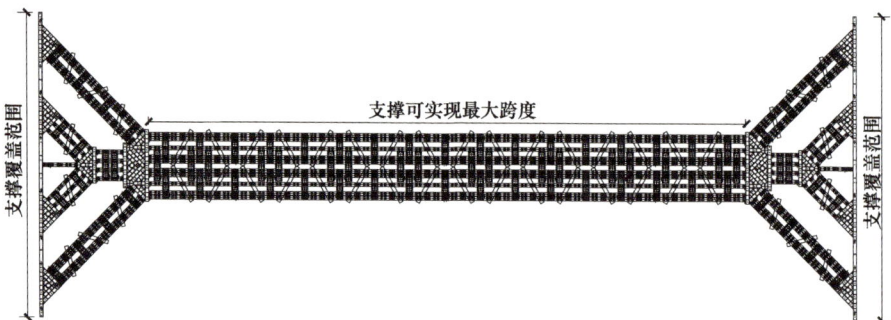

续表

型钢用材		用途	与腰梁夹角(°)	截面形式		
H400×400×13×21		对撑	90			
型钢根数	总截面积(m²)	组合截面每延米重(kg/m)	组合截面宽度 B(m)	组合截面高度 H(m)	组合截面 I_x(m⁴)	组合截面 I_y(m⁴)
10	0.2187	2405	7.4	0.4	$6.6600×10^{-3}$	1.1614
腰梁上均布荷载(kN/m)						
300	400	500	600			
支撑覆盖范围(m)	支撑可实现的最大跨度[每平方米用钢量(kg/m²)]					
40	223(72)	172(75)	105(82)	56(93)		
48	191(62)	118(68)	56(79)	—		
56	164(55)	73(65)	—	—		

H400双拼型钢支撑可实现最大跨度

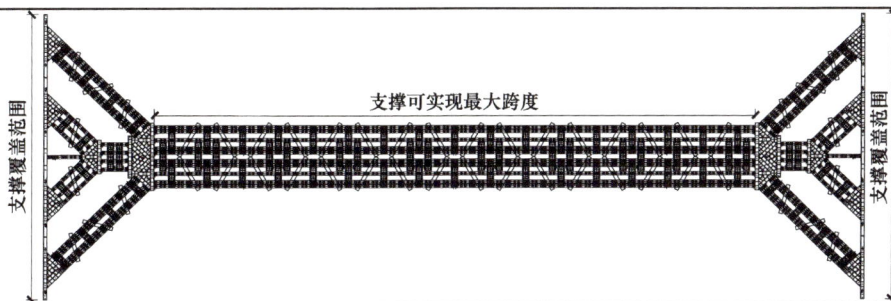

型钢用材		用途	与腰梁夹角(°)	截面形式		
H400×400×13×21		对撑	90			
型钢根数	总截面积(m²)	组合截面每延米重(kg/m)	组合截面宽度 B(m)	组合截面高度 H(m)	组合截面 I_x(m⁴)	组合截面 I_y(m⁴)
20	0.4374	4810	7.4	1.1	$6.6902×10^{-2}$	2.3272
腰梁上均布荷载(kN/m)						
600	700	800	1000	1200	1400	
支撑覆盖范围(m)	支撑可实现的最大跨度[每平方米用钢量(kg/m²)]					
48	230(143)	203(145)	180(148)	139(155)	102(164)	67(179)
52	216(122)	189(124)	166(127)	123(134)	84(145)	40(168)
56	203(107)	176(109)	152(112)	108(120)	67(131)	—

4.3　构件标准化

构件的标准化包括：构件选型标准化、构件材质标准化、构件类型标准化、构件加工标准化、构件吊装运输标准化、构件养护标准化。

4.3.1 构件选型标准化

型钢构件可选择的主要形状有：钢管、H型钢（或工字钢）、槽钢、角钢。

（1）钢管，又称管材，如图4.3.1所示，可以分为无缝管和有缝的焊管；从外观上，无缝钢管和焊接钢管区别在于管内壁有无焊筋；无缝钢管是在轧制中一次成型的，强度更高，一般有热轧管和冷轧管；焊接钢管需要卷制后焊接而成，强度更低，一般有螺旋焊管和直缝管；无缝管性能更好，价格也更高。按截面形状，钢管还可以分为：圆管、椭圆管、方管、矩形管、三角形钢管等。在周长相等的条件下（或同样的用钢量），圆面积最大，用圆形管可以输送更多的流体，圆环截面在承受内部或外部径向压力时，受力较均匀，因此，绝大多数钢管是圆管。但是，在受弯条件下，圆管的刚度和强度就不如方管或矩形管。目前钢管支撑多采用螺旋焊管，强度要比无缝管低，但是市场供应量充足、价格低，强度低的缺陷可以通过增大一定的用钢量来弥补。

不论是圆管还是方管，作为单根支撑构件，有其受力性能上的优势，水平和竖向都是对称结构，无弱轴方向，作为一种闭口结构，受力均衡，不易发生应力集中的问题。但是作为组合结构的构件，如图4.3.2所示，其缺点也是非常显著的，尤其是圆管，表面为弧面，若要与其连接，连接构件也需要做成弧面，弧面与弧面正交尚能连接，如果进行斜交叉连接，交界线是多元次曲线，不仅加工非常复杂，对精度要求很高，而且对角度的适应性很差。作为组合式结构的另一个缺点是，型钢组合支撑需要重复利用，节点连接需要采用螺栓连接，管材是一种闭口结构，无法进行内部螺栓安装，因此侧向连接只能采用抱箍

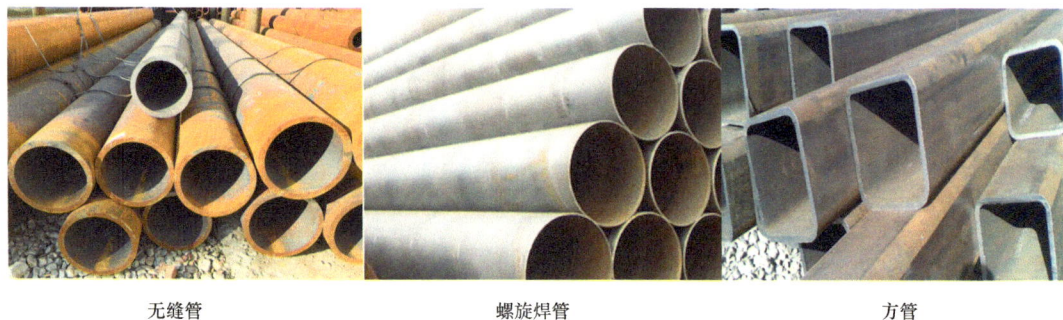

| 无缝管 | 螺旋焊管 | 方管 |

图4.3.1 管材

| 整体式连接 | 抱箍式连接 | 焊接连接 |

图4.3.2 管材的组合连接

方式，轴向连接只能采用法兰方式，斜交叉连接尤其困难，经常需要进行焊接连接，不仅对构件损伤大，而且现场焊接质量很难保障、焊接时间很长。

（2）H 型钢（或工字钢），也称为型材，如图 4.3.3 所示：工字钢也称为钢梁，是截面为工字形状的长条钢材；H 型钢是一种截面面积分配更优化、强重比更合理的高效型材，因其断面与英文字母"H"相同而得名。H 型钢的各个部位均以直角排布，因此 H 型钢在各个方向上都具有抗弯能力强、施工简单、节约成本和结构重量轻等优点。H 型钢分为热轧和焊接，热轧 H 型钢又分为宽翼缘 H 型钢（HW）、中翼缘 H 型钢（HM）和窄翼缘 H 型钢（HN）三种：HW 是高度和翼缘宽度基本相等，在钢结构中主要用于柱结构；HM 是高度和翼缘宽度比例大致为 1.33～1.75，主要用作框架梁；HN 是高度和翼缘宽度比例大于等于 2，主要用于梁。工字钢的用途相当于 HN 型钢，工字型钢不论是普通型还是轻型，由于截面尺寸均相对较高、较窄，两个主轴的惯性矩相差较大，通常用于腹板平面内受弯的构件或将其组成格构式受力构件，对轴心受压构件或在垂直于腹板平面还有弯曲的构件均不宜采用。

支撑结构主要是受压构件，首选采用宽翼缘 H 型钢（HW），其次是中翼缘 H 型钢（HM），应避免采用窄翼缘 H 型钢（HN）和工字钢。型材的组合连接如图 4.3.4 所示，直线形的 H 型钢，无论是切割还是焊接，构件加工都较方便，构件规格简单；型材是一种开口结构，便于进行螺栓连接；腹板、翼板表面均为平面，不论是正交连接还是斜交叉连接，都是平面与平面连接或平面与直线连接，连接方便且不易出现曲面连接中容易存在的应力集中问题。

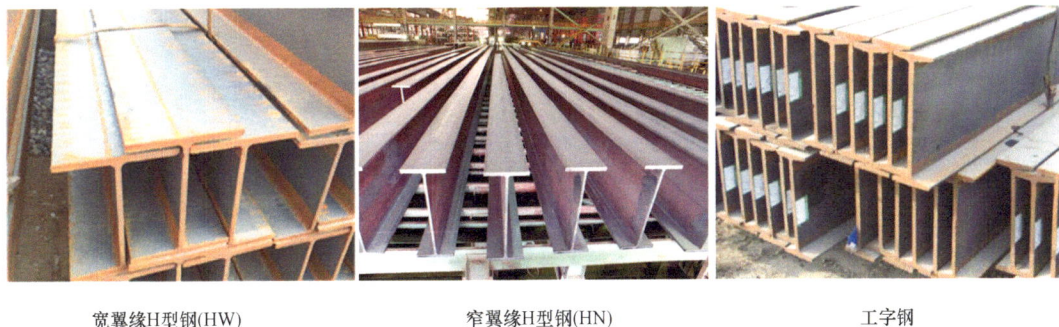

宽翼缘H型钢(HW)　　　　　窄翼缘H型钢(HN)　　　　　工字钢

图 4.3.3　型材

宽翼缘H型钢组合支撑　　　　窄翼缘H型钢组合支撑　　　　窄翼缘H型钢易屈曲

图 4.3.4　型材的组合连接

（3）角钢，俗称角铁，如图4.3.5所示，是两边互相垂直成角形的长条钢材，有等边角钢和不等边角钢之分。角钢是一种简单断面的型钢钢材，焊接方便，可以组成各种不同的受力构件，也可作构件之间的连接件。角钢截面面积较小，刚度和强度较弱，在型钢组合支撑结构中主要作为连接件或辅助构件，如图4.3.6所示。

（4）槽钢，截面为凹槽形的长条钢材，常用的槽钢规格有18～40号大型槽钢（高度180～400mm），5～16号中型槽钢（高度50～160mm）。槽钢是一种复杂断面的型钢钢材，主轴和弱轴的抗弯性能差异较大，不易组合，比较难加工成标准构件，通常作为型钢组合支撑的上下斜腹盖板连接件，如图4.3.7所示。

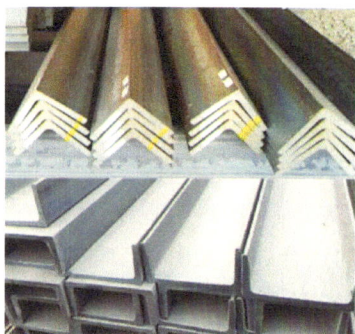

图4.3.5 角钢和槽钢　　图4.3.6 角钢牛腿托座件　　图4.3.7 槽钢斜腹盖板

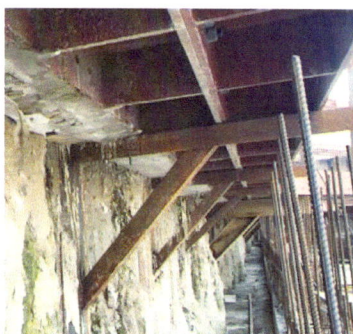

4.3.2 构件材质标准化

钢是含碳量在0.02%～2.11%的铁碳合金，我们通常将其与铁合称为钢铁，为了保证其韧性和塑性，含碳量一般不超过1.7%。钢的主要元素除铁、碳外，还有硅、锰、硫、磷等，这些成分是为了使钢材性能有所区别，钢材的应力-应变关系如图4.3.8所示。基坑支护结构所承受的荷载大，型钢组合支撑结构是一种重型钢结构，需要大刚度、高强度、高稳定等特性；型材加工成标准构件，要经过切割、焊接、开孔，同时现场安装也存在少量的焊接要求；基坑工程是野外施工作业，所有支撑结构都是暴露在外的；与常规房屋或桥梁结构不同，基坑工程施工是一个变化性很多的过程，基坑支护结构的受力工况很复杂，设计计算不可能全部考虑，当某些结构构件在特殊工况下受力超过设计工况，可能发生局部塑性变形，但需要确保结构不被破坏，特别是装配式钢结构，对于应力集中部位，需要在发生局部材料屈服的情况下，通过应力重分布使得结构体系保持稳定，以便进行加固。因此，对于型钢组合支撑结构材质的选择，要遵循以下几个原则：（1）强度高；（2）易加工；（3）耐腐蚀；（4）具有一定延展性。

衡量钢材强度的两个重要指标：

（1）屈服强度σ_s，材料发生屈服现象时的屈服极限，亦即抵抗微量塑性变形的应力。对于无明显屈服的材料，规定应变值为0.2%所对应的应力值为其屈服极限。大于此极限的外力作用，将会使结构永久失效，无法恢复。当应力超过弹性极限后，进入屈服阶段，此时除了产生弹性变形外，还产生部分塑性变形，这一阶段的最大、最小应力分别称为下屈服点和上屈服点，由于下屈服点的数值较为稳定，因此以它作为材料抗力的指标，称为屈服点或屈服强度。

（2）抗拉强度 σ_b，试样拉断前承受的最大拉应力，是金属由均匀塑性变形向局部集中塑性变形过渡的临界值，也是金属在静拉伸条件下的最大承载能力。当钢材屈服到一定程度后，由于内部晶粒重新排列，其抵抗变形能力又重新提高，直至应力达最大值。此后，钢材抵抗变形的能力明显降低，并在最薄弱处发生较大的塑性变形，此处试件截面迅速缩小，出现颈缩现象，直至断裂破坏。

从屈服开始到强度极限之间的变形能力反映了钢材的延展性，这段范围的变形越大，钢材的延展性越好，抗拉强度与屈服强度差值越大，结构发生整体破坏的风险性越小。

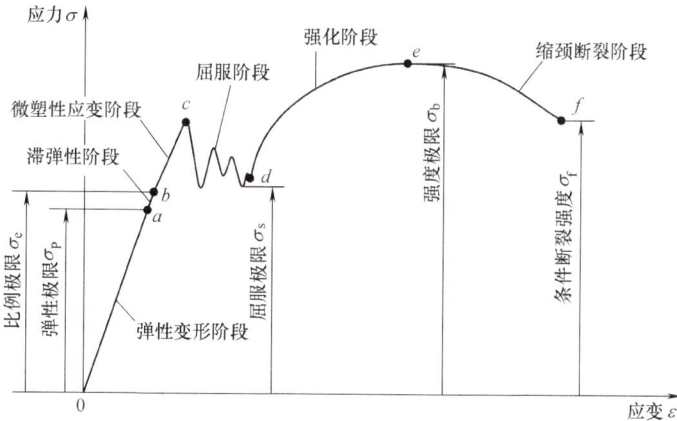

图 4.3.8　钢材的应力-应变关系

影响钢材性质的因素很多，分类标准也很多。按钢材的屈服强度分类，可以表述为"Q+数字+质量等级"，其中：Q 为屈服强度的意思；数字表示屈服强度下限值；质量等级一般分 A、B、C、D、E 等级别（越往后质量越高），主要区别是冲击功的要求不同。型材中经常使用的材质有：碳素结构钢，屈服强度较低，分为 Q195、Q215、Q235、Q275 四类；低合金高强度结构钢，是在碳素结构钢的基础上加入少量合金元素而制成的，具有良好的焊接性能、塑性、韧性、加工性、较好的耐蚀性、较高的强度和较低的冷脆临界转换温度，屈服强度较高，分为 Q345（《低合金高强度结构钢》GB/T 1591—2018 已改为 Q355）、Q390、Q420、Q460（国家体育馆"鸟巢"主体钢架结构采用 Q460E）、Q500、Q550、Q620、Q690（应用较少）八大类。

常用的品种有：

（1）Q235，是指板厚≤16mm 时屈服强度为 235MPa 的钢材，是一种普通碳素结构钢（含碳量≤0.22%，属于低碳钢），质量等级分 A、B、C、D 四级，A 级碳、硫、磷含量最高，质量较差，D 级碳、硫、磷含量最低，质量最高。具有综合性能较好，强度、塑性和焊接等性能得到较好配合的特点，因此用途最广泛，通常应用在角钢、槽钢、工字钢中。其主要力学参数：弹性模量 E 为 206~210GPa；泊松比 ν 为 0.25~0.33；抗拉强度 σ_b 为 370~500MPa；屈服强度 σ_s 为 235MPa；伸长率 $\delta \geqslant 25\%$。

（2）Q345，是指板厚≤16mm 时屈服强度为 345MPa 的钢材，是一种普通低合金高强度结构钢（含碳量≤0.20%），质量等级分 A、B、C、D、E 五级，A 级碳、硫、磷含量最高，质量较差，E 级碳、硫、磷含量最低，质量最高。具有综合性能、低温性能、冷冲压性能、焊接性能和可切削性能好的特点,广泛应用于角钢、槽钢、工字钢和 H 型钢中。其主要力学参数:弹性模量 E 为 206~210GPa;泊松比 v 为 0.25~0.33;抗拉强度 σ_b 为 470~650MPa;屈服强度 σ_s 为 345MPa;伸长率 $\delta \geqslant 21\%$。

对于型钢组合支撑结构:材料的屈服强度越高,结构越安全或用钢量越少,材料发生塑性变形的情况也就越少,能确保材料多次循环使用;材料抗拉强度高,在极端受力条件下确保结构不整体破坏的可靠性越高。因此,对于型钢组合支撑中的主要受力构件,支撑、围檩、三角传力件、加压件、筋板、端板、盖板等,应采用 Q345B 级及以上型号的材质,屈服强度 $\geqslant 345$MPa,抗拉强度 $\geqslant 470$MPa,伸长率 $\geqslant 21\%$;对于构造构件或辅助构件,支架、托座、槽钢盖板、角钢连杆等,可以采用 Q235B 级及以上型号的材质,屈服强度 $\geqslant 235$MPa,抗拉强度 $\geqslant 370$MPa,伸长率 $\geqslant 25\%$。

除了强度以外,型材的另一个重要指标是材料的公差,以热轧 H 型钢为例,H 型钢的尺寸允许偏差:高度 $\pm(2.0$~$4.0)$mm;宽度 $\pm(2.0$~$3.0)$mm;厚度 $\pm(0.7$~$2.0)$mm;长度 0~40mm(超过 7m,每米允许 5mm)。公差越小,装配式构件的精度越高,装配式结构的连接越准确、受力越均匀。公差分为正负公差,为保证装配式结构的精度,正负公差都应越小越好。

4.3.3 构件加工标准化

构件加工标准工艺如图 4.3.9 所示。

图 4.3.9 构件加工流程

1. 材料选用

主材选用如表 4.3.1 所示,焊接材料选用如表 4.3.2 所示,紧固件选用如表 4.3.3 所示。

2. 钢材下料

1)定尺

(1)下料前必须了解原材料的规格偏差情况,不同规格的零件应分别下料、编号,并依据先大后小的原则依次下料。

主材选用   表 4.3.1

构件	板(壁)厚 t(mm)	钢材牌号	产品标准	备注
主要受力构件:钢支撑、横梁、盖板、组合三角件、加压件、垫梁、传力件、立柱	$\leqslant 16$	Q355B	《低合金高强度结构钢》GB/T 1591	焊接裂纹敏感性指数:$P_{cm} \leqslant 0.29\%$
	$16 < t < 40$	Q355GJC-Z15	《建筑结构用钢板》GB/T 19879;《厚度方向性能钢板》GB/T 5313	焊接裂纹敏感性指数:$P_{cm} \leqslant 0.31\%$
非主要受力构件:托座件、牛腿、槽钢盖板等	$t < 8$	Q235B	《低合金高强度结构钢》GB/T 1591;《碳素结构钢》GB/T 700	
	$t \geqslant 8$	Q235B		

焊接材料选用　　表 4.3.2

焊接方法	钢材牌号	焊接材料	产品标准	适用范围
手工电弧焊	Q235B	E43XX(低氢型焊条)	《非合金钢及细晶粒钢焊条》GB/T 5117	定位焊
	Q235B	E50XX(低氢型焊条)	《热强钢焊条》GB/T 5118	
	Q235B 或 Q355B	E43XX(低氢型焊条)	《非合金钢及细晶粒钢焊条》GB/T 5117	
CO$_2$气体保护焊	Q235B 或 Q355B	ER50-G	《熔化极气体保护电弧焊用非合金钢及细晶粒钢实心焊丝》GB/T 8110	不规则构件的焊接;规则构件的打底;横、竖和仰位置的焊接

紧固件选用　　表 4.3.3

螺栓种类	性能等级	接触面处理	符合标准	适用范围
高强度大六角头螺栓	10.9S	抛丸(喷砂)	《钢结构用扭剪型高强度螺栓连接副》GB/T 3632	主次构件连接处
地脚螺栓			《低合金高强度结构钢》GB/T 1591	预埋部位或者植筋
化学螺栓	4.8		《混凝土结构后锚固技术规程》JGJ 145	构件与围护墙连接处(其他方法无法实施方能考虑采用)

（2）根据加工工艺需要，准确标定构件各部位材料的下料尺寸，下料尺寸应预留收缩量（焊接收缩量等）、切割或铣端等需要的加工余量。铣端余量：剪切后加工一般每边预留 3～4mm，气割后加工的则每边预留 4～5mm。切割余量：自动气割割缝宽度为 3mm，手工气割割缝宽度为 4mm。焊接收缩量根据构件的结构特点按工艺确定。

（3）下料尺寸需采用游标卡尺校验复核，合格后方可使用。

（4）主要受力构件和需要弯曲的构件，在下料时应按工艺规定的方向取料，弯曲件的外侧不应有样冲点和伤痕缺陷。

2）切割

钢材切割方法有机械切割、火焰切割（气割）、等离子切割等，钢材切割方法选用如表 4.3.4 所示，机械切割允许的偏差如表 4.3.5 所示。

钢材切割方法选用　　表 4.3.4

项目	加工方法
$\delta<12mm$	机械剪切
$\delta\geqslant12mm$	火焰切割
H 型钢	机械剪切(锯切)
角钢、槽钢等型材	机械剪切(锯切)

机械剪切的允许偏差		表 4.3.5
项目	允许偏差（mm）	检查方法
零件的长度、宽度	±1.0	用游标卡尺、钢尺、塞尺
边缘缺棱	0.5	
型钢端头垂直度	1.0	

剪切时应注意以下要点：当一张钢板上排列许多个零件并有几条相交的剪切线时，应预先安排好合理的剪切程序后再进行剪切；材料剪切后的弯曲变形，必须进行矫正；剪切面粗糙或带有毛刺，必须修磨光洁；剪切过程中，切口附近的金属，因受剪力而发生挤压和弯曲，重要的结构件和焊缝的接口位置，要用铣、刨或砂轮磨削等方法修磨平整。

在进行气割操作时应注意以下工艺要点：气割前必须检查确认整个气割系统的设备和工具全部运转正常，并确保安全；气割时应选择正确的工艺参数，切割时应调节好氧气射流（风线）的形状，使其达到并保持轮廓清晰，风线长和射力高；气割前，应去除钢材表面的污垢、油污及浮锈和其他杂物，并在下面留出一定的空间，以利于熔渣的吹出；气割时，必须防止回火；为了防止气割变形，操作中应先从短边开始；应先割小件，后割大件，应先割较复杂的，后割较简单的。

3）剖口加工

（1）构件剖口加工，可采用半自动火焰切割机进行。

（2）剖口面应无裂纹、夹渣、分层等缺陷，剖口加工后，剖口面的割渣、毛刺等应清除干净，并应打磨剖口面露出良好金属光泽。

（3）剖口加工质量如割纹深度、缺口深度缺陷等超出上述要求的情况下，必须打磨平滑，坡口加工允许偏差如表 4.3.6 所示。

剖口加工允许偏差	表 4.3.6
项目	允许偏差
剖口角度	±5°
剖口钝边	±1.0mm
剖口面割纹深度	0.3mm
局部缺口深度	1.0mm

4）制孔

制孔应采用钻孔法：

（1）钻孔前，要磨好钻头，合理选择切屑余量。

（2）制成的螺栓孔，应为正圆柱形，并垂直于所在位置的钢材表面，倾斜度小于1/20，孔周边应无毛刺、破裂、喇叭口或凹凸的痕迹，上述痕迹应清除干净。

（3）采用配钻或组装后铰孔，孔应具有 H12 的精度，孔壁表面粗糙度 $Ra \leqslant 12.5\mu m$。制孔定位如图 4.3.10 所示，铰孔如图 4.3.11 所示。

5）摩擦面处理

高强度螺栓连接构件摩擦面应采用喷砂作表面处理。连接板摩擦面应紧贴，紧贴面不得小于接触面的 75%，边缘最大间隙不应大于 0.8mm。凡采用高强度螺栓连接的构件部位表面不允许涂油漆，待高强度螺栓拧紧固定后，外表面用油漆补刷。在钢结构制作的同时，按制造批为单位进行抗滑移系数实验，并出具实验报告。高强度螺栓连接摩擦面应保持干燥、整洁，不应有飞边、毛刺、焊接飞溅物、焊疤、污垢等。加工处理后的摩擦面，应采用塑料薄膜包裹，以防止油污和损伤。

图 4.3.10　制孔定位

图 4.3.11　铰孔

摩擦面的处理方法视具体要求而定，常用的处理方法及其特点如下：

（1）喷砂后生赤锈

这是我国目前最常用的一种方法，效果良好。仅仅以石英砂作为磨料作业时灰尘较大，不仅污染环境，而且也危害工人的身体健康。应使用混合物喷砂，主要成分有棱角砂、铁丸、钢丝头等，按不同的比例混合而成，使用这种混合磨料进行摩擦面处理，通常称之为喷丸。使用喷丸法进行摩擦面处理时，要严格掌握磨料配方、喷嘴直径、喷丸压力、喷丸角度和磨料流量等参数。高强度螺栓连接件从制作完成到安装的时间间隔一般为30~40d，这段时间里可以让摩擦面自然锈蚀，这就是通常所说的生赤锈，工程中要严格掌握赤锈程度，而且安装前要清除浮锈。

（2）喷丸后摩擦面涂装

这是一种不带锈组装的方法，喷砂同上述一样，只是摩擦面涂装的工艺较为复杂，方法主要有涂无机富锌漆、热镀锌等。其目的是对摩擦面进行防腐处理，其防腐机理有两方面，一方面是将摩擦面金属与空气及其中腐蚀性物质隔开，另一方面是利用锌的活性比铁强，使二者之间形成微电池，对铁起到电化学保护作用。这种方法工艺复杂、价格昂贵。

（3）砂轮打磨

这种方法适用于环境和施工条件受到限制的局部摩擦面处理，或者是摩擦面受到损坏后的修复，其摩擦面抗滑移系数基本上能满足要求，在实际工作中使用得也较为频繁。打磨的区域至少是螺孔直径4倍范围，打磨方向应垂直于螺栓的轴力方向。

（4）使用钢丝刷

使用钢丝刷清除浮锈或者未经处理的干净轧制表面，仅用于全面覆盖着氧化皮或有轻微浮锈的钢材表面，并且抗滑移系数要求不高的摩擦面。

（5）酸洗

酸洗处理曾达到广泛应用，后来又大多以弱酸为基底的化学除锈剂，效果虽然良好，但残存的酸性液体将不可避免地存在，将继续腐蚀摩擦面。因此使用这种方法要十分慎重。

比较以上这五种方法，在工厂加工标准构件时应采用第一种喷砂后生赤锈方法，在现场安装过程中局部处理时采用第三种砂轮打磨方法。

3. 构件组拼要求

（1）组装前检查各零部件标识、规格尺寸、形状是否与加工图一致，并应复核前道工序加工质量，确认合格后按组装顺序将零部件归类整齐堆放，选择基准面作为装配的定位基准。

（2）部件组装经检验合格后方可焊接。

（3）构件组装完后应按现行国家标准《钢结构工程施工质量验收标准》GB 50205 中相关规定进行验收。

4. 构件焊接要求

（1）构件焊接如图 4.3.12 所示，焊缝质量等级：所有角焊缝按三级焊缝；H 型钢端部与端板连接部位按二级焊缝。

（2）焊缝质量检查：焊接施工过程中必须做好记录，施工结束时应准备一切必要的资料以备检查；焊缝表面缺陷应 100% 检查，检查标准按照现行国家有关标准进行；二级焊缝应采用超声波探伤进行内部缺陷的检验。

图 4.3.12　构件焊接

（3）对接焊缝要求

对接焊缝要求如图 4.3.13 所示，在对接焊缝拼接处，当焊件的宽度不同或厚度在一侧相差 4mm 以上，应分别在宽度方向或厚度方向从一侧或两侧做成坡度不大于 1∶2.5

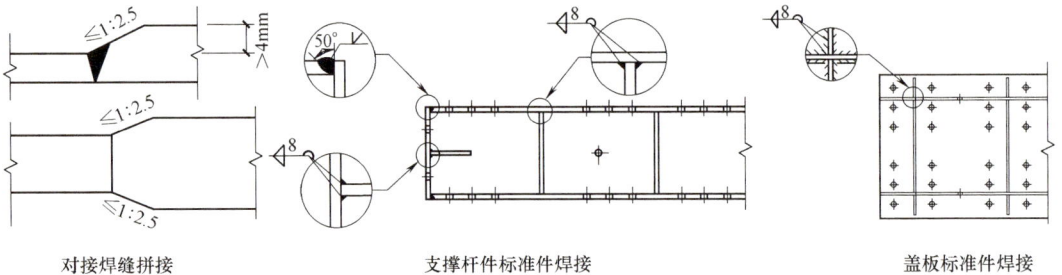

对接焊缝拼接　　　　　　　支撑杆件标准件焊接　　　　　　盖板标准件焊接

图 4.3.13　对接焊缝要求

的斜角；当厚度不同时，焊缝坡口形式应根据较薄焊件厚度按板厚和施工条件依据现行国家有关标准的要求选用。

5. 构件预拼装

构件预拼装如图 4.3.14 所示。

（1）标准钢构件预拼装采用实体预拼装，将构件实体按照图纸要求，依据大样逐一定位，然后检验各构件实体尺寸、装配间隙、孔距等数据，确保构件能满足现场安装精度要求。

（2）预拼装的基本要求：构件预拼装应在坚实、稳固的胎架上进行；预拼装构件控制基准、中心线应明确表示，并与平台基线和地面基线相对一致；高强度螺栓连接预拼装，可采用冲钉定位和临时螺栓紧固，不必使用高强度螺栓；现场安装施工过程中，错孔的现象时有发生，如错孔在 2.0mm 以内，一般采用绞刀铣或锉刀扩孔，孔距扩大不应超过原来孔径的 1.2 倍；如错孔超过 3.0mm，可采用焊补堵孔，不得采用钢板块填塞。

图 4.3.14　构件预拼装

6. 除锈与涂装

1）除锈

构件除锈应采用抛丸（喷砂）工艺：用多抛头机械抛丸机将钢丸高速抛向钢材表面，或者用压缩空气的磨料或者钢丸高速喷射到钢材表面，产生冲击和磨削作用，将表面铁锈和附着物清除干净。

除锈要求：所有需涂防腐漆的钢构件表面均应进行表面喷砂除锈处理，除锈等级要求达到现行国家标准《涂覆涂料前钢材表面处理　表面清洁度的目视评定　第1部分：未涂覆过的钢材表面和全面清除原有涂层后的钢材表面的锈蚀等级和处理等级》GB/T 8923.1—2011 中的 Sa2½ 等级；粗糙度应达到《涂覆涂料前钢材表面处理　喷射清理后的钢材表面粗糙度特性　第2部分：磨料喷射清理后钢材表面粗糙度等级的测定方法　比较样块法》GB/T 13288.2—2011 中规定的 Rz40～70μm 的要求。现场补漆部位，应用风动或电动工具除锈，除锈等级应达到 St3 级。

2）涂装

钢构件不需要涂防腐漆的部位：埋入土中的钢构件（不可回收立柱）；地脚螺栓和防水底板底面；被混凝土覆盖的钢构件表面。钢构件出厂前不需要涂防腐漆，但是构件安装后需补漆的部位：工地现场拼接部位及两侧 100mm；因碰撞脱落的部位。钢构件除锈后应立即进行防腐涂装，型钢组合支撑钢构件为临时性构件，防腐年限不小于两年。

7. 构件标识、包装和运输

1）过程构件标识

构件应分类加工与摆放，如图 4.3.15 所示。构件组立时应进行构件标识，对标准构件打钢印。对非标准构件可油漆喷涂标识。

2）包装

钢构件包装在油漆完全干燥、构件编号、焊缝和高强度螺栓连接面保护完成并检查验收后才能进行。包装是根据钢构件的尺寸、重量进行打包和发货。高强度螺栓应装箱发货，并明确规格及数量。

3）运输

钢构件运输时绑扎必须牢固，防止松动。钢构件分类标识打包，螺栓等有可靠的防水措施。专人负责汽车装运，专人押车到施工现场，全面负责装卸质量。

图 4.3.15　构件的分类加工与摆放

4.3.4　标准化构件

1. 支撑标准构件

不同长度的支撑标准构件如图 4.3.16 所示。

400 支撑标准件

ZC400-0.10m
10cm 支撑短接

ZC400-0.15m
15cm 支撑短接

ZC400-0.20m
20cm 支撑短接

ZC400-0.25m
25cm 支撑短接

400 支撑标准件

ZC400-0.30m
30cm 支撑短接

ZC400-0.35m
35cm 支撑短接

ZC400-0.40m
40cm 支撑短接

ZC400-0.45m
45cm 支撑短接

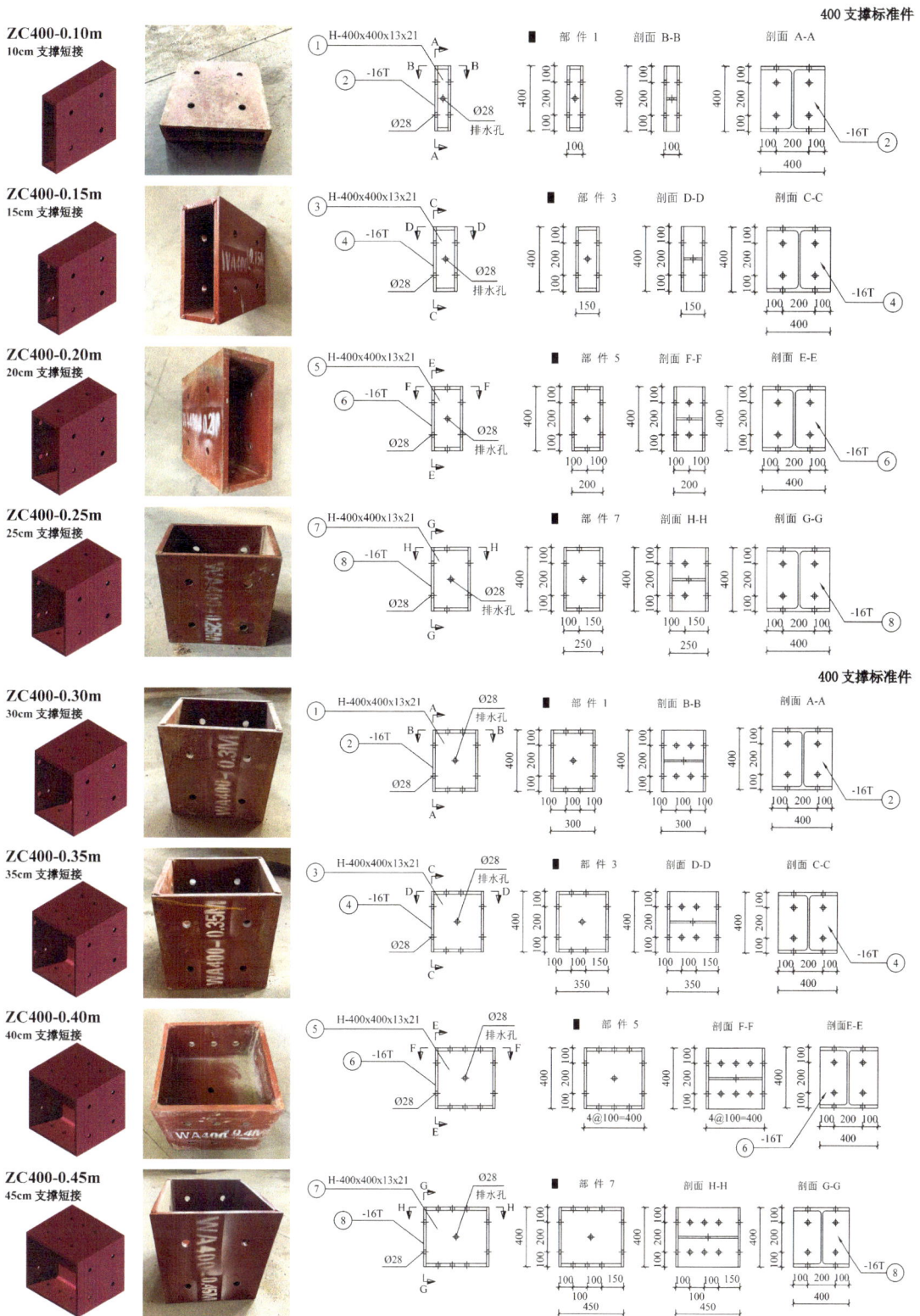

图 4.3.16　支撑标准构件（一）

400 支撑标准件

ZC400-0.50m
50cm 支撑短接

ZC400-0.60m
60cm 支撑短接

ZC400-0.55m
55cm 支撑短接

ZC400-0.65m
65cm 支撑短接

400 支撑标准件

ZC400-0.70m
70cm 支撑短接

ZC400-0.80m
80cm 支撑短接

ZC400-0.75m
75cm 支撑短接

ZC400-0.85m
85cm 支撑短接

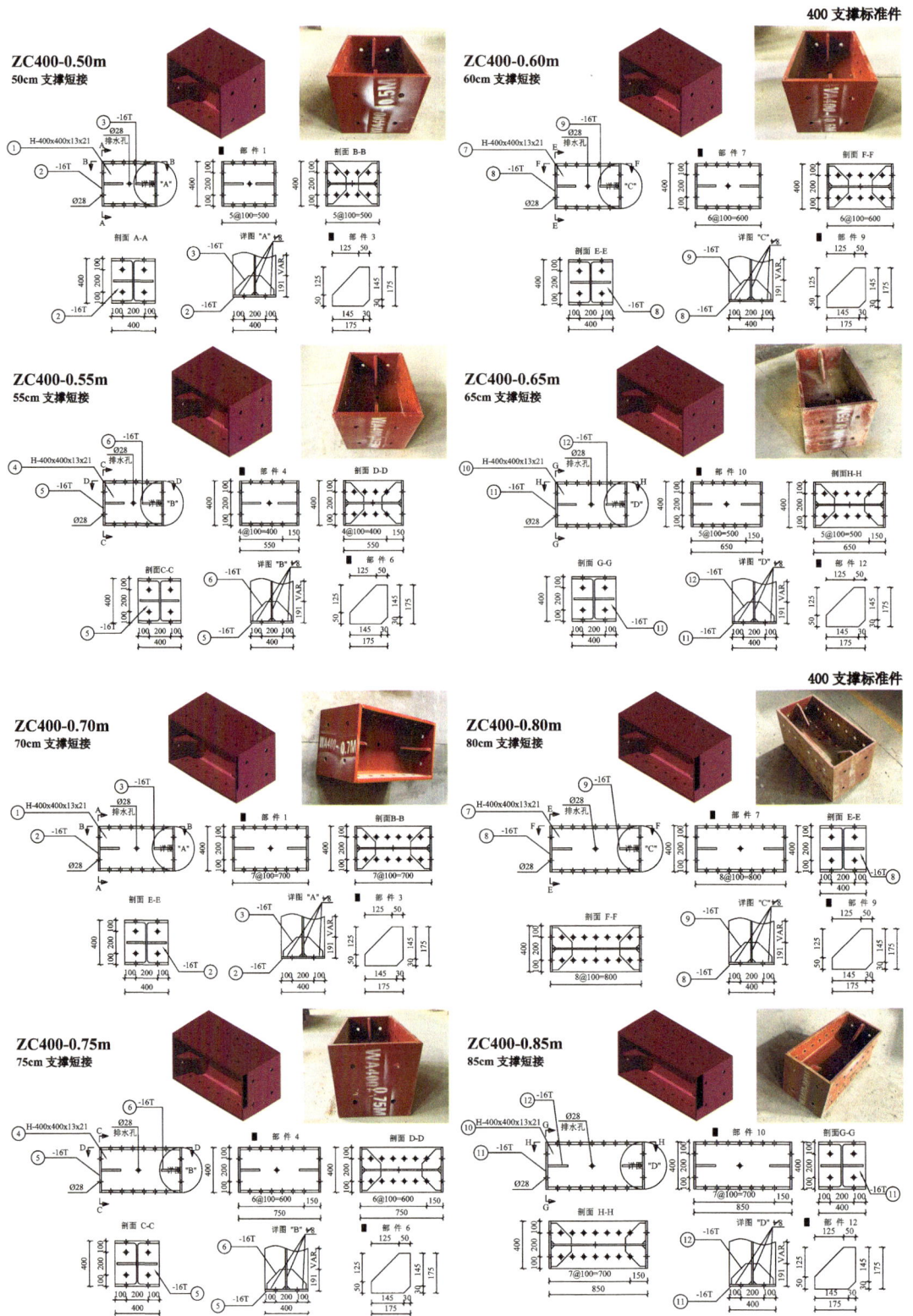

图 4.3.16　支撑标准构件（二）

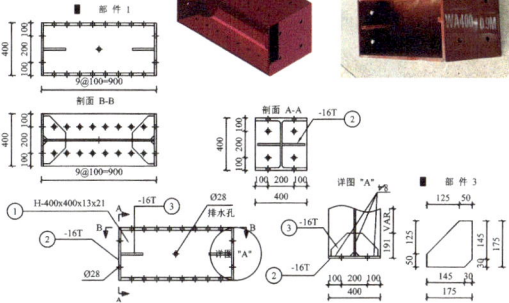

ZC400-0.90m
90cm 支撑短接

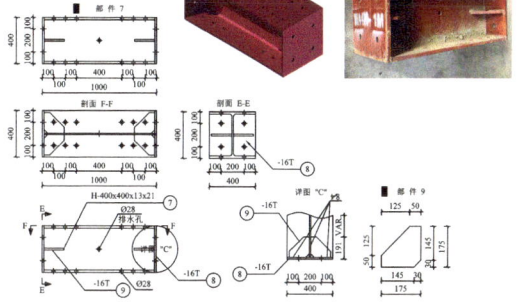

ZC400-1m
1m 支撑标准件

400 支撑标准件

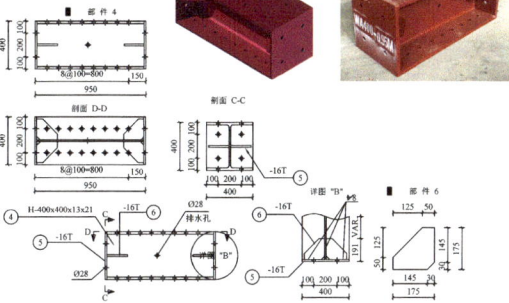

ZC400-0.95m
95cm 支撑短接

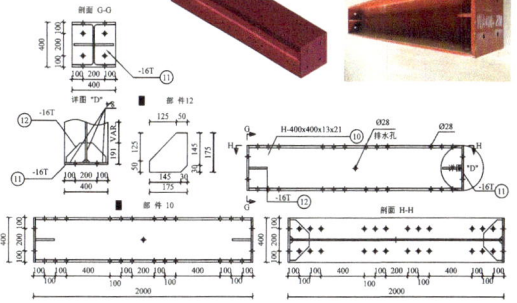

ZC400-2m
2m 支撑标准件

ZC400-3m
3m 支撑标准件

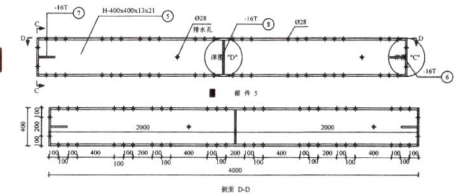

ZC400-4m
4m 支撑标准件

400 支撑标准件

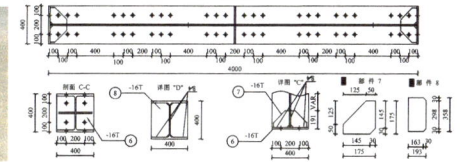

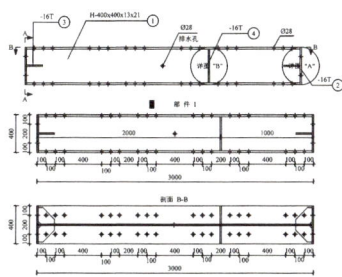

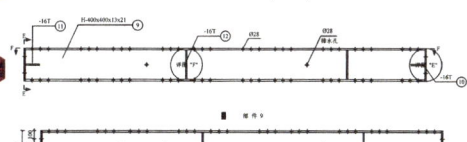

ZC400-5m
5m 支撑标准件

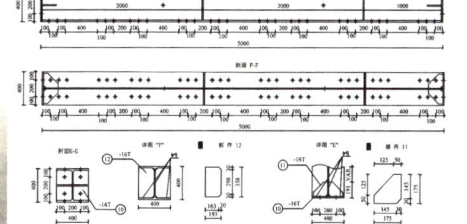

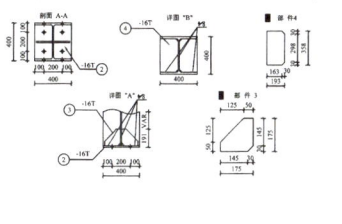

图 4.3.16　支撑标准构件（三）

400 支撑标准件

ZC400-6m
6m 支撑标准件

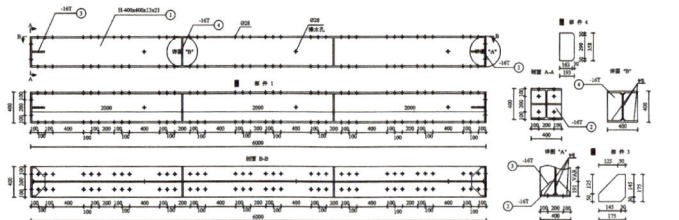

ZC400-7m
7m 支撑标准件

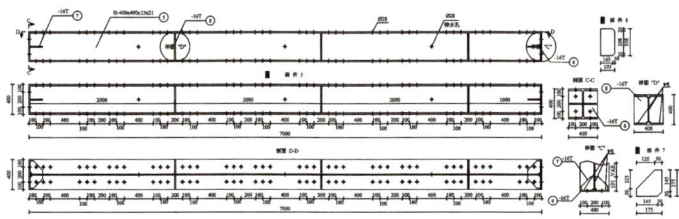

ZC400-8m
8m 支撑标准件

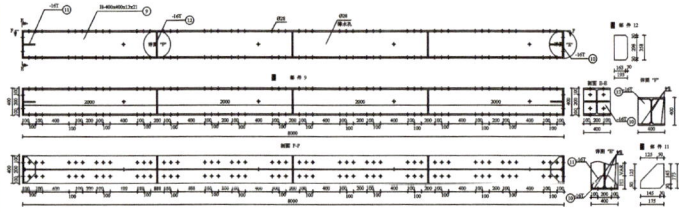

400 支撑标准件

ZC400-9m
9m 支撑标准件

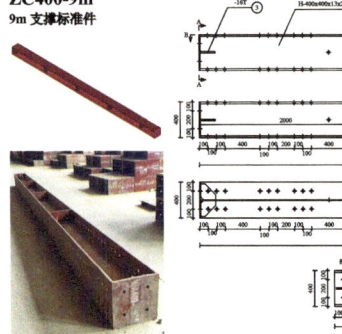

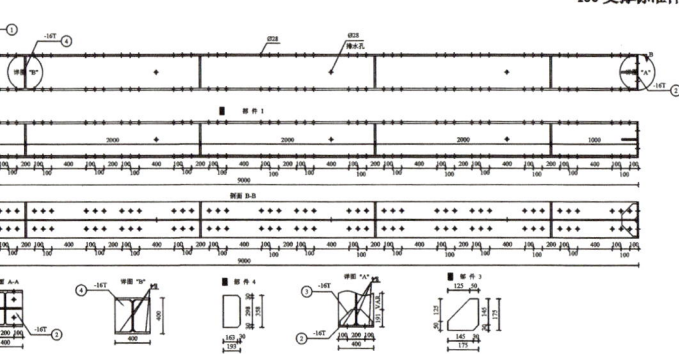

ZC400-10m
10m 支撑标准件

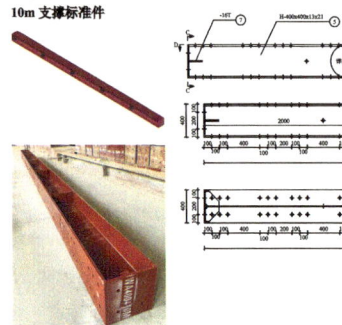

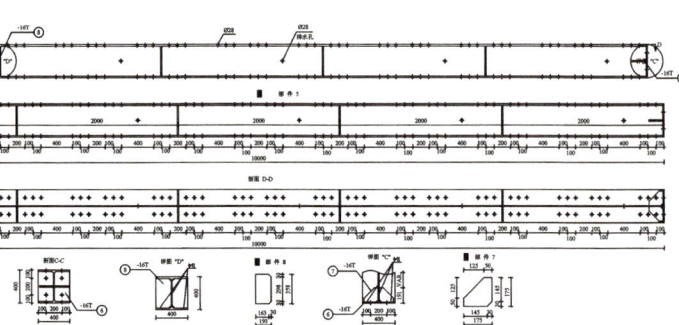

图 4.3.16　支撑标准构件（四）

ZC400-11m
11m 支撑标准件

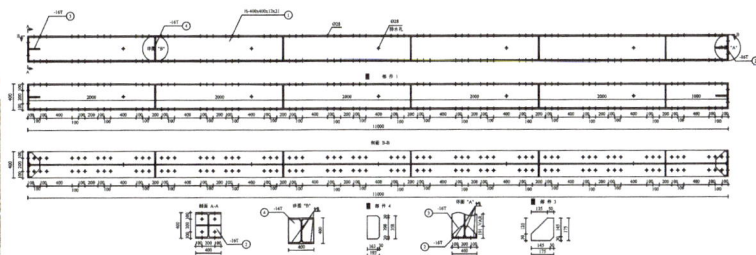

400 支撑标准件

ZC400-12m
12m 支撑标准件

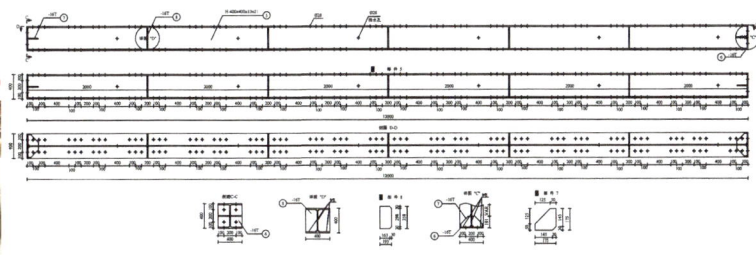

图 4.3.16　支撑标准构件（五）

2. 围檩标准构件

不同长度的围檩标准构件如图 4.3.17 所示。

400 加强型围檩标准件

WL400-0.10m
10cm 围檩短接

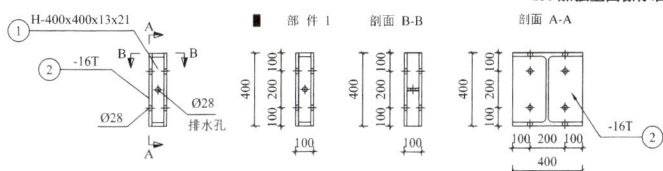

WL400-0.15m
15cm 围檩短接

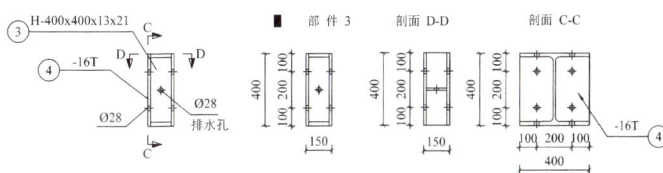

WL400-0.20m
20cm 围檩短接

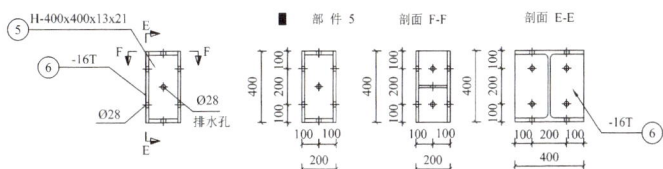

WL400-0.25m
25cm 围檩短接

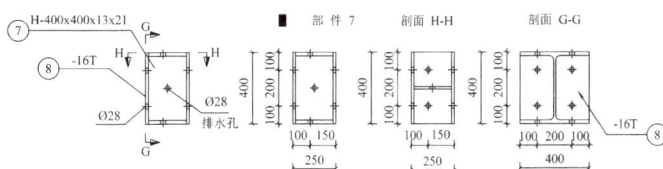

图 4.3.17　围檩标准构件（一）

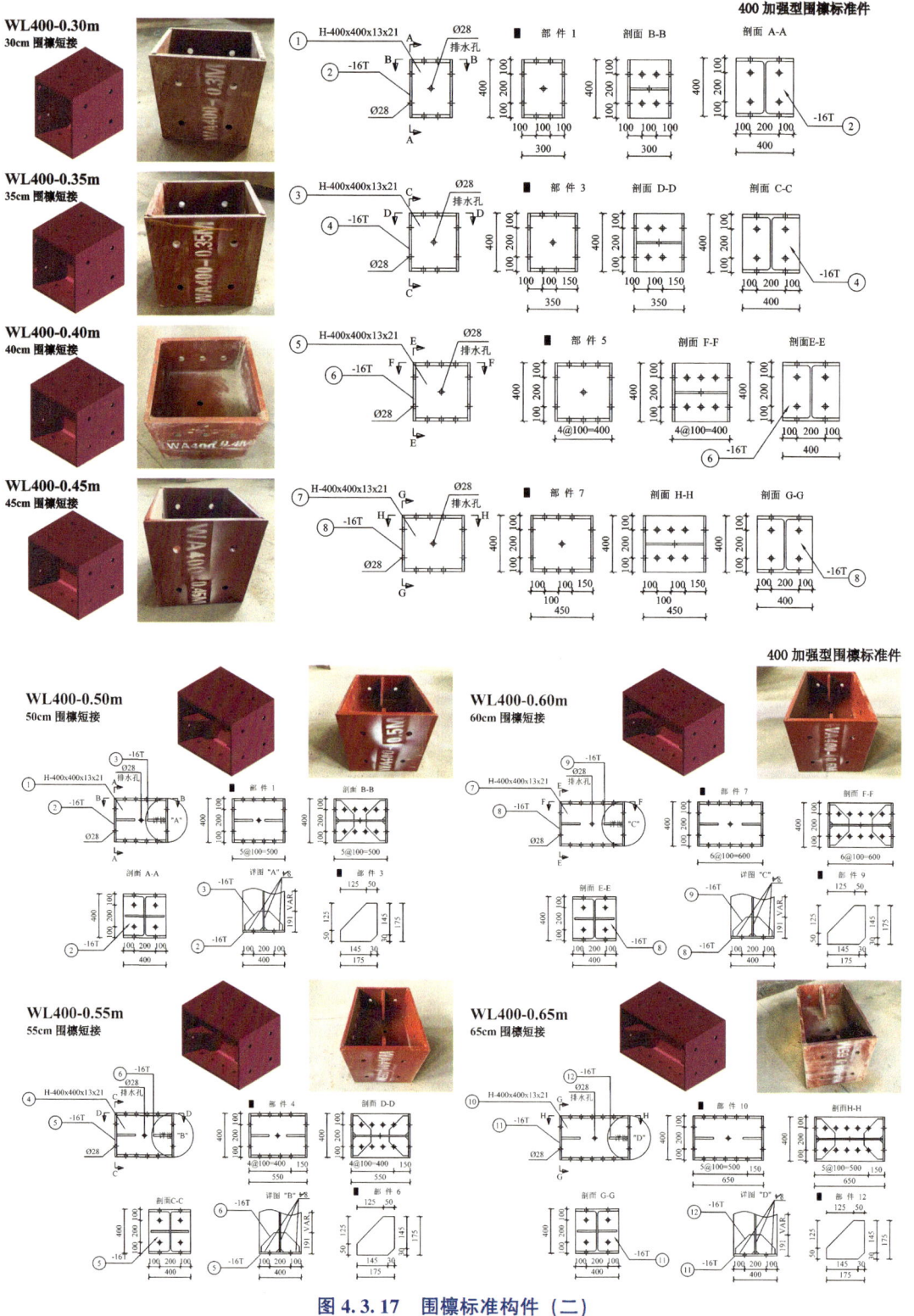

图 4.3.17 围檩标准构件（二）

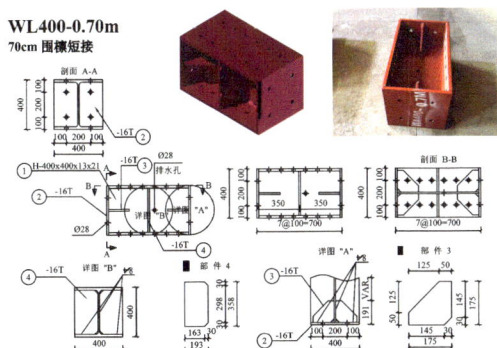

WL400-0.70m
70cm 围檩短接

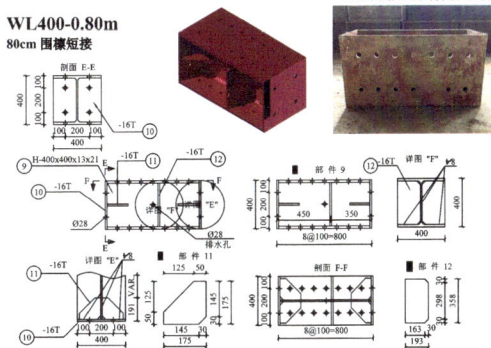

WL400-0.80m
80cm 围檩短接

400 加强型围檩标准件

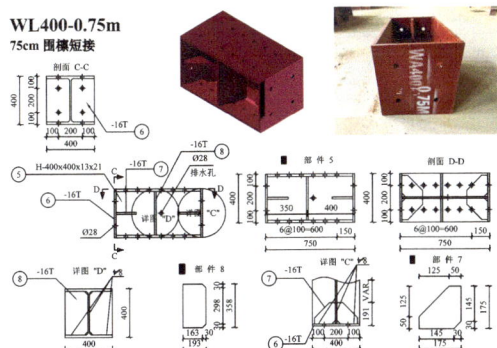

WL400-0.75m
75cm 围檩短接

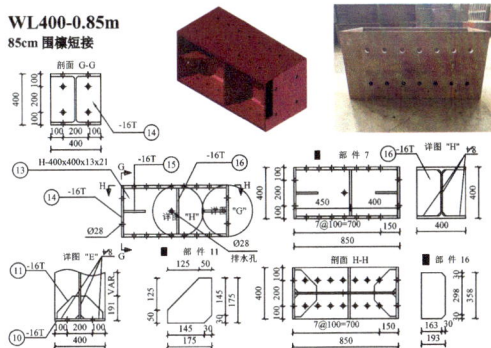

WL400-0.85m
85cm 围檩短接

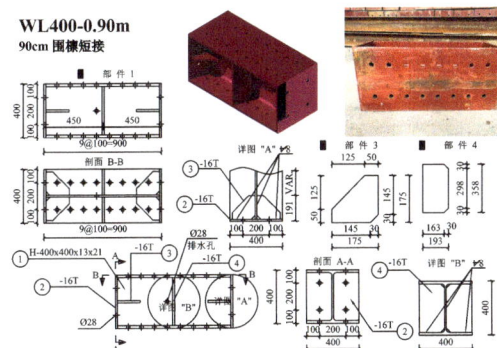

WL400-0.90m
90cm 围檩短接

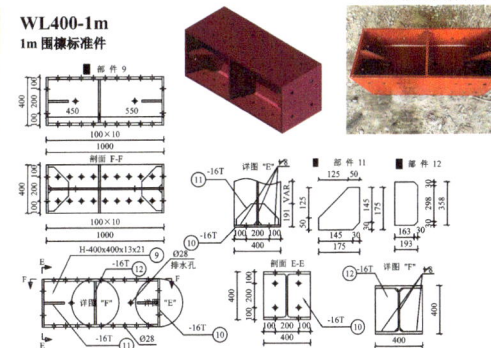

WL400-1m
1m 围檩标准件

400 加强型围檩标准件

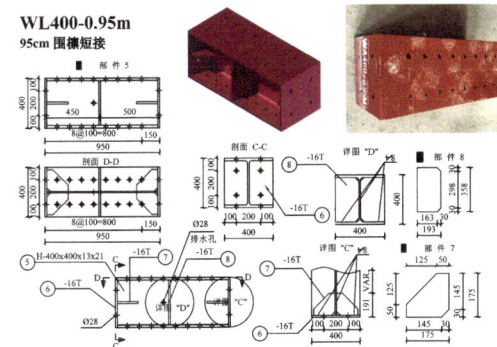

WL400-0.95m
95cm 围檩短接

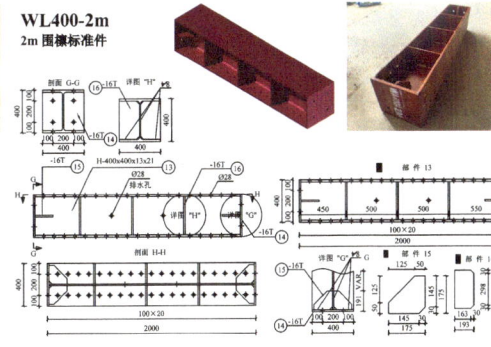

WL400-2m
2m 围檩标准件

图 4.3.17　围檩标准构件（三）

WL400-3m
3m 围檩标准件

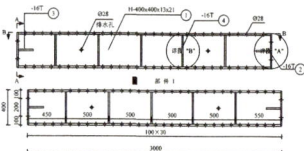

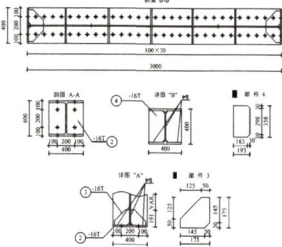

WL400-4m
4m 围檩标准件

WL400-5m
5m 围檩标准件

400 加强型围檩标准件

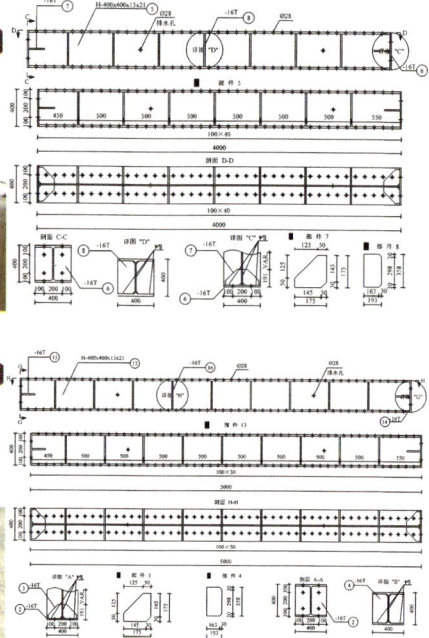

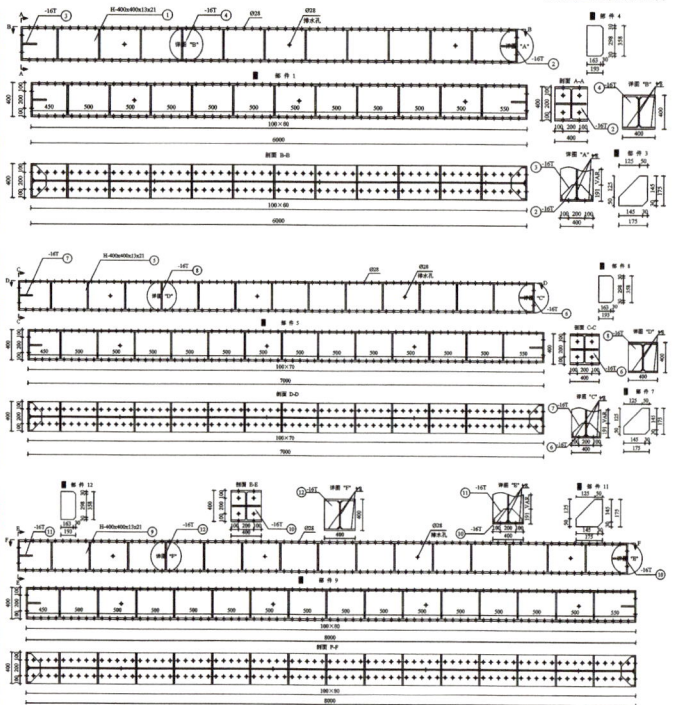

WL400-6m
6m 围檩标准件

WL400-7m
7m 围檩标准件

WL400-8m
8m 围檩标准件

400 加强型围檩标准件

图 4.3.17　围檩标准构件（四）

400 加强型围檩标准件

WL400-9m
9m 围檩标准件

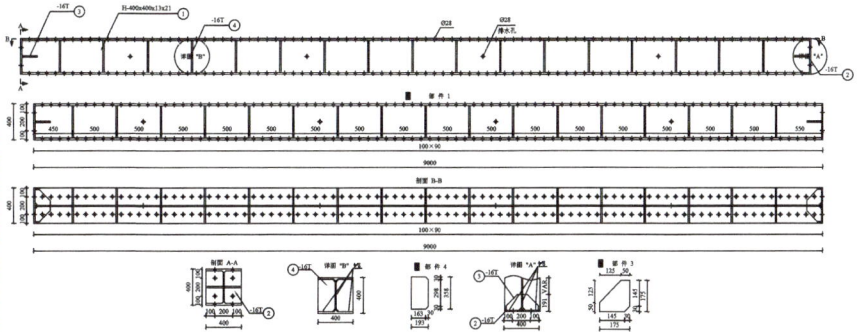

WL400-10m
10m 围檩标准件

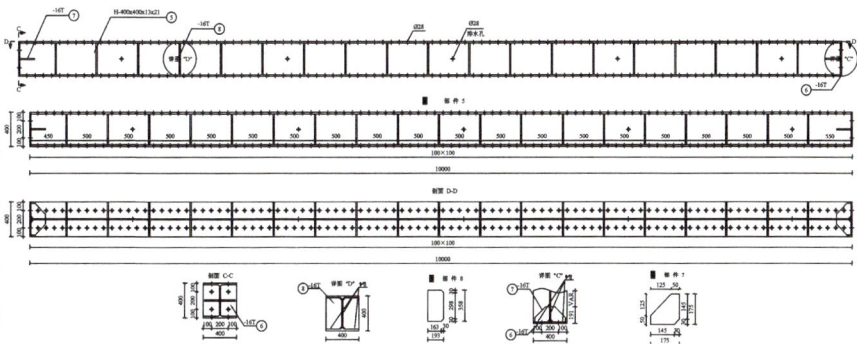

400 加强型围檩标准件

WL400-11m
11m 围檩标准件

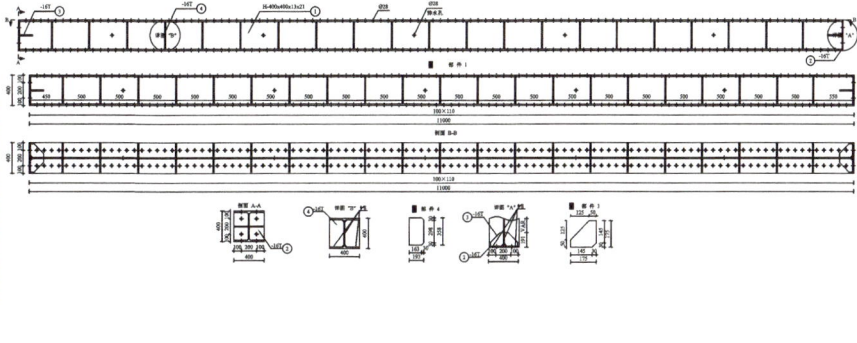

WL400-12m
12m 围檩标准件

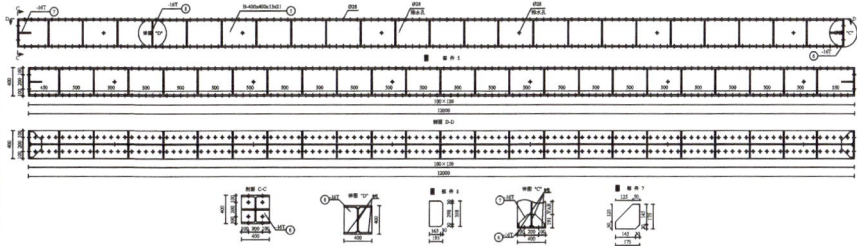

图 4.3.17　围檩标准构件（五）

3. 角度调节标准构件

不同角度的角度调节标准构件如图 4.3.18 所示。

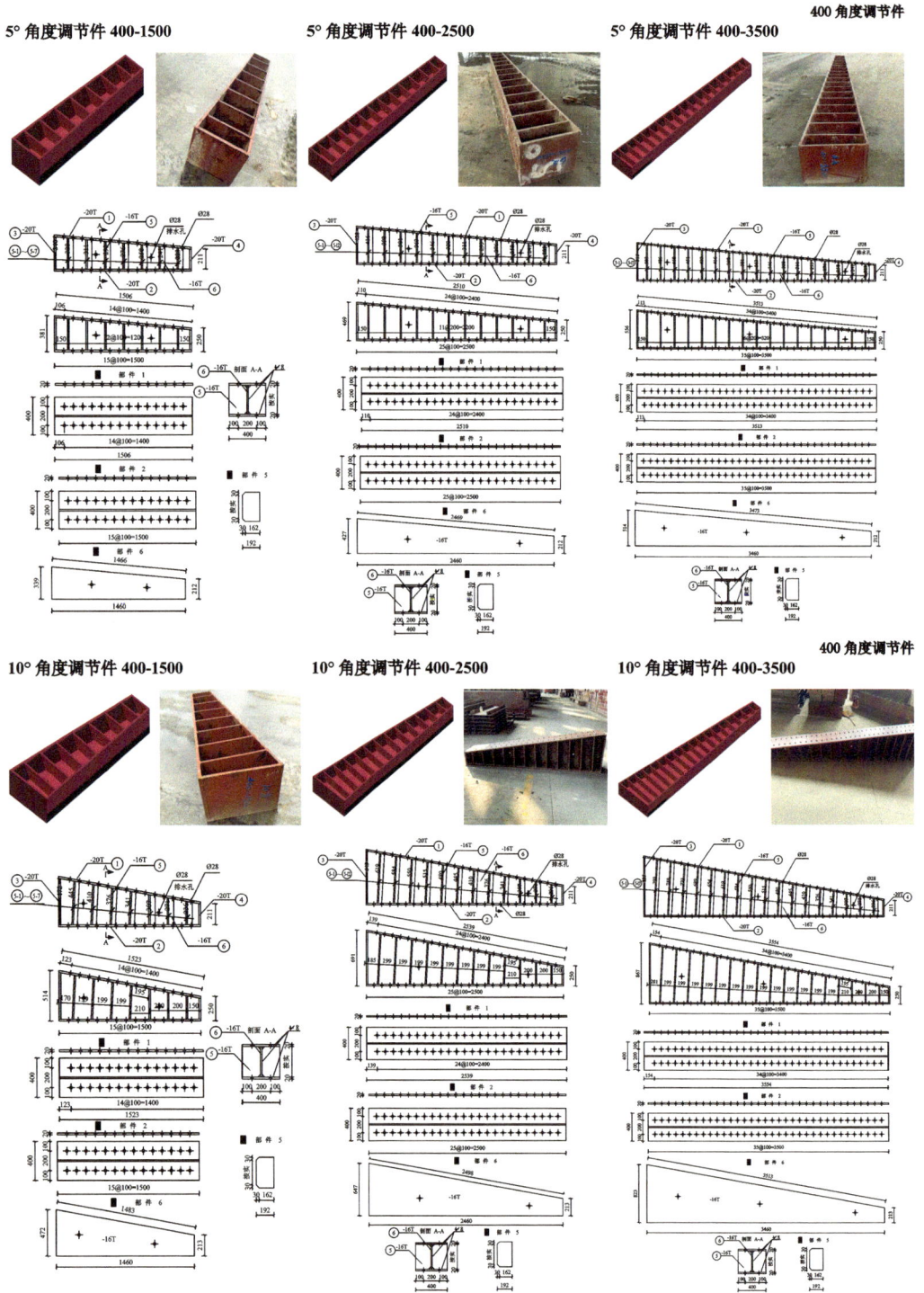

图 4.3.18　角度调节标准构件（一）

15° 角度调节件 400-1500　　　　　　15° 角度调节件 400-2500　　　　400 角度调节件

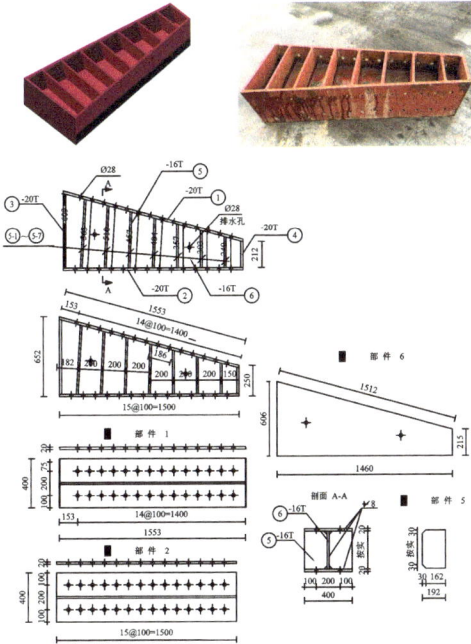

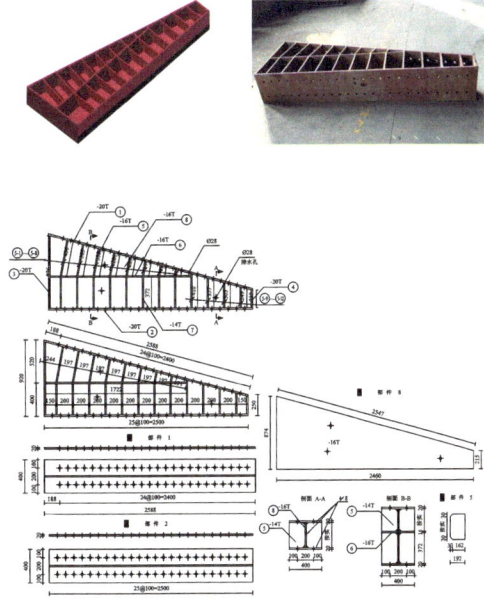

图 4.3.18　角度调节标准构件（二）

4. 三角转换标准构件

不同宽度的三角转换标准构件如图 4.3.19 所示。

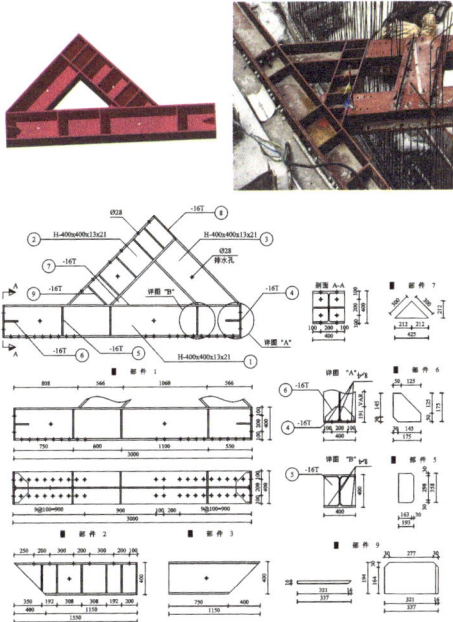

三角件 400-3m　　　　　　锯齿件 400-1.1m　　　　三角转换件

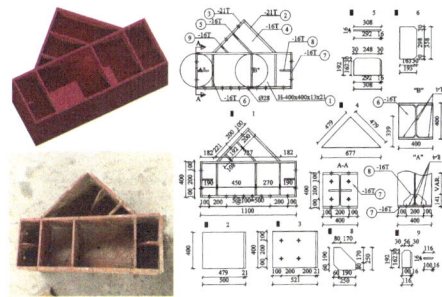

BC 转换件 400

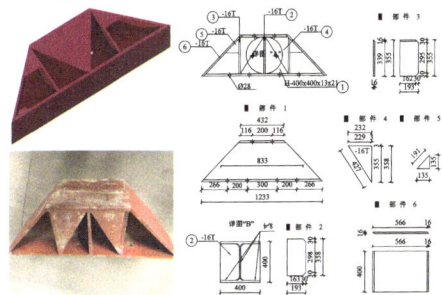

图 4.3.19　三角转换标准构件（一）

三角件 400-4m

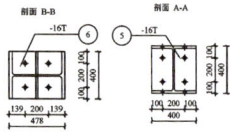

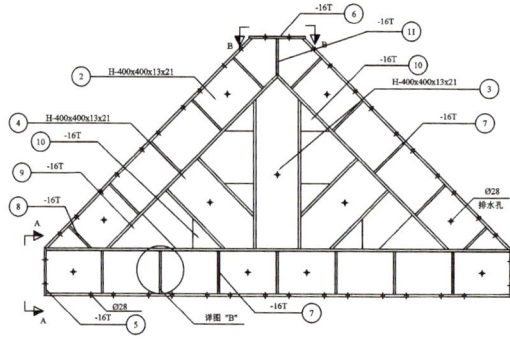

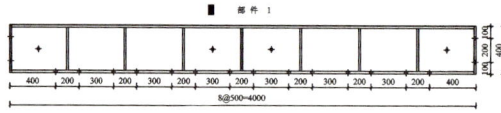

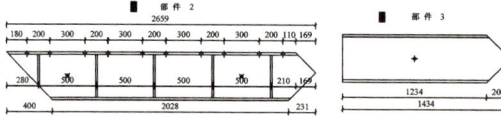

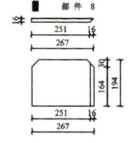

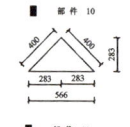

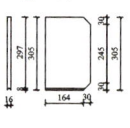

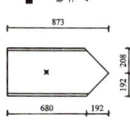

三角件 400-4m 组合式

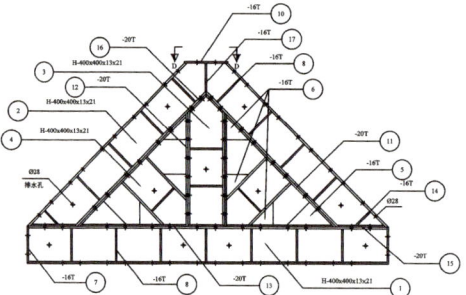

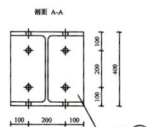

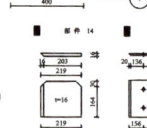

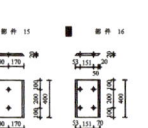

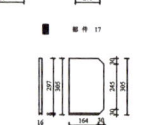

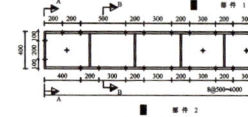

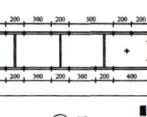

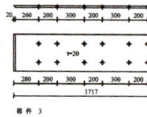

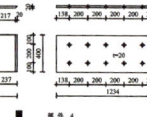

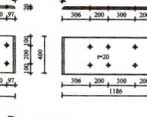

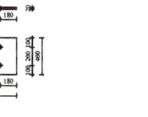

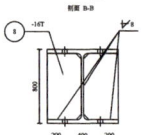

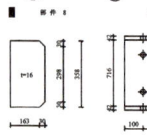

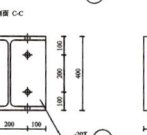

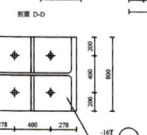

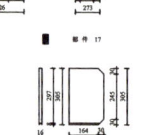

图 4.3.19　三角转换标准构件（二）

三角件 400-5m

三角转换件

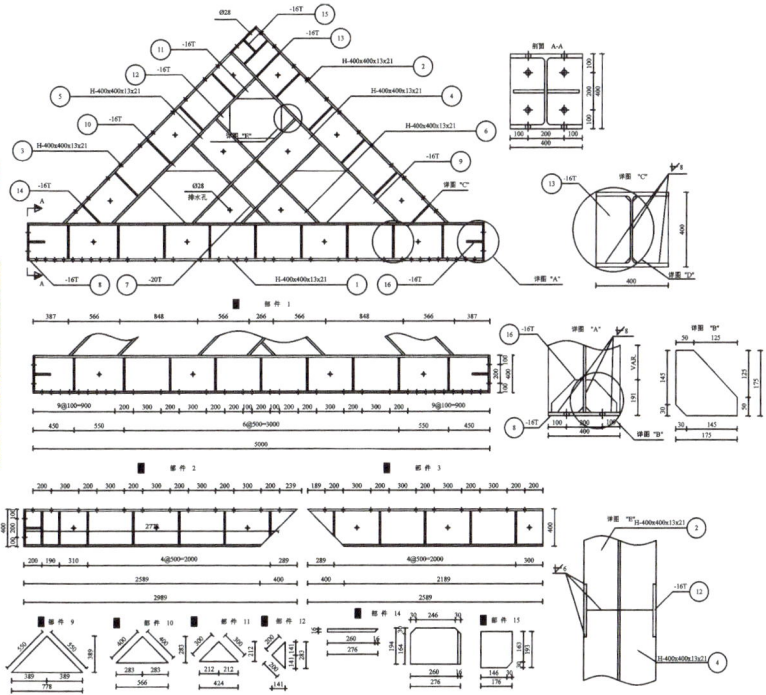

三角件 400-5m 组合式

三角转换件

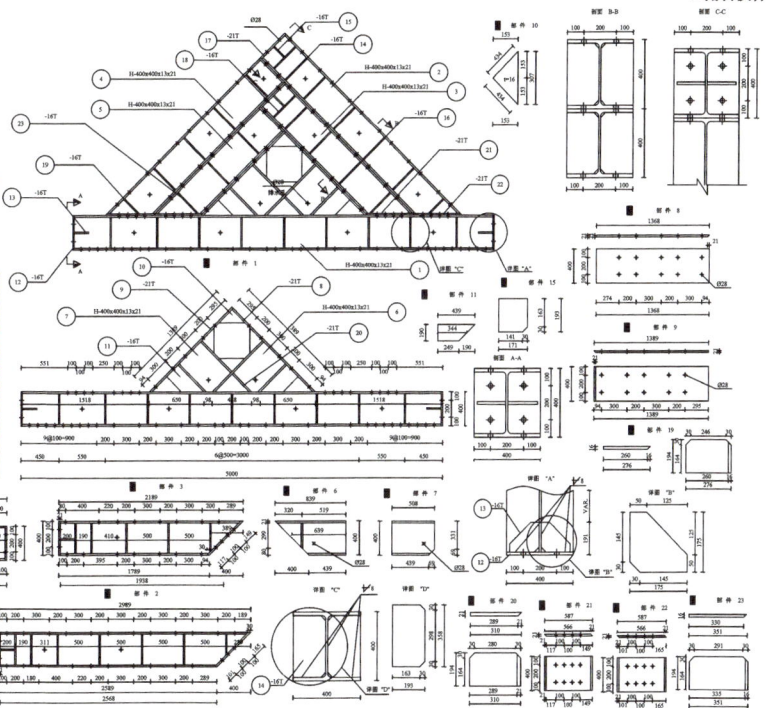

图 4.3.19　三角转换标准构件（三）

三角件 400-5m 加宽组合式

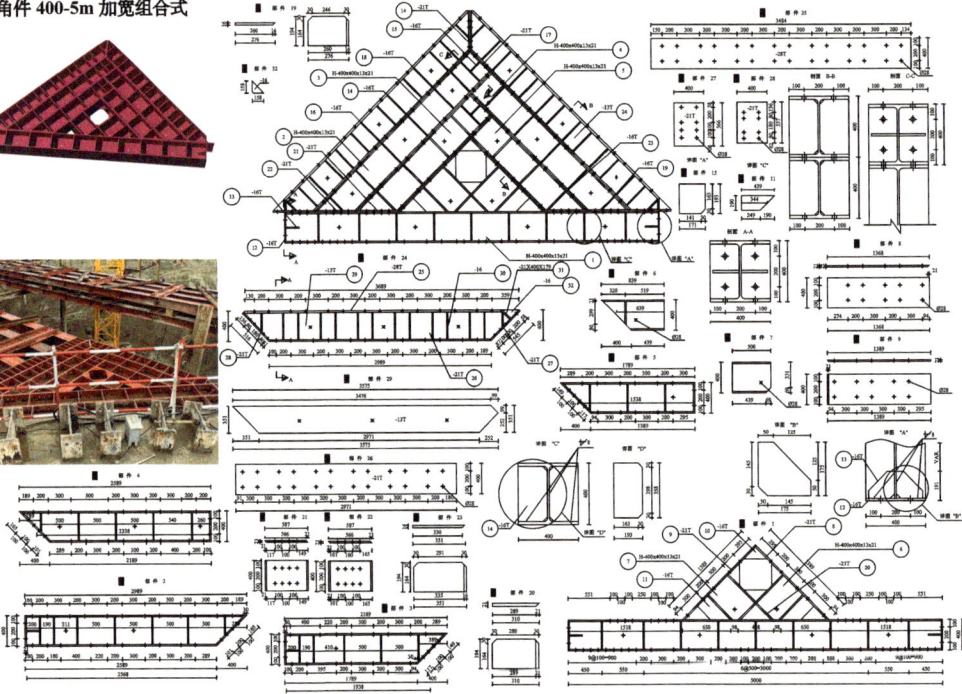

三角转换件

三角件 400-5.4m 组合式

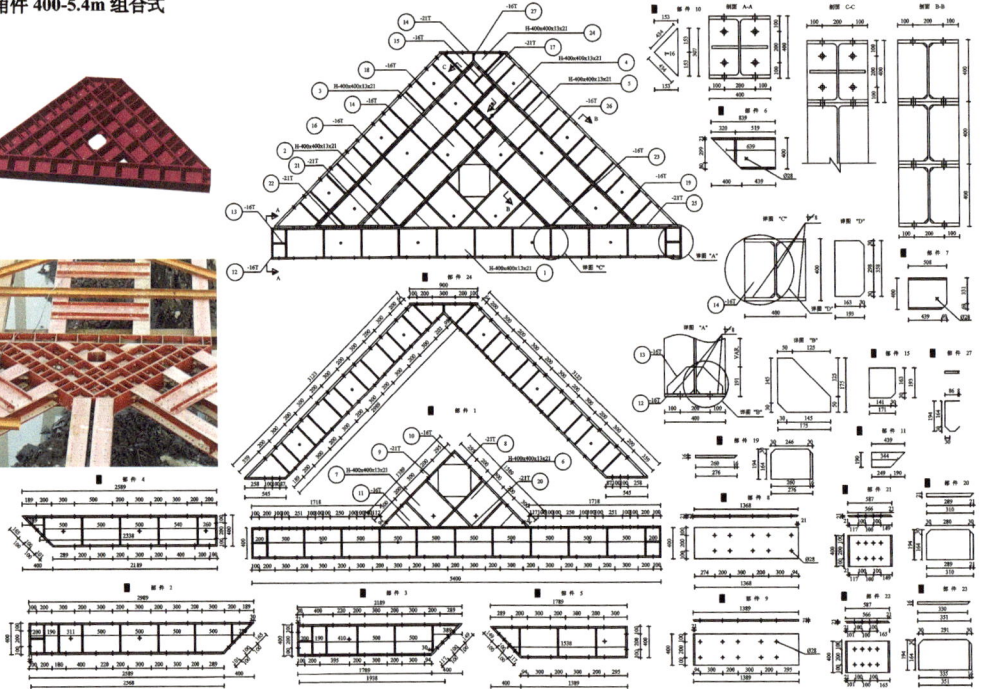

三角转换件

图 4.3.19　三角转换标准构件（四）

锯齿件 400-4m　　　　　　　　锯齿件 400-5.5m　　　　　　三角转换件

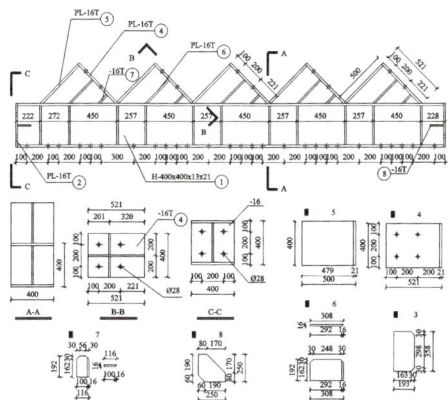

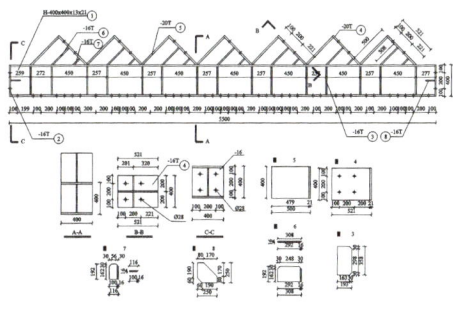

图 4.3.19　三角转换标准构件（五）

5. 加压标准构件

不同尺寸的加压标准构件如图 4.3.20 所示。

400 加压件 1400　　　　　　　400 加压件 2400　　　　　　400 加压件

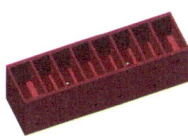

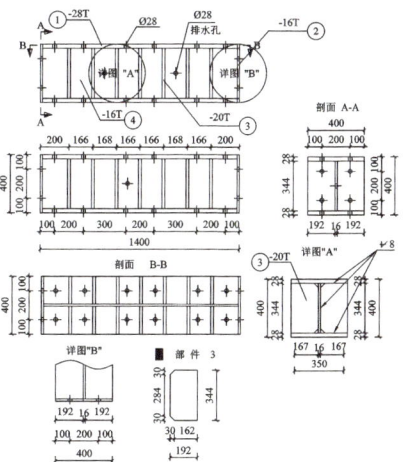

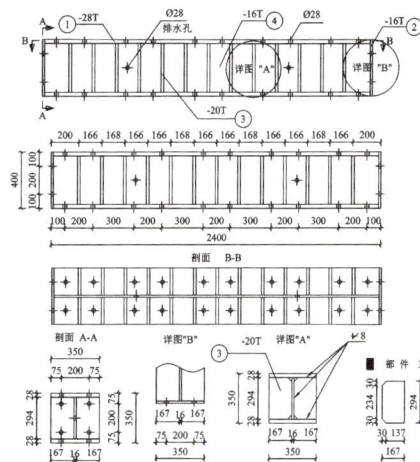

图 4.3.20　加压标准构件（一）

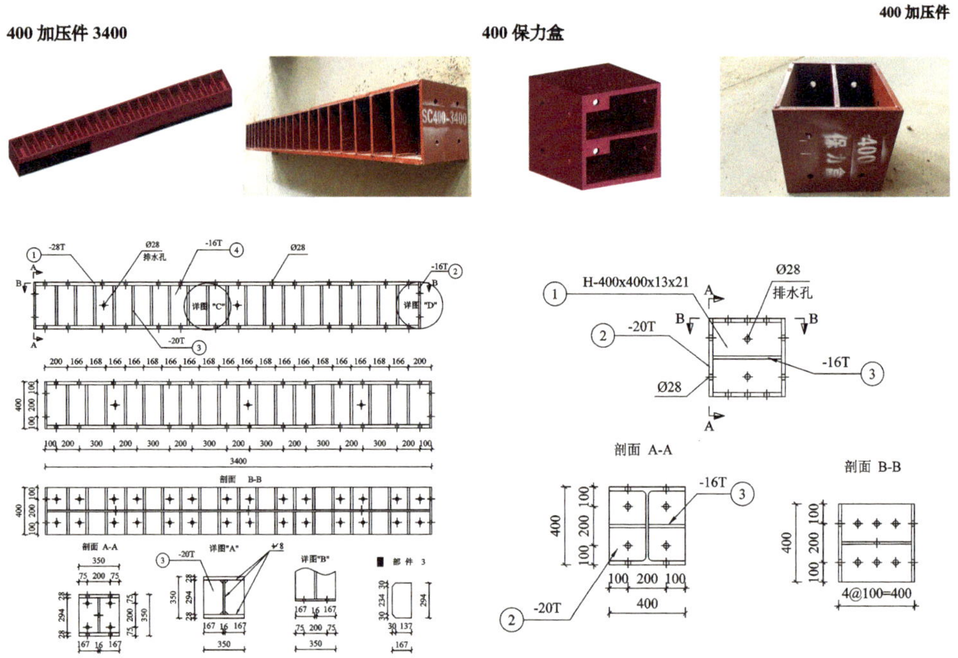

图 4.3.20　加压标准构件（二）

6. 螺栓孔位调节标准构件

螺栓孔位调节标准构件如图 4.3.21 所示。

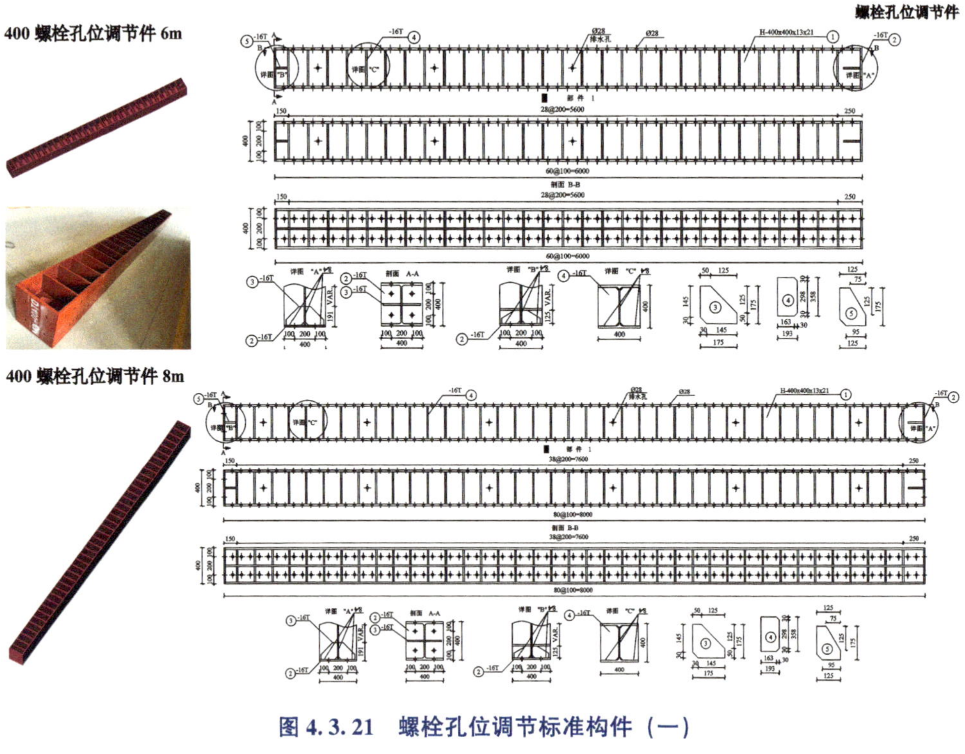

图 4.3.21　螺栓孔位调节标准构件（一）

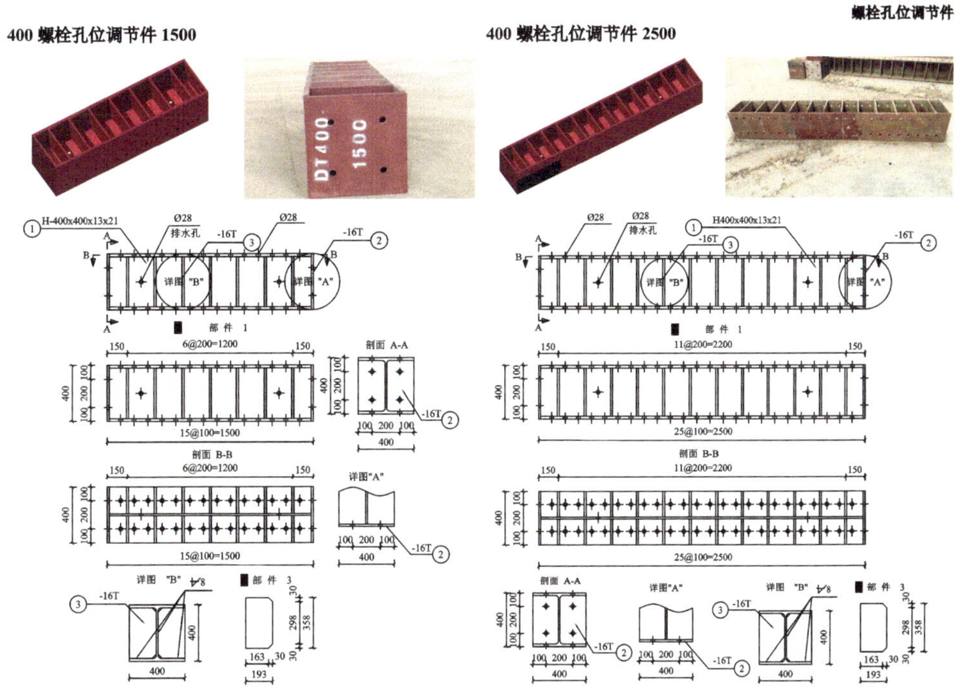

400 螺栓孔位调节件 1500

400 螺栓孔位调节件 2500

螺栓孔位调节件

图 4.3.21　螺栓孔位调节标准构件（二）

7. 连接杆件标准构件

各种类型连接杆件标准构件如图 4.3.22 所示。

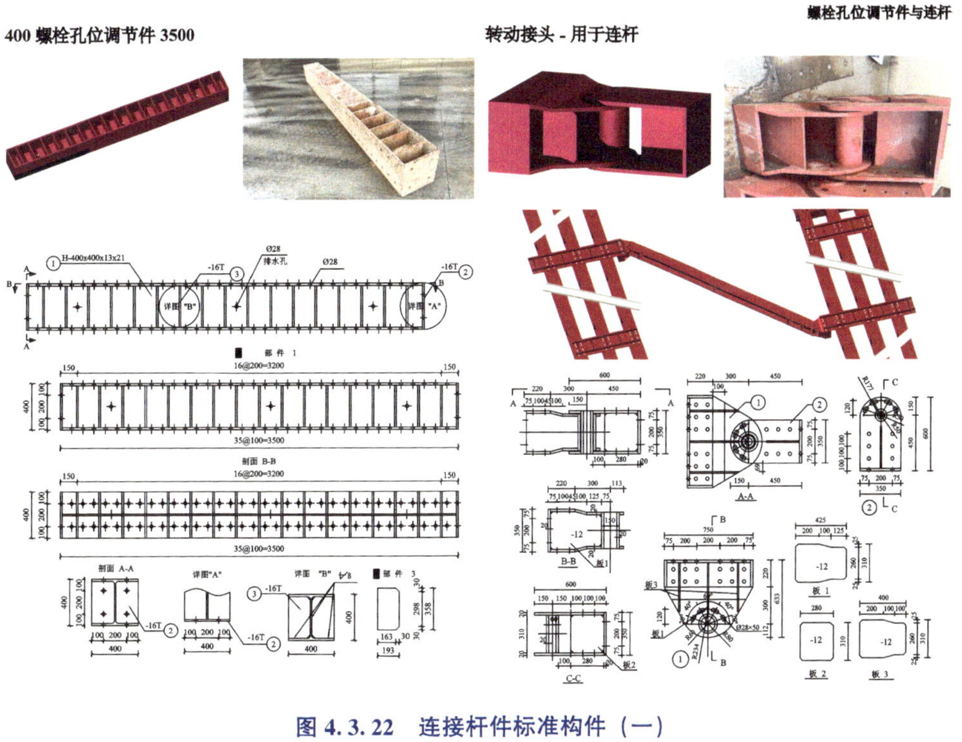

400 螺栓孔位调节件 3500

转动接头 - 用于连杆

螺栓孔位调节件与连杆

图 4.3.22　连接杆件标准构件（一）

盖板 350

盖板 1350

盖板 2350

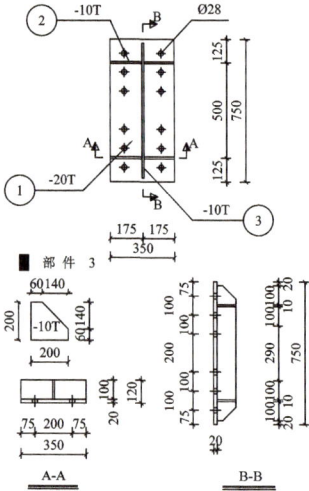

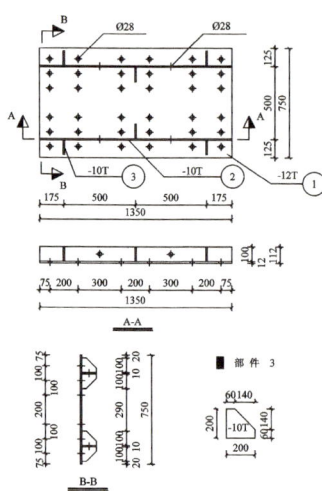

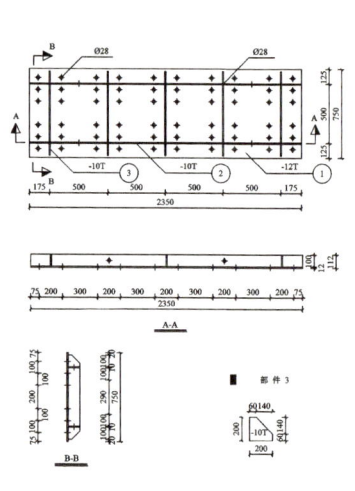

盖板 3350

盖板 2725

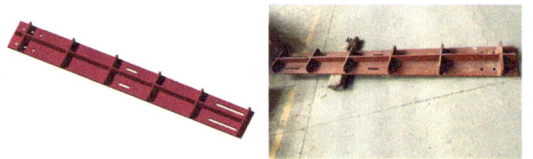

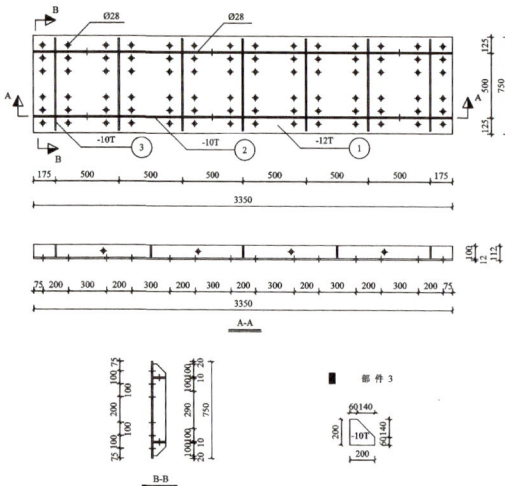

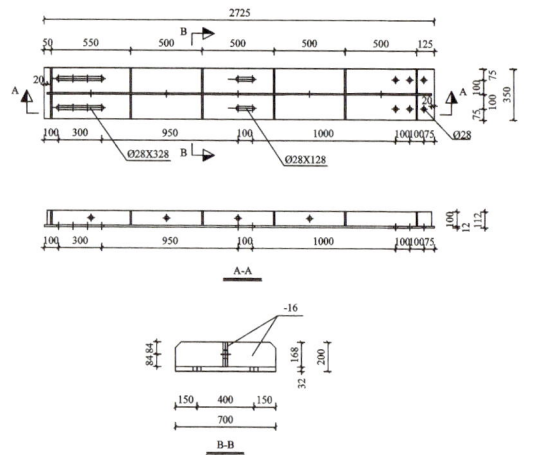

图 4.3.22 连接杆件标准构件（二）

8. 钢拱标准构件

各种类型钢拱标准构件如图 4.3.23 所示。

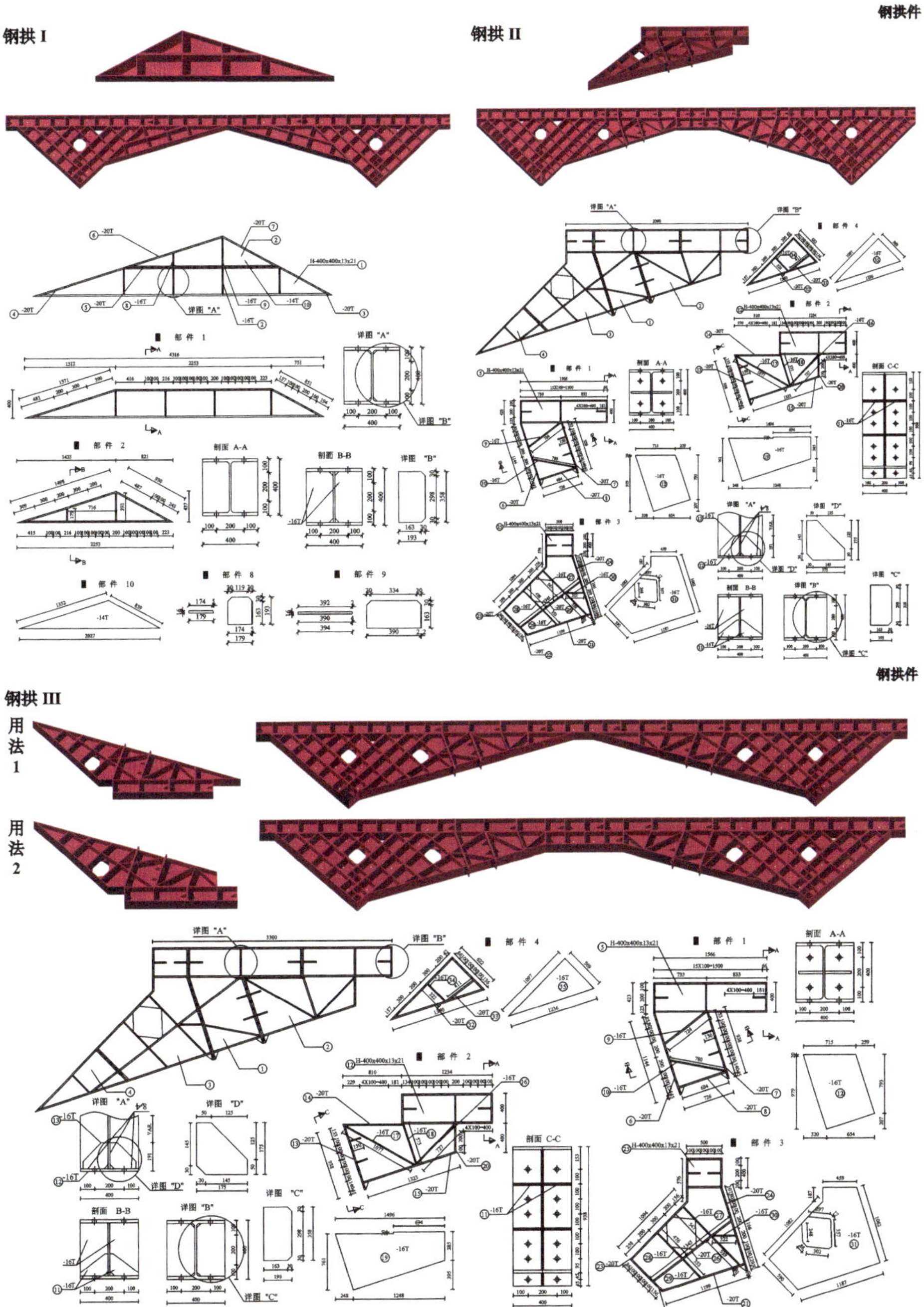

图 4.3.23　钢拱标准构件

9. 型钢围檩与围护桩连接标准做法

型钢围檩与各类围护桩连接标准节点做法如图 4.3.24 所示。

节点一：单拼围檩与围护桩连接 (SMW 工法)

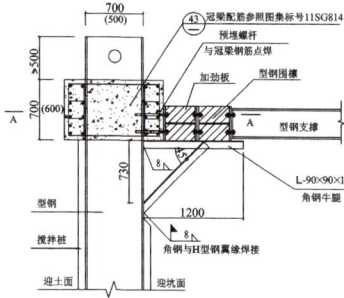

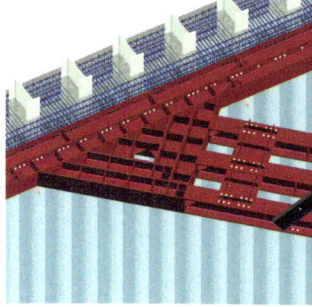

围檩与围护桩连接节点

节点二：双拼围檩与围护桩连接 (SMW 工法)

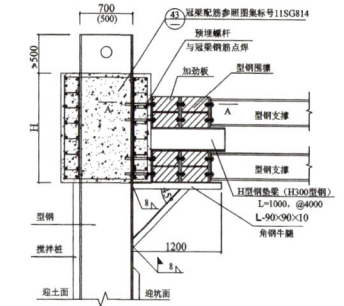

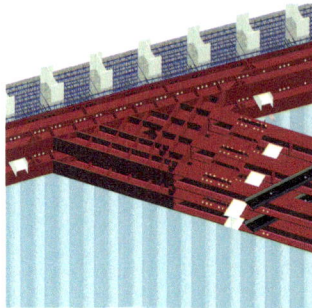

围檩与围护桩连接节点

节点三：钢围檩腰梁与围护桩连接 (SMW 工法)

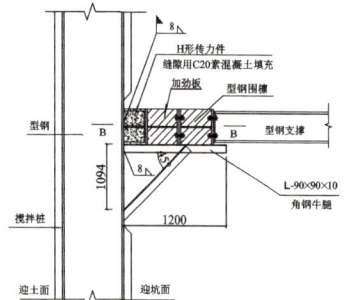

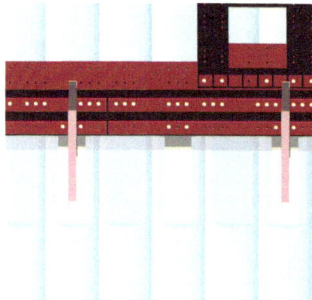

节点四：混凝土腰梁与围护桩连接 (SMW 工法)

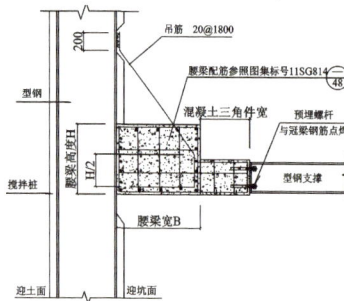

图 4.3.24　型钢围檩与各类围护桩连接标准节点做法（一）

节点五：钢围檩腰梁与围护桩连接（钻孔灌注桩）　

C20素混凝土填实
H形传力件
型钢围檩
加劲板
型钢支撑
L-90×90×10
角钢牛腿一
角钢与主筋焊接 8
灌注桩(地下连续墙)

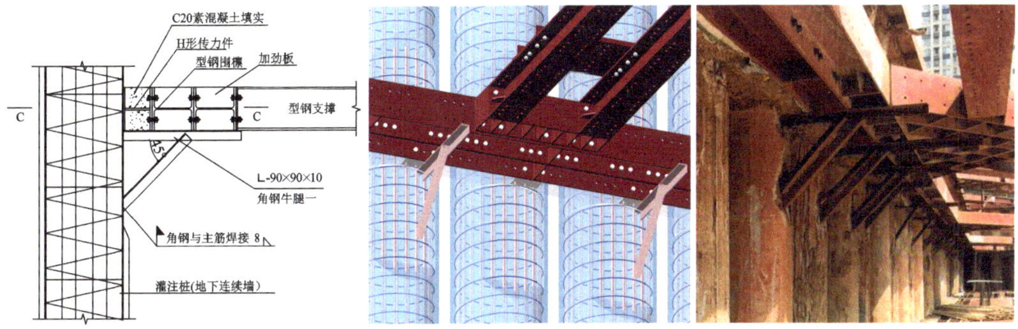

节点六：钢围檩与围护桩连接 (HU 式工法桩)　

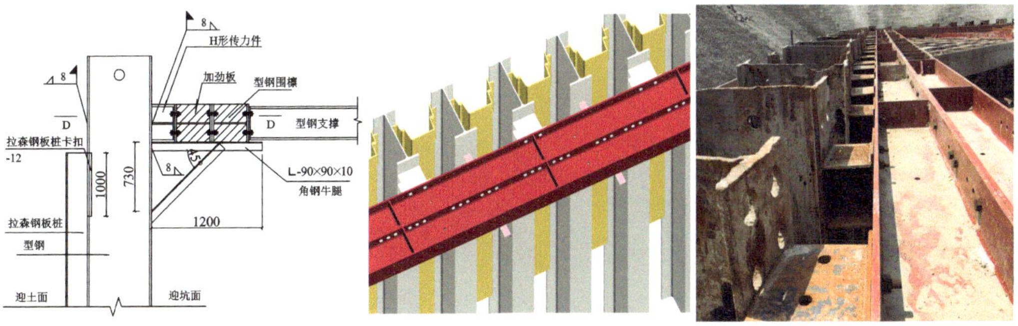

8
H形传力件
加劲板
型钢围檩
型钢支撑
拉森钢板桩卡扣
-12
L-90×90×10
角钢牛腿
拉森钢板桩
型钢
迎土面　迎坑面
1000　730　1200

型钢
与冠梁主筋焊接
每米不少于8套
预埋螺杆
型钢围檩

A-A

型钢
C20素混凝土
填充
型钢围檩
H形传力件

B-B

螺杆 M24×60
钢筋连接器 M24×70
Ø25
满焊
300
25
①

预埋螺杆展开图

凿平钻孔桩，裸露出
钢筋与H形传力件焊接
C20素混凝土填充
型钢围檩
H形传力件

C-C

拉森钢板桩
型钢
H形传力件
型钢围檩

D-D

8
200
400
H350×350×12×19型钢
Ø28　100　200　100
100　200　100
400
-12
1-1
②

H 形传力件

1200
730
L-90×90×10
766

角钢牛腿

1200
456　424
300
880
H300×300×10×15

型钢牛腿

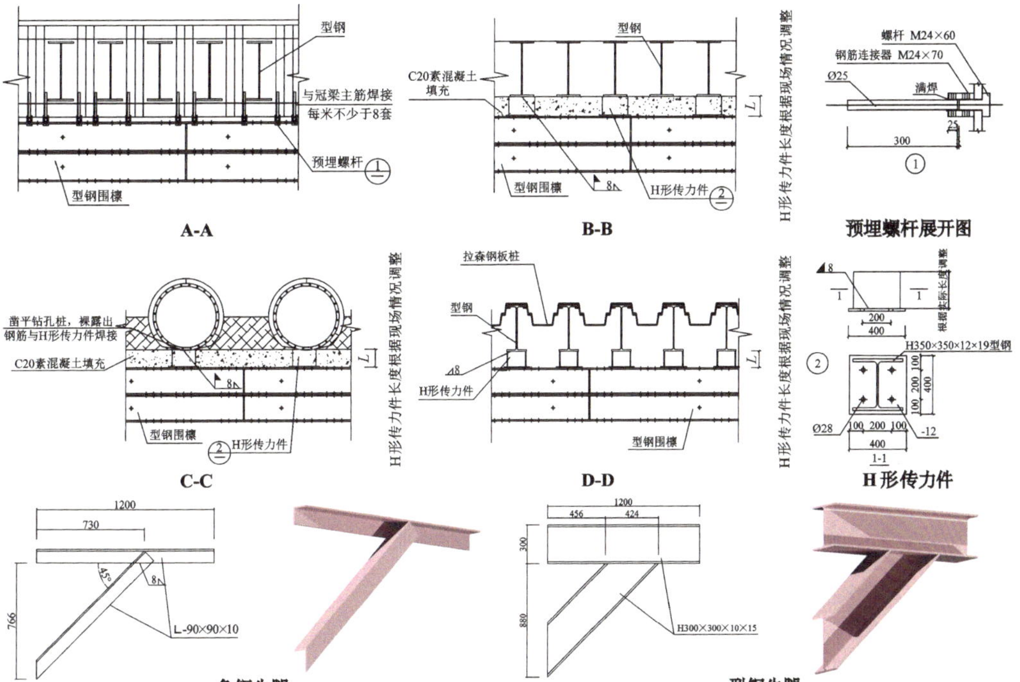

图 4.3.24　型钢围檩与各类围护桩连接标准节点做法（二）

10. 型钢围檩拼接标准做法

型钢围檩拼接标准做法如图 4.3.25 所示。

型钢围檩连接详图

详图一：

M24高强度螺栓
肋板-12
型钢围檩
肋板-12
6@100=600

详图二：

围檩转角非标准件
肋板-12
型钢内围檩
型钢外围檩

详图三：

混凝土支撑
预埋螺杆
型钢围檩
>1000
35d
Ø14,U形箍
压顶梁
或腰梁
4Ø22
15d
Ø14@200,U形箍

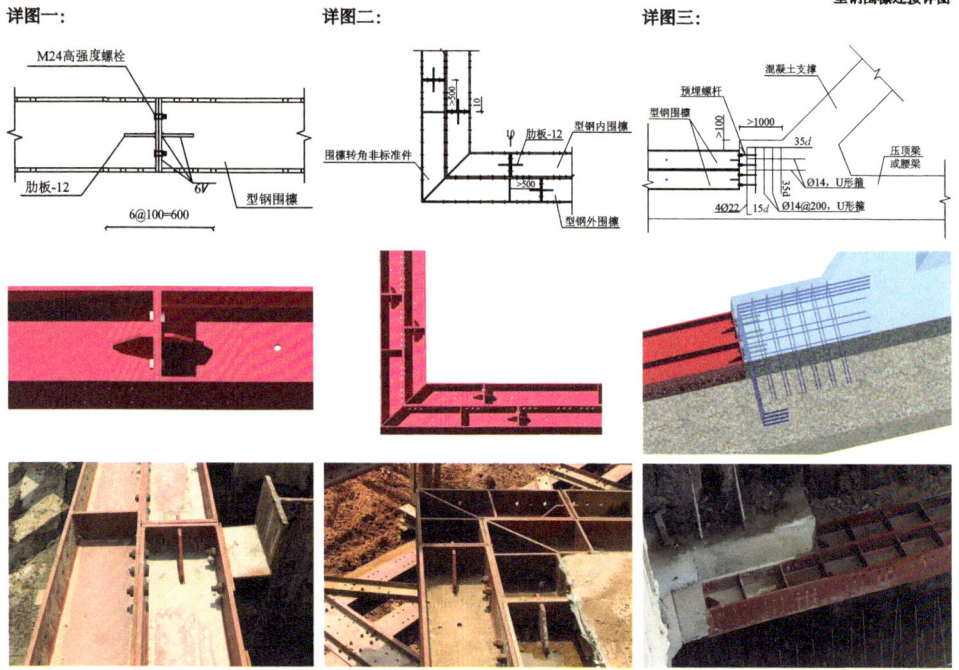

图 4.3.25　型钢围檩拼接标准做法

11. 支撑与围檩连接标准做法

支撑与围檩连接的标准做法如图 4.3.26 所示。

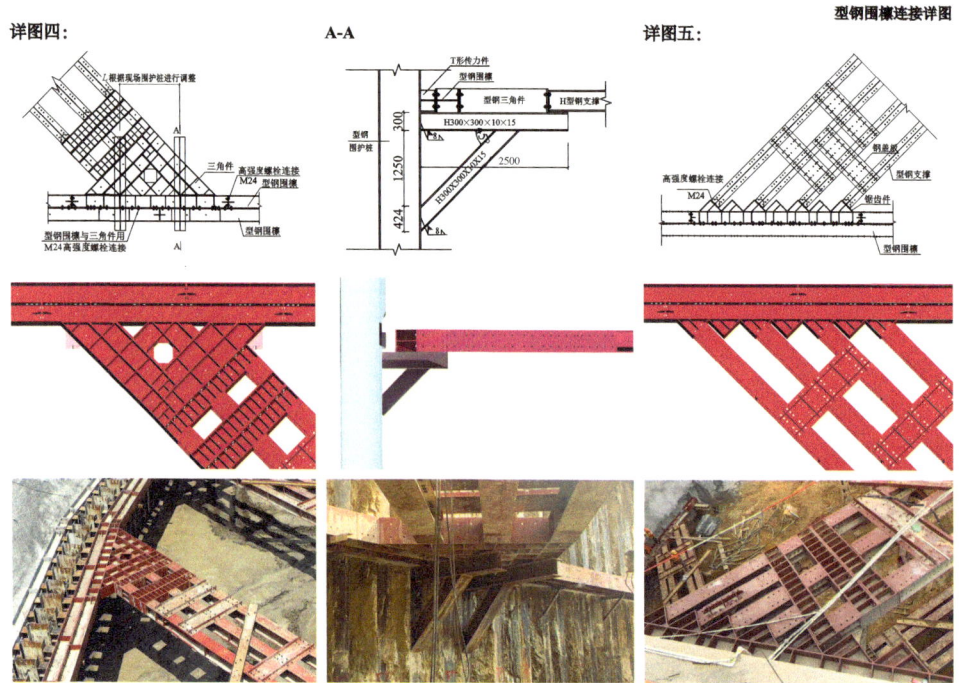

型钢围檩连接详图

详图四：

三角件
型钢围檩与三角件用
M24高强度螺栓连接
高强度螺栓连接
M24型钢围檩
型钢围檩

A-A

T形传力件
型钢围檩
型钢三角件
H型钢支撑
H300×300×10×15
300
1250
424
2500

详图五：

钢垫板
型钢支撑
高强度螺栓连接
M24
梁齿件
型钢围檩

图 4.3.26　支撑与围檩连接标准做法（一）

支撑与围檩连接详图

详图一：

详图二：

详图三：

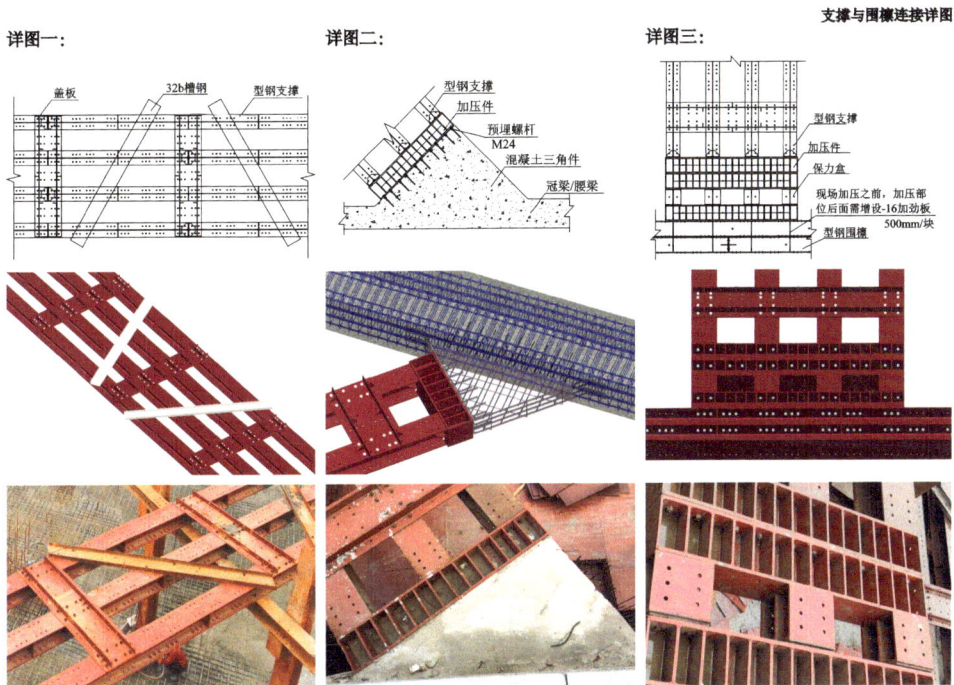

图 4.3.26　支撑与围檩连接标准做法（二）

12. 支撑与立柱连接标准做法

支撑与立柱连接标准做法如图 4.3.27 所示。

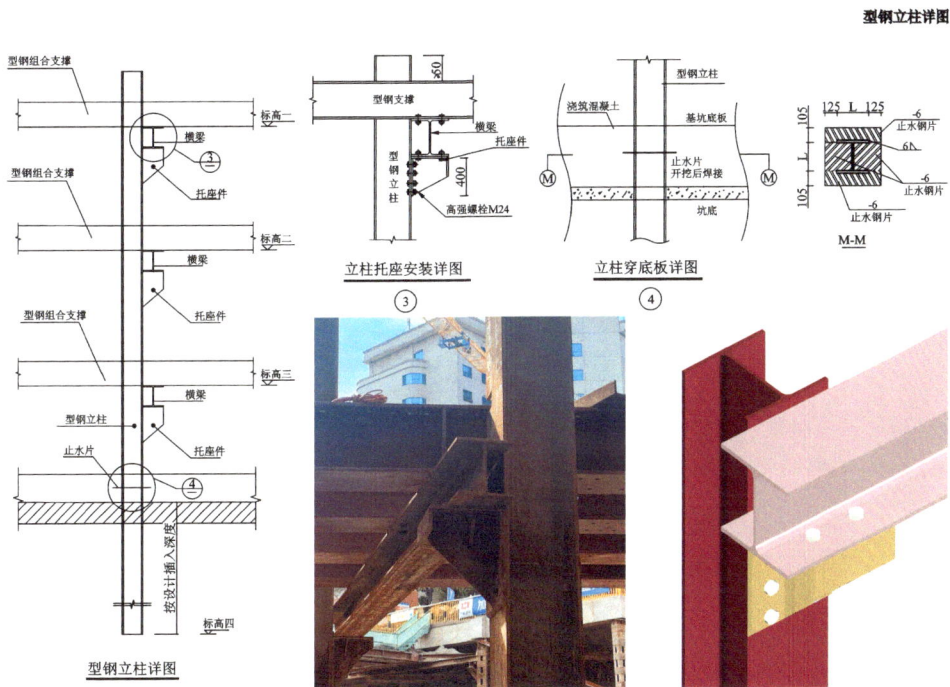

型钢立柱详图

立柱托座安装详图 ③

立柱穿底板详图 ④

M-M

型钢立柱详图

图 4.3.27　支撑与立柱连接标准做法（一）

井字架安装详图一：

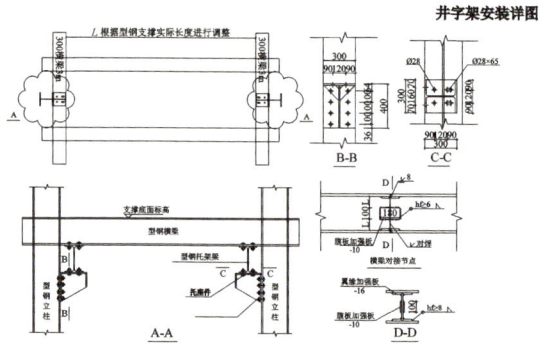

井字架安装详图二：

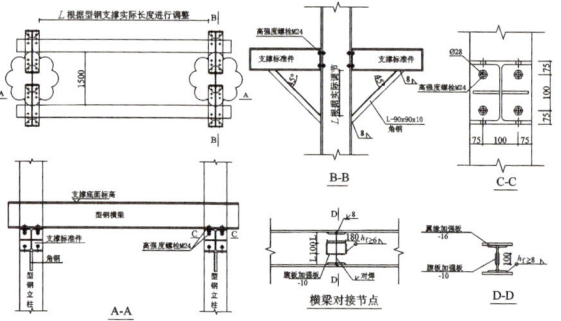

支撑标准件与横梁连接

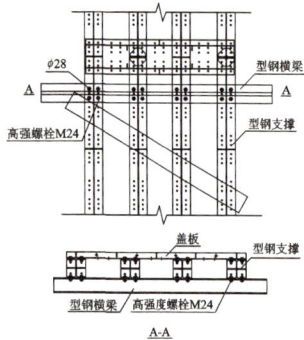

加压件部位与横梁连接

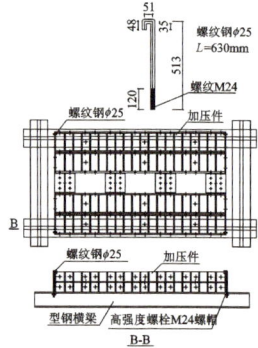

抱箍

支撑与横梁连接节点

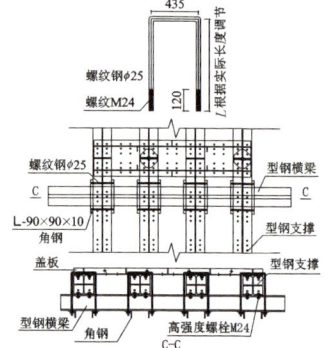

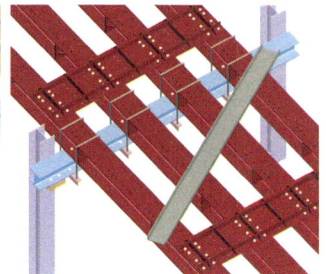

图4.3.27　支撑与立柱连接标准做法（二）

13. 施加轴力节点标准做法

施加轴力节点标准做法如图 4.3.28 所示。

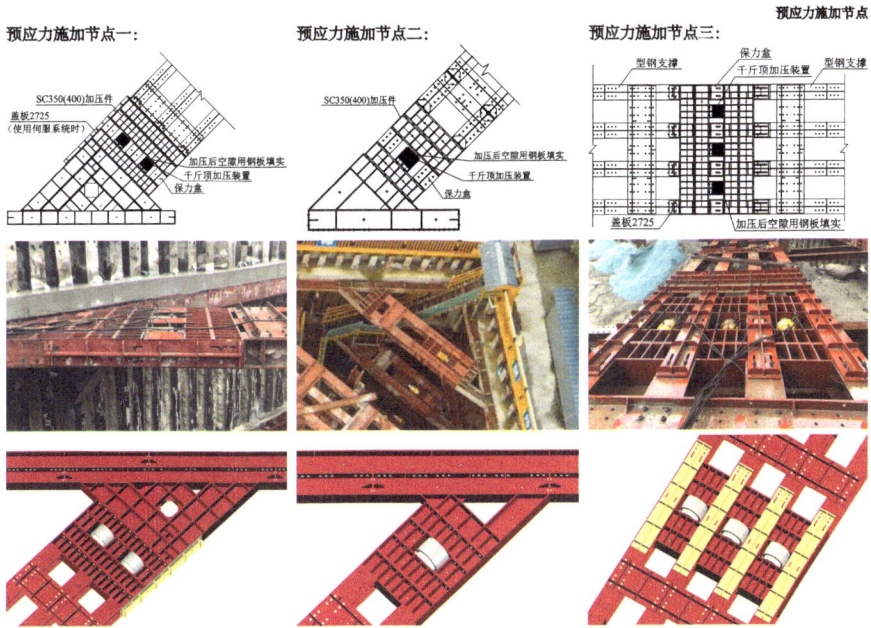

图 4.3.28　施加轴力节点标准做法

14. 钢栈桥与钢便桥标准做法

钢栈桥与钢便桥标准做法如图 4.3.29 所示。

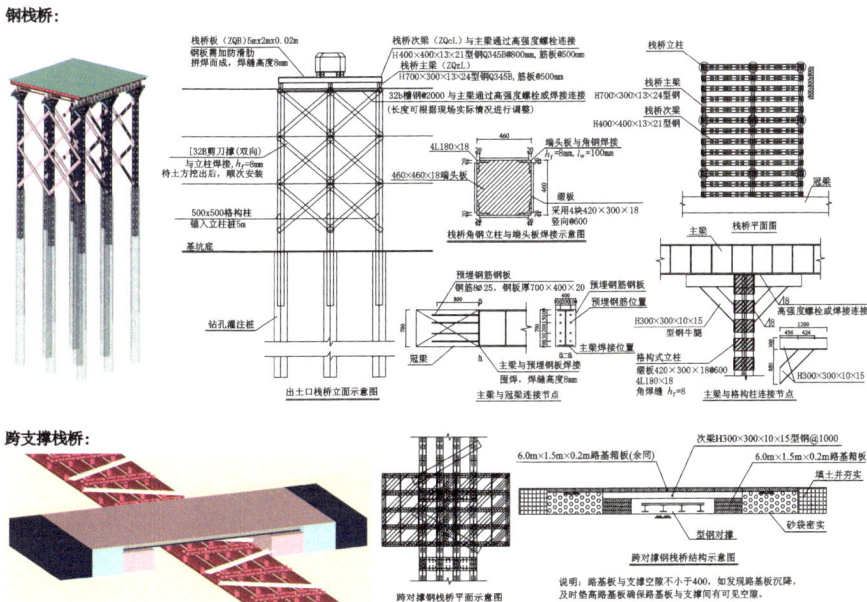

图 4.3.29　钢栈桥与钢便桥标准做法

15. 组合八字标准做法

组合八字标准做法如图 4.3.30 所示。

4m 三角件八字支撑

组合八字支撑

5.4m 三角件八字支撑

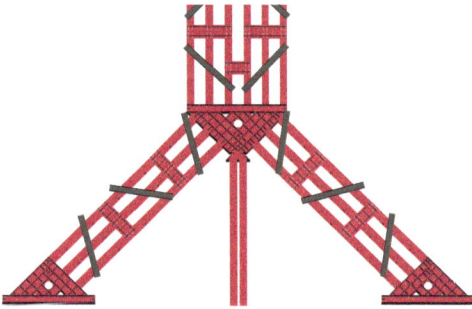

组合八字支撑

大八字支撑

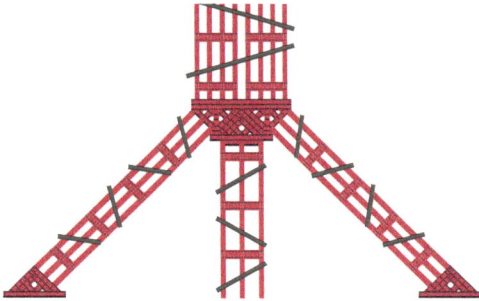

复合八字支撑

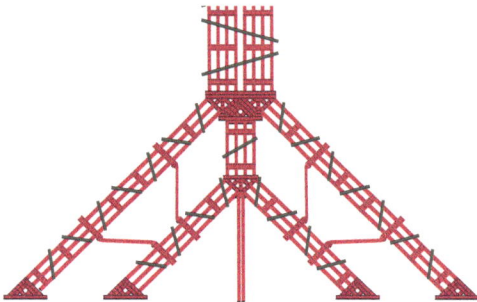

图 4.3.30　组合八字标准做法

16. 边桁架结构标准做法

边桁架结构标准做法如图 4.3.31 所示。

桁架式支撑标准件

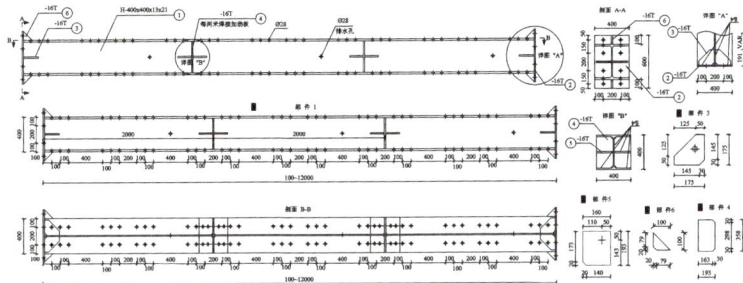

桁架式组合支撑

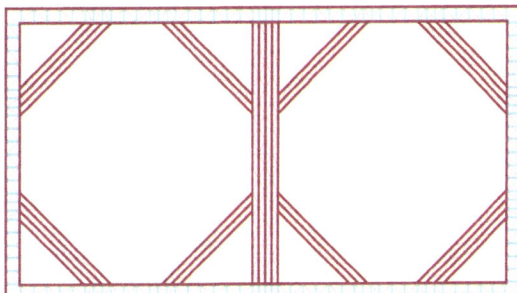

支撑对接节点　　　支撑与角钢连接节点　　　桁架式围檩标准件

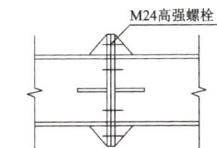

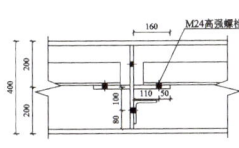

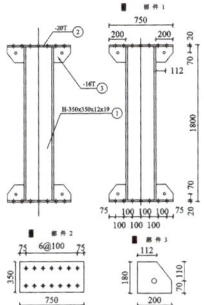

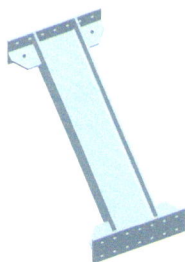

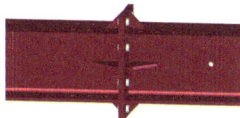

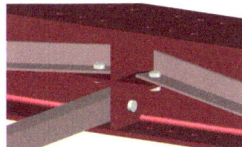

M24高强螺栓

M24高强螺栓

桁架式组合支撑

桁架式围檩组合　　　桁架式组合支撑体系

桁架式支撑组合

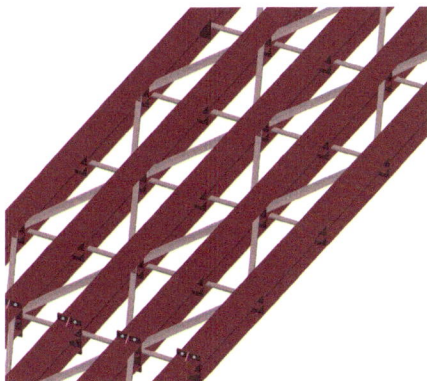

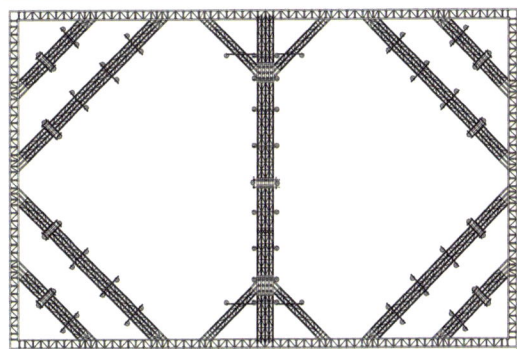

图 4.3.31　边桁架结构标准做法

17. 700×400 规格型钢组合支撑

700×400 规格型钢组合支撑如图 4.3.32 所示。

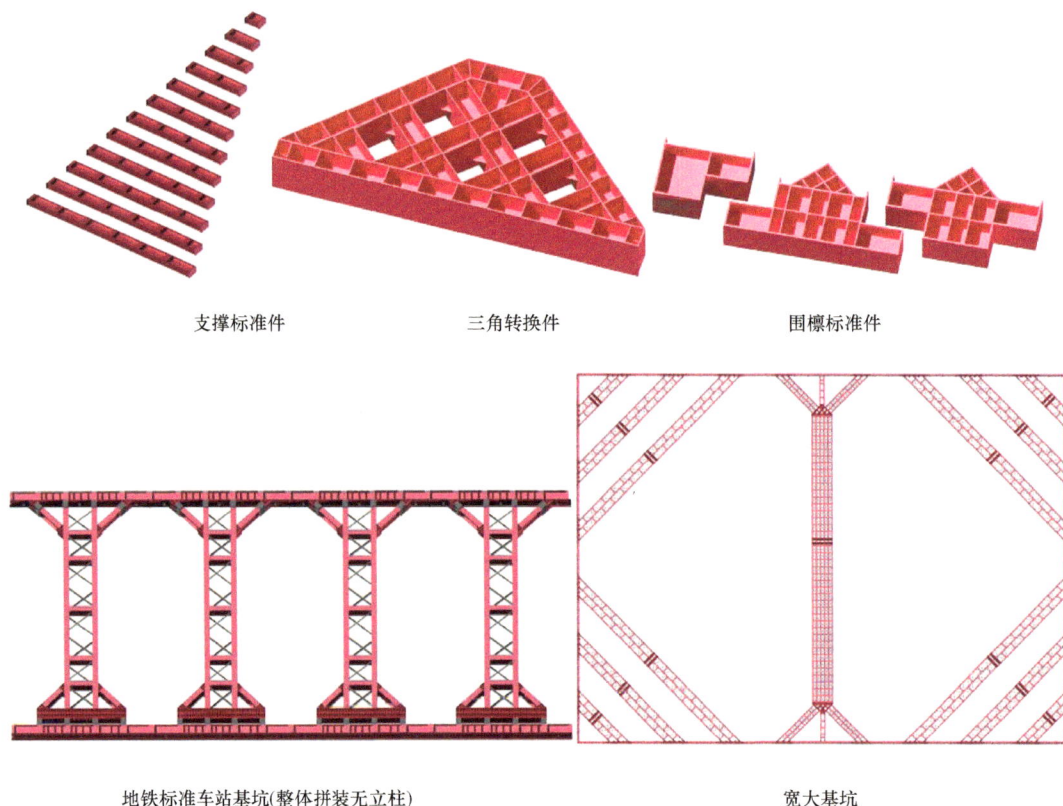

支撑标准件   三角转换件   围檩标准件

地铁标准车站基坑(整体拼装无立柱)   宽大基坑

图 4.3.32   700×400 规格型钢组合支撑

4.4   深化设计标准化

型钢组合支撑结构是一种采用预制构件在现场进行组装拼接而成的装配式结构，拼接接头通常采用螺栓连接（局部采用少量焊接），因此拼接的合理性和精确度等施工质量对其安全性有着至关重要的影响。为确保装配式结构的施工质量满足设计要求，型钢组合支撑在施工前，应由相应专业施工单位根据设计方案对支撑结构进行深化设计。深化设计的原则是：在不改变设计方案的基础上，采用符合设计要求的预制构件进行拼接设计，构件尺寸和规格必须满足设计要求，同时对错缝拼接、非标件的设置、节点处理进行深化，使得装配式结构能达到设计方案整体结构受力要求！简而言之，深化图设计就是根据设计方案的支撑布局，选择最有利的拼接组合方式，将工厂化生产的标准构件组合成最完美的装配式结构。深化设计是对基坑围护设计的一种补充，基坑围护设计时主要考虑支撑结构的整体受力特性，深化设计需要精确到每一个构件的选型、摆放和拼装设计，以期构件装配完成后能满足整体受力性状要求。

深化设计的基本原则：

（1）不得调整基坑设计方案中的支撑平面布局（如需调整，应由基坑设计单位重新进行支撑布局设计、验算），构件不得缺失，构件规格及做法应满足基坑设计及相关规范要求；

（2）不得改变拼接组合方式，应尽量采用整体拼装，不应采用过多零散构件，以免影响装配式结构的整体性和拼装精度；

（3）主要受力构件的拼接缝，其各个方向的强度均应与整体构件相一致，如不一致，应有相应的加强措施或单独进行验算；

（4）对应力集中部位，应采用加强型构件；

（5）主要受力构件的拼接面，应与支撑轴力方向垂直相交，不应直接受剪、受拉或受弯；

（6）螺栓规格与螺栓孔规格应满足设计和规范要求，除加压部位的通长盖板以外，其余部位均不得采用 U 形螺栓孔。

4.4.1　围檩深化设计注意要点

钢围檩和压顶梁的预埋件连接、围檩和围护桩的传力件连接以及围檩间的螺栓连接等，均应在深化设计平面图中一一体现，以便现场按图施工和检验验收。

（1）首先根据支护设计图纸，确定型钢围檩内边线。型钢围檩与钢筋混凝土冠梁一起浇筑时，围檩做钢筋混凝土冠梁的找平线并兼作钢模板，型钢围檩与混凝土冠梁连接节点深化图如图 4.4.1 所示；型钢围檩与围护桩内边线的间距 250mm 左右，实际距离根据现场情况确定，通过传力件的尺寸调整，型钢围檩与围护桩连接节点深化图如图 4.4.2 所示。

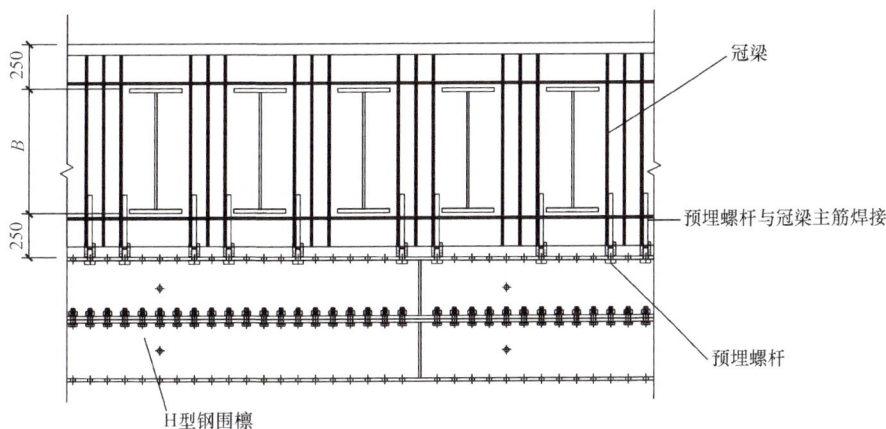

图 4.4.1　型钢围檩与混凝土冠梁连接节点深化图

（2）围檩与围檩之间接头处必须错开 1m 以上，阳角围檩转角非标件须为整体构件，阴角围檩转角非标件错开 0.5m 布置。基坑内侧围檩转角非标件预留缝隙 10mm，用来调节基坑开挖过程中围护桩产生的变形，并用塞铁塞紧，型钢围檩错缝拼接节点深化图如图 4.4.3 所示。

（3）支撑与围檩连接位置，围檩应采用加强型围檩（加劲板间距 500mm），如图 4.4.4 所示。

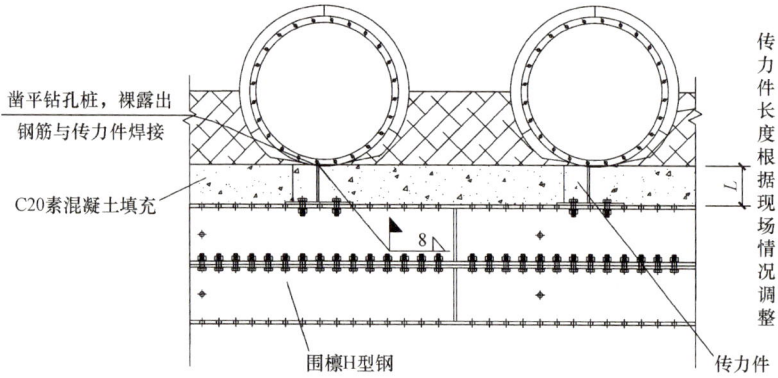

图 4.4.2　型钢围檩与围护桩连接节点深化图

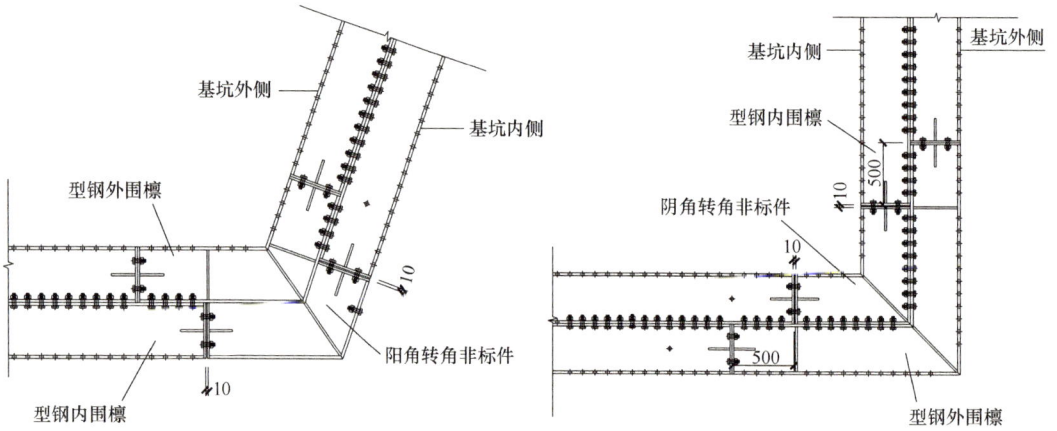

图 4.4.3　型钢围檩错缝拼接节点深化图

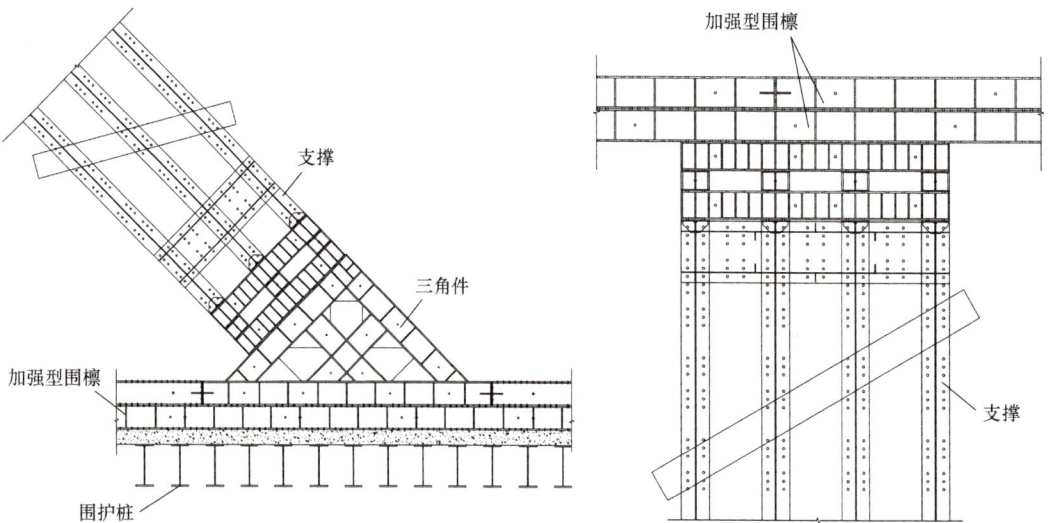

图 4.4.4　支撑与围檩连接节点深化图

（4）围檩接缝处尽量落在加压件或三角件内部，如实在无法避免的情况下，需增设侧盖板，严禁在靠基坑侧围檩中部设置接缝，如图 4.4.5 所示。

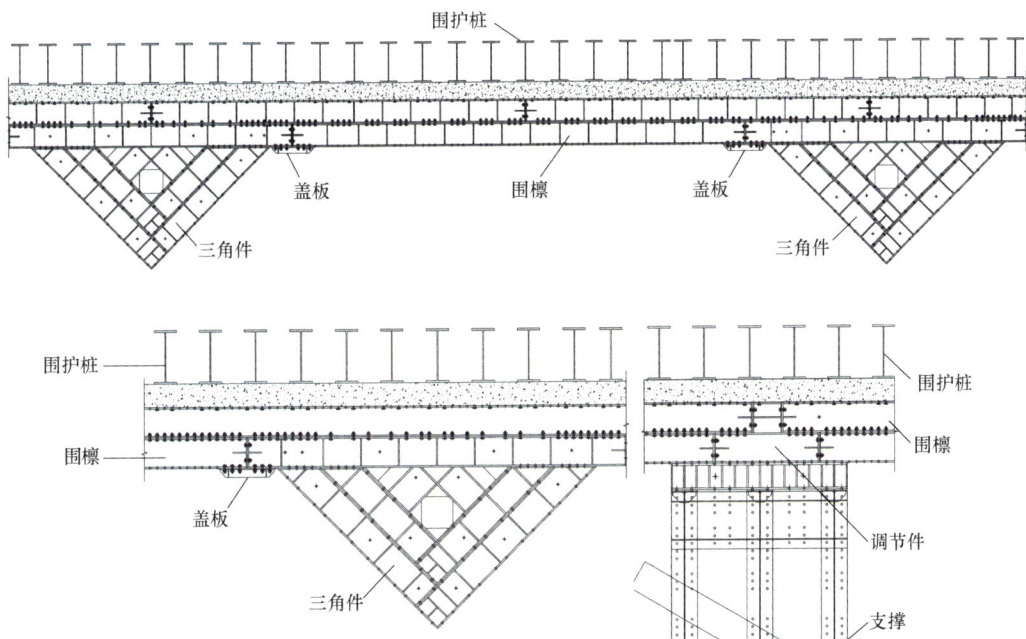

图 4.4.5 围檩错缝拼接连接节点深化图

（5）围檩长度方向超过 80m，应增设一组调节件，防止围檩错孔现象，减小围檩的剪应力。

（6）围檩与围檩、围檩与三角件、围檩与加压件之间螺栓孔必须全部采用螺栓紧固；围檩与压顶梁连接时，螺栓孔必须全部采用预埋螺栓连接。

4.4.2 支撑深化设计注意要点

支撑、三角件、加压件、盖板、系杆等构件之间的螺栓连接均应在深化设计平面图中一一体现，以便现场按图施工和检验验收。

（1）支撑梁所有接头处都应设置盖板，相邻支撑接头位置应错开 4m 以上；接头处应增设上盖板，盖板与盖板之间设置槽钢连系梁；相邻支撑梁下翼缘上表面增设角钢斜拉梁；支撑梁对接处下翼缘应设下盖板。支撑梁错缝拼接连接节点深化图如图 4.4.6 所示。

（2）支撑梁长度方向超过 50m 需增设一组调节件，防止支撑与盖板有错孔现象，如图 4.4.7 所示。

（3）支撑梁细化时，支撑梁加压部位适当留 20～30mm 安装缝隙，加压完成、塞铁塞紧后增设上盖拉板，如图 4.4.8 所示。

4.4.3 横梁立柱深化设计注意要点

横梁与立柱的连接，支撑、加压件、八字转换件、三角件等与横梁或牛腿的连接做法，均应在平面图中一一体现，以便现场按图施工和检验验收，如图 4.4.9 所示。

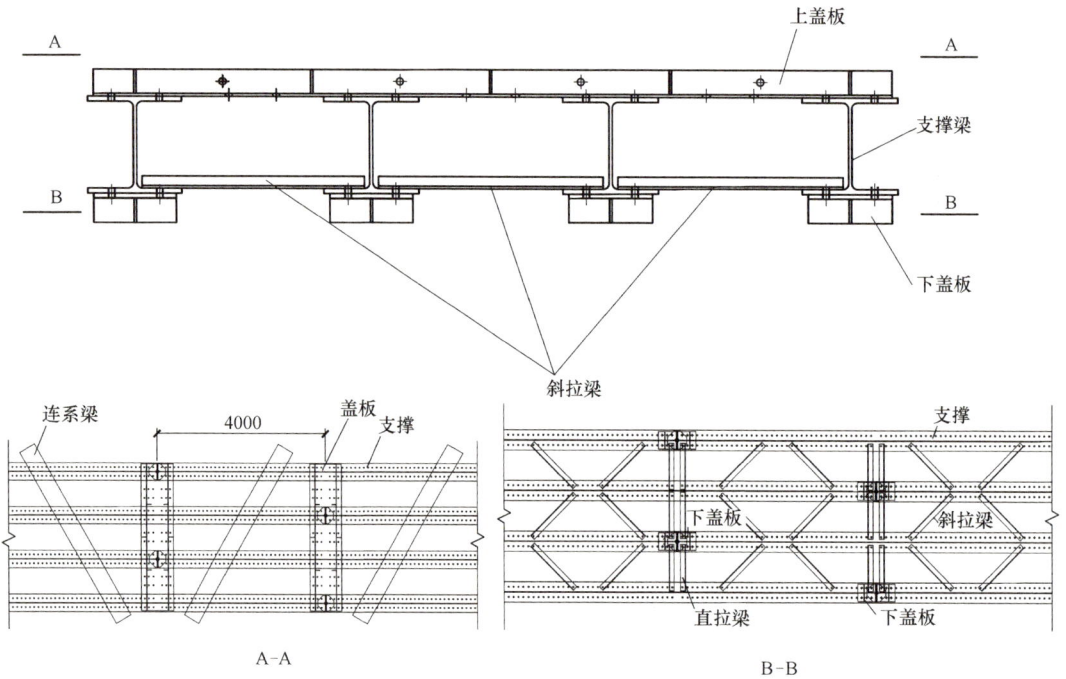

图 4.4.6　支撑梁错缝拼接连接节点深化图

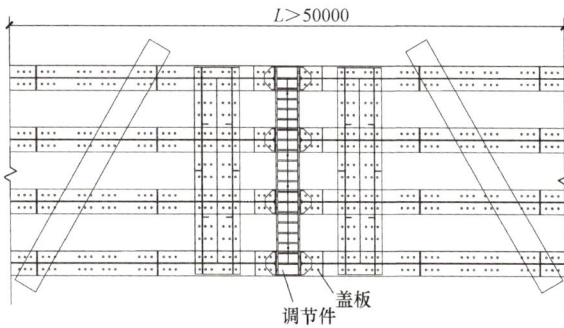

图 4.4.7　支撑梁长度调节件节点深化图

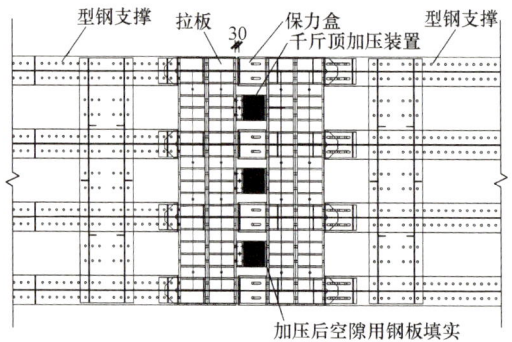

图 4.4.8　支撑梁加压节点深化图

（1）立柱应避开主体结构的梁、柱及承重墙，宜避开承台。

（2）横梁间距不宜大于 10m。

（3）加压件、八字转换件、三角件等构件下面应居中设置井字架。

（4）当立柱两侧均设置托座件时，应在牛腿标高处设置加劲板。

（5）若横梁与支撑之间的连接螺栓少于两套，应设置抱箍。

（6）支撑构件、加压件、八字转换件、三角件等，均应与横梁或牛腿采用螺栓或抱箍进行有效连接。

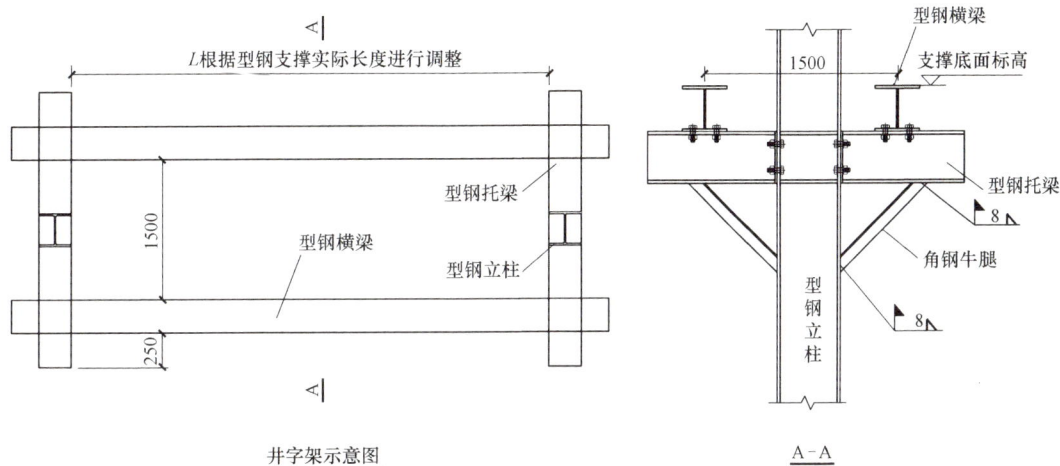

图 4.4.9　横梁立柱连接节点深化图

4.5　安装拆除施工标准化

施工的标准化包括：安装标准化、拆除标准化、流水施工标准化。

4.5.1　安装流程

型钢组合支撑标准化安装流程如图 4.5.1 所示：在支撑安装施工前，首先应复核围护桩（墙）施工的精度，如围护桩施工精度符合标准，则按深化图准备安装材料；如围护桩

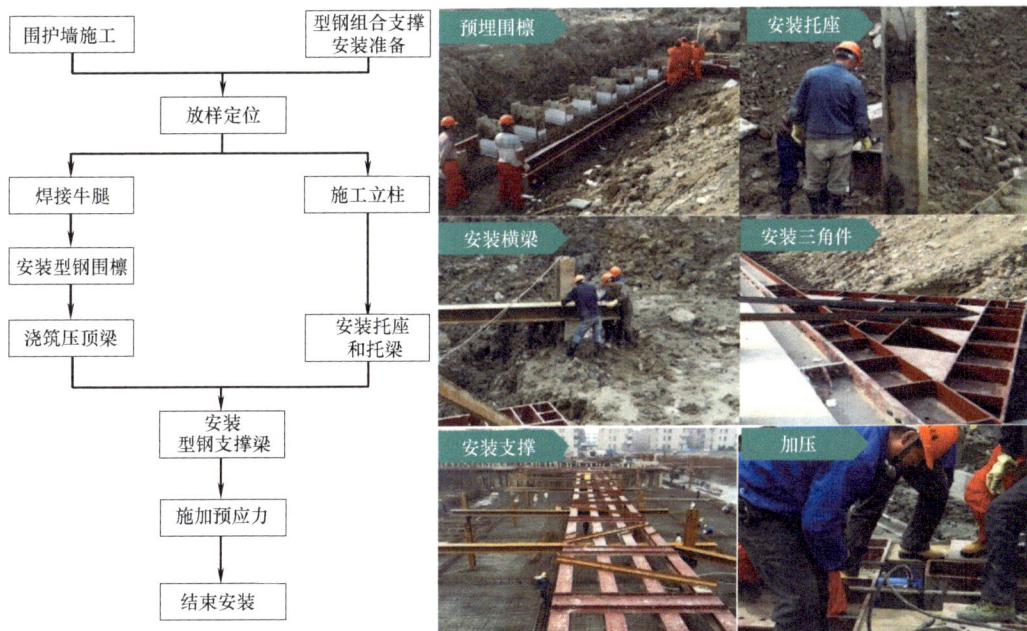

图 4.5.1　型钢组合支撑标准化安装流程

（墙）存在超标的施工误差，甚至是错误，应先对设计方案和支撑布局进行调整，并确认是否需要对围护桩进行加固，最后对深化图进行调整，准备相应的安装材料。

1）支撑定位

型钢支撑梁安装前应进行牛腿安装、围檩安装、立柱与立柱桩施工、托座件与横梁安装，这些竖向支托构件安装完毕后方能进行支撑梁安装，其安装精度决定了支撑梁的水平与竖向精度，因此必须严格控制。

（1）牛腿安装

牛腿的安装是整个支撑体系安装的第一个步骤，如图4.5.2所示。虽然牛腿只是附属构件，不直接参与支撑体系的整体受力，但其定位精度决定了后期的整体安装精度，因此必须严格控制。根据设计工况，将坑内场地平整至支撑底面以下500～1000mm；根据深化图纸所标注的标高确定钢牛腿位置；通过水准仪测定牛腿顶面标高和平整度（应多人次、多台设备校核），并做好标记；进行钢牛腿与围护桩之间的焊接，固定牛腿。

施工过程中注意事项：牛腿焊接前须彻底清理连接部位；清除200mm×200mm范围内的铁锈、油污、混凝土残留物等杂物；牛腿不得出现歪扭、虚焊现象，角钢水平度误差<2mm，其仰角应控制在90°≤θ<95°，牛腿安装允许偏差如表4.5.1所示。

图4.5.2 牛腿安装

牛腿安装允许偏差　　　　　　　　　　　　　　　　　　表4.5.1

序号	项目	允许偏差值
1	板面标高	±10mm
2	水平度	1/1000

（2）安装围檩

型钢围檩与围护桩连接有两种方式：一种是通过混凝土冠梁中的预埋件，将围檩与围护桩连接；另一种是通过与围护桩焊接的传力件，将围檩与围护桩连接。钢围檩与混凝土冠梁连接采用预埋螺杆的连接方式，预埋螺杆必须与冠梁中的钢筋进行焊接，浇筑冠梁时，钢围檩可兼作临时钢模板；钢围檩与围护桩采用T形（或H形）传力件进行连接，传力件间距控制在600mm<@≤2400mm（根据基坑设计要求），中间采用细石混凝土进行填充；传力件与围护桩钢筋或钢板焊接，是型钢组合支撑体系中少有的几个焊接工作之一，其焊接质量决定了围檩与围护桩之间连接的强弱，应严格控制焊接质量。

型钢围檩安装允许偏差　　　　　　　　　　　　　　　　　表4.5.2

序号	项目	允许偏差值
1	板面标高	±10mm
2	水平度	1/1000

安装围檩要点：围檩安装是支撑体系安装的第二个步骤，不仅决定了支撑体系竖向标高的精度，还决定了支撑体系水平位置的精度，因此需要通过经纬仪、全站仪等仪器多人次、多台设备的校核，型钢围檩安装允许偏差如表 4.5.2 所示；在挖土前围檩应当形成封闭或者形成相对封闭（围檩与围护桩之间的抗剪满足要求）；围檩拼接缝隙必须紧贴、密实；所有高强度螺栓必须采用扭矩扳手拧紧；围檩与围檩之间的螺栓数量每米不少于 12 套，且围檩梁之间的贴合面满足抗剪要求；围檩梁间、围檩与转角非标件连接处缝隙的塞紧钢板，应随此处围檩安装完后立刻插入，不可在围檩安装完毕后再塞紧，接缝处应采用侧盖板加固。

型钢围檩通过预埋件与混凝土冠梁连接施工过程如图 4.5.3 所示；型钢围檩通过传力件与工法桩 H 型钢连接施工过程如图 4.5.4、图 4.5.5 所示；T 形传力件焊缝如图 4.5.6 所示，H 形传力件焊缝如图 4.5.7 所示；传力件与钻孔桩钢筋焊接如图 4.5.8 所示；传力件与地下连续墙预埋钢板焊接如图 4.5.9 所示；传力件与地下连续墙钢筋焊接如图 4.5.10 所示；围檩接缝处加强措施如图 4.5.11 所示。

图 4.5.3　型钢围檩通过预埋件与混凝土冠梁形成整体

图 4.5.4　型钢围檩通过传力件（H 形）与围护桩形成整体

图 4.5.5 型钢围檩通过传力件（T 形）与围护桩形成整体

图 4.5.6 T 形传力件焊缝

图 4.5.7 H 形传力件焊缝

图 4.5.8 传力件与钻孔桩钢筋焊接

图 4.5.9 传力件与地下连续墙预埋钢板焊接

（3）安插立柱

型钢立柱与立柱桩的加工、运输、堆放应控制平直度；直接采用 H 型钢作为型钢立柱与立柱桩时，立柱与立柱桩施工通过机械手振动插入土体，如图 4.5.12 所示；若土层坚硬，振动插入困难，可在振动时灌入清水，如还是难以插入，则需要采用长螺旋或旋挖引孔等辅助措施，如图 4.5.13、图 4.5.14 所示；应采取有效措施控制立柱的定位、垂直

图 4.5.10　传力件与地下连续墙钢筋焊接

图 4.5.11　接缝处的塞紧钢板与侧盖板

度及转向偏差，立柱垂直度应控制在桩长的 0.5%，可采用吊垂线的方式来控制，立柱施工允许偏差如表 4.5.3 所示；立柱为型钢，立柱桩为灌注桩时，采用后插法施工，在灌注桩浇筑完混凝土、混凝土初凝前将型钢立柱插入；受施工机械与运输的约束，型钢立柱构件整体长度为 12～15m，如型钢立柱与立柱桩长度大于此长度，需现场对接施工，立柱对接方式可采用焊接对接方式（图 4.5.15）或螺栓对接方式（图 4.5.16），螺栓对接施工速度快，安装质量更有保障，螺帽与螺杆应点焊固定，防止振动引起螺栓松动；立柱周围土方应均匀对称开挖，避免局部土方滑动对立柱产生影响，如图 4.5.17 所示。

图 4.5.12　机械手安插立柱

图 4.5.13　长螺旋引孔
（坚硬土层）

图 4.5.14　旋挖引孔
（卵石或岩层）

图 4.5.15　型钢立　　　　　　图 4.5.16　型钢立柱螺　　　　图 4.5.17　局部开挖导致
柱焊接　　　　　　　　　　栓对接　　　　　　　　　立柱偏斜

立柱施工允许偏差　　　　　　　　　　　　　　表 4.5.3

序号	项目	允许偏差
1	定位	50mm
2	垂直度	≤0.5%
3	柱顶标高	±30mm

（4）安装托座与横梁

横梁材料必须采用整根型材，严禁使用分段连接材料；托座件应用全站仪或经纬仪确定标高，托座与横梁标高的精度，直接决定了支撑水平安装精度，因此也需要多人次、多台设备的校核；托座件与立柱连接螺栓不少于 6 套；横梁与托座件连接螺栓不少于 4 套，如少于 4 套，托座与横梁必须进行焊接；横梁与钢支撑采用螺栓连接，每根支撑梁与横梁连接不少于 2 套螺栓，加压件、八字转换件、三角件等，也均应与横梁或牛腿采用螺栓或抱箍进行有效连接；横梁与支撑梁不得有空隙，如有缝隙需加板填实并复核支撑平整度。托座与横梁安装如图 4.5.18 所示。

图 4.5.18　托座与横梁安装

2）型钢支撑梁安装

横梁与型钢围檩安装完毕后，方可安装型钢支撑梁；支撑梁应控制水平度，防止支撑梁偏心受压；支撑梁构件采用塔吊或挖土机械进行材料的吊装与拼接，严禁挖土机碰撞支撑梁；钢支撑梁拼装完后，根据图纸对盖板及槽钢进行定位安装；所有构件采用高强度螺栓 M24（10.9S）连接，螺栓的紧固分两次进行，初拧扭矩为终拧值的 50%～70%，螺栓终拧值为 726N·m。型钢支撑梁安装允许偏差如表 4.5.4 所示，型钢支撑梁安装过程如图 4.5.19 所示。

型钢支撑梁安装允许偏差　　　　　　　　　　　　　　　　表 4.5.4

序号	项目	允许偏差值
1	两端中心线的偏心误差	20mm
2	两端的标高差	小于 20mm 或型钢支撑梁长度的 1/600，两者之中取较小值
3	挠曲度	小于 50mm 且不大于跨度的 1/1000
4	轴线偏差	±10mm

图 4.5.19　支撑梁安装

3）高强度螺栓紧固

型钢组合支撑连接统一采用 M24（10.9S）高强度大六角头螺栓紧固，每套螺栓包含一个螺栓、一个螺母、两个垫圈。高强度螺栓紧固要点：紧固必须分两次进行，第一次为初拧，采用电动扭力扳手进行紧固，初拧紧固到螺栓标准轴力（即设计预拉力）的

60%～80%。第二次紧固为终拧，采用扭矩扳手进行紧固，终拧值为 750N·m。为使螺栓群中所有螺栓均匀受力，初拧、终拧都应按一定顺序进行。螺栓紧固步骤按初拧、终拧、复拧（复拧应多次进行：支撑预应力施加完后、土方开挖后、固定间隔一定时间）。高强度大六角头螺栓及紧固如图 4.5.20 所示。高强度螺栓终拧后应检验螺栓丝扣外露长度，要求螺栓丝扣外露 2～3 扣为宜，其中允许有 10% 的螺栓丝扣外露 1 扣或 4 扣，如图 4.5.21 所示。

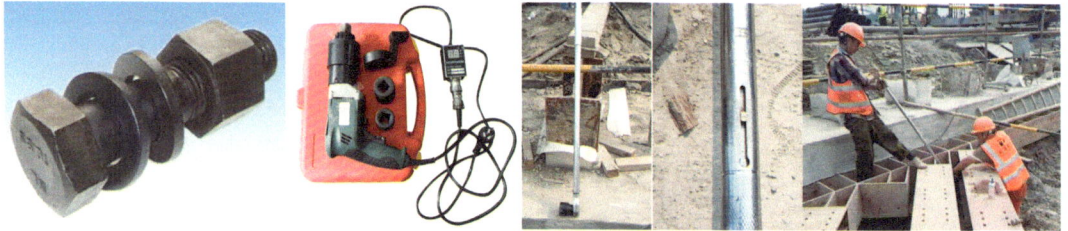

图 4.5.20　高强度大六角头螺栓及紧固

图 4.5.21　高强度螺栓终拧丝扣长度

高强度螺栓连接副终拧扭矩值按下式计算：

$$T_c = kP_c d \qquad (4.5.1)$$

式中：T_c——终拧扭矩值（N·m）；

　　　P_c——施工预拉力值标准值（kN）；螺栓公称直径为 M24，性能等级为 10.9S 的施工预拉力为 250kN，其他规格详见相应标准；

　　　d——螺栓公称直径（mm）；

　　　k——扭矩系数（平均值应为 0.110～0.150）。

各部位节点高强度螺栓紧固要求：

（1）围檩与围护桩（T 形件、H 形件、预埋件）之间螺栓紧固要求：第一道围檩与围护桩连接件的螺栓采用电动扭力扳手进行初拧紧固，按围檩拼装顺序依次进行与围护桩连接；后采用扭矩扳手进行终拧，依次进行紧固。

（2）围檩与围檩之间紧固要求：第二道围檩拼装顺序从一端往另一端拼装，第一根围檩端部需空出预留缝隙 10mm，使其保证与第一道围檩螺栓孔相对应，两道围檩翼缘间摩擦面贴紧，应采用扭矩扳手进行紧固，紧固值需达到终拧值。为防止第一道围檩与第二道围檩出现错孔现象。在安装第二根围檩时，应先与第一根围檩端板螺栓进行紧固，端板面贴紧为止，后与第一道围檩相对应螺栓进行紧固。依次进行安装。

（3）横梁、托座件与立柱紧固要求：立柱桩安插完后，全站仪打完标高进行托座件与立柱的连接。先立柱翼缘上现场开直径 28mm 螺栓孔，后采用高强度螺栓与托座件进行分级紧固；托座安装完后，横梁下翼缘现场开直径 28mm 螺栓孔（托座件上板孔与横梁下翼缘相对应的螺栓孔）与托座件进行连接，采用高强度螺栓进行分级紧固。

（4）保力盒部位紧固要求：支撑拼装完后，保力盒一端螺栓采用分级紧固；另一端需待加压完成后采用钢板垫块塞紧，再采用螺杆长度约 130mm 的高强度螺栓进行分级紧固。

（5）盖板、槽钢螺栓紧固要求：施加预应力之前，支撑上的盖板、槽钢需高强度螺栓进行紧固，紧固值为设计值的 80％，围檩对接处的侧盖板紧固值为设计值的 80％。

（6）横梁与支撑紧固要求：预应力施加前，支撑构件、加压件、八字转换件、三角件等，均应与横梁或牛腿采用螺栓或抱箍进行有效连接，横梁上的连接螺栓孔可现场开孔，如图 4.5.22 所示。

图 4.5.22　横梁与支撑连接

（7）垫梁与支撑紧固要求：双层支撑拼装时，采用垫梁将上层支撑与下层支撑组合拼装起来，下层支撑梁安装的同时，盖板、槽钢、垫梁一起与下层支撑梁进行分级紧固，再架设上层支撑梁，依次进行拼装，如图 4.5.23 所示。最后，上、下层支撑同时施加预应力。

图 4.5.23　双层支撑拼装

4）预应力施加

作为循环使用的装配式结构，安装过程中构件与构件之间不可避免地存在一定的缝隙，否则无法安装。当支撑安装完毕后，为确保装配式结构能整体共同受力，因此必须施加预应力将各个构件贴紧。同时，施加预应力可以预先消除一部分支撑变形，提高支撑体系抵抗变形的能力。型钢组合支撑的预应力施加及数值应符合设计要求，根据土质条件和变形控制要求，预应力应为设计轴力的70%（硬土地层）～100%（软土地层）；如需要主动控制基坑变形，预应力值可以施加到设计轴力（按静止土压力进行剖面计算）的100%～120%。

预应力施加完后，为保证预应力不损失，应采用不会松动的锁定装置，将加压位置锁定。如需主动控制变形，在加压位置采用主动变形控制伺服系统进行实时控制，此时的锁定装置需要做到：沿着支撑轴线方向可以伸缩；支撑的水平与竖向不能发生失稳，因此需加上跨越加压件的通长上盖板、下盖板、侧盖板，起到抵抗弯曲变形的约束作用，盖板上开长条形（U形）螺栓孔，并采用螺栓将加压件与横梁进行约束连接。

预应力施加要点：加压位置属于应力集中位置，应采用加强型的多道加压件作为受力转换层；预应力施加时，千斤顶压力点应与型钢支撑梁轴力线重合，千斤顶应在型钢支撑梁轴线两侧对称、等距放置，且应同步施加压力；加压前所有螺栓必须紧固达到设计要求；加压油泵、千斤顶必须通过标定检验；预应力应根据逐级加压，一般依次为总量的20%、50%、30%，每级加压后宜保持压力稳定10min后再施加下一级压力；达到设计预应力值后，方可锁定；预应力锁定完毕后，应对支撑连接螺栓、围檩连接螺栓等受力构件的所有连接螺栓重新紧固；在施加预应力前，应根据监测要求，在相应位置安装应变计，并测量初始读数，加压完毕后，读出型钢支撑轴力的初始值，具体操作如下。

预应力施工前准备工作：

（1）必须对油泵及千斤顶进行标定，并做好记录，如图4.5.24所示；

（2）保力盒一端与支撑采用连接高强度螺栓紧固，另一端无须紧固；

（3）安放千斤顶安置架，如图4.5.25所示；

（4）将液压千斤顶放入预留的加压位置，与支撑轴力方向一致；

（5）连接油管与油泵，用分配阀对每组千斤顶进行加压分配。

图4.5.24　加压高压油泵

图4.5.25　千斤顶安置架

预应力施加及加压节点固定措施如图4.5.26所示。

（1）预应力施加过程中，必须严格按照设计要求分步施加预应力，第一次预加 50%，检查螺栓、螺帽，无异常情况后，施加第二次预应力，达到设计要求，并记录轴力原始初始值；

（2）预应力施加完成后，保力盒未紧固端的缝隙由钢板垫块进行填实，并用高强度螺栓紧固，此时保力盒两端的高强度螺栓都需紧固到螺栓的终拧值，2min 后方可回油松开千斤顶；

（3）加压完后拆除千斤顶，在加压部位上方安装长条形盖板，对加压部位拼接缝补强。

图 4.5.26　预应力施加及加压节点固定措施

加压部位与横梁的连接如图 4.5.27 所示，可采用三种形式：（1）抱箍；（2）三角铁板；（3）高强度螺栓。

卸压操作过程：

（1）拆除加压部位上方长条形盖板；

（2）将液压千斤顶放置在预留位置内，与支撑轴力方向一致；

（3）卸除保力盒一端高强度螺栓的连接，使其变为自由端；

（4）连接油管与油泵，用分配阀对每组千斤顶进行卸压分配；

（5）卸压轴力值可比支撑轴力大 20% 左右，再将缝隙处的垫块、保力盒依次拆除，千斤顶油压按需进行回油；

图 4.5.27　加压部位与横梁的连接

（6）拆除千斤顶。

5）安装验收

每道支撑安装结束后，应对每道型钢支撑进行安装质量验收，验收标准如表 4.5.5、表 4.5.6 所示。

水平支撑系统安装质量验收标准　　　　　　　　　　　　表 4.5.5

项目	序号	检查项目		允许值	允许偏差		检查方法
					单位	数值	
主控项目	1	外轮廓尺寸		—	mm	±5	水准仪
	2	预应力		—	kN	±50	油泵读数或传感器
一般项目	1	型钢支撑梁	支撑挠度	—	1/1000		钢尺
	2		平面位置	—	mm	20	钢尺
	3		标高	—	mm	±20	水准仪
	7	连接质量			设计要求		
	10	螺栓松紧度		≥726N·m	—		扭矩扳手
	11	盖板系杆	尺寸、规格	—	mm	±1	钢尺
	12		间距	—	mm	±20	钢尺
	13	焊缝厚度		设计值	—		焊缝检验尺

竖向支撑系统质量验收标准　　　　　　　　　　　　表 4.5.6

项目	序号	检查项目	允许偏差		检查方法
			单位	数值	
主控项目	1	立柱截面尺寸	mm	5	钢尺
	2	立柱长度	mm	±50	钢尺
	3	垂直度	mm	1/100	钢尺或吊线
一般项目	1	立柱挠度	mm	1/500	钢尺
	2	立柱顶标高	mm	±30	水准仪
	3	平面位置	mm	20	钢尺
	4	平面转角	°	3	钢尺
	5	托座、托架标高	mm	±5	水准仪

4.5.2　挖土施工流程

采用型钢组合支撑体系，挖土施工的关键点在于合理安排施工工序，既要保证不超挖、确保基坑安全，又要实现流水化施工作业。流水化施工作业与支撑体系封闭并不相矛盾，通过分块施工，减少基坑暴露时间、减少基底土卸荷量，相应区域支撑体系分块封闭后，满足整体稳定和土压力的传递平衡要求，即可分块开挖。

以一个长条形基坑案例，描述支撑安装、土方开挖、地下室施工、支撑拆除的流水施工作用过程，如图 4.5.28 所示。

图 4.5.28　长条形基坑流水施工作业过程（一）

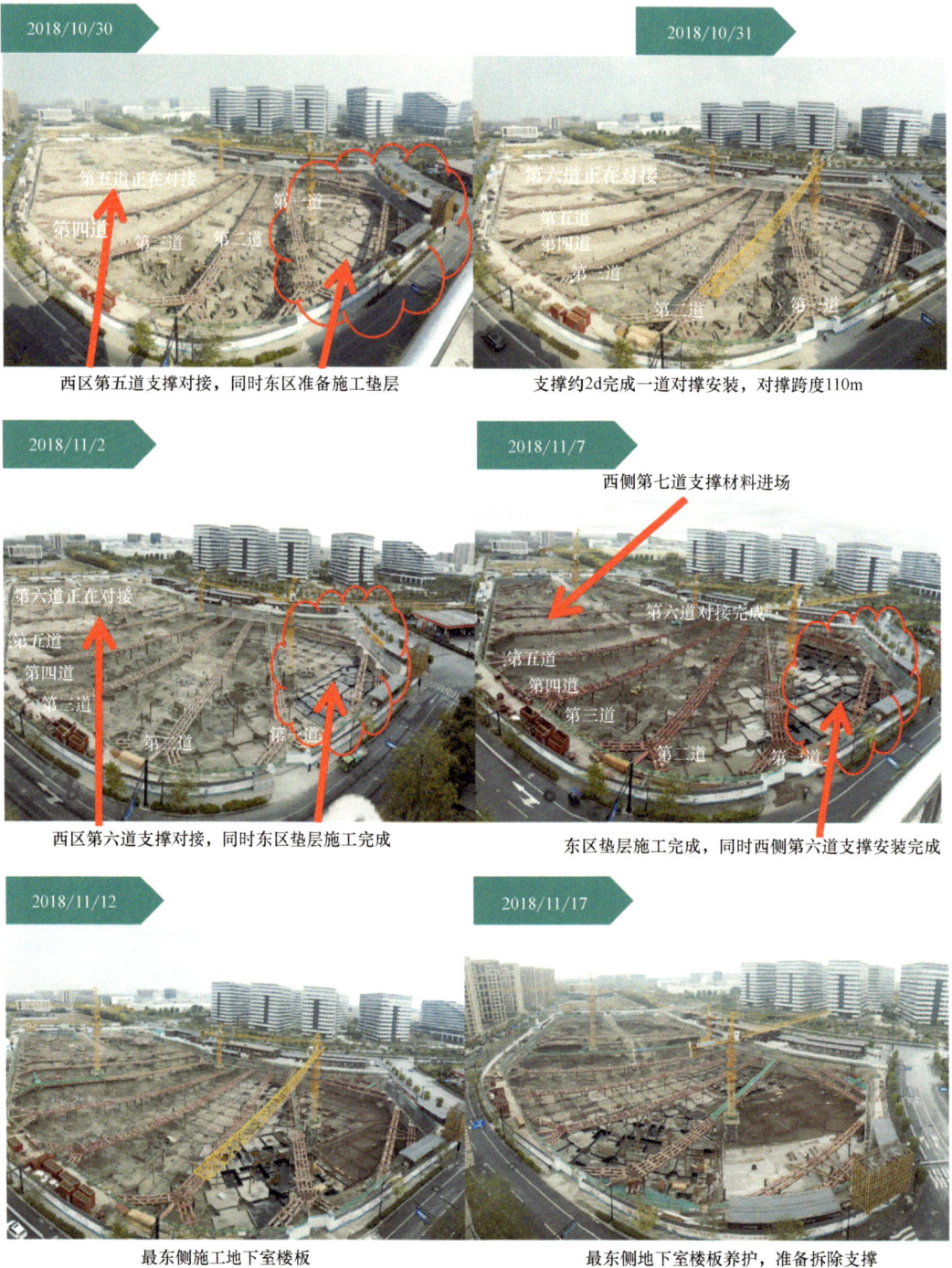

西区第五道支撑对接，同时东区准备施工垫层 支撑约2d完成一道对接安装，对撑跨度110m

西区第六道支撑对接，同时东区垫层施工完成 东区垫层施工完成，同时西侧第六道支撑安装完成

最东侧施工地下室楼板 最东侧地下室楼板养护，准备拆除支撑

图4.5.28 长条形基坑流水施工作业过程（二）

对于开口基坑，支撑体系无法封闭，侧向土压力荷载需要依靠围护桩侧壁与土之间的摩擦力来抵抗。此类情况应对端部进行加强，避免基坑整体偏移，如图4.5.29所示。

围护桩施工　　　　　　　　　　　　　　　　围檩安装

支撑安装　　　　　　　　土方开挖　　　　　　　支撑拆除

图 4.5.29　开口基坑施工流程

　　型钢组合支撑土方开挖主要采用掏土的开挖方式，支撑底部的土方通过挖机转至相邻支撑中间区域（通常间距有 20～40m 宽的区域），土方车辆在相邻支撑中间区域装车，各种地层中、不同层数支撑条件下的掏挖施工如图 4.5.30 所示。在淤泥土地层中，可设置临时挖土和装车平台，如图 4.5.31 所示。多层钢筋混凝土支撑的掏挖施工如图 4.5.32 所示。土方开挖设备和车辆通常都从支撑底部通过，也可以设置栈桥从栈桥上通过，栈桥板结构如图 4.5.33 所示，栈桥分两种：一种是固定栈桥（可采用钢筋混凝土栈桥也可以用型钢栈桥，栈桥的立柱采用格构柱加钻孔桩），如图 4.5.34 所示；另一种是临时性栈桥，在支撑两侧用混凝土块或沙袋垫高作为临时支墩，支墩上再铺设钢路基箱跨过支撑，如图 4.5.35 所示。不设置栈桥且采用多层支撑的深基坑工程，也可以采用退台式挖土方式，如图 4.5.36 所示。

图 4.5.30　型钢组合支撑土方掏挖施工过程

图 4.5.31　淤泥土中设置临时挖土平台

图 4.5.32　多层钢筋混凝土支撑土方掏挖施工过程

图 4.5.33　栈桥板

图 4.5.34   固定式钢栈桥

图 4.5.35   临时性钢便桥

图 4.5.36   不使用栈桥的退台式挖土

4.5.3   拆除流程

支撑拆除前和拆除过程中必须随时监测基坑变形情况，支撑拆除分泄压和拆除两个步骤，支撑应隧道泄压、拆除，先拆短支撑、再拆长支撑，每一道支撑泄压后应先观察变形情况，变形满足设计要求方能拆除支撑；否则，应重新加压、重新紧固，找到原因并加固后方能再次泄压。

型钢支撑泄压、拆除流程如图 4.5.37 所示。支撑拆除施工现场如图 4.5.38 所示，支撑拆除方式及安全措施如图 4.5.39 所示。型钢支撑拆除时注意事项：泄压之前，传力带应浇筑完成，且强度需达到设计要求；严禁卸压前拆除盖板和斜拉槽钢；在支撑卸压前采用钢抱箍对钢支撑进行固定，防止支撑起拱；在支撑卸压及拆除时，应采用吊绳或脚手架等措施固定支撑，严禁构件坠落损伤主体楼板。

```
释放预应力 → 钢支撑拆除 → 围檩、三角 → 横梁、托 → 立柱割除 → 内侧围 → 割除钢
                          传力件拆除    座件拆除              檩拆除     牛腿件
                │
        ┌───────┼───────┐
      系杆    盖板    支撑梁
```

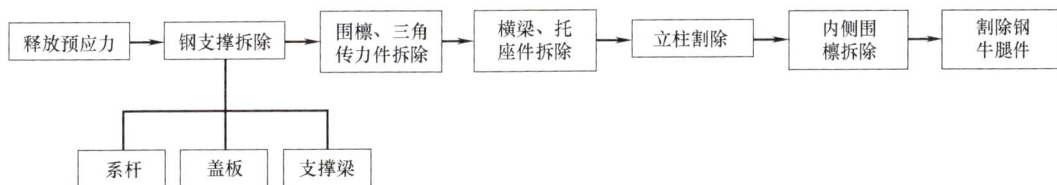

图 4.5.37　支撑拆除施工流程

图 4.5.38　支撑拆除施工现场

| 泄压前增设抱箍等约束 | 拆除盖板槽钢等连接件 | 拆除支撑围檩构件 |

图 4.5.39　支撑拆除方式及安全措施

4.5.4　运输、吊装和堆放

运输、吊装的主要机械设备：汽车起重机、门式起重机、行车、运输车、吊装带、挂钩、钢丝绳。施工现场多采用塔式起重机或汽车起重机吊装。吊装时应有有效的固定措施，避免坠落，同时四周视野开阔，有利于观察，严禁多台设备在同一区域吊装，不同起吊设备之间的距离应超过各自的起吊半径之和。

材料堆放应规则整齐，不同功能、不同尺寸的构件应分别堆放，堆放高度不应超过堆

放宽度，且不能超过地基承载力，避免坍塌。支撑吊装及入库堆放如图 4.5.40 所示，现场吊装及临时堆放如图 4.5.41 所示。

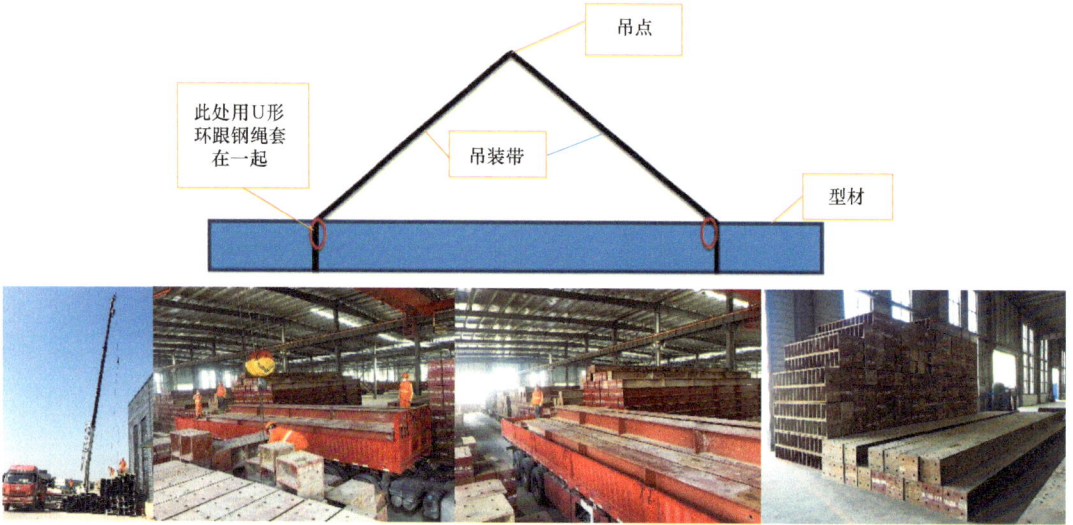

图 4.5.40　支撑吊装及入库堆放

图 4.5.41　现场吊装及临时堆放

4.5.5　施工过程中容易出现的问题

（1）角钢牛腿焊接后水平度不达标，每一个角钢牛腿的安装必须用水准仪测量复核，如图 4.5.42 所示；牛腿焊接质量不合格，支撑拆除时容易造成围檩垂落，无立柱情况的支撑应搭设脚手架拆除支撑，如图 4.5.43 所示。

图 4.5.42　角钢牛腿平整度不够、标高不准确和焊缝不合格等问题

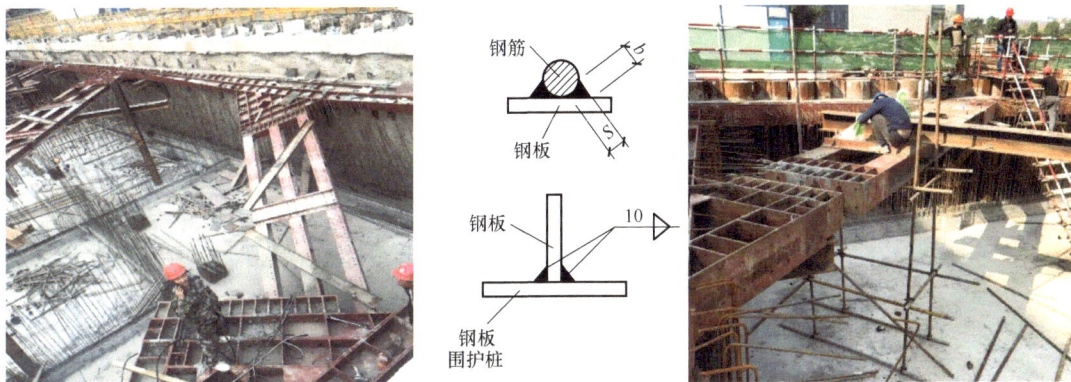

图 4.5.43　牛腿焊接不合格会导致支撑拆除时垂落

（2）传力件的施工与地脚螺栓的预埋质量通病如图 4.5.44 所示：焊接完成后焊渣没有清理干净；传力件与围檩连接处缝隙过大；地脚螺栓数量不满足要求；地脚螺栓钢筋与无缝管的连接丝扣不足，当地脚螺栓与围护桩位置冲突，螺杆长度不足，地脚螺栓需做弯钩处理；桩位偏差过大，导致地脚螺栓达不到锚固作用，需加大压顶梁。

垃圾未清理干净　　　　　　　　　　　偏位过大导致锚固不足

预埋件定位不准导致支撑安装偏差　　　　围檩底部预埋件缺失

图 4.5.44　传力件的施工与地脚螺栓的预埋质量通病

（3）立柱、托座、横梁安装质量通病如图4.5.45所示：立柱垂直度偏差较大；横梁与托座螺栓未连接；立柱施工中未避开主体结构的梁、柱、墙结构；在借用工程桩时定位不准确或破坏了工程的主筋；托座与横梁在安装时未复核平整度，支撑与横梁之间有缝隙，应复核支撑和横梁标高，加塞垫板填实并采用螺栓紧固，如图4.5.46、图4.5.47所示。

立柱垂直度偏差较大　　　　横梁与托座螺栓未连接　　　　支撑与横梁之间有缝隙

加压件、三角件等位置与横梁间缺少竖向紧固，导致节点拱起破坏

图4.5.45 立柱、托座、横梁安装质量通病

图4.5.46 立柱、托座、横梁安装加强措施

翼缘连接板
②R≥35
坡口焊
h_f≥8
h_f≥6
180
腹板连接板
①
对焊

翼缘连接板
②-10
80
h_f≥8
腹板连接板
①-10
h_f≥6
1—1

H型钢对接补强措施

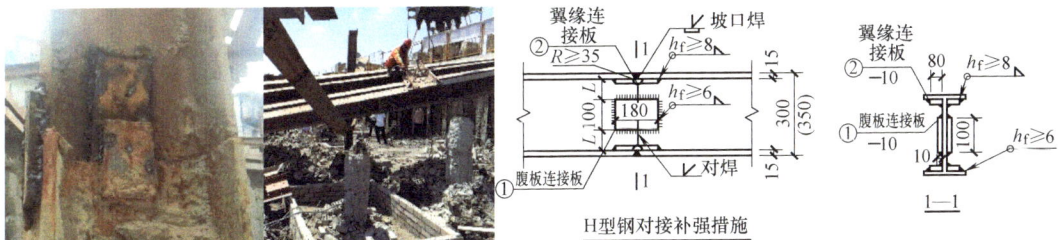

横梁不允许采用焊接材料，易发生折断导致支撑跌落，如发现有焊接材料，能替换的应替换，无法替换的必须补强

图 4.5.47　立柱与横梁焊接加强措施

（4）围檩安装通病如图 4.5.48 所示：围檩筋板不足，可能导致围檩腹板屈曲；在围檩拼接中存在缝隙，不密实，导致后续围檩拼接时螺栓孔对不上；在围檩安装中采用替换构件拼装，导致后续围檩拼装螺栓孔对不上或者数量不够；围檩梁与转角非标件的连接处塞板不密实；围檩未封闭或抗剪长度不够。

围檩筋板不足

腹板屈曲　　　　　　围檩筋板应加密

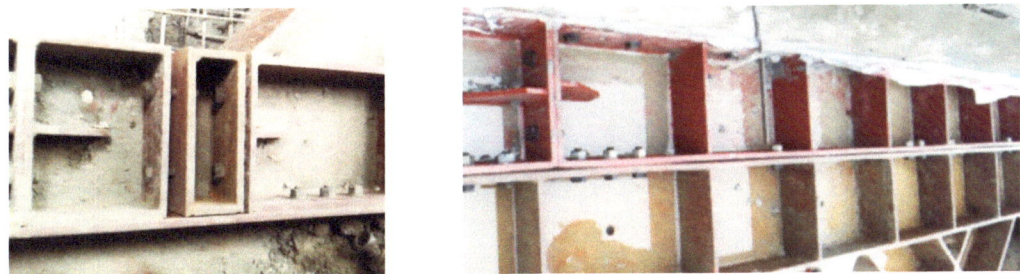

缝隙过大、螺栓孔对不上，螺栓数量不足

图 4.5.48　围檩安装通病

（5）支撑安装问题如图4.5.49所示：支撑封闭速度过慢、暴露时间过长，基坑变形增大，导致最后无法采用标准件封闭，需要临时换短节；连续的短节导致无法安装盖板，留下了安全隐患；过多的短节或定位不准确，导致缝隙过大需要加塞很多垫板，并且垫板加塞不合格；螺栓出丝不够甚至是没出丝，导致螺栓无法紧固；支撑平直度不合格，导致盖板等需要扩孔安装，影响连接质量。

短节过多、塞铁过多，影响整体性

材料破损

螺栓出丝不足

图 4.5.49 支撑安装通病（一）

螺栓孔错位导致螺栓缺失

螺栓松动

支撑端头未塞紧

构件加工不合格、未采用坡口焊接导致无法贴合

图 4.5.49　支撑安装通病（二）

受力部件采用U形螺栓孔

螺栓重复使用、严重锈蚀，受剪后被剪断

图 4.5.49　支撑安装通病（三）

（6）支撑拆除中存在的问题如图 4.5.50 所示：换撑结构强度不足即拆除；泄压后未观察基坑变形情况即拆除；卸压前就拆除盖板和斜拉槽钢；在支撑卸压时野蛮卸压，压力值超过构件承载力，损坏构件；卸压和拆除时未做固定，发生坠落，损坏主体楼板。

图 4.5.50　支撑泄压时无约束导致支撑起拱

（7）土方超挖问题

土方超挖问题是最严重的管理问题，如图 4.5.51 所示。型钢组合支撑与钢管支撑面临着同样的问题，由于不需要基底土做地膜，因此给土方开挖提供了违规操作的方便，即使型钢组合支撑已经提供了很开阔的挖土工作面，但人心总是得不到满足，一旦管理不到位，有超挖的条件一定会超挖，能省一分钟的事绝不会等一分钟。因此，采用型钢组合支撑一定要严格控制超挖。这里要搞清楚几个概念：（1）型钢支撑为了满足托座件、横梁等安装需要，通常要开挖至支撑底面以下 500～1000mm，这是正常工况，并不属于超挖，在设计时就应按开挖至支撑底面以下 500～1000mm 进行计算；（2）合理的盆式开挖不属于超挖，允许坑边留土，中间部位先开挖，留土范围根据土质情况和支撑的竖向间距确定，通常支撑的竖向间距在 4～6m。对于淤泥类土，坑边应保留不小于 20～30m 的平台；对于黏性土或粗颗粒土，坑边应保留不小于 10～15m 的平台。对于严格控制变形的项目，留土平台范围应相应加大。与支撑平面对应位置，为方便支撑安装，盆式开挖的深度不应超过 1.5m。盆式开挖与流水施工作业如图 4.5.52 所示。

图 4.5.51 土方超挖

图 4.5.52 正确的盆式开挖与流水施工作业（一）

图 4.5.52　正确的盆式开挖与流水施工作业（二）

（8）其他问题及其引起的基坑安全问题

型钢组合支撑安装施工如果管理不到位，还会出现各种各样、千奇百怪的问题，如图 4.5.53～图 4.5.65 所示。

图 4.5.53　围檩连接错位

图 4.5.54　加压件与保力盒非固支结构

图 4.5.55　构件尺寸不标准

图 4.5.56　杆件之间缺乏有效的横向连接

图 4.5.57　围檩构件缺失、螺栓孔错位、螺栓严重不足

图 4.5.58　支撑构件与螺栓缺失

图 4.5.59　型钢传力件缺失

图 4.5.60　支撑结构失效导致坑外塌陷

图 4.5.61　缺乏有效的连接传力件

图 4.5.62　支撑拼接不密实产生大变形

图 4.5.63　混凝土围檩钢筋与围护桩焊接不到位

图 4.5.64　混凝土围檩与围护桩连接失效导致围檩坠落

图 4.5.65　应设置吊筋（防坠落受力更合理、焊缝质量更易检查）

4.5.6　检验与验收

相较于现浇钢筋混凝土结构，型钢组合支撑的安装施工要点多、技术相对复杂：首先，构件的标准化程度要高；其次，根据设计方案做好深化图设计，选择最有利的拼接组合方式；最后，在现场安装过程中要做到构件合格、定位精准、安装平直、贴合紧密、螺栓紧固、数量合格、焊接饱满、加压准确、流水施工、勤于巡查、细心检查、安全施工，方得始终。

对于设计施工人员而言，工作难度增加，需要付出更多的努力。对于监督管理者而言，各项内容从原来的隐蔽工程变成了阳光工程，一切的质量都暴露在阳光之下，不再是管不好的问题，只要想管，一双眼睛、一把卷尺、一副手套，当然还有最重要的一部手机，一切尽在掌握。现场质量检验验收如图 4.5.66 所示。

图 4.5.66　现场质量检验验收（一）

图 4.5.66 现场质量检验验收（二）

对于型钢组合支撑，除了外部监督检查，还应建立内部多级管理机制：安装工人自检、项目管理人员全检、质量部门巡检、管理部门定时抽检，每一级的检查都必须形成书面报告和影视资料留存，如图 4.5.67、图 4.5.68 所示。

螺栓检查 焊缝检查

预埋件检查 围檩检查 平整度检查

支撑拼接与尺寸检查

图 4.5.67 型钢支撑各个安装环节的检验验收

型钢组合内支撑日常巡查及维护记录

项目名称	双浦单元XH23－R21－B05地块拆迁安置房工程			检查时间	2020.4.21
项目负责人	付曜	责任班组	庄国庆	检查人	張燕春

序号	检查内容	检查记录及处理情况：良好	整改	上报	备注
*1	型钢支撑上不应堆放杂物		✓		临时堆载不超过4小时，且码放高度不超过500mm
2	型钢支撑安全标识及警戒设置完好情况	✓			禁止非作业人员通行
3	加压件泄水孔通畅、不得有积水	✓			不得有积水；无泄水孔的，应现场开孔
4	托座与型钢立柱连接不少于6套高强螺栓，且紧固到位	✓			扭力扳手检查且至少露出2丝
5	横梁与托座间不少于4套高强螺栓，且需紧固到位	✓			
6	支撑件与横梁两侧至少各1套螺栓并紧固	✓			
7	双拼支撑垫梁与支撑两侧至少各2套高强螺栓并紧固	✓			
8	支撑件与加压件间满布螺栓并紧固到位		✓		
9	支撑件与盖板间满布螺栓并紧固到位		✓		
10	型钢围檩间应拼接密实，所有能对孔的螺栓都应到位且每米不少于8套		✓		
11	支撑件表面受污染的处理情况	✓			表面受污的支撑件应及时清理
12	未用支撑件（及螺栓等配件）堆放情况	✓			未用支撑件应堆码整齐
*13	型钢立柱倾斜情况	✓			倾斜度大于1/100的立柱应重点观察
*14	型钢立柱沉降情况（对照基坑监测报告）	✓			沉降大于报警值应上报
*15	型钢支撑件的变形情况（加压后不应出现变形，否则说明存在受力不均问	✓			如变形，应上报并及时调整
*16	混凝土三角件部位的压顶梁不应出现裂缝	✓			如出现裂缝，应及时上报
*17	基坑侧向位移情况（对照基坑监测报告）	✓			位移过多时，应及时上报
*18	基坑周边堆载情况	✓			堆载不应超过设计值
*19	坑外降水情况（对照基坑监测报告）	✓			坑外降水井水位较高时，应及时上报
*20	土方单位是否有超挖情况	✓			需及时出联系单给相关单位，应及时上报
20	其他：钢钢跟未满焊		✓		

苏宁1-2 型钢支撑现场质量检查记录表

项目名称	苏宁1-2型钢支撑项目	项目负责人	—	检查日期	2019.4.20

类别	序号	检查内容	检查记录：符合	不符	得分
支撑预埋件	1	预埋件的数量符合细化图纸，且与压顶梁主筋焊接，混凝土振捣密实	☑3分	□1分	
	2	混凝土三角钢筋预埋件的数量及制作需符合细化图要求	☑3分	□1分	
	3	混凝土三角预埋连接的加压件上口两端高差不大于5mm	☑3分	□1分	
	4	混凝土三角预埋连接的加压件侧面垂直度不大于5/1000	☑3分	□1分	
	5	混凝土三角预埋连接的加压件侧面转角不大于5/1000	☑3分	□1分	
型钢立柱	6	立柱偏位不大于50mm	□3分	☑1分	
	7	立柱的垂直度不大于1%(不应出现肉眼可见的倾斜)	□3分	☑1分	
	8	型钢立柱平面转角不大于10度	☑3分	□1分	
	9	型钢立柱柱顶标高偏差不大于50mm	□3分	☑1分	
	10	底板以上型钢立柱不应出现接头（确需焊接的，应有专项检查记录）	☑3分	□1分	
横梁	11	横梁不得存在焊接接头	☑3分	□1分	
	12	横梁两端托座的标高差以及各横梁中心点的标高差，均不应超过5mm；	□3分	☑1分	
	13	横梁与托座间不少于4套螺栓，托座与竖向构件建不少于6颗螺栓	☑3分	□1分	
围檩	14	围檩托架（牛腿）应与竖向结构可靠连接、焊缝饱满，标高差不大于5mm	□3分	□1分	
	15	围檩（砼三角预埋加压件）底标高与横梁面标高的偏差不大于5mm	□3分	□1分	
	16	传力件应按图纸尺寸布置并确保传力效果，且传力件长度偏差不大于5mm	□3分	□1分	
	17	围檩标准件件应拼接密实，所有能对孔的螺栓都应到位且每米不少于8套	□3分	□1分	
	18	围檩与围檩连接处，螺栓数量符合要求并紧固	□3分	□1分	
	19	钢围檩与竖向围护结构的混凝土填充密实，且采取有效隔离措施	☑3分	□1分	
水平支撑	20	型钢支撑梁中心线偏差不应超过20mm	☑3分	□1分	
	21	型钢支撑梁两端标高差不应超过20mm	☑3分	□1分	
	22	型钢支撑梁平面内扭曲不应超过30mm（梁端拉线）	☑3分	□1分	
	23	竖向扰度不应超过1.5/1000（以相邻横梁间距）	☑3分	□1分	
	24	支撑件拼装接头处需设盖板，螺栓并紧固到位	☑3分	□1分	
	25	双拼支撑应同步加压，垫梁与支撑两侧至少各2套高强螺栓并紧固	☑3分	□1分	
	26	支撑与支撑对接、加压件与加压件连接处，螺栓数量符合要求并紧固	☑3分	□1分	
	27	加、泄压之前，支撑与横梁采用钢抱箍连接	□3分	□1分	
	28	加压后，支撑件与横梁两侧至少各1套螺栓并紧固	☑3分	□1分	
其他	29	角钢牛腿水平长度超过2米的，需焊接两个斜撑或按图采取加固措施	□3分	□1分	
	30	螺栓紧固的扭力值应达到设计及规范的要求，拧紧后至少露出二丝	☑3分	□1分	
	31	已加压支撑体系上不得堆放其他任何材料	☑3分	□1分	
	32	已加压支撑体系应有日常巡查及维护记录	☑3分	□1分	
检查结论		本次检查共涉及 25 项，检查项合计应得 75 分，实得 67 分，折合标准分（百分制）89.3 分。			
检查人签字		[illegible] 2019.4.20	受检项目负责人签字	[illegible] 彭春	

注：不符合项，应开具整改通知单，并按劳务合同约定的质量考核标准对项目部和班组进行处罚；

巡（检）查整改通知单

受检项目名称	苏宁1-2型钢支撑项目			巡查组长	胡琦
受检项目负责人	蔡金太	项目开工时间	19年3月29日开始安装	巡（检）查人员	李斌、童刚清、朱浩源
受检项目业务员	许国富	目前施工阶段	东区安装完毕	巡（检）查时间	2019.4.20

公司 2019 年 4 月 20 日对该项目巡（检）查时发现如下问题，现责令项目部在日内完成整改，并按表DT-XC-03的表式回复至工程部内勤：

序号	存在的问题	备注
1	东区型钢支撑3月31日安装完成后至今无施工日记录	
2	加压件有积水	
3	个别横梁与支撑不垂直，导致螺栓无法紧固	
4	油压千斤顶未拆下来（使用以后）	
5		
6		
7		
8		
9		
10		

□并对该项目处以人民币☑500元/□1000元/□2000元的处罚，并对 单自然 班组处以□1000元/□2000元/□3000元的处罚；

巡（检）查人员：[illegible]　　巡查组长：胡琦

日　　期：

项目部签收确认：

□将在____日内完成整改并按规定表式书面回复；

□为切实做好项目现场管理工作，尚需公司协助解决以下事宜：

1

2

3

项目负责人：彭春

日　　期：2019.4.20

注：1.本表由巡查组根据受检项目资料及现场的检查情况填写；涉及处罚的，可在本单填写时同时予以处罚；2.本单及所附巡视检查记录表（表DT-XC-02.1、表DT-XC-02.2）交由工程部内勤，项目部留复印件；3.工程部工艺主管及以上人员、公司领导在对项目进行日常监督检查时，也可按本单格式开具整改通知单；

巡（自）查评分汇总表

项目名称	苏宁1-2型钢支撑项目		评分类别	☑巡查 □自查	巡查组长	胡琦	
					巡查人员	李斌、童刚清、朱浩源、[illegible]	
受检项目负责人	彭春	受检项目业务员	许国富		日期	2019年4月20日	

序号	巡查内容	权重	应得分	实际得分	综合得分	备注
一	安全文明标化现场检查	30%	100分	75	22.5	综合得分=实际得分*权重
二	现场质量检查	30%	100分	89.3	26.8	综合得分=实际得分*权重
三	项目资料检查	30%	100分	75.6	22.7	综合得分=实际得分*权重
四	甲方满意度	10%	100分	□90分 □70分 □50分		分三个等级，满意90分；一般70分，不满意50分
五	合计	100%	100分			
评分结论	本次检查共涉及 3 项，检查项合计应得 90 分，实得 72 分，折合标准分（百分制）80 分。					

对项目后续工作的建议或要求/项目存在问题（项目自查评分时）：

1. 要加强型钢支撑加压后的日常巡检并做好记录

2. 同业主保持沟通，解决西区出土及型钢支撑安装事宜

3. 加强对施工方的管理

巡查组长签字：胡琦

日　　期：

受检项目负责人签人：

受检项目负责人签字：彭春

日　　期：2019.4.20

注：1本表适用于综合巡查评分和项目自查评分；2.自查评分时，应根据现场检查记录表，列出项目存在的问题；3.巡查评分时，由巡查组根据各巡查项评分情况及权重，按百分制进行量化（项目部留复印件，原件由巡查组带回并交工程内勤）4.巡查组需根据巡查情况对项目后续工作的开展提出建议或要求，项目负责人签认并落实。

图 4.5.68　型钢支撑质量检验验收记录

型钢支撑质量检查验收记录、安全交底、技术交底、加压及泄压申请以及巡查记录等资料如表 4.5.7～表 4.5.14 所示（供参考）。

型钢组合内支撑安装质量检查记录　　表 4.5.7

工程名称			项目负责人		检查日期		
类别	序号	检查内容及主要要求				检查记录	
						符合	不符合
支撑预埋件	1	预埋件的数量符合细化图纸,且与压顶梁主筋焊接					
	2	混凝土三角预埋连接的加压件上口两端高差不大于 5mm					
	3	混凝土三角预埋连接的加压件侧面垂直度不大于 5/1000					
	4	混凝土三角预埋连接的加压件侧面转角不大于 5/1000					
型钢立柱	5	立柱偏位不大于 50mm					
	6	立柱的垂直度不大于 1%(不应出现肉眼可见的倾斜)					
	7	型钢立柱平面转角不大于 10°					
	8	型钢立柱柱顶标高偏差不大于 50mm					
	9	底板以上型钢立柱不应有接头(确需焊接的,应按技术部联系要求焊接)					
横梁	10	横梁不得存在焊接接头					
	11	横梁两端托座的标高差以及各横梁中心点的标高差,均不应超过 5mm					
	12	横梁与托座间不少于 4 套螺栓,托座与竖向构件不少于 6 颗螺栓(满上)					
围檩	13	围檩托架(牛腿)应与竖向结构可靠连接、焊缝饱满,标高差不大于 5mm					
	14	围檩(混凝土三角预理加压件)底标高与横梁面标高的偏差不大于 5mm					
	15	传力件应按图纸尺寸布置并确保传力效果,确保螺栓数量达标					
	16	围檩标准件应拼接密实,所有能对孔的螺栓都应到位且每米不少于 8 套					
	17	围檩与围檩连接处均采用 M24×90 高强度螺栓,至少露出 2 丝					
	18	钢围檩与竖向围护结构的混凝土填充密实,且采取有效隔离措施					
	19	三角件处满布,其余 8 套/m					
水平支撑	20	型钢支撑梁中心线偏差不应超过 20mm					
	21	型钢支撑梁两端标高差不应超过 20mm					
	22	型钢支撑梁平面内扭曲不应超过 30mm(梁端拉线)					
	23	竖向扰度不应超过 1.5/1000(以相邻横梁间距)					
	24	支撑件拼装接头处需设盖板并紧固到位					
	25	双拼支撑应同步加压,垫梁与支撑两侧至少各 2 套 M24×90 高强度螺栓					
	26	加、泄压之前,支撑与横梁采用钢抱箍连接					
	27	加压后,支撑件与横梁至少两侧各 1 套高强度螺栓紧固连接					
其他	28	角钢牛腿水平长度超过 2m 的,需焊接两个斜撑					
	29	螺栓紧固的扭力值应达到设计及规范的要求,拧紧后至少露出 2 丝					
	30	已加压支撑体系上不得堆放其他任何材料					
	31	已加压支撑体系应有日常巡查及维护记录					
检查人签字			班组负责人			项目负责人	

加压后应对支撑体系进行检查验收,并根据现场检查验收情况办理检验批报验手续。

安全交底记录　　　　　　　　　　　　　表 4.5.8

工程名称：				编号：	
施工单位				分部分项 工程	基坑支护子分部 钢支撑分项
交底时间		施工班组 负责人		交底内容 （交底工序）	型钢支撑安装

交底提要：作业安全、应急措施及施工注意事项等

　　1. 自觉遵守《劳务作业纪律》和现场各项管理制度,规范佩戴安全帽、反光背心、安全带等劳保用品,自觉参加安全早会,不违章作业、不违规指挥,及时整改作业中存在的各类安全隐患。

　　2. 型钢支撑安装所涉及的焊接工作应由持有焊工证的特种作业人员施焊,型钢支撑材料的装卸、倒运等应由持有司索证的特种作业人员负责指挥、司索;型钢支撑安装所需机械设备的操作人员,应持有工程建设机械培训合格证书或施工作业操作证书。机操工及特种工应在施工前上报项目部备案。

　　3. 临时用电应符合《建设工程施工现场供用电安全规范》相关规定,其中移动电箱电源线长度不大于30m,电焊机的一次线长度不得超过5m,二次线长度不得超过30m;电源线的接拆应由电工操作;电焊作业应按照《电焊工操作规程》执行。

　　4. 型钢支撑的安装必须遵照如下顺序:型钢立柱安插、型钢围檩的牛腿或支架的安装→托座与横梁的安装、型钢围檩/三角件的安装→型钢支撑梁的安装→加压前检查与加压手续办理→加压、加压后检查与螺栓紧固→日常巡检与维护。

　　5. 型钢支撑件的安装,应按照安装顺序并遵循"安装一个、紧固一个"的原则,严禁出现拼接部位缺少螺栓或螺栓松动的情况;支撑安全时,严禁作业人员向坑内扔抛物品,以避免物体打击事故。

　　6. 正常情况下,型钢支撑底标高距地面0.6~1.0m;当因局部土方超挖,导致型钢支撑安装工作面悬空高度达2m及以上时,作业人员应佩戴安全带、必要时搭设工作平台,以避免高空作业。

　　7. 型钢支撑安装需要挖掘机、塔吊或吊机配合吊运支撑材料。支撑材料装卸或吊运时,应使用专用吊具;单个吊具、索具的额定载重量不应小于3t,并由司索人员按司索工操作规程进行司索。

　　8. 型钢支撑安装时,安装人员应帮扶型钢支撑件就位,帮扶人员以及机操人员应集中注意力、缓慢匀速进行,负责指挥信号,帮扶人员要时刻注意支撑件吊运时扭转方向,不得蛮力拖拽支撑件,并注意不被支撑件刮碰。

　　9. 任何情况下,支撑件吊运下方不得站人;被吊起的支撑件应低空缓慢运转,严禁拖拽、严禁快速吊运、严禁高空转运。

　　10. 现场待安装支撑件应分类有序摆放,严禁乱堆乱放;高强度螺栓应使用专用容器盛放、洒落的高强度螺栓应及时收集。

　　11. 型钢支撑加压前,支撑梁与盖板应全部栓接紧固、形成整体,但支撑梁与横梁之间不应栓接,应采用抱箍临时固定;加压后方可采用高强度螺栓把横梁与支撑梁栓接紧固。

　　12. 型钢支撑逐道安装完成时,应凭项目部加压指令,按照"安装一道、加压一道"的原则,在安装完毕后24h内进行加压;加压后,加压机具应清理至指定地点并妥善保存加压机具。

　　13. 已加压的支撑体系上,不得堆放材料、机具等杂物,并悬挂安全绳、设置安全标识;加压后的支撑件应安排专人定期进行巡检维护,确保支撑表面干净、无积水、无堆放材料等。

　　14. 作业时如遇异常情况,应停止作业并及时上报项目部,并按项目部的指令处理异常情况。

项目负责人		被交底人 签　字	
交底人			

　　注：1. 本表一式二份,项目部、作业班组各一份;
　　　　2. 本安全交底是现场施工安全管理与过程检查的重要依据之一。

安全交底记录

表 4.5.9

工程名称：　　　　　　　　　　　　　　　　　　　　编号：

施工单位			分部分项 工程	基坑支护子分部 钢支撑分项
交底时间		施工班组 负责人	交底内容 （交底工序）	型钢支撑拆除

交底提要：作业安全、应急措施及施工注意事项等

1. 自觉遵守《劳务作业纪律》和现场各项管理制度，规范佩戴安全帽、反光背心、安全带等劳保用品，自觉参加安全早会，不违章作业、不违规指挥，及时整改作业中存在的各类安全隐患。

2. 型钢支撑拆除所涉及的气割应由持有焊工证的特种作业人员操作，型钢支撑材料的装卸、倒运等应由持有司索证的特种作业人员负责指挥、司索；型钢支撑拆除所需机械设备的操作人员，应持有工程建设机械培训合格证书或施工作业操作证。机操工及特种工应在施工前上报项目部备案。

3. 临时用电应符合《建设工程施工现场供用电安全规范》相关规定，其中移动电箱电源线长度不大于 30m，电焊机的一次线长度不得超过 5m，二次线长度不得超过 30m；电源线的接拆应由电工操作；电焊作业应按照《电焊工操作规程》执行。

4. 气焊、气割动火作业时，乙炔瓶应直立放置并配回火阀；氧气瓶与乙炔瓶间距不应小于 5m，二者与动火作业地点不应小于 10m，且不得在烈日下暴晒。

5. 型钢支撑的拆除应达到设计规定的拆除工况，未达到设计规定的拆除工况的支撑不得拆除；达到设计规定拆除工况的型钢支撑，应先取得经监理确认的拆除指令，无拆除指令的不得拆除。

6. 型钢支撑的拆除应先泄压，然后按照支撑体系安装的逆顺序进行，即后安装的构件先拆除、先安装的构件后拆除。双拼支撑拆除时，应先拆除上层支撑和垫梁，再拆除下层支撑；涉及型钢围檩的，型钢围檩应在支撑梁拆除完毕后再进行；严禁直接拆除主要受力构件或受力节点传力件的行为。

7. 型钢支撑梁上的槽钢、盖板、加固斜撑等次要构件应先拆除，拆除时应先采用专用夹具夹住被拆支撑件，然后拆除螺栓；

8. 型钢支撑梁拆除时，应先拆除型钢支撑梁连接端头部位的下层螺栓，待专用夹具夹住被拆除支撑梁构件时，方可拆除型钢支撑梁连接端头部位的上层螺栓；任何情况下，均严禁一次性拆除连接端头部位所有螺栓的行为。

9. 任何情况下，型钢支撑连接端头部位螺栓拆除后，不得在支撑上行走；被拆除支撑件上确需临时行走的，务必确保型钢支撑件连接端头部位的上层螺栓没有拆除且支撑件下方无人、无杂物。

10. 使用叉车辅助拆除型钢支撑件的，务必确保被拆支撑件的重心处于叉车叉架的中心部位，以防被拆除支撑件发生倾覆；叉车操作员应严格遵守叉车操作规程。

11. 使用塔式起重机、吊车辅助拆除型钢支撑件的，必须确保型钢专用夹具双吊点夹牢型钢、吊索处于正常受力状态时（两吊点的中心应和支撑件中心吻合），方可拆除型钢支撑连接端头部位的螺栓。

12. 支撑拆除、吊运、装卸所用夹具、吊具、索具应完好，处于正常使用状态，严禁使用报废或严重磨损或不能正常工作的夹具、吊具、索具；并由司索人员按司索工操作规程进行司索。

13. 帮扶人员以及机操人员应集中注意力、缓慢匀速进行，负责指挥信号，帮扶人员要时刻注意支撑件吊运时扭转方向，不得蛮力拖拽支撑件，并注意不被支撑件刮碰。

14. 被拆除支撑件应按规格分类码放整齐，并尽快装车清运出场；装车时应堆码整理且严禁超载。

15. 作业时如遇异常情况，应停止作业并及时上报项目部，并按项目部的指令处理异常情况。

项目负责人		被交底人 签　字	
交底人			

注：1. 本表一式二份，项目部、作业班组各一份；

2. 本安全交底是现场施工安全管理与过程检查的重要依据之一。

技术交底记录 　　　　　　　　　　　　　　　　　　　表 4.5.10

工程名称：				编号：	
施工单位				分部分项工程	基坑支护子分部内支撑分项
交底时间		施工班组		交底工序名称	型钢组合支撑的日常巡查与维护

交底提要：工序做法、质量标准及要求、施工注意事项等

交底记录：型钢组合支撑逐道加压后至拆除前，应加强对基坑和支撑体系的日常巡查与维护。

1. 施工班组应指定专人负责型钢组合支撑的日常巡查与维护；项目部应对型钢组合支撑体系的维护以及影响基坑安全的外围因素进行日常巡查，巡查频率不少于每周 3 次。

2. 施工班组对型钢组合支撑的日常巡查与维护，主要包括：

(1)已加压使用的型钢组合支撑，在拆除前，不应堆放材料、杂物，并确保支撑拆除前的安全警示标识设置完好；当发现材料堆放在支撑上时，应予以制止；制止无效果的，应第一时间上报项目部，由项目部尽快与总包协调解决。

(2)每次巡查时，要经常性地检查螺栓松动情况(尤其主要传力部位和支撑件拼接接头部位)，确保螺栓紧固；检查型钢支撑件的泄水孔塞堵情况，确保型钢支撑件内无积水。

(3)检查型钢立柱的沉降情况，尤其垂直度大于 1/100 的型钢立柱(垂直度大于 1/100 的型钢立柱，原则上应在支撑安装时及时矫正或采取有效加固措施)，还应经常性地观测其倾斜稳定性，必要时要及时采取加固措施，确保型钢立柱的稳定。

(4)检查混凝土三角件(如有)部位的裂缝情况；如出现裂缝应立即上报项目部。项目部核实情况后，应立即上报总包和公司工艺负责人，以便及时对裂缝部位采取相应的加固措施。

(5)检查关键传力部位的栓接或焊接情况；如出现异常情况，及时上报项目部，同时根据项目部的要求进行抢修加固。

(6)检查已加压支撑的成品保护情况，如遇挖机等施工机械碰撞型钢支撑件的，应第一时间上报项目部，并根据项目部的指令及时予以修复。

(7)如涉及轴力伺服装置的，配合伺服监测单位做好相关配合工作等。

(8)基坑局部开挖达到或接近底板时，应加密到每半天巡查 1 次，直至底板传力带浇筑完毕。

3. 项目部除对以上情况进行日常巡查、督促外，还应对以下影响基坑安全的因素进行重点关注：

(1)土方超挖情况，如遇超挖，应及时向总包反馈。

(2)土方开挖过程中，应严禁挖机等施工机械碰撞型钢支撑件，如遇应及时向总包反馈。

(3)基坑周边堆载情况(尤其淤泥质土层，坑外不应有堆载，更不允许车辆在坑侧通行)。淤泥质土层时，要在支撑安全前，书面告知总包单位严控基坑周边堆载，并禁止坑侧设置临时道路(土方车辆应沿垂直于基坑边线的方向驶离基坑)，防患于未然。

(4)基坑周边开裂、沉降情况，尤其基坑周边存在管线、建筑物等复杂环境时。

(5)止水帷幕渗漏与桩间土流失情况。如有异常应及时上报总包；当止水帷幕发生渗漏时，应上报总包立即采取回土措施，以确保基坑安全。

(6)坑外降水情况(坑外降水井不足或降水水位偏高时，应向总包提出书面要求，以降低坑侧土体压力、确保基坑安全)；尤其当止水帷幕存在险情时，应第一时间排查坑外降水。

(7)如遇混凝土支撑和型钢组合支撑并用的情况，要检查交接部位的混凝土开裂情况，如混凝土开裂，应第一时间上报总包。

(8)遇台风或汛期，要加强对基坑的巡查力度，尤其要切实解决水对基坑的影响。

(9)定期索要或查看基坑监测报告，了解监测数据(尤其轴力监测数据)、防患于未然。

4. 螺栓检查要点:采用一巡、二敲、三扳的方法。

一巡:当班巡检人员(施工员)负责检查安装的螺栓是否型号符合设计要求,螺栓上的垫片的数量和安放位置是否符合技术要求,每一部件的螺栓数量和分布位置是否达到设计与规范的要求。

二敲:用小榔头敲击安装好的螺栓,凭借敲击声,判断螺栓的安装是否拧紧。

三扳:对于支撑构件用扭矩扳手进行一定数量的检查(10%),检查方式是,将螺栓退回 60°(画好记号),然后用扭矩扳手再扳回起初位置,检查是否达到规定的终扭值。

5. 除第三方监测外,班组应配合项目部按如下要求进行支撑轴力监测:

(1)在支撑加压之前必须安装好轴力应变计并经项目部检查合格后测出初始频率并记录。

(2)轴力应变计采用焊接方式连接在型钢支撑件上,焊接时务必保证应变计沿支撑轴线放线水平放置;应变计应按设计位置放置,当设计无要求时,应安装在支撑件的 1/3 处。

(3)安装好的轴力应变计需做好成品保护,轴力监测时,应防止出现断线、短路等情况。

(4)当昼夜温差较大时,应分早、中、晚 3 次进行监测,以了解温度变化对轴力的影响。

(5)基坑局部开挖达到或接近底板时,应加密到每 4 小时监测一次,必要时再次缩短监测周期。

(6)监测时应做好数据记录,报由项目部汇总,以便进行技术分析。

(7)当轴力出现异常时,应及时上报项目部,由项目部及时向工艺负责、技术部汇报,以排查原因、落实防范措施;相关情况应体现在当天施工日志中。

(8)当支撑轴力达到设计报警值时,应对照监测数据,并及时上报总包和支护设计单位。

6. 其他

(1)巡查人员(包括项目部人员)在支撑上行走时,应规范佩戴、使用安全带。

(2)未尽事宜,及时上报项目部,以便及时解决。

技术负责人		被交底人	
交底人		签　字	

注:1. 本表一式二份,项目部、作业班组各一份;

　　2. 本技术交底是现场施工质量控制与过程检查的依据之一。

深基坑型钢组合支撑与变形控制技术

型钢组合内支撑加压申请与加压记录　　　　　　　　表 4.5.11

工程名称：　　　　　　　　　　　　　　　　　　　　　编号：

致＿＿＿＿＿＿＿＿＿＿＿＿＿＿＿(施工单位)：

　　我方于 20 ___ 年 ___ 月 ___ 日已完成 __(支撑编号)__ 支撑(该道计 ___ t)的安装工作,已具备预应力施加的条件,特申请加压。

　　附件:支撑重量表

支撑编号	施工时间(d)			型钢立柱(t)		标准件(t)	非标件(t)	合计重量(t)
	起	止	用时	不可回收	可回收			

注:除牛腿计入非标支撑件以外,型钢立柱以外的其他支撑件均计入标准件统计范畴,统计明细另详

　　　　　　　　　　　　　　分包单位项目部(盖章)
　　　　　　　　　　　　　　现场负责人(签字)
　　　　　　　　　　　　　　　　　　　　　　年　月　日

施工单位审核意见:
　　现场已具备加压条件,同意加压

　　　　　　　　　　　　　　施工单位(盖章)
　　　　　　　　　　　　　　项目技术负责人(签字)
　　　　　　　　　　　　　　　　　　　　　　年　月　日

监理单位审批意见:
　　同意施加预应力

　　　　　　　　　　　　　　监理单位(盖章)
　　　　　　　　　　　　　　专业监理工程师(签字)
　　　　　　　　　　　　　　　　　　　　　　年　月　日

预应力施加记录(加压时间:　　年　月　日)

支撑编号	根数	单根支撑加压锁定值	加载比例	加载值(kN)	加压方式	加压仪器型号	加压仪器校验有效期
					液压		

分级加压记录

第一次:施加预应力＿＿＿＿＿＿＿kN,根据仪器标定书,经线性回归方程计算,则千斤顶施加预应力＿＿＿＿＿＿kN 时,压力表读数为＿＿＿＿＿＿MPa。

第二次:施加预应力＿＿＿＿＿＿＿kN,根据仪器标定书,经线性回归方程计算,则千斤顶施加预应力＿＿＿＿＿＿kN 时,压力表读数为＿＿＿＿＿＿MPa。

第三次:施加预应力＿＿＿＿＿＿＿kN,根据仪器标定书,经线性回归方程计算,则千斤顶施加预应力＿＿＿＿＿＿kN 时,压力表读数为＿＿＿＿＿＿MPa。

注：$Y=59.845X+68.771$(千斤顶校对文件提供)。

　　加压过程顺利、无异常

施工班组:　　分包单位现场负责人:　　施工单位:　　监理单位:

　　加压后应对支撑体系进行检查验收,并根据现场检查验收情况办理检验批报验手续。

型钢组合内支撑拆除申请　　　　　　　　　　　表 4.5.12

工程名称：　　　　　　　　　　　　　　　　　　　　　　　　　　　　　编号：

_____（监理单位）：

　　本工程_____（例：A-X/1-9 轴）_____位置的传力带（混凝土换撑）已到达设计要求的强度，具备支撑拆除条件，特申请拆除_____（支撑编号 ）、（支撑编号 ）_____本次拆除工程量共计_____t，初步拆除计划安排如下

　　附件：支撑重量表

支撑编号	拆除施工时间(d)			型钢立柱(t)		标准件(t)	非标件(t)	合计重量(t)
	起	止	用时	不可回收	可回收			

　　附件：传力带（混凝土换撑）强度试压报告

施工单位(盖章)

项目负责人(签字)

年　月　日

监理单位审批意见：

　　同意拆除，并需加强拆撑期间的基坑监测工作

监理单位(盖章)

专业监理工程师(签字)

年　月　日

分包单位签收意见：

签收人：　　年 月 日

　　分包单位签收确认后应立即安排泄压，配合好施工单位做好拆撑期间的基坑观察工作，必要时加大基坑监测频率。

型钢组合内支撑日常巡查及维护记录 表 4.5.13

编号：

单位(子单位) 工程名称			分部(子分部) 工程名称	地基与基础 /基坑支护
施工单位			劳务班组	
分包单位			巡查时间	

序号	检查内容	检查记录及处理情况			备注
		良好	整改	上报	
*1	型钢支撑上不应堆放杂物				临时堆载不超过 4h,且码放高度不超过 500mm
2	型钢支撑安全标识及警戒设置完好情况				禁止非作业人员通行
3	加压件泄水孔通畅、不得有积水				不得有积水;无泄水孔的,应现场开孔
4	托座与型钢立柱连接不少于 6 套高强度螺栓,且紧固到位				扭力扳手检查且至少露出 2 丝
5	横梁与托座间不少于 4 套高强度螺栓,且需紧固到位				
6	支撑件与横梁两侧至少各 1 套螺栓并紧固				
7	双拼支撑垫梁与支撑两侧至少各 2 套高强度螺栓并紧固				
8	支撑件与加压件间满布螺栓并紧固到位				
9	支撑件与盖板间满布螺栓并紧固到位				
10	型钢围檩间应拼接密实,所有能对孔的螺栓都应到位且每米不少于 8 套				
11	支撑件表面受污染的处理情况				表面受污支撑件应及时清理
12	未用支撑件(及螺栓等配件)堆放情况				未用支撑件应堆码整齐
*13	型钢立柱倾斜情况(倾斜度不大于 1‰)				倾斜度大于 1‰立柱重点观察
*14	型钢立柱沉降情况(对照基坑监测报告)				沉降大于报警值应上报
*15	型钢支撑件的变形情况(加压后不应出现变形,否则说明存在受力不均问题)				如变形,应上报并及时调整
*16	混凝土三角件部位的压顶梁不应出现裂缝				如出现裂缝,应及时上报
*17	基坑侧向位移情况(对照基坑监测报告)				位移过多时,应及时上报
*18	基坑周边堆载(动载)情况				堆载不应超过设计值
*19	坑外降水情况(对照基坑监测报告)				坑外降水井水位较高时,应及时上报
*20	其他:土方超挖情况				土方开挖应遵循先撑后挖、不得超挖的原则
巡检人员 签字		班组负责人签字		项目负责人 审核	

型钢组合支撑使用期间,每周巡查不少于 3 次(特别情形时每天 1 次);带"*"项目应重点关注并上报。

型钢立柱插打记录 表 4.5.14

编号：

单位(子单位) 工程名称								分部(子分部) 工程名称		地基与基础/基坑支护
施工单位								施工内容		型钢立柱
分包单位								施工设备型号及编号		450打拔机

序号	日期	立柱编号	规格	长度(m)	插打时间(min)			桩顶标高	垂直度	重量(t)	备注
					起	止	用时				

备注：型钢立柱的垂直度偏差不大于1/100。

班组长： 施工员： 总包单位： 监理（建设）单位：

4.5.7 型钢组合支撑应急加固

与钢筋混凝土支撑一个很大的区别，一旦型钢组合支撑的构件受损或局部体系失效，根据巡查和受力变形监测情况，可以快速进行补强。各类应急加固处置措施如图 4.5.69～图 4.5.77 所示。

图 4.5.69 钢筋混凝土抗剪墩失效快速补强

图 4.5.70 局部弯曲新增一层支撑

图 4.5.71　局部弯曲新增侧向支撑

图 4.5.72　支撑侧向位移超报警值局部加固

图 4.5.73　土方超挖新增钢筋混凝土垫层与斜抛撑

图 4.5.74　局部基坑深度增加新增水平支撑

图 4.5.75 基坑深度加深新增斜坡支撑

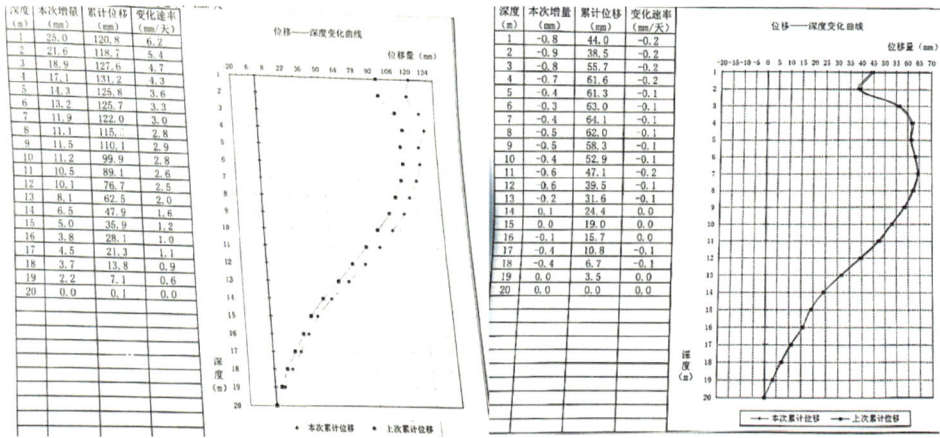

图 4.5.76 双排桩围护变形过大增设组合钢板分割桩和对撑进行回顶

图 4.5.77　钢筋混凝土支撑受损采用型钢支撑加固

4.6　型钢组合支撑计算

任何结构的验算，无外乎两种：（1）刚度验算，确保正常使用条件下的结构刚度，达到控制变形的目的；（2）承载力验算，确保结构安全，分为按强度控制和按稳定性控制。型钢组合支撑结构是一种装配式结构体系，且为了实现循环利用，需要采用螺栓进行连接。因此，其结构刚度和承载力的验算与整体浇筑结构或焊接结构存在一定差异，需要考虑螺栓连接一旦松动可能给刚度和承载力带来的影响。

型钢组合支撑设计计算分为结构整体计算和构件计算。结构整体计算与钢筋混凝土支撑结构体系类似，将支撑所有的构件按杆件单元整体建模分析，获得杆件的轴力、弯矩和整体变形结果。构件计算，根据整体计算结果：对组合支撑结构进行强度和稳定验算；对单根杆件进行强度和稳定验算；对组合围檩结构进行抗弯和抗剪验算；对立柱和立柱桩进行承载力验算；对盖板节点进行抗剪验算；对横梁进行抗弯验算。

在拟定型钢组合支撑承载力验算规则前，要先确定型钢组合支撑计算中的安全系数。装配式结构的整体性与现浇结构（或焊接结构）存在一定差距，尤其是重复利用的装配式结构，会存在构件尺寸差异、新旧构件性能差异、贴合紧密程度不一、节点紧固程度不一以及螺栓松动等情况，如图 4.6.1 所示。因此，除了常规的结构安全系数，还要相应增加装配式结构特有的安全系数。装配式结构特有的安全系数设定原则：单个构件的安全系数应大于组合结构的安全系数；节点的安全系数要大于整体的安全系数；施工质量不容易控制部位的安全系数要大于质量容易控制部位的安全系数。基于此原则，型钢组合支撑各种承载力验算的安全系数为：剖面计算，支撑刚度整体性折减系数 0.7；组合支撑梁截面偏心受压强度验算，组合支撑梁截面受力不均匀折减系数 0.75（相当于 1.3 的安全系数）；组合支撑梁结构偏心受压稳定性验算，考虑装配式结构受力不均匀，安全系数取 1.3；单根杆件偏心受压稳定性验算，考虑装配式结构受力不均匀，安全系数取 1.5；围檩叠合梁结构结合面局部抗剪验算，考虑螺栓受力不均的安全系数取 1.5；极端工况下围檩结合面螺栓整体抗剪验算，考虑螺栓整体受力不均的安全系数取 2.0；极端工况下传力件抗剪验算，考虑传力件焊接质量不易控制的安全系数取 3.0；立柱桩承载力验算，为控制立柱变形，按桩基工程承载力要求，安全系数取 2.0；托梁抗弯承载力验算，为控制托梁变形，承载力安全系数取 3.0。以上安全系数取值供参考。

图 4.6.1 装配式结构整体性不足

4.6.1 剖面计算

剖面计算是最基础的设计计算内容，虽然模型很简化，但是可以为围护桩（墙）和支撑设计提供最直接的数据。在剖面计算中，支撑被简化为一根弹性杆件，仅需给定支撑刚度和预加轴力。支撑平均刚度的取值除了考虑支撑压缩，还应考虑围檩弯曲变形以及支座转动的影响。

支撑的压缩刚度可按下式计算：

$$k_R = \frac{\alpha_R EA b_a}{\lambda l_0 s} \tag{4.6.1}$$

式中 λ——支撑不动点调整系数：支撑两对边基坑的土性、深度、周边荷载等条件相近且分层对称开挖时，取 $\lambda=0.5$；支撑两对边基坑的土性、深度、周边荷载等条件或开挖时间有差异时，对土压力较大或先开挖的一侧，取 $\lambda=0.5\sim1.0$，且差异大时取大值，反之取小值；对土压力较小或后开挖的一侧，取（1—

λ）；当基坑一侧取 $\lambda=1$ 时，基坑另一侧应按固定支座考虑；对竖向斜撑构件，取 $\lambda=1$；

α_R——支撑松弛系数，对混凝土支撑和预加轴向压力的钢支撑，取 $\alpha_R=1.0$，对不预加轴向压力的钢支撑，取 $\alpha_R=0.8\sim1.0$；

E——支撑材料的弹性模量（kPa）；

A——支撑截面面积（m）；

l_0——受压支撑构件的长度（m）；

s——支撑水平间距（m）；

b_a——挡土结构计算宽度（m），对单根支护桩，取排桩间距；对单幅地下连续墙，取包括接头的单幅墙宽度。

如图 4.6.2、图 4.6.3 所示，考虑围檩弯曲变形以及支座转动时：

（1）对撑

对撑情况，总位移量为支撑压缩量 $\lambda_{支}$ 和围檩弯曲量 $\lambda_{围}$ 的叠加：

$$\lambda_{总}=\lambda_{支}+\lambda_{围} \tag{4.6.2}$$

不同位置处的围檩弯曲变形不是固定量，可取最大变形的一半作为平均值。支撑体系总刚度为：

$$k_{总}=\frac{1}{\lambda_{总}}=\frac{1}{\lambda_{支}+\lambda_{围}}=\frac{1}{\dfrac{1}{k_{支}}+\dfrac{1}{k_{围}}} \tag{4.6.3}$$

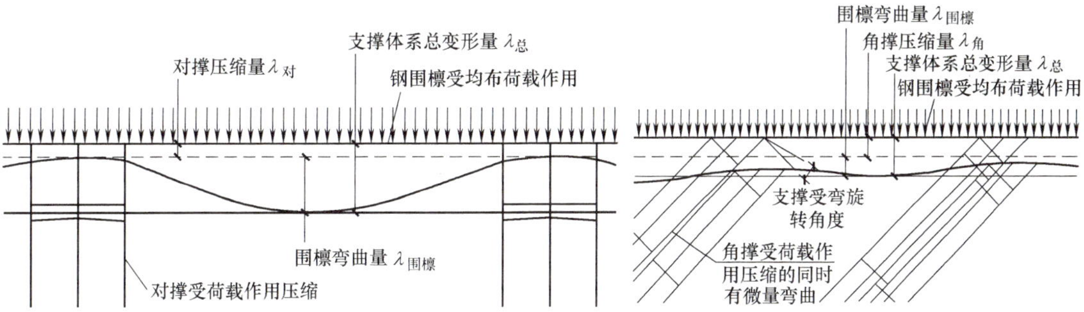

图 4.6.2　围檩弯曲变形以及支座转动

（2）角撑

角撑情况，总位移量为支撑压缩量 $\lambda_{支}$、围檩弯曲量 $\lambda_{围}$、角撑转动量 $\lambda_{角}$ 的叠加：

$$\lambda_{总}=\lambda_{支}+\lambda_{围}+\lambda_{角} \tag{4.6.4}$$

角撑转动引起的围檩变形与支撑侧向刚度、支撑与围檩的夹角等很多因素有关，通常夹角 45°时，可取 $\lambda_{围}=\lambda_{角}$。支撑体系总刚度为：

$$k_{总}=\frac{1}{\lambda_{总}}=\frac{1}{\lambda_{支}+\lambda_{围}+\lambda_{角}}=\frac{1}{\dfrac{1}{k_{支}}+\dfrac{1}{k_{围}}+\dfrac{1}{k_{角}}}=\frac{1}{\lambda_{支}+2\lambda_{围}}=\frac{1}{\dfrac{1}{k_{支}}+\dfrac{2}{k_{围}}} \tag{4.6.5}$$

（3）八字撑

八字撑条件下，总位移量为主支撑压缩量 $\lambda_{支}$、围檩弯曲量 $\lambda_{围}$、八字撑的压缩 $\lambda_{八,压}$

和转动量 $\lambda_{八,转}$ 的叠加：

$$\lambda_{总}=\lambda_{支}+\lambda_{围}+\lambda_{八}=\lambda_{支}+\lambda_{围}+(\lambda_{八,压}+\lambda_{八,转}) \tag{4.6.6}$$

八字撑转动引起的变形量与八字撑侧向刚度、支撑与围檩的夹角等很多因素有关，通常夹角 45° 时，可取 $\lambda_{八,压}=\lambda_{八,转}$。支撑体系总刚度为：

$$k_{总}=\frac{1}{\lambda_{总}}=\frac{1}{\lambda_{支}+\lambda_{围}+\lambda_{八}}=\frac{1}{\dfrac{1}{k_{支}}+\dfrac{1}{k_{围}}+\dfrac{1}{k_{八}}}=\frac{1}{\lambda_{支}+\lambda_{围}+2\lambda_{八,压}}=\frac{1}{\dfrac{1}{k_{支}}+\dfrac{1}{k_{围}}+\dfrac{2}{k_{八,压}}} \tag{4.6.7}$$

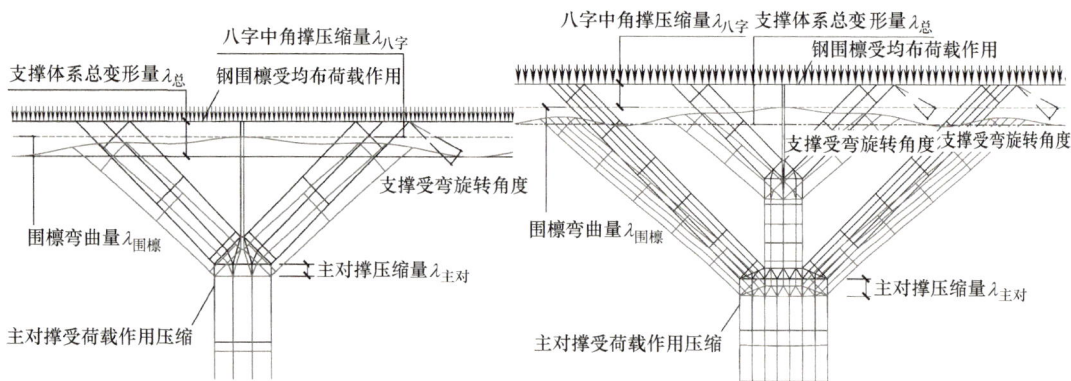

图 4.6.3　八字撑变形模式

不同支撑跨度、围檩跨度、支撑组合形式对应的支撑体系刚度如表 4.6.1 所示。可以看出：当单道支撑控制范围或围檩净跨较小时，围檩的弯曲刚度较大，支撑体系的刚度主要由支撑的压缩刚度决定；当单道支撑控制范围或围檩净跨较大时，围檩的弯曲刚度较小，支撑体系的刚度主要由围檩的弯曲刚度决定。

各类支撑对应的每延米支撑刚度　　　　　表 4.6.1

对撑和围檩净跨度对刚度的影响 H400×400×13×21			平面图例
对撑	围檩		
$E(\times10^4\text{MPa})$	$A(\text{m}^2)$	惯性矩 $I_i(\text{m}^4)$	
20.6	0.06561	3.0816×10^{-3}	
	对撑总跨度（m）		
单道支撑控制范围/围檩净跨（m）	30	50	80	110
	总刚度（MN/m）[每延米刚度（MN/m²）]			
8.4/6	501(60)	366(44)	260(31)	202(24)
10.4/8	312(30)	253(24)	198(19)	162(16)
12.4/10	192(15)	168(14)	142(11)	122(10)
14.4/12	122(8)	112(8)	100(7)	90(6)

对撑和围檩净跨度对刚度的影响 H400×400×13×21			平面图例
对撑		围檩	

$E(\times10^4 \text{MPa})$	$A(\text{m}^2)$	惯性矩 $I_i(\text{m}^4)$
20.6	0.10935	3.0816×10^{-3}

单道支撑控制范围/围檩净跨(m)	对撑总跨度(m)			
	30	50	80	110
	总刚度(MN/m)[每延米刚度(MN/m²)]			
9.4/6	644(69)	501(53)	376(40)	301(32)
11.4/8	361(32)	312(27)	258(23)	220(19)
13.4/10	210(16)	192(14)	170(13)	153(11)
15.4/12	129(8)	122(8)	113(7)	105(7)

角撑和围檩净跨度对刚度的影响 H400×400×13×21			平面图例
角撑		围檩	

$E(\times10^4 \text{MPa})$	$A(\text{m}^2)$	惯性矩 $I_i(\text{m}^4)$
20.6	0.06561	3.0816×10^{-3}

单道支撑控制范围/围檩净跨(m)	对撑总跨度(m)			
	30	50	80	110
	总刚度(MN/m)[每延米刚度(MN/m²)]			
11/6	299(27)	228(21)	168(15)	133(12)
13/8	173(13)	147(11)	119(9)	100(8)
15/10	102(7)	92(6)	81(5)	72(5)
17/12	64(4)	60(4)	54(3)	50(3)

角撑和围檩净跨度对刚度的影响 H400×400×13×21			平面图例
角撑		围檩	

$E(\times10^4\mathrm{MPa})$	$A(\mathrm{m}^2)$	惯性矩 $I_i(\mathrm{m}^4)$
20.6	0.10935	3.0816×10^{-3}

单道支撑控制范围/ 围檩净跨(m)	角撑总跨度(m)			
	30	50	80	110
	总刚度(MN/m)[每延米刚度(MN/m²)]			
11/6	368(33)	299(27)	233(21)	191(17)
13/8	194(15)	173(13)	149(11)	131(10)
15/10	109(7)	102(7)	93(6)	86(6)
17/12	66(4)	64(4)	60(3)	57(3)

单八字撑刚度 H400×400×13×21

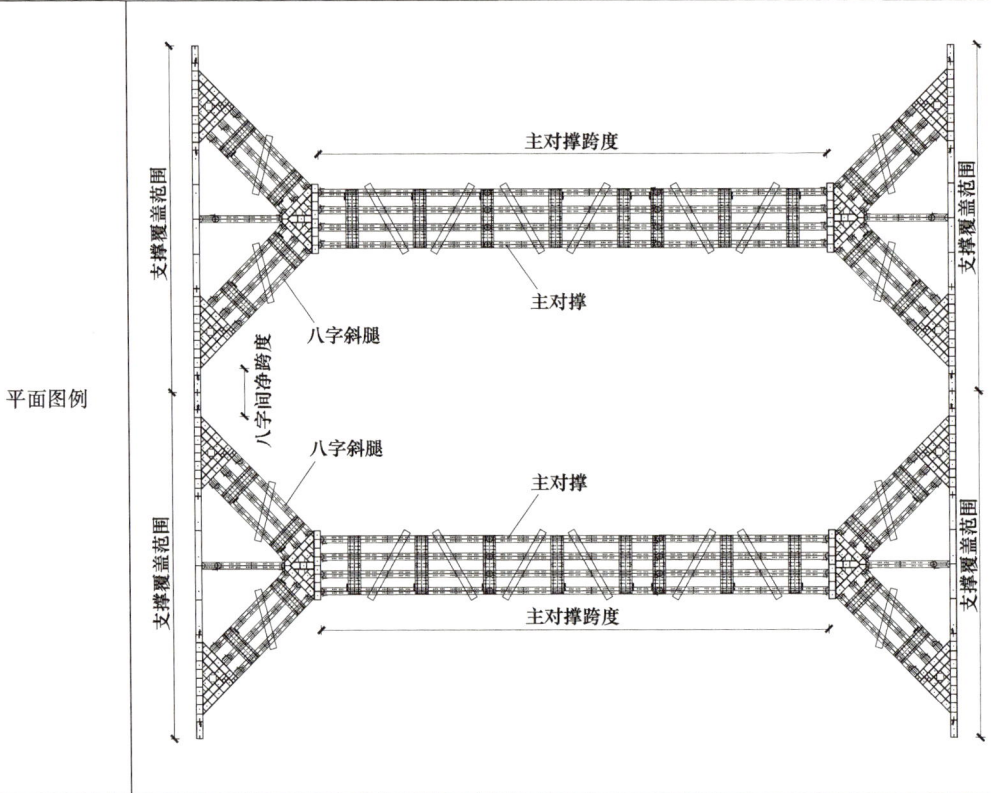

平面图例

续表

单八字撑图例	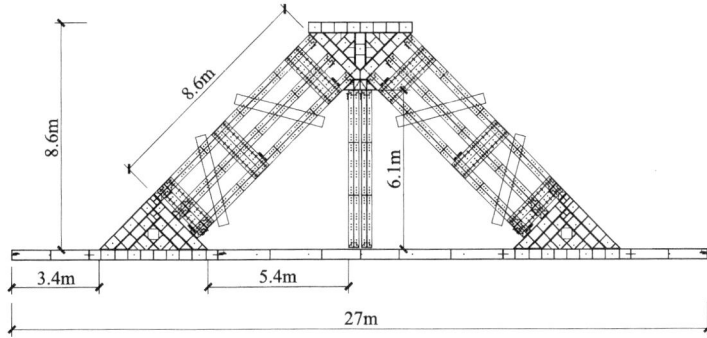

$E(\times 10^4 MPa)$	围檩惯性矩 I_i（m^4）		八字撑覆盖范围（m）	八字撑刚度（MN/m）
20.6	3.0816×10^{-3}		27	553.95

主对撑根数	总截面 A（m^2）	主对撑总跨度（m）			
		20	30	40	50
		总刚度（MN/m）［每延米刚度（MN/m^2）］，下同			
4	0.08748	424(16)	379(14)	343(13)	313(12)
主对撑根数	总截面 A（m^2）	主对撑总跨度（m）			
		50	60	70	80
7	0.15309	385(14)	363(13)	343(13)	325(12)

组合八字撑（双八字）刚度 H400×400×13×21

平面图例	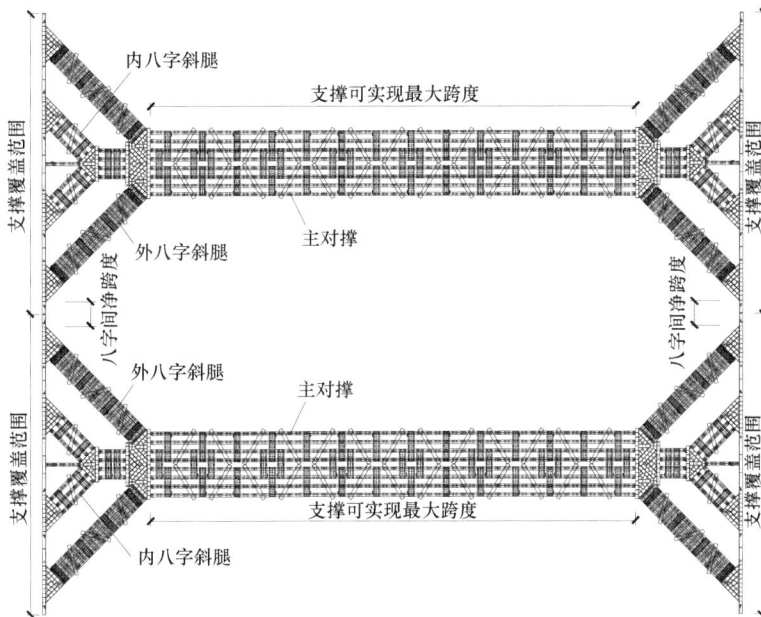

组合八字撑图例	

$E(\times 10^4 \text{MPa})$	围檩惯性矩 $I_i(\text{m}^4)$	八字撑覆盖范围(m)	八字撑刚度(MN/m)
20.6	3.0816×10^{-3}	49	454.72

主对撑根数	总截面 $A(\text{m}^2)$	主对撑总跨度(m)			
		50	70	90	110
		总刚度(MN/m)[每延米刚度(MN/m²)],下同			
8	0.17496	346(7)	315(6)	290(6)	268(5)
主对撑根数	总截面 $A(\text{m}^2)$	主对撑总跨度(m)			
		80	100	120	150
12	0.26244	340(7)	320(7)	302(6)	279(6)

从支撑刚度分析结果可以看出：支撑体系的刚度不仅与杆件压缩刚度有关，还取决于围檩弯曲变形以及支座转动，而且围檩弯曲变形和支座转动会占主导作用。因此，对变形控制要求高的情况，应尽量减小围檩跨度或增大围檩抗弯刚度，应对称布置支撑体系，避免发生过大转动。上述对支撑体系刚度的讨论分析，均未考虑预应力的影响。对于装配式结构而言，预应力对基坑变形的影响要远大于结构本身的刚度，预应力起到两个作用：一是减少支撑体系自身的变形量；二是将围护结构回顶。当施加足够大的预应力时，还能将围护结构朝坑外顶出。因此，在进行基坑剖面计算时，对于支撑刚度和预应力的处理方式应为：（1）支撑刚度可取一个相对较大值（认为支撑体系自身变形基本被预应力所消除）；（2）当施加的预应力超过土压力对应的基准支撑轴力部分，再作为分析软件内的预应力输入部分，起到将围护结构回顶，减小变形的目的；（3）如果准备施加的预应力小于土压力对应的基准支撑轴力时，无需在分析软件内额外输入预应力。

以算例说明专业软件中，预应力施加对支撑刚度、基坑变形、支撑轴力影响的处理方法。地基土为粉砂土，开挖深度15m，设两层支撑，第一层支撑底位于地面以下4m（第一步开挖5m），第二层支撑底位于地面以下9m（第二步开挖10m）。分以下几种情况：（1）不施加预应力，支撑刚度取10MN/m²，获得土压力作用下的基准支撑轴力；（2）施加预应力值为50%的基准支撑轴力，将预应力的作用等效为增大支撑刚度，等效支撑刚度为20MN/m²；（3）施加预应力值为100%的基准支撑轴力，将预应力的作用等效为增大支撑刚度，等效支撑刚度取100MN/m²；（4）施加预应力值为120%的基准支撑轴力，一部分预应力的作用等效为增大支撑刚度，等效支撑刚度取 100MN/m²，同时在计算模型中加入 20％ 的基准支撑轴力作为预加轴力；（5）施加预应力值为 150％ 的基准支撑轴力，一部分预应力的作用等效为增大支撑刚度，等效支撑刚度取 100MN/m²，同时在计算模型中加入 50％ 的基准支撑轴力作为预加轴力。预加轴力大小对基坑变形影响计算结果如表 4.6.2、图 4.6.4 所示。

预加轴力大小对基坑变形影响计算结果　　　表 4.6.2

工况	支撑刚度 (MN/m²)	预加轴力 (kN/m)	第一层支撑反力 (kN/m)	第二层支撑反力 (kN/m)	最大基坑变形 (mm)
1	10	0	302 (基准轴力)	287 (基准轴力)	53.9
2	20	0	260	387	42.7
3	100	0	255	668	29.1
4	100	60	269	682	27.1
5	100	150	290	701	24.4

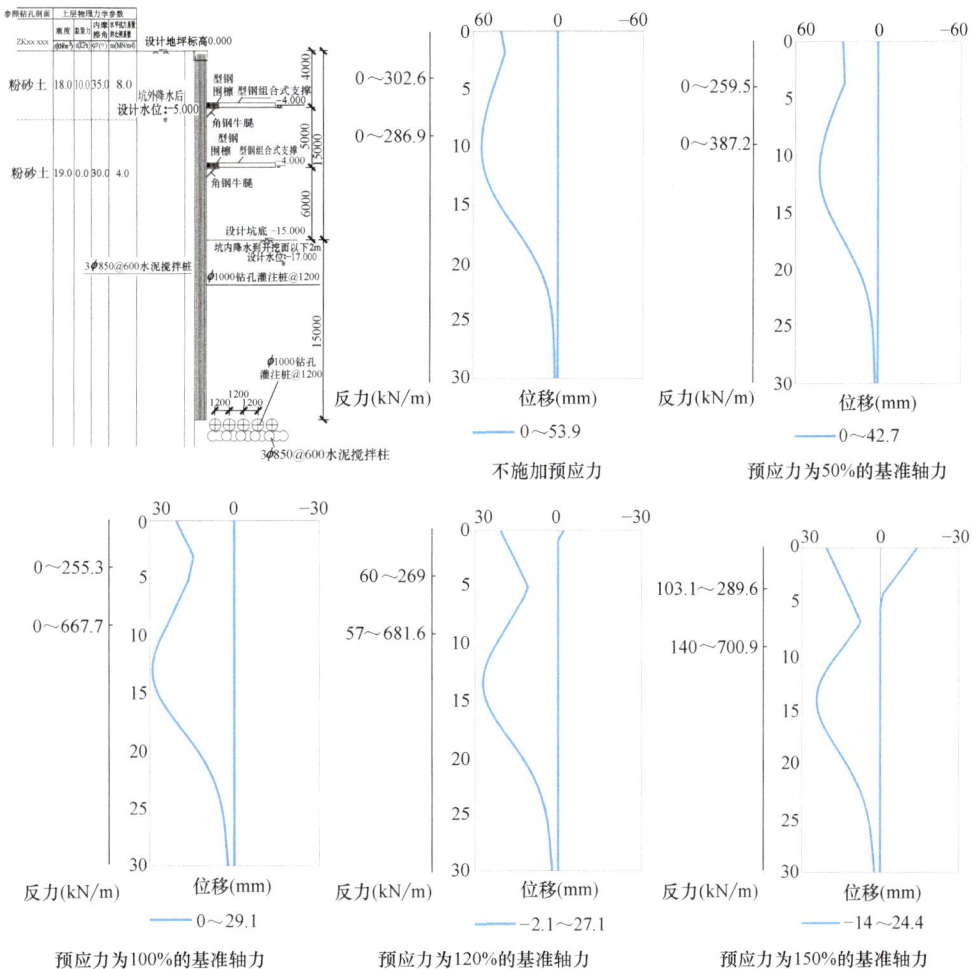

图 4.6.4　预加轴力大小对基坑变形的影响

4.6.2 结构整体计算

结构整体计算应遵循以下原则：

（1）可按杆系结构采用有限元法进行整体计算分析，支撑杆件、盖板、斜腹板单独按杆单元建模，围檩按等效刚度的压弯杆件建模，有限元模型应符合实际的结构布置；

（2）围护桩（墙）传至支撑的荷载，可取围护桩（墙）剖面内力分析时得出的支反力；

（3）结构整体分析应考虑下列荷载作用：由围护桩（墙）传至支撑结构的水平作用力，支撑结构自重及活荷载，预加轴力，当温度改变引起的支撑结构内力不可忽略时，宜考虑温度作用；

（4）根据节点构造，合理确定约束条件，节点连接方式应反映实际情况，三个及三个以上螺栓连接的节点可以看作是刚接；

（5）结构整体分析应考虑下列工况：土方开挖至各道支撑底标高下 0.5～1.0m（横梁、托座件、角钢牛腿的工作面），支撑安装完成施加预加轴力，基坑开挖至坑底，换撑、拆撑。

支撑结构整体计算范例模型及受力变形分析结果如图 4.6.5～图 4.6.12 所示。

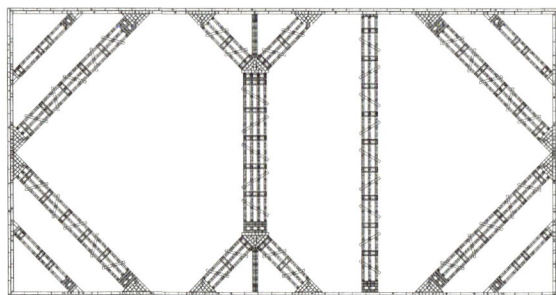

图 4.6.5 支撑布局范例

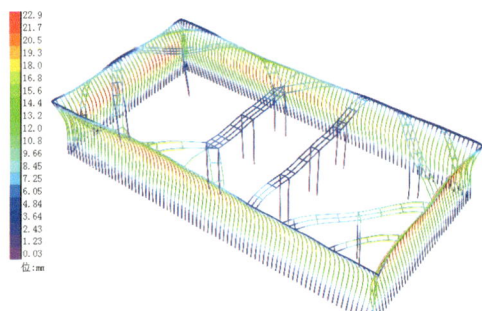

图 4.6.6 基坑整体变形

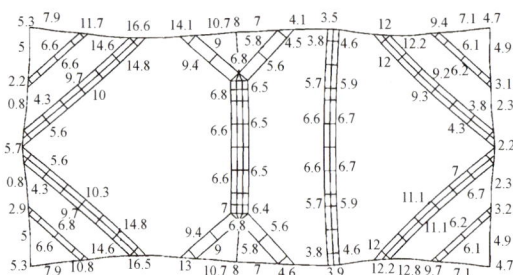

图 4.6.7 支撑变形（mm）

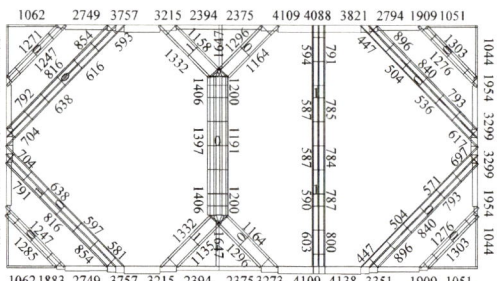

图 4.6.8 支撑轴力（kN）

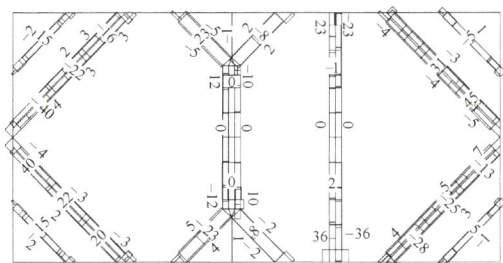

图 4.6.9　支撑节点剪力（kN）

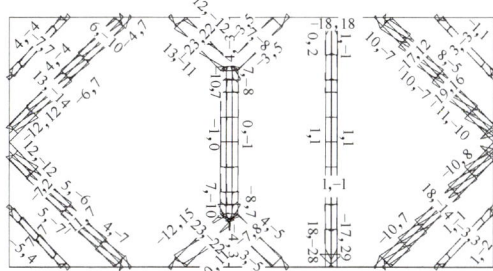

图 4.6.10　支撑节点弯矩（kN·m）

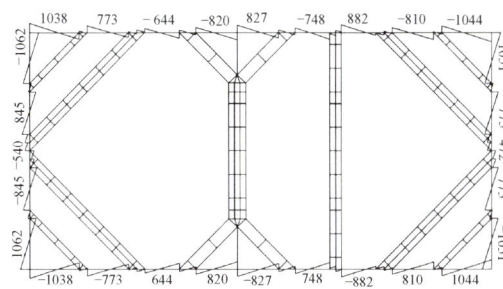

图 4.6.11　围檩剪力（kN）

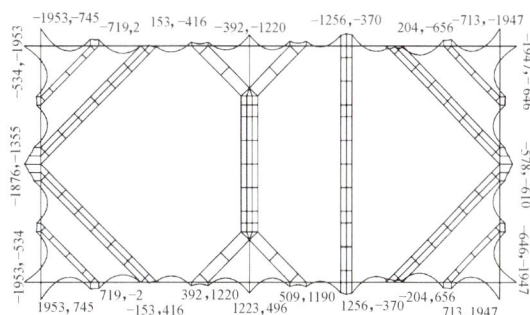

图 4.6.12　围檩弯矩（kN·m）

4.6.3　支撑构件承载力验算

构件承载力验算应遵循以下原则：

（1）应根据结构整体分析结果的轴力、弯矩、剪力对构件承载力进行验算；

（2）构件承载力计算应考虑施工偏心误差的影响，偏心距取值不宜小于计算长度的 1/1000，且不宜小于 40mm；

（3）在验算构件强度时需要考虑螺栓开孔对构件截面削弱的不利影响，计算稳定性和变形时可不考虑；

（4）支撑梁和支撑杆件应按偏心受压构件进行计算。

构件承载力验算有两种情况：①组合支撑梁截面的强度验算，是为了防止构件中出现局部材料屈服而导致结构破坏的情况，因此要求构件任意一点的应力小于材料屈服强度；②压杆稳定性验算，所谓失稳，就是失去稳定平衡状态，结构失稳是内部抵抗力与外部作用不平衡状态，即变形开始急剧增长的状态，是一个变形问题。反应外部作用力与结构变形之间的关系是结构的刚度，结构的刚度由两部分构成，我们把这两个刚度矩阵称为材料刚度矩阵和几何刚度矩阵。材料刚度矩阵体现结构的材料特性，是结构本身的特征，当不考虑材料非线性影响时，材料刚度矩阵在受力过程中是个常量。而几何刚度特性是与结构受力有关的一个量，同时也反映结构的几何特征。在结构分析中，计入几何刚度矩阵，就是考虑了几何非线性的影响。当压力足够大时，两者相加组成的刚度矩阵就出现了奇异现象，变形会急剧增加，此时结构就是出现了特征值失稳。对于长细杆件，在材料未达到屈服前，结构可能发生失稳破坏，因此要验算压杆的稳定性。

压杆失稳问题是一种理想的临界状态，如图 4.6.13 所示。压杆稳定性问题可以用欧拉公式求解，从数学上说，是微分方程在特征值附近出现不稳定的现象。欧拉失稳是一种数学上的失稳，它不考虑受力过程中材料特性的变化，是纯弹性变形问题，并没有强度的概念。如图 4.6.14 所示，当轴力大于压杆的临界抗力值 $F_{cr} = \pi^2 EI/(\mu l)^2$，受几何非线性影响，结构刚度矩阵趋于奇异，作用力与变形的关系由线性关系转变为多次曲线关系，变形急剧增大，从而发生失稳。F_{cr} 对应的临界应力 $\sigma_{cr} = P_{cr}/A$，与材料强度没有实质上的关系，当临界应力计算结果等于强度时，只是代表某种结构的失稳和材料屈服刚好同时发生，在偏心受压条件下，稳定性既受轴力的影响，也受弯矩的影响，数学求解更加复杂，因此引入组合应力和材料强度的比值进行压杆稳定安全系数验算。

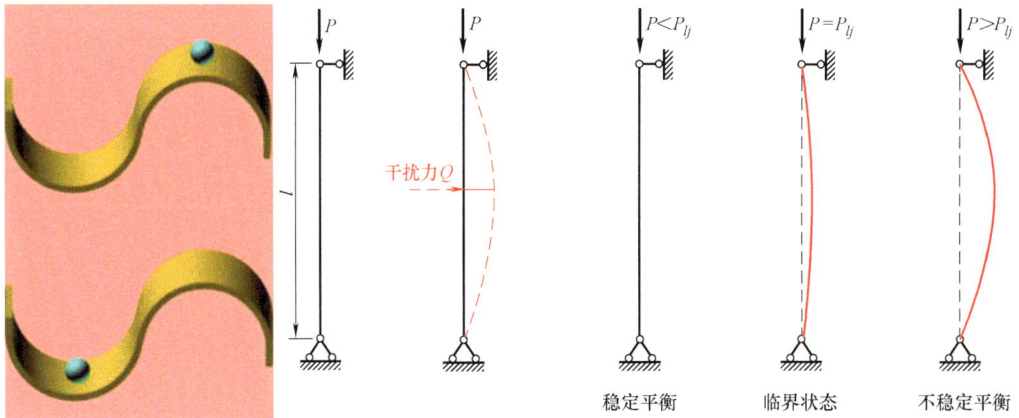

图 4.6.13　压杆失稳是一种理想的临界状态

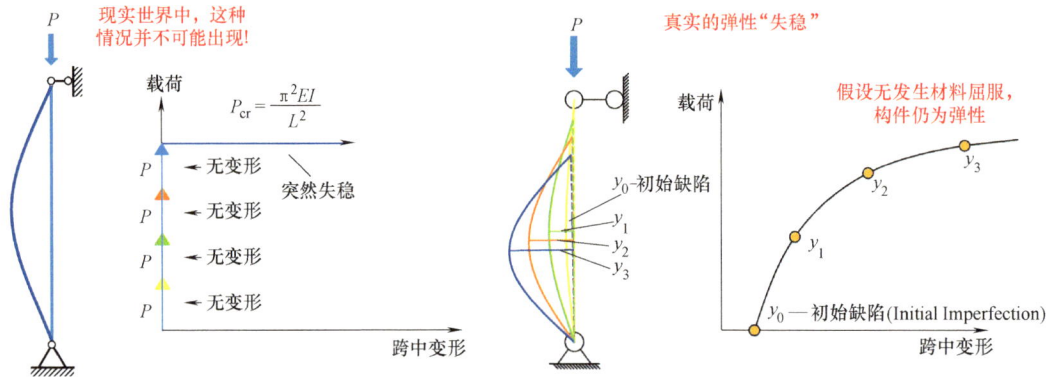

图 4.6.14　压杆稳定性分析模型

组合支撑需要进行连接，不可避免地要进行开孔、切割、焊接等加工，构件局部被削弱。一般情况下，开孔等局部削弱对结构整体变形影响很小，因此在进行稳定分析时可不考虑，均采用未削弱的截面面积和惯性矩进行计算，也就是毛截面；强度验算是考虑材料屈服问题，因此采用削弱以后的截面面积和惯性矩进行验算，也就是净截面。通常，组合支撑结构的安全性是按稳定性控制，只有在杆件跨度非常小，截面被严重削弱的时候才是按强度控制。

　　型钢组合支撑是一种装配式结构，支撑构件是循环使用构件，不可避免地会有部分损伤或尺寸偏差，拼接中也会有平面不贴合、部分螺栓松动等问题，会导致受力不均匀、结构体系和约束条件不完整，应考虑型钢组合支撑结构的受力不均匀性和结构体系的完整性折减系数。

　　组合支撑梁截面强度可按下式验算偏心受压条件下钢材的最大正应力（系数 0.7 为装配式结构受力不均匀系数）：

$$\frac{N}{A_{\mathrm{n}}} \pm \frac{M_{\mathrm{x}}}{W_{\mathrm{x}}} \pm \frac{M_{\mathrm{y}}}{W_{\mathrm{ny}}} \leqslant 0.7f \tag{4.6.8}$$

式中　　N——轴力设计值（kN）；

　　　　A_{n}——组合截面净截面面积（m²），由毛截面面积扣除开孔截面面积后得到，当构件多个截面有孔且开孔尺寸不同或开孔数量不同时，取最不利的截面；

　　M_{x}、M_{y}——同一截面处绕 x 轴和 y 轴的弯矩设计值（kN·m）；

　　W_{nx}、W_{ny}——组合截面对 x 轴和 y 轴的净截面模量（m³），截面坐标轴如图 4.6.15 所示；

　　　　f——钢材强度设计值（kPa），各类钢材的强度值如表 4.6.3 所示。

各类钢材的强度值　　　　　　　　　　表 4.6.3

钢材牌号		钢材厚度或直径(mm)	强度设计值			屈服强度 f_{y}	抗拉强度 f_{u}
			抗拉、抗压、抗弯 f	抗剪 f_{v}	端面承压（刨平顶紧）f_{ce}		
碳素结构钢	Q235	≤16	215	125	320	235	370
		>16,≤40	205	120		225	
		>40,≤100	200	115		215	
低合金高强度结构钢	Q345	≤16	305	175	400	345	470
		>16,≤40	295	170		335	
		>40,≤63	290	165		325	
		>63,≤80	280	160		315	
		>80,≤100	270	155		305	
	Q390	≤16	345	200	415	390	490
		>16,≤40	330	190		370	
		>40,≤63	310	180		350	
		>63,≤100	295	170		330	
	Q420	≤16	375	215	440	420	520
		>16,≤40	355	205		400	
		>40,≤63	320	185		380	
		>63,≤100	305	175		360	

钢材牌号		钢材厚度或直径(mm)	强度设计值			屈服强度 f_y	抗拉强度 f_u
			抗拉、抗压、抗弯 f	抗剪 f_v	端面承压（刨平顶紧）f_{ce}		
低合金高强度结构钢	Q460	≤16	410	235	470	460	550
		>16,≤40	390	225		440	
		>40,≤63	355	205		420	
		>63,≤100	340	195		400	

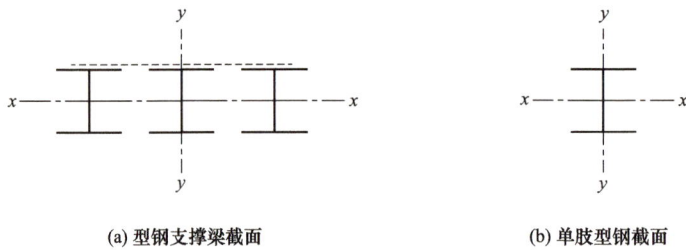

(a) 型钢支撑梁截面　　　　　　　　(b) 单肢型钢截面

图 4.6.15　截面坐标轴示意图

组合支撑梁结构稳定性可按下式计算偏心受压条件下的稳定性安全系数（系数 1.3 为考虑装配式结构体系受力不均匀的安全系数）：

$$\frac{f}{\dfrac{N}{\varphi_x A} + \dfrac{M_x}{W_x\left(1-0.8\dfrac{N}{N'_{Ex}}\right)} + \dfrac{M_y}{W_y}} \geqslant 1.3 \tag{4.6.9}$$

$$\frac{f}{\dfrac{N}{\varphi_y A} + \dfrac{M_y}{W_y\left(1-\dfrac{N}{N'_{Ey}}\right)} + \dfrac{M_x}{W_x}} \geqslant 1.3 \tag{4.6.10}$$

式中　A——组合截面毛截面面积（m^2），不考虑盖板的贡献；

N——轴心压力设计值（kN）；

M_x、M_y——竖向和水平弯矩设计值（kN·m）；

W_x、W_y——组合截面的毛截面模量（m^3）。

支撑杆件稳定性可按下式计算偏心受压条件下的稳定性安全系数（系数 1.5 为考虑装配式结构体系受力不均匀的安全系数）：

$$\frac{f}{\dfrac{N_i}{\varphi_{yi}A_i}+\dfrac{M_{xi}}{W_{xi}}+\dfrac{M_{yi}}{1.2W_{yi}\left(1-0.8\dfrac{N_i}{N'_{Eyi}}\right)}}\geqslant 1.5 \qquad (4.6.11)$$

式中　N_i——轴心压力设计值（kN）；

　　　A_i——单肢型钢截面面积（m^2）；

M_{xi}、M_{yi}——单肢型钢绕 x 轴和 y 轴的弯矩设计值（kN·m）；

W_{xi}、W_{yi}——单肢型钢对 x 轴和 y 轴的毛截面模量（m^3）。

　　上述公式中未说明的参数，参考相关规范，在此不一一列出。型钢支撑梁计算长度如图 4.6.16 所示。

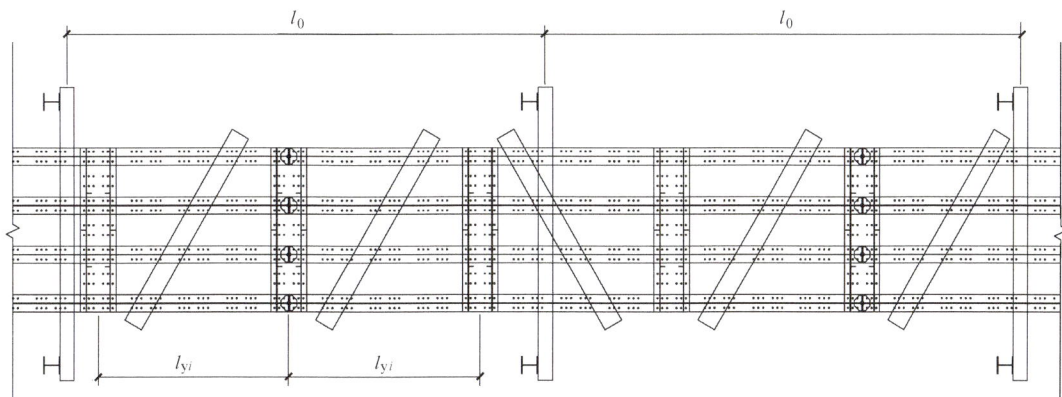

图 4.6.16　型钢支撑梁计算长度示意

　　型钢组合支撑还可以采用有限元法进行压杆稳定性承载力计算：型钢支撑杆件采用 Q345b 钢材，其余部件均采用 Q235b 钢材；只考虑立柱竖向刚度，不考虑立柱水平刚度贡献；构件采用四边形壳单元；先进行线性屈曲分析得到支撑失稳的一阶模态，引入一阶模态作为构件初始缺陷，横向失稳模态引入幅值为千分之一支撑长度，竖向失稳模态引入幅值为 0.02m；采用 riks 弧长法分析轴压及不同偏压下支撑最大临界荷载。

　　有限元分析结果与理论公式计算结果对比如下：

　　（1）3 根 H400×400×13×21 型钢拼接，组合支撑宽度 2.4m，支撑长度 50m。平面内（水平方向）失稳分析模型、失稳模态、偏心距与承载力关系如图 4.6.17 所示，立柱横向间距 5.6m（横梁跨度）、纵向间距 10m（横梁间距）。平面外（竖向）失稳分析模型、失稳模态、偏心距与承载力关系如图 4.6.18 所示，立柱横向间距 11.6m、纵向间距 10m。

　　（2）4 根 H400×400×13×21 型钢拼接，组合支撑宽度 3.4m、支撑长度 80m。平面内（水平方向）失稳分析模型、失稳模态、偏心距与承载力关系如图 4.6.19 所示，立柱横向间距 5.6m、纵向间距 10m。平面外（竖向）失稳分析模型、失稳模态、偏心距与承载力关系如图 4.6.20 所示，立柱横向间距 11.6m、纵向间距 10m。

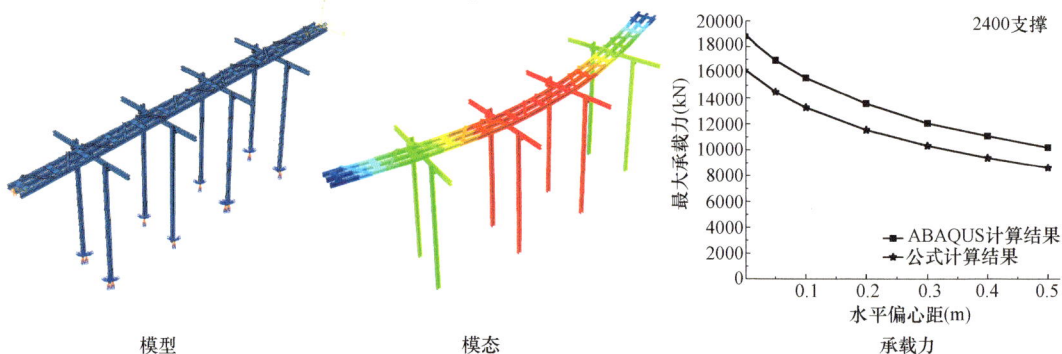

模型　　　　　　　　　模态　　　　　　　　　承载力

图 4.6.17　2.4m 宽组合支撑平面内稳定性分析

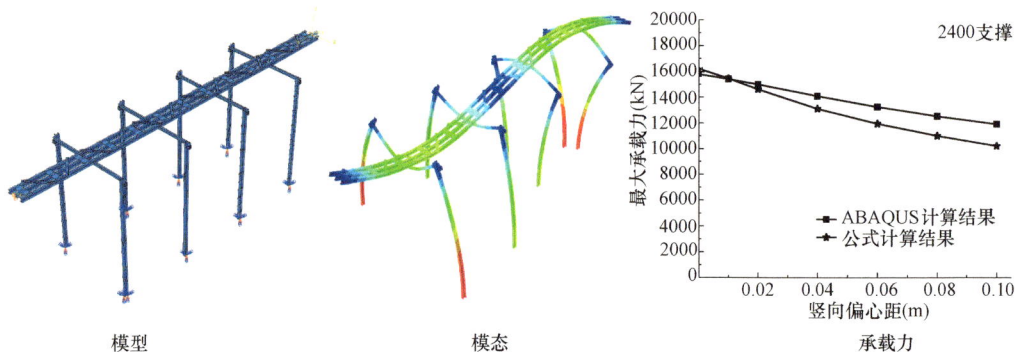

模型　　　　　　　　　模态　　　　　　　　　承载力

图 4.6.18　2.4m 宽组合支撑平面外稳定性分析

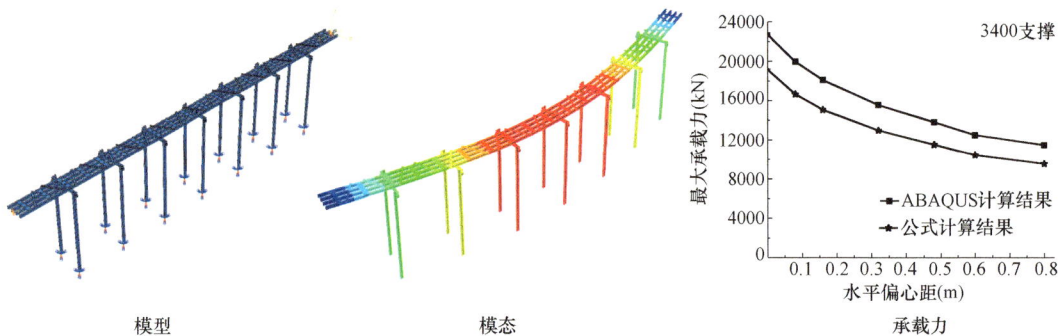

模型　　　　　　　　　模态　　　　　　　　　承载力

图 4.6.19　3.4m 宽组合支撑平面内稳定性分析

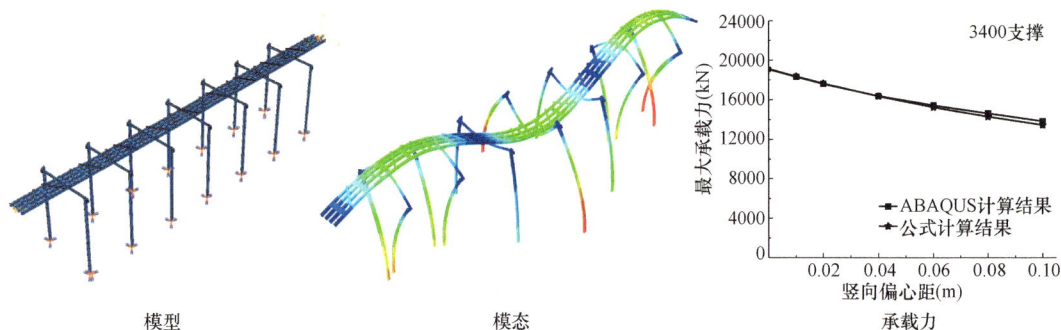

模型　　　　　　　　　模态　　　　　　　　　承载力

图 4.6.20　3.4m 宽组合支撑平面外稳定性分析

（3）6 根 H400×400×13×21 型钢拼接，组合支撑宽度 5.4m、支撑长度 120m。平面内（水平方向）失稳分析模型、失稳模态、偏心距与承载力关系如图 4.6.21 所示，立柱横向间距 6.2m、纵向间距 10m。平面外（竖向）失稳分析模型、失稳模态、偏心距与承载力关系如图 4.6.22 所示，立柱横向间距 11.6m、纵向间距 10m。

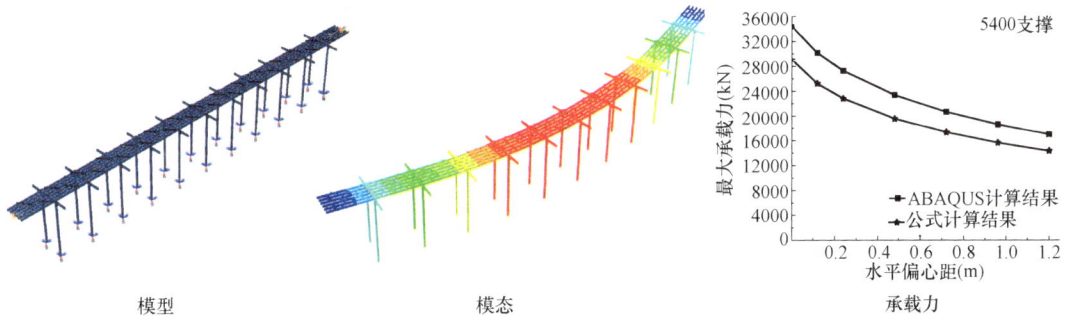

模型　　　　　模态　　　　　承载力

图 4.6.21　5.4m 宽组合支撑平面内稳定性分析

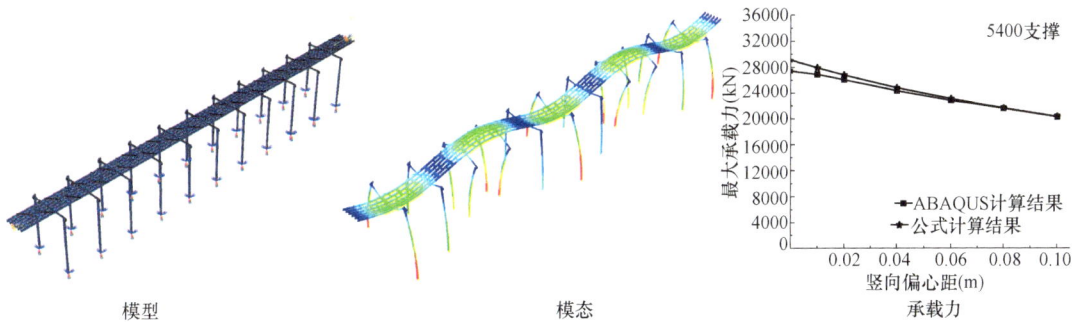

模型　　　　　模态　　　　　承载力

图 4.6.22　5.4m 宽组合支撑平面外稳定性分析

（4）8 根 H400×400×13×21 型钢拼接，组合支撑宽度 8.0m、支撑长度 150m。平面内（水平方向）失稳分析模型、失稳模态、偏心距与承载力关系如图 4.6.23 所示，立柱横向间距 8.6m、纵向间距 10m。平面外（竖向）失稳分析模型、失稳模态、偏心距与承载力关系如图 4.6.24 所示，立柱横向间距 11.6m、纵向间距 10m。

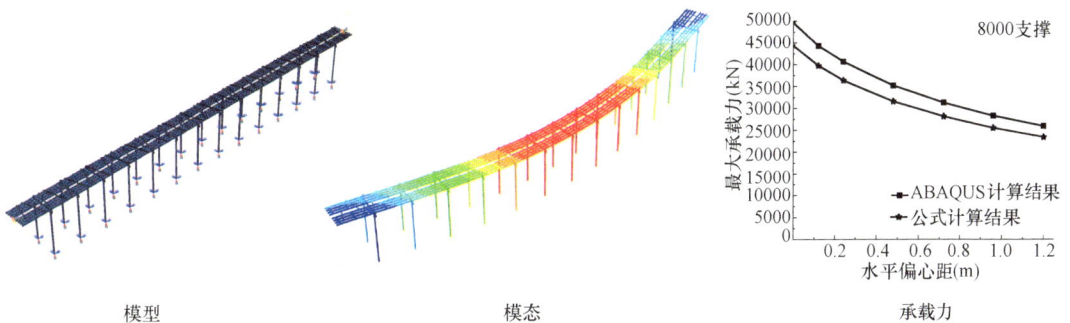

模型　　　　　模态　　　　　承载力

图 4.6.23　8.0m 宽组合支撑平面内稳定性分析

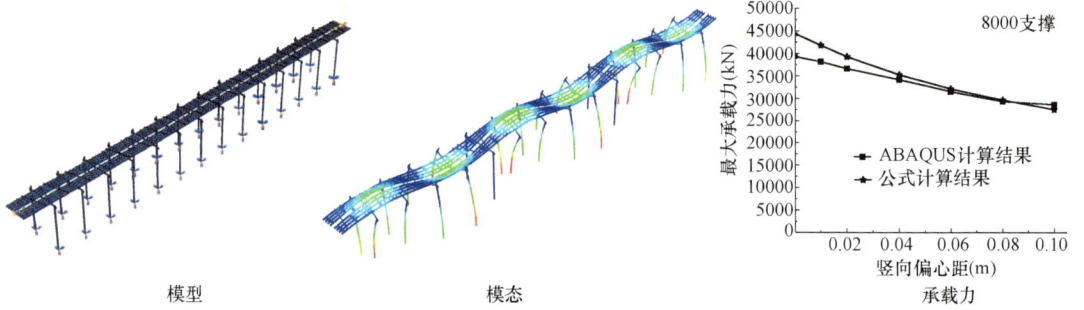

图 4.6.24　8.0m 宽组合支撑平面外稳定性分析

（5）2 根 H700×400×16×25 型钢拼接，组合支撑宽度 2.4m，支撑长度 20m。平面内（水平方向）失稳分析模型、失稳模态、偏心距与承载力关系如图 4.6.25 所示，无横梁、立柱，只有竖向失稳模态。平面外（竖向）失稳分析模型、失稳模态、偏心距与承载力关系如图 4.6.26 所示，无横梁、立柱。

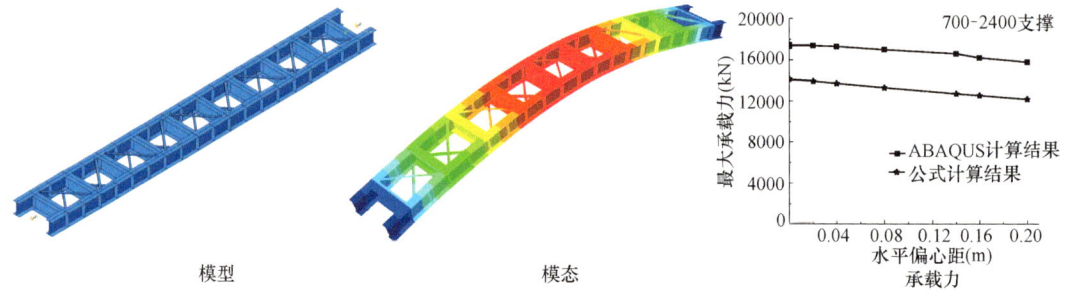

图 4.6.25　2.4m 宽 20m 长组合支撑平面内稳定性分析

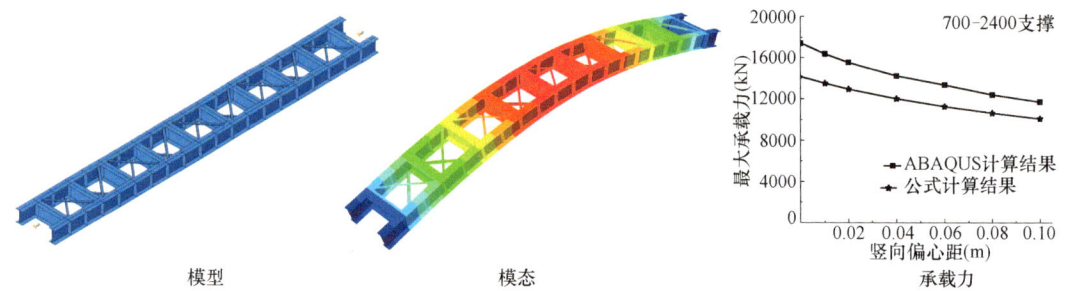

图 4.6.26　2.4m 宽 20m 长组合支撑平面外稳定性分析

（6）2 根 H700×400×16×25 型钢拼接，组合支撑宽度 2.4m，支撑长度 60m。平面内（水平方向）失稳分析模型、失稳模态、偏心距与承载力关系如图 4.6.27 所示，立柱横向间距 6.4m、纵向间距 10m。平面外（竖向）失稳分析模型、失稳模态、偏心距与承载力关系如图 4.6.28 所示，立柱横向间距 11.6m、纵向间距 10m。

（7）3 根 H700×400×16×25 型钢拼接，组合支撑宽度 4.4m，支撑长度 100m。平面内（水平方向）失稳分析模型、失稳模态、偏心距与承载力关系如图 4.6.29 所示，立柱横向间距 6.4m、纵向间距 10m。平面外（竖向）失稳分析模型、失稳模态、偏心距与承载力关系如图 4.6.30 所示，立柱横向间距 13.6m、纵向间距 10m。

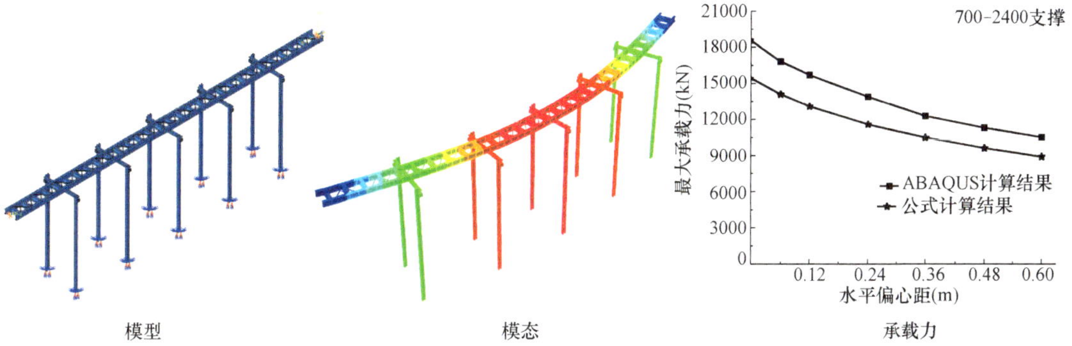

图 4.6.27　2.4m 宽 60m 长组合支撑平面内稳定性分析

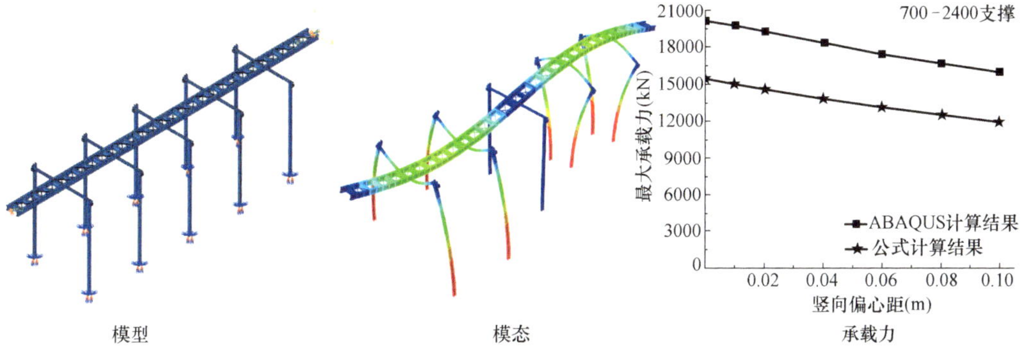

图 4.6.28　2.4m 宽 60m 长组合支撑平面外稳定性分析

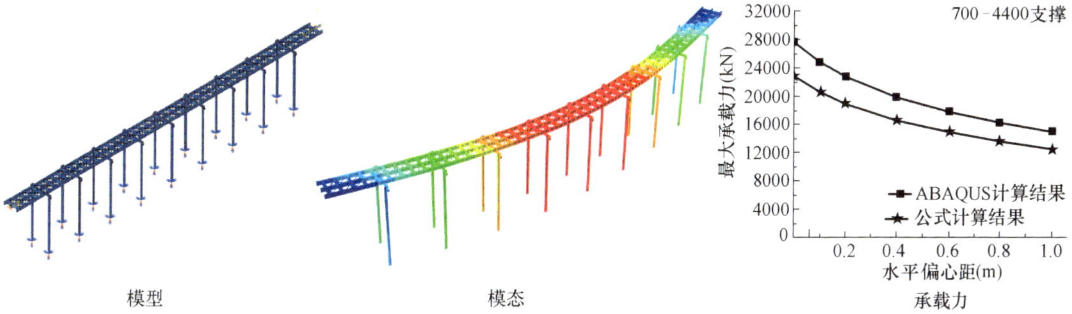

图 4.6.29　4.4m 宽组合支撑平面内稳定性分析

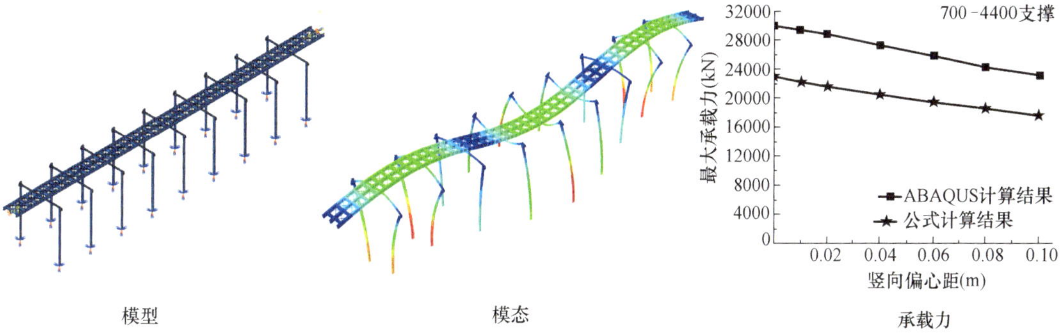

图 4.6.30　4.4m 宽组合支撑平面外稳定性分析

（8）6 根 H700×400×16×25 型钢拼接，组合支撑宽度 5.4m，支撑长度 150m。平面内（水平方向）失稳分析模型、失稳模态、偏心距与承载力关系如图 4.6.31 所示，立柱横向间距 6.4m、纵向间距 10m。平面外（竖向）失稳分析模型、失稳模态、偏心距与承载力关系如图 4.6.32 所示，立柱横向间距 15.6m、纵向间距 10m。

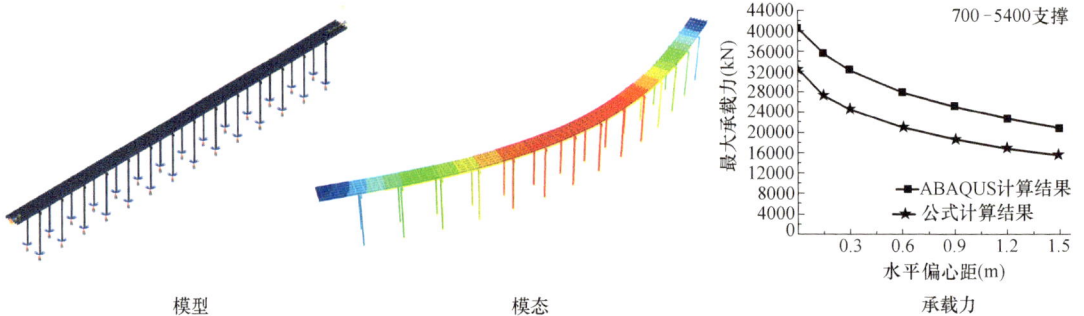

| 模型 | 模态 | 承载力 |

图 4.6.31　5.4m 宽组合支撑平面内稳定性分析

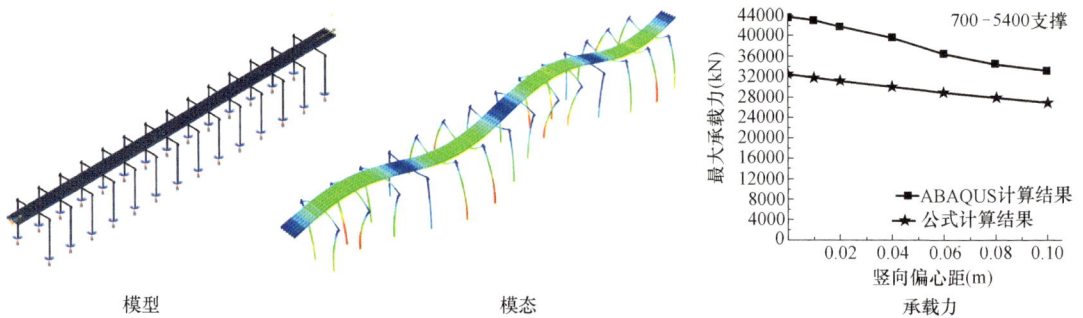

| 模型 | 模态 | 承载力 |

图 4.6.32　5.4m 宽组合支撑平面外稳定性分析

（9）支撑承载力有限元计算小结

上述分析未考虑立柱的侧向刚度贡献，立柱的侧向刚度贡献与立柱长度、土层情况、支撑层数等有关。由于未考虑螺栓拼接面的削弱作用，将单根支撑作为一根整体构件计算，侧向连接约束视为固定约束，因此承载力计算结果比实际装配式结构的承载力大。尤其是 700mm×400mm 的支撑体系，支撑构件之间增加了横向 H 型钢连接构件，有限元计算结果要显著大于理论分析结果（理论计算中组合支撑截面按 b 类截面计算），夸大了装配式结构横向连接约束的作用。因此，采用有限元计算结果作为装配式结构承载力时，应进行折减。从上述分析可以看出，横梁刚度对稳定性有一定影响，当横梁间距小、构件截面尺寸大，横梁刚度大、支撑承载力大，支撑以平面内失稳为主，反之以平面外失稳为主，因此实际使用过程中要重视横梁与支撑的连接约束，并尽量减小横梁跨度或采用角钢对横梁进行加强。

4.6.4　围檩构件承载力验算

围檩抗弯承载力理论值为：

$$\frac{M_x \times \frac{b}{2}}{I_x} \times 1.25 \leqslant f \tag{4.6.12}$$

式中 M_x——弯矩设计值（kN·m）；

　　　b——围檩截面高度（m）；

　　　I_x——围檩惯性矩（m⁴）；

　　　f——屈服强度（MPa）。

不同组合形式的围檩抗弯承载力理论值如表 4.6.4 所示。

各类型钢围檩承载力及可承受的土压力　表 4.6.4

型钢围檩承载力 H400×400×13×21			
单拼围檩			
围檩宽度（m）	轴惯性矩（m⁴）	屈服强度（MPa）	抗弯承载力（kN·m）
0.4	6.66×10⁻⁴	295	786
围檩净跨度（m）	6	8　　　　10	12
可承受的最大均布荷载（kN/m）	349	196　　　126	87
	备注:控制弯矩取连续梁支座弯矩和跨中弯矩的平均值		
型钢围檩承载力 H400×400×13×21			
双拼围檩			
围檩宽度（m）	轴惯性矩（m⁴）	屈服强度（MPa）	抗弯承载力（kN·m）
0.8	3.08×10⁻³	295	1818
围檩净跨度（m）	6	8　　　　10	12
可承受的最大均布荷载（kN/m）	808	455　　　291	202
	备注:控制弯矩取连续梁支座弯矩和跨中弯矩的平均值		
型钢围檩承载力 H400×400×13×21			
三拼围檩			
围檩宽度（m）	轴惯性矩（m⁴）	屈服强度（MPa）	抗弯承载力（kN·m）
1.2	8.90×10⁻³	295	3499
围檩净跨度（m）	6	8　　　　10	12
可承受的最大均布荷载（kN/m）	1555	875　　　560	389
	备注:控制弯矩取连续梁支座弯矩和跨中弯矩的平均值		

围檩抗弯承载力验算遵循以下原则：

（1）围檩内力应按结构整体分析结果取值；

（2）围檩构件应考虑其承受的轴力，按压弯构件验算；

（3）型钢组合支撑的围檩是通过螺栓连接的，属于叠合梁结构，其组合截面抗弯承载力受螺栓抗剪承载力的影响，如图4.6.33所示。

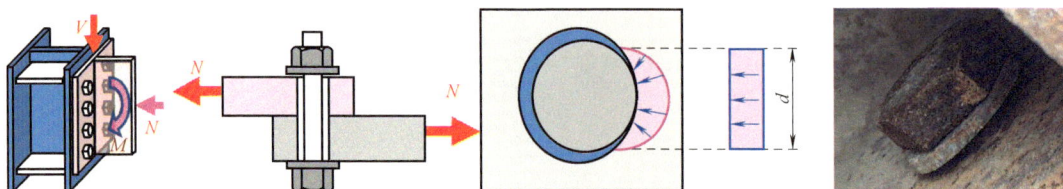

图4.6.33　围檩螺栓受力特性及其对围檩刚度的影响

组合型钢围檩是一种叠合梁结构，通过螺栓传递围檩结合面间的剪应力：当螺栓未发生滑动前，结合面通过承压型螺栓紧固后形成静止摩擦力传递剪应力；根据剪应力的分布特点，支座端部的剪应力最大，随着弯矩的增加，最先发生相对滑动，螺栓由摩擦型转变为抗剪型，结合面间的剪应力由螺栓抗剪进行传递。通常，支座端部螺栓承受的剪应力较大，都会由抗滑转变为抗剪，跨中部位螺栓承受的剪应力较小，基本以抗滑为主。当支座端部螺栓承受的剪应力超过螺栓抗滑力时，围檩之间会发生少量的相对滑动（螺栓与螺栓孔之间存在2～4mm的空隙），围檩抗弯刚度会有所下降（损失的刚度通过预加轴力的方式弥补，预加轴力施加完毕后要对螺栓进行二次紧固），螺栓与围檩钢板靠紧后，剪应力由螺栓抗剪进行传递，围檩的最终承载力由螺栓抗剪承载力决定，围檩剪应力计算简图如图4.6.34所示，其计算应遵循以下原则：

（1）在组合围檩结构形成封闭系统的条件下，围檩只承受垂直于围檩轴线方向的正截面剪力，围檩剪力设计值应按照结构整体分析相应位置最大剪力取值，验算由于围檩正截面剪力 Q 引起的叠合梁结合面螺栓抗剪承载力。

（2）型钢与型钢间的结合面或型钢与混凝土压顶梁之间结合面的平均剪应力 τ 是通过剪应力互等定理，通过正截面剪力 Q 按下式计算得到：

（1）按叠合面最大剪应力验算支座端部螺栓间距

$$\overline{\tau}_i = \frac{Q_i S_z^*}{I_i b}\qquad(4.6.13)$$

式中　$\overline{\tau}_i$——围檩 i 位置处正截面所受的平均剪应力（kPa）；

Q_i——围檩 i 位置处正截面所受的剪力（kN）；

S_z^*——计算剪应力处以上截面对中和轴的面积矩（m³）；

I_i——围檩 i 位置处的组合截面惯性矩（m⁴）；

b——围檩组合截面结合面宽度（m）。

$$d^b \leqslant \frac{N^b}{\eta b \overline{\tau}_i}\qquad(4.6.14)$$

式中　d^b——i 位置处配置螺栓所需间距（m），且不大于100mm；

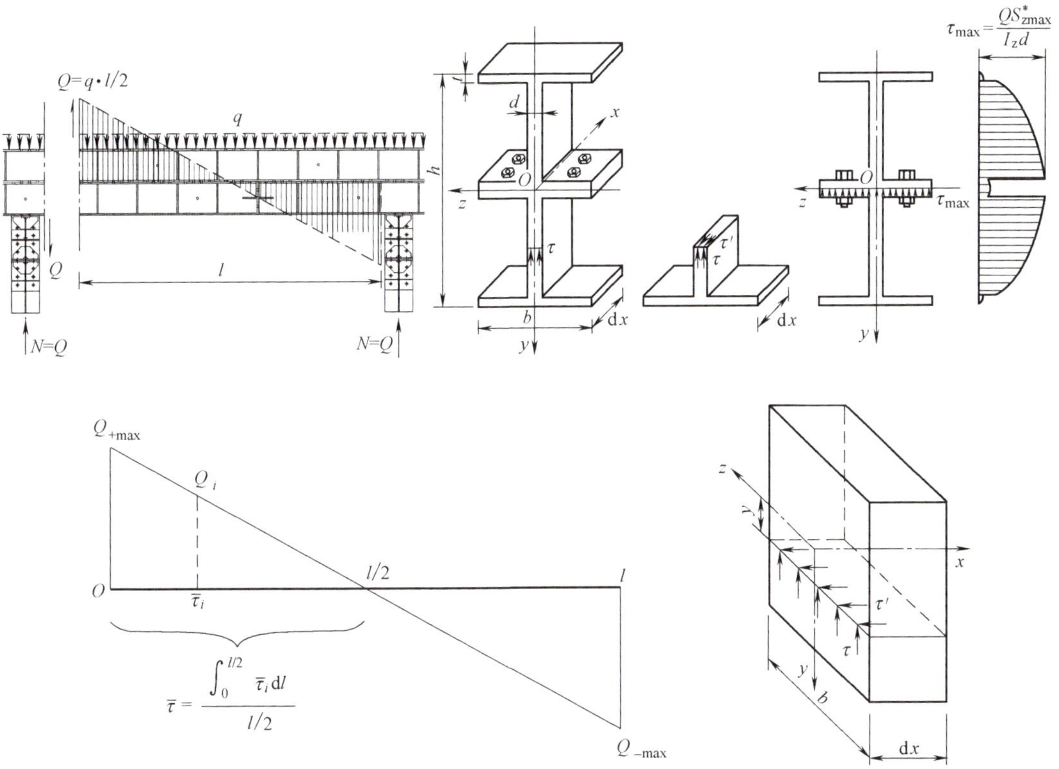

图 4.6.34 围檩剪应力计算简图

N^b——单颗螺栓所能提供的抗剪承载力设计值（kN），单颗 10.9 级高强度螺栓抗剪承载力设计值 110kN；

η——考虑螺栓受力不均的安全系数，取 1.5。

（2）按叠合面平均剪应力验算整体螺栓数量

$$\bar{\tau} = \frac{\bar{Q}S_z^*}{Ib} = \frac{qlS_z^*}{4Ib} \tag{4.6.15}$$

式中　$\bar{\tau}$——围檩结合面所受的平均剪应力（kPa）；

$\bar{Q}$——围檩正截面剪力的平均值（kN）；

I——围檩组合截面惯性矩（m⁴），截面不发生变化时 $I = I_i$；

q——围檩所受的均布荷载（kN/m）；

l——计算范围的围檩长度（m）。

$$n_f^b \geqslant \eta \frac{\bar{\tau}b}{N^b} \tag{4.6.16}$$

式中　n_f^b——每延米结合面所需螺栓的数量（个/m），且不少于 12 套；

N^b——单颗螺栓所能提供的抗剪承载力设计值（kN），单颗 10.9 级高强度螺栓抗剪承载力 110kN；

η——考虑螺栓整体受力不均的安全系数，取 2.0。

上述公式中未说明的参数，参考相关规范，在此不一一列出。不同结构形式的围檩受力特性及其适用性如图4.6.35、表4.6.5～表4.6.7所示。

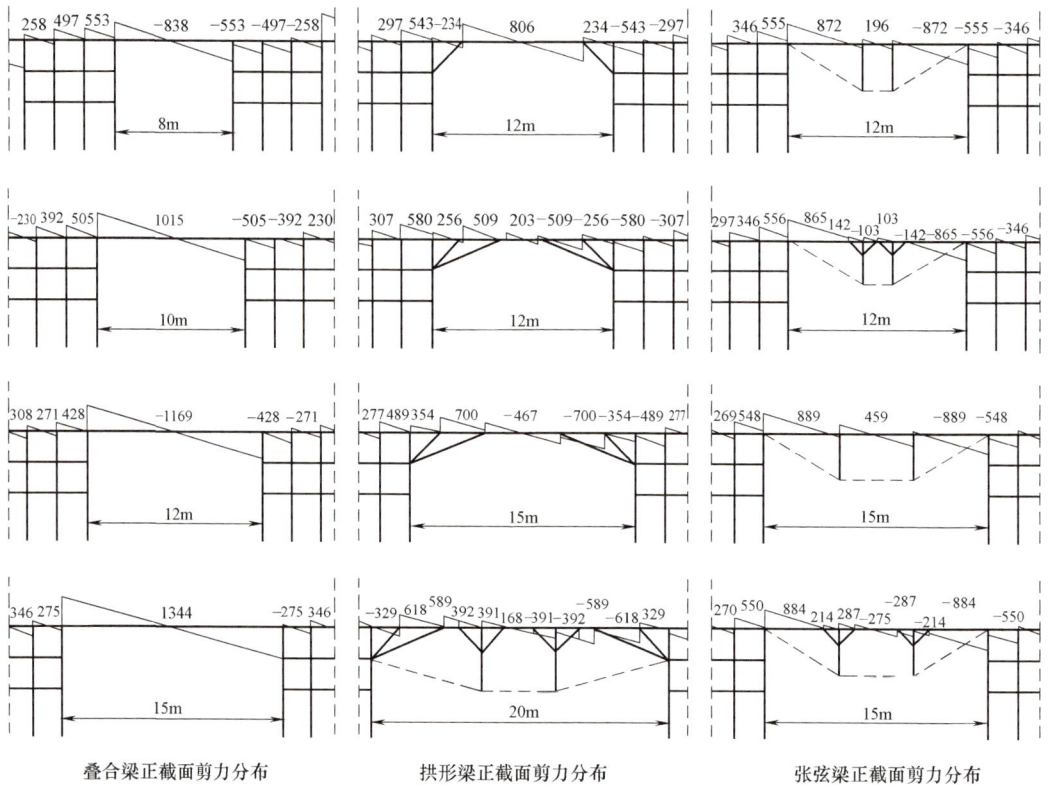

叠合梁正截面剪力分布　　　　　拱形梁正截面剪力分布　　　　　张弦梁正截面剪力分布

图4.6.35　不同结构形式围檩受力特性

不同侧压力下叠合梁结构跨度与螺栓间距的关系　　　　表4.6.5

梁净跨（m）	8									
截面形式	叠合梁结构									
	双拼形式					三拼形式				
围檩侧压力（kN/m）	100	200	300	400	500	100	200	300	400	500
最大正截面剪力（kN）	400	800	1200	1600	2000	400	800	1200	1600	2000
螺栓间距（mm）	257	128				374	187	125		
每米螺栓最少数量	12	16				12	12	16		
梁净跨（m）	10									
截面形式	叠合梁结构									
	双拼形式					三拼形式				
围檩侧压力（kN/m）	100	200	300	400	500	100	200	300	400	500
最大正截面剪力（kN）	500	1000	1500	2000	2500	500	1000	1500	2000	2500
螺栓间距（mm）	205	103				300	150	100		
每米螺栓最少数量	12	20				12	14	20		

梁净跨(m)	12								
截面形式	叠合梁结构								
	双拼形式					三拼形式			
围檩侧压力(kN/m)	100	200	300	400	500	100	200	300	400	500
最大正截面剪力(kN)	600	1200	1800	2400	3000	600	1200	1800	2400	3000
螺栓间距(mm)	171					250	125			
每米螺栓最少数量	12					12	16			
梁净跨(m)	15									
截面形式	叠合梁结构									
	双拼形式					三拼形式				
围檩侧压力(kN/m)	100	200	300	400	500	100	200	300	400	500
最大正截面剪力(kN)	750	1500	2250	3000	3750	750	1500	2250	3000	3750
螺栓间距(mm)	137					200	100			
每米螺栓最少数量	14					12	20			

不同侧压力下拱形梁结构跨度与螺栓间距的关系　　　　表 4.6.6

梁净跨(m)	8									
截面形式	拱形梁结构									
	拱宽 2m					拱宽 4m				
围檩侧压力(kN/m)	100	200	300	400	500	100	200	300	400	500
最大正截面剪力(kN)	202	404	606	808	1010	58	116	174	232	290
螺栓间距(mm)	508	254	169	127	102	1770	885	590	442	354
每米螺栓最少数量	12	12	12	16	20	12	12	12	12	12
梁净跨(m)	10									
截面形式	拱形梁结构									
	拱宽 2m					拱宽 5m				
围檩侧压力(kN/m)	100	200	300	400	500	100	200	300	400	500
最大正截面剪力(kN)	300	600	900	1200	1500	106	212	318	424	530
螺栓间距(mm)	342	171	114			968	484	323	242	194
每米螺栓最少数量	12	12	18			12	12	12	12	12
梁净跨(m)	12									
截面形式	拱形梁结构									
	拱宽 2m					拱宽 5m				
围檩侧压力(kN/m)	100	200	300	400	500	100	200	300	400	500
最大正截面剪力(kN)	400	800	1200	1600	2000	165	330	495	660	825
螺栓间距(mm)	257	128				622	311	207	156	124
每米螺栓最少数量	12	16				12	12	12	12	16

梁净跨(m)	15								
截面形式	拱形梁结构								
	拱宽2m					拱宽5m			
围檩侧压力(kN/m)	100	200	300	400	500	100	200	300	400	500
最大正截面剪力(kN)	550	1100	1650	2200	2750	250	500	750	1000	1250
螺栓间距(mm)	187						411	205	137	103
每米螺栓最少数量	12						12	12	14	20

不同侧压力下张弦梁结构跨度与螺栓间距的关系　　　　表 4.6.7

梁净跨(m)	8					10				
截面形式	张弦梁(三等分梁净跨)									
围檩侧压力(kN/m)	100	200	300	400	500	100	200	300	400	500
最大正截面剪力(kN)	234	468	702	936	1170	261	522	783	1044	1305
螺栓间距(mm)	439	219	146	110		393	197	131		
每米螺栓最少数量	12	12	14	18		12	12	16		
梁净跨(m)	12					15				
截面形式	张弦梁(三等分梁净跨)									
围檩侧压力(kN/m)	100	200	300	400	500	100	200	300	400	500
最大正截面剪力(kN)	293	586	879	1172	1465	348	696	1044	1392	1740
螺栓间距(mm)	350	175	117			295	147			
每米螺栓最少数量	12	12	18			12	14			

　　螺栓数量少于 12 套/m 时，按 12 套/m 构造，空缺表示螺栓间距已小于 100mm，螺栓密度太大，对应该种结构形式已不适合。三种结构形式中，拱形梁结构对于减少正截面剪力的效果最明显。当采用叠合梁结构时，梁跨度不宜大于 8m，否则应采用三拼叠合梁；梁跨度超过 12m，宜采用拱形梁结构或张弦梁结构，减少梁正截面剪力；拱形梁结构梁跨不宜超过 15m，张弦梁结构梁跨不宜超过 15m。

　　从上述计算可以看出，围檩螺栓抗剪要求很高，受开孔数量限制，往往很难满足要求。围檩螺栓不是围檩受弯承载力的主控因素，影响围檩承载力的主要因素是拼接数量和错缝拼接方式，当螺栓发生滑动或部分抗剪失效，对承载力的影响不大，但是对围檩抗弯刚度和基坑变形影响较大（见后续围檩受弯承载力试验结果），可以通过增大预加轴力的方式减少围檩螺栓受剪承载力不足发生滑动或错动对变形的影响。

4.6.5　传力件受剪承载力验算

　　型钢围檩与冠梁之间采用预埋螺栓传递剪力，型钢围檩与围护桩之间采用传力件传递剪力，将支撑轴力沿围檩方向的分力分担至围护桩墙，因此要进行预埋螺栓或传力件抗剪。如采用预埋件传递剪力，受剪部位只有一个，即预埋件与钢围檩的连接螺栓。如采用传力件传递剪力，受剪部位有两个：围护桩墙钢筋与传力件的焊接部位；传力件与钢围檩间的螺栓。对于传力件，首先要确保焊接部位焊缝抗剪强度大于钢围檩的螺栓抗剪强度，通常一个传力件设置上下四颗螺栓，每个高强度螺栓的抗剪强度设计值为 110kN。因此焊缝抗剪强度应大于 4×110＝440kN，焊缝高度不小于 8mm，每个传力件的焊缝长度不少于 500mm。螺栓抗剪不均匀安全系数取 1.5，不考虑细石混凝土填充与围护桩或围檩之间的摩擦力，也不考虑围檩轴力的贡献（围檩不封闭时的最不利情况），以角撑和围檩夹角 45°为例，不同侧压力条件下的传力件（或预埋螺栓）数量或间距如表 4.6.8 所示，当围檩侧压力超过 600kN/m 时，应采用上下双层围檩。

传力件个数＝1.5×总剪力/440＝1.5×（围檩侧压力×角撑间距）/440

不同侧压力条件下的传力件数量与间距　　　　　表 4.6.8

角撑间距(m)	12					
围檩侧压力(kN/m)	100	200	300	400	500	600
两道支撑间的总剪力(kN)	1200	2400	3600	4800	6000	7200
两道支撑间传力件最少个数	4	8	12	16	20	25
传力件最大间距(mm)	3000	1500	1000	750	600	480
两道支撑间螺栓最少个数	16	32	48	64	80	100
预埋件最大间距(mm)(上下各一排)	1500	750	500	375	300	240

对于工法桩或地下连续墙作为围护桩，传力件比较好布置，当围护桩为钻孔桩时，桩径越大，桩中心间距越大，传力件数量越少，因此要在素混凝土填充内部增设预埋螺栓，增加抗剪螺栓数量，提高素混凝土强度等级，通过混凝土抗剪来辅助焊缝抗剪。传力件与工法桩、灌注桩、地下连续墙的连接做法如图 4.6.36～图 4.6.39 所示。

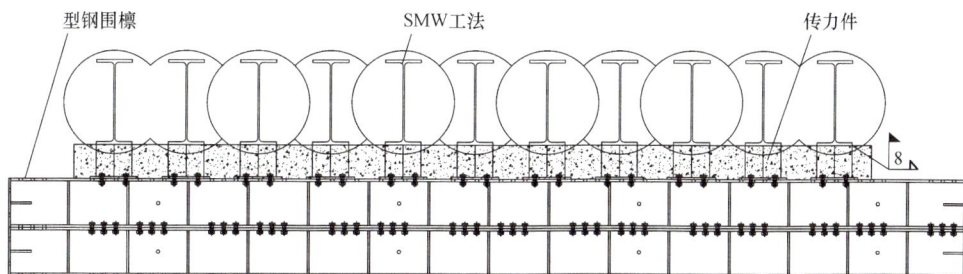

图 4.6.36　工法桩与传力件的连接

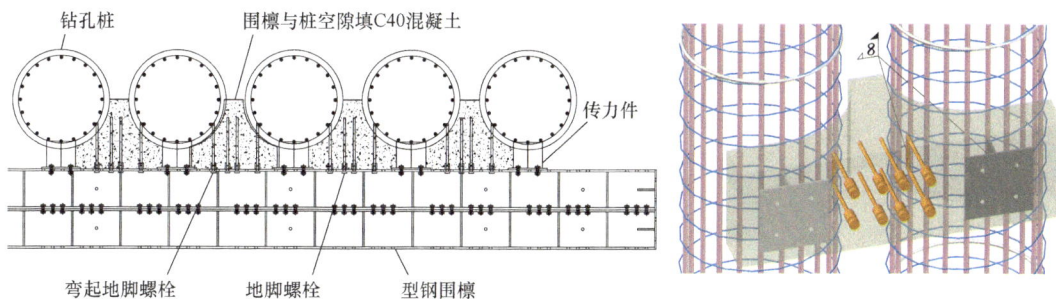

图 4.6.37　灌注桩与传力件的连接

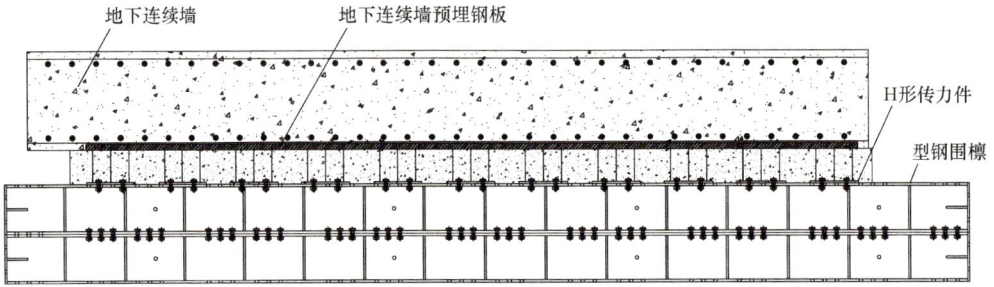

图 4.6.38　地下连续墙与传力件的连接

　与钻孔桩钢筋焊接　　　与地下连续墙钢筋焊接　　　与地下连续墙预埋钢板焊接　　　与工法桩焊接

图 4.6.39　传力件与围护结构连接

　　在实际工程应用过程中，传力件受剪承载力和围檩受弯承载力问题很容易被忽视，重点都放在了支撑的受压承载力和稳定性问题上，导致事故频发或变形过大。尤其是采用伺服系统进行主动变形控制，施加的轴力很大：一旦超过围檩的受弯承载力，会导致围檩弯曲变形过大，或应力集中局部破坏；一旦超过传力件的受剪承载力，会发生围檩错动或螺栓剪断，如图 4.6.40 所示；同时，为了补偿由于变形引起的轴力损失，伺服系统会不断地加大变形发展。

图 4.6.40　传力件或螺栓数量不足导致围檩滑移

4.6.6　立柱和立柱桩承载力验算

立柱和立柱桩计算应遵循以下原则：

（1）立柱应按偏心受压构件进行强度和稳定性验算，计算时应充分考虑基坑开挖与拆撑过程中的各不利工况，偏心距应根据立柱垂直度并按双向偏心进行计算（1/100 倾斜度），立柱荷载包括型钢组合支撑自重、表面活荷载（禁止堆载，主要为巡查人员荷载 $0.5kN/m^2$）、考虑相邻立柱竖向偏差导致的支撑轴力偏心荷载（可取 1/100，相当于相邻立柱高度差异 100mm，超过这个高度差异，在立柱破坏之前支撑梁结构可能已经大偏心破坏了），计算公式同支撑杆件公式；

（2）立柱的计算长度宜根据支撑布置、托梁、剪刀撑、节点的刚度以及地基土土质、立柱桩情况等立柱约束条件综合确定，单道支撑按托座件牛腿底（刚接约束）计算至基底土中一定深度（淤泥土中 5m，粉土、粉砂、黏性土中 2m，砾石、卵石按基底面，铰支约束）；多道支撑按最下一道控制，型钢组合支撑荷载一般较小（5～10t/层支撑/根立柱，三层支撑最大单柱荷载 20～40t），立柱稳定性一般都能满足要求，但作为栈桥立柱时，应重点验算；

（3）立柱桩应进行单桩竖向承载力计算，竖向荷载应按最不利工况取值，采用型钢作为立柱桩时，极限侧摩阻力 q_{sk} 应取型钢表面正应力和摩擦系数（通常为 0.4）的乘积 $\sigma \cdot \mu$ 与土体抗剪强度 τ 的小值，单桩竖向承载力特征值 $R_a = Q_{uk}/2$，并与地勘报告中提供的预制桩桩侧摩阻力特征值计算得到单桩竖向承载力特征值比较，取小值。采用型钢作为立柱桩，立柱桩承载力应作为重点验算内容。

4.6.7　附属构件承载力验算

盖板、系杆的计算应符合下列规定：

（1）盖板、系杆应取整体计算中获得的构件实际剪力进行验算，型钢拼接处所设盖板螺栓的剪力设计值还不应小于型钢支撑梁轴力的 1/40。

（2）连接盖板与对撑或角撑的螺栓个数应按下式计算：

$$n = \frac{V}{N^b} \tag{4.6.17}$$

式中　N^b——单根螺栓所能提供的抗滑动承载力设计值。

根据整体计算结果，盖板与支撑梁的连接节点剪力为几十千牛，4～5 套螺栓就能满足要求，通常应将盖板螺栓按构造全部上满，数量为 8 套左右，远大于计算结果，因此盖板螺栓抗滑动基本都能满足要求，螺栓数量的多少决定了盖板对支撑杆件约束的强弱。

（3）托梁宜按简支梁进行强度和挠度的验算，其最大计算挠度应小于 $L/400$，且最大不超过 30mm，L 为托梁支点间的最大距离，挠度计算时，设计荷载只考虑恒荷载结构自重；强度验算时，还应考虑活荷载和支撑轴力在竖向的偏心荷载。不同托梁跨度、不同支撑组合方式如图 4.6.41 所示，支撑作用与托梁中部情况下的挠度如表 4.6.9 所示。对于跨度在 5m 左右的托梁，采用 H300 型钢均能满足要求；对于跨度在 7m 左右的托梁，单拼支撑采用 H300 型钢均能满足要求，双拼支撑宜采用 H350 型钢；对于跨度 9m 左右的托梁，单拼支撑可采用 H350 型钢，双拼支撑宜采用 H400 型钢；单拼支撑托梁最大跨度不宜超过 11m、双拼支撑托梁最大跨度不宜超过 9m；否则，应增设立柱、采用双根横梁或加角钢牛腿减小跨度等方法。

不同支撑组合形式下横梁的最大挠度（括号内为横梁最大拉应力）　　表 4.6.9

跨度(m)		5			7			9		11
横梁型号		H300	H350	H400	H300	H350	H400	H350	H400	H400
支撑截面组合形式	3	3(40)	2(24)	1(16)	9(62)	5(37)	3(25)	10(50)	6(34)	12(43)
	4	4(44)	2(26)	1(18)	12(73)	6(43)	4(30)	13(61)	8(42)	20(54)
	5	4(47)	2(28)	1(19)	13(84)	7(50)	4(34)	16(72)	10(49)	18(64)
	6				14(88)	7(52)	4(36)	18(78)	11(54)	21(72)
	7				15(91)	8(54)	5(37)	19(85)	12(58)	23(79)
	8							20(87)	12(60)	25(84)
	3×2	6(80)	3(48)	2(33)		10(74)	5(51)	21(100)	13(69)	23(87)
	4×2	7(88)	4(52)	2(36)		12(87)	7(60)		16(84)	
	5×2	8(95)	4(57)	2(39)		14(100)	8(69)		19(99)	
	6×2					15(104)	9(72)		22(108)	
	7×2					15(109)	9(75)		23(117)	

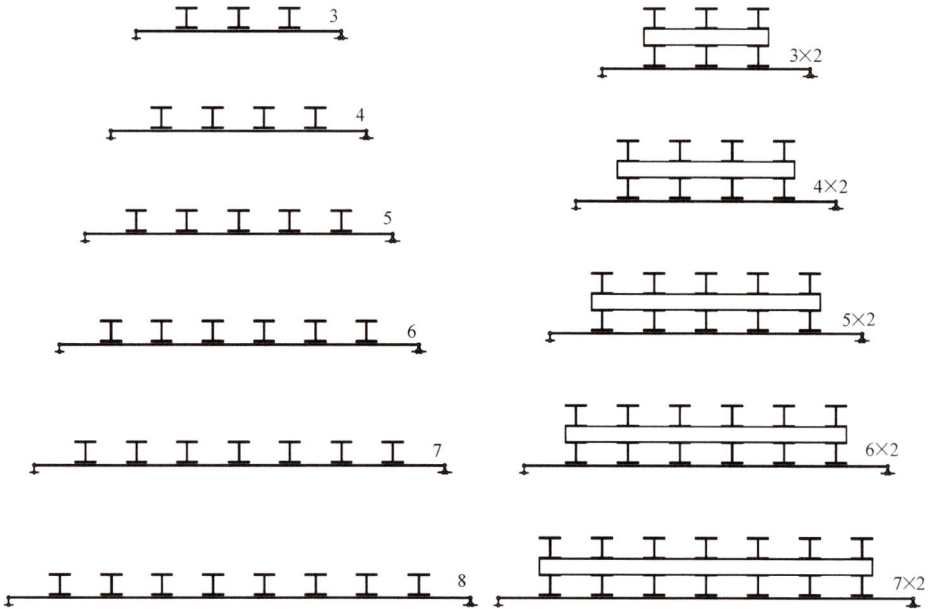

图 4.6.41　支撑截面组合形式

4.6.8　组合支撑算例分析

以一个三层地下室基坑为例说明：不同形状下支撑平面布局的选择；支撑竖向布局的设置；剖面计算；支撑结构整体计算；支撑构件承载力验算；围檩构件承载力验算；立柱和立柱桩承载力验算；附属构件承载力验算；支撑体系的深化设计及非标尺寸构件设计。

分粉砂土地层和淤泥土地层两种情况。

1. 基坑算例概况

如图 4.6.42 所示,算例为一长 205m,宽 102m,周长 610m,开挖深度为 15m 的基坑,基坑平面布局分别考虑大跨度、弧形转角、大阳角等情况。土质情况分为两种,全淤泥土和全粉砂土。淤泥土方案采用钻孔灌注桩+三层预应力型钢组合支撑,粉砂土采用钻孔灌注桩+两层预应力型钢组合支撑。

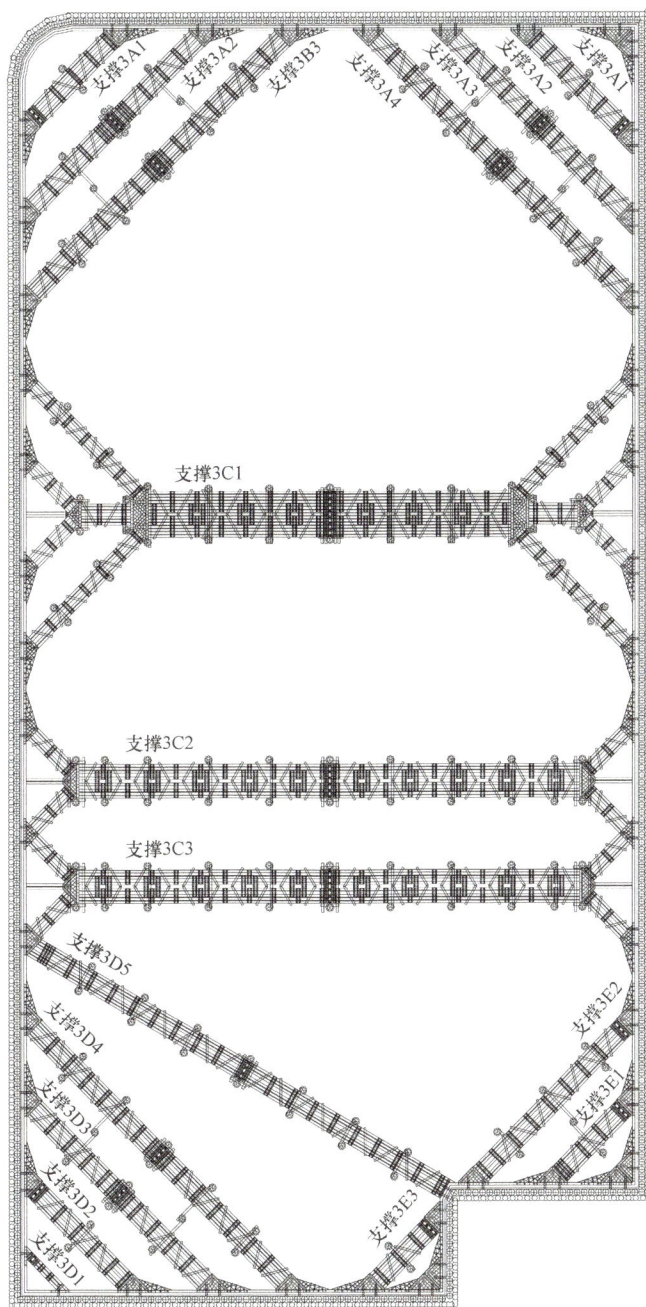

图 4.6.42　组合支撑受力计算案例

2. 粉砂土地层支护结构设计

粉砂土地层中设两层型钢组合支撑，算例剖面如图 4.6.43 所示：第一层型钢支撑底标高为－4.000m（地坪相对标高±0.000m）；第二层型钢支撑底标高为－9.000m（相对标高）；支撑构件为 H400×400×13×21 型钢，Q345b；型钢围檩为 H400×400×13×21 型钢，Q345b；立柱、横梁均为 H300×300×10×15 型钢，Q235。

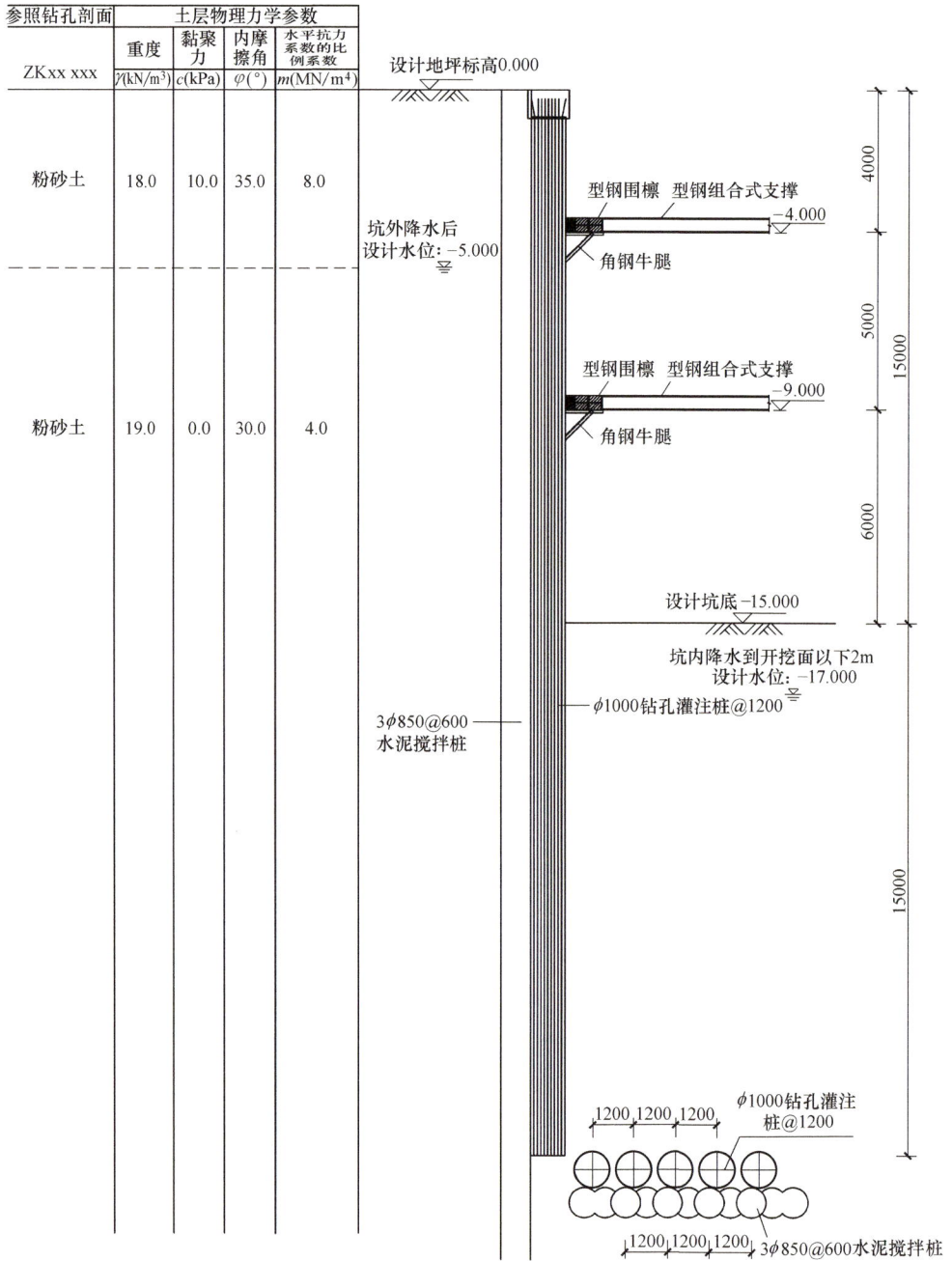

图 4.6.43 粉砂土地层中算例剖面

1) 剖面计算

设计信息：围护桩采用 1000@1200 的钻孔灌注桩，设两层支撑，嵌固比 1∶1；坑外水位降至地面以下 5m，坑内水位降至开挖面以下 2m；地表超载 20kPa；开挖工况为每次开挖至支撑底面以下 1m。粉砂土地层算例土体参数如表 4.6.10 所示，支撑计算参数如表 4.6.11 所示，工况如图 4.6.44 所示，剖面计算结果如图 4.6.45 所示。

粉砂土地层算例参数　　　　　　　　　　　表 4.6.10

编号	土层名称	厚度(m)	重度(kN/m³)	c(kPa)	φ(°)	分算/合算	m(MPa/m²)
①	粉砂(水上)	5	18	10	35	合算	8
②	粉砂(水下)	40	19	0	30	分算	4

支撑计算参数　　　　　　　　　　　表 4.6.11

支撑序号	1	2
类型	内支撑	内支撑
水平间距(m)	10	10
长度(m)	50	50
与围檩夹角(°)	45	45
不动点调整系数	0.5	0.5
支撑类型	型钢	型钢
构件截面面积(cm²)	218.7	218.7
根数/10m	3	4
松弛系数	1	1
支撑刚度 K(MN/m²)	27	36

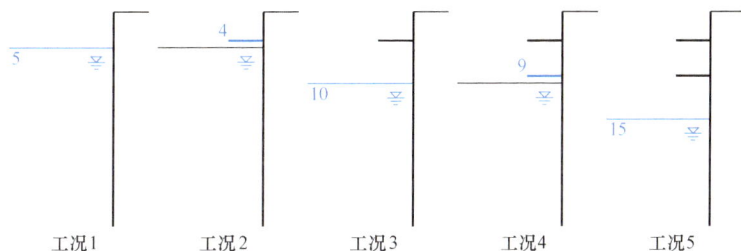

图 4.6.44　计算工况

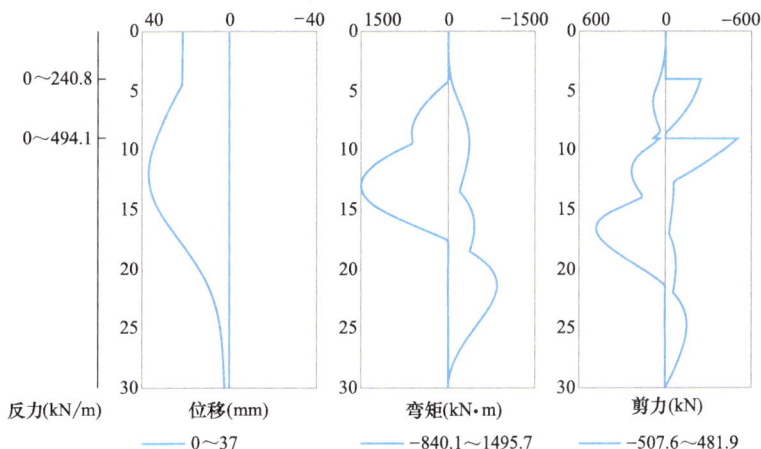

图 4.6.45　剖面计算结果

第二层支撑最大轴力 494kN/m，按 500kN/m 进行支撑构件验算。

2) 支撑结构整体计算

算例整体受力变形分析结果如图 4.6.46～图 4.6.48 所示。

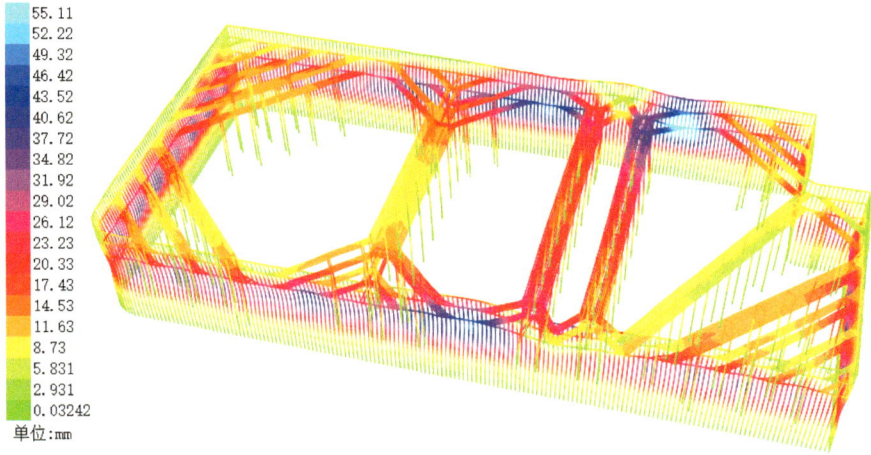

图 4.6.46　三维变形分析结果

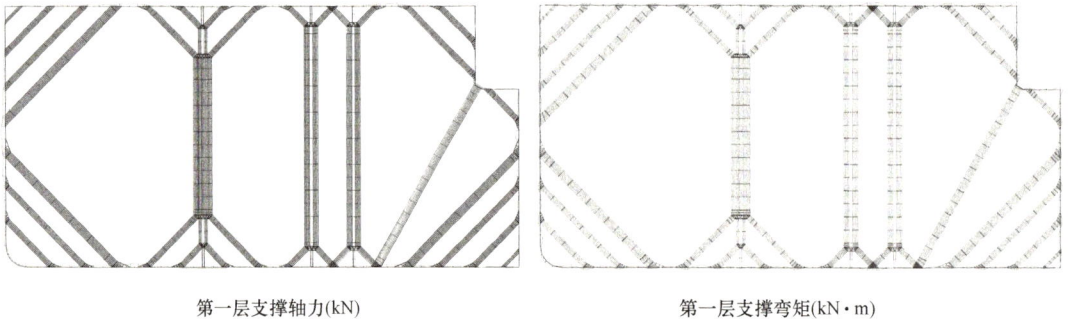

第一层支撑轴力(kN)　　　　　　　　　第一层支撑弯矩(kN·m)

图 4.6.47　第一层支撑内力计算结果

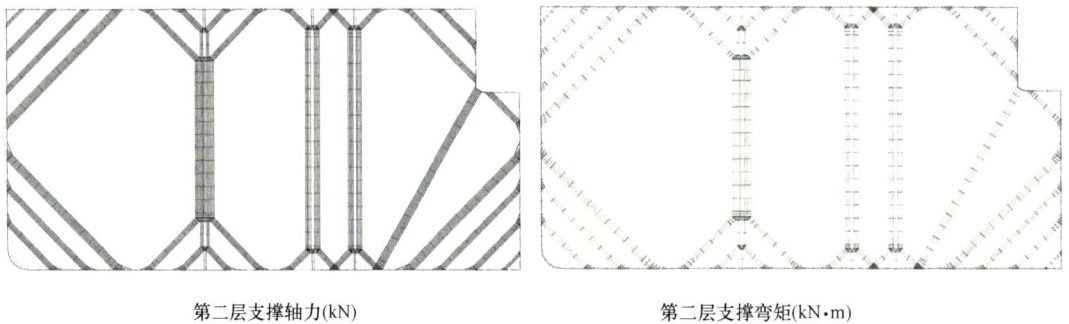

第二层支撑轴力(kN)　　　　　　　　　第二层支撑弯矩(kN·m)

图 4.6.48　第二层支撑内力计算结果

3) 支撑构件计算

最不利支撑承载力验算如图 4.6.49 所示。

较不利 2A2 计算及验算

1. 计算依据

支撑属于压弯构件,根据《钢结构设计标准》GB 50017—2017,应验算其强度、弯矩作用平面内的稳定性、弯矩作用平面外的稳定性;

型钢组合支撑是双轴对称的格构式压弯构件,弯矩作用平面内和平面外的稳定性计算均与实腹式构件相同。

2. 计算参数

型钢基本参数:

截面尺寸	钢材牌号	单根截面积 A(cm²)	单根重量(kg/m)
H400×400×13×21	Q345B	219.5	173

支撑截面规格参数:

截面简图	宽度(mm)	高度(mm)	型钢根数	截面积 A(cm²)
	3400	400	5	1097.5

回转半径 i_x(cm)	回转半径 i_y(cm)	截面模量 W_x(cm³)	截面模量 W_y(cm³)	截面矩 I_x(cm⁴)	截面矩 I_y(cm⁴)
17.4	114.1	16602	84002	332040	14280433

支撑覆盖范围为13m,支撑与支护桩之间的角度45°;

根据剖面计算结果,支撑反力按 500kN/m 考虑。

故支撑最大轴力设计值:

$N=1.1×1.25×500×13/\sin(45°)=12639$kN

支撑对主轴 y 的计算长度为 $l_{0y}=21$m

故该方向构件长细比 $\lambda_y=l_{0y}/i_y=21×100/114.1=18.4$

$\lambda_y\sqrt{\frac{f_y}{235}}=18.4×1.212=22.3,\varphi_y=0.962$

支撑对主轴 x 的计算长度为 $l_{0x}=10$m

故该方向构件长细比 $\lambda_x=l_{0x}/i_x=10×100/17.4=57.47$

$\lambda_x\sqrt{\frac{f_x}{235}}=57.47×1.212=69.65,\varphi_x=0.753$

对主轴 y 最大弯矩 $M_y=Ne=12639×0.04=505.56$kN·m

y 向荷载设计值 $Q_v=1.35×1.73×5+0.7×1.4×1.0×3.4=15.0095$kN·m

$M_x=1.1Q_vl^2/8+Ne=1.1×15.0095×10^2/8+12639×0.04=711.9$kN·m

3. 计算结果

强度:

$\frac{N}{A_n}±\frac{M_x}{W_{nx}}±\frac{M_y}{W_{ny}}=164.06$MPa≤295MPa,满足

稳定性:

$\frac{N}{\phi_xA}+\frac{M_x}{W_x\left(1-0.8\frac{N}{N'_{Ex}}\right)}+\frac{M_y}{W_y}=211.32$MPa,稳定性系数 $n_x=1.4$

$\frac{N}{\phi_yA}+\frac{M_y}{W_y\left(1-0.8\frac{N}{N'_{Ey}}\right)}+\frac{M_x}{W_x}=168.72$MPa,稳定性系数 $n_x=1.75$

图 4.6.49　最不利支撑承载力验算（一）

较不利 2A3 计算及验算

1. 计算依据

支撑属于压弯构件,根据《钢结构设计标准》GB 50017—2017,应验算其强度、弯矩作用平面内的稳定性、弯矩作用平面外的稳定性;

型钢组合支撑是双轴对称的格构式压弯构件,弯矩作用平面内和平面外的稳定性计算均与实腹式构件相同。

2. 计算参数

型钢基本参数:

截面尺寸	钢材牌号	单根截面积 $A(\text{cm}^2)$	单根重量 (kg/m)
H400×400×13×21	Q345B	219.5	173

支撑截面规格参数:

截面简图	宽度 (mm)	高度 (mm)	型钢根数	截面积 A (cm²)
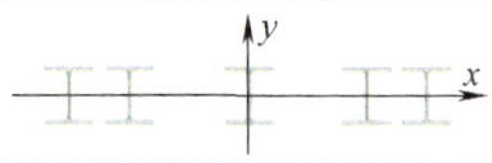	3400	400	5	1097.5

回转半径 i_x(cm)	回转半径 i_y(cm)	截面模量 W_x(cm³)	截面模量 W_y(cm³)	截面矩 I_x(cm⁴)	截面矩 I_y(cm⁴)
17.4	114.1	16602	84002	332040	14280433

支撑覆盖范围为 13m,支撑与支护桩之间的角度 45°;

根据剖面计算结果,支撑反力按 500kN/m 考虑。

故支撑最大轴力设计值:

$N=1.1×1.25×500×13/\sin(45°)=12639\text{kN}$

支撑对主轴 y 的计算长度为 $l_{0y}=40\text{m}$

故该方向构件长细比 $\lambda_y=l_{0y}/i_y=40×100/114.1=35.06$

$\lambda_y\sqrt{\dfrac{f_y}{235}}=35.06×1.212=42.49,\varphi_y=0.889$

支撑对主轴 x 的计算长度为 $l_{0x}=10\text{m}$

故该方向构件长细比 $\lambda_x=l_{0x}/i_x=10×100/17.4=57.47$

$\lambda_x\sqrt{\dfrac{f_x}{235}}=57.47×1.212=69.65,\varphi_x=0.753$

对主轴 y 最大弯矩 $M_y=Ne=12639×0.04=505.56\text{kN}\cdot\text{m}$

y 向荷载设计值 $Q_v=1.35×1.73×5+0.7×1.4×1.0×3.4=15.0095\text{kN}\cdot\text{m}$

$M_x=1.1Q_vl^2/8+Ne=1.1×15.0095×10^2/8+12639×0.04=711.9\text{kN}\cdot\text{m}$

3. 计算结果

强度:

$\dfrac{N}{A_n}\pm\dfrac{M_x}{W_{nx}}\pm\dfrac{M_y}{W_{ny}}=164.06\text{MPa}\leqslant295\text{MPa}$,满足

稳定性

$\dfrac{N}{\phi_x A}+\dfrac{M_x}{W_x\left(1-0.8\dfrac{N}{N'_{Ex}}\right)}+\dfrac{M_y}{W_y}=211.32\text{MPa}$,稳定性系数 $n_x=1.4$

$\dfrac{N}{\phi_y A}+\dfrac{M_y}{W_y\left(1-0.8\dfrac{N}{N'_{Ey}}\right)}+\dfrac{M_x}{W_x}=178.87\text{MPa}$,稳定性系数 $n_x=1.65$

图 4.6.49 最不利支撑承载力验算(二)

较不利 2A4 计算及验算

1. 计算依据

支撑属于压弯构件,根据《钢结构设计标准》GB 50017—2017,应验算其强度、弯矩作用平面内的稳定性、弯矩作用平面外的稳定性;

型钢组合支撑是双轴对称的格构式压弯构件,弯矩作用平面内和平面外的稳定性计算均与实腹式构件相同。

2. 计算参数

型钢基本参数:

截面尺寸	钢材牌号	单根截面积 $A(cm^2)$	单根重量 (kg/m)
H400×400×13×21	Q345B	219.5	173

支撑截面规格参数:

截面简图	宽度 (mm)	高度 (mm)	型钢根数	截面积 A (cm^2)
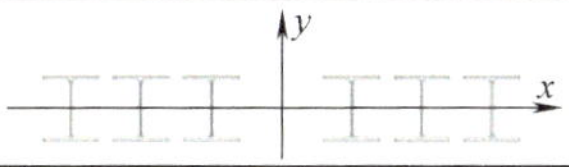	3400	400	6	1317

回转半径 $i_x(cm)$	回转半径 $i_y(cm)$	截面模量 $W_x(cm^3)$	截面模量 $W_y(cm^3)$	截面矩 $I_x(cm^4)$	截面矩 $I_y(cm^4)$
17.4	108.1	19922	90545	398448	15392730

支撑覆盖范围为 13m,支撑与支护桩之间的角度 45°;

根据剖面计算结果,支撑反力按 500kN/m 考虑。

故支撑最大轴力设计值:

$N=1.1×1.25×500×13/\sin(45°)=12639kN$

支撑对主轴 y 的计算长度为 $l_{0y}=60m$

故该方向构件长细比 $\lambda_y=l_{0y}/i_y=60×100/114.1=55.5$

$\lambda_y\sqrt{\dfrac{f_y}{235}}=55.5×1.212=67.27, \varphi_y=0.767$

支撑对主轴 x 的计算长度为 $l_{0x}=10m$

故该方向构件长细比 $\lambda_x=l_{0x}/i_x=10×100/17.4=57.47$

$\lambda_x\sqrt{\dfrac{f_x}{235}}=57.47×1.212=69.65, \varphi_x=0.753$

对主轴 y 最大弯矩 $M_y=Ne=12639×0.04=505.56kN·m$

y 向荷载设计值 $Q_v=1.35×1.73×6+0.7×1.4×1.0×3.4=17.345kN·m$

$M_x=1.1Q_vl^2/8+Ne=1.1×17.345×10^2/8+12639×0.04=996.8kN·m$

3. 计算结果

强度:

$\dfrac{N}{A_n}±\dfrac{M_x}{W_{nx}}±\dfrac{M_y}{W_{ny}}=151.59MPa≤295MPa$,满足

稳定性:

$\dfrac{N}{\phi_xA}+\dfrac{M_x}{W_x\left(1-0.8\dfrac{N}{N'_{Ex}}\right)}+\dfrac{M_y}{W_y}=191.96MPa$,稳定性系数 $n_x=1.54$

$\dfrac{N}{\phi_yA}+\dfrac{M_y}{W_y\left(1-0.8\dfrac{N}{N'_{Ey}}\right)}+\dfrac{M_x}{W_x}=181.65MPa$,稳定性系数 $n_x=1.62$

图 4.6.49　最不利支撑承载力验算（三）

较不利 2C1 计算及验算

1. 计算依据

支撑属于压弯构件,根据《钢结构设计标准》GB 50017—2017,应验算其强度、弯矩作用平面内的稳定性、弯矩作用平面外的稳定性;

型钢组合支撑是双轴对称的格构式压弯构件,弯矩作用平面内和平面外的稳定性计算均与实腹式构件相同。

2. 计算参数

型钢基本参数:

截面尺寸	钢材牌号	单根截面积 $A(cm^2)$	单根重量 (kg/m)
H400×400×13×21	Q345B	219.5	173

支撑截面规格参数:

截面简图	宽度 (mm)	高度 (mm)	型钢根数	截面积 A (cm^2)
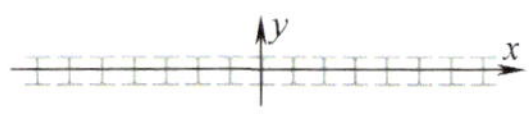 （截面简图：y, x 坐标轴）	7400	400	15	3292.5

回转半径 $i_x(cm)$	回转半径 $i_y(cm)$	截面模量 $W_x(cm^3)$	截面模量 $W_y(cm^3)$	截面矩 $I_x(cm^4)$	截面矩 $I_y(cm^4)$
17.4	215.5	49806	413291	996120	152917708

支撑覆盖范围为 55m,支撑与支护桩之间的角度 90°;

根据剖面计算结果,支撑反力按 500kN/m 考虑。

故支撑最大轴力设计值:

$N=1.1×1.25×500×55/\sin(90°)=37912kN$

支撑对主轴 y 的计算长度为 $l_{0y}=60m$

故该方向构件长细比 $\lambda_y=l_{0y}/i_y=60×100/215.5=27.84$

$\lambda_y\sqrt{\dfrac{f_y}{235}}=27.84×1.212=33.74,\varphi_y=0.923$

支撑对主轴 x 的计算长度为 $l_{0x}=10m$

故该方向构件长细比 $\lambda_x=l_{0x}/i_x=10×100/17.4=57.47$

$\lambda_x\sqrt{\dfrac{f_x}{235}}=57.47×1.212=69.65,\varphi_x=0.753$

对主轴 y 最大弯矩 $M_y=Ne=37812×0.06=1512.48kN·m$

y 向荷载设计值 $Q_v=1.35×1.73×15+0.7×1.4×1.0×7.4=42.2845kN·m$

$M_x=1.1Q_vl^2/8+Ne=1.1×42.2845×10^2/8+37812×0.06=2850.1kN·m$

3. 计算结果

强度:

$\dfrac{N}{A_n}±\dfrac{M_x}{W_{nx}}±\dfrac{M_y}{W_{ny}}=175.73MPa≤295MPa,满足$

稳定性

$\dfrac{N}{\phi_xA}+\dfrac{M_x}{W_x\left(1-0.8\dfrac{N}{N'_{Ex}}\right)}+\dfrac{M_y}{W_y}=226.01MPa,稳定性系数\ n_x=1.31$

$\dfrac{N}{\phi_yA}+\dfrac{M_y}{W_y\left(1-0.8\dfrac{N}{N'_{Ey}}\right)}+\dfrac{M_x}{W_x}=185.47MPa,稳定性系数\ n_x=1.59$

图 4.6.49　最不利支撑承载力验算（四）

较不利 2C2 计算及验算

1. 计算依据

支撑属于压弯构件,根据《钢结构设计标准》GB 50017—2017,应验算其强度、弯矩作用平面内的稳定性、弯矩作用平面外的稳定性;

型钢组合支撑是双轴对称的格构式压弯构件,弯矩作用平面内和平面外的稳定性计算均与实腹式构件相同。

2. 计算参数

型钢基本参数:

截面尺寸	钢材牌号	单根截面积 A（cm²）	单根重量（kg/m）
H400×400×13×21	Q345B	219.5	173

支撑截面规格参数:

截面简图	宽度（mm）	高度（mm）	型钢根数	截面积 A（cm²）
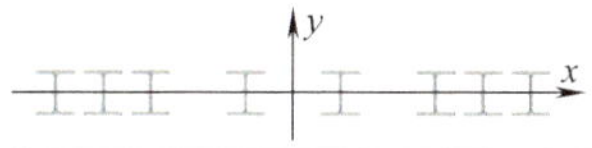	5400	400	8	1756

回转半径 i_x(cm)	回转半径 i_y(cm)	截面模量 W_x(cm³)	截面模量 W_y(cm³)	截面矩 I_x(cm⁴)	截面矩 I_y(cm⁴)
17.4	178.2	26563	206528	531264	55762565

支撑覆盖范围为 23m,支撑与支护桩之间的角度 90°;

根据剖面计算结果,支撑反力按 500kN/m 考虑。

故支撑最大轴力设计值:

$N = 1.1 \times 1.25 \times 500 \times 23 / \sin(90°) = 15812$ kN

支撑对主轴 y 的计算长度为 $l_{0y} = 82$ m

故该方向构件长细比 $\lambda_y = l_{0y}/i_y = 82 \times 100/178.2 = 46.02$

$\lambda_y \sqrt{\dfrac{f_y}{235}} = 46.02 \times 1.212 = 55.78, \varphi_y = 0.829$

支撑对主轴 x 的计算长度为 $l_{0x} = 10$ m

故该方向构件长细比 $\lambda_x = l_{0x}/i_x = 10 \times 100/17.4 = 57.47$

$\lambda_x \sqrt{\dfrac{f_x}{235}} = 57.47 \times 1.212 = 69.65, \varphi_x = 0.753$

对主轴 y 最大弯矩 $M_y = Ne = 15812 \times 0.082 = 632.48$ kN·m

y 向荷载设计值 $Q_v = 1.35 \times 1.73 \times 8 + 0.7 \times 1.4 \times 1.0 \times 5.4 = 23.976$ kN·m

$M_x = 1.1Q_v l^2/8 + Ne = 1.1 \times 23.976 \times 10^2/8 + 15812 \times 0.082 = 1626.3$ kN·m

3. 计算结果

强度:

$\dfrac{N}{A_n} \pm \dfrac{M_x}{W_{nx}} \pm \dfrac{M_y}{W_{ny}} = 154.33$ MPa ≤ 295MPa,满足

稳定性:

$\dfrac{N}{\phi_x A} + \dfrac{M_x}{W_x\left(1 - 0.8\dfrac{N}{N'_{Ex}}\right)} + \dfrac{M_y}{W_y} = 193.97$ MPa,稳定性系数 $n_x = 1.52$

$\dfrac{N}{\phi_y A} + \dfrac{M_y}{W_y\left(1 - 0.8\dfrac{N}{N'_{Ey}}\right)} + \dfrac{M_x}{W_x} = 173.21$ MPa,稳定性系数 $n_x = 1.7$

图 4.6.49　最不利支撑承载力验算（五）

4）围檩构件计算

围檩受最大土压力 500kN/m，按两端固支，支撑最大净跨度 8m，围檩承载力验算简图如图 4.6.50 所示。

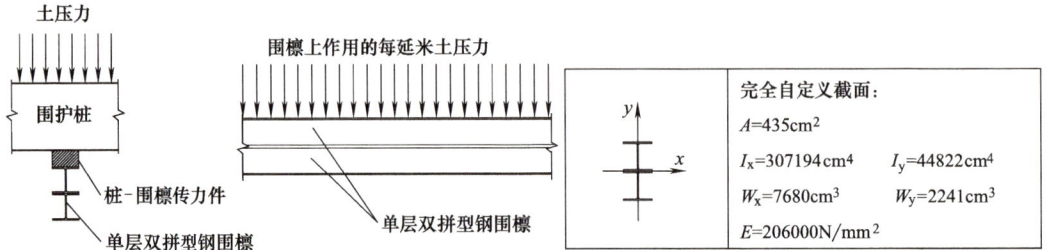

图 4.6.50 围檩承载力验算简图

围檩跨中强度验算：

$$\frac{M_x}{W_x} = \frac{\frac{1}{24}ql^2}{W_x} = \frac{1333}{7680} = 173.6 \text{N/mm}^2 \leqslant f = 295 \text{N/mm}^2$$

围檩跨中挠度：

$$\gamma = \frac{ql^4}{384EI} = \frac{2.05 \times 10^{18}}{2.43 \times 10^{17}} = 8.44 \text{mm}$$

5）围檩螺栓抗剪验算

按支座处最大剪应力验算端部螺栓间距：

$$\bar{\tau}_i = \frac{Q_i S_z^*}{I_i b} = \frac{2000 \times 219.5 \times 20}{307195 \times 40} = 7146 \text{kPa}$$

$$d^b \leqslant \frac{N^b}{\eta b \bar{\tau}_i} = \frac{2 \times 110}{1.5 \times 0.4 \times 7146} = 51 \text{mm}，螺栓间距小于 100mm，应该用三拼围檩或采$$

用加拱措施。

按平均剪应力验算整体螺栓数量：

$$\bar{\tau} = \frac{\bar{Q} S_z^*}{Ib} = \frac{1000 \times 219.5 \times 20}{307195 \times 40} = 3573 \text{kPa}$$

$$n_i^b \geqslant \eta \frac{\bar{\tau} b}{N^b} = 2.0 \times \frac{3573 \times 0.4}{110} = 26 \text{ 个/m}，超过 20 个/m，应该用三拼围檩或采用$$

措施。

6）传力件抗剪承载力验算

土压力按 500kN/m，角撑角度按 45° 考虑，单道角撑覆盖范围 13m，总剪力为 6500kN，螺栓受力不均匀受力系数取 1.5。需要抗剪螺栓 88 个，每个传力件 4 颗螺栓，共 22 个传力件，传力件间距为 600mm/个。

7）立柱稳定性和立柱桩承载力验算

H400 型钢组合支撑重量为 173kg/m，考虑盖板和检修上人荷载，型钢组合支撑可按 2kN/m 考虑。横梁间距按 10m 考虑，每根横梁由两个立柱承担。按两层撑，每层 15 根的最不利对撑情况考虑。单根立柱承担约 300kN 竖向荷载。立柱垂直度允许偏差 0.5%，附加弯矩按垂直度偏差 0.5% 双向受弯考虑。故附加弯矩为：

$$M = FL = 150 \times (10+5) \times 0.005 = 11.25\text{kN} \cdot \text{m}$$

按强度控制：

$$\sigma = \frac{N}{A_n} - \frac{M_y}{\gamma_y W_{ny}} = \frac{390315}{21870} - \frac{13500001}{1.20 \times 1120000} = 27.892\text{N/mm}^2，满足。$$

绕 X 轴弯曲稳定性验算：

$$l_{0x} = 15.000\text{m}$$

$$\sigma = \frac{N}{\varphi_x A} + \eta \frac{\beta_{ty} M_y}{\varphi_{by} W_y} = \frac{390315}{0.608 \times 21870} + 1.0 \times \frac{1.00 \times 13500001}{1.000 \times 1120000} = 41.3968\text{N/mm}^2，$$

满足。

绕 Y 轴弯曲稳定性验算：

$$\sigma = \frac{N}{\varphi_y A} + \frac{\beta_{my} M_y}{\gamma_y W_y \left(1 - 0.8 \dfrac{N}{N'_{Ey}}\right)}$$

$$= \frac{390315}{0.225 \times 21870} + \frac{1.00 \times 13500001}{1.20 \times 1120000 \left(1 - 0.8 \times \dfrac{390315}{1832666}\right)} = 91.4626\text{N/mm}^2，满足。$$

立柱桩嵌固深度：

坑底以下为粉砂土，粉砂土桩侧摩阻力特征值按 20kPa 考虑，则：

$$L = \frac{N}{f} = \frac{300}{0.4 \times 4 \times 20} = 9.4\text{m}$$

故型钢立柱坑底以下埋深长度取 10m。

8）横梁强度和挠度验算

本算例对撑最多采用 15 根构件拼接，每根支撑自重按 2kN/m 考虑。横梁长度 12m，间距按 10m 考虑。查横梁规格表格，对撑部分采用 2 根 H400×400×13×21 型钢，角撑部分采用单根 H400×400×13×21 型钢。

3. 淤泥土地层支护结构设计

淤泥土地层中设三层型钢组合支撑，算例剖面如图 4.6.51 所示：第一层型钢支撑底标高为 −0.800m（地坪相对标高±0.000m）；第二层型钢支撑底标高为 −5.000m（相对标高）；第三层型钢支撑底标高为 −10.000m（相对标高）；支撑构件为 H400×400×13×21 型钢，Q345b；型钢围檩为 H400×400×13×21 型钢，Q345b；立柱、横梁均为 H300×300×10×15 型钢，Q235。

1）剖面计算

设计信息：围护桩采用 1000@1200 的钻孔灌注桩，设三层支撑，嵌固比 1：2；地表超载 20kPa；开挖工况为每次开挖至支撑底面以下 1m。淤泥土地层算例土体参数如表 4.6.12 所示，支撑计算参数如表 4.6.13 所示，工况如图 4.6.52 所示，剖面计算结果如图 4.6.53 所示。

参照钻孔剖面	土层物理力学参数			
ZKxx xxx	重度 $\gamma(kN/m^3)$	黏聚力 $c(kPa)$	内摩擦角 $\varphi(°)$	水平抗力系数的比例系数 $m(MN/m^4)$
淤泥	17.0	12.0	8.0	1.0

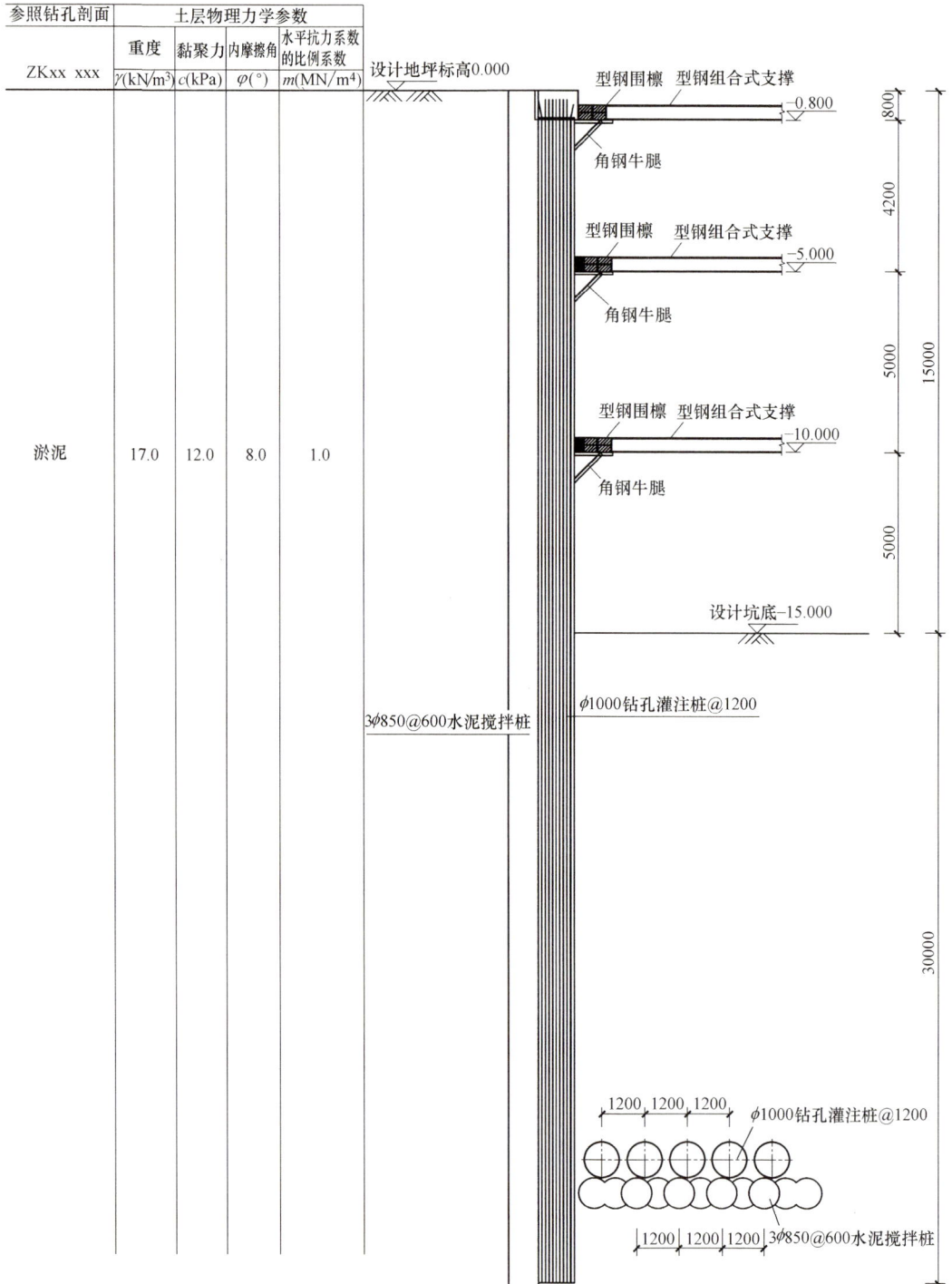

图 4.6.51　淤泥土地层算例剖面

淤泥土地层土体参数　表 4.6.12

编号	土层名称	厚度(m)	重度(kN/m³)	c(kPa)	φ(°)	分算/合算	m(MPa/m²)
①	淤泥土	50	17	12	8	合算	1
②	被动区加固	4	20	20	20	合算	3

支撑计算参数　表 4.6.13

支撑序号	1	2	3
类型	内支撑	内支撑	内支撑
水平间距(m)	10	10	10
长度(m)	50	50	50
与围檩夹角(°)	45	45	45
不动点调整系数	0.5	0.5	0.5
支撑类型	型钢	型钢	型钢
构件截面面积(cm²)	218.7	218.7	218.7
根数/10m	3	3	4
松弛系数	1	1	1
支撑刚度 K(MN/m²)	27	27	36

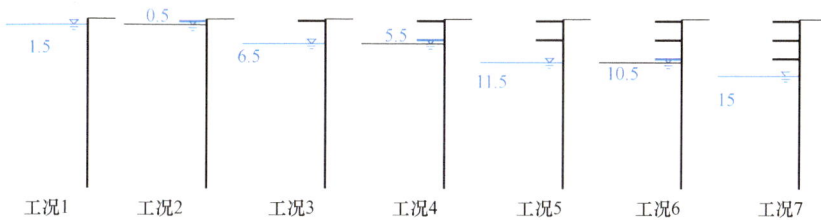

图 4.6.52　计算工况

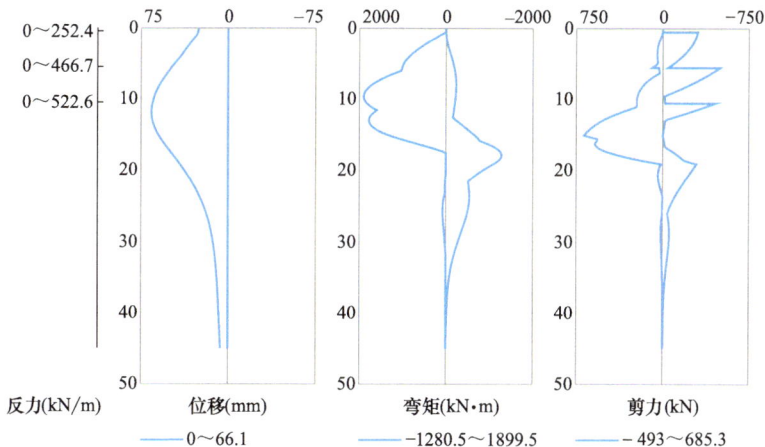

图 4.6.53　剖面计算结果

第三层支撑最大轴力 523kN/m，按 530kN/m 进行支撑构件验算。

2）支撑结构整体计算

基坑整体受力变形计算结果如图 4.6.54～图 4.6.57 所示。

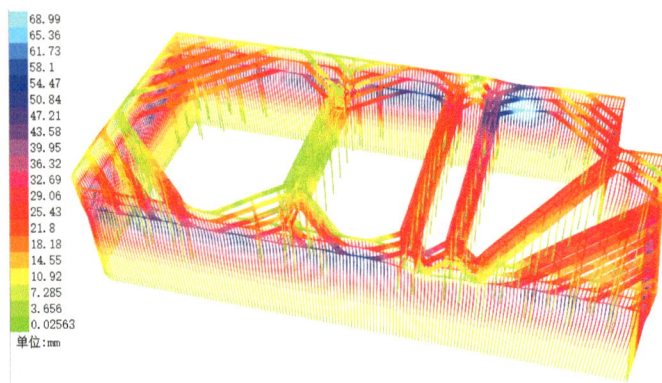

图 4.6.54　三维变形分析结果

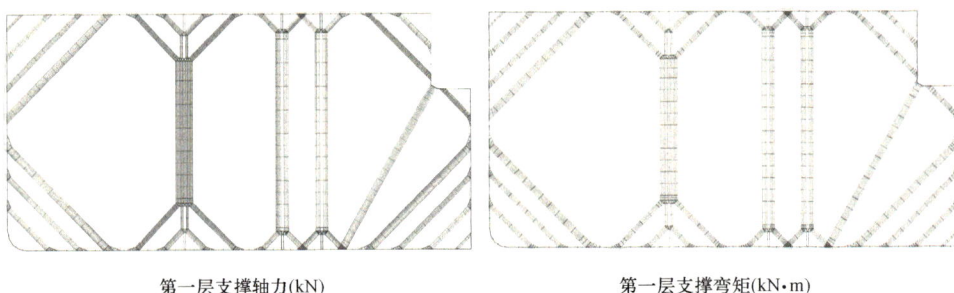

第一层支撑轴力(kN)　　　　　　　　　第一层支撑弯矩(kN·m)

图 4.6.55　第一层支撑内力计算结果

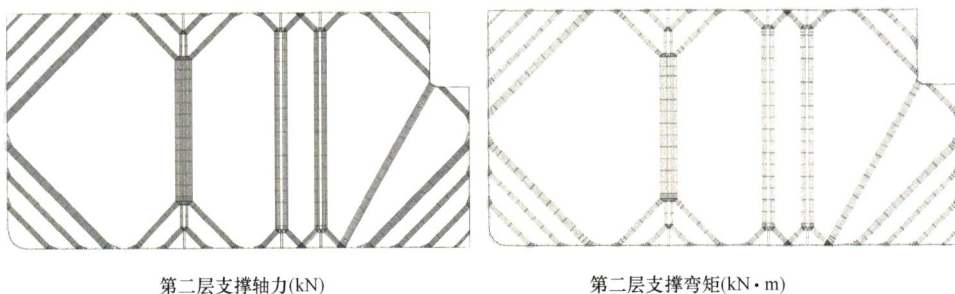

第二层支撑轴力(kN)　　　　　　　　　第二层支撑弯矩(kN·m)

图 4.6.56　第二层支撑内力计算结果

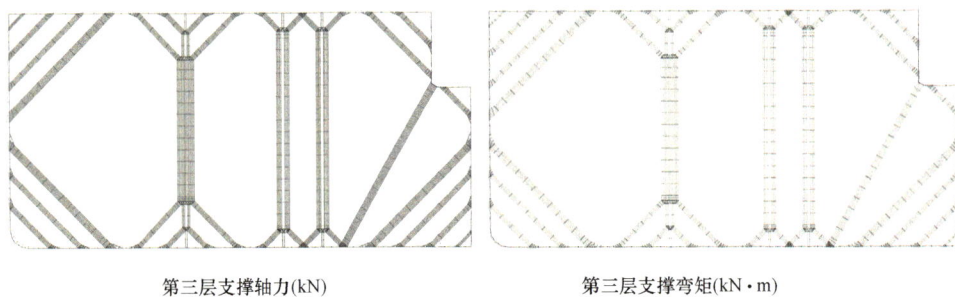

第三层支撑轴力(kN)　　　　　　　　　第三层支撑弯矩(kN·m)

图 4.6.57　第三层支撑内力计算结果

3）支撑构件计算

最不利支撑承载力验算如图 4.6.58 所示。

较不利 3A1 计算及验算

1. 计算依据

支撑属于压弯构件,根据《钢结构设计标准》GB 50017—2017,应验算其强度、弯矩作用平面内的稳定性、弯矩作用平面外的稳定性;

型钢组合支撑是双轴对称的格构式压弯构件,弯矩作用平面内和平面外的稳定性计算均与实腹式构件相同。

2. 计算参数

型钢基本参数:

截面尺寸	钢材牌号	单根截面积 $A(\mathrm{cm}^2)$	单根重量 $(\mathrm{kg/m})$
H400×400×13×21	Q345B	219.5	173

支撑截面规格参数:

截面简图	宽度 (mm)	高度 (mm)	型钢根数	截面积 A (cm^2)
	3400	400	5	1097.5

回转半径 $i_x(\mathrm{cm})$	回转半径 $i_y(\mathrm{cm})$	截面模量 $W_x(\mathrm{cm}^3)$	截面模量 $W_y(\mathrm{cm}^3)$	截面矩 $I_x(\mathrm{cm}^4)$	截面矩 $I_y(\mathrm{cm}^4)$
17.5	114.5	16725	84585	334500	14379500

支撑覆盖范围为 13m,支撑与支护桩之间的角度 45°;

根据剖面计算结果,支撑反力按 530kN/m 考虑。

故支撑最大轴力设计值:

$N=1.1\times1.25\times500\times13/\sin(45°)=13397\mathrm{kN}$

支撑对主轴 y 的计算长度为 $l_{0y}=10\mathrm{m}$

故该方向构件长细比 $\lambda_y=l_{0y}/i_y=10\times100/114.5=8.73$

$\lambda_y\sqrt{\dfrac{f_y}{235}}=8.73\times1.212=10.58,\varphi_y=0.992$

支撑对主轴 x 的计算长度为 $l_{0x}=10\mathrm{m}$

故该方向构件长细比 $\lambda_x=l_{0x}/i_x=10\times100/17.5=57.14$

$\lambda_x\sqrt{\dfrac{f_x}{235}}=57.14\times1.212=69.25,\varphi_x=0.755$

对主轴 y 最大弯矩 $M_y=Ne=13397\times0.04=535.88\mathrm{kN\cdot m}$

y 向荷载设计值 $Q_v=1.35\times1.73\times5+0.7\times1.4\times1.0\times3.4=15.0095\mathrm{kN\cdot m}$

$M_x=1.1Q_vl^2/8+Ne=1.1\times15.0095\times10^2/8+13397\times0.04=742.3\mathrm{kN\cdot m}$

3. 计算结果

强度:

$\dfrac{N}{A_n}\pm\dfrac{M_x}{W_{nx}}\pm\dfrac{M_y}{W_{ny}}=172.79\mathrm{MPa}\leqslant295\mathrm{MPa},$ 满足

稳定性:

$\dfrac{N}{\phi_xA}+\dfrac{M_x}{W_x\left(1-0.8\dfrac{N}{N'_{Ex}}\right)}+\dfrac{M_y}{W_y}=222.79\mathrm{MPa},$ 稳定性系数 $n_x=1.32$

$\dfrac{N}{\phi_yA}+\dfrac{M_y}{W_y\left(1-0.8\dfrac{N}{N'_{Ey}}\right)}+\dfrac{M_x}{W_x}=173.8\mathrm{MPa},$ 稳定性系数 $n_x=1.7$

图 4.6.58　最不利支撑承载力验算 (一)

较不利 3A2 计算及验算

1. 计算依据

支撑属于压弯构件,根据《钢结构设计标准》GB 50017—2017,应验算其强度、弯矩作用平面内的稳定性、弯矩作用平面外的稳定性;

型钢组合支撑是双轴对称的格构式压弯构件,弯矩作用平面内和平面外的稳定性计算均与实腹式构件相同。

2. 计算参数

型钢基本参数:

截面尺寸	钢材牌号	单根截面积 $A(\text{cm}^2)$	单根重量 (kg/m)
H400×400×13×21	Q345B	219.5	173

支撑截面规格参数:

截面简图	宽度 (mm)	高度 (mm)	型钢根数	截面积 A (cm^2)
	3400	400	5	1097.5

回转半径 $i_x(\text{cm})$	回转半径 $i_y(\text{cm})$	截面模量 $W_x(\text{cm}^3)$	截面模量 $W_y(\text{cm}^3)$	截面矩 $I_x(\text{cm}^4)$	截面矩 $I_y(\text{cm}^4)$
17.5	114.5	16725	84585	334500	14379500

支撑覆盖范围为 13m,支撑与支护桩之间的角度 45°;

根据剖面计算结果,支撑反力按 530kN/m 考虑。

故支撑最大轴力设计值

$N=1.1×1.25×500×13/\sin(45°)=13397\text{kN}$

支撑对主轴 y 的计算长度为 $l_{0y}=25\text{m}$

故该方向构件长细比 $\lambda_y=l_{0y}/i_y=25×100/114.5=21.83$

$\lambda_y\sqrt{\dfrac{f_y}{235}}=21.83×1.212=26.46,\varphi_y=0.948$

支撑对主轴 x 的计算长度为 $l_{0x}=10\text{m}$

故该方向构件长细比 $\lambda_x=l_{0x}/i_x=10×100/17.5=57.14$

$\lambda_x\sqrt{\dfrac{f_x}{235}}=57.14×1.212=69.25,\varphi_x=0.755$

对主轴 y 最大弯矩 $M_y=Ne=13397×0.04=535.88\text{kN·m}$

y 向荷载设计值 $Q_v=1.35×1.73×5+0.7×1.4×1.0×3.4=15.0095\text{kN·m}$

$M_x=1.1Q_vl^2/8+Ne=1.1×15.0095×10^2/8+13397×0.04=742.3\text{kN·m}$

3. 计算结果

强度:

$\dfrac{N}{A_n}±\dfrac{M_x}{W_{nx}}±\dfrac{M_y}{W_{ny}}=172.79\text{MPa}≤295\text{MPa}$,满足

稳定性:

$\dfrac{N}{\phi_x A}+\dfrac{M_x}{W_x\left(1-0.8\dfrac{N}{N'_{Ex}}\right)}+\dfrac{M_y}{W_y}=222.79\text{MPa}$,稳定性系数 $n_x=1.32$

$\dfrac{N}{\phi_y A}+\dfrac{M_y}{W_y\left(1-0.8\dfrac{N}{N'_{Ey}}\right)}+\dfrac{M_x}{W_x}=179.66\text{MPa}$,稳定性系数 $n_x=1.64$

图 4.6.58　最不利支撑承载力验算 (二)

较不利 3A4 计算及验算

1. 计算依据

支撑属于压弯构件,根据《钢结构设计标准》GB 50017—2017,应验算其强度、弯矩作用平面内的稳定性、弯矩作用平面外的稳定性;

型钢组合支撑是双轴对称的格构式压弯构件,弯矩作用平面内和平面外的稳定性计算均与实腹式构件相同。

2. 计算参数

型钢基本参数:

截面尺寸	钢材牌号	单根截面积 A(cm^2)	单根重量 (kg/m)
H400×400×13×21	Q345B	219.5	173

支撑截面规格参数:

截面简图	宽度 (mm)	高度 (mm)	型钢根数	截面积 A (cm^2)
	3400	400	5	1097.5

回转半径 i_x(cm)	回转半径 i_y(cm)	截面模量 W_x(cm^3)	截面模量 W_y(cm^3)	截面矩 I_x(cm^4)	截面矩 I_y(cm^4)
17.5	114.5	16725	84585	334500	14379500

支撑覆盖范围为 13m,支撑与支护桩之间的角度 45°;

根据剖面计算结果,支撑反力按 530kN/m 考虑。

故支撑最大轴力设计值:

$N=1.1×1.25×500×13/\sin(45°)=13397$kN

支撑对主轴 y 的计算长度为 $l_{0y}=45$m

故该方向构件长细比 $\lambda_y=l_{0y}/i_y=45×100/114.5=39.3$

$\lambda_y\sqrt{\dfrac{f_y}{235}}=39.3×1.212=47.63,\varphi_y=0867$

支撑对主轴 x 的计算长度为 $l_{0x}=10$m

故该方向构件长细比 $\lambda_x=l_{0x}/i_x=10×100/17.5=57.14$

$\lambda_x\sqrt{\dfrac{f_x}{235}}=57.14×1.212=69.25,\varphi_x=0.755$

对主轴 y 最大弯矩 $M_y=Ne=13397×0.045=535.88$kN·m

y 向荷载设计值 $Q_v=1.35×1.73×5+0.7×1.4×1.0×3.4=15.0095$kN·m

$M_x=1.1Q_vl^2/8+Ne=1.1×15.0095×10^2/8+13397×0.045=809.2$kN·m

3. 计算结果

强度:

$\dfrac{N}{A_n}±\dfrac{M_x}{W_{nx}}±\dfrac{M_y}{W_{ny}}=172.79$MPa≤295MPa,满足

稳定性:

$\dfrac{N}{\phi_x A}+\dfrac{M_x}{W_x\left(1-0.8\dfrac{N}{N'_{Ex}}\right)}+\dfrac{M_y}{W_y}=227.73$MPa,稳定性系数 $n_x=1.3$

$\dfrac{N}{\phi_y A}+\dfrac{M_y}{W_y\left(1-0.8\dfrac{N}{N'_{Ey}}\right)}+\dfrac{M_x}{W_x}=196.14$MPa,稳定性系数 $n_x=1.5$

图 4.6.58　最不利支撑承载力验算（三）

较不利 3C1 计算及验算

1. 计算依据

支撑属于压弯构件,根据《钢结构设计标准》GB 50017—2017,应验算其强度、弯矩作用平面内的稳定性、弯矩作用平面外的稳定性;

型钢组合支撑是双轴对称的格构式压弯构件,弯矩作用平面内和平面外的稳定性计算均与实腹式构件相同。

2. 计算参数

型钢基本参数:

截面尺寸	钢材牌号	单根截面积 $A(\text{cm}^2)$	单根重量 (kg/m)
H400×400×13×21	Q345B	219.5	173

支撑截面规格参数:

截面简图	宽度 (mm)	高度 (mm)	型钢根数	截面积 A (cm²)
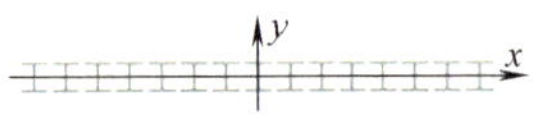	7400	400	5	3292.5

回转半径 i_x(cm)	回转半径 i_y(cm)	截面模量 W_x(cm³)	截面模量 W_y(cm³)	截面矩 I_x(cm⁴)	截面矩 I_y(cm⁴)
17.4	215.5	49806	413291	996120	152917708

支撑覆盖范围为 56m,支撑与支护桩之间的角度 90°;

根据剖面计算结果,支撑反力按 530kN/m 考虑。

故支撑最大轴力设计值:

$N = 1.1 \times 1.25 \times 530 \times 56/\sin(90°) = 40810\text{kN}$

支撑对主轴 y 的计算长度为 $l_{0y} = 60\text{m}$

故该方向构件长细比 $\lambda_y = l_{0y}/i_y = 60 \times 100/215.5 = 27.84$

$\lambda_y \sqrt{\dfrac{f_y}{235}} = 27.84 \times 1.212 = 33.74, \varphi_y = 0.923$

支撑对主轴 x 的计算长度为 $l_{0x} = 8\text{m}$

故该方向构件长细比 $\lambda_x = l_{0x}/i_x = 8 \times 100/17.4 = 45.98$

$\lambda_x \sqrt{\dfrac{f_x}{235}} = 45.98 \times 1.212 = 55.73, \varphi_x = 0.829$

对主轴 y 最大弯矩 $M_y = Ne = 40810 \times 0.06 = 1632.4\text{kN} \cdot \text{m}$

y 向荷载设计值 $Q_v = 1.35 \times 1.73 \times 15 + 0.7 \times 1.4 \times 1.0 \times 7.4 = 42.2845\text{kN} \cdot \text{m}$

$M_x = 1.1Q_v l^2/8 + Ne = 1.1 \times 42.2845 \times 10^2/8 + 40810 \times 0.06 = 2820.7\text{kN} \cdot \text{m}$

3. 计算结果

强度:

$\dfrac{N}{A_n} \pm \dfrac{M_x}{W_{nx}} \pm \dfrac{M_y}{W_{ny}} = 184.53\text{MPa} \leqslant 295\text{MPa},满足$

稳定性:

$\dfrac{N}{\phi_x A} + \dfrac{M_x}{W_x \left(1 - 0.8\dfrac{N}{N'_{Ex}}\right)} + \dfrac{M_y}{W_y} = 218.17\text{MPa},稳定性系数 n_x = 1.35$

$\dfrac{N}{\phi_y A} + \dfrac{M_y}{W_y \left(1 - 0.8\dfrac{N}{N'_{Ey}}\right)} + \dfrac{M_x}{W_x} = 195.06\text{MPa},稳定性系数 n_x = 1.51$

图 4.6.58 最不利支撑承载力验算 (四)

较不利 3C2 计算及验算

1. 计算依据

支撑属于压弯构件,根据《钢结构设计标准》GB 50017—2017,应验算其强度、弯矩作用平面内的稳定性、弯矩作用平面外的稳定性;

型钢组合支撑是双轴对称的格构式压弯构件,弯矩作用平面内和平面外的稳定性计算均与实腹式构件相同。

2. 计算参数

型钢基本参数:

截面尺寸	钢材牌号	单根截面积 A(cm²)	单根重量 (kg/m)
H400×400×13×21	Q345B	219.5	173

支撑截面规格参数:

截面简图	宽度 (mm)	高度 (mm)	型钢根数	截面积 A (cm²)
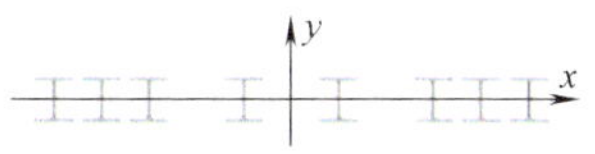	5400	400	8	1756

回转半径 i_x(cm)	回转半径 i_y(cm)	截面模量 W_x(cm³)	截面模量 W_y(cm³)	截面矩 I_x(cm⁴)	截面矩 I_y(cm⁴)
17.4	178.2	26563	206528	531264	55762565

支撑覆盖范围为 22m,支撑与支护桩之间的角度 90°;

根据剖面计算结果,支撑反力按 530kN/m 考虑。

故支撑最大轴力设计值:

$N=1.1×1.25×530×22/\sin(90°)=16032$kN

支撑对主轴 y 的计算长度为 $l_{0y}=82$m

故该方向构件长细比 $\lambda_y=l_{0y}/i_y=82×100/178.2=46.02$

$\lambda_y\sqrt{\frac{f_y}{235}}=46.02×1.212=55.78,\varphi_y=0.829$

支撑对主轴 x 的计算长度为 $l_{0x}=10$m

故该方向构件长细比 $\lambda_x=l_{0x}/i_x=10×100/17.4=57.47$

$\lambda_x\sqrt{\frac{f_x}{235}}=57.47×1.212=69.65,\varphi_x=0.753$

对主轴 y 最大弯矩 $M_y=Ne=16032×0.082=641.28$kN·m

y 向荷载设计值 $Q_v=1.35×1.73×8+0.7×1.4×1.0×5.4=23.976$kN·m

$M_x=1.1Q_vl^2/8+Ne=1.1×23.976×10^2/8+16032×0.082=1644.3$kN·m

3. 计算结果

强度:

$\frac{N}{A_n}±\frac{M_x}{W_{nx}}±\frac{M_y}{W_{ny}}=156.31$MPa≤295MPa,满足

稳定性:

$\frac{N}{\phi_xA}+\frac{M_x}{W_x(1-0.8\frac{N}{N'_{Ex}})}+\frac{M_y}{W_y}=196.63$MPa,稳定性系数 $n_x=1.5$

$\frac{N}{\phi_yA}+\frac{M_y}{W_y(1-0.8\frac{N}{N'_{Ey}})}+\frac{M_x}{W_x}=175.45$MPa,稳定性系数 $n_x=1.68$

图 4.6.58 最不利支撑承载力验算(五)

4）围檩构件计算

围檩受最大土压力 530kN/m，按两端固支，支撑最大净跨度 8m，围檩承载力验算简图如图 4.6.59 所示。

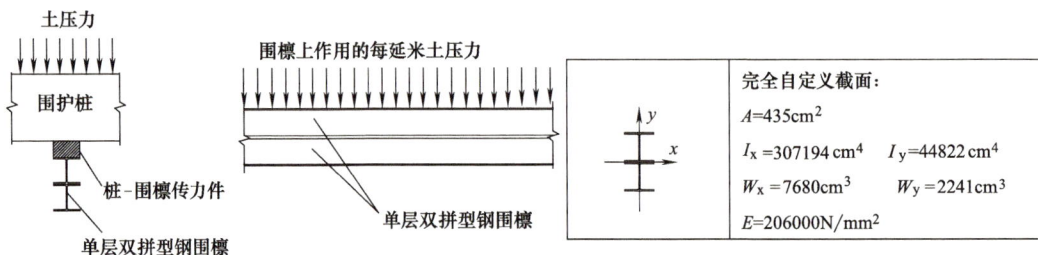

土压力

围护桩

桩-围檩传力件

单层双拼型钢围檩

围檩上作用的每延米土压力

单层双拼型钢围檩

完全自定义截面：

$A=435cm^2$

$I_x=307194\,cm^4$　　$I_y=44822\,cm^4$

$W_x=7680cm^3$　　$W_y=2241cm^3$

$E=206000N/mm^2$

图 4.6.59　围檩承载力验算简图

围檩跨中强度验算：

$$\frac{M_x}{W_x}=\frac{\frac{1}{24}ql^2}{W_x}=\frac{1414}{7680}=184.1N/mm^2\leqslant f=295N/mm^2$$

围檩跨中挠度：

$$\gamma=\frac{ql^4}{384EI}=\frac{2.17\times10^{18}}{2.43\times10^{17}}=8.93mm$$

5）围檩螺栓抗剪验算

按支座处最大剪应力验算支座端部螺栓间距：

$$\bar{\tau}_i=\frac{Q_iS_z^*}{I_ib}=\frac{2120\times219.5\times20}{307195\times40}=7574kPa$$

$d^b\leqslant\frac{N^b}{\eta b\bar{\tau}_i}=\frac{2\times110}{1.5\times0.4\times7574}=48.4mm$，螺栓间距小于 100mm，应该用三拼围檩或采用加拱措施。

按平均剪应力验算整体螺栓数量：

$$\bar{\tau}=\frac{\overline{Q}S_z^*}{Ib}=\frac{1060\times219.5\times20}{307195\times40}=3787kPa$$

$n_f^b\geqslant\eta\frac{\bar{\tau}b}{N^b}=2.0\times\frac{3787\times0.4}{110}=28$ 个/m，超过 20 个/m，应该用三拼围檩或采用加拱措施。

6）传力件抗剪承载力验算

土压力按 530kN/m，角撑角度按 45°考虑，单道角撑覆盖范围 13m，总剪力为 6900kN，螺栓受力不均匀系数取 1.5。需要抗剪螺栓 94 个，每个传力件 4 颗螺栓，共 24 个传力件，传力件间距为 500mm/个。

7）立柱稳定性和立柱桩承载力验算

H400 型钢组合支撑重量为 173kg/m，考虑盖板和检修上人荷载，型钢组合支撑可按

2kN/m 考虑。横梁间距按 10m 考虑，每根横梁由两个立柱承担。按三层撑，每层 15 根的最不利对撑情况考虑。单根立柱承担约 450kN 竖向荷载。立柱垂直度允许偏差 0.5％，附加弯矩按垂直度偏差 0.5％双向受弯考虑。故附加弯矩为：

$$M=FL=150\times(15+10+5)\times0.005=22.5\text{kN}\cdot\text{m}$$

按强度控制：

$$\sigma=\frac{N}{A_n}+\frac{M_x}{\gamma_xW_{nx}}+\frac{M_y}{\gamma_yW_{ny}}$$

$$=\frac{570315}{21870}+\frac{27000000}{1.05\times3330000}+\frac{27000000}{1.20\times1120000}=53.889\text{N/mm}^2，满足。$$

绕 X 轴弯曲稳定性验算：

$$l_{0x}=15.000\text{m}$$

$$\sigma=\frac{N}{\varphi_xA}+\frac{\beta_{mx}M_x}{\gamma_xW_x\left(1-0.8\dfrac{N}{N'_{Ex}}\right)}+\eta\frac{\beta_{ty}M_y}{\varphi_{by}W_y}$$

$$=\frac{570315}{0.650\times21870}+\frac{1.00\times27000000}{1.05\times3330000\left(1-0.8\times\dfrac{570315}{5501950}\right)}+1.0\times\frac{1.00\times27000000}{1.000\times1120000},$$

满足。

绕 Y 轴弯曲稳定性验算：

$$\sigma=\frac{N}{\varphi_yA}+\eta\frac{\beta_{tx}M_x}{\varphi_{bx}W_x}+\frac{\beta_{my}M_y}{\gamma_yW_y\left(1-0.8\dfrac{N}{N'_{Ey}}\right)}$$

$$=\frac{570315}{0.284\times21870}+1.0\times\frac{1.00\times27000000}{1.000\times3330000}+\frac{1.00\times27000000}{1.20\times1120000\times\left(1-0.8\times\dfrac{570315}{1832666}\right)}$$

$$=126.7593\text{N/mm}^2，满足。$$

立柱桩嵌固深度：

坑底以下为淤泥土，淤泥土桩侧摩阻力特征值按 10kPa 考虑，则：

$$L=\frac{N}{f}=\frac{450}{0.4\times4\times10}=28.1\text{m}$$

故型钢立柱坑底以下埋深长度取 29m。

8）横梁强度和挠度验算

本算例对撑最多采用 15 根构件拼接，每根支撑自重按 2kN/m 考虑。横梁长度 12m，间距按 10m 考虑。查横梁规格表，对撑部分采用两根 H400×400×13×21 型钢，角撑部分采用单根 H400×400×13×21 型钢。

4. 深化设计

支撑深化设计平面布置如图 4.6.60 所示，各类构件和节点详图如图 4.6.61～图 4.6.72 所示。

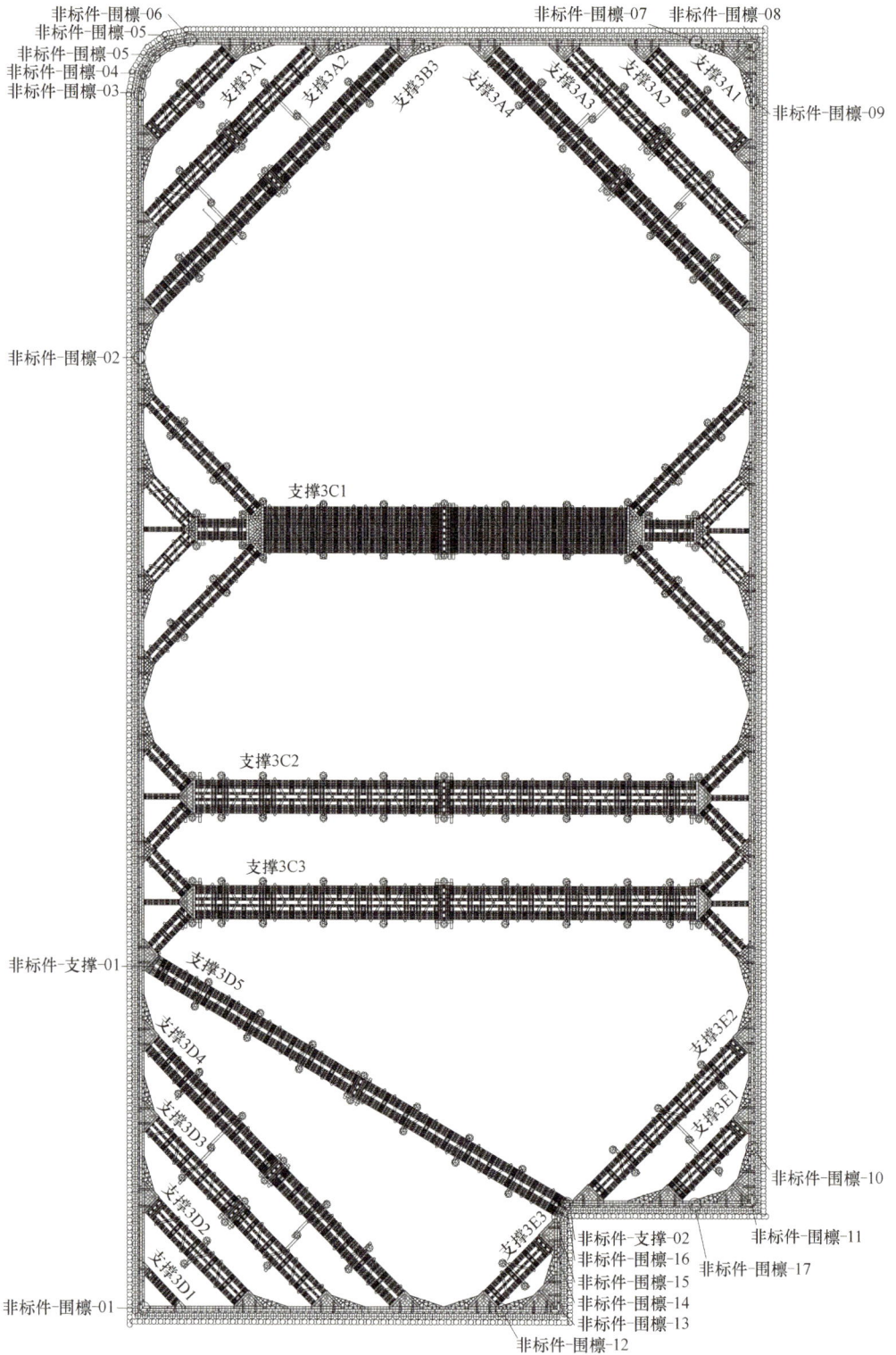

非标件-围檁-06
非标件-围檁-05
非标件-围檁-05
非标件-围檁-04
非标件-围檁-03

非标件-围檁-07　非标件-围檁-08

支撑3A1　支撑3A2　支撑3B5　支撑3A4　支撑3A3　支撑3A2　支撑3A1

非标件-围檁-09

非标件-围檁-02

支撑3C1

支撑3C2

支撑3C3

非标件-支撑-01

支撑3D5

支撑3D4

支撑3E2

支撑3E1

支撑3D3

非标件-围檁-10

支撑3D2

支撑3E3

非标件-支撑-02　非标件-围檁-11
非标件-围檁-16　非标件-围檁-17
非标件-围檁-15
非标件-围檁-14
非标件-围檁-13

支撑3D1

非标件-围檁-01

非标件-围檁-12

图 4.6.60　深化设计支撑平面布置图

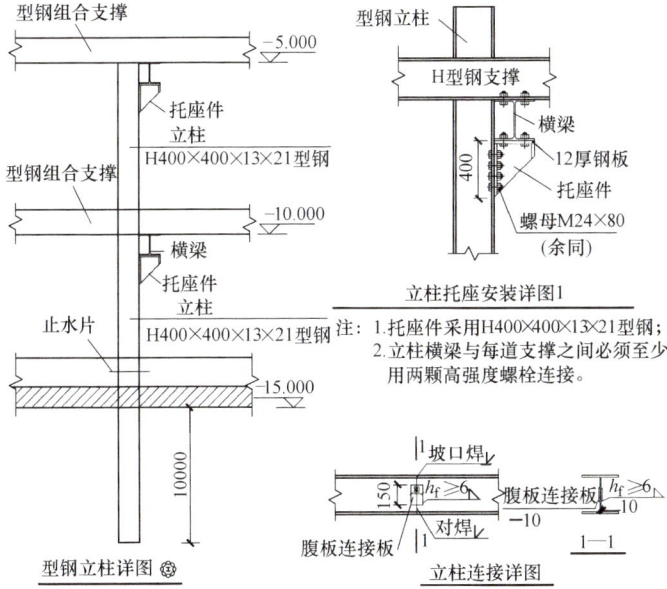

图 4.6.61　横梁立柱深化设计图

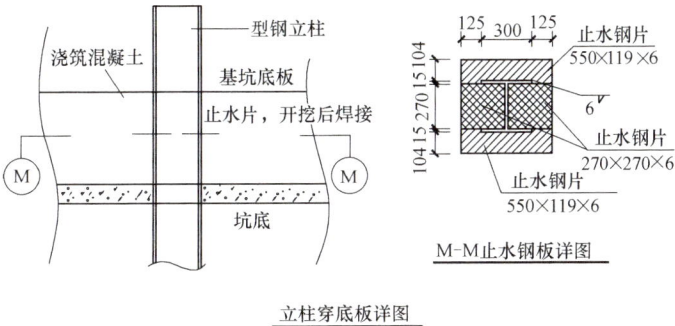

图 4.6.62　止水钢板节点详图

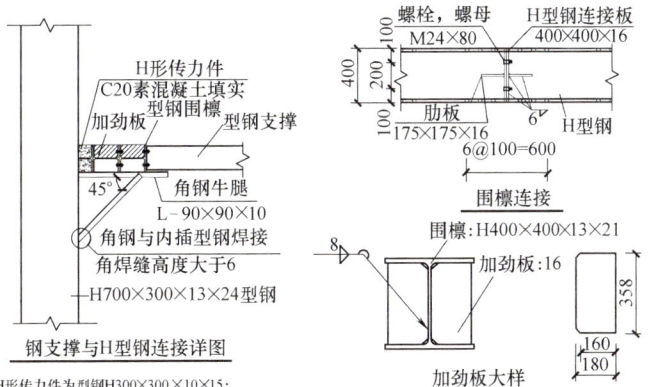

图 4.6.63　围檩连接节点详图

牛腿安装详图　　　型钢牛腿详图

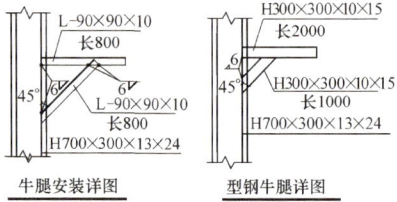

图 4.6.64　角钢牛腿节点详图

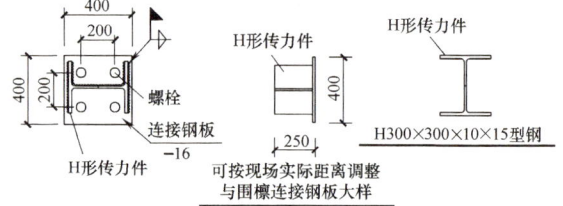

图 4.6.65　传力件节点详图

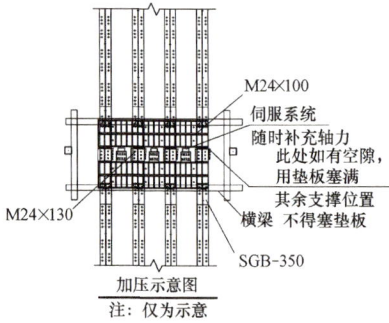

加压示意图
注：仅为示意

图 4.6.66　加压件与横梁连接详图

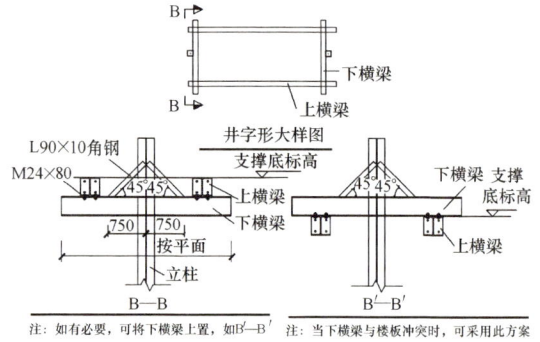

注：如有必要，可将下横梁上置，如B'—B'；　注：当下横梁与楼板冲突时，可采用此方案

图 4.6.67　横梁支架节点详图

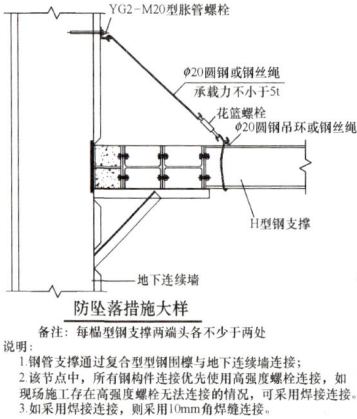

防坠落措施大样

说明：
1 钢管支撑通过复合型钢围檩与地下连续墙连接；
2 该节点中，所有钢构件连接优先使用高强度螺栓连接，如现场施工存在高强度螺栓无法连接的情况，可采用焊接连接。
3 如采用焊接连接，则采用10mm角焊缝连接。

备注：每幅型钢支撑两端头各不少于两处

腰梁围檩连接详图

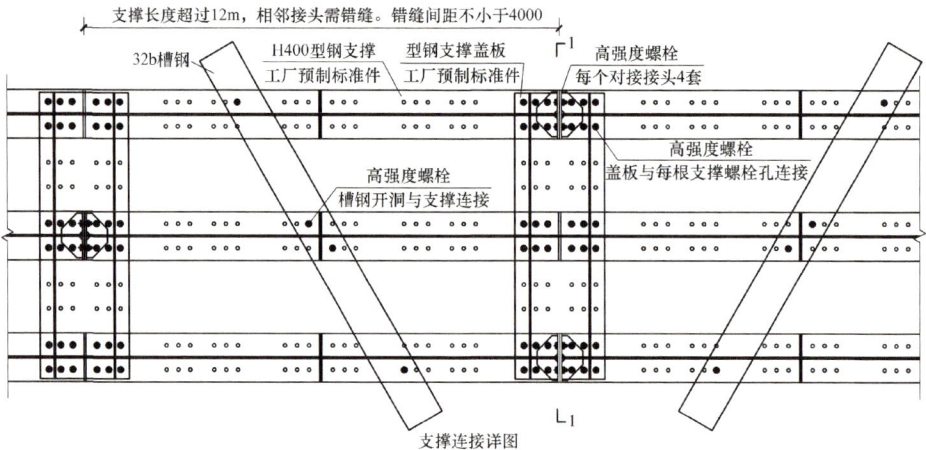

图 4.6.68　传力件平面布置详图

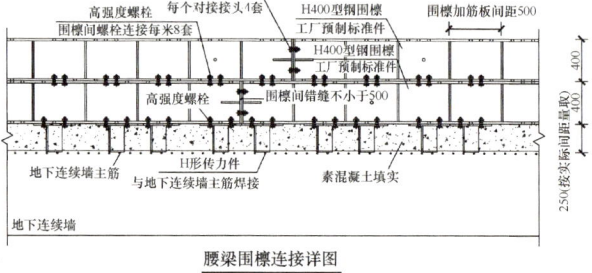

支撑连接详图

图 4.6.69　支撑拼接详图

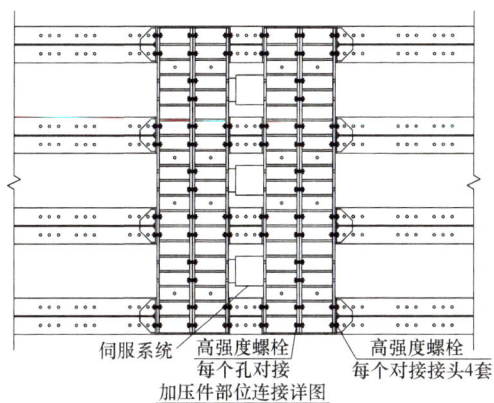

图 4.6.70　加压件节点详图

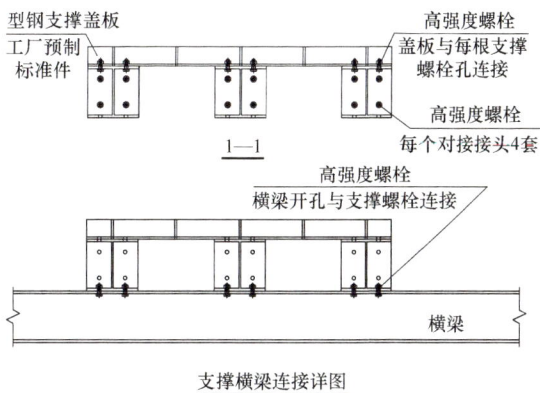

图 4.6.71　支撑拼接剖面图

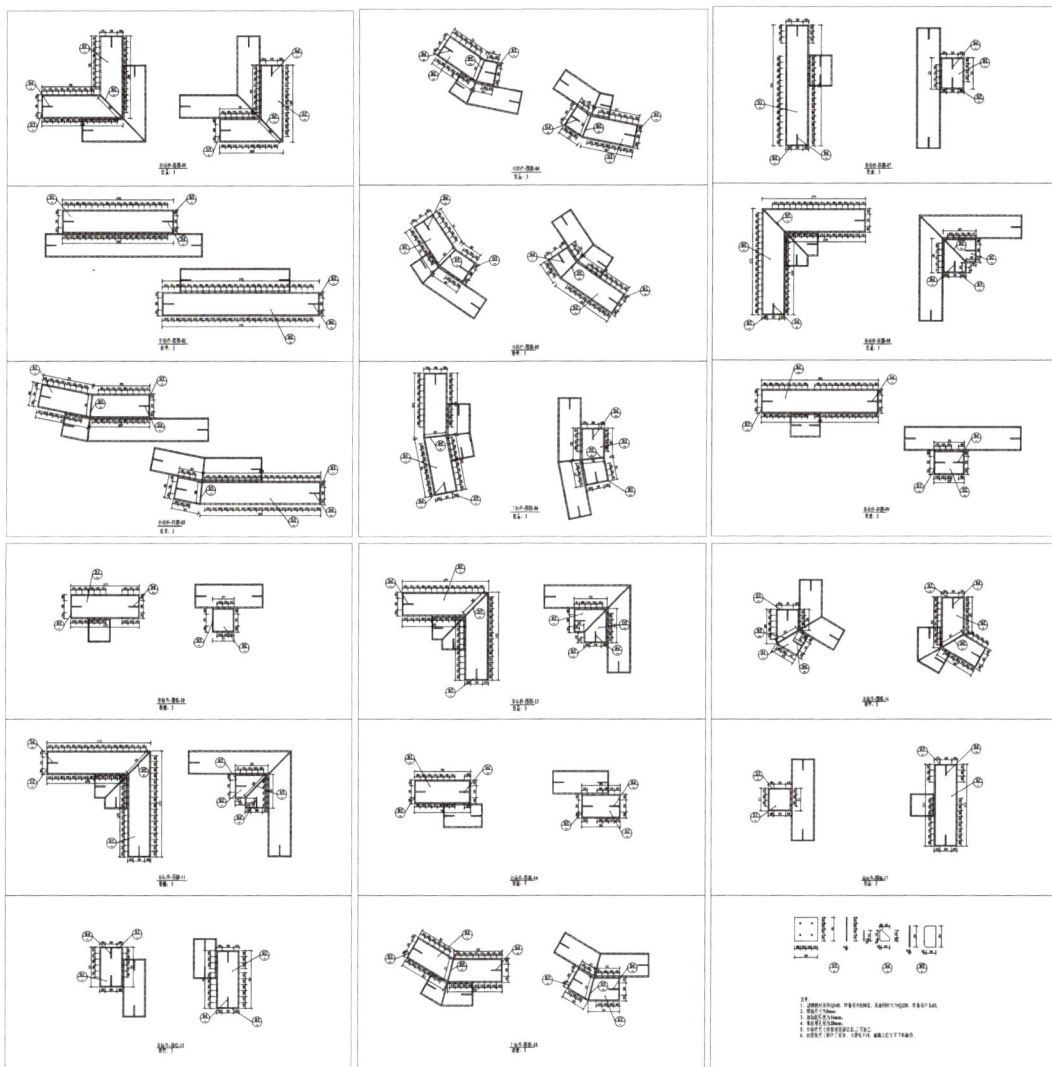

图 4.6.72　非标件构件详图

4.6.9 基坑变形案例分析

深厚淤泥土地层中采用型钢组合支撑的两层地下室基坑工程案例，分别对以下影响因素进行分析：

（1）坑外卸荷对基坑变形的影响；

（2）被动区加固对基坑变形的影响；

（3）淤泥土变形的时空效应；

（4）淤泥土变形的蠕变效应；

（5）预加轴力对型钢组合支撑刚度的影响；

（6）支撑竖向布局对基坑变形的影响。

项目位于杭州市城西区域，场地地貌属湖沼积平原：表层 3～5m 为新近回填的素填土和淤填土，黑色、灰黑色，流塑，含植物根茎、有机质及少量碎石；中部约 15～17m 厚的淤泥质黏土，灰色，流塑，夹少量粉土，含云母，少量腐殖质，原状淤泥土与扰动土如图 4.6.79、图 4.6.80 所示；深部为粉质黏土、粉细砂及圆砾。设两层地下室，开挖深度约 10m，整体形状接近矩形，如图 4.6.73、图 4.6.74 所示，基坑周长 640m（100m×220m）。项目的搅拌桩施工质量、H 型钢桩长、焊缝质量、支撑安装质量，均在严格的控制下实施，可以确保施工质量与设计要求保持一致，避免了施工质量的差异性对分析的影响；场地土层分布也非常均匀，避免了地层差异性对分析的影响。

初期基坑支护方案采用三轴搅拌桩内插 700H 型钢结合一层型钢组合支撑，围护剖面如图 4.6.75～图 4.6.78 所示，基坑支护方案如下：

（1）基坑东侧具有一定的放坡空间，桩顶设 1∶1 放坡加 5m 宽卸土平台；

（2）基坑南侧、西侧、北侧无放坡空间，桩顶仅设 1∶1 放坡；

（3）基坑西侧坑边采用三轴裙边加固；

（4）围护桩均为 700×300@600H 型钢，桩底均进入好土层 3m 左右。

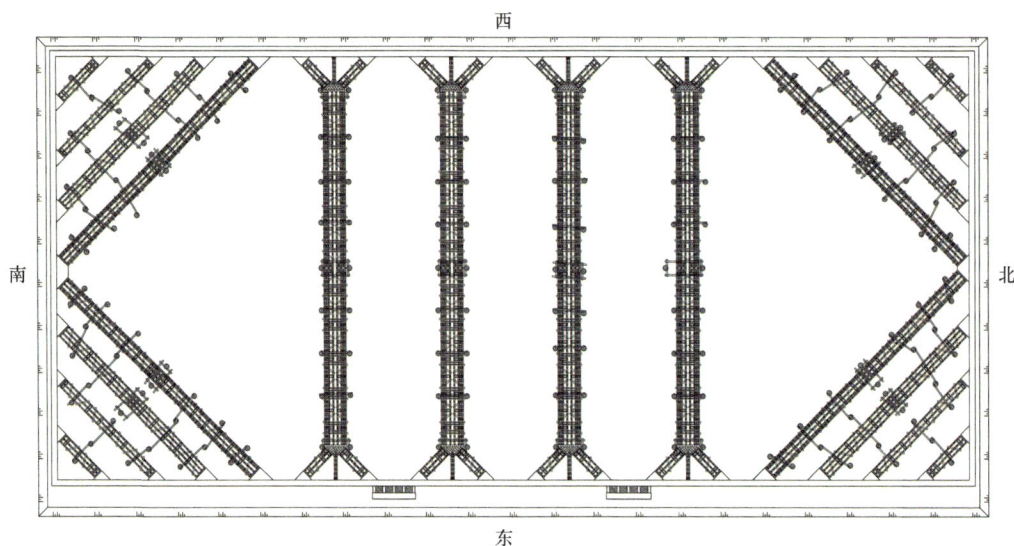

图 4.6.73 案例支撑平面布置

图 4.6.74　施工现场及周边环境

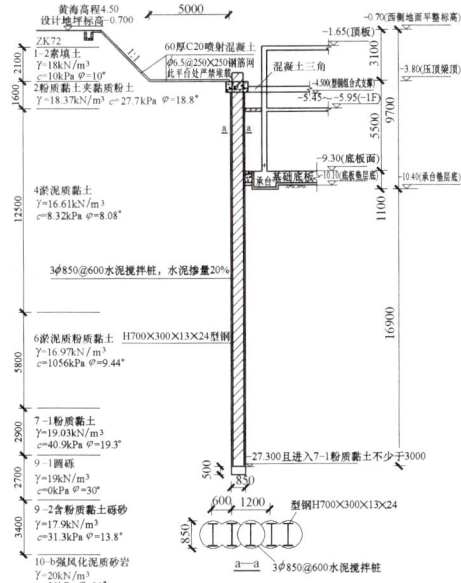

图 4.6.75　基坑东侧围护剖面

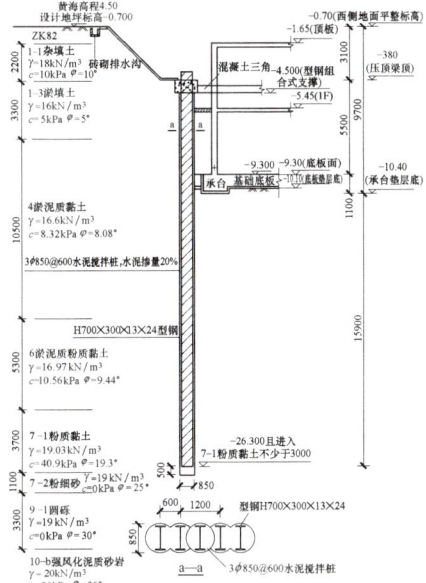

图 4.6.76　基坑南侧围护剖面

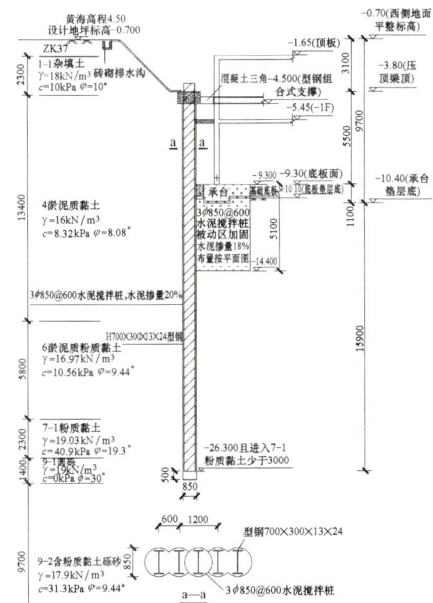

图 4.6.77　基坑西侧围护剖面

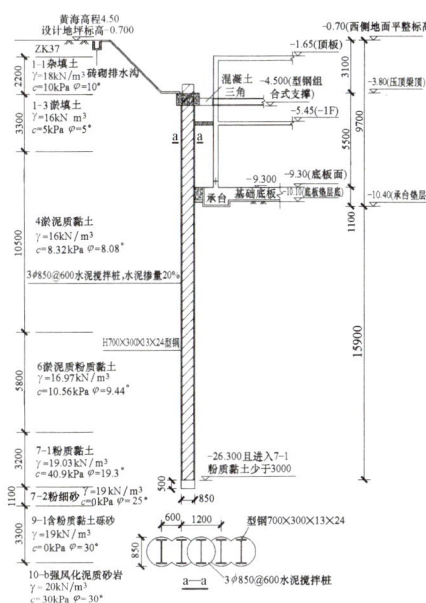

图 4.6.78　基坑北侧围护剖面

图 4.6.79 场地原状土

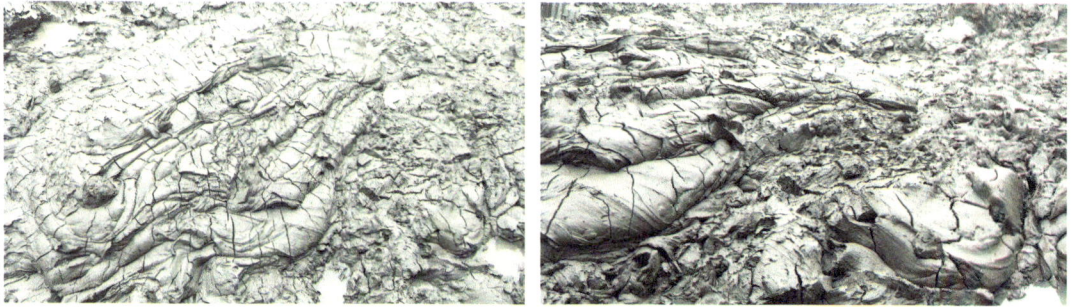

图 4.6.80 基底扰动土（高灵敏性）

土方开挖工序如图 4.6.81 所示，先开挖基坑东南角；再开挖基坑西南角；再由南往北推进。监测点平面布置如图 4.6.82 所示。

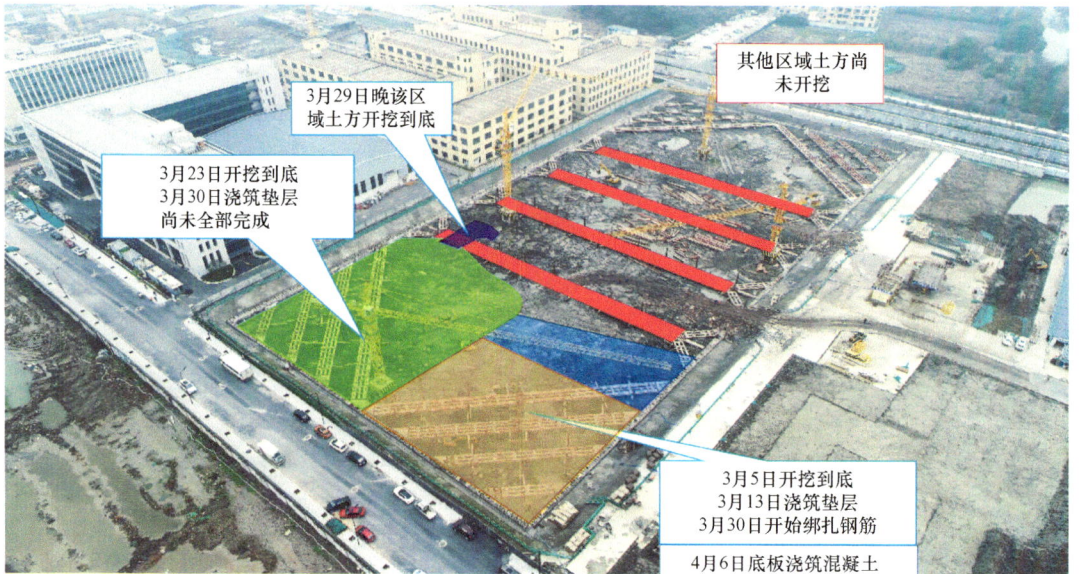

其他区域土方尚未开挖

3月29日晚该区域土方开挖到底

3月23日开挖到底
3月30日浇筑垫层
尚未全部完成

3月5日开挖到底
3月13日浇筑垫层
3月30日开始绑扎钢筋

4月6日底板浇筑混凝土

图 4.6.81 基坑南侧施工工序

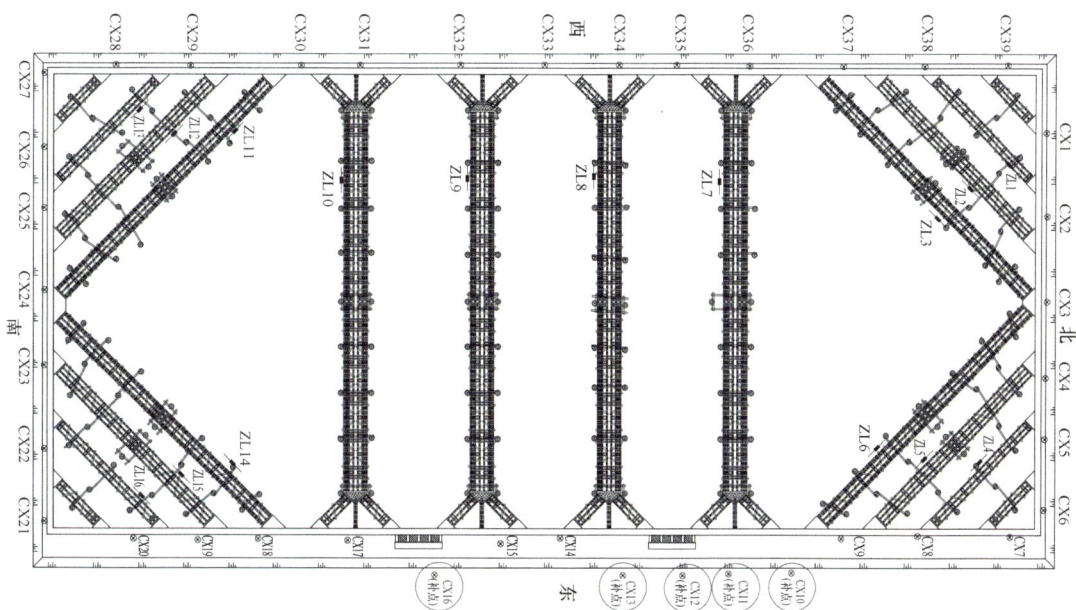

图 4.6.82 监测点布置

第一阶段（基坑南侧开挖），基坑东南角变形实测结果及随时间的变化情况如图 4.6.84～图 4.6.88 所示。

1. 坑外卸荷的影响分析

1）对比分析基坑东侧与南侧的变形结果：

（1）基坑东侧与南侧的差异在于，东侧具有一定的放坡空间，桩顶有 5m 宽的平台，起到很好的卸荷效果；

（2）基坑东侧的最大深层土体位移为 60～70mm，基坑南侧（东半部）的最大深层土体位移为 110～160mm（基坑角部位移小、基坑中部位移大）；

（3）基坑东侧坑底以下 6m 处的最大土体位移为 25～45mm，基坑南侧坑底以下 6m 处的最大土体位移为 70～110mm；

（4）基坑东侧开挖至坑底时的最大变形为 40～50mm，底板养护完成后的最大变形为 60～65mm，增长了 15～20mm（暴露时间 30～40d）；

（5）基坑南侧（东半部）开挖至坑底时的最大变形为 90～100mm，底板养护完成后的最大变形为 140～150mm，增长了 40～50mm（暴露时间 20～30d）。

2）根据实测结果对支撑刚度及地基土 m 值进行反分析：

（1）支撑理论刚度为 30～60MN/m²，若预加轴力（100kN/m）为设计轴力（300kN/m）的 30%，支撑实际刚度仅 5MN/m²；

（2）基坑东侧的基底土 m 值为 1.0MN/m⁴，基坑南侧的基底土 m 值为 0.2MN/m⁴。

3）上述结果说明：

（1）支撑预加轴力对型钢组合支撑刚度的影响很大；

（2）在深厚淤泥土地层中，开挖深度达到 10m，当仅设置一层水平支撑时，基底土承受很大的水平荷载，地基土的侧向应力水平高，土体剪应力水平超过了蠕变临界状态，进入快速变形阶段，土体 m 值急剧下降；

（3）当地表可以进行一定程度的卸荷，能有效降低基底土的侧向应力水平，减少开挖引起的土体变形及蠕变变形；

（4）基底土在开挖过程中受到严重扰动，尤其是承台两侧土体，采用的是扰动淤泥土人工回填，如图 4.6.83 所示。因此，在底板强度上来之后，基底面以下的土体仍然保持了一段时间的变形增长。

图 4.6.83　基底采用扰动土回填

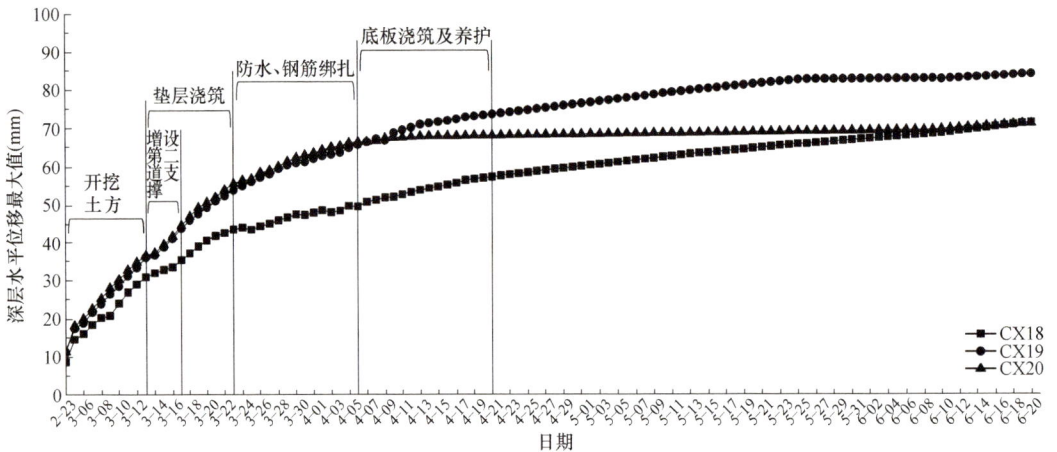

图 4.6.84　基坑东侧最大土体位移随时间变化规律

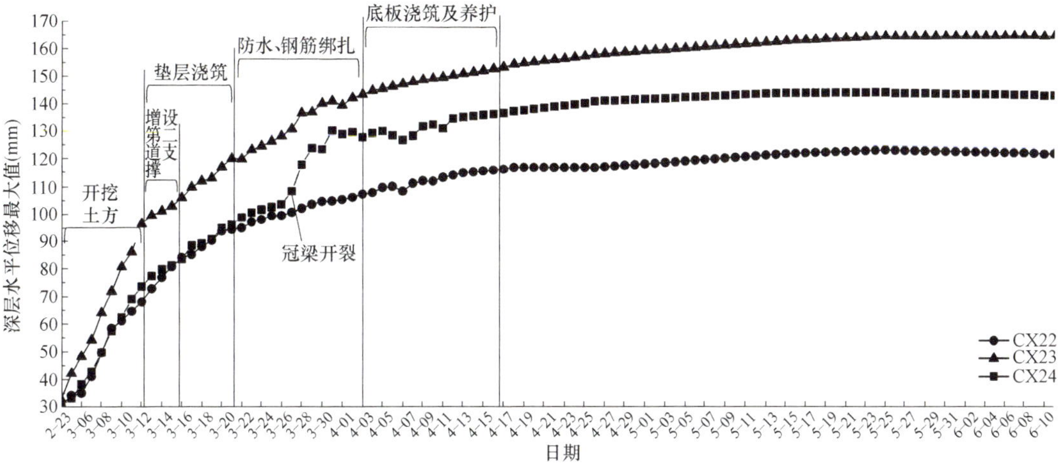

图 4.6.85　基坑南侧（东半部）最大土体位移随时间变化规律

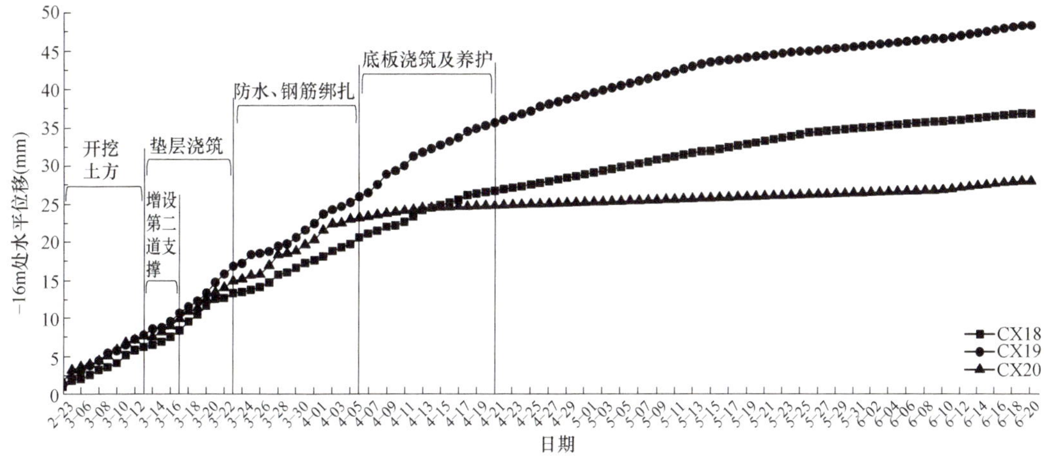

图 4.6.86　基坑东侧坑底以下 6m 处土体位移随时间变化规律

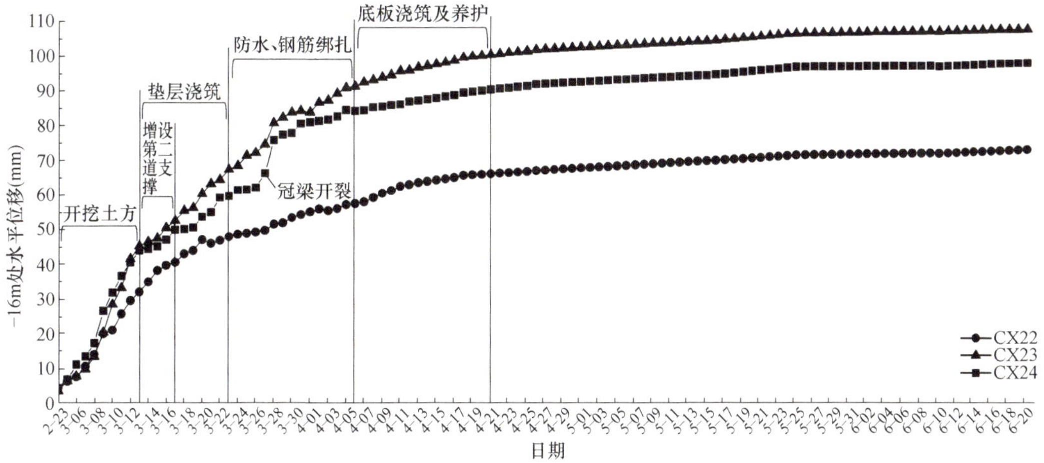

图 4.6.87　基坑南侧（东半部）坑底以下 6m 处土体位移随时间变化规律

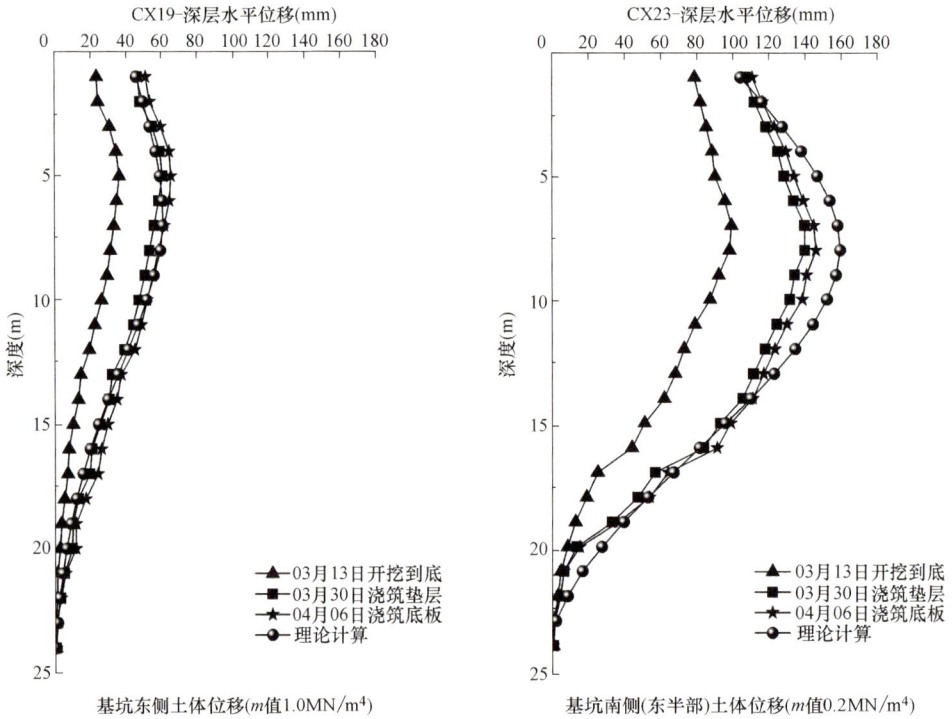

图 4.6.88　深层土体位移实测与计算结果

2. 土体加固的影响分析

基坑西南角变形实测结果及随时间的变化情况如图 4.6.91～图 4.6.95 所示。

1）对比分析基坑南侧与西侧的变形结果：

（1）基坑南侧与西侧的差异在于，基坑西侧进行了被动区裙边加固，如图 4.6.89、图 4.6.90 所示；

图 4.6.89　西侧加固土空搅部分

图 4.6.90　西侧加固土实搅部分

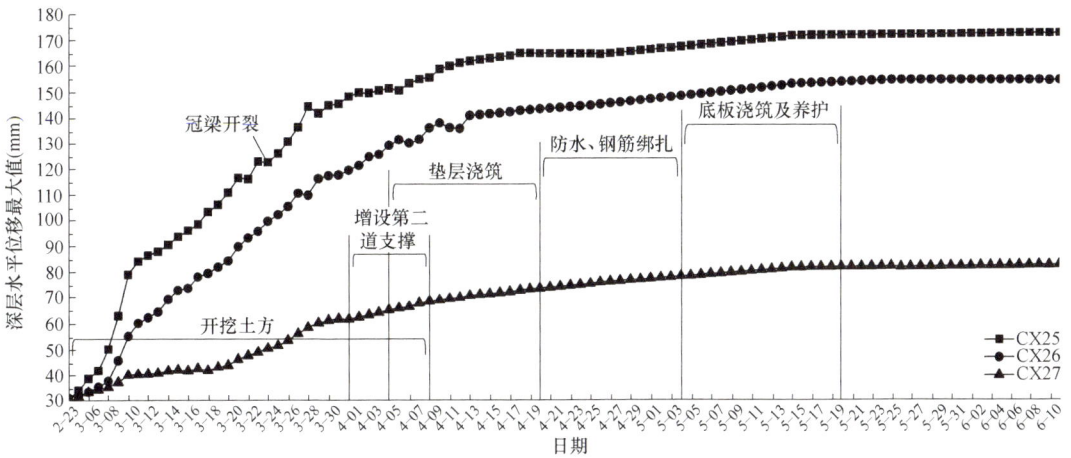

图 4.6.91　基坑南侧（西半部）最大土体位移随时间变化规律

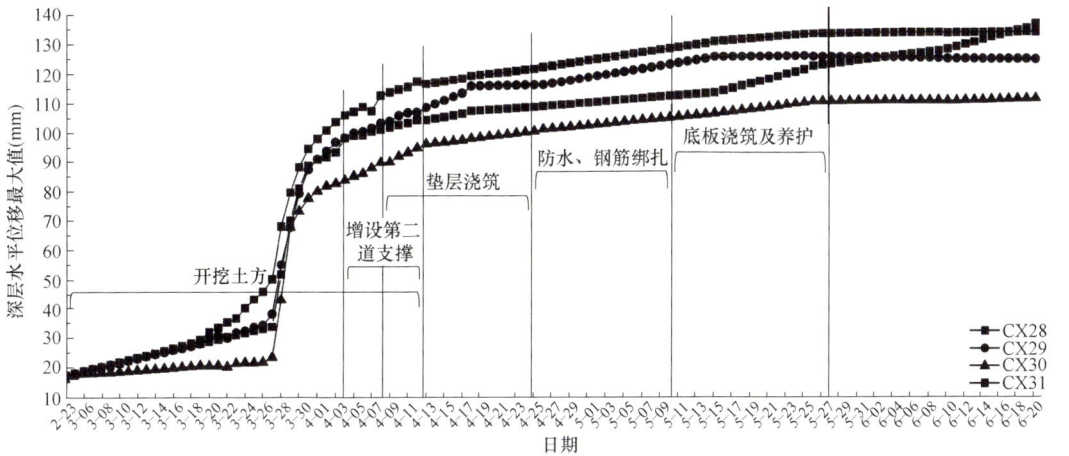

图 4.6.92　基坑西侧（南半部）最大土体位移随时间变化规律

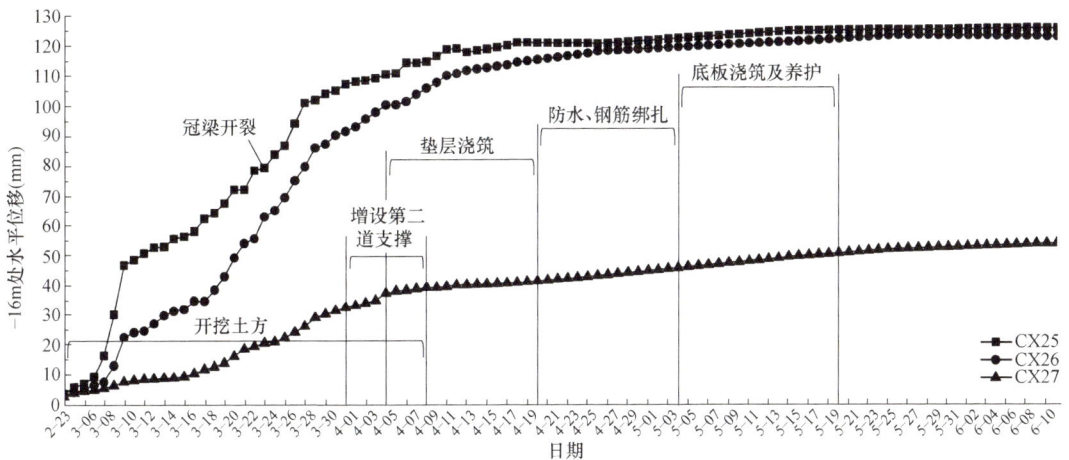

图 4.6.93　基坑南侧（西半部）坑底以下 6m 处土体位移随时间变化规律

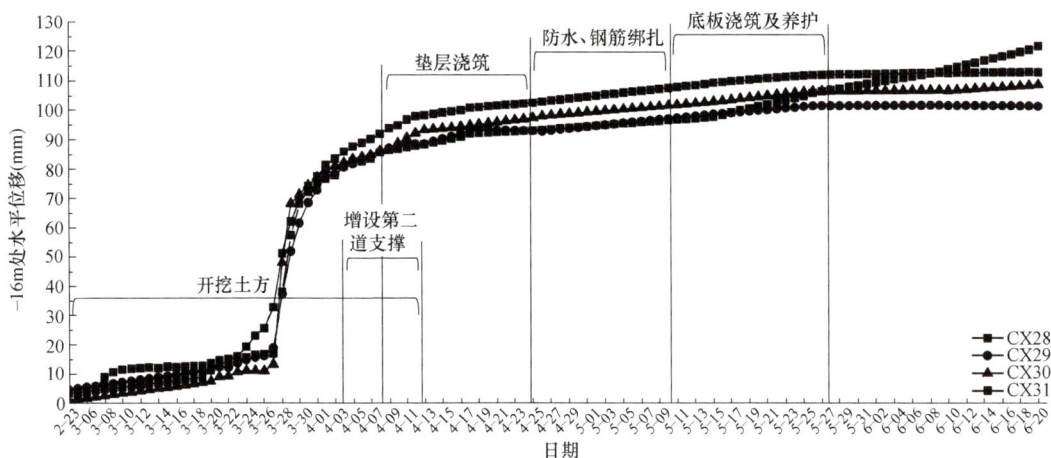

图 4.6.94 基坑西侧（南半部）坑底以下 6m 处土体位移随时间变化规律

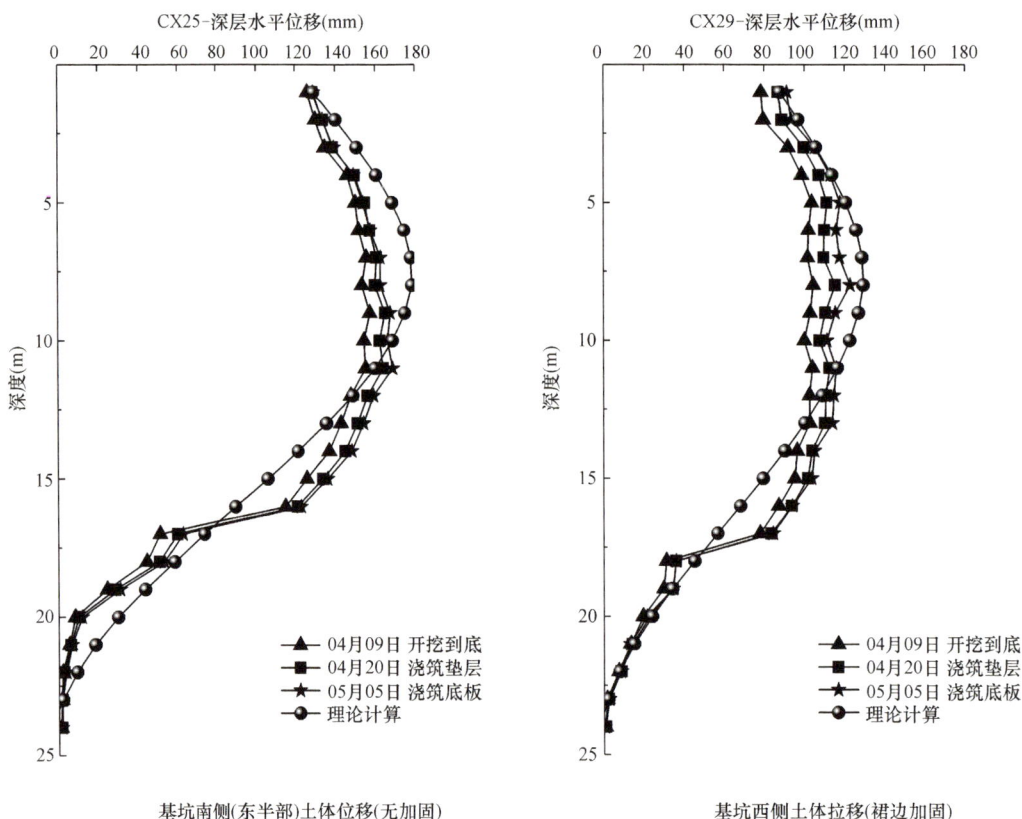

基坑南侧(东半部)土体位移(无加固)　　　基坑西侧土体拉移(裙边加固)

图 4.6.95 深层土体位移实测与计算结果

（2）基坑南侧（西半部）的最大深层土体位移为 70～170mm（27 号孔靠近转角位置变形较小），基坑西侧的最大深层土体位移为 110～125mm；

（3）基坑南侧坑底以下 6m 处的最大土体位移为 50～130mm（27 号孔靠近转角位置变形较小），基坑西侧坑底以下 6m 处的最大土体位移为 100～125mm；

（4）基坑南侧（西半部）开挖至坑底时的最大变形为 125～150mm，底板养护完成后的最大变形为 140～170mm，增长了 15～20mm（基底面以上 1.5m 位置及时增设了第二层支撑）；

（5）基坑西侧（南半部）开挖至坑底时的最大变形为 100～110mm，底板养护完成后的最大变形为 110～125mm，增长了 10～15mm（基底面以上 1.5m 位置及时增设了第二层支撑）。

2）根据实测结果对支撑刚度及地基土 m 值进行反分析：

（1）支撑理论刚度为 30～60MN/m²，若预加轴力（100kN/m）为设计轴力（300kN/m）的 30%，支撑实际刚度仅 5MN/m²；

（2）基底土 m 值为 0.2MN/m⁴，被动区加固土 m 值为 0.5MN/m³。

3）上述结果说明：

（1）在深厚淤泥土地层中，基底土承受的侧向压力较大，基底土整体发生位移，有限的裙边加固措施，对基底土变形的影响很小；

（2）基坑南侧（西半部）整体变形较西侧大，主要是南侧基坑开挖范围大、基坑暴露时间长且冠梁开裂受损，导致冠梁位置及开挖面以上的变形更大；

（3）相比于基坑东南角，基坑西南角在开挖至坑底后，及时补设了第二层支撑，并施加了 500kN/m 的支撑轴力。因此，在第二层支撑安装完成后，基坑变形及深层土体位移均得到有效控制。

一期（基坑南侧）开挖完成后（图 4.6.96），坑外未卸荷区域基坑变形较大，且出现冠梁混凝土抗剪墩开裂破碎等情况（图 4.6.97），因此采用工字钢结合素混凝土填充的方式对冠梁进行加固（图 4.6.98）；同时，针对底板施工速度过慢、基坑暴露时间过长等问题，临时增设一层水平支撑（图 4.6.99、图 4.6.100）。

图 4.6.96　一层支撑方案开挖至坑底

图 4.6.97　南侧桩顶变形过大导致冠梁开裂

图 4.6.98　桩顶采用工字钢加固并填充素混凝土

图 4.6.99　基底土变形过大在底板浇筑前增设一层支撑加固

图 4.6.100　采用角钢借用工程桩及砖胎膜对横梁和立柱进行加固

3. 设两层支撑方案分析

前期采用一层支撑的方案，基坑整体变形很大，存在安全隐患，且对周边环境影响较大，后期采用两层支撑的方案（图 4.6.101～图 4.6.108）：第一层支撑架设好以后，开挖至－8m（地面以下 7.3m），架设第二层支撑，再开挖至－10.4m；第一层支撑预加轴力由 100kN/m 增大至 360kN/m（设计轴力的 120%，考虑土体往坑外变形会导致预加轴力损失）；第二层支撑预加轴力 500kN/m。

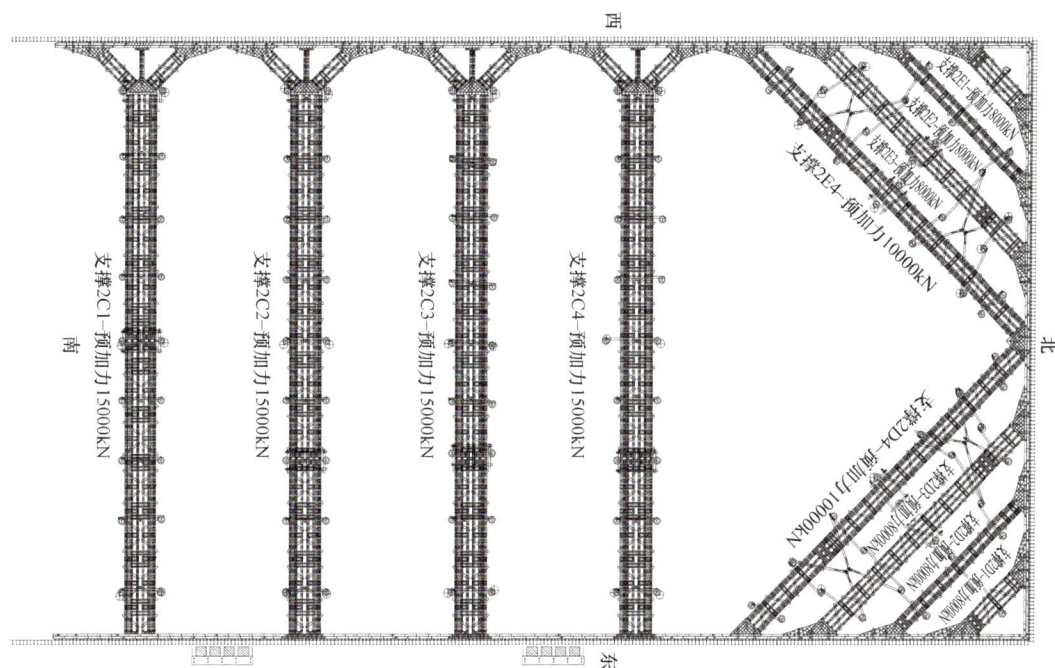

图 4.6.101　第二层支撑平面布置图

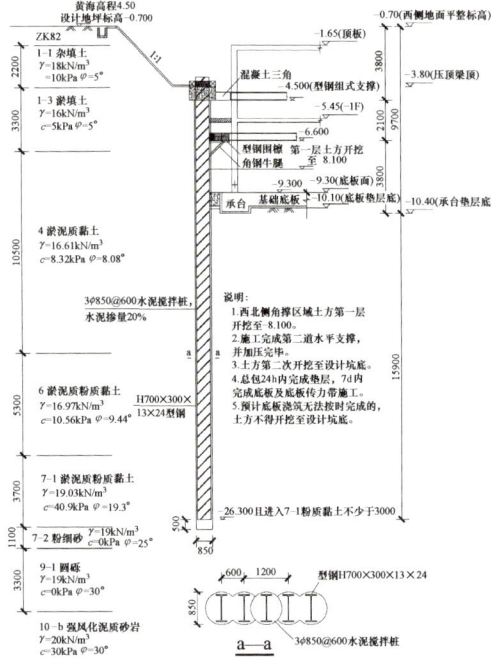

图 4.6.102　基坑北侧围护加强

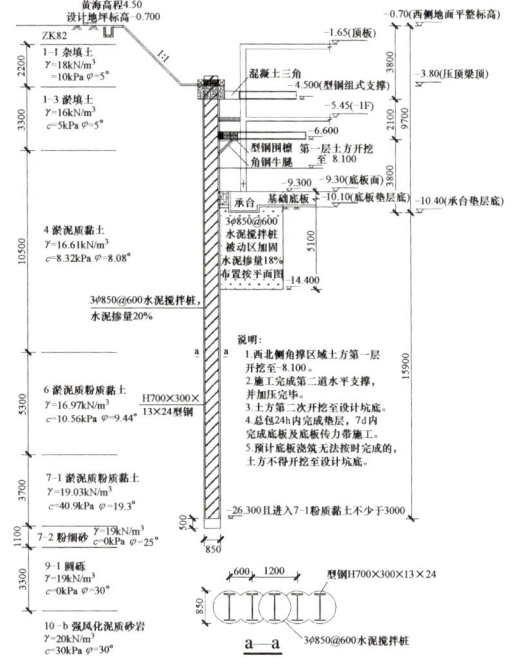

图 4.6.103　基坑西侧围护加强

图 4.6.104　两层支撑方案开挖工况

图 4.6.105　对撑加强为两层支撑

图 4.6.106　北侧角撑加强为两层支撑

图 4.6.107　对撑增设立柱

图 4.6.108　角撑增设立柱

第二阶段（基坑北侧开挖），基坑中部及北侧变形实测结果及随时间的变化情况如图 4.6.109～图 4.6.115 所示。

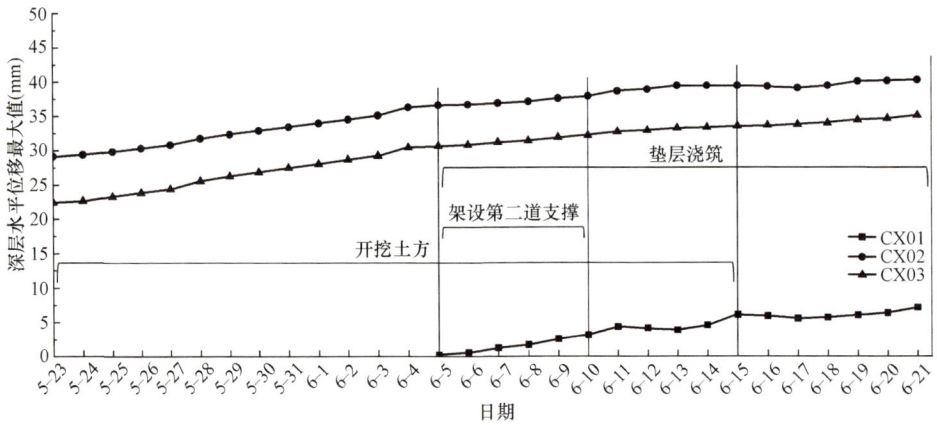

图 4.6.109　基坑北侧（西半部）最大土体位移随时间变化规律

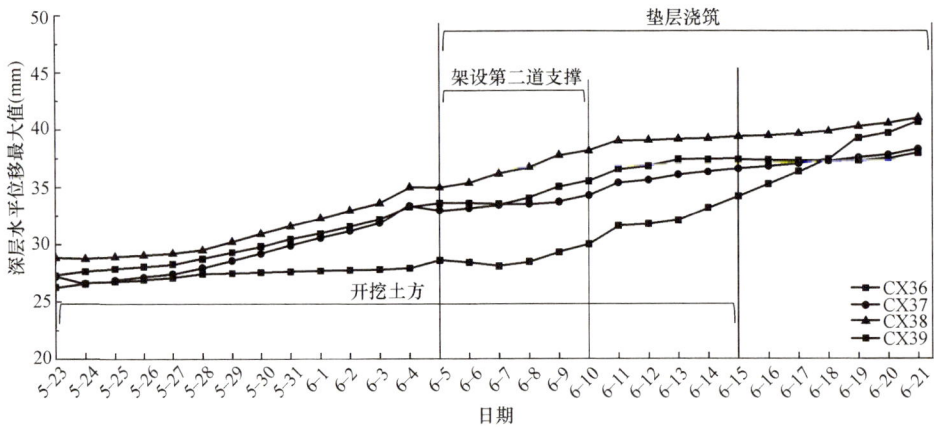

图 4.6.110　基坑西侧（北半部）最大土体位移随时间变化规律

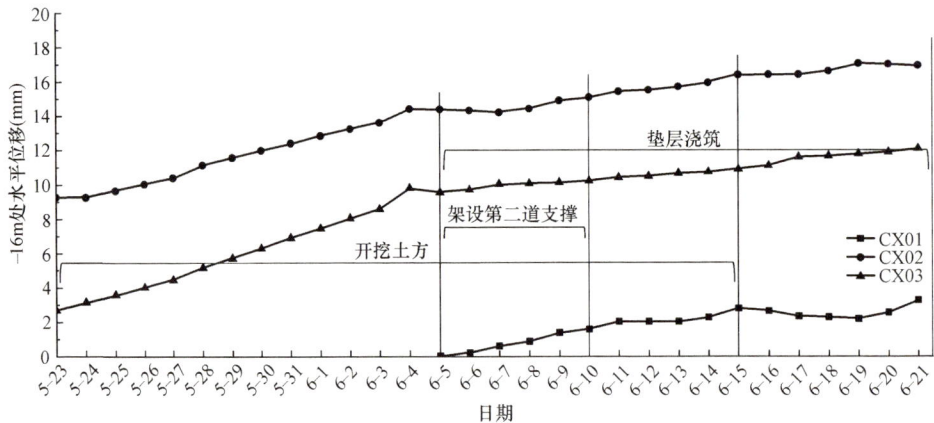

图 4.6.111　基坑北侧（西半部）坑底以下 6m 处土体位移随时间变化规律

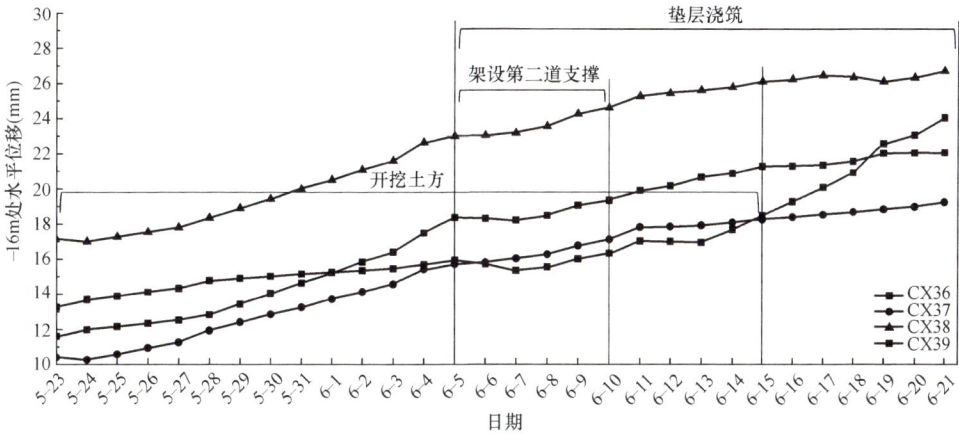

图 4.6.112　基坑西侧（北半部）坑底以下 6m 处土体位移随时间变化规律

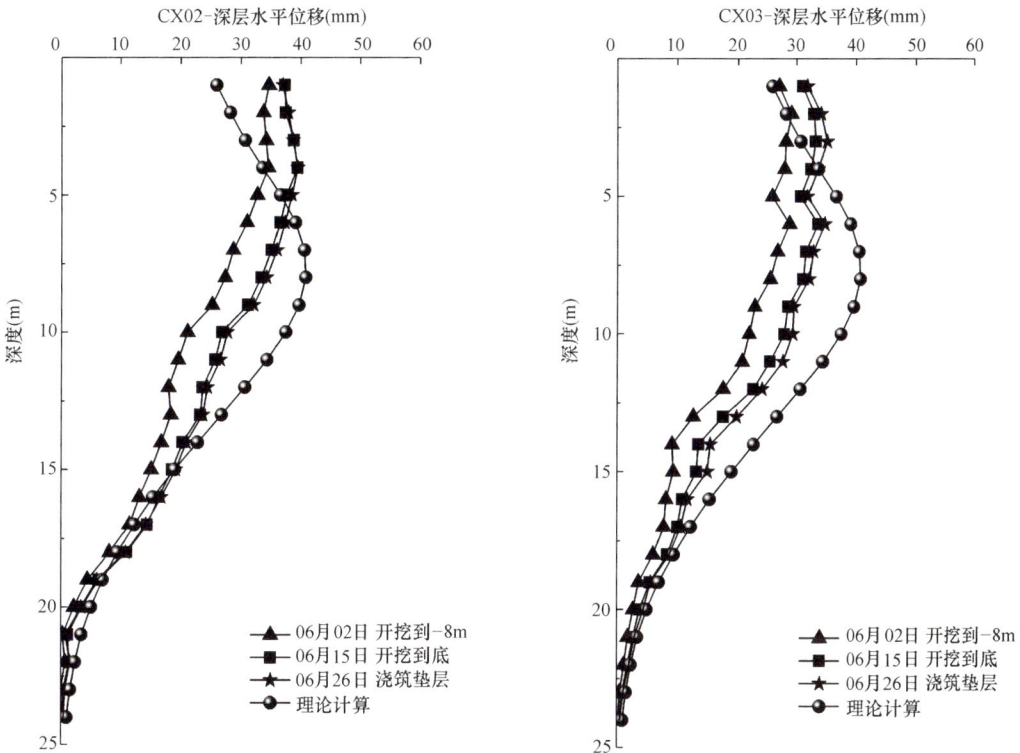

图 4.6.113　基坑北侧（西半部）土体位移（第二层支撑安装前开挖至−8m）

1）北侧（西半部）及西侧（北半部）的变形结果：

（1）基坑北侧的最大深层土体位移为 35～40mm（1 号孔为后补，仅反映第一层支撑架设完以后的变形，8mm），基坑西侧（北半部）的最大深层土体位移为 38～42mm（局部存在超挖，第二层支撑安装前开挖至−9m），基坑西侧（中部）的最大深层土体位移为 67mm（仍然是一层支撑开挖到−10.4m）；

（2）基坑北侧坑底以下 6m 处的最大土体位移为 10～15mm（1 号孔为后补，仅反映第一层支撑架设完以后的变形，3mm），基坑西侧坑底以下 6m 处的最大土体位移为 15～25mm（局部存在超挖，第二层支撑安装前开挖至−9m），基坑西侧（中部）坑底以下6m 处的最大土体位移为 36mm（仍然是一层支撑开挖到−10.4m）；

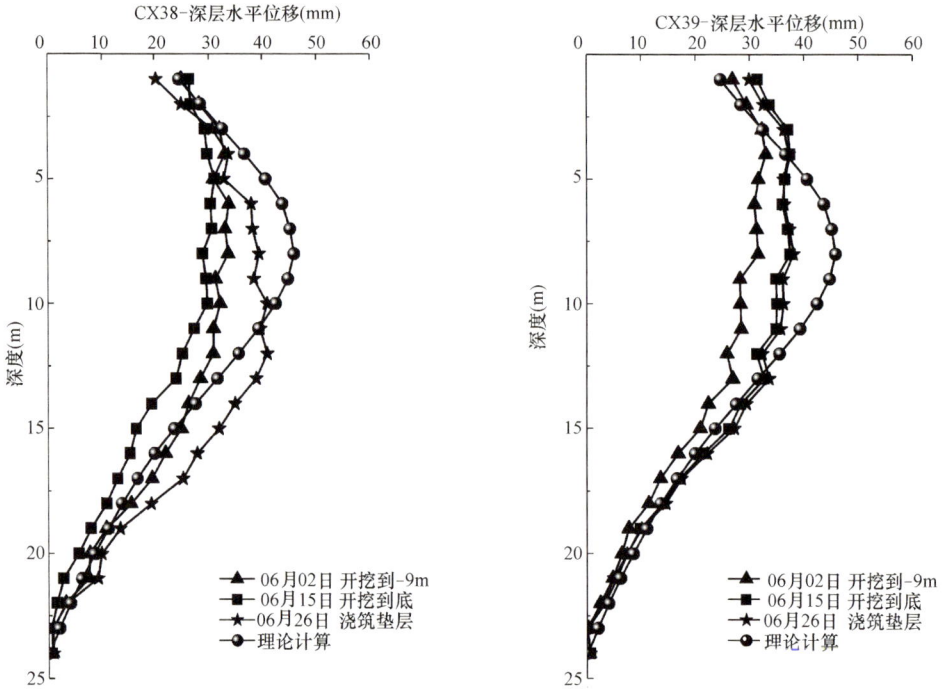

图 4.6.114 基坑西侧（北半部）土体位移（第二层支撑安装前开挖至−9m)

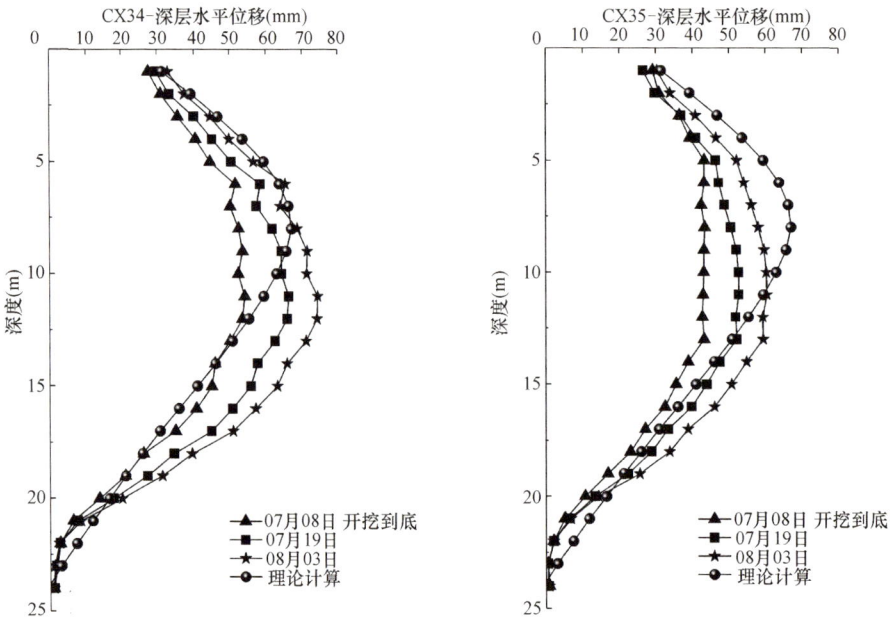

图 4.6.115 基坑西侧（中部）土体位移（一层支撑开挖至−10.4m)

（3）基坑北侧（西半部）开挖至坑底时的最大变形为 30～35mm，垫层完成后的最大变形为 35～40mm，增长了 5mm；

（4）基坑西侧（北半部）开挖至坑底时的最大变形为 37～39mm，垫层完成后的最大变形为 38～42mm，增长了 2～3mm。

2）根据实测结果对支撑刚度及地基土 m 值进行反分析：

（1）支撑理论刚度为 30～60MN/m^2，第一层支撑预加轴力 360kN/m（设计轴力的 120%），第二层支撑预加轴力 500kN/m，支撑实际刚度接近理论刚度，取 50MN/m^2；

（2）基坑北侧第二层支撑安装前开挖至 -8m（地面以下 7.3m），基底土 m 值为 1.5MN/m^4，基坑西侧（北半部）第二层支撑安装前开挖至 -9m（地面以下 8.3m），基底土 m 值为 1.0MN/m^4，加固土 m 值为 1.2MN/m^4，基坑西侧（中部）一层支撑开挖至 -10.4m，基底土 m 值为 0.5MN/m^4，加固土 m 值为 1.2MN/m^4。

3）上述结果说明：

（1）增大预加轴力有效地提高了型钢组合支撑的实际刚度，大幅降低了基底土的变形和受力，基底土 m 值显著提升；

（2）当设置两层水平支撑时，基底土承受的水平荷载大幅降低，地基土的侧向应力水平减小，土体剪应力水平低于蠕变临界状态，基底土变形显著减小，土体 m 值明显增大。

4. 案例分析结论

不同区域的变形情况及基底土参数反分析结果如表 4.6.14 所示，根据对支撑层数、预加轴力大小、基底土加固、坑外卸土条件等情况进行对比分析：

变形情况及基底土参数反分析结果　　　表 4.6.14

部位	基坑东侧（南半部）	基坑南侧	基坑西侧（南半部）	基坑北侧（西半部）	基坑西侧（北半部）	基坑西侧（中部）
围护方案	一层支撑，卸土平台宽 5m	一层支撑	一层支撑，裙边加固	两层支撑	两层支撑，局部超挖	一层支撑，超挖到底
预加轴力（kN/m）	100	100	100	360、500	360、500	360
支撑刚度（MN/m^2）	5	5	5	50	50	50
最大变形（mm）	80	170	125	40	42	67
基底以下 6m 最大变形（mm）	45	130	125	15	25	36
基底 m 值（MN/m^4）	1.0	0.2	0.2	1.5	1.2	0.5

（1）当基底土为深厚淤泥土时，基底土的变形是影响基坑变形的重要因素，淤泥土的变形特性与土体偏应力水平有关，当支撑层数少或支撑竖向间距大，基底土承受很大的水平荷载，地基土的侧向应力水平高，土体剪应力水平超过了塑性应变和蠕变临界状态，会进入快速变形阶段，土体 m 值急剧下降，且随着时间的推移变形难以稳定；

（2）当地表可以进行一定程度的卸荷，能有效降低基底土的侧向应力水平，减少基底土体变形；

（3）若基坑开挖范围大，基底土卸荷量大，与土体侧向应力水平高的影响相互叠加，在土体蠕变效应的影响下，基底土的侧向变形会随着时间的推移而持续增大；

（4）在深厚淤泥土地层中，当基底土承受的侧向压力较大时，基底土整体发生位移，有限的裙边加固措施，对基底土变形的影响很小，需要进行大面积加固方能发挥效果；

（5）预加轴力对型钢组合支撑的实际刚度影响很大，在预加轴力接近或略微超过设计轴力时，支撑实际刚度方能达到理论刚度的水平；

（6）增加支撑层数或减小支撑竖向间距（还可以通过增大支撑预应力），能有效分担基底土承受的侧向荷载，地基土的侧向应力水平降低，土体剪应力水平低于蠕变临界状态，基底土变形显著减小，土体 m 值明显增大；

（7）基底土，在开挖过程中受到严重扰动，尤其是承台两侧土体，采用的是扰动淤泥土人工回填，因此在底板强度上来之后，基底面以下的土体仍然保持了一段时间的变形增长。

4.6.10　小结

从型钢组合支撑体系的计算内容可以看出：如图 4.6.116 所示，一定要系统地看待组合支撑体系的受力问题，组合支撑布局方式决定了支撑体系是拉、压、弯、剪、扭的综合受力体，支撑体系的安全性不只是支撑的受压承载力问题，还与围檩的受弯、传力件的抗剪、三角转换件的多向传力、节点的约束是否有效等综合因素有关。可以通过选择合理的支撑布局，让整个支撑体系以受压为主，避免受拉和受扭，减少受弯和受剪。在确保构件的制作安装精确性、节点的可靠性、约束的有效性的基础上，支撑受压承载力通常是很容易满足要求的，实际工程中往往支撑的用量过大，造成浪费。有时为了扩大施工作业面，主控因素不再是支撑受压问题，而是围檩的受弯和传力件的受剪问题，因此对围檩的抗弯性能、传力件的抗剪性能、三角件和拱形件的传力性能才是重点。如果抗弯和抗剪问题控制不好，发生错动、滑移、局部失稳或局部破坏等情况，会极大地削弱支撑体系刚度，导致基坑变形增大。当需要主动变形控制时，预加轴力大，且支撑轴力会随着变形增大而不断补偿，可能发生渐进累计破坏。

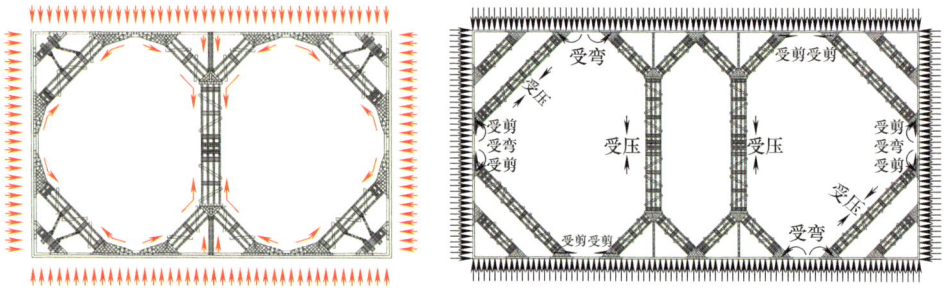

图 4.6.116　型钢组合支撑体系受力模式

4.7　经营模式的标准化

一项工程技术的优劣，与市场环境的关系也很大，技术应为市场服务，只投入却没收益的技术肯定不是好技术，只考虑收益那也肯定做不好技术。一项标准化的技术，对设计技术水平、施工技术水平、管理水平、人力设备的投入、安装精度和施工质量都有很高的要求，必然会比不规范的做法在造价上有所增加。基坑支护结构虽然是临时结构，但基坑工程的施工作业环境复杂、不可预料事件多、影响因素繁杂，并且基坑支护施工企业往往处于生态链的最底端（建设单位—总承包单位—专业分包单位—施工班组），其生产成本远比表面看上去要多，合理的利润方能保障施工正常，否则极易造成偷工减料的现象。钢支撑的成本主要在于两方面：标准构件加工制作和材料成本，现场安装拆除的施工成本。如果构件的标准化程度要求越高，材料成本和加工制作费用越高，钢支撑的租赁价格就越高；现场安装精度、安装质量要求越高，人工机械成本就越高。在钢筋混凝土产品价格低廉的时期，钢支撑为了能与其竞争，通过降低用钢量、降低规范程度，以实现价格的竞争优势，无法实现标准化。随着能源问题、资源问题、环境问题变得越来越突出，钢筋混凝土已不再是价廉物美的产品，标准化的型钢组合支撑也比钢筋混凝土支撑更有价格优势，合理的利润空间既能够增强企业抵抗基坑突发风险的能力，也为型钢组合支撑技术的标准化打下了市场基础。

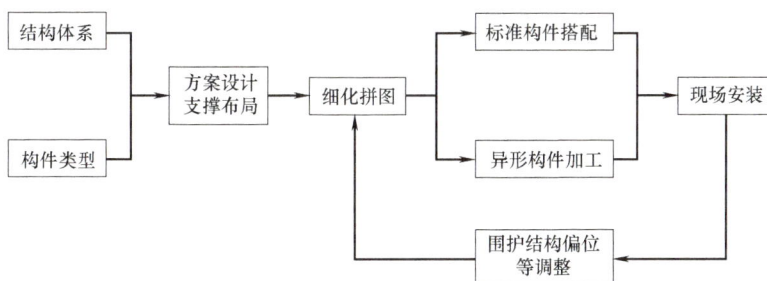

图 4.7.1　装配式结构技术线路

那么为什么说经营模式也要标准化呢？装配式结构不是简单地搭积木，而是集设计、制造、施工为一体的运营模式，其主要标志是设计标准化、构配件生产工厂化、施工机械化和组织管理科学化。如图 4.7.1 所示，装配式结构的技术包含了：结构体系、构件加工制作、设计方案、深化配料、安装实施、根据现场情况调整。这是一个系统问题，每一个环节都会对装配式结构的安全性带来至关重要的影响，远比现浇结构受生产环节的影响要大。钢管支撑之所以为大家所诟病，是一个典型的经营模式不合理的例子。除了圆形构件不易连接组合的技术原因以外，钢管支撑的经营模式大量采用租赁模式，也是导致钢管支撑事故频发的主要原因。从追求效益的角度讲，租赁模式最在乎的是标准构件的出租率，其成本最低，无需承担异形构件加工、现场构件调整等成本高、利润低的工作，因此可以最大限度地降低价格提高出租率。从责任归属上，出租者只对标准构件负责，标准构件到达安装现场即完成任务，安装施工实施者向材料出租者租赁材料，也就是说材料不是安装施工实施者的，对于材料规格的规范程度、现场安装的调整、异形构件的加工、节点连接的处理是没有权利的，一旦构件有损伤，承租者需要对出租者进行赔偿，出租者也不会因为现场需要而对构件进行更换，更不会对异形构件进行加工。因此，安装施工实施者只能是有什么材料就怎么安装，不敢对标准构件有任何的调整，只能现场用不规范的材料和方式修修补补、拼拼凑凑。对于地铁等尺寸规整、跨度较小的基坑，对构件的要求较低，当基坑跨度大、形状不规整时，这种不规范就会带来致命的影响。因此，对于标准化的型钢组合支撑，安装施工者与材料供应商必须统一；同时，对深化设计工作、构件质量和施工质量负责。不是说这种模式一定就能做好，在参与市场竞争时，仍然可能为了利益而放弃质量的标准化，但是分开就更难做好。

第5章 型钢组合支撑试验

　　型钢组合支撑结构是典型的装配式结构，且需要回收重复利用，均采用螺栓连接，其构件包含：支撑结构、围檩结构、刚性受力转换件结构、螺栓连接结构、传力件结构等。因此，型钢组合支撑试验的目的是研究不同拼接做法对装配式结构受力特性的影响。每种结构的功能、受力状态和受力模型都不一样，针对每种结构的受力情况，分别进行载荷试验。支撑结构以受压为主，进行轴向受压和偏心受压试验，以获得装配式支撑结构的真实受压刚度和承载力。围檩结构以受剪和受弯为主，进行弯曲试验，以获得不同拼接方式围檩结构的抗弯刚度和承载力。刚性受力转换件（三角件和加压件），其功能是为了将不同方向的受力有效转换，并均匀传递，对刚性转换件进行局部应力集中抗压试验。型钢支撑构件之间通过螺栓紧固，当结合面的剪力超过结合面的抗滑力时，结合面会发生相对错动，螺栓发生滑动以后会与构件钢板直接接触承受剪力，进行承压型螺栓抗滑移试验和螺栓与钢板的抗剪试验。支撑体系应以受压为主，但基坑支护结构的受力工况不是一成不变的，与施工工况有关，因此不排除在极端条件下（如非对称开挖、边桁架结构等）支撑受拉，因此进行支撑的抗拉试验，以获得极端工况下装配式支撑的抗拉承载特性。

5.1　螺栓抗滑移与抗剪切试验

　　装配式型钢组合支撑结构构件之间均采用高强度螺栓连接，正常工作状态，结合面的抗滑移强度应满足支撑体系的受力要求，承载能力极限状态，螺栓与钢板间的抗剪切强度要能满足支撑体系不发生破坏的要求。为了验证螺栓结合面的抗滑移强度和抗剪切强度，了解承压型高强度螺栓结合面受剪过程中的抗滑移特性和抗剪切特性，进行承压型螺栓抗滑移试验和螺栓与钢板的抗剪试验。如图 5.1.1 所示，试验设备采用液压万能试验机，分 4 组共 12 个抗滑移和抗剪试验，高强度螺栓为 10.9 级 M24×8.0，钢板材料等级为 Q345B，钢板长均为 300mm、宽均为 100mm、板厚均为 20mm（即 $t_1=t_2=20$mm）。高强度螺栓紧固扭矩分别为 100N・m、300N・m、500N・m、700N・m。试件两端的杆件在液压万能试验机上按照要求夹紧后，液压万能试验机采用应变控制，匀速加载，试件每产生轴向 0.1％应变，测力计和轴向位移计各自动记录一次，并实时显示在电脑屏幕上。

　　螺栓抗剪试验破坏情况如图 5.1.2 所示，承载力试验结果如表 5.1.1、图 5.1.3、图 5.1.4 所示，不同紧固扭矩条件下的钢板结合面抗滑移与抗剪切强度试验结果如下：
（1）试验构件结合面抗滑移承载力随着高强度螺栓拧紧扭矩的增大而增大，基本呈线性关

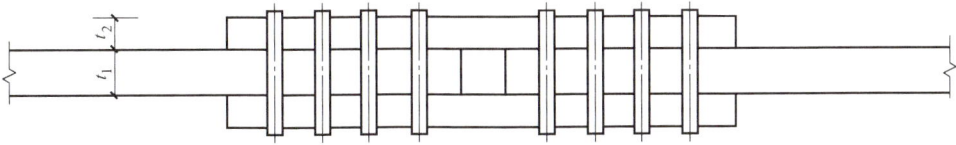

初步拼装　　　　　　　　气动风炮扳手初拧　　　　　　扭矩扳手终拧

图 5.1.1　螺栓抗剪试验

系，结合面发生滑移时的变形量约为 1～2mm；（2）高强度螺栓的强度要显著高于钢板强度，试验所获得（试验条件为双面紧固）的极限破坏形态均为钢板螺栓孔侧壁破坏，高强度螺栓有一定的变形，但未发生剪切破坏，因此屈服荷载与极限荷载主要取决于钢板螺栓孔侧面的抗剪切能力；（3）高强度螺栓的拧紧扭矩对试验构件的屈服荷载及极限荷载影响不大，发生屈服时的剪力为 540～600kN（双面抗剪），发生断裂时的极限荷载为 600～650kN，发生断裂的变形量为 20～30mm。

从结合面抗滑移试验结果可以看出，如果螺栓紧固不到位，会严重影响结合面的抗滑移能力，结合面一旦滑动，结构内部受力重新分布，虽然不至于引起装配式结构发生破坏，但会削弱组合结构的刚度，带来附加变形，同时会导致结构受力不均匀。因此在实际

图 5.1.2　螺栓抗剪试验破坏情况

工程中，需要先施加预应力，让螺栓与构件靠紧受力，消除螺栓滑动附加变形对刚度的影响，并在正常使用过程中对螺栓进行复拧（支撑预应力施加完后、土方开挖后、固定间隔一定时间）。

大六角头高强度螺栓的扭矩 T_c 与预拉力 P_c 之间的关系：

$$T_c = kP_c d \tag{5.1.1}$$

式中　k——高强度螺栓连接副的扭矩系数平均值，$0.11 \sim 0.15$；

P_c——高强度螺栓施工预拉力（kN）；

d——高强度螺栓公称直径（mm）。

螺栓受剪承载力试验结果　　　　　　　　　表 5.1.1

扭矩（N·m）	螺栓预拉力（kN）	抗滑移承载力计算值（kN）	滑移荷载（kN）（左右两侧两个结合面的合力）	单侧滑移荷载（kN）	钢板屈服荷载（kN）	钢板断裂极限荷载（kN）	是否拉断
100	28~38	10~14	42	21	584	654	是
			47	24			否
			40	20	571	636	是
300	83~114	30~41	78	39	573	638	是
			77	39	603	650	是
			80	40	542	596	否
500	139~189	50~68	115	58	554	615	否
			121	61			否
			126	63	587	636	是
700	194~265	70~95	186	93	569	633	否
			231	116			否
			210	105	590	651	是

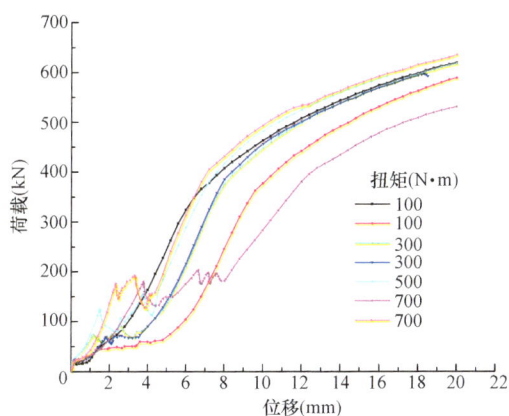

图 5.1.3　螺栓受剪荷载位移曲线

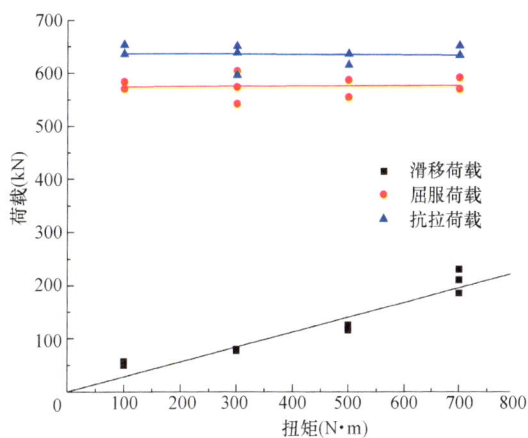

图 5.1.4　螺栓受剪承载力与紧固力的关系

试验获得的结合面抗滑移承载力 N^b 与高强度螺栓紧固扭矩 T_c 之间的关系：

$$N^b = 0.14 T_c \tag{5.1.2}$$

5.2　螺栓群抗剪切试验

在正常使用状态，支撑系统的围檩应封闭，避免围檩结构受剪，角撑轴力通过刚性转换件转化为支撑轴力，当基坑规模很大，为满足流水作业的需求，分区安装支撑、分区土方开挖，围檩结构可能存在不完全封闭的情况，在此工况下，角撑轴力在围檩轴线方向的分力需要依靠螺栓或预埋锚栓的抗滑移抵抗。为验证此类工况下，螺栓或锚栓的抗滑移和抗剪切承载力，设计螺栓群抗剪试验。

如图5.2.1、图5.2.2所示，试验选取一个独立的刚性转换件（三角件）作为试验对象，刚性转换件通过预埋锚栓与混凝土围檩锚固，在正常工作状态，三角件前端设置混凝土抗剪墩，支撑轴力通过刚性转换件转化为混凝土围檩的轴力。试验工况下，将前置抗剪墩拆除，仅依靠预埋锚栓的抗滑移和抗剪切抵抗剪力。

图 5.2.1　群螺栓抗剪试验现场

型钢支撑为三根H350×350×12×19型钢组合方式，支撑设计承载力3500kN，刚性转换件（三角件）通过28根（上下各14根）预埋螺栓（地脚螺栓）与混凝土围檩锚固，锚栓紧固扭矩700N·m；28颗锚栓的抗滑移承载力设计值1960～2660kN；按单个螺栓抗滑移试验结果100kN（抗滑移承载力与紧固扭矩拟合结果），28颗锚栓的抗滑移承载力2800kN；按单个螺栓抗剪切试验结果，钢板断裂极限荷载＝630/2＝315kN（单面抗剪），28颗锚栓的极限抗剪承载力8820kN。

试验采用4个3000kN的千斤顶，千斤顶最大加压限值12000kN。试验最大轴力加载量8893kN（达到支撑设计承载力的2.5倍，为防止支撑破坏，终止加载）。群螺栓抗剪试验结果如图5.2.3所示：支撑轴力与千斤顶顶出量基本呈线性关系，说明支撑端部处于固定状态，未发生显著滑动；8893kN支撑轴力对应的结合面最大剪切荷载6289kN，单颗锚栓承受的剪力225kN（大于抗滑移承载力100kN，小于极限受剪承载力315kN）。说明锚栓群已发生滑动，但未达到钢板断裂的极限状态。试验结束后根据螺栓拆除的情况，28颗螺栓中有2颗螺栓发生变形，割断后方能拆除，其余螺栓和三角件钢板均未显著变形，

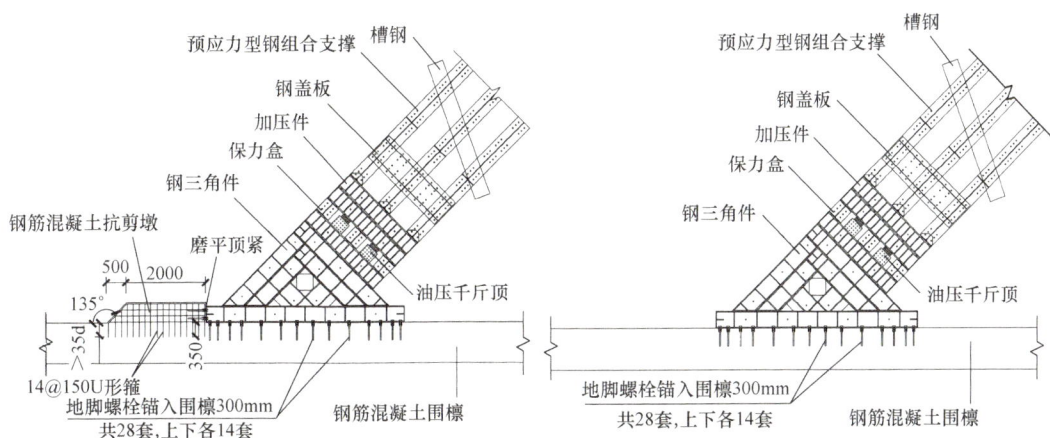

正常使用状态　　　　　　　　锚栓群抗剪试验状态

图 5.2.2　刚性转换件（三角件）预埋锚栓群抗剪试验

油压 (MPa)	20	25	29	32.5	36
支撑轴力 (kN)	5063	6260	7217	8055	8893
锚栓结合 面剪力 (kN)	3580	4427	5104	5697	6289
千斤顶顶 出量(mm)	79	92	109	124	135

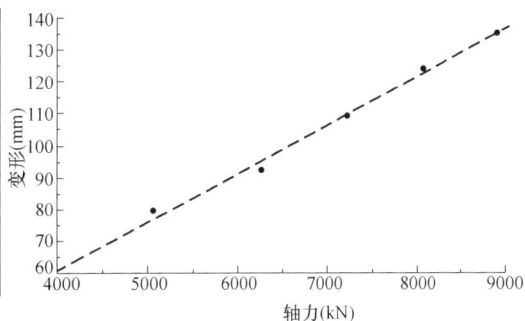

图 5.2.3　支撑轴力与千斤顶顶出量关系

顺利拆除。试验结果也说明，螺栓群抗滑和抗剪存在一定的不均匀性，一部分螺栓结合面首先发生滑动，进入螺栓与螺栓孔侧壁钢板抗剪阶段。随着荷载的增加，更多的螺栓结合面发生滑动进入抗剪阶段。

5.3　节点抗拉试验

支撑体系应以受压为主，但基坑支护结构的受力工况不是一成不变的，与施工工况有关，因此不排除在极端条件下（如非对称开挖、局部失稳、边桁架结构受力等）支撑受拉，因此进行支撑的抗拉试验，以获得极端工况下装配式支撑的抗拉承载特性。

如图 5.3.1 所示，支撑受拉最不利截面为施加预应力的加压位置，该位置所有结合面在同一断面上（其余位置的结合面要错开布置），而且加压位置通过保力盒连接，连接螺栓数量最少（支撑与围檩连接位置每米不少于 12 套螺栓，要远多于加压位置）。

抗拉试验共分两组，每组两个平行试验：第一组采用现场拆除回来已经使用过的旧螺栓；第二组试验采用全新螺栓。加载试验采用 3 个 500t 千斤顶，4 个保力盒间隔布置，每一个保力盒与加压件之间用 4 套高强度螺栓连接，每个截面 4×4＝16 套。高强度螺栓强度等级为 10.9S，直径 24mm，毛截面面积 452.4mm^2，有效截面面积 352.5mm^2。为尽量让保力盒的螺栓受力均匀，两侧采用双拼加强型 SC400-3400 加压件，减少加压件弯曲变形。

如表 5.3.1～表 5.3.4、图 5.3.2～图 5.3.8 所示，从抗拉试验结果可以看出：在屈服破坏前，千斤顶荷载与张开变形量呈线性增长趋势；抗拉试验破坏荷载约为 5700kN（570t），受千斤顶与保力盒布置形式的影响，中间两个保力盒承受了 2/3 的张拉力，两侧保力盒只承受 1/3 的张拉力，中间位置螺栓（或保力盒）首先发生破坏，破坏时单个螺栓的最大拉力＝5700×(2/3)/2/4＝475kN。在实际受力工况下，4 个保力盒 16 颗螺栓均匀受力，因此此类布置形式的支撑最大极限受拉承载力为 7600kN（760t）；采用现场拆除回来已经使用过的旧螺栓，其抗拉性能要低于新螺栓，发生螺栓断裂破坏，采用新螺栓时，保力盒筋板焊缝发生断裂，螺栓也进入屈服。

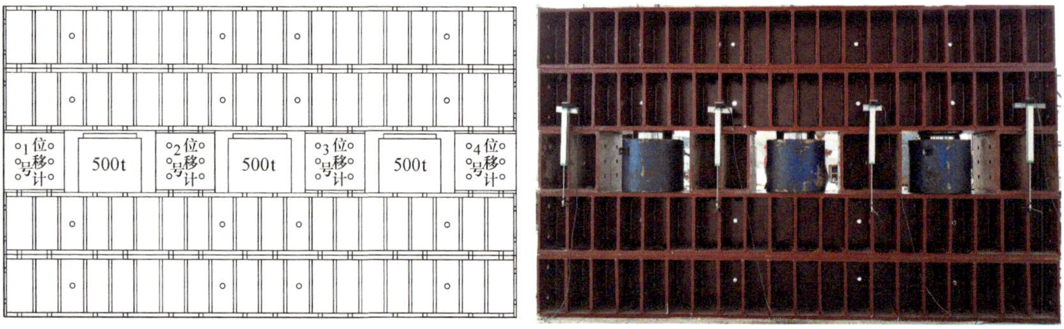

图 5.3.1 抗拉试验

旧螺栓第一组试验结果   表 5.3.1

位移(mm)	千斤顶施加的总荷载(kN)				
	1443	2886	4329	5773	6061
1 号位移计	0.1	0.5	1.0	2.4	4.0
2 号位移计	0.9	1.8	3.2	7.1	11.9
3 号位移计	1.2	2.3	4.0	8.4	14.3
4 号位移计	0.8	1.4	2.5	5	9.2

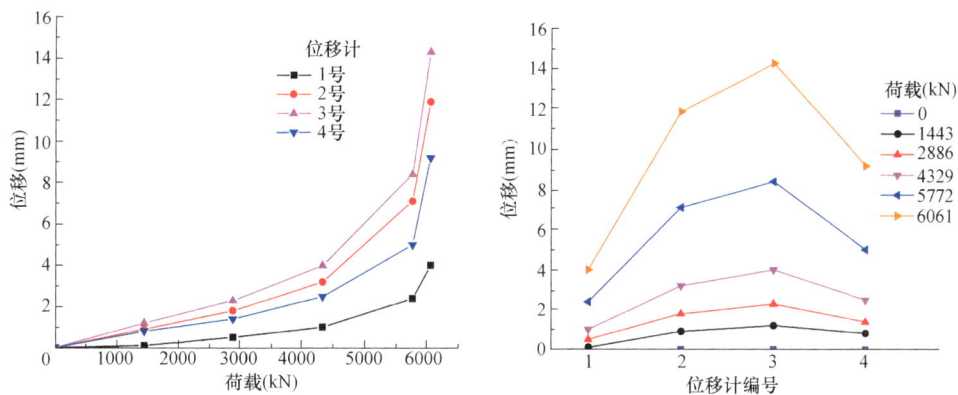

图 5.3.2　旧螺栓第一组试验结果

旧螺栓第二组试验结果　　　　　　　　　　　　　　　　　　　　表 5.3.2

位移(mm)	千斤顶施加荷载(kN)			
	0	2886	4329	5195
1 号位移计	0	3.5	4.2	5.4
2 号位移计	0	3.3	4.4	6.7
3 号位移计	0	2.4	3.5	6.1
4 号位移计	0	1.0	1.6	3.0

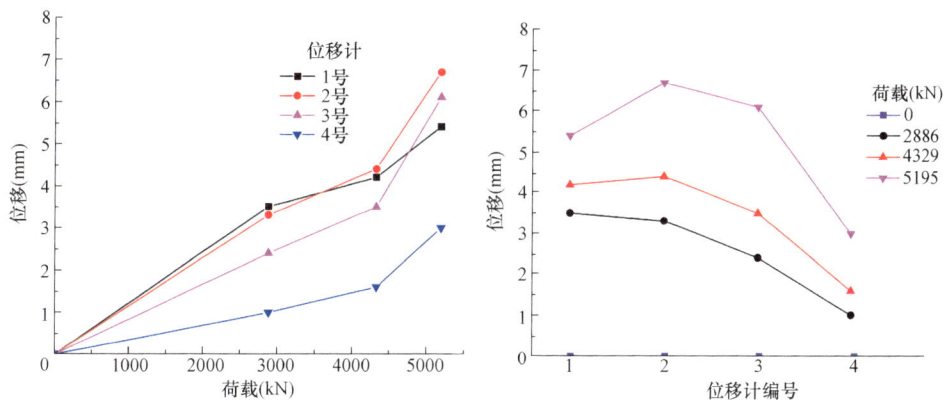

图 5.3.3　旧螺栓第二组试验结果

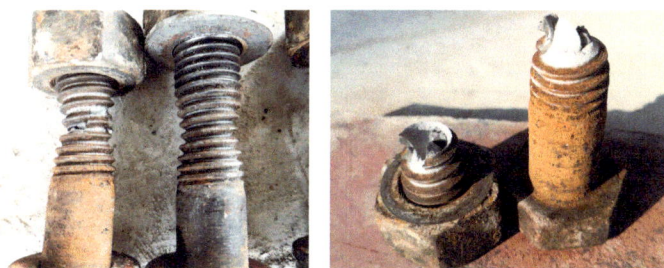

图 5.3.4　旧螺栓断裂破坏情况

旧螺栓承载力的受损情况与螺栓的使用次数、前期受力程度、锈蚀情况有关，前期受力越大、使用次数越多，螺栓内部的微细裂缝越多，受锈蚀程度越高，螺栓受拉、受剪承载力越低。因此对于主要受力拼接面，严禁采用旧螺栓。

图 5.3.5　不同锈蚀程度的螺栓剪断面

新螺栓第一组试验结果　　　　　　　　　　　　　　表 5.3.3

位移(mm)	千斤顶施加荷载(kN)				
	1443	2886	4329	5773	6061
1号位移计	1.2	2.2	3.0	4.4	8.6
2号位移计	13.2	14.3	15.6	18.5	21.2
3号位移计	0.8	1.8	3.1	6.2	10.6
4号位移计	0.1	0.5	1.2	2.4	3.9

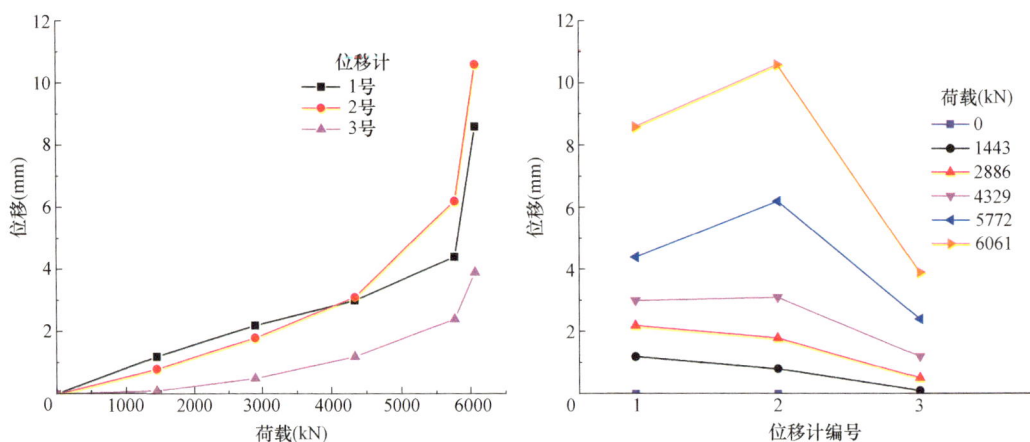

图 5.3.6　新螺栓第一组试验结果

新螺栓第一组试验结果　　　　　　　　　　　　　　表 5.3.4

位移(mm)	千斤顶施加荷载(kN)				
	1443	2886	4329	5195	5273
1号位移计	1.1	2.0	2.8	3.3	7.8
2号位移计	1.2	2.4	3.7	5.2	14.6
3号位移计	0.9	1.9	3.0	4.5	11.4
4号位移计	0.1	0.6	1.2	1.7	3.9

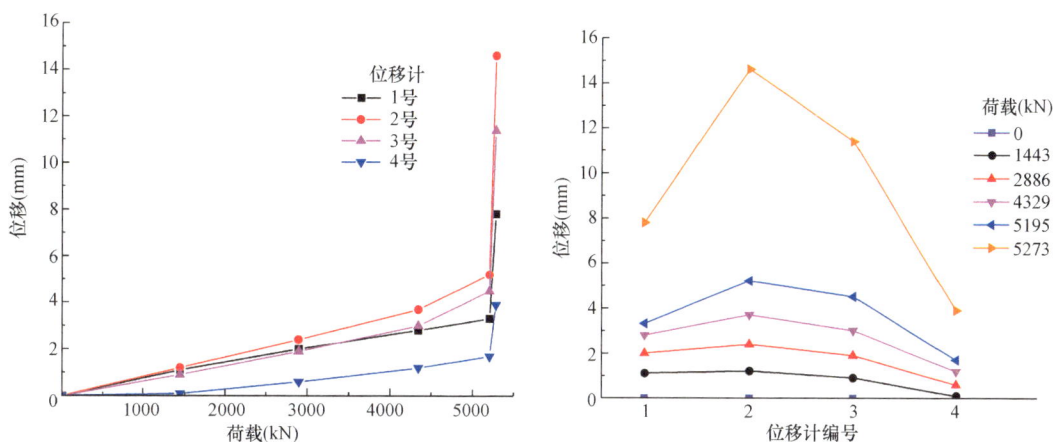

图 5.3.7　新螺栓第二组试验结果

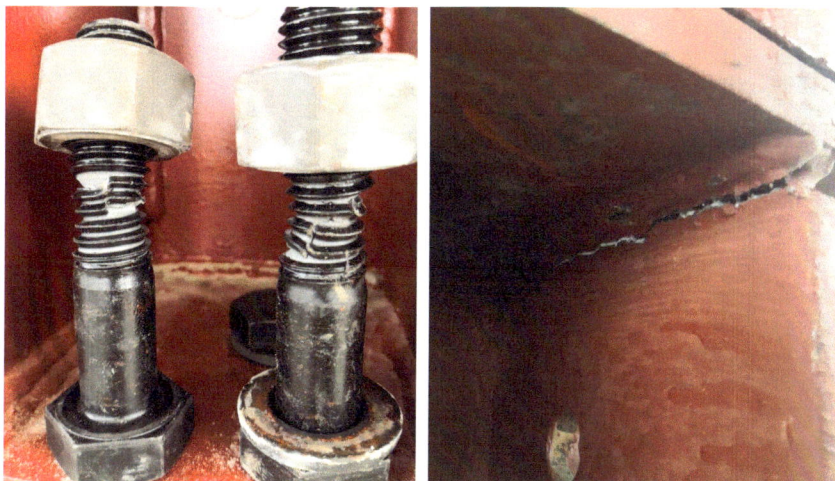

图 5.3.8　保力盒筋板焊缝发生断裂

5.4　支撑受压试验

支撑的组合方式很多、支撑跨度也各不相同，针对不同的组合方式、支撑跨度、约束条件、加载方式，分别进行支撑受压试验。

5.4.1　轴向受压试验

轴向受压是支撑体系最基本的一种正常受力工作状态，通过不同跨度、不同组合方式支撑结构的加载试验，揭示装配式支撑轴向受压刚度与承载力特性。

1. 角撑轴向受压试验

如图 5.4.1 所示，角撑试验场地为某大跨度基坑，基坑长宽 325m×150m，基坑开挖深度 10～11m，设两层型钢组合支撑。支撑承载力试验分组编号如图 5.4.2 所示，试验所选支撑为基坑东南角及西南角第二层支撑即 E 支撑和 D 支撑，其中东南角 E 支撑总共 5 道，西南角 D 支撑总共 7 道。承载力试验支撑截面组合方式如图 5.4.3 所示：型钢支撑采用 H400×400×13×21 型钢标准件，Q345b 钢材；高强度螺栓为 10.9 级 M24×8.0（20MnTiB）。场地地质条件以粉质黏土和淤泥质黏土为主。

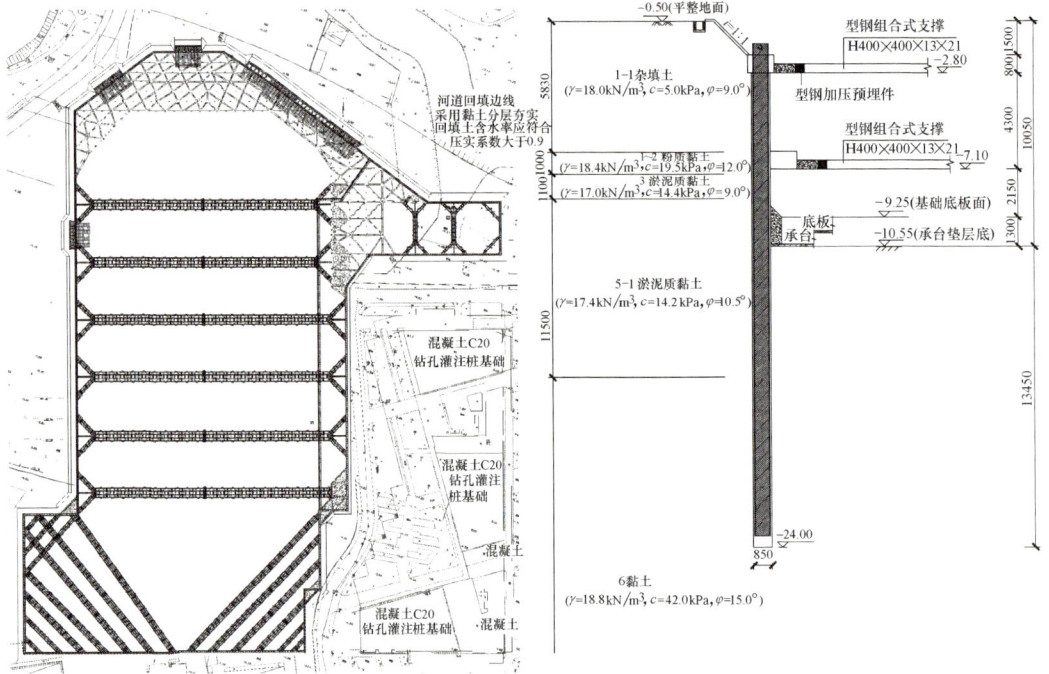

图 5.4.1　角撑承载力试验场地

如图 5.4.4 所示，支撑轴力加载的主要设备为 300t、500t 两种型号油压千斤顶。如图 5.4.5 所示，通过表面应变计监测加载时的支撑轴力，应变计安装于支撑型钢腹板位置。如图 5.4.6 所示，采用百分表测量围护结构变形及支撑变形，百分表基座固定于已施工完成的地下室结构上，确保基座固定不动。

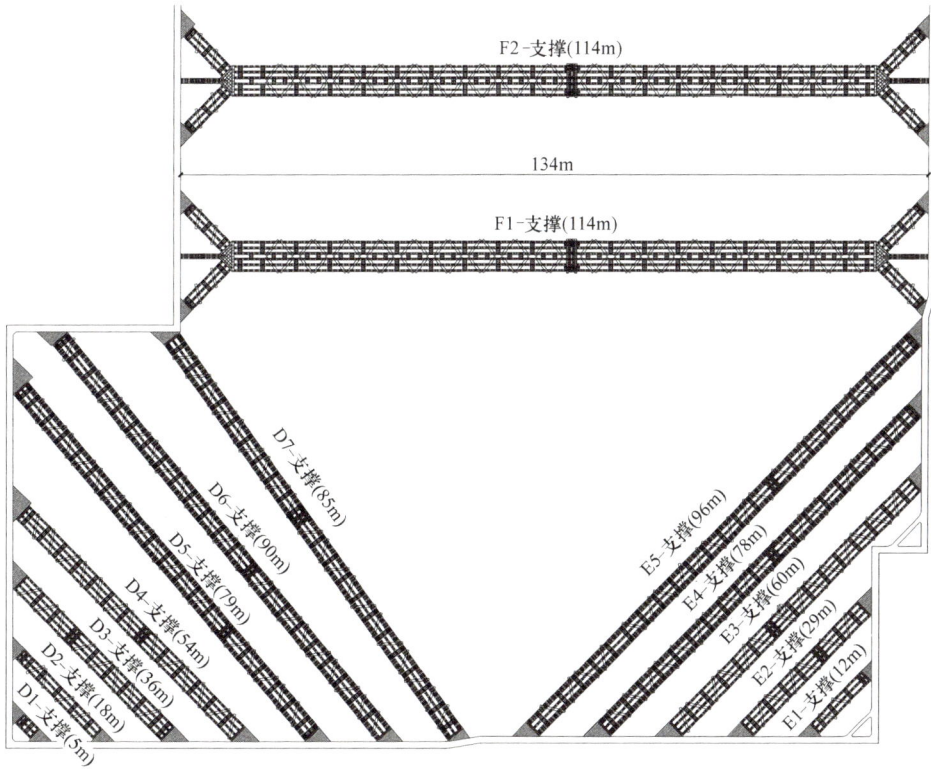

图 5.4.2　试验支撑编号

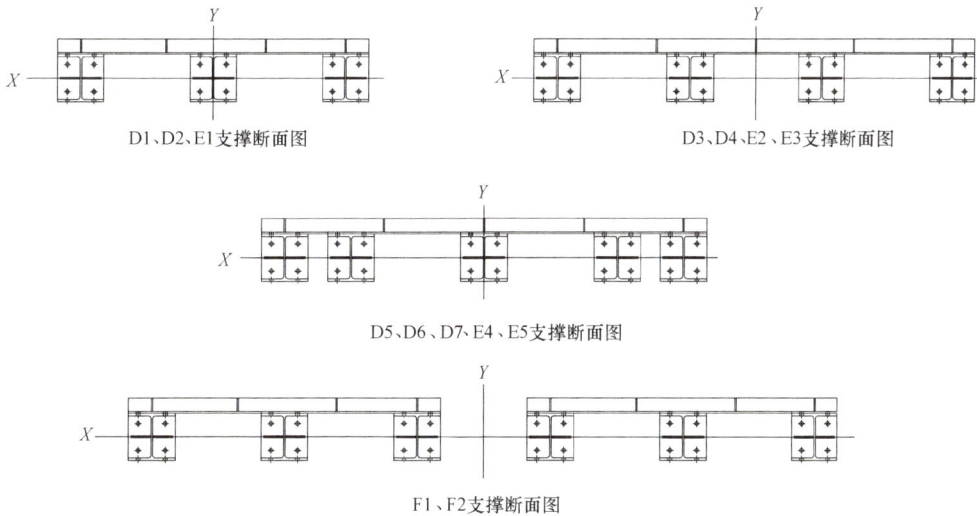

D1、D2、E1支撑断面图

D3、D4、E2、E3支撑断面图

D5、D6、D7、E4、E5支撑断面图

F1、F2支撑断面图

图 5.4.3　承载力试验支撑组合方式

图 5.4.4　加载千斤顶

图 5.4.5　钢筋计及读数仪

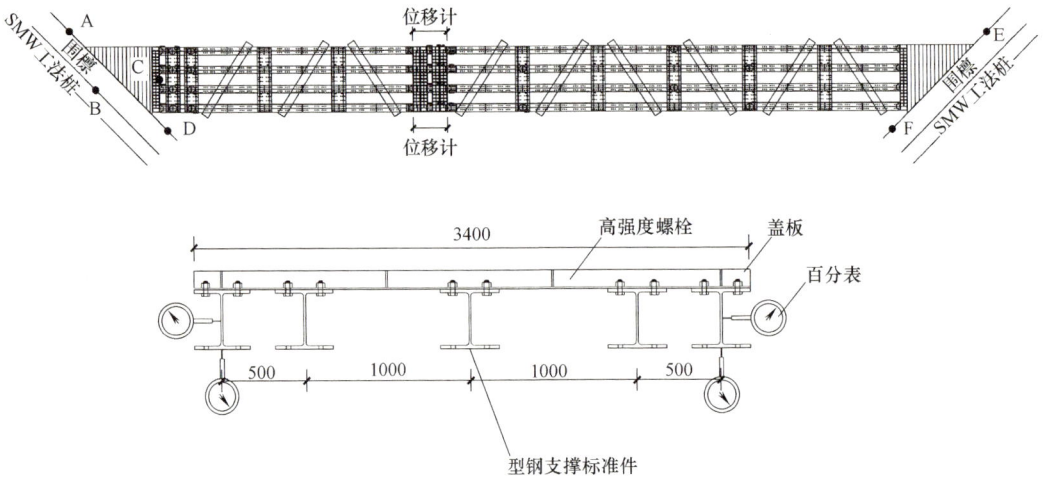

图 5.4.6　测点布置（一）

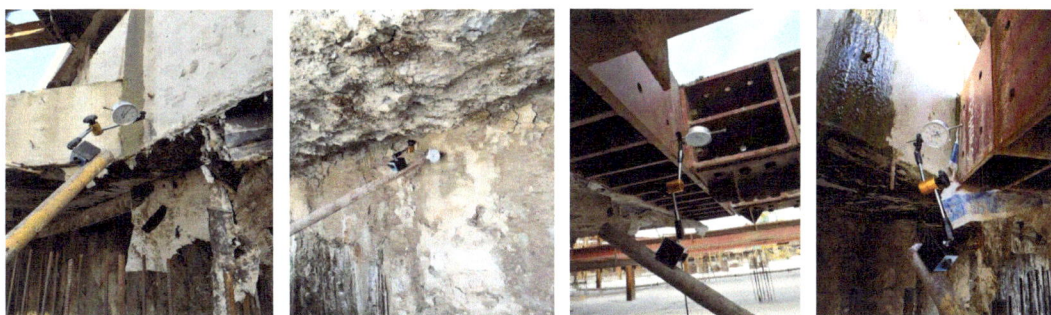

图 5.4.6 测点布置（二）

图 5.4.7 试验现场场景（一）

图 5.4.7 试验现场场景（二）

试验现场如图 5.4.7 所示，进行加载试验的支撑分别为 E3、E4、E5、D1～D7，共 10 道组合支撑，支撑组合方式、支撑长度、加载试验结果如图 5.4.8～图 5.4.27、表 5.4.1、表 5.4.2 所示，可以看出：（1）本次加载试验为第二层支撑，支撑深度对应土层为黏性土，因此坑外土体抵抗变形的能力较强，最大加载量对应的围护桩向坑外的挤压变形较小（1～1.5cm）；（2）装配式支撑结构的理论刚度与实际刚度的差值约 10%～30%（本次试验为单组支撑的压缩试验，没有考虑围檩弯曲和支撑扭转对支撑体系刚度的影响）；（3）试验最大终止加载量（达到千斤顶的加载限值而终止加载，非支撑失稳破坏）均大于按稳定性计算的承载力控制值。

支撑刚度试验结果   表 5.4.1

支撑	组合方式	支撑截面积 （m²）	支撑长度 （m）	实际刚度 （MN/m）	理论刚度 （MN/m）	刚度差异 （%）
E3	4 根	0.0878	60	230	303	24
E4	5 根	0.1098	78	242	290	17
E5	5 根	0.1098	96	226	237	5
D1	3 根	0.0659	5	1805	2713	33
D2	3 根	0.0659	18	550	754	27
D3	4 根	0.0878	36	370	495	25
D4	4 根	0.0878	54	285	373	24
D5	5 根	0.1098	79	247	286	14
D6	5 根	0.1098	90	211	253	17
D7	5 根	0.1098	85	204	266	23

支撑承载力试验结果   表 5.4.2

支撑	组合方式	组合支撑 宽度（m）	支撑长度 （m）	按强度控制最大 承载力（kN）	按稳定性控制最大 承载力（kN）	试验最大终止加载量 （kN）
E3	4 根	3.4	60	17102	12950	10767
E4	5 根	3.4	78	19838	14900	7788

续表

支撑	组合方式	组合支撑宽度(m)	支撑长度（m）	按强度控制最大承载力(kN)	按稳定性控制最大承载力(kN)	试验最大终止加载量(kN)
E5	5 根	3.4	96	18445	12200	13820
D1	3 根	2.4	5	13963	10500	12343
D2	3 根	2.4	18	13932	10500	13820
D3	4 根	3.4	36	18803	14150	13820
D4	4 根	3.4	54	17578	13250	13820
D5	5 根	3.4	79	19756	14800	12343
D6	5 根	3.4	90	18887	13050	12343
D7	5 根	3.4	85	19272	13800	14431

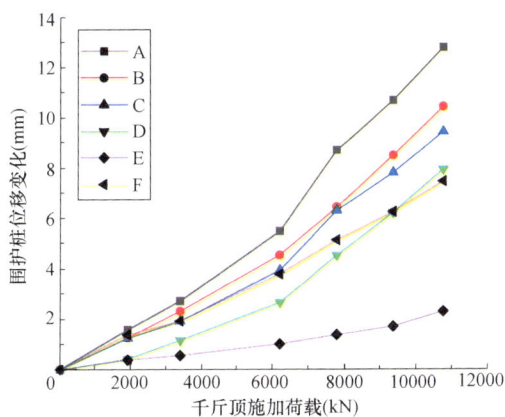

图 5.4.8　E3 支撑加压时围护桩位移

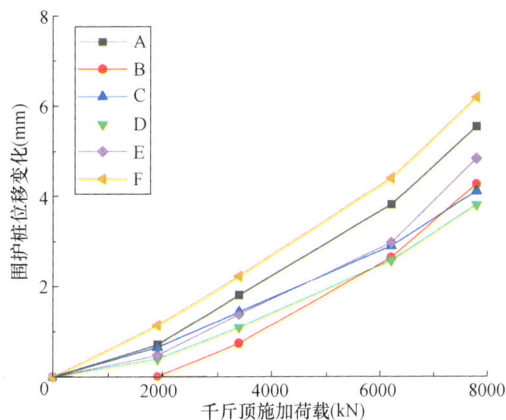

图 5.4.9　E4 支撑加压时围护桩位移

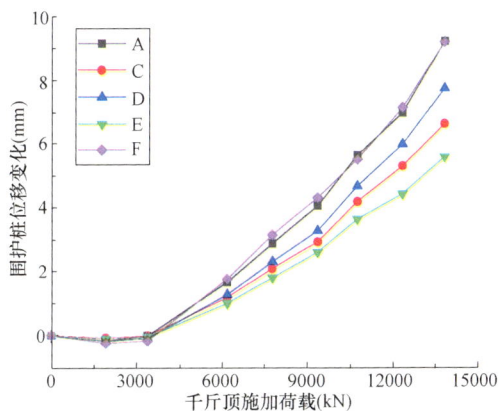

图 5.4.10　E5 支撑加压时围护桩位移

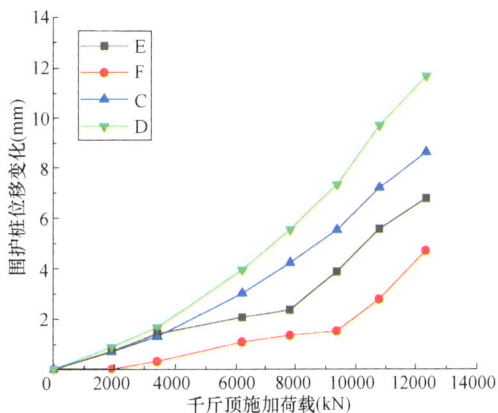

图 5.4.11　D1 支撑加压时围护桩位移

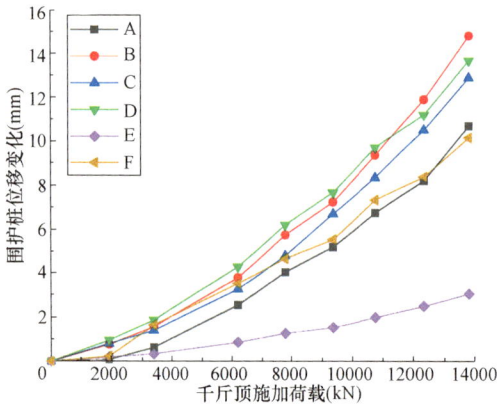

图 5.4.12　D2 支撑加压时围护桩位移

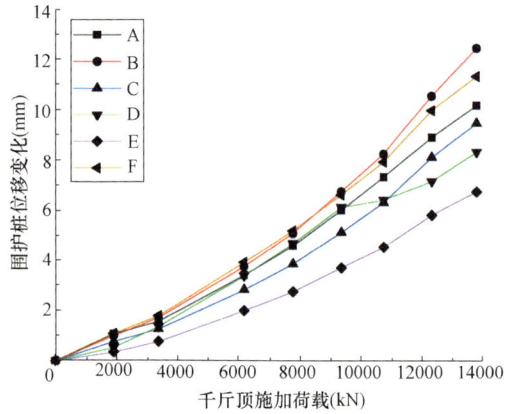

图 5.4.13　D3 支撑加压时围护桩位移

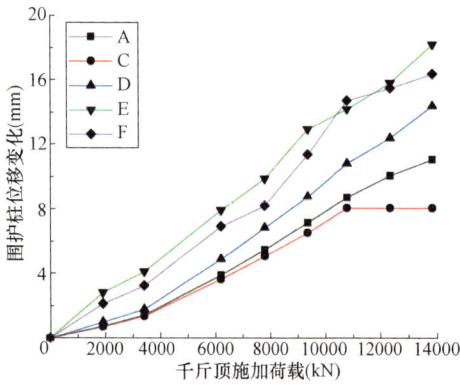

图 5.4.14　D4 支撑加压时围护桩位移

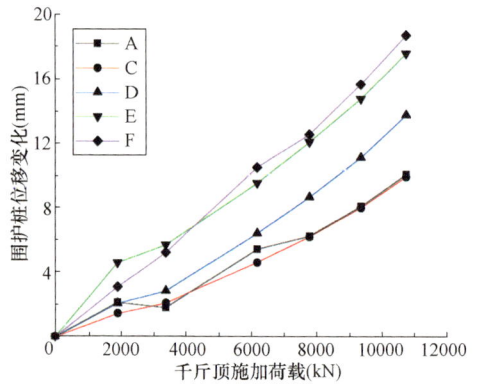

图 5.4.15　D5 支撑加压时围护桩位移

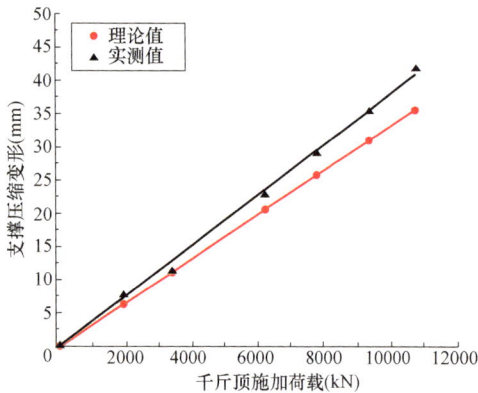

图 5.4.16　E3 支撑加载量与压缩变形

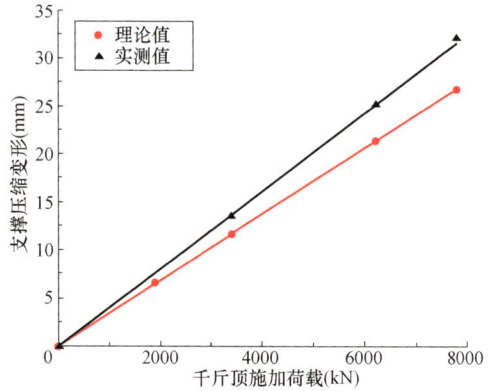

图 5.4.17　E4 支撑加载量与压缩变形

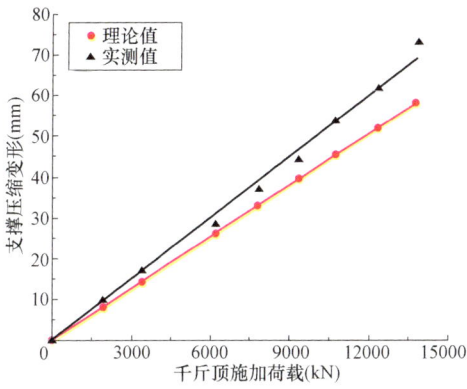

图 5.4.18　E5 支撑加载量与压缩变形

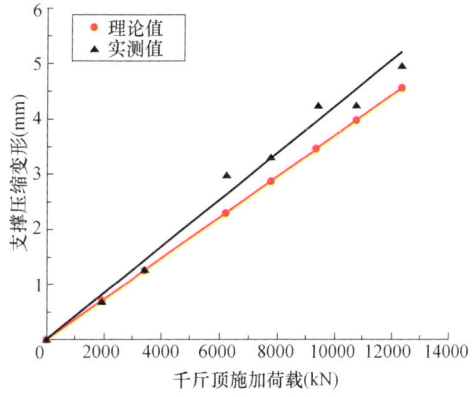

图 5.4.19　D1 支撑加载量与压缩变形

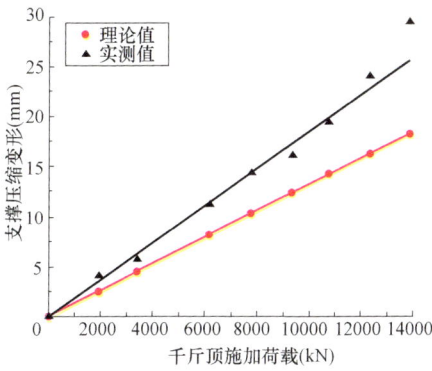

图 5.4.20　D2 支撑加载量与压缩变形

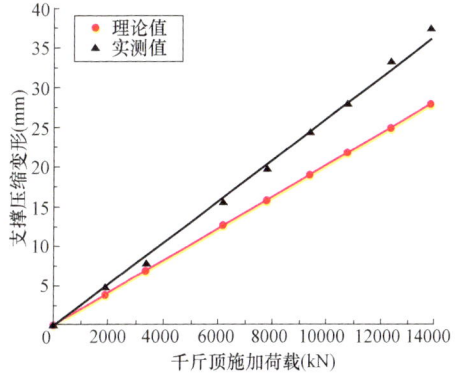

图 5.4.21　D3 支撑加载量与压缩变形

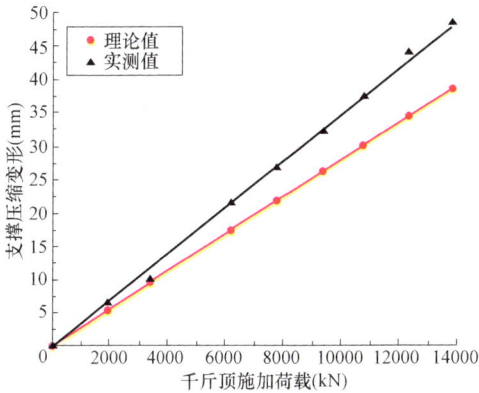

图 5.4.22　D4 支撑加载量与压缩变形

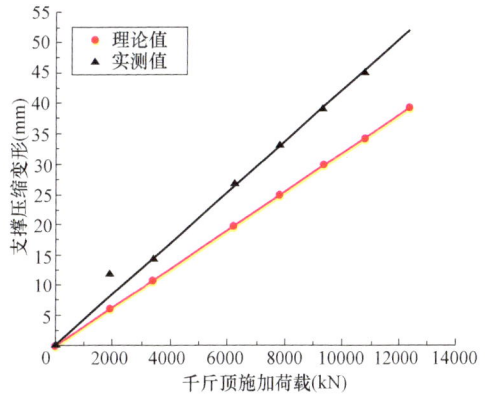

图 5.4.23　D5 支撑加载量与压缩变形

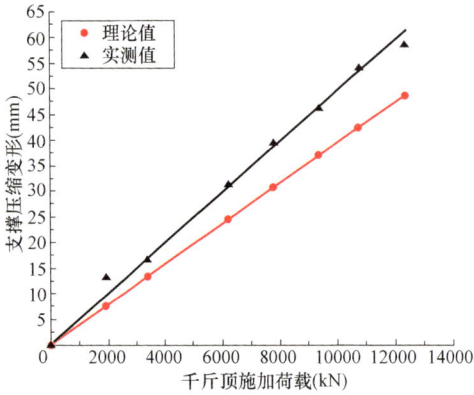

图 5.4.24 D6 支撑加载量与压缩变形

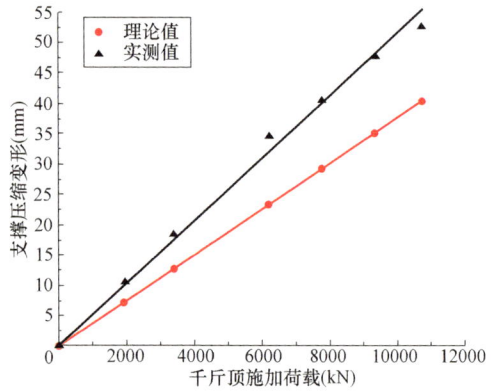

图 5.4.25 D7 支撑加载量与压缩变形

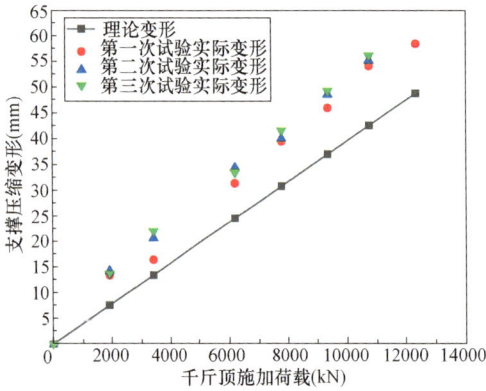

图 5.4.26 D6 支撑加载量与压缩变形

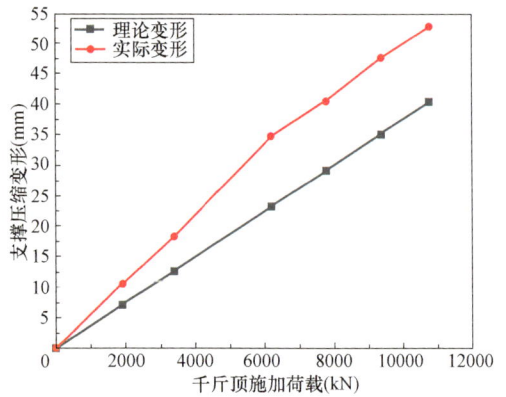

图 5.4.27 D7 支撑加载量与压缩变形

2. 对撑轴向受压试验

如图 5.4.28、图 5.4.29 所示，对撑轴向受压试验场地为某基坑的长条形部位，基坑

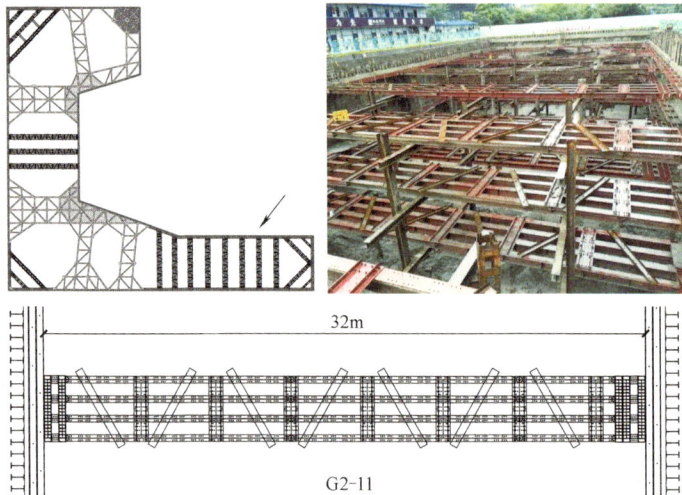

图 5.4.28 对撑试验场地

开挖深度约 14m，设三层支撑，场地土质以粉砂土为主，试验对撑跨度约 30m，试验支撑为第二层支撑，该道支撑轴力设计值 5500kN。型钢支撑采用 4 根 H350×350×12×19 型钢标准件拼接组合，支撑宽度 3.4m，Q345b 钢材；高强度螺栓为 10.9 级 M24×8.0（20MnTiB）。采用 5 只 300t 千斤顶进行加载，加载上限值为 1500t。组合支撑按强度控制最大承载力 14335kN、组合支撑按稳定性控制最大承载力 9835kN、实际最大加载值 10530kN。如图 5.4.30 所示，终止加载条件为：型钢围檩腹板屈曲破坏，试验用围檩筋板间距为 2m。因此，为防止应力集中造成围檩腹板屈曲破坏，围檩筋板间距不应大于 1m；如用于主动变形控制工程，围檩筋板间距不应大于 0.5m。

图 5.4.29　对撑加载试验现场

图 5.4.30　对撑加载试验围檩腹板屈曲破坏

3. 八字对撑轴向受压试验

八字对撑试验与前述角撑试验为同一场地，如图 5.4.1 所示。第一组八字对撑试验（F1 支撑），型钢支撑采用 6 根 H400×400×13×21 型钢标准件，Q345b 钢材；高强度螺栓为 10.9 级 M24×8.0（20MnTiB）。其中，对撑部分长 113m，含两端八字部分总长 135m，采用 5 个 500t 千斤顶。试验最大加载量 14430kN，终止加载条件为千斤顶行程达到上限。第二组八字对撑试验，型钢支撑亦采用 6 根 H400×400×13×21 型钢标准件，如图 5.4.31、图 5.4.32 所示，为解决第一组试验千斤顶行程不足的问题，采用分次加载

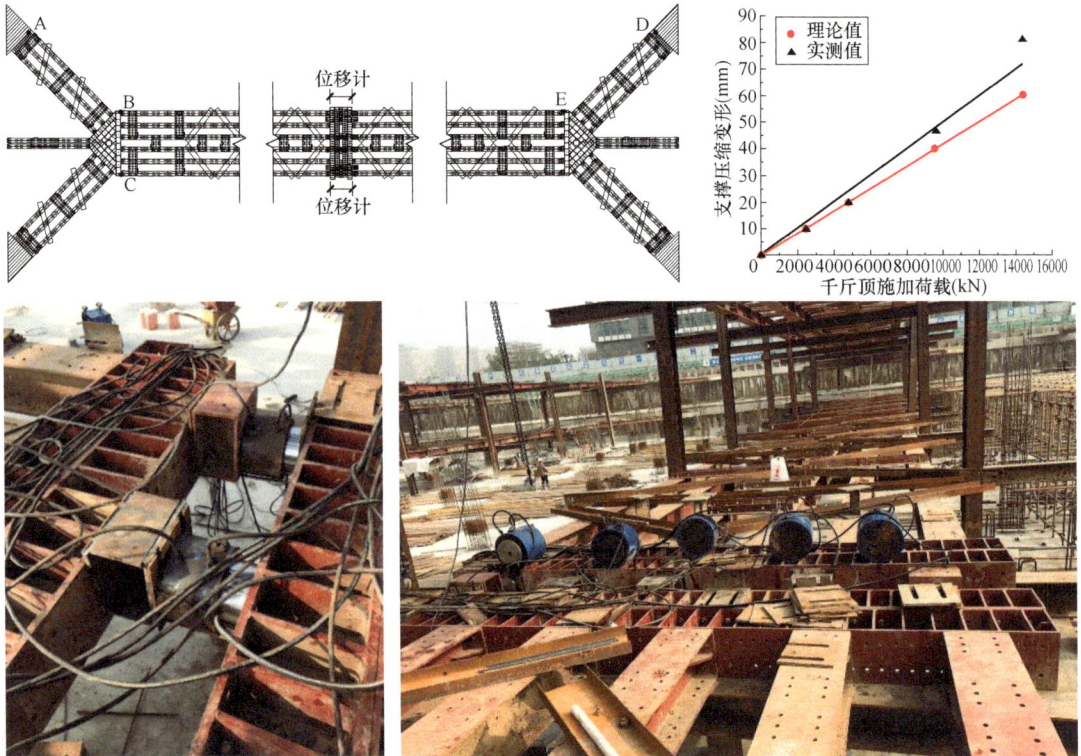

图 5.4.31　第一阶段采用 5 个 300t 千斤顶加压

图 5.4.32　第二阶段增设 3 个 500t 千斤顶加压

方式，第一次采用 5 个 300t 千斤顶，在千斤顶行程达到上限后，加设加压垫块，再增设 3 个 500t 千斤顶加载。试验最大加载量 17410kN，终止加载条件为千斤顶加压部位应力集中，部分加压垫块屈曲破坏。

支撑理论刚度 245MN/m，试验刚度 220MN/m；组合支撑按强度控制最大承载力 20867kN、组合支撑按稳定性控制最大承载力 16117kN、实际最大加载值 17410kN（千斤顶加载部位应力集中破坏）。

4. 上下双拼八字对撑轴向受压试验

如图 5.4.33～图 5.4.38 所示，上下双拼八字对撑轴向受压试验场地为某超大跨度基坑，基坑长宽约 350m×170m，基坑开挖深度约 9.5m，场地地质条件以淤泥质黏土为主，设一层双拼型钢组合支撑，围护结构为三轴搅拌桩内插 700H 型钢。上下双拼八字对撑由 16 根 H400×400×13×21 型钢标准件组成（上下各 8 根），上层采用 4 个 500t 千斤顶加载，下层采用 8 个 300t 千斤顶加载。

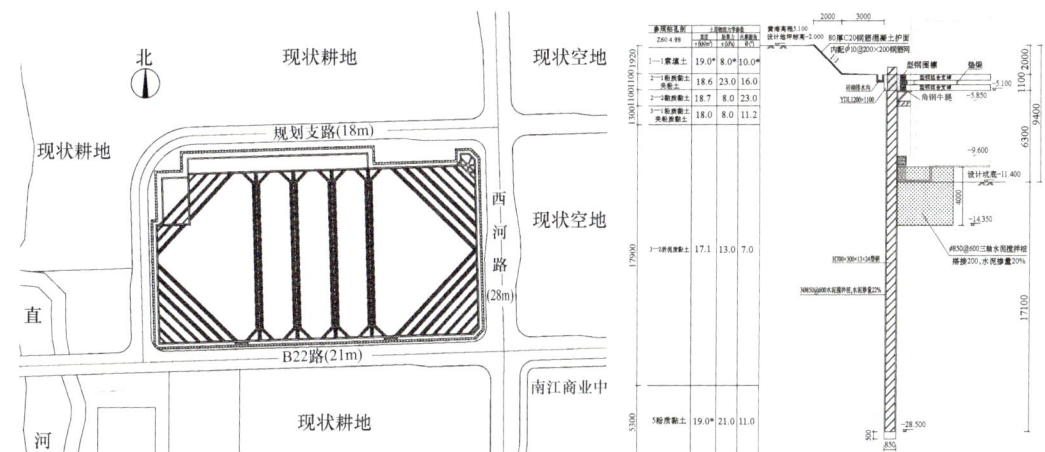

图 5.4.33　双拼八字对撑试验场地

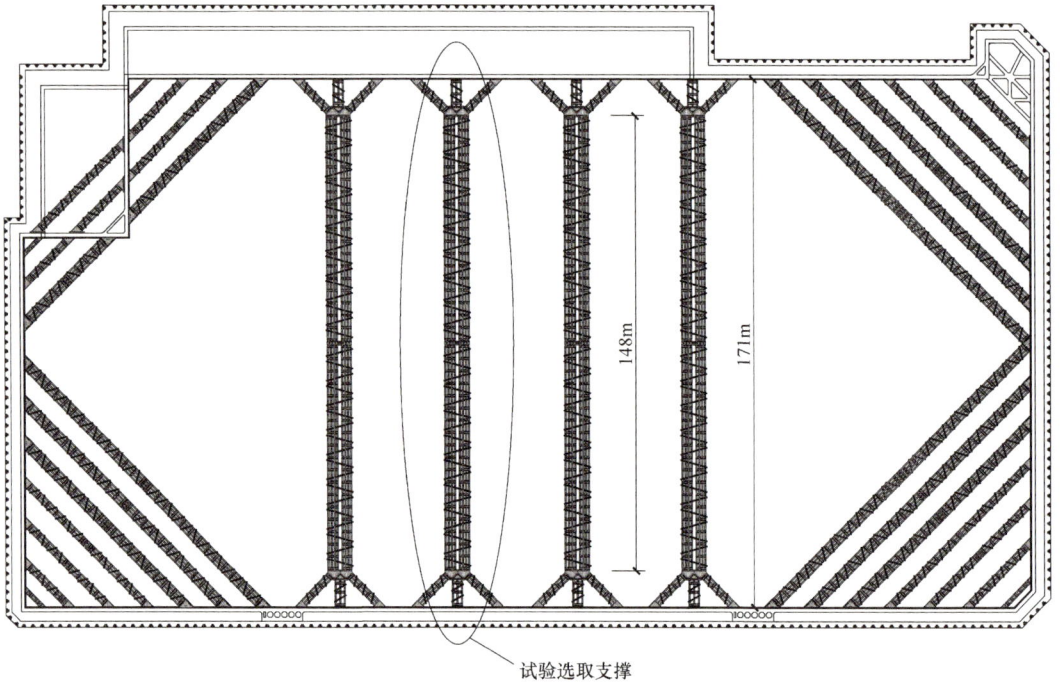

图 5.4.34　型钢支撑平面布置图

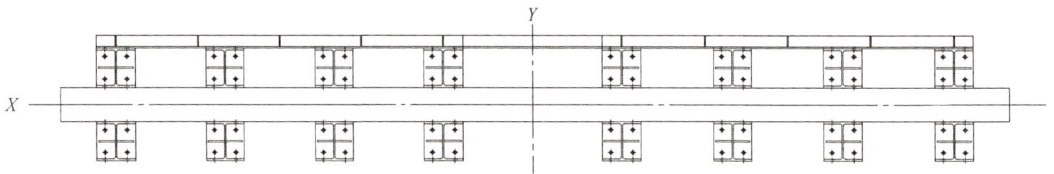

图 5.4.35　试验支撑断面图

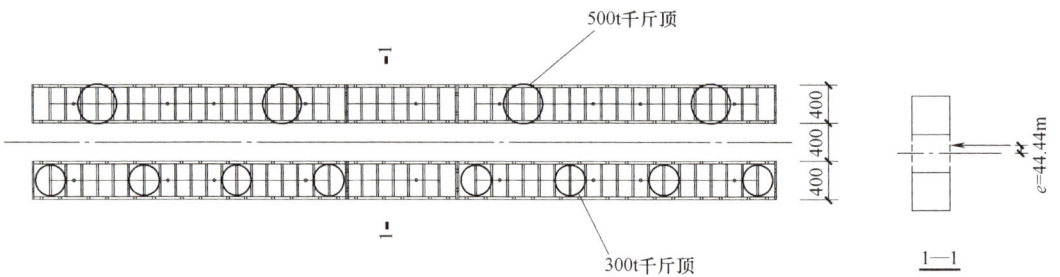

图 5.4.36　轴心加压（上下偏心加压）千斤顶布置图

图 5.4.37　千斤顶加载布置（竖向加载偏心量 e＝44mm）

图 5.4.38　双拼八字对撑试验现场

　　如图 5.4.39～图 5.4.41 所示，支撑两端各设有 5 个水平位移测点，北侧分别为 N1、N2、N3、N4、N5，南侧分别为 S1、S2、S3、S4、S5；加压设置 4 个位移计，在上层左右两端布置 1 和 3，下层两端布置 2 和 4，以测量千斤顶行程；在支撑中部加压位置还设置了 4 个竖向位移测点，分别为 NE、NW、SE、SW。

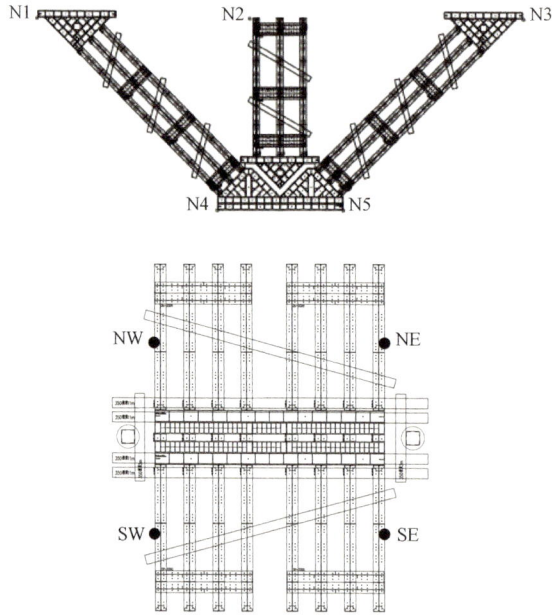

图 5.4.39　竖向位移测点位置图

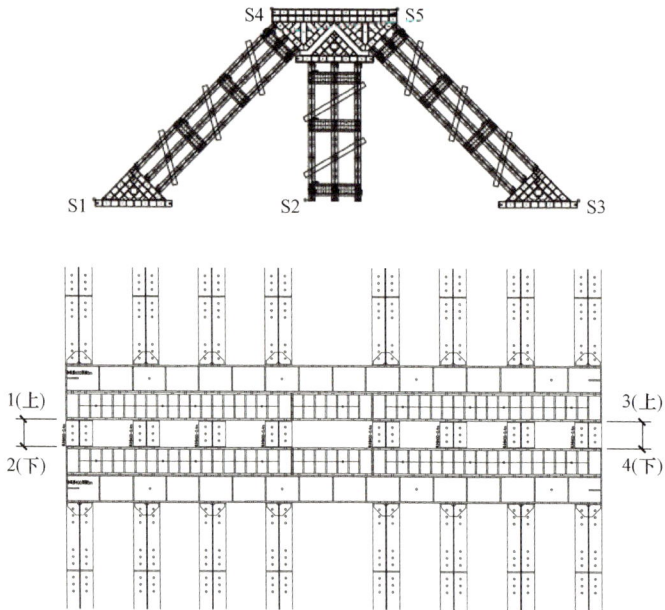

图 5.4.40　轴向位移计布置图

如图 5.4.42～图 5.4.46 所示，该试验项目以淤泥质土为主，坑外土体抵抗变形的能力弱，且加载试验支撑位于桩顶（地表以下 2m 位置），最大加载量 24920kN 对应的变形：从支撑端部围护结构位移数据可以看出，两端冠梁均朝坑外挤压变形 4～5cm；支撑中部加载位置，千斤顶的最大行程 12～14cm；受竖向偏心加载的影响（$M=Fe=24920\times$

0.044＝1100kN・m），支撑最大竖向变形 3～8mm。

图 5.4.41　位移监测点

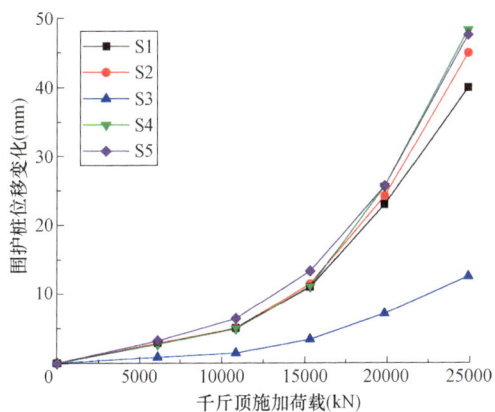

图 5.4.42　支撑南端测点位移变化曲线

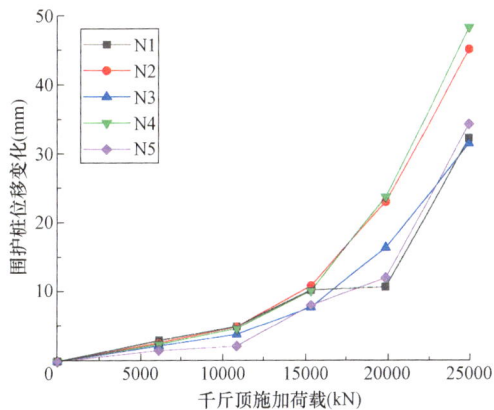

图 5.4.43　支撑北端测点位移变化曲线

图 5.4.44　围护桩与楼板换撑传力带脱开

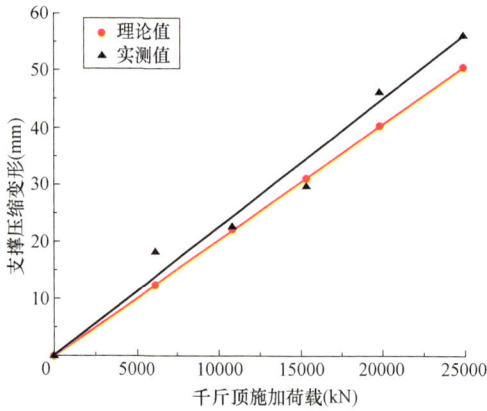

图 5.4.45　支撑压缩量

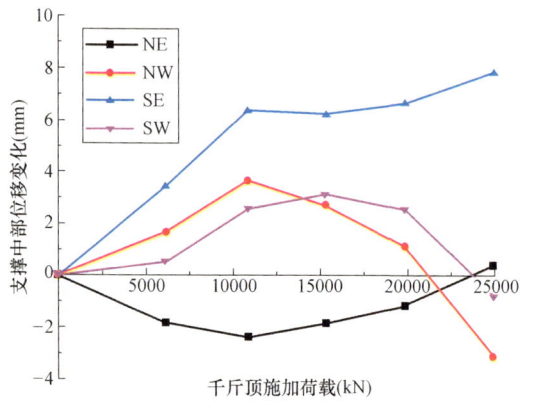

图 5.4.46　加压位置支撑竖向位移

支撑理论刚度为 498MN/m，试验刚度为 420MN/m；组合支撑按强度控制最大承载力 84400kN、组合支撑按稳定性控制最大承载力 65822kN、实际最大加载值 24920kN（如图 5.4.47 所示，终止加载条件：加压垫块偏心受压、应力集中屈服破坏）。

图 5.4.47　加压垫块屈服

5. 组合八字对撑轴向受压试验

如图 5.4.48、图 5.4.49 所示，组合八字对撑轴向受压试验场地为某大跨度基坑，基坑长宽约 280m×120m，基坑开挖深度约 9.5m，场地地质条件以粉砂为主，设一层型钢组合支撑，围护结构为三轴搅拌桩内插 700H 型钢。复合八字对撑由 8 根 H400×400×13×21 型钢标准件组成，采用 4 个 500t 千斤顶和 6 个 300t 千斤顶加载。

如图 5.4.50 所示，在支撑两端分别设置 5 个测点，支撑北端分别为 b1、b2、b3、b4、b5，支撑南端分别为 a1、a2、a3、a4、a5。支撑中部千斤顶加载位置布置 4 个位移计，依次为 d1、d2、d3、d4。

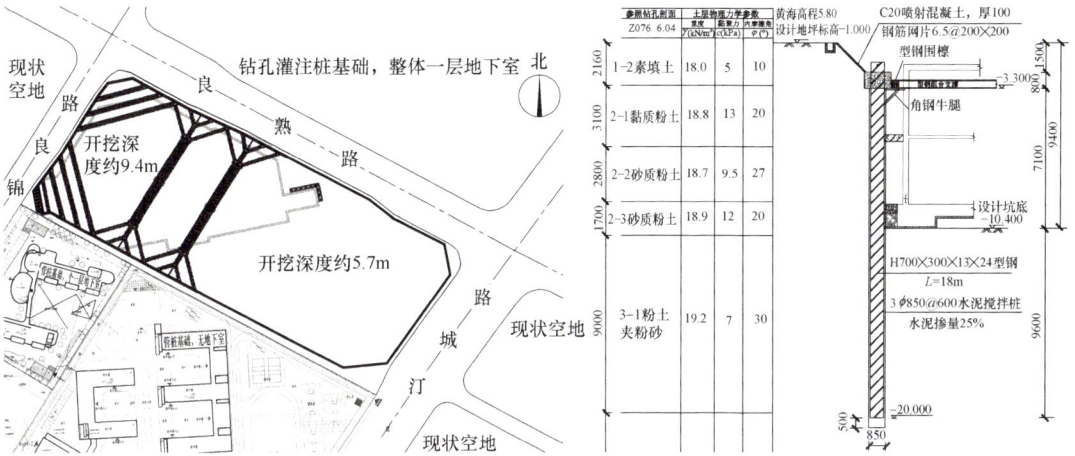

图 5.4.48　组合八字对撑试验场地

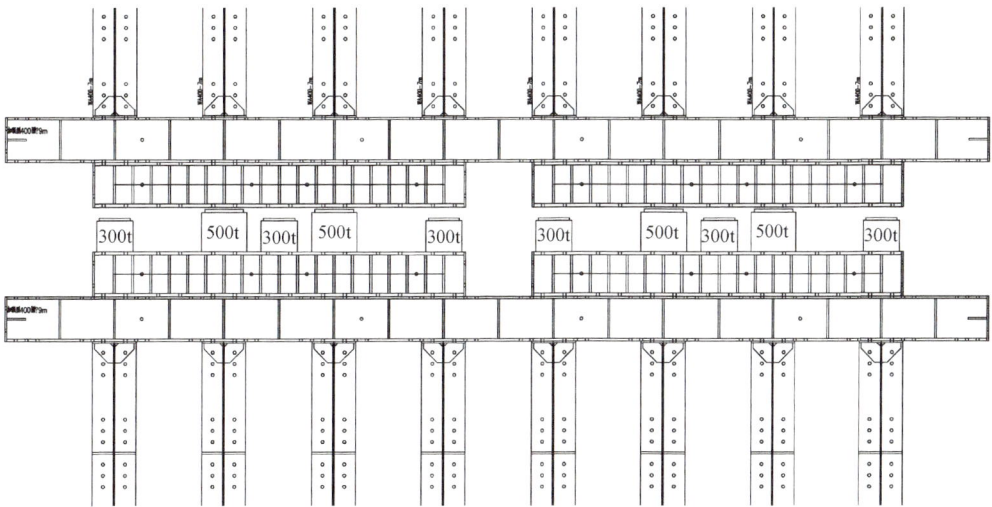

图 5.4.49　组合八字对撑加载试验现场

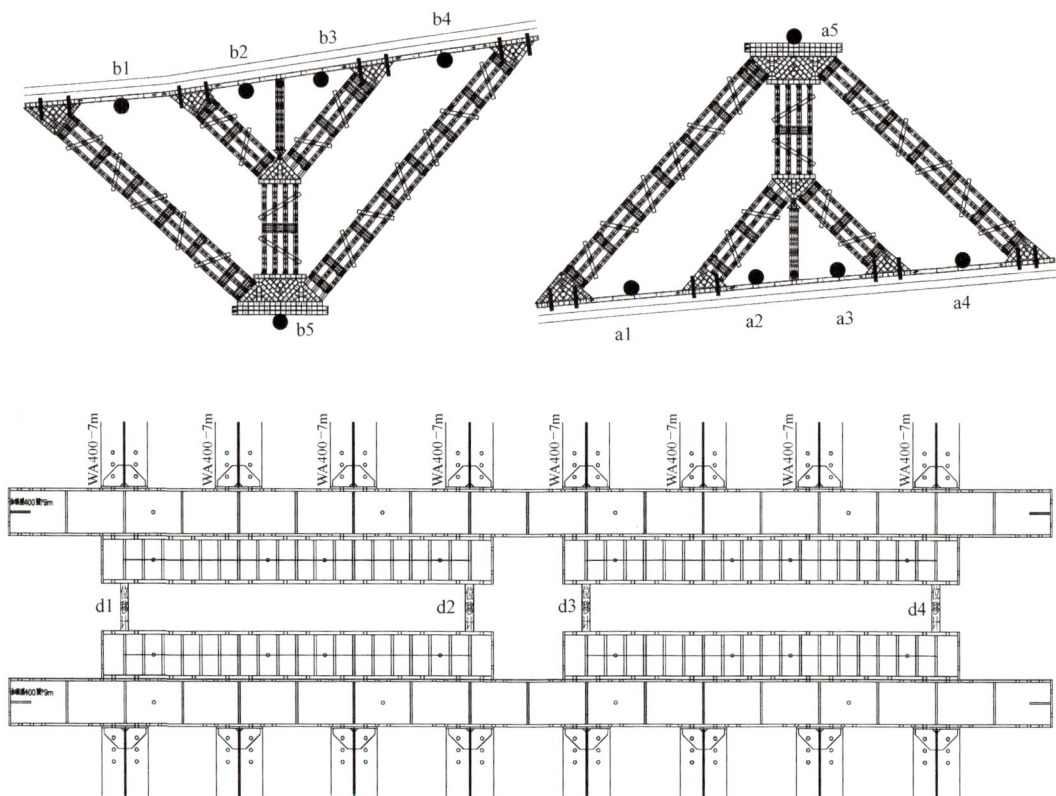

图 5.4.50 位移监测点布置图

如图 5.4.51~图 5.4.54 所示，该试验项目地质条件以粉砂为主，坑外土体抵抗变形的能力较强，但加载试验支撑位于桩顶（地表），最大加载量 17060kN 对应的变形：从支撑端部围护结构位移数据可以看出，两端冠梁均朝坑外挤压变形了 2~3cm；支撑中部加载位置，千斤顶的最大行程 14cm。

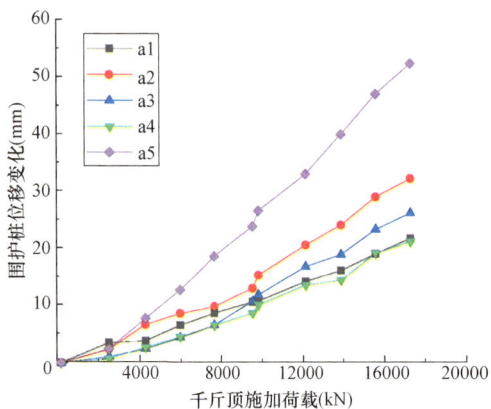

图 5.4.51 支撑南部围护结构位移

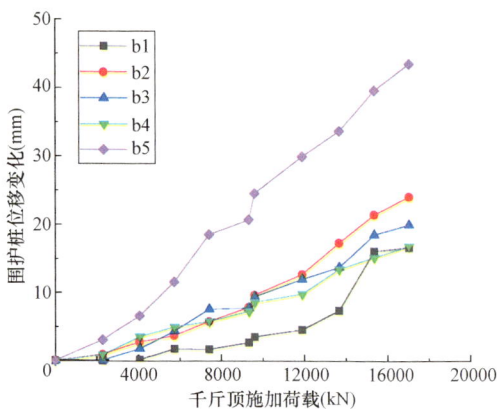

图 5.4.52 支撑北部围护结构位移

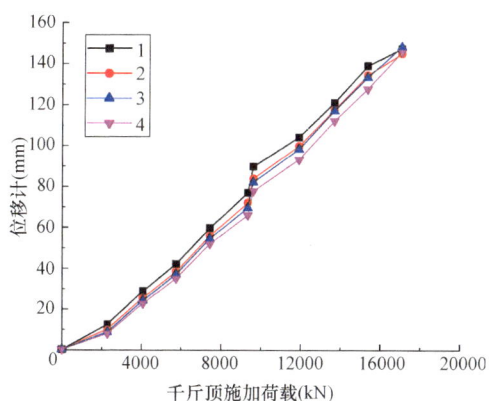

图 5.4.53　位移计位移变化

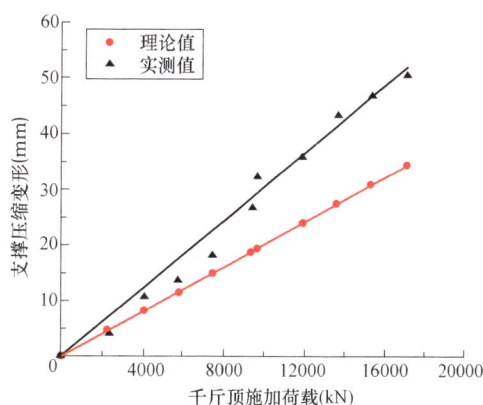

图 5.4.54　支撑加载量与压缩变形

支撑理论刚度 425MN/m，试验刚度 350MN/m；组合支撑按强度控制最大承载力 32818kN、组合支撑按稳定性控制最大承载力 24817kN、实际最大加载值 17060kN（终止加载条件：坑外土体隆起，影响周边道路安全）。

5.4.2　去约束受压试验

如图 5.4.55、图 5.4.56 所示，为确保支撑水平及竖向稳定性，支撑通过高强度螺栓（或者抱箍），与横梁、托座件及立柱连接形成一个整体，从而对支撑体系起到有效的竖向约束和一定的侧向约束。去约束加载试验目的是为验证支撑稳定性安全度，在前述角撑轴向受压试验的基础上，去除支撑与横梁的螺栓连接约束。

图 5.4.55　有约束状态

图 5.4.56　去除约束状态

试验场地如图 5.4.1 所示，角撑去除约束试验为轴向加载试验的 D4、D5、D6 三道角撑，对撑去除约束试验为轴向加载试验的 F1 对撑。如图 5.4.57~图 5.4.60 所示，从试验结果可以看出，即使去除支撑与横梁的螺栓连接约束，在支撑安装平整度得到保证的条件下，轴向加载试验结果与有约束情况基本一致，支撑刚度、最大加载量、稳定性均无显著影响。

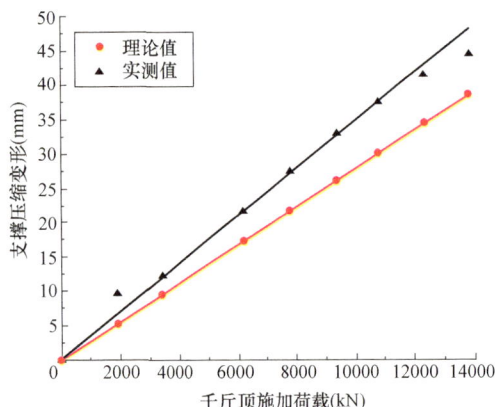

图 5.4.57 D4 支撑加载量与压缩变形

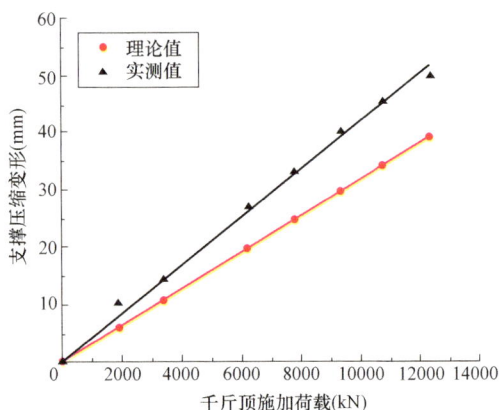

图 5.4.58 D5 支撑加载量与压缩变形

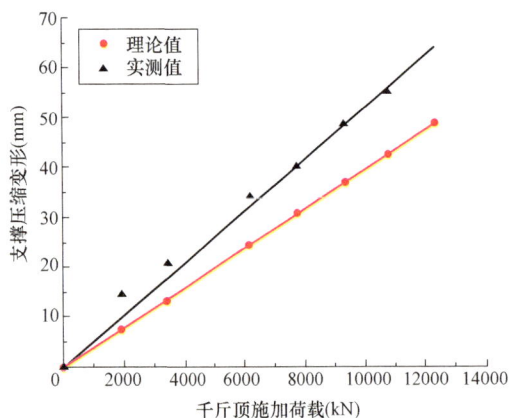

图 5.4.59 D6 支撑加载量与压缩变形

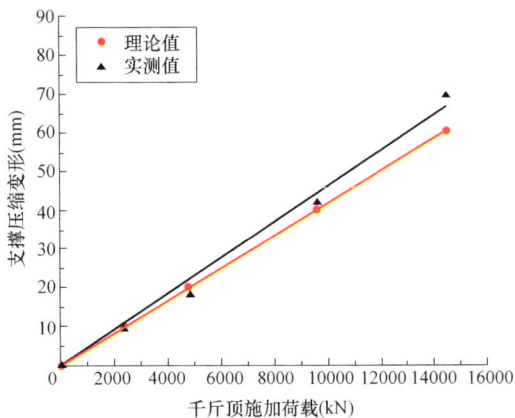

图 5.4.60 F1 支撑加载量与压缩变形

上述试验中，去除约束试验选取的支撑平整度均非常良好［相邻立柱间的高低差＜2cm（1/500）］，因此偏心加载试验过程中支撑未出现失稳情况。如图 5.4.61、图 5.4.62 所示，如果现场平整度安装精度不足，存在较大的竖向偏心，竖向约束对支撑稳定性将起到重要的作用。

图 5.4.61 去除竖向约束试验（70m 长组合支撑，最大加载 12000kN）

图 5.4.62　出土口围护桩沉降导致支撑起拱

5.4.3　偏心受压试验

受土方开挖过程的影响，支撑结构受力会不断发生变化，不可避免地会承受一定的侧向偏心荷载作用。偏心受压试验目的是验证支撑承受侧向偏心荷载的能力，及其侧向稳定性。偏心加载时，同样去除支撑与横梁之间的螺栓连接约束。轴向加载试验千斤顶布置如图 5.4.63 所示，偏心加载试验千斤顶布置如图 5.4.64 所示。

图 5.4.63　轴向加载时千斤顶布置

D4支撑偏心加载　　　　　　　　　　D5支撑偏心加载

图 5.4.64　偏心加载千斤顶布置（一）

D6支撑偏心加载   F1支撑偏心加载

图 5.4.64　偏心加载千斤顶布置（二）

偏心加载试验结果   表 5.4.3

支撑	组合方式	组合支撑宽度（m）	支撑长度（m）	按稳定性控制最大承载力(kN)	试验最大终止加载量(kN)	偏心距 e（mm）	侧向弯矩（kN·m）
D4	4 根	3.4	54	13250	13820	200	2764
D5	5 根	3.4	79	14800	12343	200	2469
D6	5 根	3.4	90	13050	12343	200	2469
F1	6 根	5.4	113	16117	14431	400	5772

　　试验场地也为前述角撑试验场地，如图 5.4.1 所示，偏心加载试验为轴向加载试验的 D4、D5、D6 三道角撑，对撑偏心加载试验为轴向加载试验的 F1 对撑。如表 5.4.3、图 5.4.65～图 5.4.68 所示，从试验结果可以看出，在大偏心荷载作用下，且去除支撑与横梁之间的螺栓约束，支撑最大加载量、支撑压缩变形量均无较大影响，说明宽截面组合支撑的侧向稳定性很高。

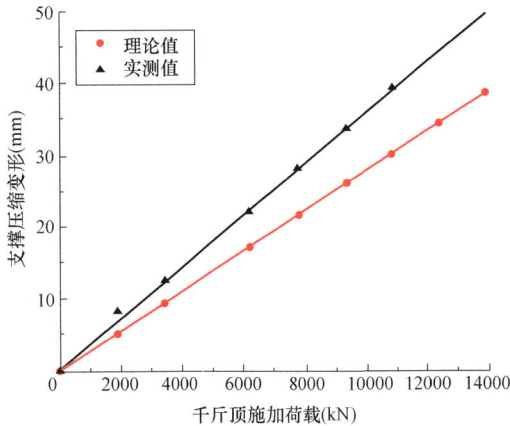

图 5.4.65　D4 支撑加载量与压缩变形

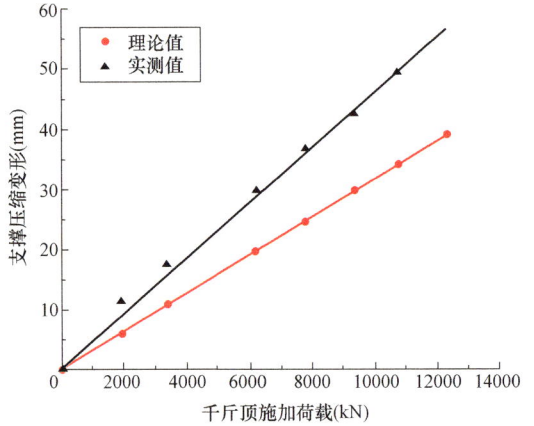

图 5.4.66　D5 支撑加载量与压缩变形

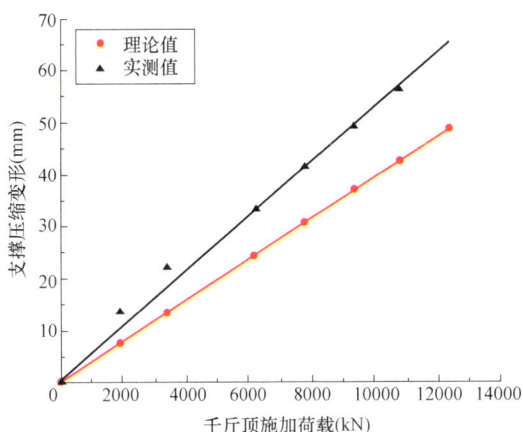

图 5.4.67　D6 支撑加载量与压缩变形

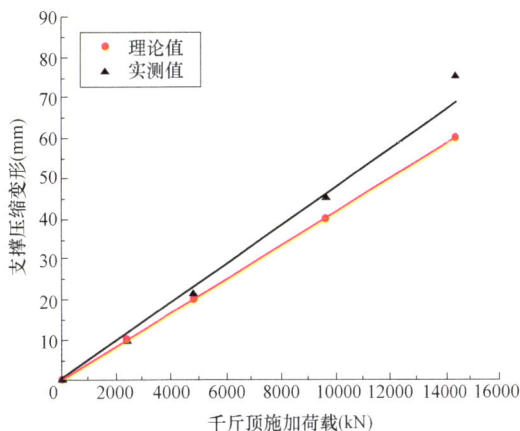

图 5.4.68　F1 支撑加载量与压缩变形

如表 5.4.4、图 5.4.69、图 5.4.70 所示，不同约束条件与偏心加压情况对支撑竖向、水平变形的影响如下：在轴向受力条件下，去除部分横梁与支撑间的螺栓约束，对支撑侧向变形的影响不大，说明组合支撑主要依靠自身的侧向刚度保持稳定；在侧向大偏心受力条件下，支撑侧向变形有显著增加，但仍然在可接受范围内，支撑未失稳，说明组合支撑的侧向稳定性很好；在拼接平整度有保障的条件下，去除部分横梁与支撑间的螺栓约束，支撑竖向变形较小，支撑仍然可以保持竖向稳定性。实际工程中，应加强支撑、加压件、三角件等构件与横梁、牛腿的连接约束，避免发生失稳。

约束条件及偏心加载对支撑变形的影响　　　　　　　　　　　　表 5.4.4

支撑编号	最大侧向变形			最大竖向变形		
	轴向受压	去除约束	偏心受压	轴向受压	去除约束	偏心受压
D4	11.78	22.58	20.46	9.21	9.87	12.71
D5	2.33	5.53	20.76	10.29	19.01	18.93
D6	4.67	5.47	45.44	10.48	12.85	8.91
F1	19.75	24.07	22.00	12.52	11.42	4.41

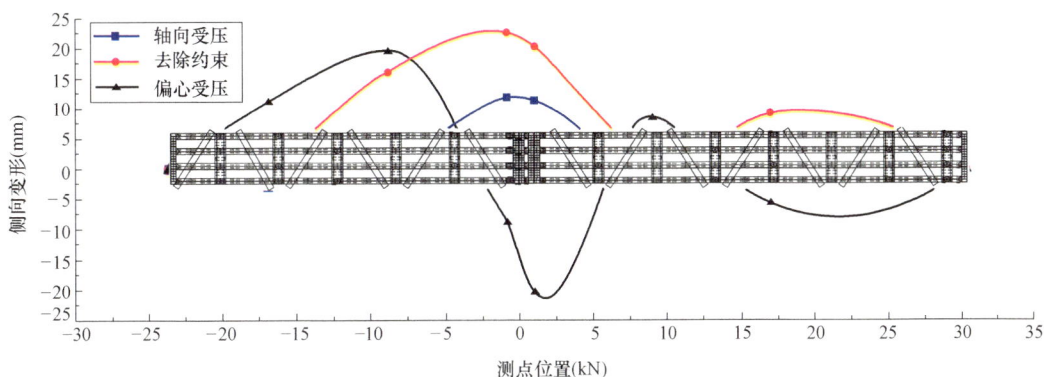

图 5.4.69　支撑侧向变形曲线

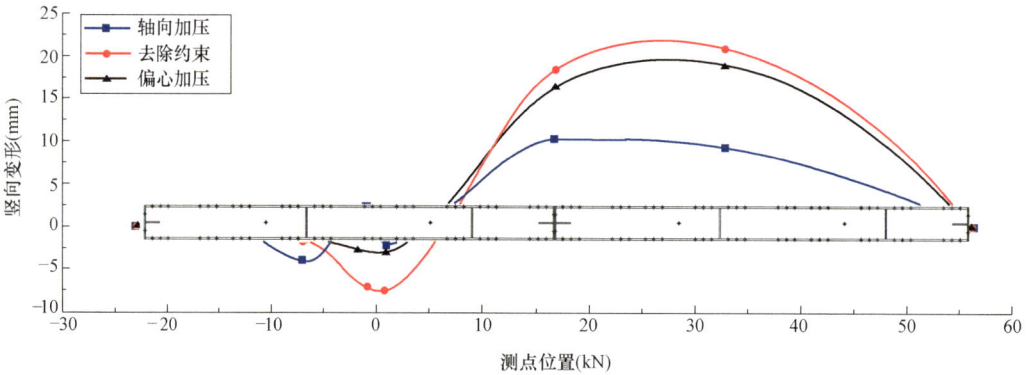

图 5.4.70　支撑竖向变形曲线

5.5　围檩受弯试验

　　型钢围檩是一种典型的装配式叠合梁结构，围檩的抗弯刚度和承载力不仅与围檩构件规格尺寸和拼接层数相关，还与叠合面的连接方式、接缝的位置与接缝处理有关。通过原尺模型试验揭示围檩受力性能与各影响因素之间的关系，在此基础上确定围檩设计和施工的相应技术要求。试验围檩采用 Q345、H400×400×13×21 型钢标准件。

5.5.1　受弯加载试验装置

　　如图 5.5.1～图 5.5.8 所示，围檩抗弯承载特性试验，在试验室的反力架上实施，通过千斤顶施加顶推力，模拟围檩受弯。在正式试验之前，要确定反力架具有足够的刚度，以减少反力架变形对试验数据造成影响。同时，通过千斤顶模拟围檩受弯，与现场实际受力工况略有差异：围檩的实际受力状态为承受均布线性荷载作用，围檩与支撑交界处承受的是压力作用；如图 5.5.9 所示，模型试验中，围檩承受的是千斤顶施加的集中荷载，存在一定的应力集中情况，围檩与反力架采用螺栓连接，与实际的固定支座约束存在一定差

图 5.5.1　反力架及
测试系统

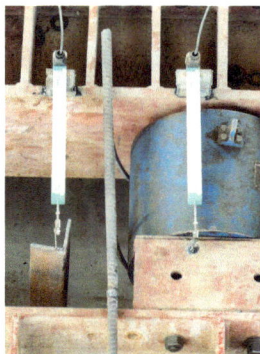

图 5.5.2　围檩变形
测试位移计

图 5.5.3　支座变形测试百分表

异，同时支座连接处一侧受压、一侧受拉，容易在支架连接位置产生张开变形，甚至局部屈曲破坏。后续试验结果分析中，"跨中修正位移值"为"跨中实测位移值"减去"支座角度张开量引起的跨中变形值"。

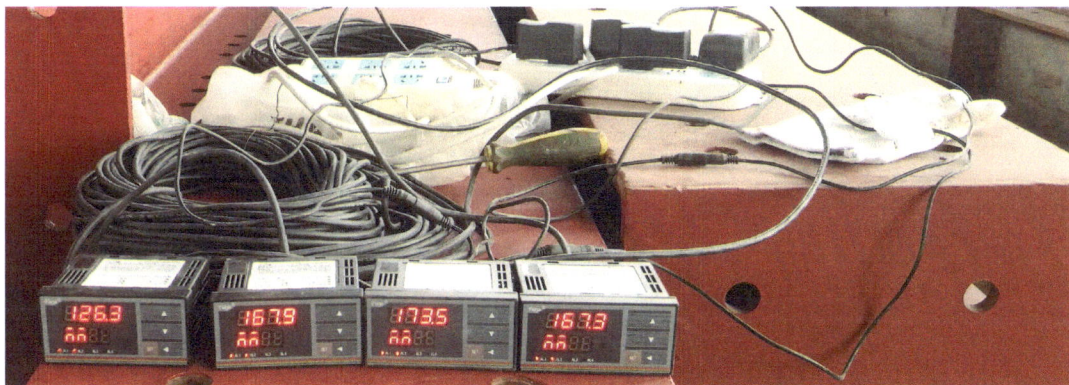

图 5.5.4　自动读数仪

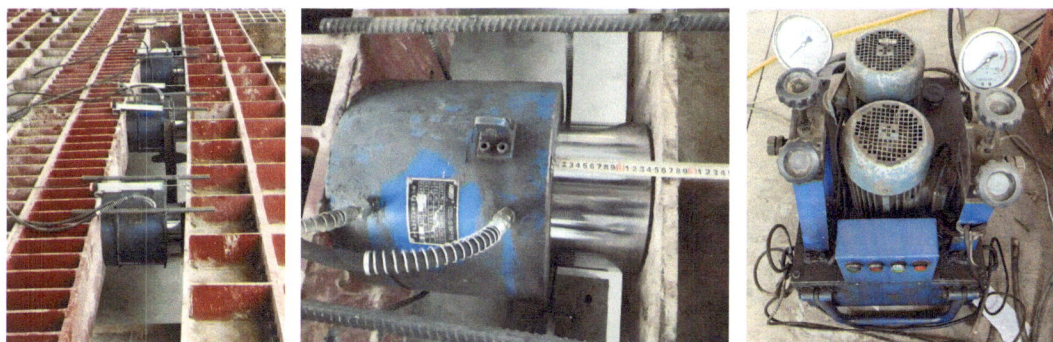

图 5.5.5　加载系统

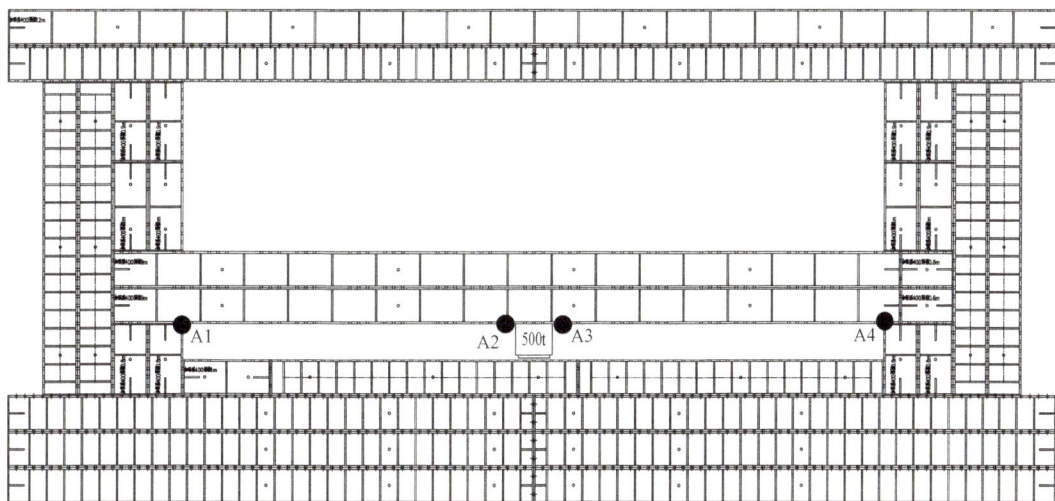

图 5.5.6　底座由四根型钢拼接的反力架（一）

图 5.5.6　底座由四根型钢拼接的反力架（二）

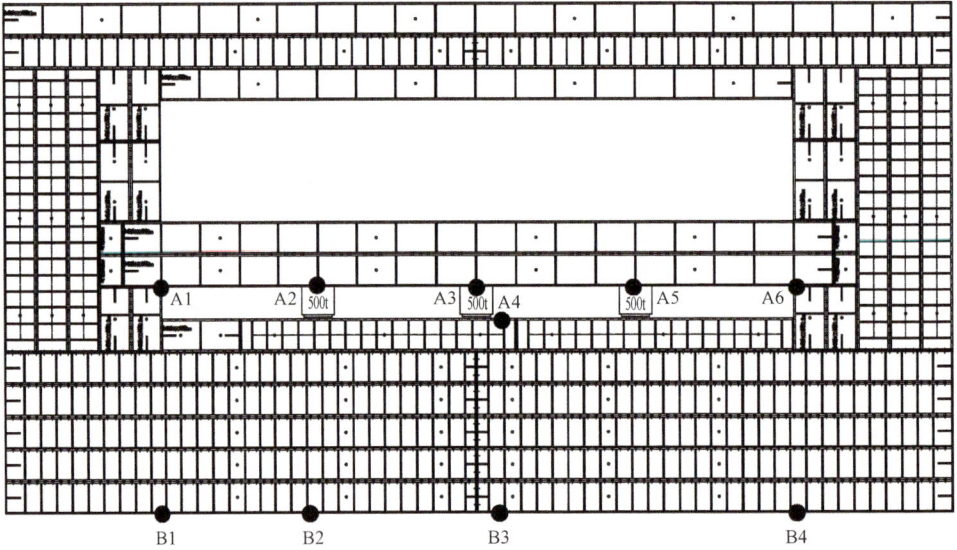

图 5.5.7　底座由 6 根型钢拼接的反力架

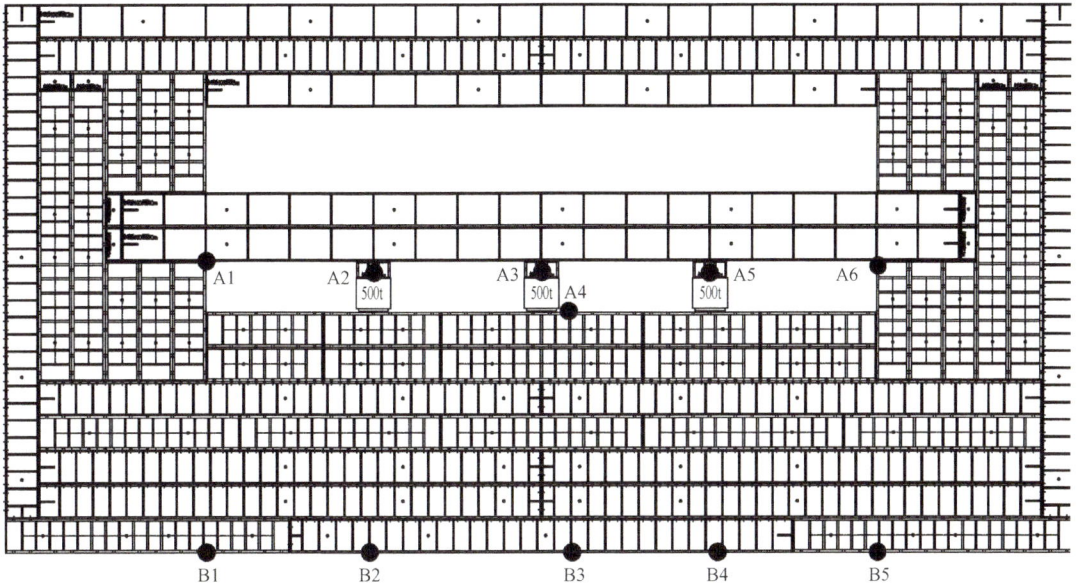

图 5.5.8　底座由 7 根型钢拼接的反力架

图 5.5.9　围檩与反力架连接处受拉屈服

　　如图 5.5.10 所示，不同反力架对试验结果的影响如下，底座由 6 根型钢拼接的反力架与底座由 7 根型钢拼接的反力架试验结果基本一致，后续试验均采用底座由 7 根型钢拼接的反力架。

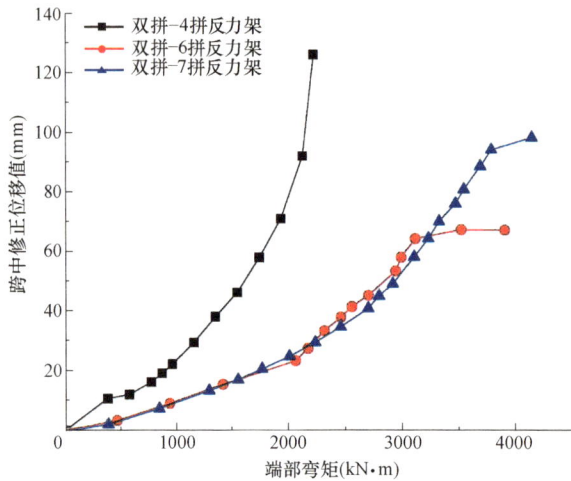

图 5.5.10　不同反力架对试验结果的影响

5.5.2　筋板密度对围檩承载力的影响

筋板密度对受弯承载力影响的试验采用单拼围檩，单拼围檩为一根整梁，消除接缝和拼接对围檩梁的影响。如图 5.5.11～图 5.5.15 所示，试验分为：不加筋板、筋板间距 2m、筋板间距 1m 和筋板间距 0.5m。

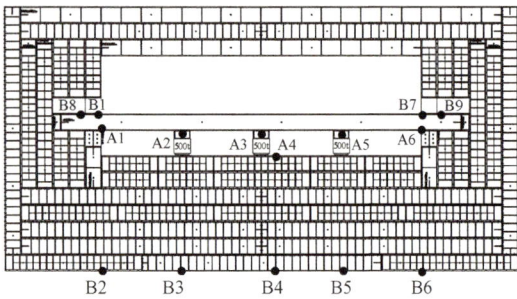

图 5.5.11　不加筋板试验

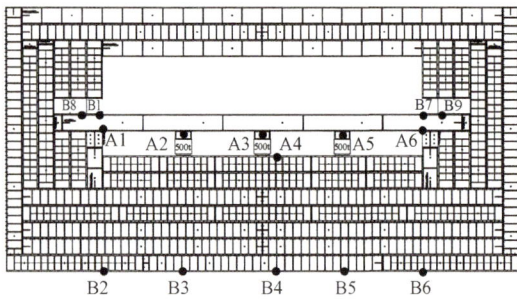

图 5.5.12　筋板间距 2m 试验

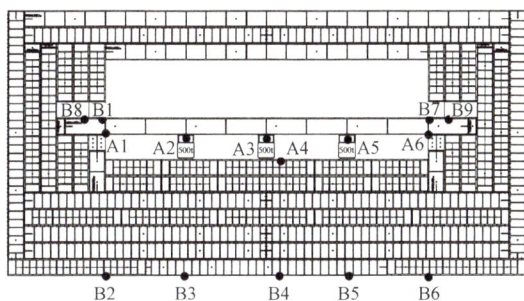

图 5.5.13　筋板间距 1m 试验

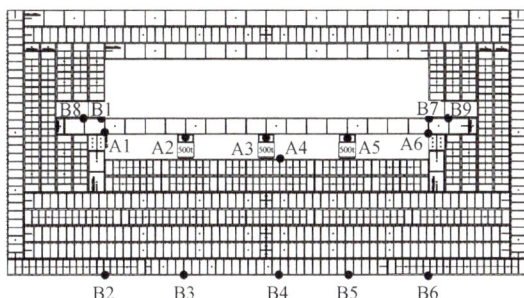

图 5.5.14　筋板间距 0.5m 试验

| 无筋板试验 | 筋板间距2m | 筋板间距1m | 筋板间距0.5m |

图 5.5.15　不同筋板密度试验

如图 5.5.16 所示，从筋板密度对围檩梁刚度和承载力的影响试验结果中可以看出：筋板密度对围檩刚度有一定的影响；筋板密度对纯弯条件下的围檩承载力影响不大，荷载位移曲线中拐弯点对应的跨中弯矩 900kN·m、端部弯矩 1500kN·m，对应的基坑实际使用条件下的均布荷载为 338 kN/m（支座净间距 8m）。实际工程使用过程中，支撑与围檩连接位置会受到较大的集中力作用，筋板起到抵抗集中力的作用，防止围檩腹板屈曲有很好的效果，因此，围檩筋板间距建议不大于 1m；集中荷载大的情况，围檩筋板间距建议取 0.5m。

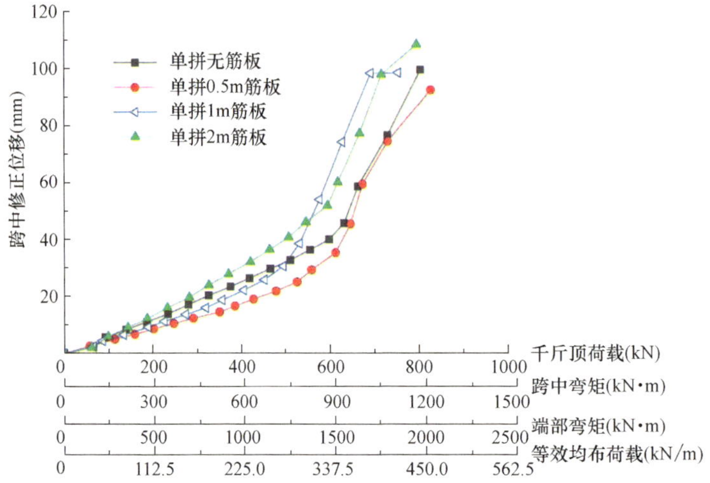

图 5.5.16 筋板密度对围檩梁刚度和承载力的影响

5.5.3 拼接方式对围檩承载力的影响

如图 5.5.17～图 5.5.24 所示，按拼接道数分为：单拼围檩、双拼围檩、三拼围檩、700 型钢与 400 型钢围檩组合。按螺栓数量分为：无螺栓连接、螺栓密度 6 套/m、螺栓密度 12 套/m。下面的试验，无特殊说明，均为 12 套/m 螺栓。400 围檩为 H400×400×13×21 型钢标准件，700 围檩为 H700×300×13×24 型钢标准件。

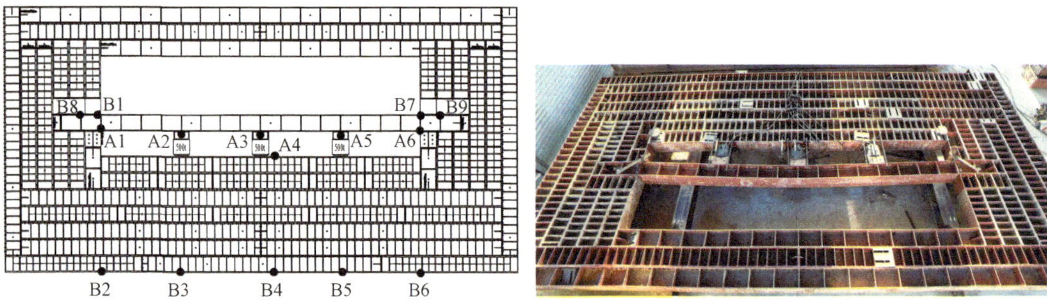

图 5.5.17 单拼 400 围檩

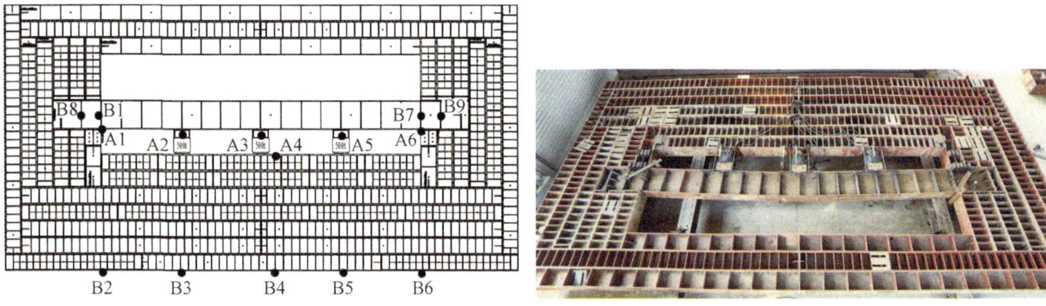

图 5.5.18 单拼 700 围檩

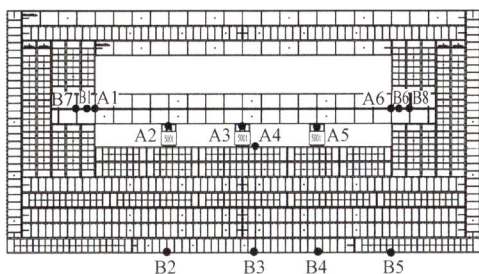

图 5.5.19　双拼 400 围檩（无螺栓）

图 5.5.20　双拼 400 围檩（螺栓 6 套/m）

图 5.5.21　双拼 400 围檩（螺栓 12 套/m）

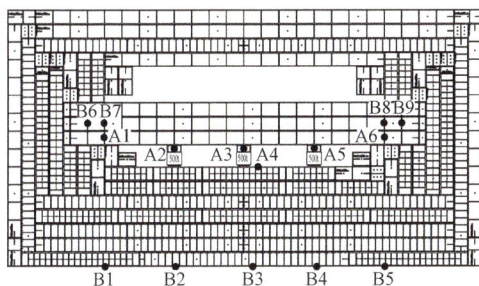

图 5.5.22　三拼 400 围檩

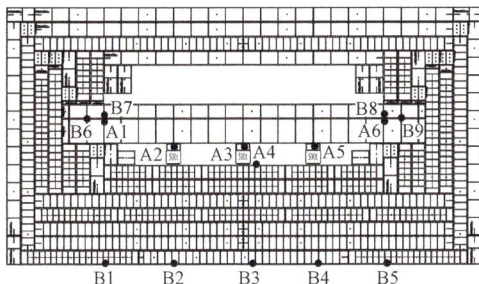

图 5.5.23　400 拼 700 围檩

如图 5.5.25 所示，从螺栓密度对围檩梁刚度和承载力的影响试验结果中可以看出：螺栓密度对围檩刚度有一定的影响，完全无螺栓时，围檩刚度比有螺栓的情况约下降 40%；无螺栓连接时，最大有效加载量对应的跨中弯矩为 1800kN·m、端部弯矩为 3000kN·m，对应的基坑实际使用条件下的均布荷载为 675kN/m（支座净间距 8m）；6 套/m 与 12 套/m 螺栓连接时，最大有效加载量对应的跨中弯矩为 2100kN·m、端部弯矩

单拼400围檩   单拼700围檩   无螺栓连接双拼400(前后围檩相互错位)

6套/m螺栓   12套/m螺栓   三拼400围檩   400拼700围檩

图 5.5.24　不同拼接方式试验

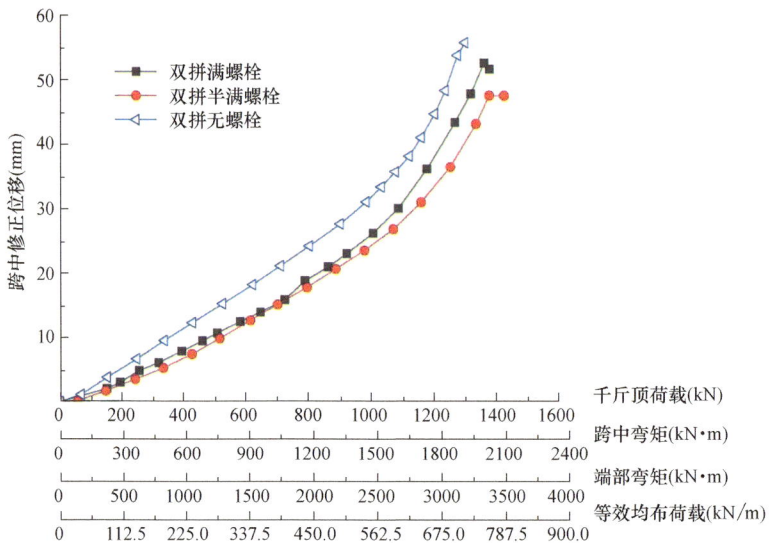

图 5.5.25　螺栓密度对型钢围檩力学性能影响

为 3500kN·m，对应的基坑实际使用条件下的均布荷载为 788kN/m（支座净间距 8m）。
如图 5.5.26、图 5.5.27 所示，上述试验的终止加载条件均为支座端部围檩翼板和螺栓连
接处屈服或螺栓断裂，与围檩实际受力工况存在差异。

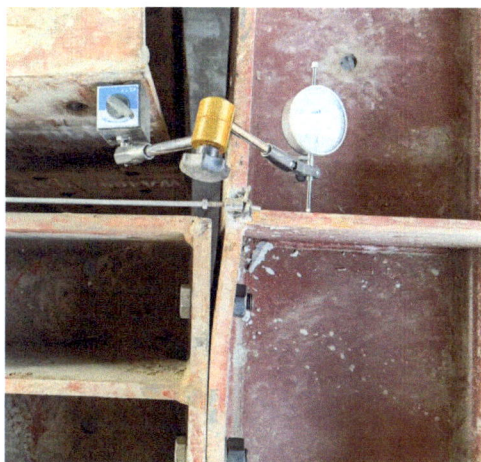

图 5.5.26　翼板局部屈服

图 5.5.27　螺栓断裂

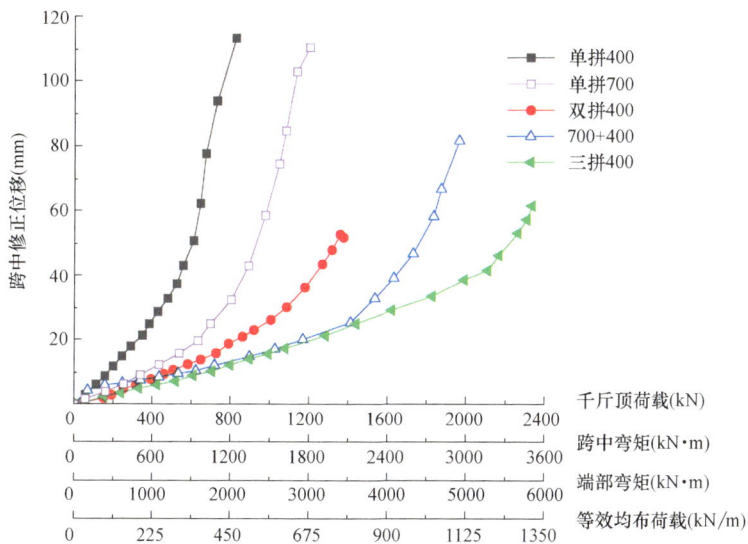

图 5.5.28　拼接方式对型钢围檩力学性能影响

如图 5.5.28 所示，从拼接方式对围檩梁刚度和承载力的影响试验结果中可以看出：拼接方式是决定围檩刚度和承载力最主要的影响因素；单拼 400 围檩，最大有效加载量对应的跨中弯矩为 900kN·m、端部弯矩为 1500kN·m，对应的基坑实际使用条件下的均布荷载为 338kN/m（支座净间距 8m，下同）；单拼 700 围檩，最大有效加载量对应的跨中弯矩为 1500kN·m、端部弯矩为 2500kN·m，对应的基坑实际使用条件下的均布荷载为 563kN/m；双拼 400 围檩，最大有效加载量对应的跨中弯矩为 2100kN·m、端部弯矩为 3500kN·m，对应的基坑实际使用条件下的均布荷载为 788kN/m；700 拼 400 围檩，最大有效加载量对应的跨中弯矩为 2700kN·m、端部弯矩为 4500kN·m，对应的基坑实际使用条件下的均布荷载为 1010kN/m；三拼 400 围檩，最大有效加载量对应的跨中弯矩为 3300kN·m、端部弯矩为 5500kN·m，对应的基坑实际使用条件下的均布荷载为

1240kN/m。上述试验的终止加载条件也均为支座端部围檩翼板和螺栓连接处屈服或螺栓断裂，与围檩实际受力工况存在差异。

5.5.4 接缝对围檩承载力的影响

型钢组合支撑作为装配式结构，由标准构件拼接而成，且需要重复利用，因此不可避免地存在拼接接缝，接缝处不能焊接，需要采用螺栓连接。与整体式结构相比，接缝处是受力薄弱点。通过原尺模型研究接缝位置、接缝处理对围檩结构受弯刚度和承载力的影响。接缝对围檩承载力的影响分为：

（1）单根梁：无缝整梁、两端设接缝、跨中设接缝、接缝处加侧盖板或卡槽加强，如图 5.5.29～图 5.5.35 所示。

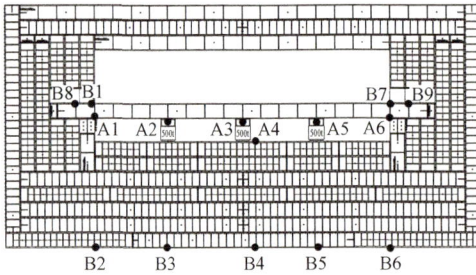

图 5.5.29 无缝整梁

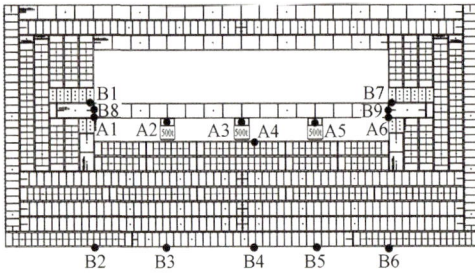

图 5.5.30 两端设接缝

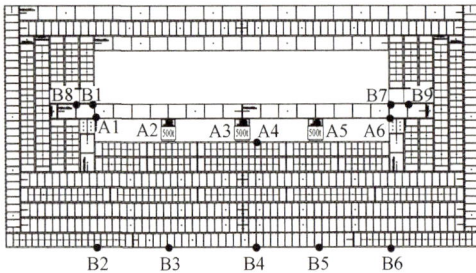

图 5.5.31 跨中设接缝

如图 5.5.36 所示，从接缝对单拼围檩梁刚度和承载力的影响试验结果中可以看出：受接缝的影响，围檩刚度和承载力均有显著下降；无缝整梁，最大有效加载量对应的跨中

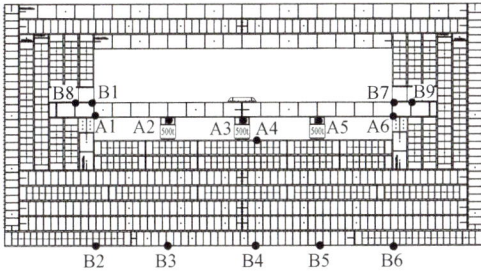

图 5.5.32　跨中设接缝加侧盖板

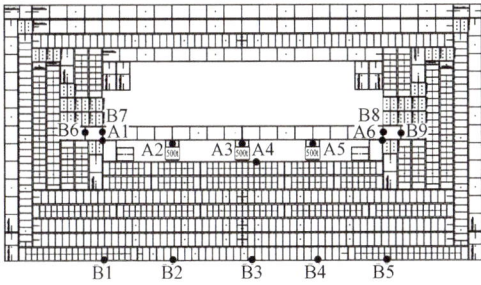

图 5.5.33　跨中设接缝加卡槽

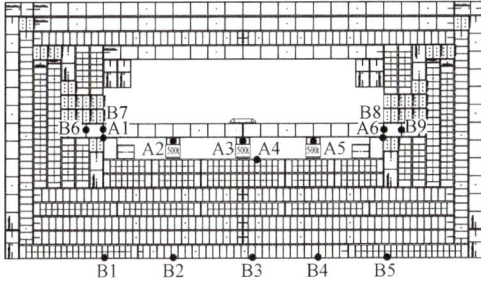

图 5.5.34　跨中设接缝同时加侧盖板与卡槽

| 无缝整梁 | 两端设接缝 | 跨中设接缝 | 跨中设接缝加侧盖板 |

图 5.5.35　单根梁不同接缝形式（一）

跨中设接缝　　　跨中设接缝加侧盖板　　　接缝处加卡槽　　　同时加侧盖板与卡槽

图5.5.35　单根梁不同接缝形式（二）

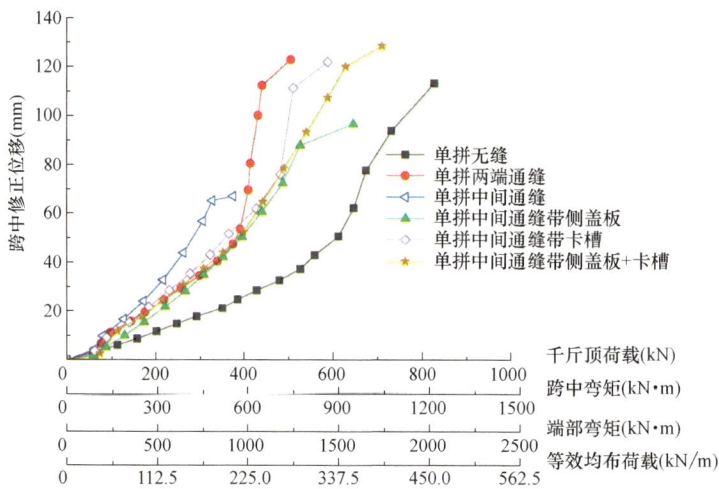

图5.5.36　单根梁不同接缝形式对力学性能影响

弯矩为 900kN·m、端部弯矩为 1500kN·m，对应的基坑实际使用条件下的均布荷载为 338kN/m（支座净间距 8m，下同）；两端设接缝，最大有效加载量对应的跨中弯矩为 600kN·m、端部弯矩为 1000kN·m，对应的基坑实际使用条件下的均布荷载为 225kN/m；跨中设接缝，最大有效加载量对应的跨中弯矩为 450kN·m、端部弯矩为 750kN·m，对应的基坑实际使用条件下的均布荷载为 170kN/m；跨中设接缝加侧盖板或卡槽，最大有效加载量对应的跨中弯矩为 750kN·m、端部弯矩为 1250kN·m，对应的基坑实际使用条件下的均布荷载为 280kN/m；跨中设接缝同时加侧盖板和卡槽，最大有效加载量对应的跨中弯矩为 900kN·m、端部弯矩为 1500kN·m，对应的基坑实际使用条件下的均布荷载为 338 kN/m。对于跨中设接缝的情况，无论是否加强，终止加载的条件均为接缝处张开量过大、螺栓或端板屈服。因此，对于单拼围檩，围檩拼接接缝可设置在支座位置或离支座 1/3 位置处，并采用侧盖板或卡槽加强。

（2）双拼梁：内外围檩均无缝整梁、内外围檩均两端设接缝、内外围檩均跨中设接缝、内外围檩均跨中设接缝加盖板、外侧围檩无缝内侧围檩跨中设接缝、外侧围檩两端设接缝内侧围檩跨中设接缝。如图 5.5.37～图 5.5.43 所示。

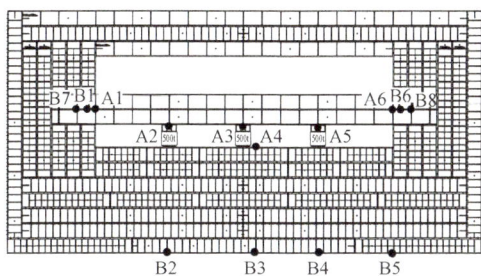

图 5.5.37　内外围檩均无缝整梁

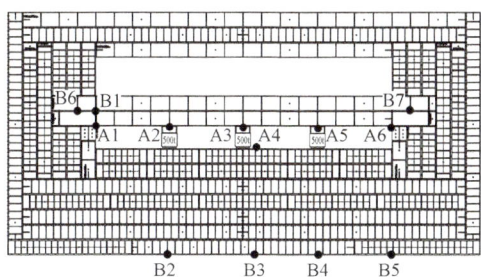

图 5.5.38　内外围檩均两端设接缝

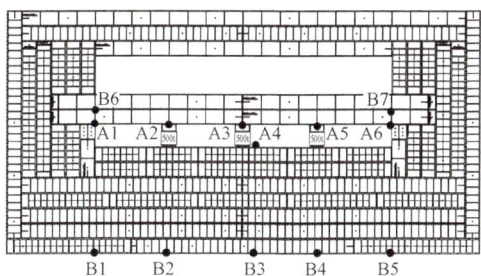

图 5.5.39　内外围檩均跨中设接缝

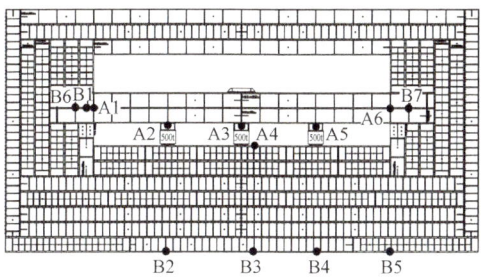

图 5.5.40　内外围檩均跨中设接缝加盖板

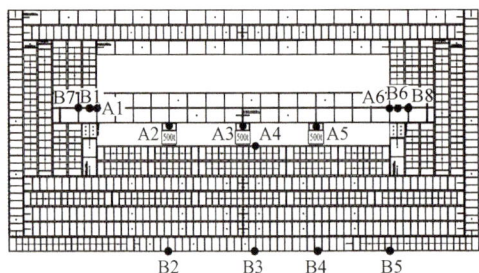

图 5.5.41　外侧围檩无缝内侧围檩跨中设接缝

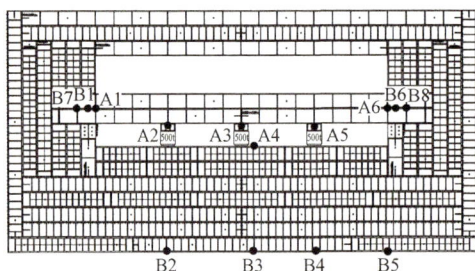

图 5.5.42　外侧围檩两端设接缝内侧围檩跨中设接缝

| 内外围檩均无缝 | 内外围檩均两端设缝 | 均跨中设缝 | 均跨中设缝加盖板 |

外侧围檩无缝内侧围檩跨中设接缝　　　　　外侧围檩两端设接缝内侧围檩跨中设接缝

图 5.5.43　双拼支撑不同接缝形式

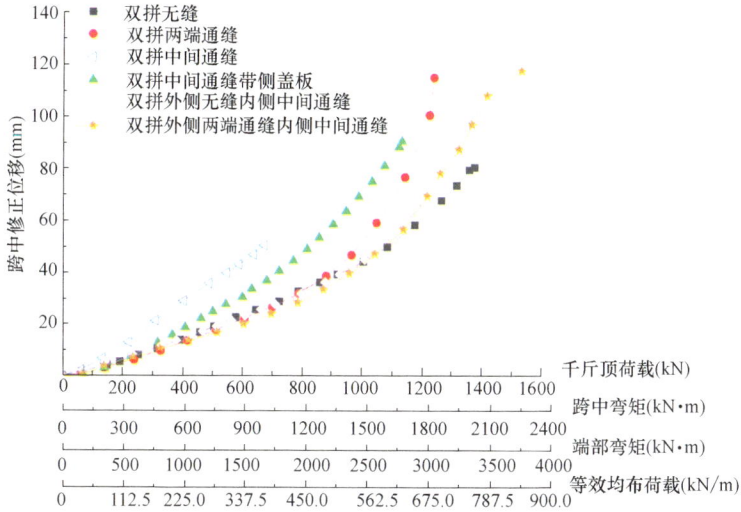

图 5.5.44　不同接缝形式对双拼支撑力学性能影响

如图 5.5.44 所示，从接缝对双拼围檩梁刚度和承载力的影响试验结果中可以看出：采用错缝拼接，外侧围檩跨中无缝、内侧围檩跨中设接缝时，其抗弯刚度和强度均接近于无缝整梁，最大有效加载量对应的跨中弯矩为 2100kN·m、端部弯矩为 3500kN·m，对应的基坑实际使用条件下的均布荷载为 788kN/m（支座净间距 8m，下同）；若不进行错缝拼接，内外围檩均跨中设接缝时，围檩抗弯刚度和强度均大大降低，最大有效加载量对应的跨中弯矩为 1050kN·m、端部弯矩为 1750kN·m，对应的基坑实际使用条件下的均布荷载为 500kN/m；增设盖板加强后，最大有效加载量对应的跨中弯矩为 1650kN·m、端部弯矩为 2750kN·m，对应的基坑实际使用条件下的均布荷载为 620kN/m。因此，对于双拼围檩，必须采用错缝拼接的方式，且外侧围檩拼接接缝可设置在支座位置或离支座 1/3 位置处，内侧围檩拼接接缝可设置在跨中位置或围檩与支撑交结处的中部，并采用侧盖板或卡槽对外侧围檩进行加强。

5.5.5　反拱装置对围檩承载力的影响

围檩作为一种受弯构件，提高围檩抗弯刚度和强度的最有效措施是减少跨度，减少跨度会带来支撑间距过密的问题，因此可以通过增设加腋件或拱形构件的措施，在不影响支撑间距的同时，起到减少围檩跨度的目的。如图 5.5.45～图 5.5.51 所示，试验分：净跨

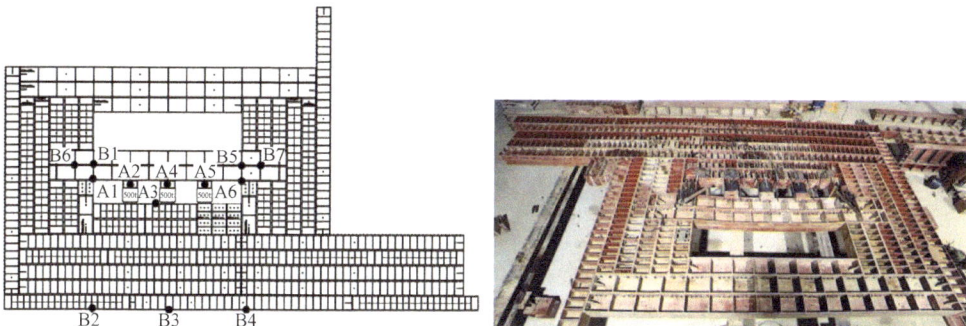

图 5.5.45　净跨 4m 双拼支撑

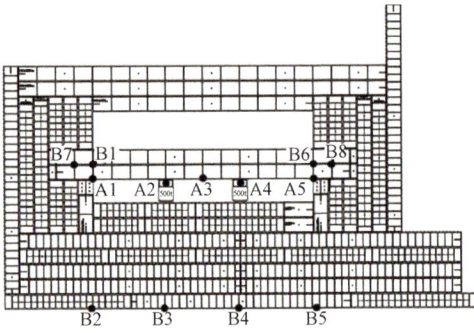

图 5.5.46　净跨 6m 双拼支撑

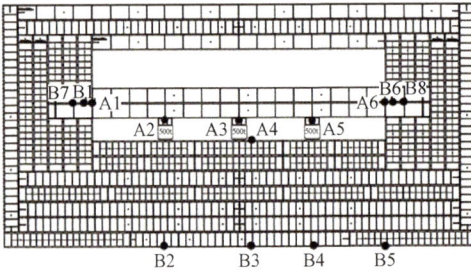

图 5.5.47　净跨 8m 双拼支撑

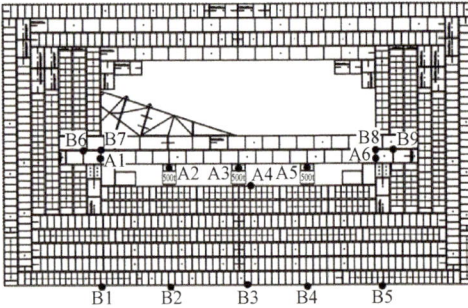

图 5.5.48　净跨 8m 单侧加腋

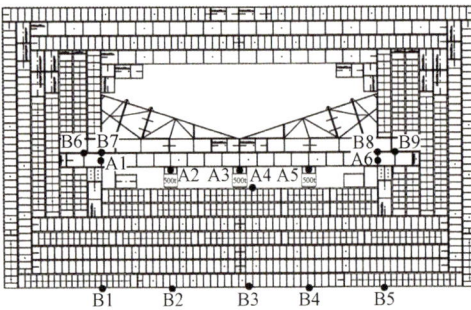

图 5.5.49　净跨 8m 双侧加腋

4m 双拼支撑、净跨 6m 双拼支撑、净跨 8m 双拼支撑、净跨 8m 单侧加腋、净跨 8m 双侧加腋、净跨 8m 双侧加拱。

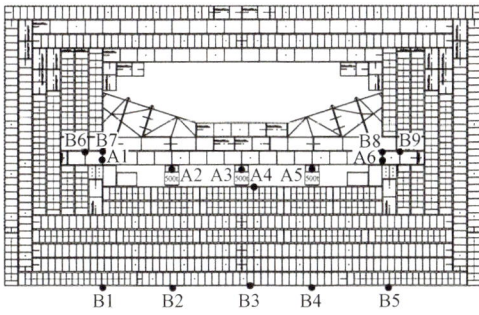

图 5.5.50　净跨 8m 双侧加拱

净跨4m双拼支撑　　　　　净跨6m双拼支撑　　　　　净跨8m双侧加腋

净跨8m单侧加腋　　　　　　　　　　净跨8m双侧加拱

图 5.5.51　不同加腋或加拱措施

　　如图 5.5.52 所示，从加腋、加拱措施对围檩梁刚度和承载力的影响试验结果中可以看出：净跨 8m 双拼支撑，最大有效加载量对应的跨中弯矩为 2100kN・m，对应基坑实际使用条件下的均布荷载为 788 kN/m；净跨 6m 双拼支撑，最大有效加载量对应的跨中弯矩为 3000kN・m，对应基坑实际使用条件下的均布荷载为 1100kN/m；净跨 8m 单侧加

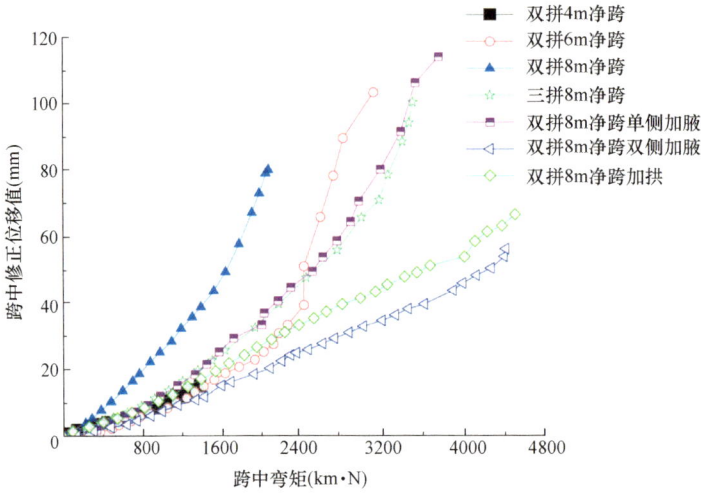

图 5.5.52   加腋或加拱对型钢围檩力学性能影响

腋，其抗弯承载特性与三拼支撑和净跨 6m 双拼支撑接近，最大有效加载量对应的跨中弯矩为 3300kN·m，对应基坑实际使用条件下的均布荷载为 1240kN/m；净跨 8m 双侧加腋或加拱，其抗弯承载特性与净跨 4m 双拼支撑接近，最大有效加载量对应的跨中弯矩为 4500kN·m（受千斤顶最大加载量限制，未达到承载力极限状态），对应基坑实际使用条件下的均布荷载为 1700kN/m。可以看出，加腋或加拱措施，在不减少支撑间距的情况下，能非常有效地提高围檩梁抗弯承载力。

5.5.6   围檩抗弯试验小结

上述试验中，围檩的边界条件和受力模式与实际工程有一定差异，因此围檩的受力变形试验结果与实际情况会有所差异；试验终止加载的情况也各不一样，有局部应力集中破坏、端部螺栓受拉破坏、变形过大破坏、千斤顶加载受限等，因此试验获得的极限承载力不能完全反映围檩的承载力；从围檩的受力变形试验结果可以看出，型钢围檩的极限承载力非常强大，只要合理地进行错缝拼接、接缝处进行适当加强，装配式型钢围檩的极限承载力与整梁围檩的理论值基本一致，但是型钢围檩的弯曲变形要远比理论值大，也就是装配式围檩的抗弯刚度要远小于理论值，说明装配式型钢围檩刚度受拼接因素的影响很大。因此需要确保构件加工的精度、拼装的准确度、合理设置拼接缝、加强螺栓连接数量、选择合理的围檩形式，最后再通过施加预应力的方式，减小型钢围檩弯曲对基坑变形的影响。

5.6   温度应力测试

如图 5.6.1、图 5.6.2 所示，温度应力测试试验场地与角撑轴向加载试验为同一个场地，该项目在夏末秋初安装支撑，经历秋季和冬季后拆除，因此历时了一个完整的温度变化过程。温度应力测试选取基坑西南角第一层支撑的第三道至第七道支撑，进行温度和轴力测试。温度应力影响分析选用 11 月的测试数据，基坑开挖至坑底，支撑拆除前，以避免土方开挖、换撑等因素的影响。

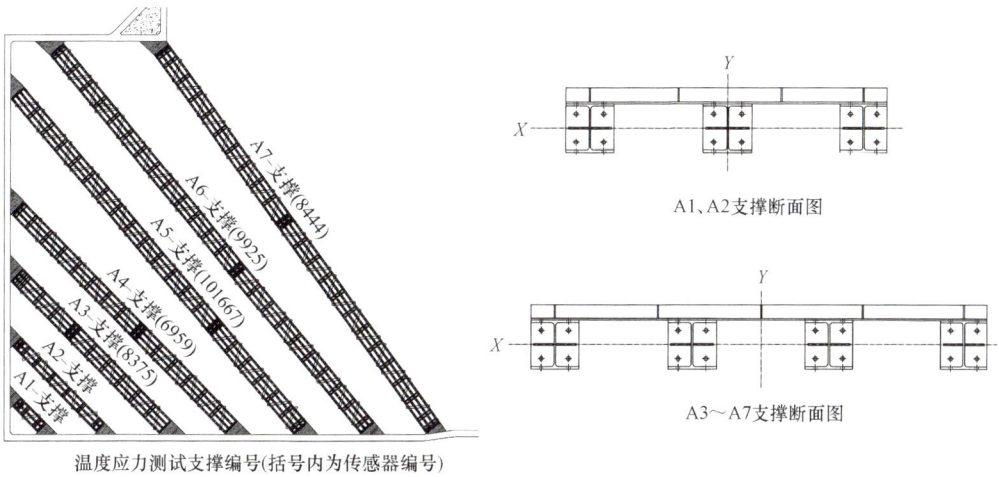

温度应力测试支撑编号(括号内为传感器编号)

A1、A2支撑断面图

A3~A7支撑断面图

图 5.6.1　温度应力测试试验支撑编号

夏末安装

冬季拆除

烈日中

夕阳下

凌晨里

大雪天

图 5.6.2　温度应力测试试验现场

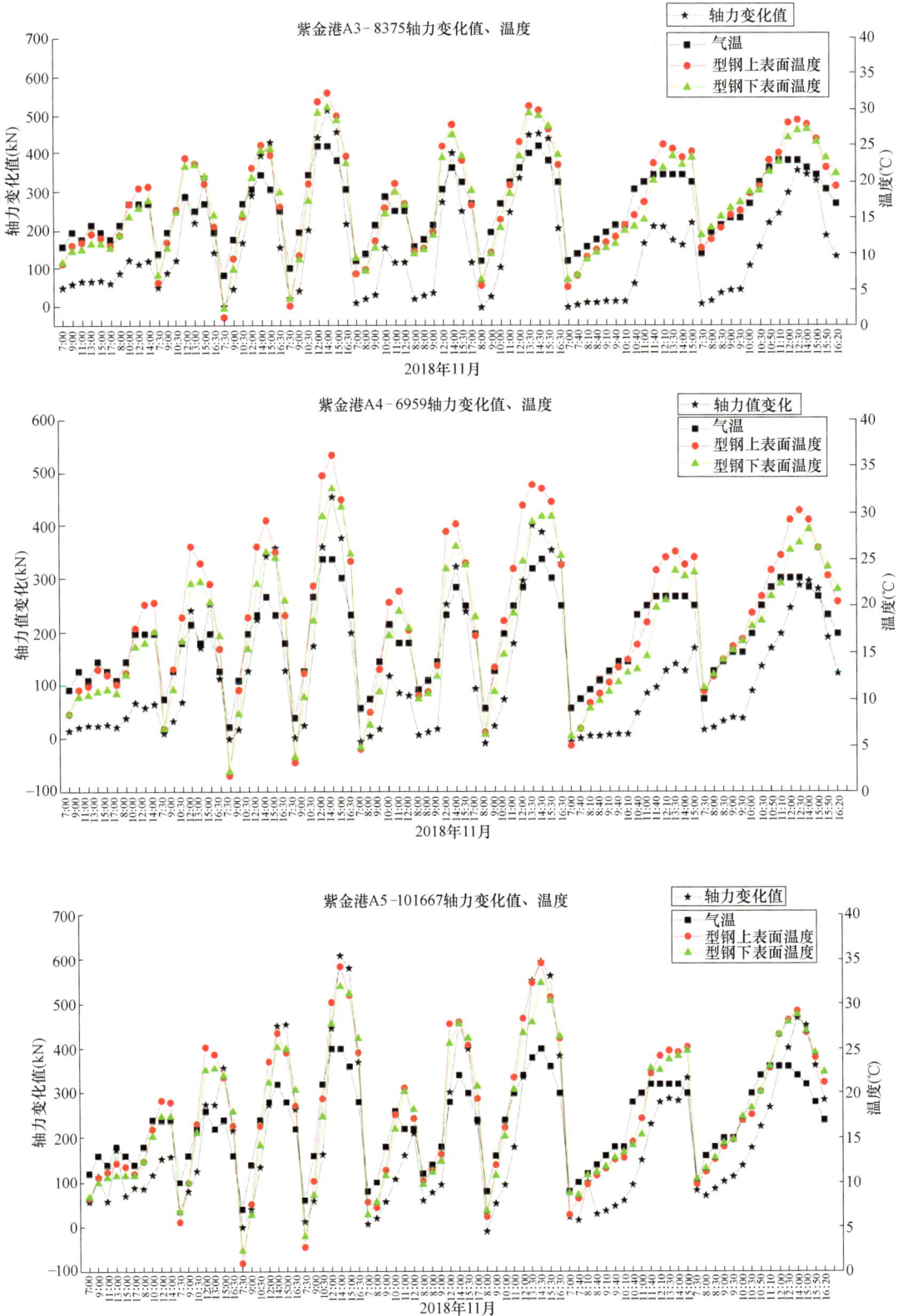

图 5.6.3 单根支撑轴力随温度的变化（一）

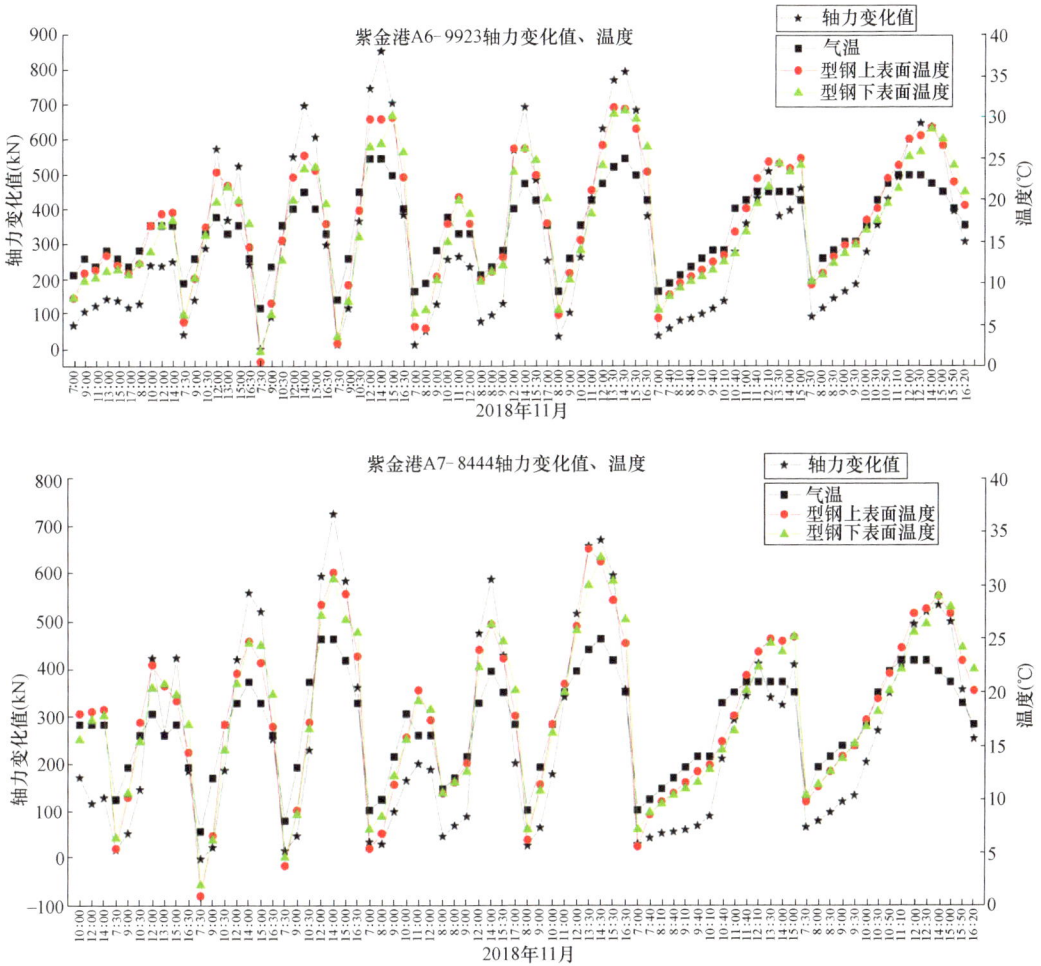

图 5.6.3　单根支撑轴力随温度的变化（二）

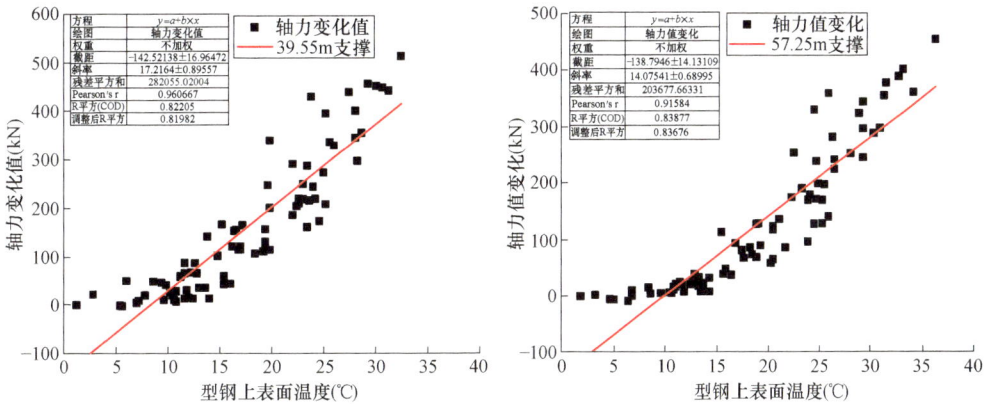

图 5.6.4　单根支撑轴力受温度变化影响实测结果（一）

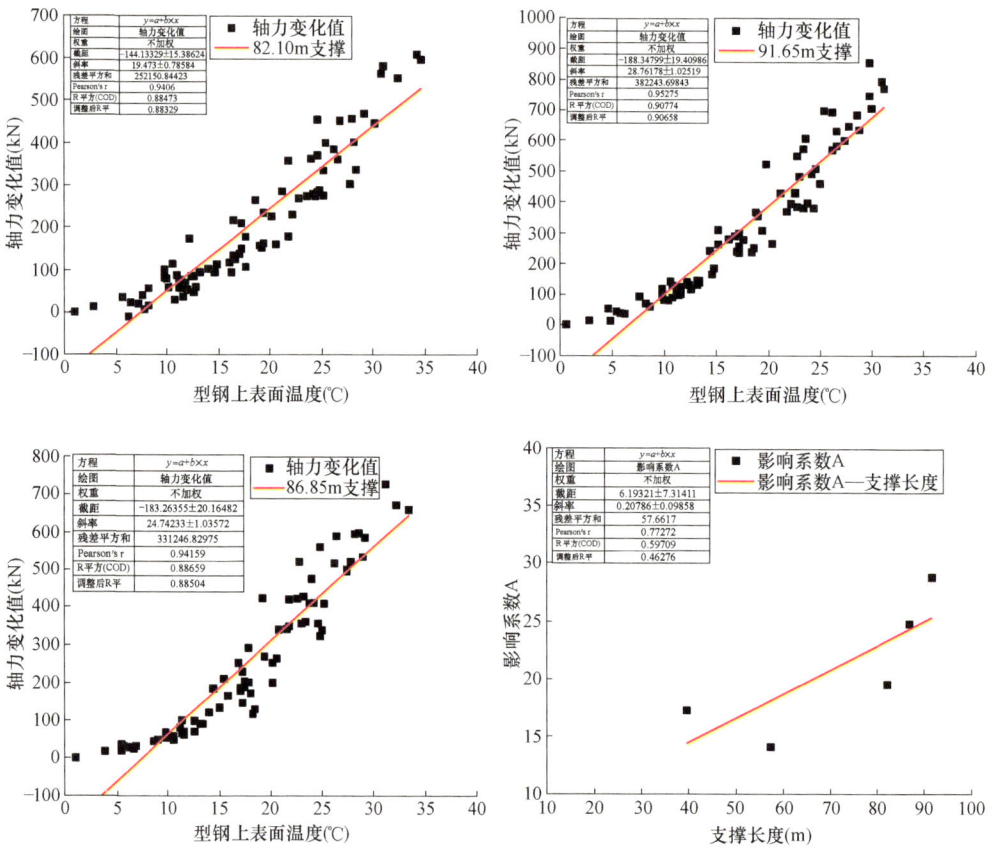

（82.10m支撑）

方程	y=a+b×x
绘图	轴力变化值
权重	不加权
截距	-144.13329±15.38624
斜率	19.473±0.78584
残差平方和	252150.84423
Pearson's r	0.9406
R平方(COD)	0.88473
调整后R平	0.88329

（91.65m支撑）

方程	y=a+b×x
绘图	轴力变化值
权重	不加权
截距	-188.34799±19.40986
斜率	28.76178±1.02519
残差平方和	382243.69843
Pearson's r	0.95275
R平方(COD)	0.90774
调整后R平	0.90658

（86.85m支撑）

方程	y=a+b×x
绘图	轴力变化值
权重	不加权
截距	-183.26355±20.16482
斜率	24.74233±1.03572
残差平方和	331246.82975
Pearson's r	0.94159
R平方(COD)	0.88659
调整后R平	0.88504

（影响系数A—支撑长度）

方程	y=a+b×x
绘图	影响系数A
权重	不加权
截距	6.19321±7.31411
斜率	0.20786±0.09858
残差平方和	57.6617
Pearson's r	0.77272
R平方(COD)	0.59709
调整后R平	0.46276

图 5.6.4　单根支撑轴力受温度变化影响实测结果（二）

单根支撑轴力受温度变化影响拟合结果　　　　　　表 5.6.1

支撑长度（m）	最大轴力变化值（kN）	型钢上表面最大温差（℃）	最大轴力变化值/型钢上表面最大温差	影响系数 A	影响系数 B
39.55	512	31.2	16.410	17.216	
57.25	454	34.4	13.198	14.075	
82.1	608	33.2	18.313	19.473	$y=0.2109x+5.7752$
86.85	725	30.2	24.007	24.742	
91.65	852	29.2	29.178	28.762	

　　地基土、围护桩、支撑、地下室结构，四者是一个受力系统，支撑受力变化不仅与跨度、温度、组合方式有关，还与地基土和围护桩对支撑的约束有关。地基土和围护桩的约束越强，温度变化对支撑轴力的影响越大；约束越弱，支撑轴力受影响越小，但基坑变形受影响越大。因此温度变化对支撑轴力的影响不能简单地一概而论，温度、轴力、变形三者协调变化：如果地基土很软、围护刚度很小、支撑深度浅，支撑两端受到的约束弱，当温度上升，支撑受热膨胀，支撑挤压围护结构向坑外发生变形，支撑轴力增加量很小；如果地基土很硬、围护刚度很大、支撑深度深，支撑两端受到的约束强，当温度上升，支撑

受热膨胀趋势受到限制，支撑很难挤压围护结构向坑外发生变形，支撑轴力将会显著增加。因此温度变化对支撑轴力的影响有三方面：（1）支撑组合截面面积；（2）支撑长度；（3）支撑两端约束的强弱。

如图 5.6.3、图 5.6.4、表 5.6.1 所示，从上述温度应力测试结果可以看出：当支撑跨度较小（40m 左右），最大温差变化 35°的时候，单根支撑的轴力变化量为 40t 左右；当支撑跨度较大（90m 左右），最大温差变化 35°的时候，单根支撑的轴力变化量为 70t 左右。相当于 400mm × 400mm 截面 Q345 型钢构件的极限受压承载力（645t）的 5%～10%。

第6章 主动变形控制技术

城市环境越来越复杂，基坑工程不仅要满足安全的目的，对变形控制的要求也越来越高，因此逐步发展了变形控制技术。基坑工程产生变形的因素及控制措施有：（1）围护结构施工过程中对地层产生扰动，导致周边土体变形，因此需要采用微扰动施工控制技术；（2）支撑结构的收缩和压缩变形（含支撑转动和围檩的弯曲变形），如图6.0.1、图6.0.2所示，对于钢筋混凝土支撑，混凝土材料在水泥水化过程中会发生收缩变形，以一个100m跨度支撑（截面800mm×800mm）为例，不同养护条件下支撑的收缩变形可以达到5~15mm，支撑的压缩变形在10~30mm，收缩量加上压缩量引起的支撑变形量在15~40mm，这是现浇结构所无法避免的；对于型钢支撑，同样以100m跨度支撑为例，没有收缩变形，但是有拼接误差和压缩变形，根据现场实测结果，采用千斤顶施加预加轴力时，千斤顶的顶出量在30~80mm，如果不能将其有效消除，就会变成支撑变形量，因此预加轴力非常重要；（3）围护桩的弯曲变形，通常围护桩的曲率控制在0.1%~0.3%，10~20m深的基坑，围护桩的弯曲变形控制在10~50mm，要减少围护桩的弯曲变形，除采用大刚度围护结构，还应严格控制桩身质量，确保其刚度；（4）基底土变形，基底土在竖向卸荷和水平挤压的作用下，发生坑底隆起和侧向挤压变形，基底土的变形量与桩的嵌固条件、基底土的性质、加固情况、分区开挖空间效应等很多因素有关，因此变形量的大小差异极大（10~100mm）。如果需要控制基底土的变形，应加长桩的嵌固深度或进入好土层的深度、对淤泥类土层应作相应的加固、分区开挖施工、减少基底土的暴露时间。

基坑宽70m、深12m，首层钢筋混凝土支撑、次层型钢组合支撑

图6.0.1 变形控制案例一（一）

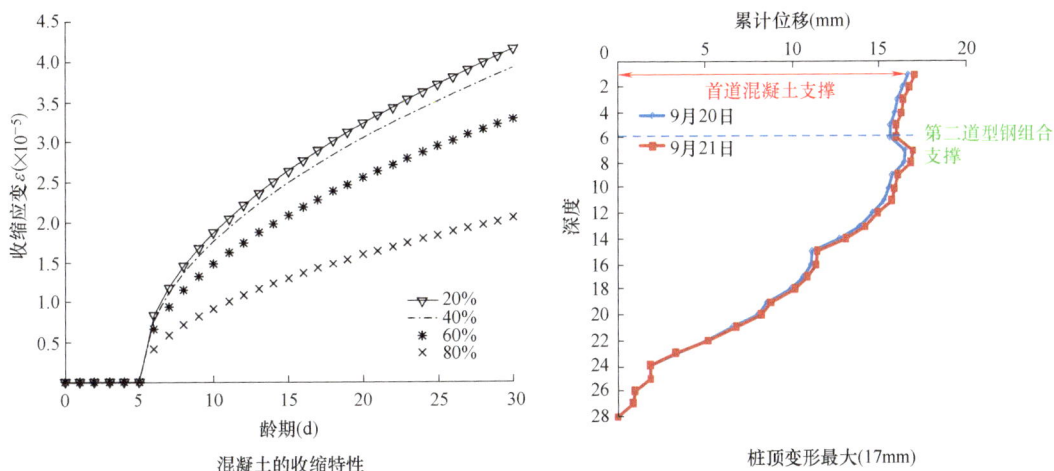

图 6.0.1　变形控制案例一（二）

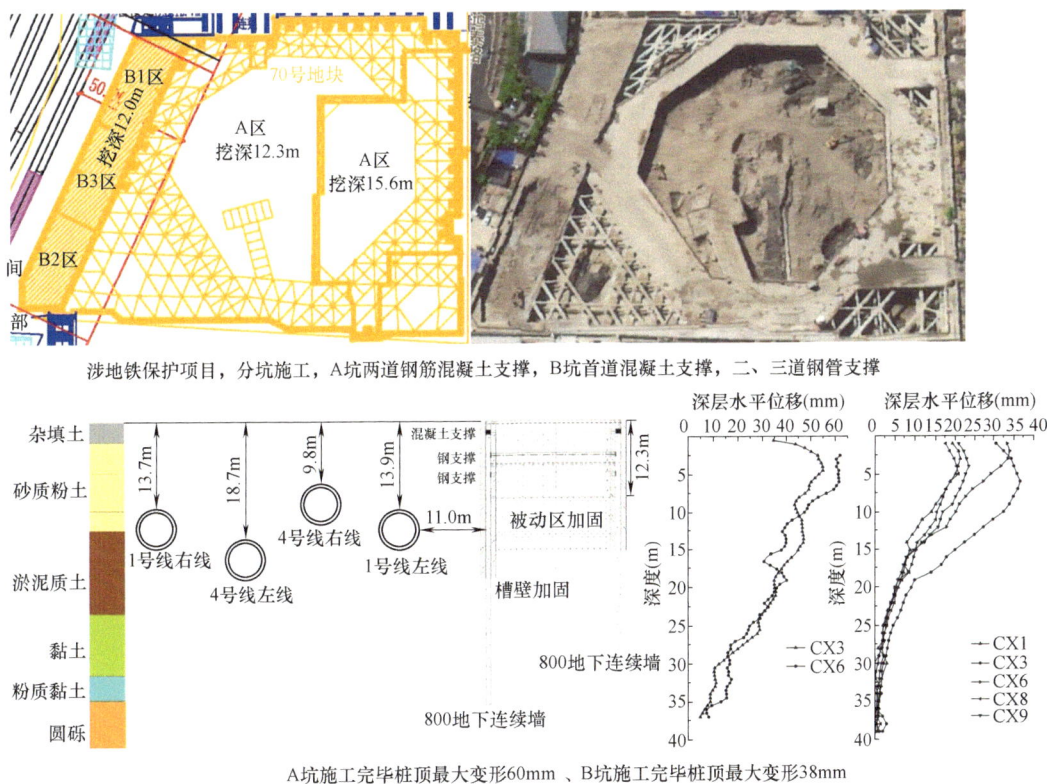

涉地铁保护项目，分坑施工，A坑两道钢筋混凝土支撑，B坑首道混凝土支撑，二、三道钢管支撑

A坑施工完毕桩顶最大变形60mm、B坑施工完毕桩顶最大变形38mm

图 6.0.2　变形控制案例二

　　上述两个案例说明，采用大刚度的地下连续墙围护结构，能够有效地减少围护结构的弯曲变形，坑底软土采用满堂加固同时围护结构进入稳定土层，能有效地减少基底土的隆起和侧向挤压变形，但即使采用大截面的钢筋混凝土支撑结构（板带），支撑自身的收缩变形和压缩变形仍未能得到有效控制。因此钢筋混凝土支撑受其施工工序多、养护等时间

长、基坑暴露时间长、混凝土支撑自身还有收缩变形等不利因素的制约，导致基坑变形大，即使采用大刚度的支撑截面，仍然无法消除基坑变形，是一种被动的变形控制技术。

在此讨论的主动变形控制技术，主要针对如果减少支撑压缩变形和围护桩的弯曲变形。不论采用钢筋混凝土支撑还是型钢支撑，常规条件下，基坑的变形发展都是被动的，坑内土体开挖，基底土应力释放，围护桩受到坑内外不平衡水土压力的作用，向坑内挤压，产生支撑压缩变形、围护桩的弯曲变形、基底土的侧向变形，这一过程是不可逆的：对于钢筋混凝土支撑，结构体系非常稳固，所有节点可以视作完全固接，支撑压缩量相对可控；对于装配式的钢支撑，如果节点连接不到位或贴合不紧密，还可能发生局部松动、滑动甚至失稳等情况，会进一步发生变形。如果将这一被动变形过程变成主动控制过程，能有效地解决变形控制问题。

现阶段有两种控制方法：（1）钢支撑体系的施加预应力，在支撑安装完毕、下一层土方开挖之前，根据设计工况，施加相应的预加轴力，起到消除安装拼接缝隙和支撑部分压缩变形的目的，当下一层土方开挖时，支撑的压缩量要小于按支撑刚度的计算量，否则会远大于计算量；（2）钢支撑轴力补偿系统，在支撑体系中设置可以控制轴力的补偿系统，针对装配式结构局部发生松动而导致轴力损失的情况，对轴力进行补偿，将支撑轴力维持在设计要求状态。

6.1 施加预应力

施加预应力的原理非常简单，装配式结构安装过程中不可避免地存在一定的缝隙，需要通过施加预应力来消除，如图 6.1.1 所示，受压为主的树形和拱形结构，所施加的预应

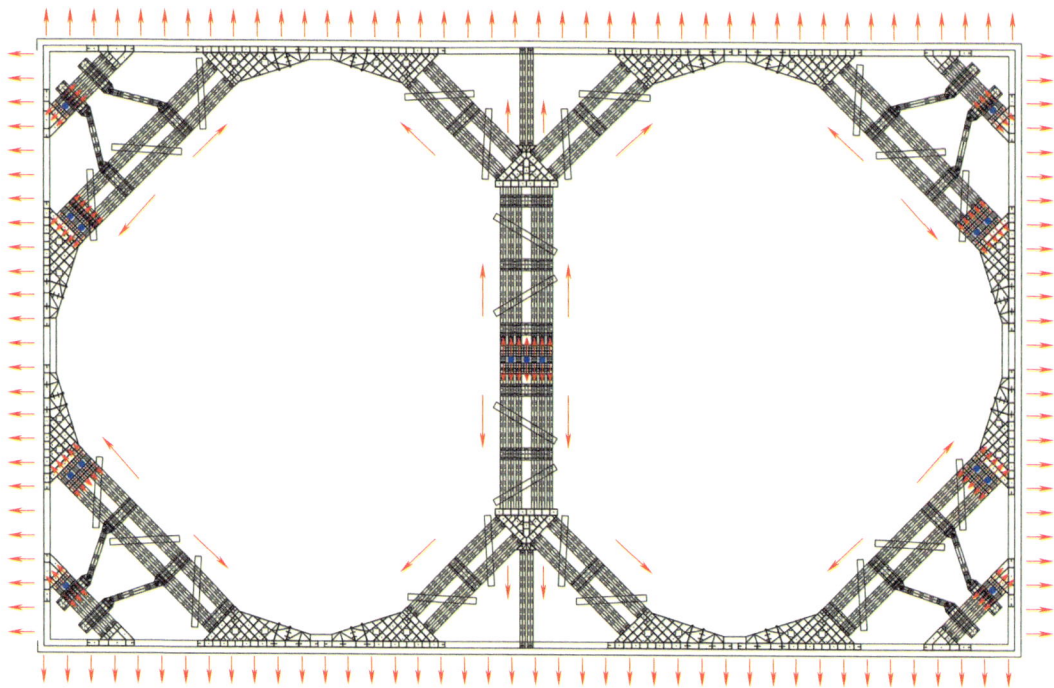

图 6.1.1 型钢组合支撑体系预应力的传力路径

力能够有效地传递到每一个节点上。在第 4 章还分析了施加预应力对减小基坑变形的作用，一是减少支撑体系自身的压缩变形量，相当于增加了支撑体系的刚度；二是当施加足够大的预应力时，可以将围护结构回顶，减少围护桩的变形。

6.2　轴力伺服系统

　　钢支撑结构体系是一种装配式结构，节点位置采用螺栓连接，不可避免地会发生局部松动或滑动而导致轴力损失，当轴力损失后，支撑变形会进一步增大，因此可采用轴力补偿将支撑轴力维持在设计要求状态。如图 6.2.1～图 6.2.5 所示，对于钢管支撑，支撑端部的活络头通过塞铁紧固，塞铁与塞铁之间是一种点接触，非常容易发生松动；其次，钢管支撑间距非常小，相邻支撑施加预应力会相互影响，后序钢管支撑施加预应力会削弱前序钢管支撑的预应力，下层支撑施加预应力会削弱上层支撑的轴力；再次，围护结构或预埋钢板不平整，造成支撑端头与围护结构或预埋钢板不完全接触，受力不均匀；最后，钢管支撑通常采用压力盒进行轴力测试，压力盒的接触面积很小，会发生端部屈曲的情况，导致支撑轴力损失。不仅钢管支撑存在上述问题，单杆型钢支撑同样存在上述问题。因此，从施加预应力的角度，也需要采用组合支撑，以实现加压位置的刚性转换。对于型钢组合支撑，支撑连接位置均为面面接触，支撑端部采用保力盒加钢板的方式紧固，在轴向压力作用下，不易发生松动，但是支撑围檩结构是受弯和受剪构件，通过承压型螺栓紧固，当结合面的剪力超过结合面的抗滑力时，结合面会发生相对滑动，导致围檩抗弯刚度降低，引起围檩弯曲变形，如图 6.2.6 所示。这些因素都会引起支撑体系轴力损失、发生变形，因此需要通过轴力补偿系统来减小变形。

图 6.2.1　钢管支撑预应力施加

图 6.2.2　单杆结构加压困难且不易保持

图 6.2.3　采用混凝土填缝

图 6.2.4　塞铁点接触、活络端易松动

图 6.2.5　压力盒位置应力集中变形

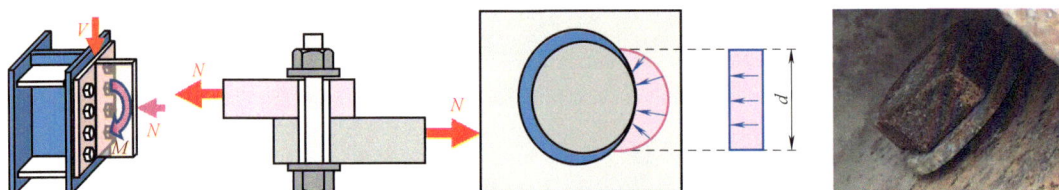

图 6.2.6　结合面剪应力超过抗滑动力发生错动

　　轴力伺服系统（或称为轴力补偿系统），首先改变了钢管支撑活络端的构造，不再采用塞铁紧固的做法，而是采用荷载箱进行预应力施加和轴力补偿；其次，千斤顶不拆除，根据轴力实时监测结果，对轴力进行补偿。如图 6.2.7～图 6.2.18 所示，轴力伺服系统由以下几部分组成：（1）程控主机（位于项目现场室内）；（2）数控泵站（位于基坑边指定位置）；（3）支撑头总成（固定于基坑侧壁上指定位置）；（4）管理平台（程控主机软件系统）。支撑头总成内置压力传感器及超声波位移传感器，用以监测钢支撑的轴力及位移；还配备激光收敛计测量基坑侧壁的双侧收敛位移值，用以校核水平位移。

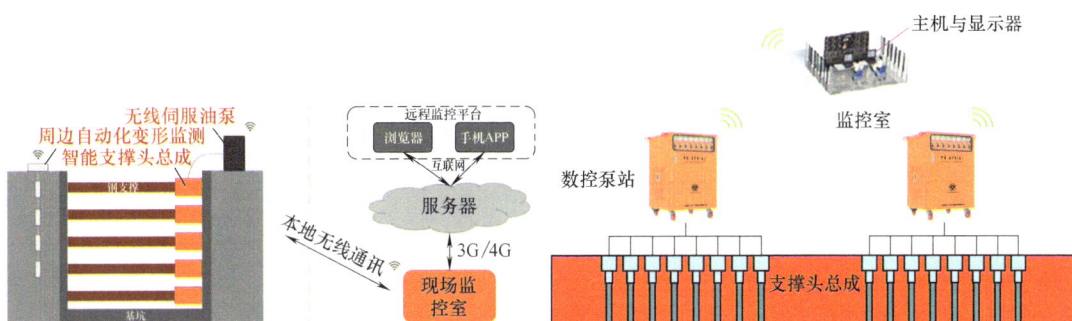

图 6.2.7　程控主机与数控泵站

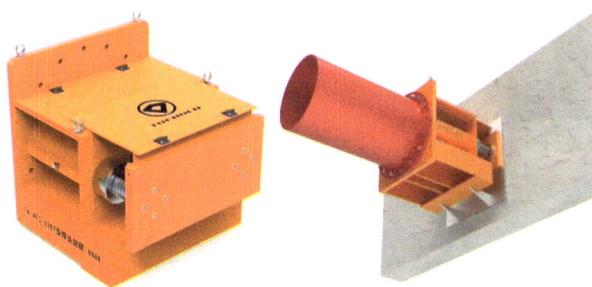

图 6.2.8　支撑头总成

图 6.2.9　分离式双机械锁

图 6.2.10　支撑总头与支撑连接

图 6.2.11　数控泵站

图 6.2.12　程控主机

图 6.2.13　地面拼装

图 6.2.14　整体吊装

图 6.2.15　连接管线并调试

图 6.2.16　安装激光收敛计 　　　图 6.2.17　支撑安装完毕 　　　图 6.2.18　整体效果

6.3　主动变形控制

不论是预加轴力还是轴力补偿，都没有跳出被动控制的范畴。要实现变被动为主动，需要主动控制支撑轴力，而不是局限于消除部分支撑压缩量和保持支撑轴力稳定在设计要求状态，应根据围护结构变形主动改变支撑轴力，达到减小围护结构变形的目的。主动变形控制的核心思想：根据围护结构的实测变形，调整支撑轴力，通过计算机处理控制系统、自动控制柜和液压泵站实现变形控制与支撑轴力的耦合。

6.3.1　主动变形控制技术

主动变形控制也不能无限加大支撑轴力，应该在保证支撑安全的前提下进行变形控制，因此需要根据支撑的最大抗力和千斤顶的最大工作荷载设置轴力控制上限值。同时，主动变形控制过程中，千斤顶一直处于高负荷工作状态，对千斤顶的液压系统稳定性也提出了很高的要求。主动变形控制技术包含：高强度支撑体系技术；液压控制技术；动态测控技术。

1. 高强度支撑体系技术

支撑体系的最大抗力（包括支撑的抗压承载能力、围檩抗弯和抗剪承载能力、传力件抗剪承载能力等），决定了主动变形控制的能力上限，如果支撑体系抗力低下，无法提供足够的支撑反力，则主动变形控制能力低下。在严格控制基坑变形的情况下，基坑外土体不允许进入主动变形阶段，坑外土压力将不再是主动土压力，需整体按静止土压力控制。同时，为主动控制变形，在特定工况下，甚至要将围护结构朝坑外挤压，因此土压力的设定要超过静止土压力，对支撑最大抗力的要求应能超过静止土压力的作用。这种朝坑外的挤压变形也不能过大，避免坑外土体发生隆起变形，在计算支撑最大抗力要求及设定千斤顶阈值时，坑外土压力系数应介于静止土压力 $K_0 = 1 - \sin\varphi \sim 1.0$ 之间。

对于单根受压杆件结构体系的钢管支撑，支撑所能提供的最大抗力取决于：支撑跨度、构件尺寸、支撑密度、支撑端部约束条件。为获得最大限度的支撑抗力，应选用大壁厚、大截面的钢管构件，如 $\phi800 \times 20\text{mm}$ 钢管构件；采用双拼支撑，增大支撑密度；支撑端部与围护结构、围檩进行焊接或有效螺栓连接。对于型钢组合支撑，应采用大截面的重型 H 型钢构件，如 700mm×400mm 的 H 型钢构件，或采用上下双拼支撑体系，组合桁架体系截面宽度加大，提高桁架结构的稳定性，应力集中部位进行加强，充分发挥钢材抗压承载力高的特点。

2. 液压控制技术

传统油压控制是采用比例溢流阀不断输出液压油，当压力超过系统设定值时，多余油液通过比例溢流阀控制重新流回油箱。但比例溢流阀在恶劣的施工环境中油管内会流入泥浆杂质，导致比例溢流阀损坏。因此采用比例油压阀来调控千斤顶油压存在失压的可能性，无法实现对油压的精确操作。通过控制变频电机的转速直接调整液压泵输出系统设定的液压油流量，采用单向阀和三位四通电磁截止阀来保障液压系统的安全，不仅大幅降低系统失效的可能性，还能实现无级调速，达到精准、快速调节压力的作用。

3. 动态测控技术

将设有位移传感器的支撑头固定于基坑两侧支护结构上，支撑头由数控泵站通过油管及线缆连接后控制，数控泵站内部控制器来控制支撑头动作，钢支撑安装好以后，支撑轴力测控体系开始伺服，基坑向下开挖至设定值，待位移趋稳时，系统通过支撑头上的位移传感器采集基坑围护结构的位移数据，设定位移传感器的采样频率，以合理地定时测定位移值，计算位移变化速率。当基坑侧壁位移超出位移控制值时，数控泵站启动加载并发出报警，同时监控钢支撑的轴力。当轴力超出轴力控制值时，数控泵站发出报警请求人工介入加撑。当钢支撑的位移及轴力都在控制值的范围内时，数控泵站通过分析位移变化速率及轴力变化值来进行轴力的控制。如果位移变化量发生突变或者轴力急剧增大时，数控泵站将自动报警或自动加压并报警。

6.3.2　主动变形控制实施效果

如图 6.3.1 所示，某地铁车站基坑周边环境复杂，存在多幢民用建筑，在前期 5 号基坑施工过程中采用普通钢支撑导致南侧 3 层裙房出现多处裂缝，为保护 3 号西区基坑南侧幼儿园人员和房屋安全，对 3 号基坑应用主动变形控制系统。基坑沿深度方向设置 5 道支撑，其中第 1 道为钢筋混凝土支撑，其余为 $\phi609$（$t=16$mm）钢管支撑。采用轴力伺服系统变形控制效果如图 6.3.2 所示。

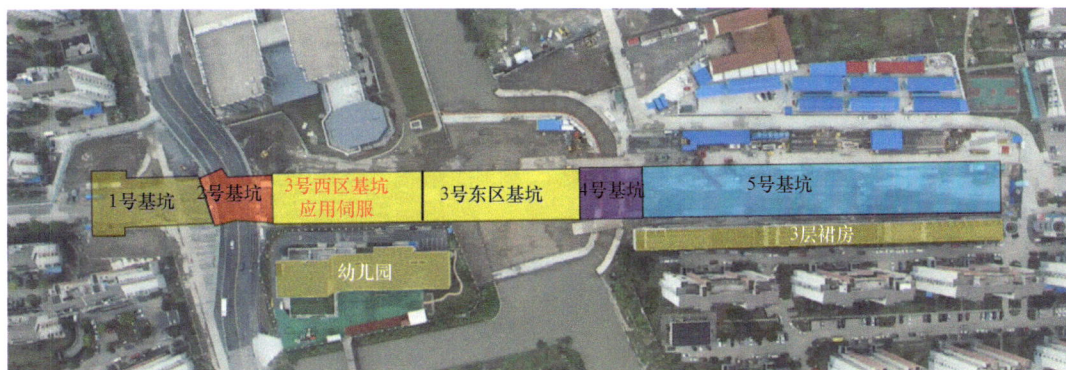

3号基坑平均变形18.1mm、周边最大沉降22.4mm；　5号基坑平均变形75.1mm、周边最大沉降105.5mm。

图 6.3.1　某地铁车站基坑案例

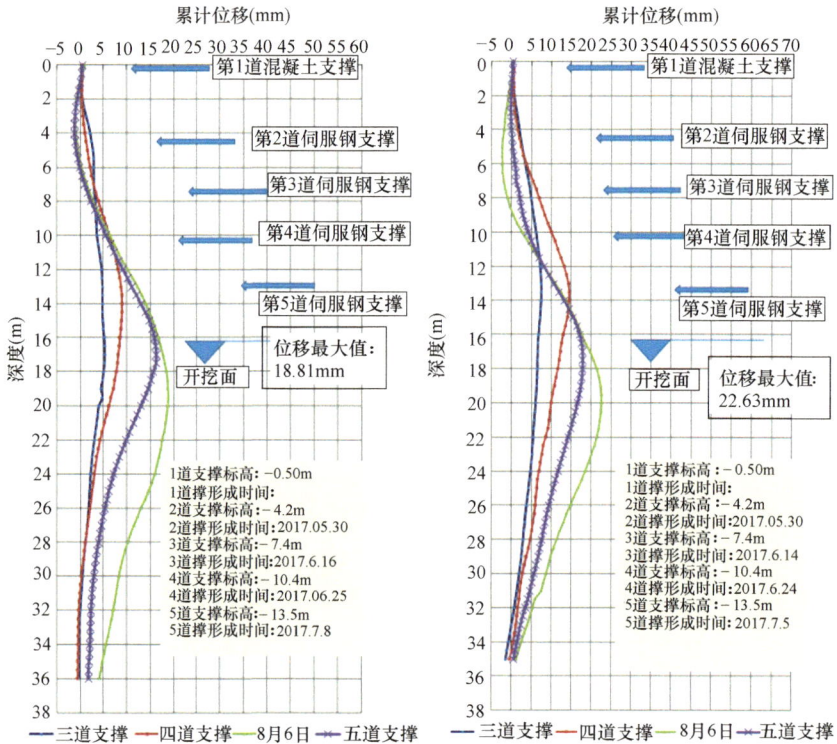

图 6.3.2　采用伺服系统变形控制效果

6.3.3　主动变形控制的局限性

主动变形控制只能解决开挖面以上围护结构变形，当基底位于深厚淤泥土中时，由于土体隆起变形和侧向挤压变形很大，深层土体变形引起的围护结构变形无法得到有效控制，尤其是开挖深度深、基底暴露时间长的情况，还需要通过基底土加固和增强围护结构刚度和长度等办法共同解决。

6.3.4　主动变形控制实施过程

主动变形控制是一个动态过程，根据变形的发展情况，主动调节支撑轴力，获取所需要达到的位移控制结果。变形控制是结果，轴力调节是手段，在实施变形控制之前，需要先设定变形控制的目标，并以此设定轴力的初始施加值和可调节范围。为达到变形可控的目的，需要限定每一工况围护结构与土体的初始变形量，因此轴力的初始施加值宜按静止土压力的计算结果。轴力可调节的上限值取决于支撑的极限承载力和伺服系统千斤顶的最大加载量，为达到限制变形甚至调节变形的目的，轴力可调节的上限值与初始施加值之间应有较大的富余度。若支撑轴力已达到可调节的上限值，但变形仍未达到需要的控制目标，则可以通过增设支撑的方式，提高轴力可调节的上限值。

如图 6.3.3～图 6.3.6、表 6.3.1 所示，以案例说明变形控制和轴力调整的动态过程：案例设三层型钢组合支撑，分四次开挖，最终水平变形控制值 21mm（1.4‰）；工况 1，开挖至第一层支撑底 50～80cm，安装第一层支撑，按静止土压力计算得到的支撑轴力施

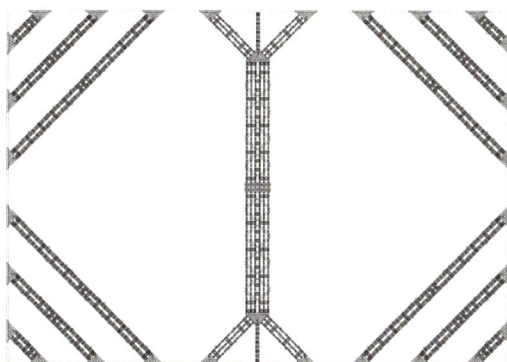

图 6.3.3　算例第一层支撑平面布置

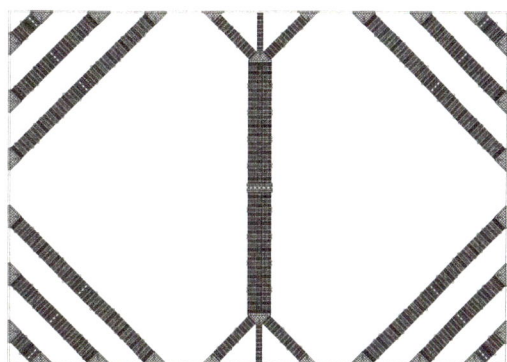

图 6.3.4　算例第二、三层支撑平面布置

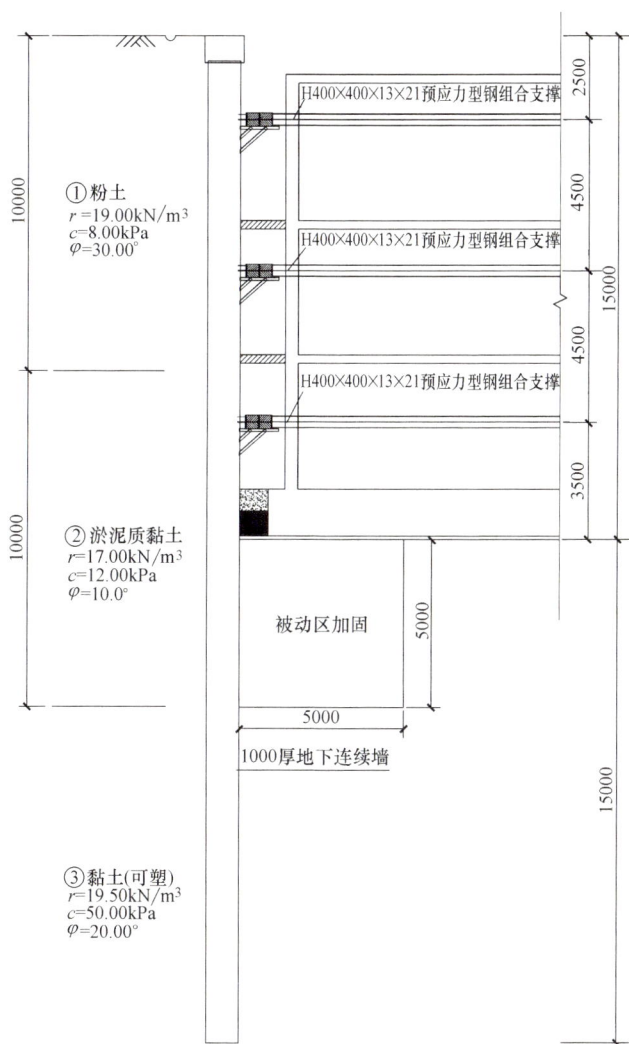

图 6.3.5　算例剖面图

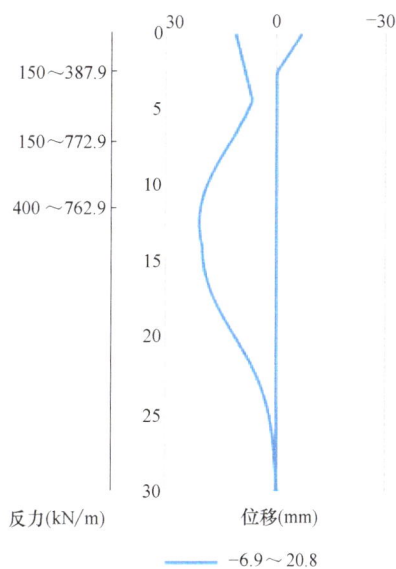

图 6.3.6　变形和轴力计算结果

加初始轴力，并将最大位移值控制在 5mm 以内，若位移超出控制值，则需加大第一层支撑轴力；工况 2，开挖至第二层支撑底 50～80cm，安装第二层支撑，按静止土压力计算得到的支撑轴力施加初始轴力，并将最大位移值控制在 10mm 以内，若位移超出控制值，则需加大第一层、第二层支撑轴力；工况 3，开挖至第三层支撑底 50～80cm，安装第三层支撑，按静止土压力计算得到的支撑轴力施加初始轴力，并将最大位移值控制在 15mm 以内，若位移超出控制值，则需加大第二层、第三层支撑轴力；工况 4，开挖至坑底，若位移超出控制值 21mm，则需继续加大各层支撑轴力，若支撑轴力已达到轴力可调节的上限值，则需增设支撑。

各工况的轴力与变形控制值 表 6.3.1

型钢支撑伺服系统控制值				
工况	位移控制值（mm）	支撑	初始预应力值（kN）	最大轴力控制值（kN）
1. 安装第一层支撑	5	角撑	6500	13900
		对撑	12300	21300
2. 安装第二层支撑	10	角撑	13000	24600
		对撑	21000	39000
3. 安装第三层支撑	15	角撑	13000	24600
		对撑	21000	39000
4. 开挖至坑底	21	根据变形情况，调整支撑轴力，或增设支撑		

6.4 主动变形控制算例分析

主动变形控制计算分析，是一项精细化程度非常高的分析工作，其计算模型、边界条件、本构关系、土体参数、分析工况等，均应采用标准化的分析方法，避免人为因素所造成的差异。以砂性土地基中三层地下室基坑开挖模型，分析降水渗流、支撑轴力对变形控制的影响。以淤泥土地基中三层地下室基坑开挖模型，分析支撑轴力、固结时间、超静孔压、地基加固、分坑施工等因素对变形控制的影响。分析软件采用 PLAXIS 3D，土体本构模型采用 HSS 小应变硬化本构模型，土体参数均为有效应力参数，砂性土地基考虑降水渗流对孔隙水压力和土体有效应力的影响，淤泥土地基考虑超静孔压和土体有效应力随时间的变化，桩土界面为不透水边界，界面强度同土体强度。

6.4.1 砂土地基中主动变形控制分析

1. 算例模型

如图 6.4.1、图 6.4.2 所示，算例分析模型参数：地基土模型平面尺寸为 210m×190m，土层厚度为 60m；基坑平面尺寸为 100m×80m，挖深为 15m，地下连续墙厚度 0.8m，地下连续墙嵌固深度为 25m（进入不透水层）；坑底以下 10～15m 位置处设置 5m 厚的粉质黏土层作为隔水层；隧道结构距离基坑外边线 10m，顶埋深 15m；设三层型钢组合支撑，支撑竖向位置为地表以下 1m、6m 和 10.5m；支撑平面布局为角撑加对撑的形式，支撑间距 8～13m。初始地下水位位于地表，地下连续墙设为不透水边界。

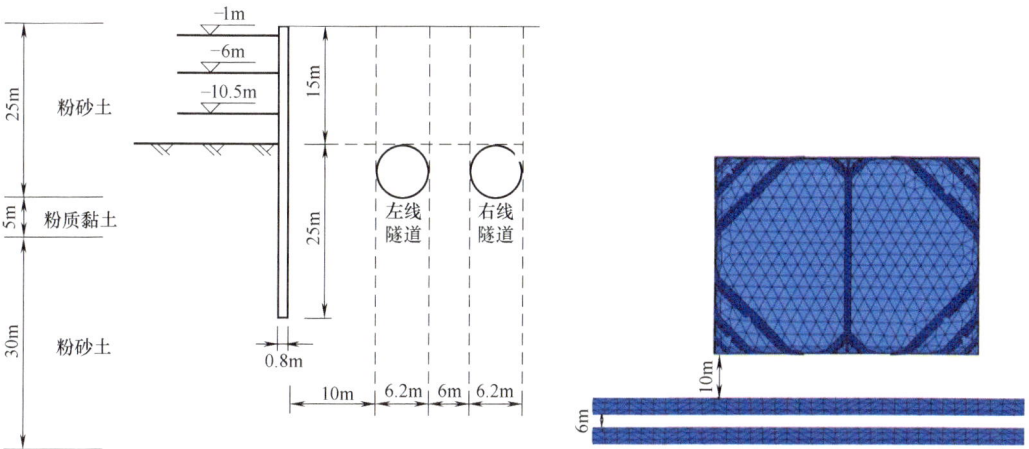

图 6.4.1　砂土地基中算例分析模型

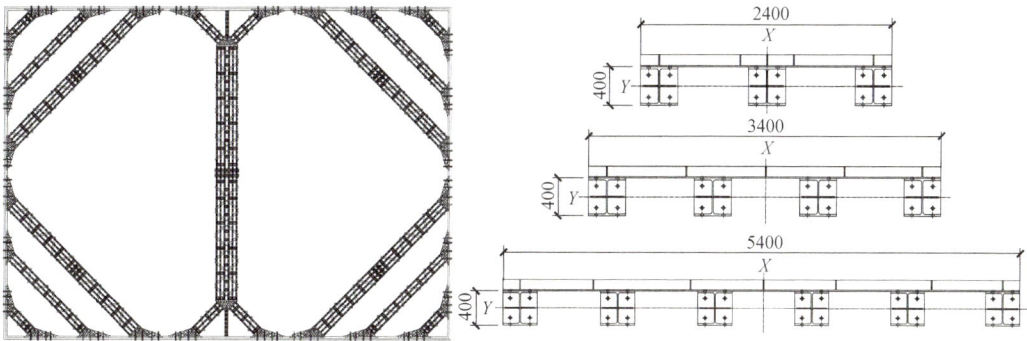

图 6.4.2　算例支撑平面布置及组合方式

2. 土体参数

土体计算参数如表 6.4.1、表 6.4.2 所示。

粉砂土计算参数				表 6.4.1

粉砂土物理力学指标				
初始孔隙比 e_0		初始饱和重度 γ_{sat}(kN/m³)	静止土压力系数 k_0	非饱和重度 γ_{unsat} (kN/m³)	渗透系数 $k_x=k_y=k_z$ (m/d)
0.7		19	0.5	18	0.1

HSS 模型										
E_{50}^{ref} (MPa)	E_{oed}^{ref} (MPa)	E_{ur}^{ref} (MPa)	m	v_{ur}	R_f	c_{ref}' (kPa)	φ' (°)	Ψ (°)	$\gamma_{0.7}$	G_0^{ref} (MPa)
15	10	60	0.5	0.2	0.9	5	32	2	0.0002	200

粉质黏土计算参数				表 6.4.2

粉质黏土物理力学指标				
初始孔隙比 e_0		初始饱和重度 γ_{sat}(kN/m³)	静止土压力系数 k_0	非饱和重度 γ_{unsat} (kN/m³)	渗透系数 $k_x=k_y=k_z$ (m/d)
0.7		19	0.55	18	5×10^{-5}

HSS 模型										
E_{50}^{ref} (MPa)	E_{oed}^{ref} (MPa)	E_{ur}^{ref} (MPa)	m	v_{ur}	R_f	c_{ref}' (kPa)	φ' (°)	Ψ (°)	$\gamma_{0.7}$	G_0^{ref} (MPa)
10	6	30	0.5	0.2	0.9	20	27	0	0.0002	100

3. 模拟工况

通过围檩传递至地下连续墙上的面荷载来替代实际支撑轴力，围檩高度为 0.4m，面荷载施加面积为：长边 100m×0.4m、短边 80m×0.4m。如表 6.4.3 所示，分三种工况进行主动变形控制效果分析：

工况 1，按常规土压力控制支撑轴力，最大围檩土压力线荷载为 480kN/m；

工况 2，支撑轴力为常规土压力的 1.25 倍，最大围檩土压力线荷载为 600kN/m；

工况 3，支撑轴力为常规土压力的 1.66 倍，最大围檩土压力线荷载为 800kN/m。

各工况预加轴力值						表 6.4.3

工况	支撑	轴力面荷载 (kPa)	围檩土压力 (kN/m)	对撑轴力 (kN)	角撑轴力 (kN)
工况 1	第一层	500	200	6000	4000
	第二层	1200	480	14400	9600
	第三层	1200	480	14400	9600
工况 2	第一层	500	200	6000	4000
	第二层	1500	600	18000	12000
	第三层	1500	600	18000	12000
工况 3	第一层	500	200	6000	4000
	第二层	2000	800	24000	16000
	第三层	2000	800	24000	16000

模拟施工步：

初始阶段

Step 1　生成初始应力场

Step 2　建立地下连续墙、邻近隧道

Step 3　重置位移为零

开挖阶段

Step 4　土方开挖至第一层支撑底部（标高−1m）

Step 5　第一层型钢组合支撑简化预应力施加500kPa面荷载

Step 6　土方开挖至第二层支撑底部（标高−6m）

Step 7　第二层型钢组合支撑简化预应力施加（工况1为1000kPa面荷载、工况2为1500kPa面荷载、工况3为2000kPa面荷载）

Step 8　土方开挖至第三层支撑底部（标高−10.5m）

Step 9　第三层型钢组合支撑简化预应力施加（工况1为1000kPa面荷载、工况2为1500kPa面荷载、工况3为2000kPa面荷载）

Step 10　土方开挖至基坑底部（标高−15m）

Step 11　浇筑底板

4. 主动变形控制分析结果

1）孔压场分析结果

孔压场分析结果如图6.4.3所示。

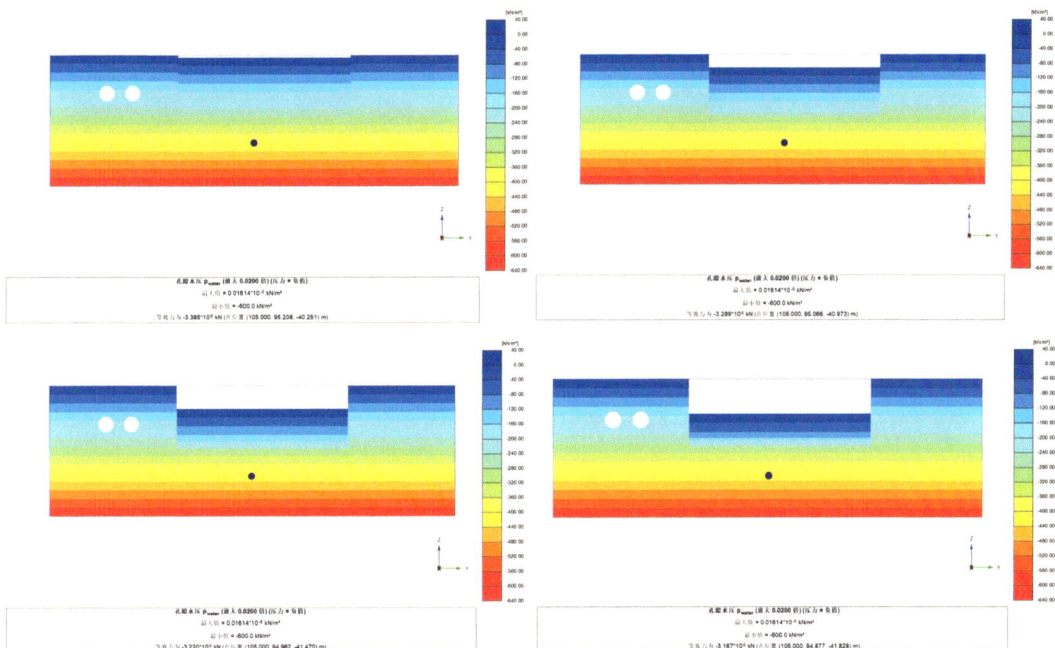

图6.4.3　孔压场分析结果

2）有效应力场分析结果

有效应力场分析结果如图6.4.4所示。

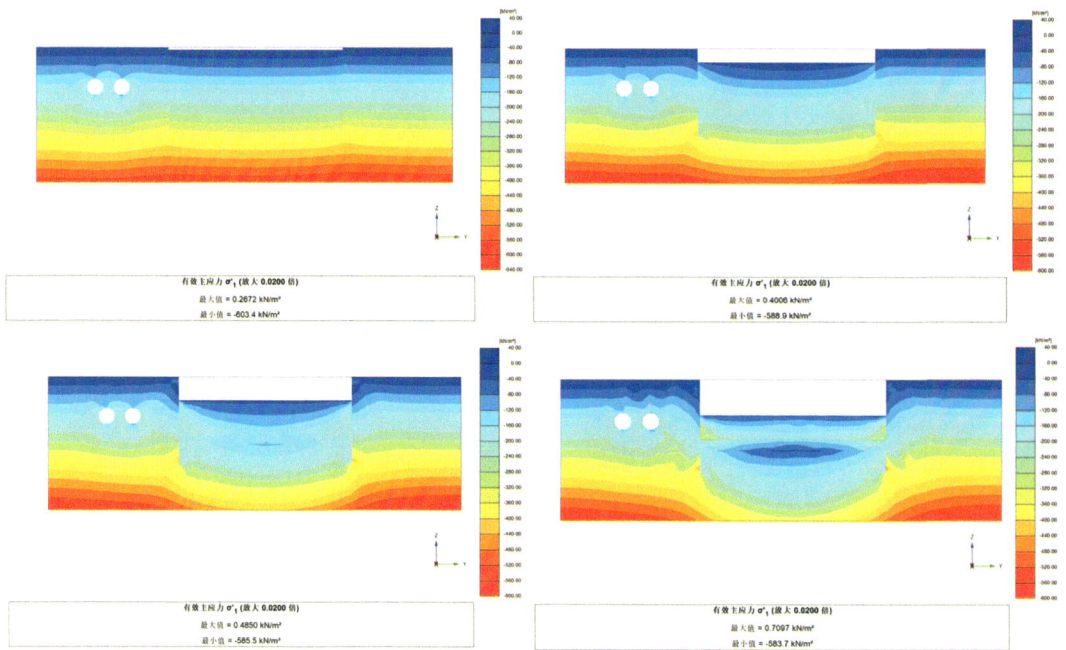

图 6.4.4　有效应力场分析结果

3）工况 1 土体变形分析结果

工况 1 土体变形分析结果如图 6.4.5 所示。

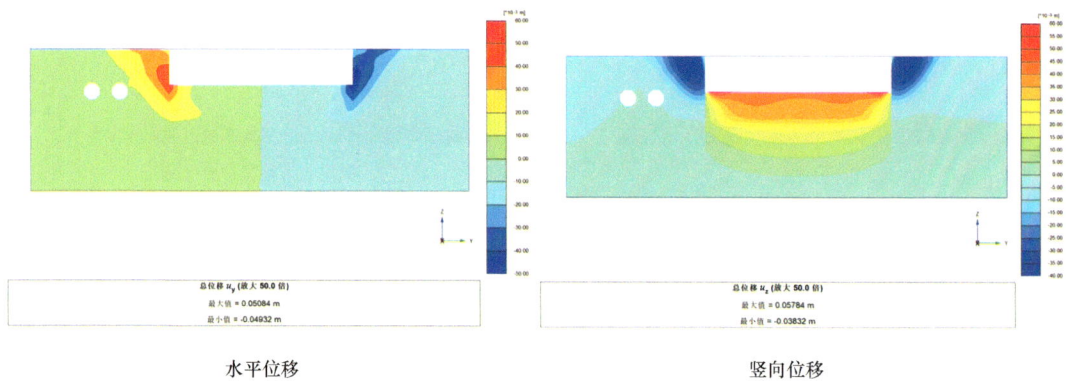

水平位移　　　　　　　　　　　　　　竖向位移

图 6.4.5　工况 1 土体变形分析结果

4）工况 2 土体变形分析结果

工况 2 土体变形分析结果如图 6.4.6 所示。

5）工况 3 土体变形分析结果

工况 3 土体变形分析结果如图 6.4.7 所示。

6）围护结构变形分析结果

如图 6.4.8 所示，随着预加轴力的增加，临近基坑侧的围护结构最大水平位移逐渐减小：按常规土压力控制支撑轴力，工况 1（围檩线荷载 480kN/m）围护结构的最大水平位移为 52mm；增大支撑轴力至常规土压力的 1.25 倍（围檩线荷载 600kN/m），工况 2

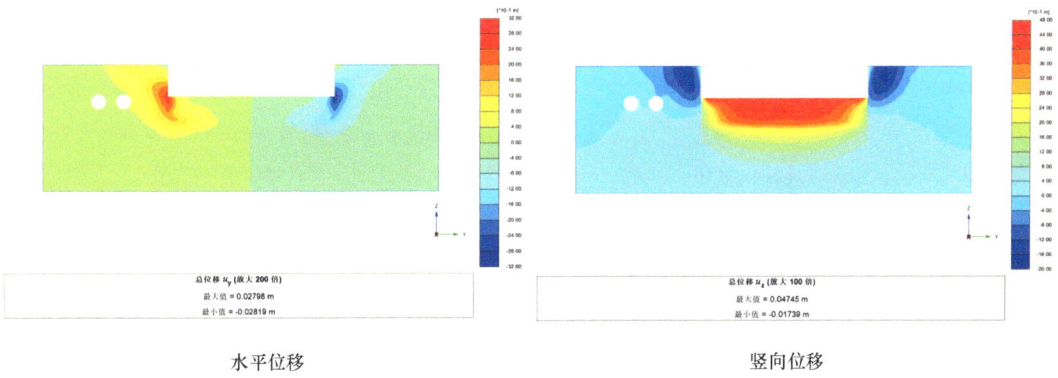

水平位移　　　　　　　　　　　　　　　　竖向位移

图 6.4.6　工况 2 土体变形分析结果

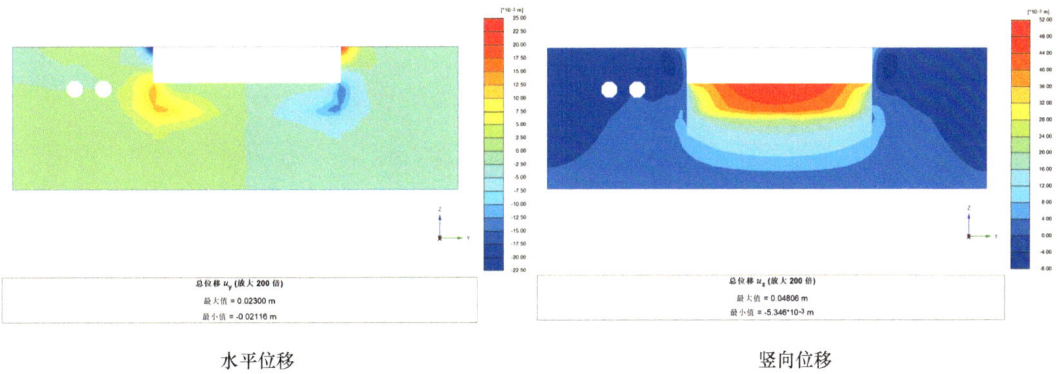

水平位移　　　　　　　　　　　　　　　　竖向位移

图 6.4.7　工况 3 土体变形分析结果

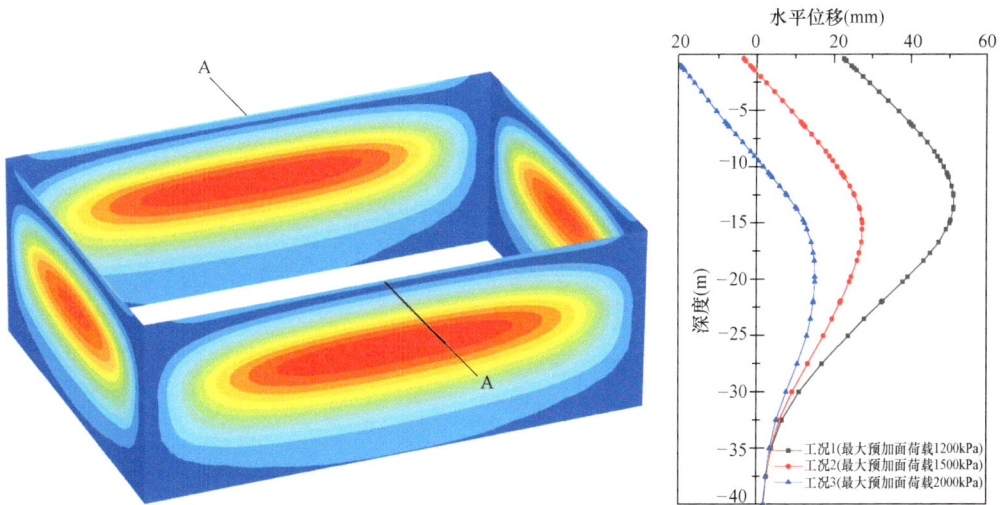

图 6.4.8　各工况围护结构变形分析结果

的最大水平位移为 28mm，减小了 24mm，减幅为 46%；增大支撑轴力至常规土压力的 1.66 倍（围檩线荷载 800kN/m），工况 3 的最大水平位移为 15mm，减小了 37mm，减幅为71%。说明通过增加支撑轴力，能有效地控制围护结构变形。

7）隧道结构水平位移分析结果

如图6.4.9所示，随着预加轴力的增加，临近基坑侧的隧道结构最大水平位移逐渐减小：按常规土压力控制支撑轴力，工况1临近基坑侧的隧道结构最大水平位移为8.1mm；增大支撑轴力至常规土压力的1.25倍，工况2的最大水平位移为6.0mm，减小了2.1mm，减幅为26%；增大支撑轴力至常规土压力的1.66倍，工况3的最大水平位移为1.9mm，减小了6.2mm，减幅为77%。说明通过增加支撑轴力，能有效地控制隧道结构水平变形。远离基坑侧的隧道结构水平变形均很小，说明粉砂土地层中，基坑开挖影响范围较小，只要保持合理的距离，基坑开挖对隧道结构的影响就能得到有效控制。

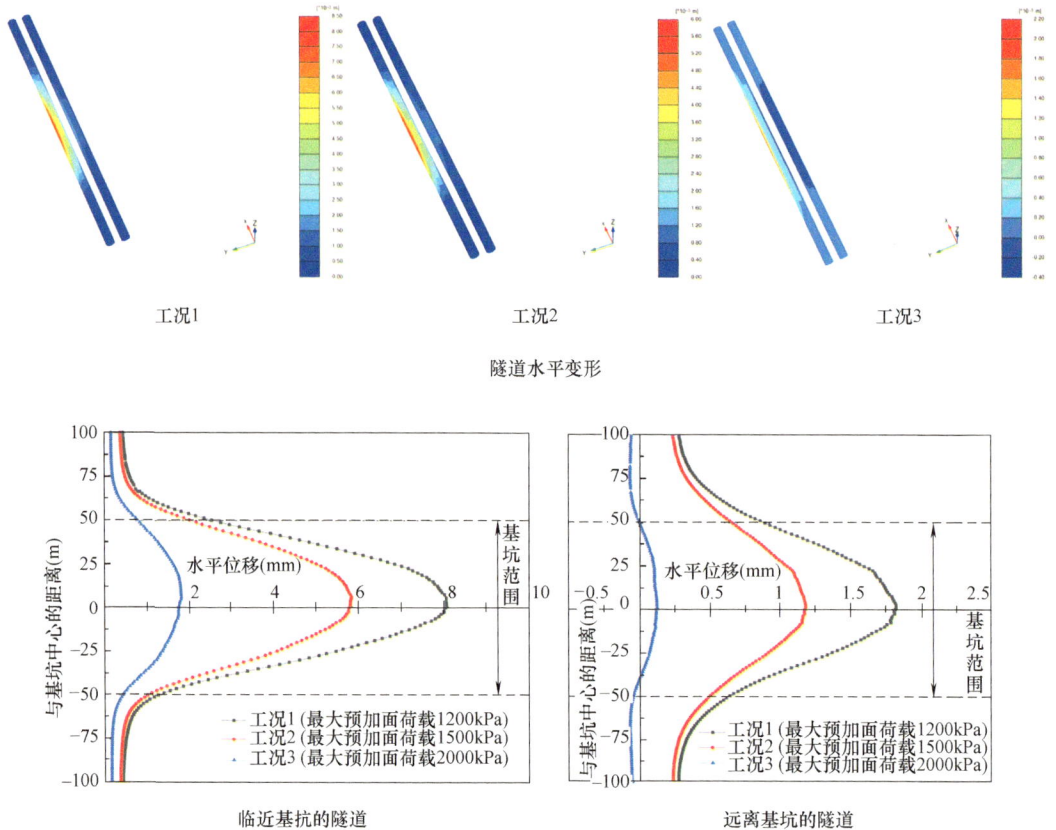

工况1   工况2   工况3

隧道水平变形

临近基抗的隧道   远离基坑的隧道

图6.4.9 隧道结构水平位移分析结果

8）隧道结构竖向位移分析结果

如图6.4.10所示，随着预加轴力的增加，临近基坑侧的隧道结构最大竖向位移（沉降）逐渐减小：按常规土压力控制支撑轴力，工况1临近基坑侧的隧道结构最大竖向位移为4.8mm；增大支撑轴力至常规土压力的1.25倍，工况2的最大水平位移为3.8mm，减小了1mm，减幅为21%；增大支撑轴力至常规土压力的1.66倍，工况3的最大水平位移为1.9mm，减小了2.9mm，减幅为59%。

隧道竖向变形

工况1　　　　　　　　工况2　　　　　　　　工况3

临近基坑的隧道　　　　　　　　　　　远离基坑的隧道

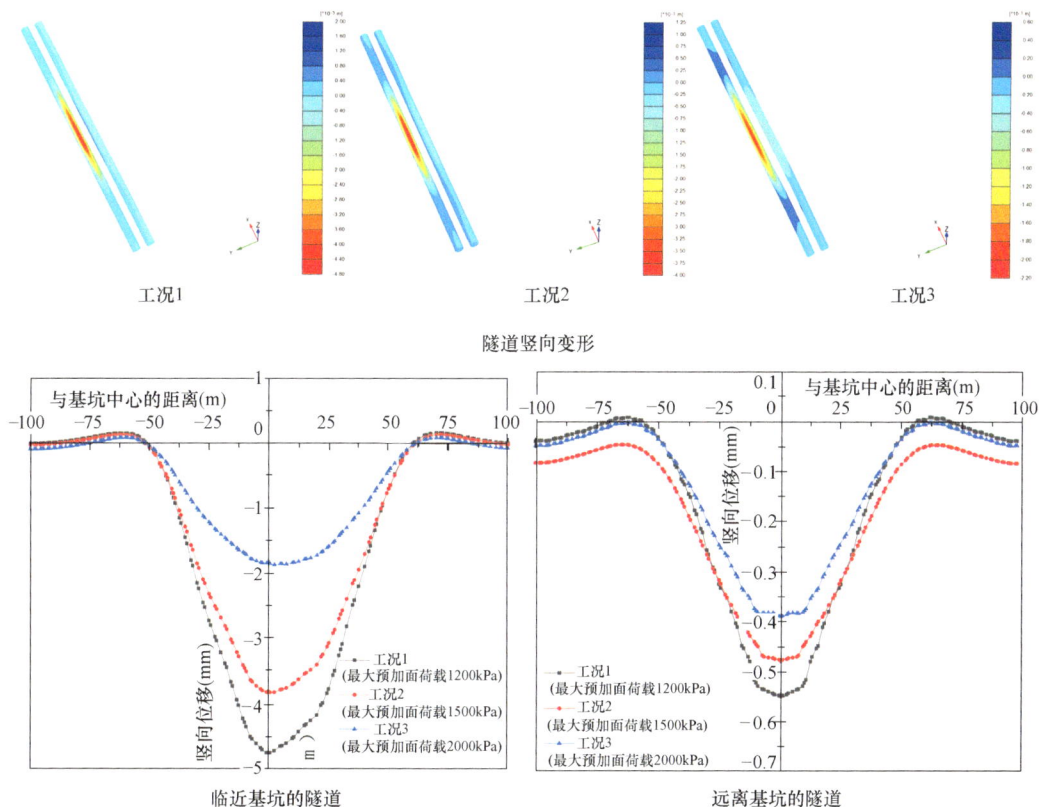

图 6.4.10　隧道结构竖向位移分析结果

9) 隧道结构水平收敛分析结果

如图 6.4.11 所示，随着预加轴力的增加，临近基坑侧的隧道结构最大水平收敛逐渐减小：按常规土压力控制支撑轴力，工况 1 临近基坑侧的隧道结构最大水平收敛为 6.1mm；增大支撑轴力至常规土压力的 1.25 倍，工况 2 的最大水平收敛为 4.6mm，减小了 1.5mm，减幅为 25%；增大支撑轴力至常规土压力的 1.66 倍，工况 3 的最大水平收敛

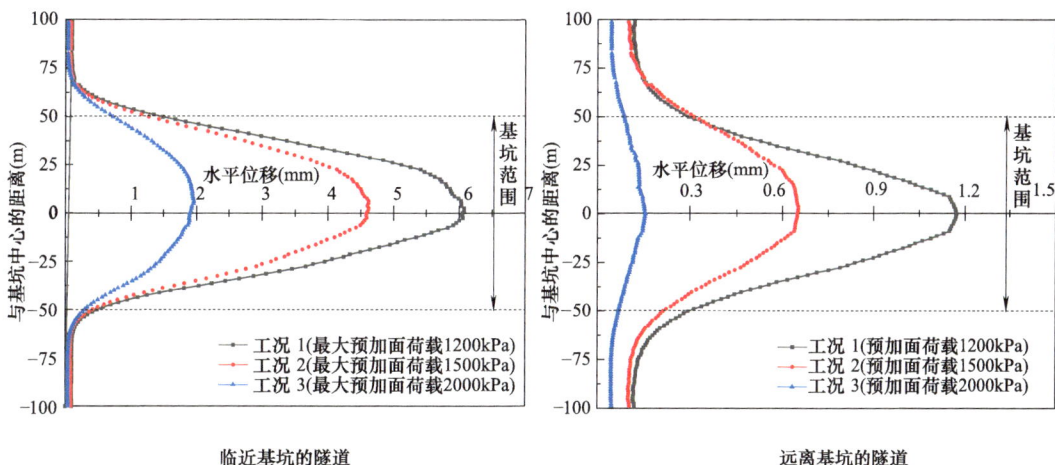

临近基坑的隧道　　　　　　　　　　　远离基坑的隧道

图 6.4.11　隧道结构水平收敛分析结果

为 1.9mm，减小了 4.2mm，减幅为 69％。

10）隧道结构竖向收敛分析结果

如图 6.4.12 所示，随着预加轴力的增加，临近基坑侧的隧道结构最大竖向收敛逐渐减小；按常规土压力控制支撑轴力，工况 1 临近基坑侧的隧道结构最大竖向收敛为 6.4mm；增大支撑轴力至常规土压力的 1.25 倍，工况 2 的最大竖向收敛为 4.8mm，减小了 1.6mm，减幅为 25％；增大支撑轴力至常规土压力的 1.66 倍，工况 3 的最大竖向收敛为 2.2mm，减小了 4.2mm，减幅为 66％。

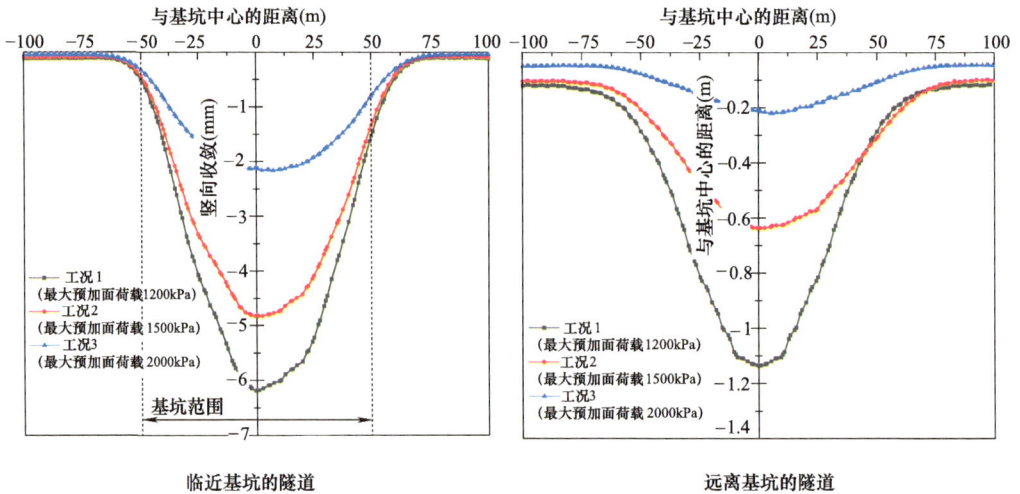

图 6.4.12　隧道结构竖向收敛分析结果

6.4.2　淤泥土地基中主动变形控制分析

淤泥土地基中基坑开挖变形的影响因素要比粉砂土地基中复杂，因此变形控制措施也更加多样。针对淤泥土的变形特性，主动变形控制措施分为：支撑轴力调节、土体加固、减少暴露时间以及分坑开挖等。

1. 算例模型

如图 6.4.13 所示，算例分析模型与粉砂土地基模型几何尺寸一致，基坑尺寸为 100m×

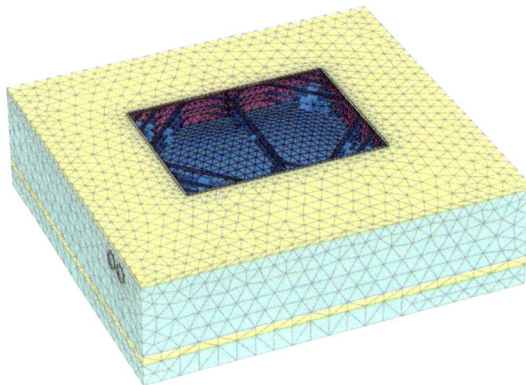

图 6.4.13　淤泥土地基算例模型（一）

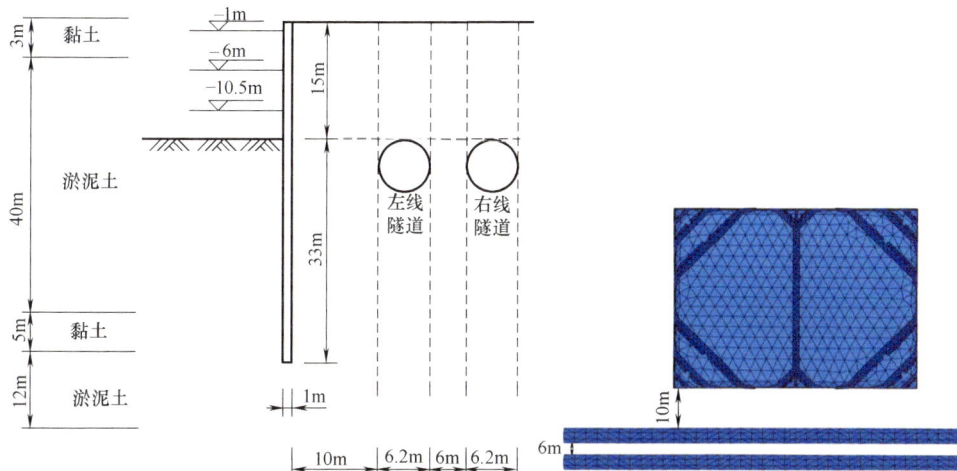

图 6.4.13　淤泥土地基算例模型（二）

80m，挖深为15m，地下连续墙厚度为1m；地下连续墙嵌入比为1∶2.2，嵌入深度为33m。表层3m为黏土层，地下连续墙底部（43～48m）为5m厚黏土层。

2. 土体参数

土体计算参数如表6.4.4、表6.4.5所示。

淤泥土计算参数　　　　　　　　　　　　　　　　　　　　表6.4.4

淤泥土物理力学指标					
初始孔隙比 e_0	初始饱和重度 γ_{sat}(kN/m^3)	静止土压力系数 k_0	非饱和重度 γ_{unsat} (kN/m^3)	渗透系数 $k_x=k_y=k_z$ (m/d)	排水类型
1.5	17	0.66	17	5×10^{-4}	不排水 (A)

HSS模型										
E_{50}^{ref} (MPa)	E_{oed}^{ref} (MPa)	E_{ur}^{ref} (MPa)	m	v_{ur}	R_f	c_{ref}' (kPa)	φ' (°)	Ψ (°)	$\gamma_{0.7}$	G_0^{ref} (MPa)
3	2	15	0.5	0.2	0.9	10	20	0	0.0002	80

黏性土计算参数　　　　　　　　　　　　　　　　　　　　表6.4.5

黏性土物理力学指标					
初始孔隙比 e_0	初始饱和重度 γ_{sat}(kN/m^3)	静止土压力系数 k_0	非饱和重度 γ_{unsat} (kN/m^3)	渗透系数 $k_x=k_y=k_z$ (m/d)	排水类型
0.75	18	0.55	18	5×10^{-5}	不排水 (A)

HSS模型										
E_{50}^{ref} (MPa)	E_{oed}^{ref} (MPa)	E_{ur}^{ref} (MPa)	m	v_{ur}	R_f	c_{ref}' (kPa)	φ' (°)	Ψ (°)	$\gamma_{0.7}$	G_0^{ref} (MPa)
10	6	30	0.5	0.3	0.9	20	27	0	0.0002	100

3. 模拟工况

通过围檩传递至地下连续墙上的面荷载来替代实际支撑轴力，围檩高度为0.4m，面荷载施加面积为：长边100m×0.4m、短边80m×0.4m。如表6.4.6所示，分三种工况进行主动变形控制效果分析：

工况1，按常规土压力控制支撑轴力，最大围檩土压力线荷载为400kN/m；

工况2，支撑轴力为常规土压力的1.5倍，最大围檩土压力线荷载增大为600kN/m；

工况3，支撑轴力为常规土压力的2.0倍，最大围檩土压力线荷载增大为800kN/m。

各工况预加轴力值　　　　　　　　表6.4.6

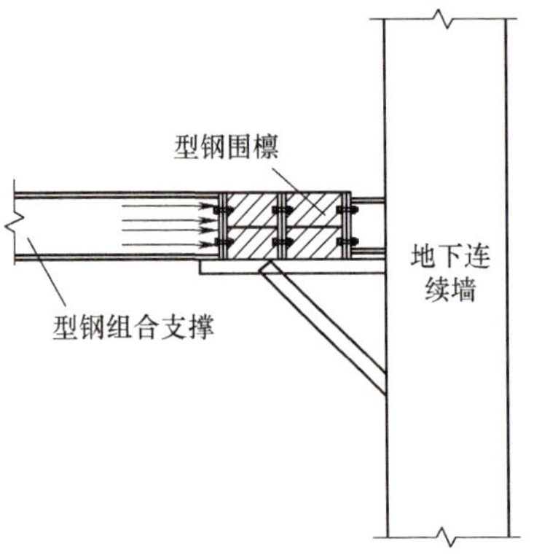

工况	支撑	轴力面荷载 (kPa)	围檩土压力 (kN/m)	对撑轴力 (kN)	角撑轴力 (kN)
工况1	第一层	500	200	6000	4000
	第二层	1200	400	12000	8000
	第三层	1200	400	12000	8000
工况2	第一层	500	200	6000	4000
	第二层	1500	600	18000	12000
	第三层	1500	600	18000	12000
工况3	第一层	500	200	6000	4000
	第二层	2000	800	24000	16000
	第三层	2000	800	24000	16000

（图中标注：型钢围檩、型钢组合支撑、地下连续墙）

模拟施工步：

初始阶段

Step 1　生成初始应力场

Step 2　建立地下连续墙、邻近隧道

Step 3　重置位移为零

变形阶段

Step 4　土方开挖至第一层支撑底部（标高-1m，固结时间为30d）

Step 5　第一层型钢组合支撑施加500kPa面荷载预应力

Step 6　土方开挖至第二层支撑底部（标高-6m，固结时间为30d）

Step 7　第二层型钢组合支撑施加（工况1为1000kPa面荷载、工况2为1500kPa面荷载、工况3为2000kPa面荷载）

Step 8　土方开挖至第三层支撑顶部（标高-10.5m，固结时间为30d）

Step 9　第三层型钢组合支撑施加（工况1为1000kPa面荷载、工况2为1500kPa面荷载、工况3为2000kPa面荷载）

Step 10　土方开挖至基坑底部（标高-15m）

Step 11　浇筑底板

4. 主动变形控制分析结果

1）超静孔压场分析结果

超静孔压分析结果如图6.4.14所示。

2）有效应力场分析结果

有效应力场分析结果如图6.4.15所示。

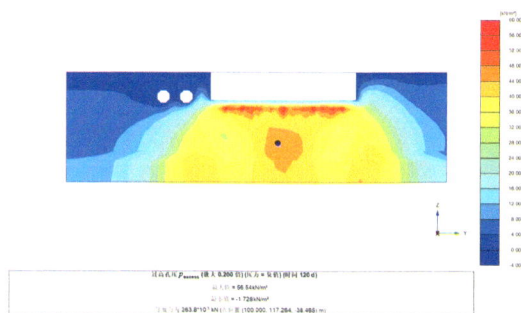

图 6.4.14　开挖至坑底的超静孔压

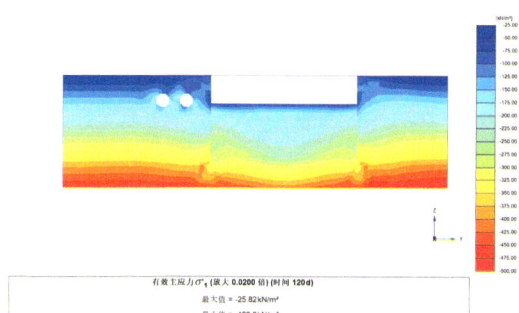

图 6.4.15　开挖至坑底的有效应力

3）土体变形分析结果

各工况开挖至坑底的土体变形分析结果如图 6.4.16 所示。

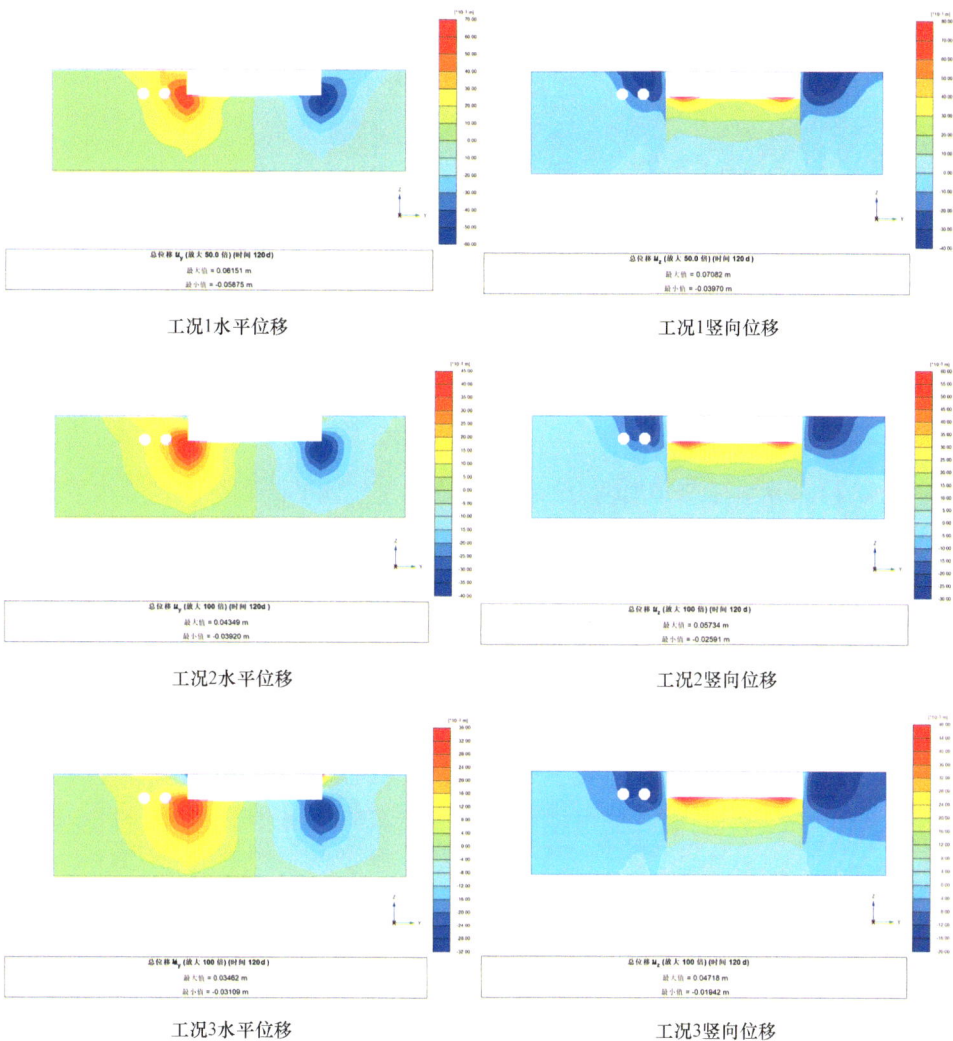

工况1水平位移

工况1竖向位移

工况2水平位移

工况2竖向位移

工况3水平位移

工况3竖向位移

图 6.4.16　各工况开挖至坑底的土体位移

4）围护结构变形分析结果

如图 6.4.17 所示，随着预加轴力的增加，围护结构的最大水平位移逐渐减小：按常规土压力控制支撑轴力，工况 1（围檩线荷载 400kN/m）围护结构的最大水平位移为 62mm；增大支撑轴力至常规土压力的 1.5 倍（围檩线荷载 600kN/m），工况 2 的最大水平位移为 44mm，减小 18mm，减幅为 29%；增大支撑轴力至常规土压力的 2.0 倍（围檩线荷载 800kN/m），工况 3 的最大水平位移为 35mm，减小 27mm，减幅为 44%。说明通过增加支撑轴力，能有效地减小围护结构变形。

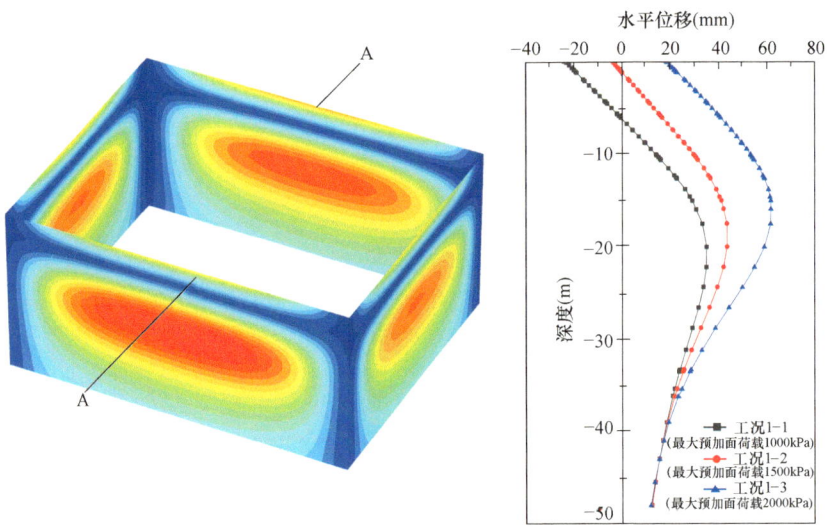

图 6.4.17　围护结构变形分析结果

5）隧道结构水平位移分析结果

如图 6.4.18 所示，随着预加轴力的增加，临近基坑侧的隧道结构最大水平位移逐渐减小：按常规土压力控制支撑轴力，工况 1 临近基坑侧的隧道结构最大水平位移为 38.7mm；增大支撑轴力至常规土压力的 1.5 倍，工况 2 的最大水平位移为 24.5mm，减

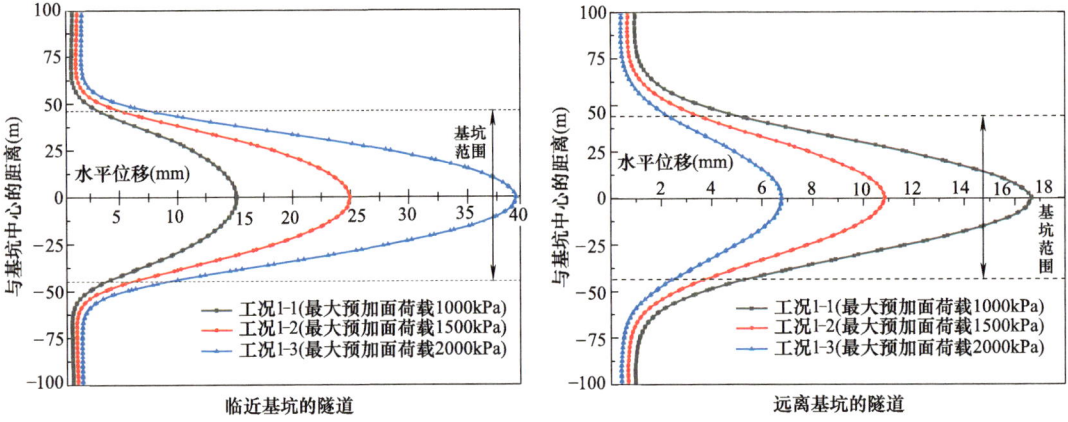

图 6.4.18　隧道结构水平位移分析结果

小 12.4mm，减幅为 37％；增大支撑轴力至常规土压力的 2.0 倍，工况 3 的最大水平位移
为 15.7mm，减小 32mm，减幅为 60％。说明在淤泥土地层中：隧道结构变形受基坑开挖
影响要远大于粉砂土地层；虽然通过增加支撑轴力，能有效地减小隧道结构水平变形，但
变形仍然较大；远离基坑侧的隧道结构水平变形也较大，说明淤泥土地层中基坑开挖影响
范围很广，即使离基坑的距离较远，隧道结构也会受到较大的影响。因此，在淤泥土地层
中，除了需要通过加大支撑轴力的方式来控制变形，还需要辅助其他的措施。

　　6）隧道结构竖向位移分析结果

　　如图 6.4.19 所示，随着预加轴力的增加，临近基坑侧的隧道结构最大竖向位移（沉
降）逐渐减小：按常规土压力控制支撑轴力，工况 1 临近基坑侧的隧道结构最大竖向位移
为 31.5mm；增大支撑轴力至常规土压力的 1.5 倍，工况 2 的最大竖向位移为 23.0mm，
减小 8.5mm，减幅为 27％；增大支撑轴力至常规土压力的 2.0 倍，工况 3 的最大竖向位
移为 19.0mm，减小 12.5mm，减幅为 40％。

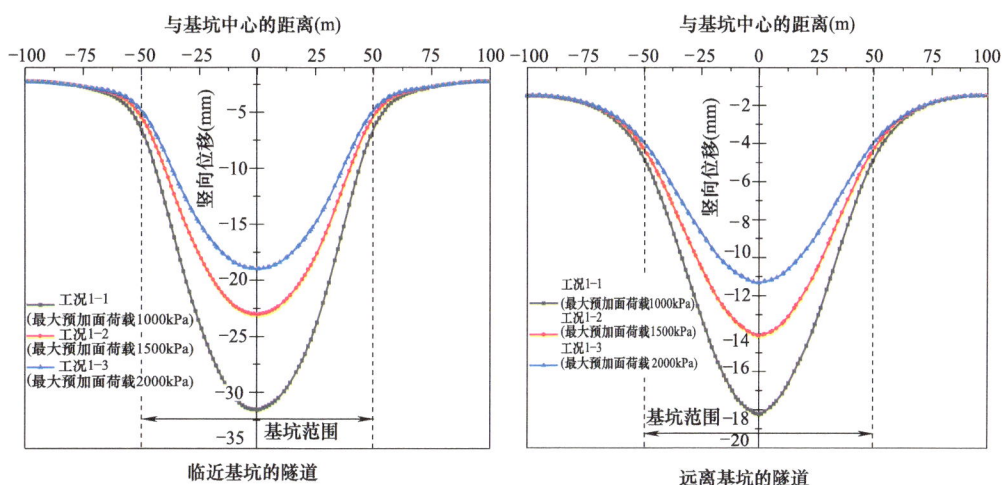

图 6.4.19　隧道结构竖向位移分析结果

　　7）隧道结构水平收敛分析结果

　　如图 6.4.20 所示，随着预加轴力的增加，临近基坑侧的隧道结构最大水平收敛逐渐
减小：按常规土压力控制支撑轴力，工况 1 临近基坑侧的隧道结构最大水平收敛为
15.0mm；增大支撑轴力至常规土压力的 1.5 倍，工况 2 的最大水平收敛为 10.4mm，减
小 4.6mm，减幅为 31％；增大支撑轴力至常规土压力的 2.0 倍，工况 3 的最大水平收敛
为 6.8mm，减小 8.2mm，减幅为 55％。

　　8）隧道结构竖向收敛分析结果

　　如图 6.4.21 所示，随着预加轴力的增加，临近基坑侧的隧道结构最大竖向收敛逐渐
减小：按常规土压力控制支撑轴力，工况 1 临近基坑侧的隧道结构最大竖向收敛为
13.6mm；增大支撑轴力至常规土压力的 1.5 倍，工况 2 的最大竖向收敛为 9.6mm，减小
4mm，减幅为 29％；增大支撑轴力至常规土压力的 2.0 倍，工况 3 的最大竖向收敛为
6.4mm，减小 7.2mm，减幅为 53％。

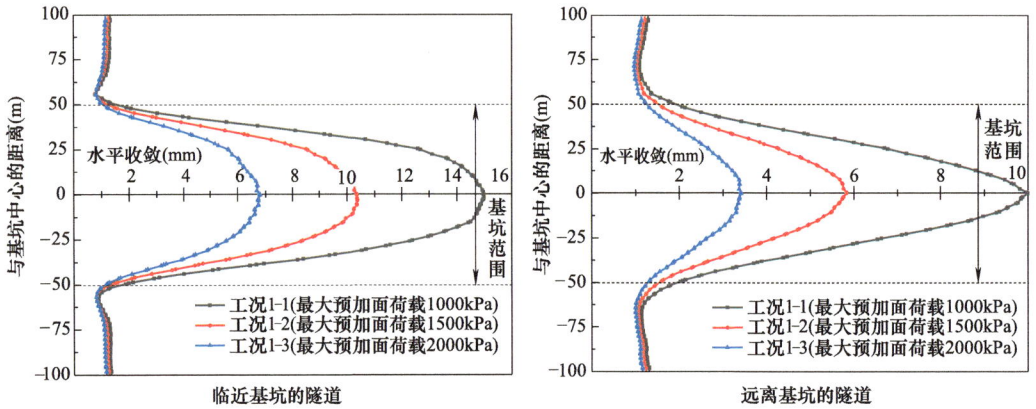

图 6.4.20　隧道结构水平收敛分析结果

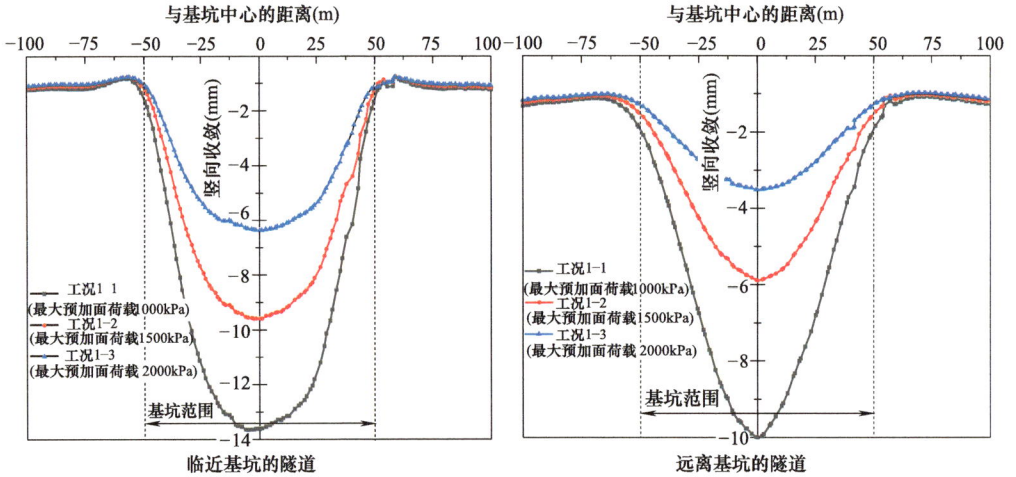

图 6.4.21　隧道结构竖向收敛分析结果

5. 被动区加固影响分析结果

如图 6.4.22 所示，土体加固方式分为：工况 2-1 不设坑底加固；工况 2-2 设置坑底裙边加固（宽 5m、高 5m）；工况 2-3 设置坑底裙边加固（宽 5m、高 5m）和抽条加固（高 5m、宽 6m、间距 6m）。每层土的开挖及支撑施工时间为 30d，即每个开挖步骤的固结时

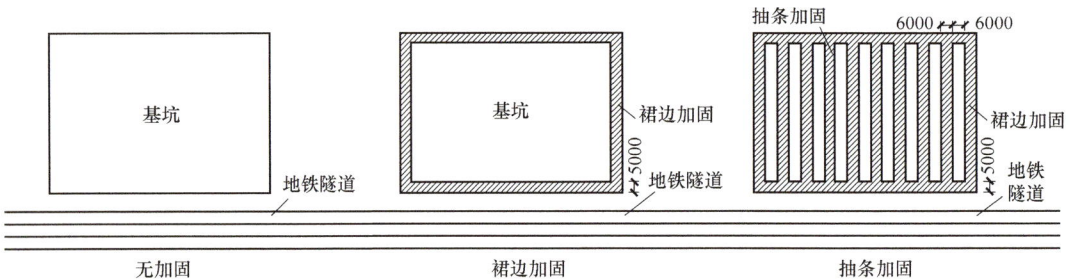

图 6.4.22　地基土加固方式

间为 30d。支撑轴力按常规土压力的 2.0 倍控制，即第一层支撑施加 500kPa 面荷载（围檩线荷载 200kN/m），第二、三层支撑施加 2000kPa 面荷载（围檩线荷载 800kN/m）。

加固土质量的离散型较大、施工质量不易保障，因此加固土的计算参数不宜取值太高，本次计算对加固土土体刚度和强度指标做了一定折减（表 6.4.7）。

加固土计算参数　　　　　　　　　表 6.4.7

加固土物理力学指标					
初始孔隙比 e_0	初始饱和重度 γ_{sat}（kN/m³）	静止土压力系数 k_0	非饱和重度 γ_{unsat}（kN/m³）	渗透系数 $k_x=k_y=k_z$（m/d）	排水类型
0.25	20	0.5	20	5×10^{-7}	不排水（A）

HSS 模型										
E_{50}^{ref}（MPa）	E_{oed}^{ref}（MPa）	E_{ur}^{ref}（MPa）	m	v_{ur}	R_f	c'_{ref}（kPa）	φ'（°）	Ψ（°）	$\gamma_{0.7}$	G_0^{ref}（MPa）
20	15	90	0.6	0.2	0.9	100	30	0	0.0002	200

1）超静孔压场分析结果

超静孔压场分析结果如图 6.4.23 所示。

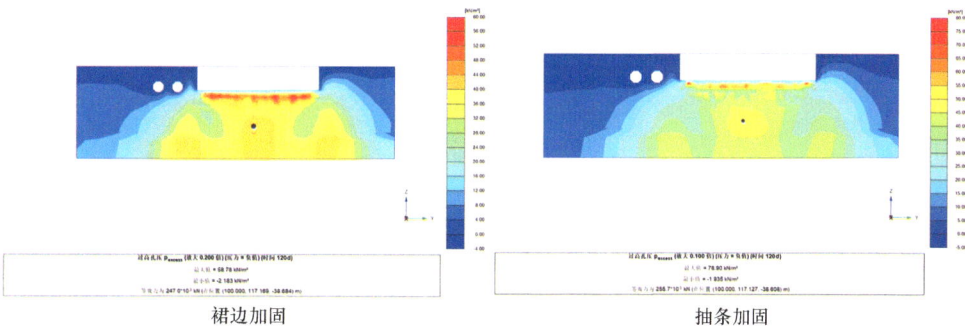

裙边加固　　　　　　　　　　　　　抽条加固

图 6.4.23　开挖至坑底的超静孔压场

2）有效应力场分析结果

有效应力场分析结果如图 6.4.24 所示。

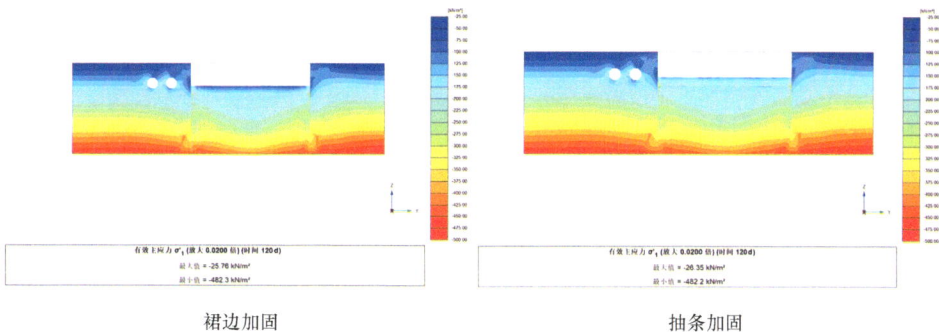

裙边加固　　　　　　　　　　　　　抽条加固

图 6.4.24　开挖至坑底的有效应力场

3）土体变形分析结果

土体变形分析结果如图 6.4.25 所示。

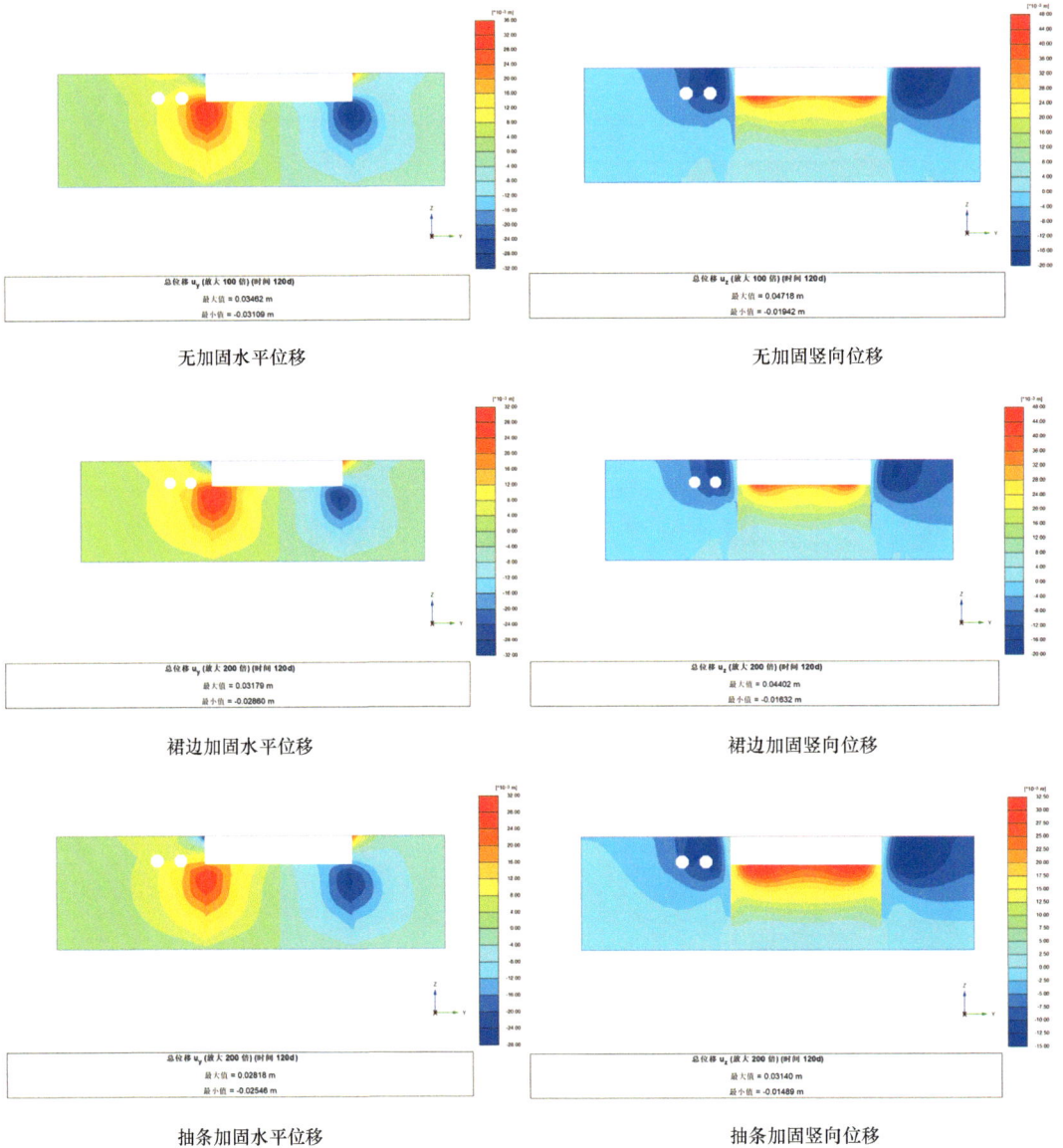

无加固水平位移

无加固竖向位移

裙边加固水平位移

裙边加固竖向位移

抽条加固水平位移

抽条加固竖向位移

图 6.4.25　开挖至坑底的土体位移场

4）围护结构变形分析结果

如图 6.4.26 所示，不做基底被动区加固，临近基坑侧的最大水平位移为 35mm；裙边加固，最大水平位移为 32mm，减小 3mm，减幅为 9%；抽条加固，最大水平位移为 29mm，减小 6mm，减幅为 17%。采用增大支撑轴力控制变形的措施后，对于深厚淤泥土地基中的宽大基坑，基底加固能减小围护结构的变形，但效果不显著。

5）隧道结构水平位移分析结果

如图 6.4.27 所示，不做基底被动区加固，临近基坑侧的隧道结构最大水平位移为

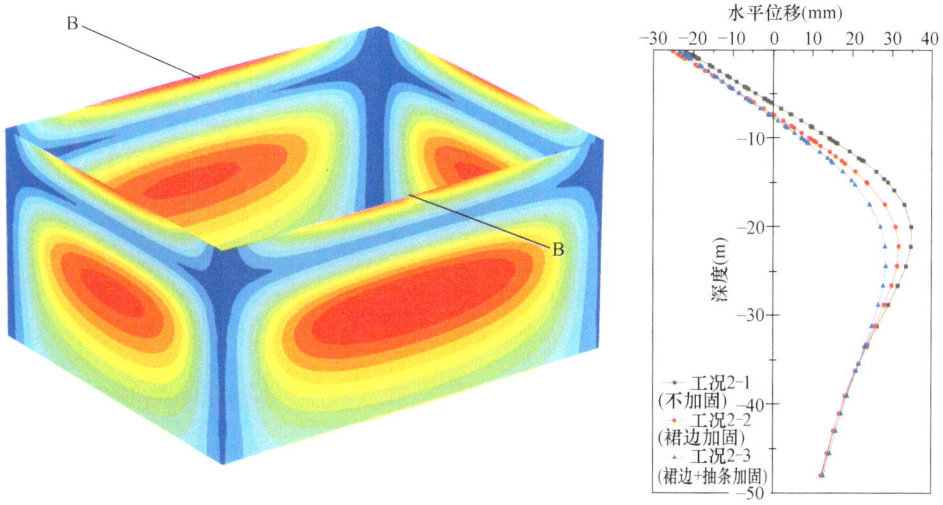

图 6.4.26　围护结构水平位移

15.7mm；裙边加固，最大水平位移为 12.3mm，减小 3.4mm，减幅为 22％；抽条加固，最大水平位移为 10.7mm，减小 5mm，减幅为 32％。当采用增大支撑轴力控制变形的措施后，对于深厚淤泥土地基中的宽大基坑，基底加固能一定程度地减小临近隧道结构的水平变形。

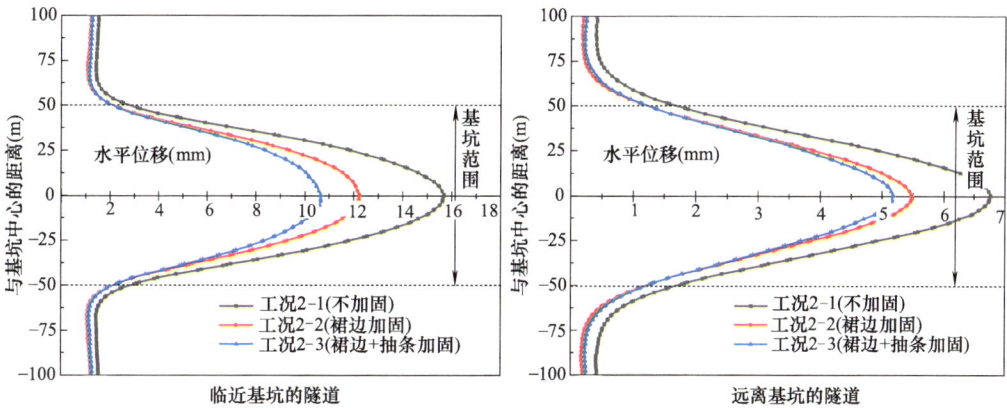

图 6.4.27　隧道结构水平位移

6）隧道结构竖向位移分析结果

如图 6.4.28 所示，不做基底被动区加固，临近基坑侧的隧道结构最大竖向位移为 19.0mm；裙边加固，最大水平位移为 15.6mm，减小 3.4mm，减幅为 18％；抽条加固，最大水平位移为 14.1mm，减小 4.9mm，减幅为 26％。

7）隧道结构水平收敛分析结果

如图 6.4.29 所示，不做基底被动区加固，临近基坑侧的隧道结构最大水平收敛为 6.8mm；裙边加固，最大水平收敛为 5.2mm，减小 1.6mm，减幅为 24％；抽条加固，最大水平收敛为 4.3mm，减小 2.5mm，减幅为 37％。

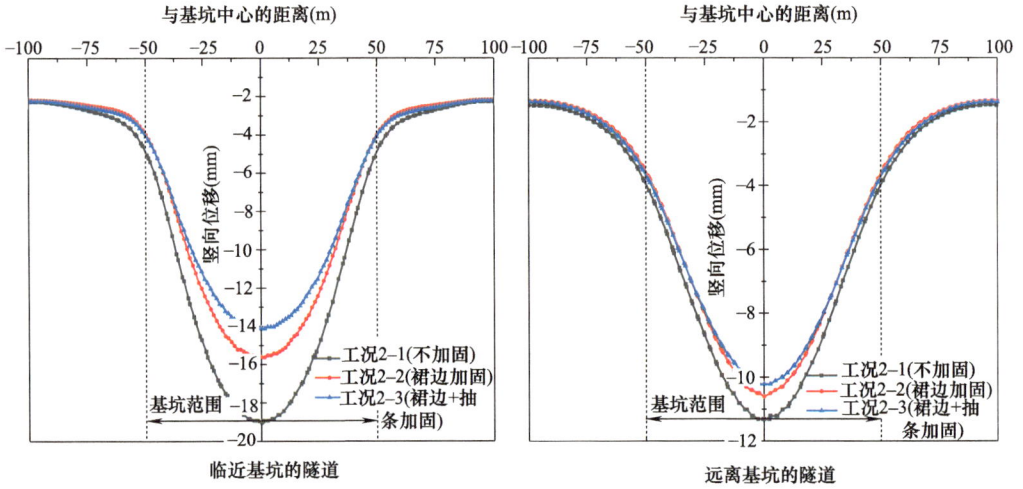

图 6.4.28　隧道结构竖向位移

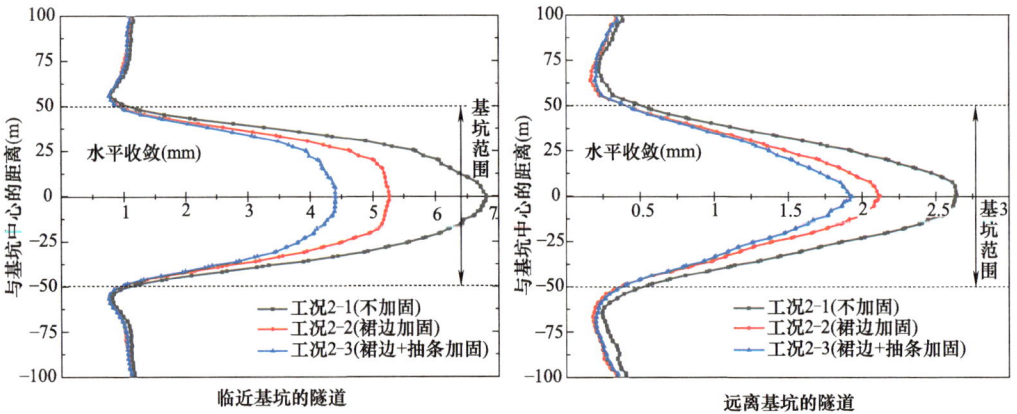

图 6.4.29　隧道结构水平收敛

8）隧道结构竖向收敛分析结果

如图 6.4.30 所示，不做基底被动区加固，临近基坑侧的隧道结构最大竖向收敛为 6.4mm；裙边加固，最大竖向收敛为 4.9mm，减小 1.5mm，减幅为 23%；抽条加固，最大竖向收敛为 4.0mm，减小 2.4mm，减幅为 38%。

6. 基底暴露时间影响分析结果

淤泥土的变形与超静孔压的消散和软土蠕变特性有关，因此控制基底暴露时间，也是减小基坑变形的一种重要措施。每层土的开挖及支撑施工时间分为三种情况：工况 3-1 每个开挖步骤固结 15d（总工期 60d）、工况 3-2 每个开挖步骤固结 30d（总工期 120d）、工况 3-3 每个开挖步骤固结 90d（总工期 360d）。支撑轴力按常规土压力的 2.0 倍控制，即第一层支撑施加 500kPa 面荷载（围檩线荷载 200kN/m），第二、三层支撑施加 2000kPa 面荷载（围檩线荷载 800kN/m）。支撑分担了大部分的侧向土压力，基底土的侧向受力较小，因此不考虑软土的蠕变特性，仅考虑固结效应。不考虑基底加固措施。

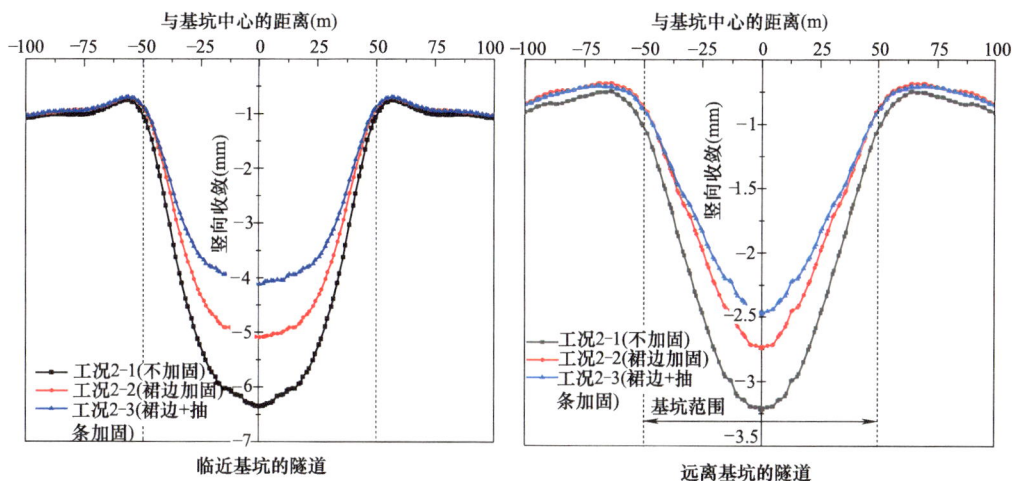

临近基坑的隧道

远离基坑的隧道

图 6.4.30　隧道结构竖向收敛

1）超静孔压场分析结果

超静孔压场分析结果如图 6.4.31 所示。

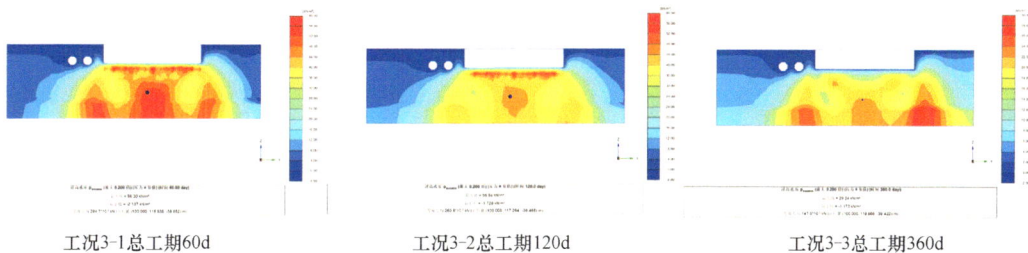

工况3-1总工期60d　　工况3-2总工期120d　　工况3-3总工期360d

图 6.4.31　开挖至坑底的超静孔压

2）有效应力场分析结果

有效应力场分析结果如图 6.4.32 所示。

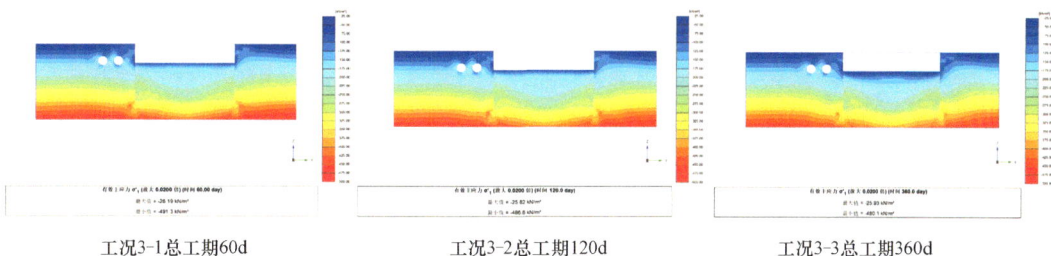

工况3-1总工期60d　　工况3-2总工期120d　　工况3-3总工期360d

图 6.4.32　开挖至坑底的有效应力

3）土体变形分析结果

各工况土体变形分析结果如图 6.4.33 所示。

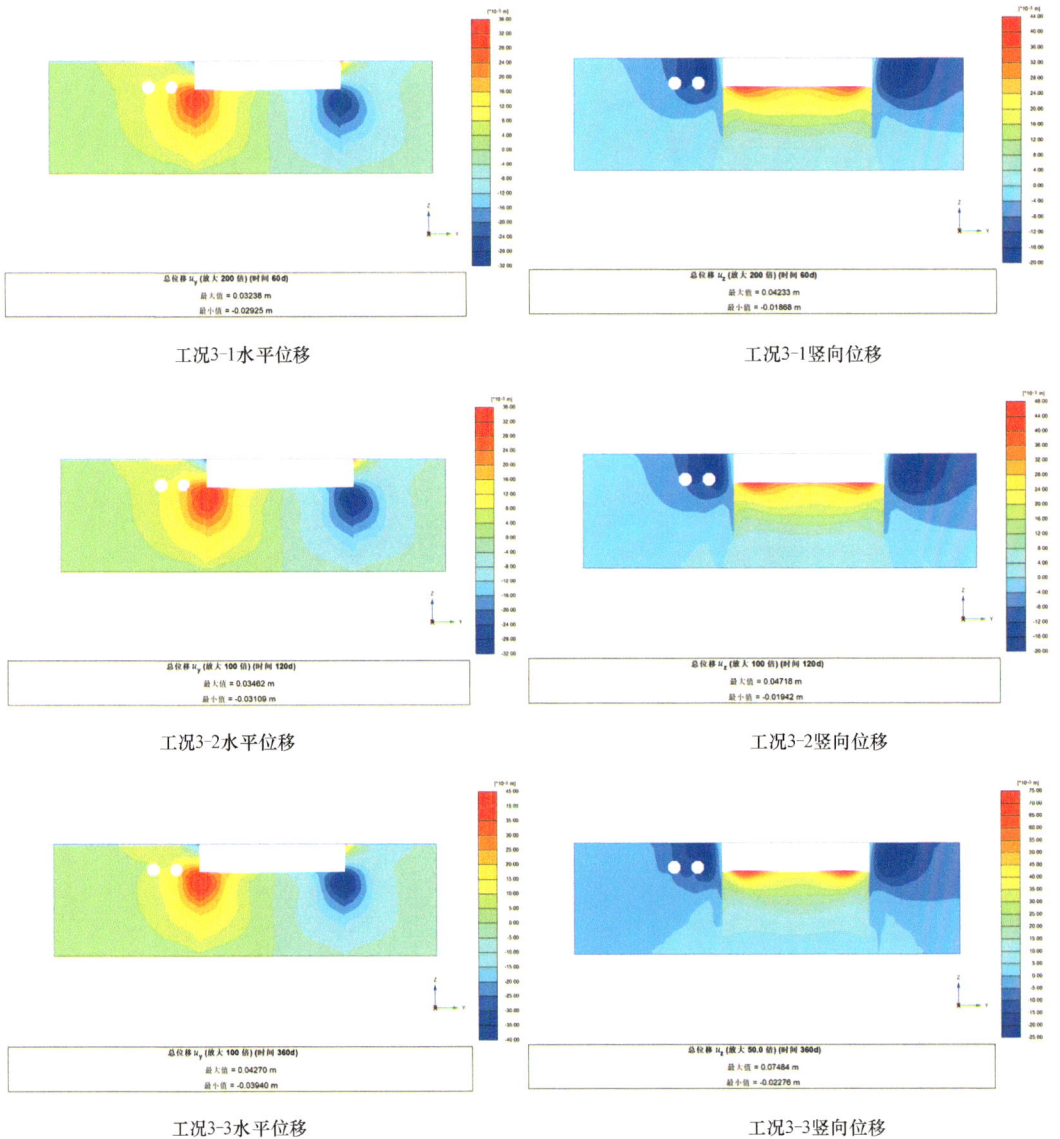

工况3-1水平位移 工况3-1竖向位移

工况3-2水平位移 工况3-2竖向位移

工况3-3水平位移 工况3-3竖向位移

图 6.4.33 各工况土体变形分析结果

4）围护结构变形分析结果

如图 6.4.34 所示，淤泥土的变形特性具有显著的时间效应，施工速度快、基坑暴露时间短，基坑变形小：每个开挖步骤固结 15d（总工期 60d），围护结构的最大水平位移为 32mm；每个开挖步骤固结 30d（总工期 120d），围护结构的最大水平位移为 35mm，增大 3mm，增幅为 9％；每个开挖步骤固结 90d（总工期 360d），围护结构的最大水平位移为 43mm，增大 11mm，增幅为 26％。本次分析采用了增大支撑轴力控制变形的措施，因此基底土所受的侧向压力较小，未考虑蠕变效应，因此时间效应体现得不是非常显著。

5）隧道结构水平位移分析结果

如图 6.4.35 所示，每个开挖步骤固结 15d（总工期 60d），临近基坑侧的隧道结构最

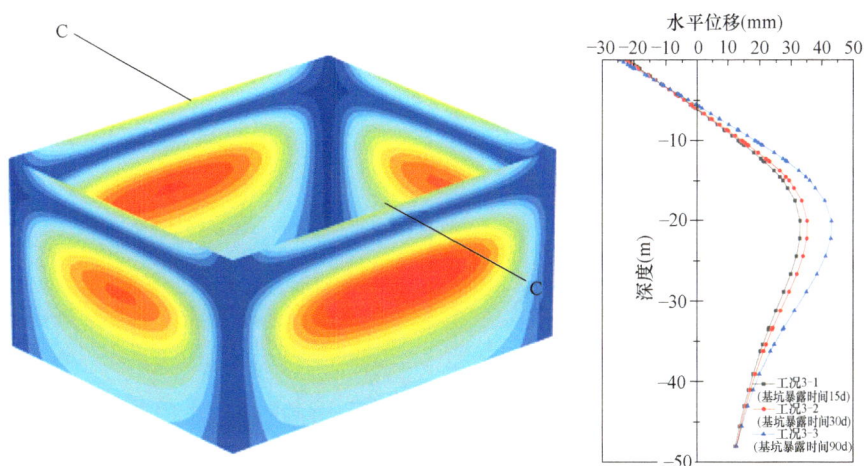

图 6.4.34　围护结构水平位移

大水平位移为 15.0mm；每个开挖步骤固结 30d（总工期 120d），隧道结构的最大水平位移为 15.7mm，增大 0.7mm，增幅为 4%；每个开挖步骤固结 90d（总工期 360d），隧道结构的最大水平位移为 18.3mm，增大 3.3mm，增幅为 21%。

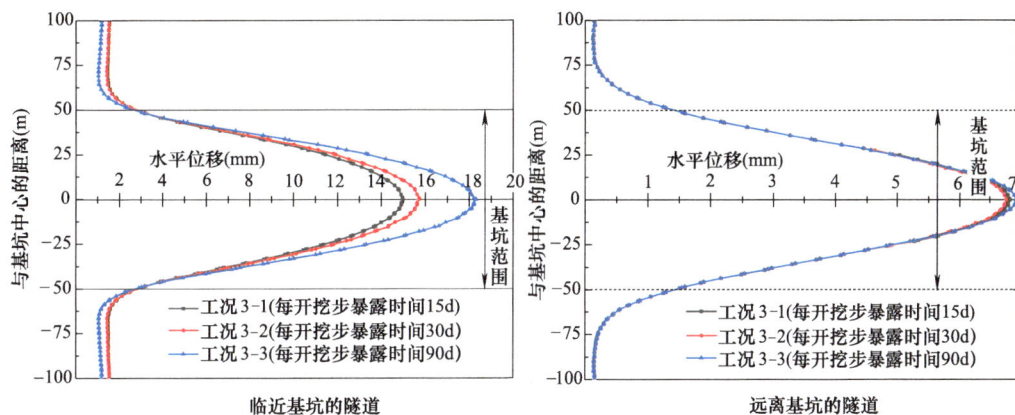

图 6.4.35　隧道结构水平位移

6）隧道结构竖向位移分析结果

如图 6.4.36 所示，每个开挖步骤固结 15d（总工期 60d），临近基坑侧的隧道结构最大竖向位移为 17.4mm；每个开挖步骤固结 30d（总工期 120d），隧道结构的最大竖向位移为 19.0mm，增大 1.6mm，增幅为 9%；每个开挖步骤固结 90d（总工期 360d），隧道结构的最大竖向位移为 19.8mm，增大 2.4mm，增幅为 14%。

7）隧道结构水平收敛分析结果

如图 6.4.37 所示，每个开挖步骤固结 15d（总工期 60d），临近基坑侧的隧道结构最大水平收敛为 6.3mm；每个开挖步骤固结 30d（总工期 120d），隧道结构的最大水平收敛为 6.8mm，增大 0.5mm，增幅为 8%；每个开挖步骤固结 90d（总工期 360d），隧道结构的最大水平收敛为 8.3mm，增大 2mm，增幅为 32%。

深基坑型钢组合支撑与变形控制技术

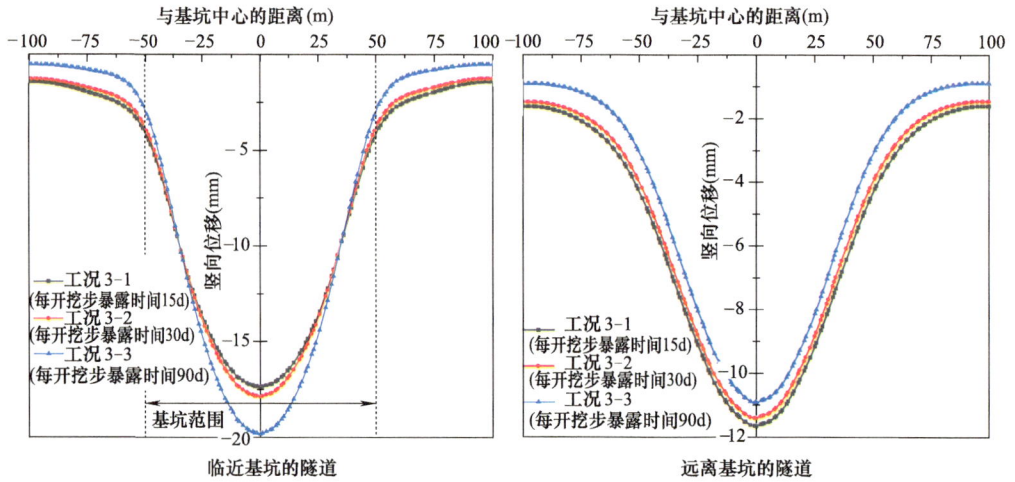

图 6.4.36 隧道结构竖向位移

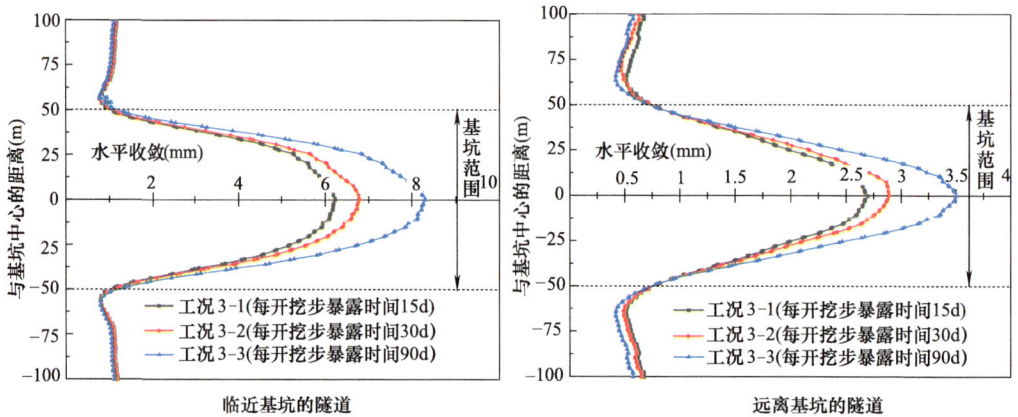

图 6.4.37 隧道结构水平收敛

8）隧道结构竖向收敛分析结果

如图 6.4.38 所示，每个开挖步骤固结 15d（总工期 60d），临近基坑侧的隧道结构最大水平收敛为 5.2mm；每个开挖步骤固结 30d（总工期 120d），隧道结构的最大水平收敛为 6.4mm，增大 1.2mm，增幅为 23％；每个开挖步骤固结 90d（总工期 360d），隧道结构的最大水平收敛为 7.8mm，增大 2.6mm，增幅为 50％。

7. 分坑施工影响分析结果

分坑施工也是减小基坑变形的一种重要措施，利用空间效应，减少单次卸荷量所带来的变形影响；利用空间效应，减小基坑跨度、增强支护结构和地基土的刚度。如图 6.4.39 所示，分坑施工也分为三种情况：工况 4-1 不分坑、工况 4-2 平行隧道方向分坑、工况 4-3 垂直隧道方向分坑。每个开挖步骤固结 30d（总工期 120d）。支撑轴力按常规土压力的 2.0 倍控制，即第一层支撑施加 500kPa 面荷载（围檩线荷载 200kN/m），第二、三层支撑施加 2000kPa 面荷载（围檩线荷载 800kN/m）。地基土不加固。

与基坑中心的距离(m)　　　　　　与基坑中心的距离(m)

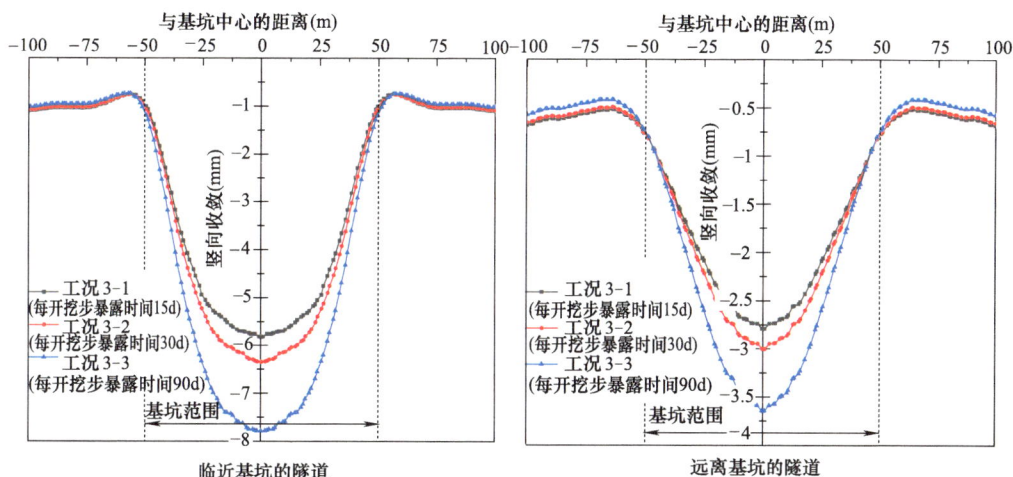

临近基坑的隧道　　　　　　　　远离基坑的隧道

图6.4.38　隧道结构竖向收敛

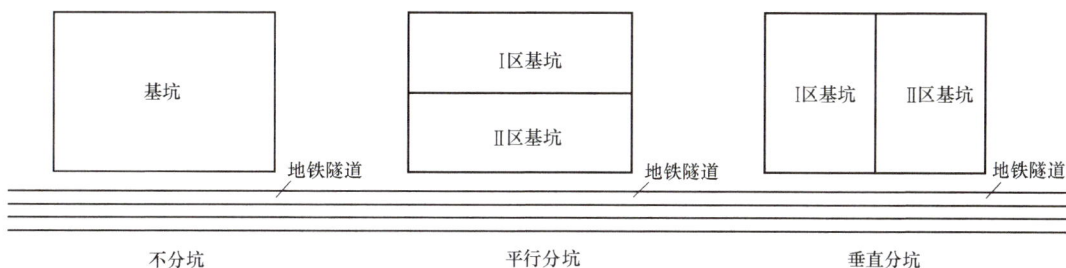

不分坑　　　　　　平行分坑　　　　　　垂直分坑

图6.4.39　分坑方式

分坑施工步骤：

初始阶段

Step 1　生成初始应力场

Step 2　建立地下连续墙、邻近隧道

Step 3　重置位移为零

变形阶段

Step 4　Ⅰ区基坑土方开挖至第一层支撑底部（标高−1m，固结时间为30d）

Step 5　Ⅰ区基坑第一层型钢组合支撑施加500kPa面荷载

Step 6　Ⅰ区基坑土方开挖至第二层支撑底部（标高−6m，固结时间为30d）

Step 7　Ⅰ区基坑第二层型钢组合支撑施加2000kPa面荷载

Step 8　Ⅰ区基坑土方开挖至第三层支撑底部（标高−10.5m，固结时间为30d）

Step 9　Ⅰ区基坑第三层型钢组合支撑施加2000kPa面荷载

Step 10　Ⅰ区基坑土方开挖至基坑底部（标高−15m）

Step 11　Ⅰ区基坑底板浇筑

Step 12　Ⅱ区基坑土方开挖至第一层支撑底部（标高−1m，固结时间为30d）

Step 13　Ⅱ区基坑第一层型钢组合支撑施加500kPa面荷载

Step 14　Ⅱ区基坑土方开挖至第二层支撑底部（标高−6m，固结时间为30d）

Step 15　Ⅱ区基坑第二层型钢组合支撑施加 2000kPa 面荷载

Step 16　Ⅱ区基坑土方开挖至第三层支撑底部（标高－10.5m，固结时间为 30d）

Step 17　Ⅱ区基坑第三层型钢组合支撑施加 2000kPa 面荷载

Step 18　Ⅱ区基坑土方开挖至基坑底部（标高－15m）

Step 19　Ⅱ区基坑底板浇筑

1）超静孔压场分析结果

超静孔压场分析结果如图 6.4.40 所示。

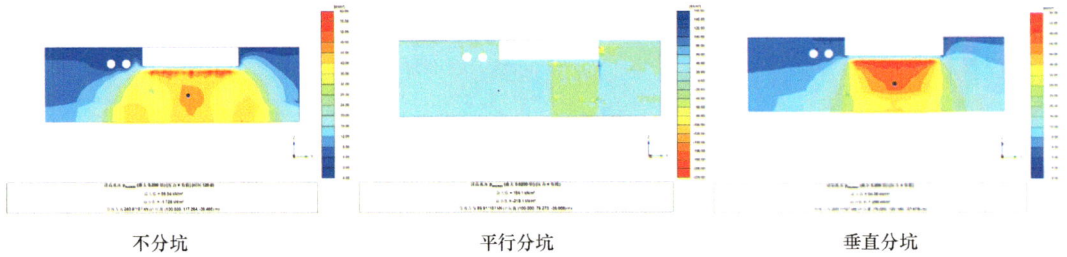

不分坑　　　　　　　　平行分坑　　　　　　　　垂直分坑

图 6.4.40　开挖至坑底的超静孔压

2）有效应力场分析结果

有效应力场分析结果如图 6.4.41 所示。

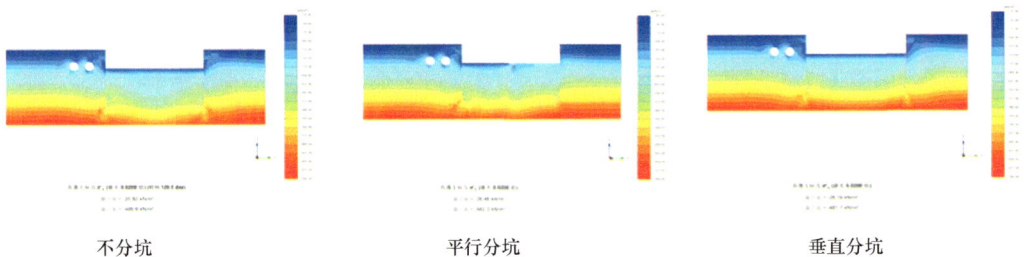

不分坑　　　　　　　　平行分坑　　　　　　　　垂直分坑

图 6.4.41　开挖至坑底的有效应力

3）土体变形分析结果

各工况土体变形分析结果如图 6.4.42 所示。

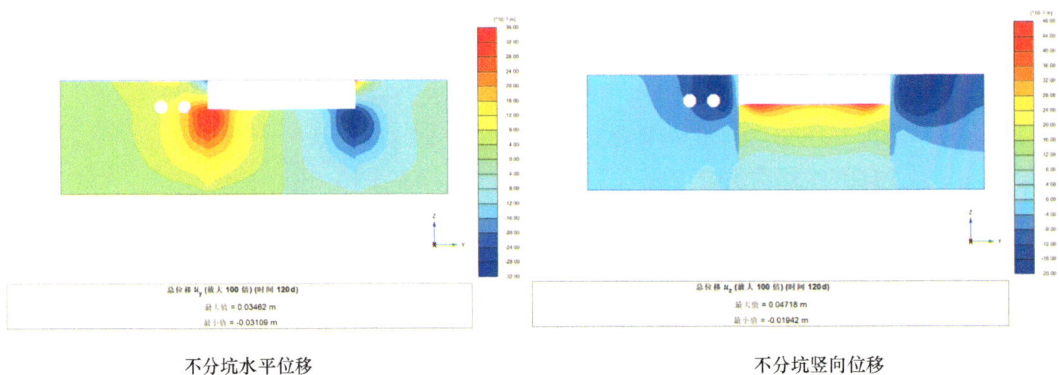

不分坑水平位移　　　　　　　　　　　　不分坑竖向位移

图 6.4.42　开挖至坑底的土体位移场（一）

平行分坑水平位移

平行分坑竖向位移

垂直分坑水平位移

垂直分坑竖向位移

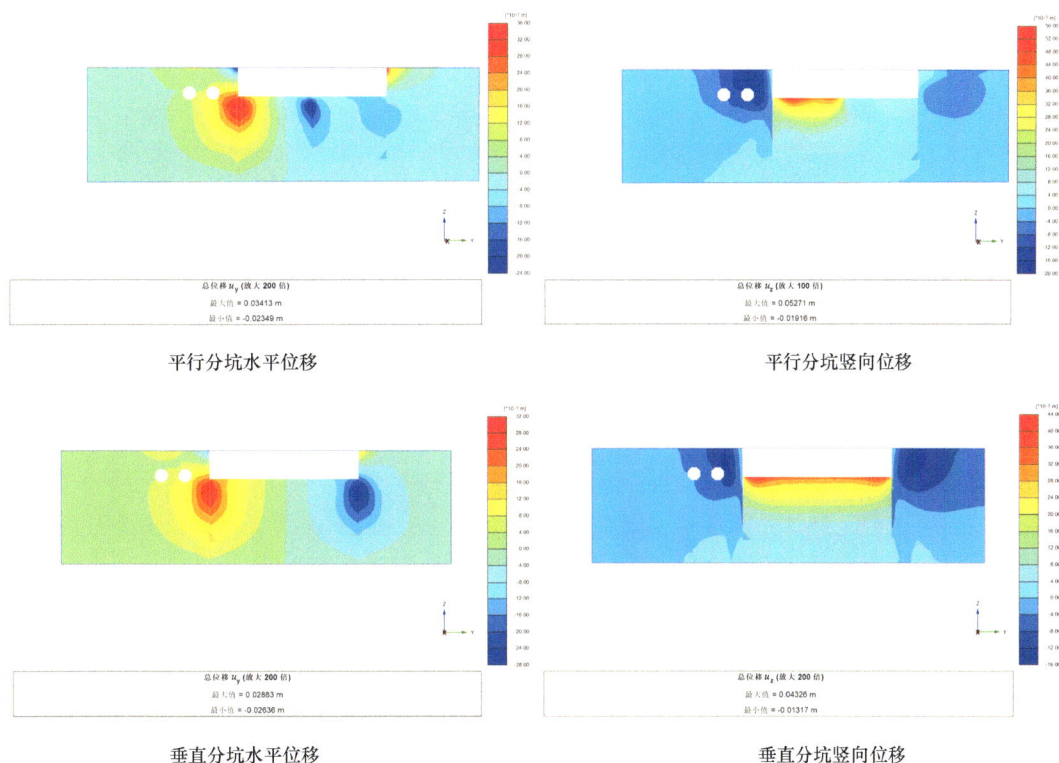

图 6.4.42 开挖至坑底的土体位移场（二）

4）围护结构变形分析结果

如图 6.4.43 所示，不分坑施工，围护结构的最大水平位移为 35mm；平行隧道分坑施工，沿地铁侧最大围护结构水平位移 34.5mm，几乎无影响；垂直隧道分坑施工，沿地铁侧最大围护结构水平位移 29.1mm，减小 6mm，降幅为 17%。分坑施工，虽然围护结构的最大水平位移变化不大，但分坑位置受中隔墙侧向刚度的影响，围护结构变形急剧降低。

5）隧道结构水平位移分析结果

如图 6.4.44 所示，不分坑施工，临近基坑侧的隧道结构最大水平位移为 15.7mm；平行隧道分坑施工，隧道结构的最大水平位移为 14.8mm，减小 0.9mm，降幅为 6%；垂直隧道结构分坑施工，隧道结构的最大水平位移为 5.7mm，减小 10mm，降幅为 64%。分坑施工最显著的效果在于增设了一道中隔墙，中隔墙强大的侧向刚度，能最有效地减小分坑位置的基坑变形，从而降低临近隧道结构的变形。

6）隧道结构竖向位移分析结果

如图 6.4.45 所示，不分坑施工，临近基坑侧的隧道结构最大竖向位移为 19.0mm；平行隧道分坑施工，隧道结构的最大竖向位移为 18.3mm，减小 0.7mm，降幅为 4%；垂直隧道结构分坑施工，隧道结构的最大竖向位移为 11.7mm，减小 7.3mm，降幅为 38%。

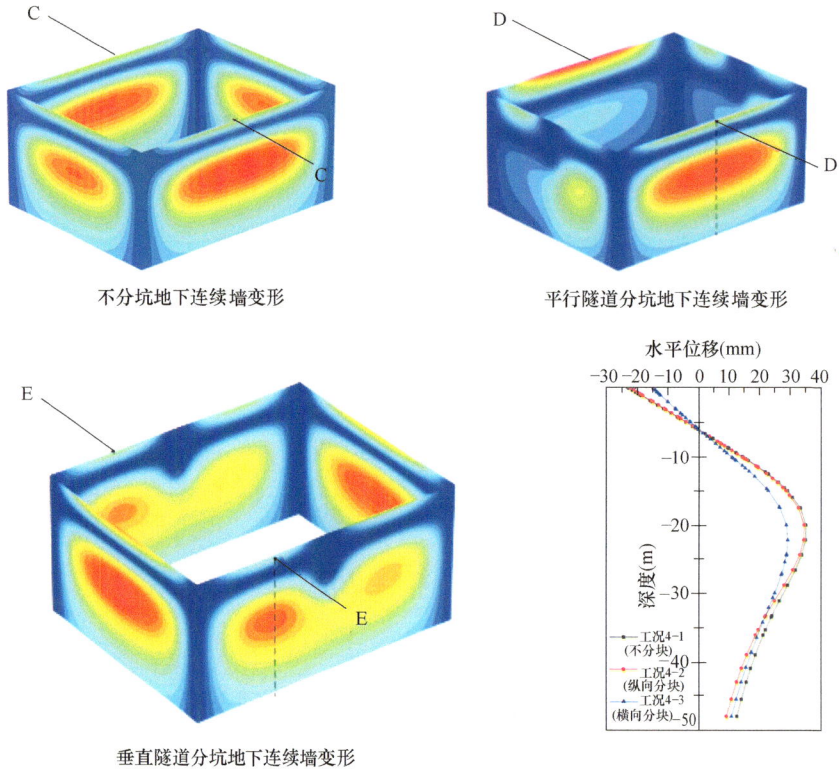

不分坑地下连续墙变形

平行隧道分坑地下连续墙变形

垂直隧道分坑地下连续墙变形

图 6.4.43　围护结构水平位移

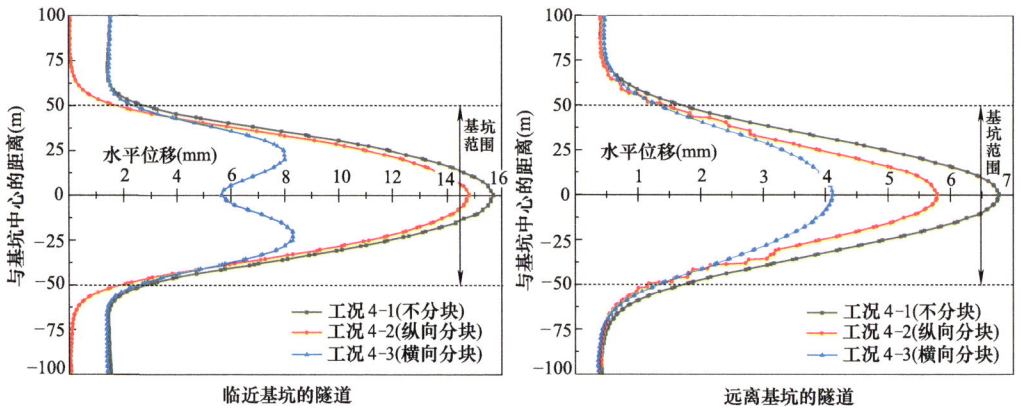

临近基坑的隧道

远离基坑的隧道

图 6.4.44　隧道结构水平位移

7) 隧道结构水平收敛分析结果

如图 6.4.46 所示，不分坑施工，临近基坑侧的隧道结构最大水平收敛为 6.3mm；平行隧道分坑施工，隧道结构的最大水平收敛为 6.4mm，基本无影响；垂直隧道结构分坑施工，隧道结构的最大水平收敛为 4.3mm，减小 2mm，降幅为 32%。

8) 隧道结构竖向收敛分析结果

如图 6.4.47 所示，不分坑施工，临近基坑侧的隧道结构最大竖向收敛为 6.4mm；平行隧道分坑施工，隧道结构的最大竖向收敛为 6.5mm，基本无影响；垂直隧道结构分坑

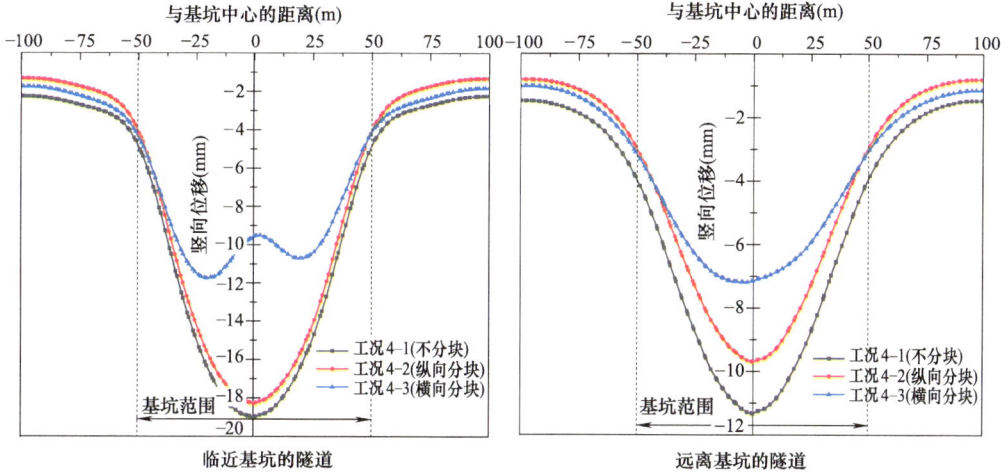

图 6.4.45　隧道结构竖向位移

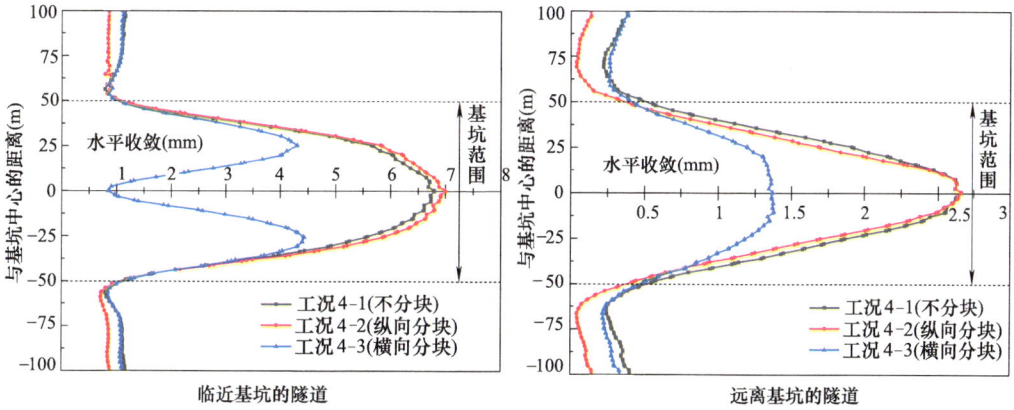

图 6.4.46　隧道结构水平收敛

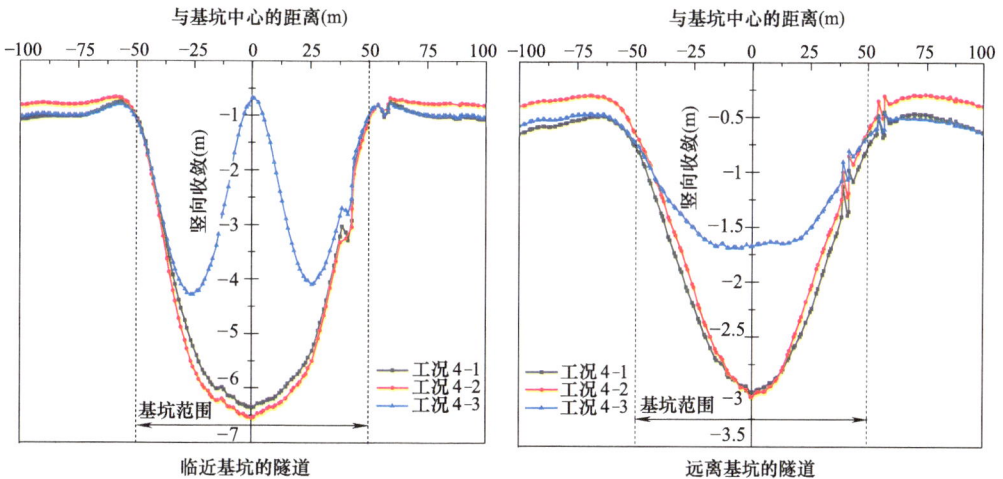

图 6.4.47　隧道结构竖向收敛

施工，隧道结构的最大竖向收敛为 4.3mm，减小 2.1mm，降幅为 33%。

6.4.3 主动变形控制分析小结

主动变形控制方法，应结合土质条件、基坑尺寸和开挖深度、受保护对象与基坑之间的相对关系等情况综合确定，其中土质条件是主要的影响因素。

在砂性土地层中：通过增大支撑轴力的方式，可以有效地控制基坑变形及受保护对象的变形；基坑开挖变形影响范围较小，地基土变形随着距离的增加迅速降低（本次分析中，基坑开挖 15m，基坑 10m 外的隧道结构变形仅为基坑变形的 1/5～1/7，20m 外的隧道结构变形仅为基坑变形的 1/20～1/30），因此只要保持适当的间距，受保护对象的变形就相对可控；根据降水对周边环境影响的分析，若发生渗漏水或降水井出砂率高，导致水土流失，会严重影响周边环境。因此，在砂性土地层中，通过增大支撑轴力的方式，并做好止水措施、防止水土流失，可以有效地控制基坑变形及其对周边环境的影响。

在淤泥土地层中，通过增大支撑轴力的方式，可以有效地减小基坑变形及受保护对象的变形，但对于深大基坑，由于基坑开挖引起的变形量较大，因此仅通过增大支撑轴力的方式，还难以全面控制基坑变形及受保护对象的变形；淤泥土地层中基坑开挖变形影响范围较大，地基土变形随着距离的增加缓慢降低（本次分析中，基坑开挖 15m，基坑 10m 外的隧道结构变形为基坑变形的 40%～60%，20m 外的隧道结构变形为基坑变形的 30%）。因此，在淤泥土地层中，要多种方式结合，方能有效地控制受保护对象变形：除了采用主动变形控制的方法，还需要结合分坑施工、施工进度控制、基底加固等多种措施；同时，要根据基坑开挖深度情况，保持足够的间距，受保护对象的变形才相对可控。

本次分坑模拟分析时，分割桩墙采用的是地下连续墙，如图 6.4.48 所示，墙体的侧向刚度极大。实际工程中，分割桩墙有可能采用的是钻孔灌注桩，在分析模型中需要简化为地下连续墙，因此会夸大分割桩墙的侧向刚度。为充分发挥分割桩墙的侧向刚度约束作用，采用钻孔桩做分割桩墙时，可采用搅拌桩内嵌钻孔桩的方式，如图 6.4.49 所示，提高分割桩墙的整体性和实际侧向刚度。

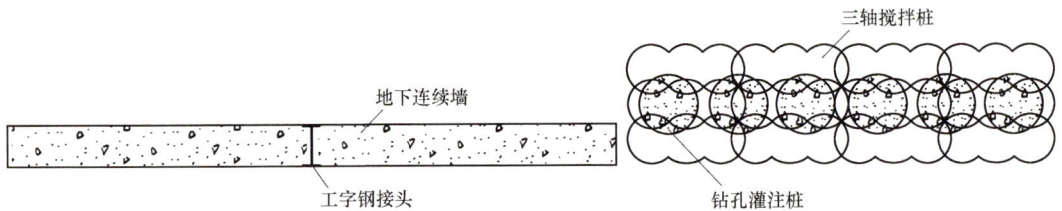

图 6.4.48 地下连续墙　　　　图 6.4.49 钻孔灌注桩

主动变形控制也是一把双刃剑，为满足变形可调节的要求，如图 6.4.50 所示，伺服节点位置需要沿轴向方向自由移动，不能完全固定；同时，还要保证在轴力伺服系统失效时结构体系的稳定性，因此该节点的稳定性非常重要。

除了增设盖板等约束以外，在伺服节点位置，必须采用螺栓连接等方式，将加压件与横梁之间进行有效约束，如图 6.4.51 所示。

支撑轴力也应根据土层情况、围护结构和止水帷幕的形式、支撑稳定性等综合因素合

不采用伺服时保力盒锁死　　　　　　　　伺服节点自由度

采用伺服时增加侧向和竖向贯通盖板

图 6.4.50　伺服节点约束

加压件与横梁之间未约束导致加压后起拱或下坠　　　　　　增设约束

图 6.4.51　伺服节点与横梁的连接约束

理设置，同时还需要根据变形的控制情况，分级加载。如果轴力施加过大或施加不均匀，可能会导致混凝土支撑、围护结构或止水帷幕受损，如图 6.4.52 所示。

图 6.4.52　过大的支撑轴力导致混凝土支撑或冠梁开裂（一）

合理的轴力可以让围护桩与基底土脱开减小基底土侧向压力　过大的轴力导致冠梁开裂　过大的轴力导致第一层混凝土支撑开裂

图 6.4.52　过大的支撑轴力导致混凝土支撑或冠梁开裂 (二)

第7章　装配式围护桩技术

在 100 多年前的 1893 年，因为工业的发展以及人口的增长，高层建筑不断增加。当城市地基条件较差、地表以下存在着厚度较大的软土层，不能直接做天然地基时，当时通用的钢管桩或木桩，必然会产生很大的沉降。于是工程师们借鉴了掘井技术，发明了在人工挖孔中浇筑钢筋混凝土的灌注桩。在 50 年之后，即 20 世纪 40 年代初，随着大功率钻孔机具首先在美国研制成功，钻孔灌注桩就成为一种非常普遍的桩型。

钢板桩与灌注桩几乎同时出现，钢板桩于 20 世纪初在欧洲开始生产，1903 年，日本首次在三井本馆的挡土施工中采用了拉森钢板桩。钢板桩施工对场地要求不高、施工灵活、快速成型，基于这些特殊的性能，1923 年，日本在关东大震灾修复工程中大量采用。20 世纪 50 年代，我国首次从苏联引进，在铁路桥梁围堰施工中使用。随着经济的快速发展、环保要求的提高，各类快捷、高效、环保的装配式施工工法得以认可并发展。

钢板桩有其施工灵活、快速成型、节能环保的优势，也有刚度和强度较弱、桩长受限、振动施工对周边环境的影响、坚硬地层施工困难等缺点。这些缺点导致其在城市环境下的深基坑工程中应用受限，而在环境条件很好的水利、桥梁、道路等行业的围堰、桥台基础、边坡挡墙、管廊等施工中得到广泛应用，如图 7.0.1、图 7.0.2 所示。

图 7.0.1　钢板桩在围堰中广泛采用

·

图 7.0.2　钢板桩与钢支撑组合是桥台最常用的围护形式

为了解决钢板桩长度和刚度不足的问题，发展出多种组合钢板桩技术：钢管桩、钢管桩与拉森钢板桩组合、H 型钢与拉森板桩组合。

7.1　钢管桩技术

如图 7.1.1 所示，钢管桩技术与拉森钢板桩类似，只是截面形式为钢管桩，大直径钢管桩的抗弯刚度可以大大超过普通拉森钢板桩，在钢管桩两侧焊接锁扣，通过锁扣将钢管桩连接成一个整体，起到挡土止水的效果。如图 7.1.2 所示，钢管桩的锁扣形式多种多样：圆形锁扣与圆形锁扣搭接；圆形锁扣与工字形锁扣搭接；方形锁扣与工字形锁扣搭接。钢管桩为闭口环形构件，在城市环境复杂条件下使用钢管桩技术一定要注意施工振动和拔桩带土的影响：当遇到较为坚硬的地层，截面较大的环形闭口构件在插入过程中会遇到较大的土层阻力，必然需要较大的振动荷载方能施工，要解决这一困难，可采用引孔措施，也可采用静压或免共振技术；如图 7.1.3～图 7.1.5 所示，环形闭口构件在回收过程中，桩侧会粘连很多的土体，桩中心的土塞也会随之被带起，容易造成地层扰动和深层土体体积大量损失。如果是粉砂等无黏性土地层，通过振动将土体振落且振实，其影响不大。对于淤泥土，大量的淤泥被带走，即使部分土体被振落回去，但是土的结构性已经被破坏，土体受到严重扰动，工后变形很大；对于黏性土，土塞很难被完全振落，容易出现桩孔空洞的情况，严重影响周边环境安全，由于围护桩的长度要远大于开挖深度，因此地层扰动和体积损失对周边环境的影响范围也要远大于基坑开挖影响范围。

图 7.1.1　钢管桩在桥台支护中的应用

图 7.1.2　钢管桩锁扣形式

图 7.1.3　起拔时桩侧带泥

图 7.1.4　厚重的泥皮与土塞

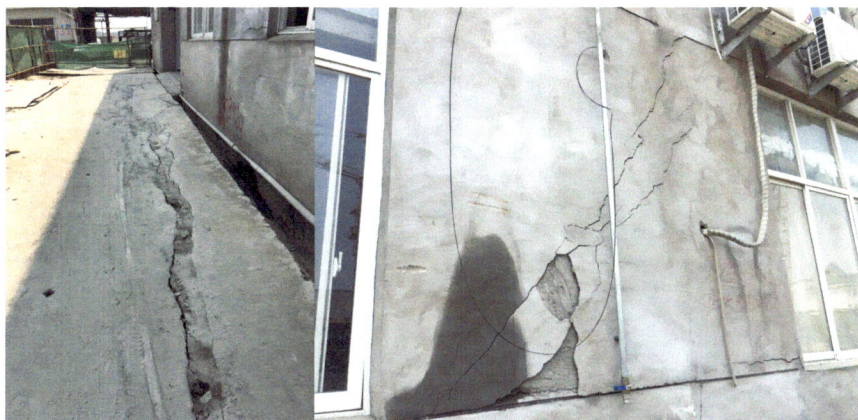

图 7.1.5　对周边环境的影响

7.2　钢管桩与拉森钢板桩组合技术

钢管桩具有截面刚度大的优点，拉森钢板桩有材料轻的优点，如图 7.2.1～图 7.2.3 所示，将两者结合起来（PC 工法），可以起到即保证围护结构刚度，又节约材料的目的。钢管桩与拉森钢板桩组合时，必须采用拉森钢板桩的锁扣形式，由于拉森钢板桩属于工厂化模具生产产品，钢管桩通常采用卷板制作且锁扣为人工焊接，因此两者之间的贴合度很难达到拉森钢板桩之间的贴合程度。这样带来的影响是：锁扣太紧，难以施工；锁扣太松，止水效果差。对于超长钢管桩，为确保钢管桩锁扣能与拉森钢板桩锁扣贴合，需采用定位架准确定位施工。

图 7.2.1　桥台支护中应用

图 7.2.2　基坑支护中应用

图 7.2.3　超长桩采用定位架与振动锤施工

7.3　拉森钢板桩与 H 型钢组合技术

　　H 型钢作为 SMW 工法中的受力构件，充分发挥了强轴方向刚度和承载力大的特点，在相同用钢量的情况下，其刚度和承载力要远大于圆形钢管桩和拉森钢板桩。SMW 工法需要先采用搅拌工艺将土体搅松，再插入 H 型钢；同时，采用水泥土进行止水，搅拌桩机设备庞大，对场地施工条件要求高，需要采用大量的水泥，产生大量的置换土。将 H 型钢与拉森钢板桩进行组合，可以充分发挥 H 型钢强轴抗弯刚度大、承载力高的优势，拉森板桩具有止水作用的特点，施工更加便利、施工效率更高、更加节能环保。H 型钢与拉森钢板桩的组合方式有：与钢管桩类似，在 H 型钢上焊接锁扣，与拉森钢板桩连接；H 型钢不焊接锁扣，在拉森钢板桩的内侧焊上定位卡槽，将 H 型钢固定在拉森钢板桩的内侧。

7.3.1　HUW 工法

　　如图 7.3.1 所示，HUW 工法（型钢钢板连续墙）利用带锁扣的 H 型钢和拉森钢板桩相互连接形成钢板桩墙体，其原理是利用 H 型钢抗弯刚度大的特点，增强通常的拉森钢板桩围护结构。与钢管桩和拉森钢板桩组合方式相同，由于拉森钢板桩属于工厂化模具生产产品，H 型钢的锁扣为人工焊接，因此两者之间的贴合度很难达到拉森钢板桩之间的贴合程度。为确保 H 型钢锁扣能与拉森钢板桩锁扣贴合，须采用定位架准确定位施工。

图 7.3.1　HUW 工法桩施工

7.3.2　HU 工法

　　上述两种组合方式都是通过在钢管和 H 型钢上焊接锁扣，与拉森钢板桩连接，这种做法的优点在于拉森桩与钢管桩和 H 型钢形成组合钢板桩墙，相互连接、相互约束；其缺点在于锁扣连接对桩体精度要求很高，钢管桩和 H 型钢都必须是工厂加工好的整材，在运输和现场施工都受到限制，且材料无法与其他工法通用。

　　组合钢板桩工艺与 SMW 工法的区别在于，一个是利用拉森钢板桩止水、一个是利用水泥土搅拌桩止水，受力结构都是依靠 H 型钢。如图 7.3.2～图 7.3.4 所示，借鉴 SMW 工法的原理，将拉伸钢板桩与 H 型钢相互独立，各司其职。采用整排的拉森钢板桩作为止水结构，在拉森钢板桩内部嵌入 H 型钢作为受力结构，就可以实现 H 型钢的现场焊接。而且，其材料可以与 SMW 工法通用，增强了适用性，施工更加灵活、材料更加充足。

　　不同组合形式的技术指标对比如表 7.3.1、表 7.3.2 所示，HU 工法的性能指标中不考虑拉森钢板桩的贡献，认为拉森钢板桩不参与受力，只起到止水的作用。

图 7.3.2　HU 工法桩施工

图 7.3.3　HU 工法桩的结构形式

图 7.3.4　国外类似结构（拉森桩内未设卡槽）

拉森钢板桩与 HU 工法桩对比　　　　　　　　　　　表 7.3.1

IV 型拉森钢板桩长	型钢长度	型钢规格	每延米用钢量 (t)		每延米抗弯承载力 (kN·m/m)		每延米用钢量比	每延米抗弯承载力
与 IV 型拉森钢板桩对比								
(m)	(m)		IV 型拉森钢板桩	HU 桩	IV 型拉森钢板桩	HU 桩	HU 桩/IV 型拉森钢板桩	HU 桩/IV 型拉森钢板桩
9	12	H500×300@1.6	1.71	2.68	288	682	157%	237%
9	12	H500×300@1.2	1.71	3.00	288	813	175%	282%
9	12	H500×300@0.8	1.71	3.65	288	1075	213%	373%
12	15	H700×300@1.6	2.28	4.02	288	1062	176%	369%
12	15	H700×300@1.2	2.28	4.59	288	1320	201%	458%
12	15	H700×300@0.8	2.28	5.75	288	1836	252%	638%

钢管桩与 HU 工法桩对比　　　　　　　　　　　表 7.3.2

型钢规格	钢管规格	每延米用钢量 (t)		每延米抗弯承载力 (kN·m/m)		每延米用钢量比	每延米受弯承载力
与钢管桩对比							
		钢管桩	HU 桩	钢管桩	HU 桩	HU 桩/钢管桩	HU 桩/钢管桩
H500×300@1.6	φ630×14@1.5	2.73	2.68	494	682	98%	138%
H500×300@1.2	φ630×14@1.1	3.15	3.00	543	813	95%	150%
H500×300@0.8	φ910×16@1.3	3.40	3.65	893	1075	107%	120%
H700×300@1.6	φ910×16@1.3	4.29	4.01	893	1062	93%	119%

如图 7.3.5 所示，HU 工法与 SMW 工法和 TRD 工法的差异性在于：HU 工法施工设备简单，对施工场地的适应性非常强、施工灵活；无需水泥土桩的施工与养护，简化了施工过程，提高了施工效率，HU 工法一台机械手通常每天可施工 20～40 延米的围护桩，大大快于 SMW 工法和 TRD 工法；HU 工法所有材料均可回收，不使用水泥，也不产生置换土，更加节能环保；受拉森钢板桩规格的制约，如果止水帷幕深度需要超过 18m 时，HU 工法不适合，宜采用搅拌类的 SMW 工法和 TRD 工法；HU 工法施工过程中不可避

免地存在振动影响，打桩时有挤土效应，桩体拔出时会形成缝隙，因此在周边环境敏感的情况下不宜采用 HU 工法，宜采用搅拌类的 SMW 工法和 TRD 工法。

机械手施工灵活，三轴桩机与TRD桩机对施工场地要求高

拉森钢板桩与H型钢拔出时均会连带少量泥土，桩体拔出时会形成一定的缝隙

图 7.3.5　HU 工法和 SMW 工法与 TRD 工法的施工对比

从受力模式上，HU 工法存在一定的缺陷：垂直于基坑方向是 H 型钢的强轴方向，可以充分发挥 H 型钢截面惯性矩大的特点；但是，平行于基坑方向是 H 型钢的弱轴方向，同时桩侧土对 H 型钢的约束非常弱，抗侧向稳定性差，对支撑的横向约束能力差。尤其是角撑情况，在沿围檩方向分力作用下可能会发生围护桩偏转或倾斜。因此，需要通过卡槽将 H 型钢与拉森钢板桩相互固定，同时增加压顶梁对 H 型钢的约束，宜采用混凝土冠梁或钢冠梁加混凝土填充的方式，有必要的情况下还需要在坑内侧不同标高处增设 H 型钢的横向连接。

如图 7.3.6、图 7.3.7 所示，不论是 SMW 工法还是组合钢板桩工法，围护桩被回收后，所有的侧压力均由肥槽内的回填土承担。如果回填土不密实（肥槽经常成为垃圾填埋场或采用现场淤泥随意堆填），甚至不回填，将会带来严重的变形后果。HU 工法与纯拉森钢板桩工艺的另一区别是桩体数量增多、平面构造更加复杂，因此对肥槽土方回填和拔桩施工有更为严格的要求。如图 7.3.8 所示，HU 工法的回填和拔桩可以分为分段施工、三次回填、两次拔桩：

（1）HU 工法桩回收前，围护桩和外墙之间的肥槽应采用粉砂土或者粉质黏土回填，粉砂土回填时可采用水密法，粉质黏土回填时应压实回填；

（2）先拔除 H 型钢，且采用跳拔的方式，H 型钢分段（不超过 10m）回收完成后对 H 型钢留下的缝隙须及时进行二次回填压实，待深层土体位移和地表沉降稳定后方可进行下一步拉森钢板桩的拔除；

（3）拔除拉森钢板桩时，也应采用跳拔的方式，拉森钢板桩分段（不超过 10m）回收完成后，对拉森钢板桩留下的缝隙及时进行三次回填压实。

即使做了如此严格的回填规定，但实际操作中往往还是很难做到回填密实，因此当周边建筑物、重要管线等距离较近的时候（2 倍开挖深度以内），尤其是在淤泥类土中，还是要非常谨慎采用组合钢板桩工艺，除非能确保采用砂性土回填，甚至采用泡沫混凝土回填或者钢板桩不拔除。

图 7.3.6　肥槽回填不密实

图 7.3.7　回填不到位导致拔桩后变形

如图 7.3.9、图 7.3.10 所示，肥槽回填材料应尽量采用粉砂土等无黏性土，并采用水冲法密实。

工况一

HU工法桩回收前，围护桩和外墙之间的肥槽应采用粉砂土或者粉质黏土回填，粉砂土回填时可采用水密法，粉质黏土回填时应压实回填

工况二

先拔除H型钢，且采用跳拔的方式，H型钢分段回收完成后对H型钢留下的缝隙须及时进行二次回填压实，待深层土体位移和地表沉降稳定后方可进行下一步拉森钢板桩的拔除

工况三

拔除拉森钢板桩时，也应采用跳拔的方式，拉森钢板桩分段回收完成后，对拉森钢板桩留下的缝隙及时进行三次回填压实

HU式工法桩回收工况示意图

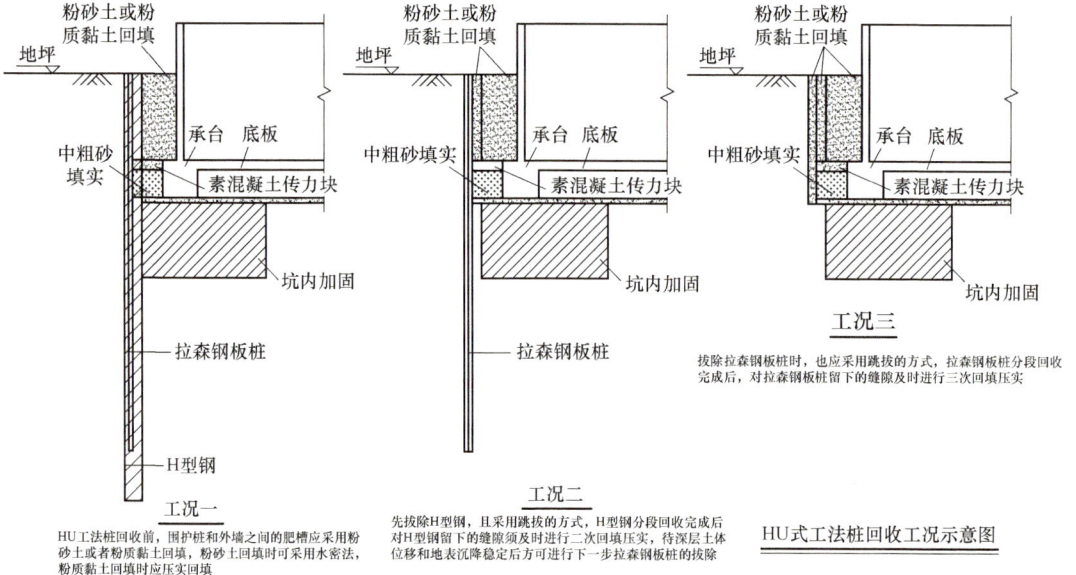

分次回填、分次压实、分次拔除

在回填土质量不好的情况下采用分段拔桩多次压实的方法保护周边建筑：拔桩前第一次压实

H型钢拔出后第二次压实   拉森钢板桩拔出后第三次压实

图 7.3.8　HU工法桩回收步骤

图 7.3.9　应采用无黏性土回填

图 7.3.10　水冲法可以提高回填土密实度

如图 7.3.11～图 7.3.14 所示，当基坑深度深，采用无黏性土水冲法密实仍有一定困难时，或现场确实缺乏无黏性土回填材料，需要采用黏性土回填，且机械法压实施工无法实施，可在回填完毕后采用压密注浆的措施，对回填土进行注浆加固。

图 7.3.11　肥槽内回填土不密实导致沉陷

图 7.3.12　肥槽内回填土不密实拔桩后坑外地面沉降变形

如图 7.3.15、图 7.3.16 所示，HU 工法一般可用于黏性土、粉土、砂土、淤泥等土层；含砾石、卵石、碎石、漂石及岩石等坚硬土层不宜使用，即使通过引孔可以强行施工，但施工代价大、效率低、质量差。

图 7.3.13　压密注浆加固回填土

图 7.3.14　压密注浆至孔口返浆（水泥用量 100～150kg/m³）

图 7.3.15　桩周土体液化扰动

图 7.3.16　HU 工法的适用性

7.3.3　加强型 HU 工法

拉森钢板桩通过卡槽与 H 型钢连接，从受力角度，两者之间还是相互独立的，因此在设计计算时，通常不考虑拉森钢板桩的贡献。如果能够加强 H 型钢与拉森钢板桩的连接程度，可以充分发挥拉森钢板桩的作用。如图 7.3.17 所示，加强型的 HU 工法将 H 型钢和拉森钢板桩通过螺栓连接，与型钢支撑围檩结构类似，形成叠合梁结构。这种方法能充分发挥拉森钢板桩对围护结构抗弯刚度和强度的贡献，提高了 HU 工法桩的刚度和强度，但对施工要求更高，需要采用定位架施工，施工难度增加、施工效率降低。

7.3.4　组合钢板地下连续墙工法

综合现有的围护结构工艺的优缺点：

图 7.3.17　拉森钢板桩与 H 型钢螺栓连接

1）灌注桩（墙）加搅拌桩止水工艺

优点：地层的适应性广，软硬土层均适用；围护结构刚度大，灌注桩可以通过加大桩径、地下连续墙可以通过增大墙厚的方法实现大刚度、高强度的围护结构；围护结构长度不受施工设备的限制，灌注桩（墙）施工深度可以超过 100m，止水帷幕施工深度可以超过 80m。

缺点：成孔或成槽会产生大量的置换土和泥浆；使用大量的水泥、钢筋、混凝土材料，且不可回收，浪费资源和能源；隐蔽工程施工质量不易控制，围护桩（墙）可能存在塌孔、缩径、断桩、钢筋焊接质量不到位等缺陷，影响围护结构受力，搅拌桩可能存在搭接不到位、夹渣、搅拌不均质、冷缝、强度不足等缺陷，引起渗漏水问题。

2）搅拌桩内插 H 型钢工艺

优点：地层的适应性广，软硬土层均适用；H 型钢可回收，相对节能环保。

缺点：搅拌施工会产生一定的置换土；使用大量的水泥，浪费资源和能源；隐蔽工程施工质量不易控制，搅拌桩可能存在搭接不到位、夹渣、搅拌不均质、冷缝、强度不足等缺陷，引起渗漏水问题；H 型钢受规格和间距的限制，围护结构刚度和强度有上限；受起吊工艺限制，H 型钢常规最大长度 30m，特殊条件下最大施工深度 36m。

3）组合钢板桩工艺

优点：钢板桩均可回收，节能环保；不产生置换土与泥浆；施工简便、速度快。

缺点：地层适应性较差，硬质土层、卵砾石层不适用；打桩施工有一定的振动，在淤泥类的软黏土地层中阻力小、容易施工、几乎无振动，在粉砂地层中桩侧土体振动液化，硬质地层中阻力很大、振动冲击能量大、对周边环境影响大；肥槽回填质量要求高，拔桩后残留孔隙甚至因土塞效应带土后形成空腔，在周边环境变形控制要求高的时候，需要分次拔桩、分次压实；当桩长较长、组合桩组合好以后同时打入时，为保证锁扣搭接到位，需要采用定位架施工，施工难度较大、效率低。

4）组合钢板地下连续墙工法

针对组合钢板桩工艺打拔的扰动问题，已经发展了一些减少扰动控制的施工方法：静压施工，适用于截面较小的钢板桩和 H 型钢；免共振施工技术，在设备启动和停止过程中，避开地基土的自振频率，减少振动幅度，但是在硬质地层中，打桩的冲击能量还是难以消除；引孔技术，在坚硬地层中预先引孔松动土体。

如图 7.3.18 所示，综合搅拌桩内插 H 型钢工艺与组合钢板桩工艺的优缺点，可以采用搅拌桩、成槽机等工艺，预先成槽，在泥浆槽内植入组合钢板桩地下连续墙（成槽机成槽后的渣土，在组合桩植入完毕后重新回填至槽内）。其优点有：与搅拌桩内插型钢工艺相比，无需使用水泥（或极少量的水泥，只要达到原状土的强度即可，或使用少量的膨润土，在砂土地层中提高抗渗性），可植入组合截面刚度更大、整体性更好的组合钢板桩，而不是单根 H 型钢；同时，组合桩又增加了一道刚性止水，避免搅拌桩质量缺陷引起的渗漏水问题；与组合钢板桩工艺相比，地层适应性增强，极大降低了振动影响，槽体内的土体强度较低，便于组合钢板桩回收，但又不至于被带出，在泥浆槽中施工也降低了组合钢板桩锁扣搭接施工的难度。根据刚度的需要，可以选用不同规格的 H 型钢和拉森钢板桩进行组合，组合钢板地下连续墙的刚度和强度依次可以等效相同厚度的钢筋混凝土地下连续墙。

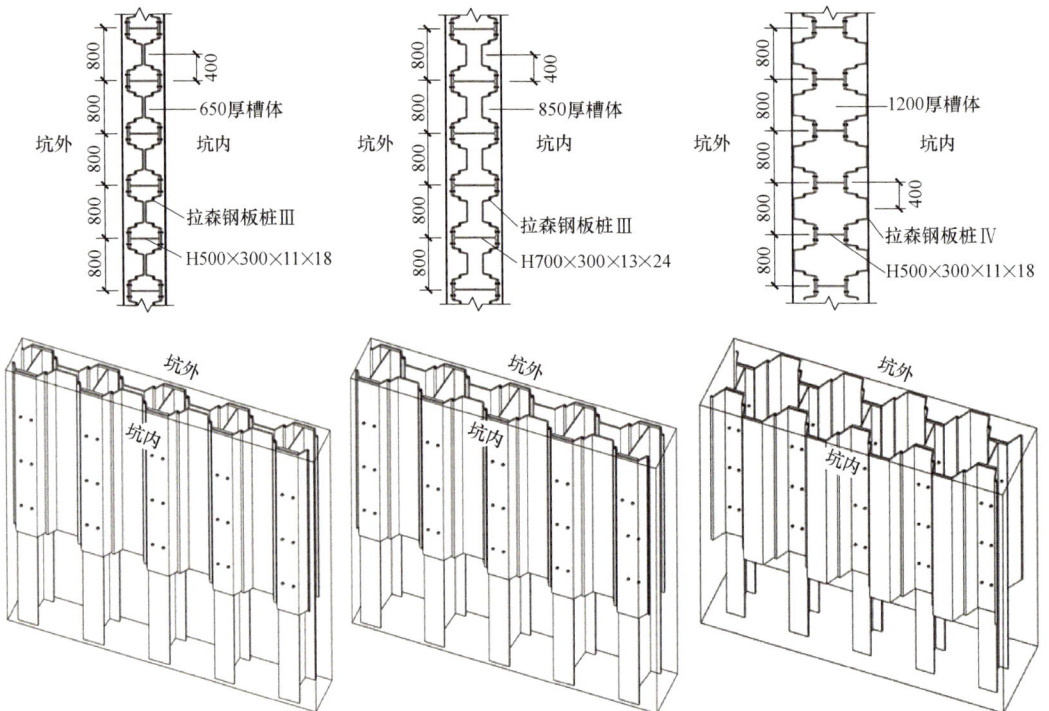

图 7.3.18　搅拌桩内插组合钢板桩工艺

7.4　组合钢板桩嵌固深度的确定

如图 7.4.1 所示，PC 工法、HUW 工法、HU 工法，三者之间的共性与差异性如下：各种组合形式的不同点是，PC 工法与 HUW 工法通过锁扣将钢管桩或 H 型钢与拉森钢板桩侧向连接，HU 工法是通过卡槽将 H 型钢固定在拉森钢板桩的凹槽内；各种组合的相同点是，钢管桩或 H 型钢的抗弯刚度大、桩长，起到受力和嵌固作用，拉森钢板桩的抗弯刚度小、桩短，起到止水作用。从控制基坑抗滑移整体稳定性和坑底抗隆起稳定性的角度，组合钢板桩工艺与灌注桩、地下连续墙、SMW 工法的区别在于：灌注桩的桩间距小、地下连续墙自身就是一堵整墙、SMW 工法的桩间有搅拌桩，因此都可以视作是一堵桩墙，基坑抗滑移整体稳定性和坑底抗隆起稳定性可以看作是平面问题；组合钢板桩工艺的钢管桩或 H 型钢与拉森钢板桩的桩长存在差异，且钢管桩或 H 型钢之间的间距较大，甚至超过了钢管桩的直径或 H 型钢的翼缘宽度，坑外土体可能会发生桩间挤土的破坏模式，基坑抗滑移整体稳定性和坑底抗隆起稳定性是一个空间三维问题，与钢管桩或 H 型钢以及拉森钢板桩的嵌固深度均有关系。

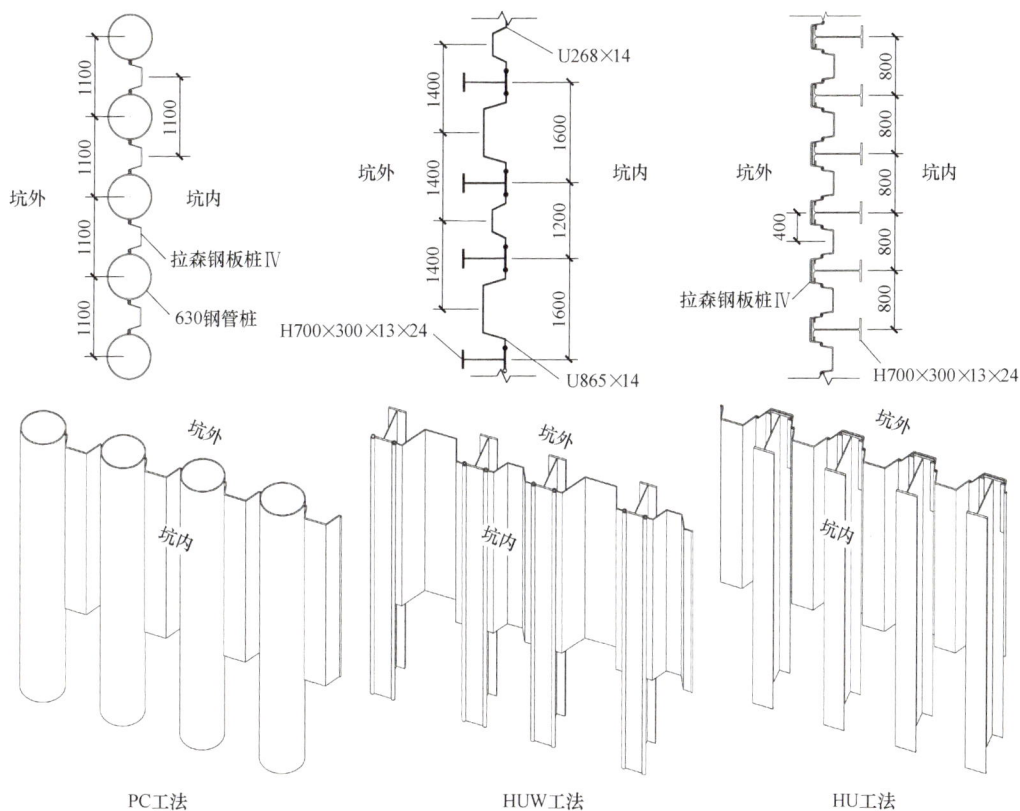

图 7.4.1　组合钢板桩工艺

现行的稳定性分析方法均假定土体发生刚体破坏模式，通过假定破坏滑动面，对比滑动面的抗滑力与下滑力之间的比值，确定基坑的抗滑移整体稳定性系数和坑底抗隆起稳定性系数。组合钢板桩可能发生空间三维破坏模式，现行的稳定性分析方法不再适用，应综合考虑钢管桩或 H 型钢以及拉森钢板桩的嵌固深度、钢管桩或 H 型钢的间距、钢管桩直径或 H 型钢翼缘宽度的影响。土体稳定性问题最终是变形问题，当土体变形达到一定程度时，产生贯通的塑性破坏滑动面，可以作为判断地基土破坏的标准。组合钢板桩可能发生的空间三维破坏模式，可以采用连续介质三维有限元强度折减法，综合分析不同桩型嵌固深度、桩间距、桩的有效截面积组合条件下的破坏模式及稳定性安全系数。

7.5 振动测试试验

当施工振动引起的振动加速度小于 0.1g 时，不至于引起周边建（构）筑物的结构性损伤。如图 7.5.1 所示，对组合钢板桩工艺施工时周边地面振动进行测试，测试场地四周空旷，干扰性小，场地地质条件为表层 8m 厚粉土、8m 以下为淤泥质粉质黏土。振动测试结果如图 7.5.2 所示：地面振动烈度随距离的增大而减小；当距离 HU 组合钢板桩施

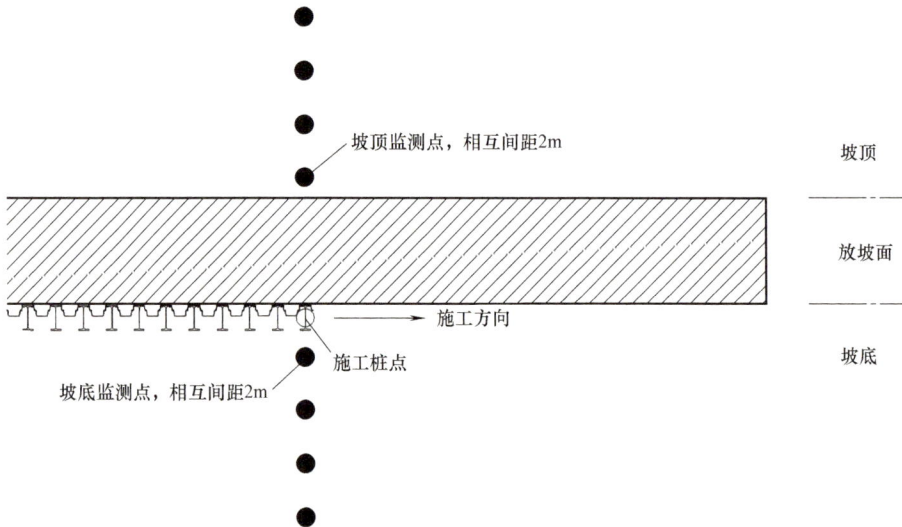

图 7.5.1 振动测试现场

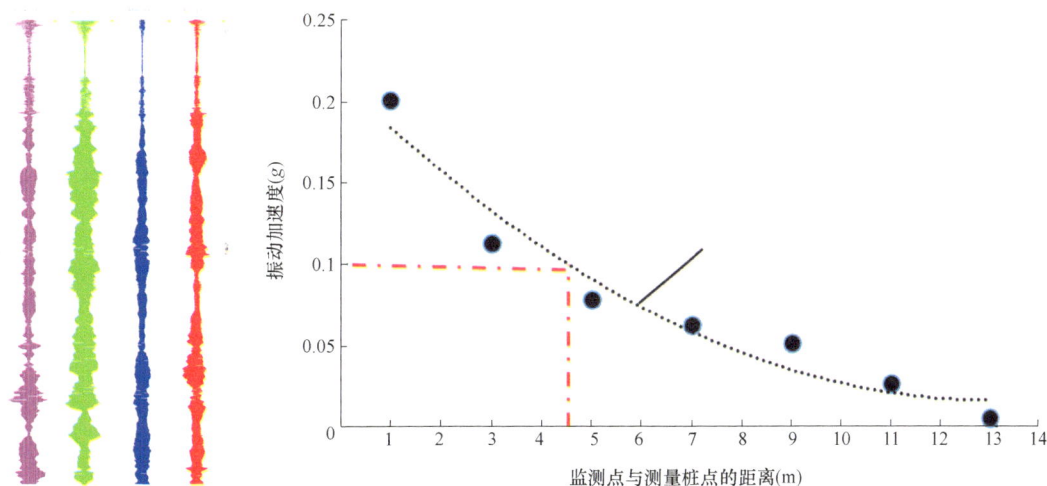

图 7.5.2　振动测试结果

工位置超过 4.5m 时，施工振动引起的地面振动加速度小于 $0.1g$，是相对较为安全的距离；当距离超过 13m 以后，振动基本可以衰减至可以忽略的程度。不同地质条件，设备激振力不一样，振动的传递特性不一样，周边振动响应也不一样，还需不断积累类似振动测试数据，为改进组合钢板桩施工工艺和设备提供技术支撑。

7.6　装配式支护体系

钢管桩或 H 型钢桩与拉森钢板桩的组合，实现了围护结构的装配式，型钢组合支撑实现了支撑结构的装配式，两者共同构成了装配式支护结构系统。通常围护桩与支撑通过钢筋混凝土冠梁或腰梁进行连接，组合钢板桩与型钢组合支撑可以通过型钢传力件和型钢围檩进行连接，实现了全支护结构的装配式。型钢围檩作为围护桩与支撑之间的受力转换构件，既要能有效地将围护桩连成一个整体，又要有效将围护桩承受的侧向荷载传递给支撑结构，确保支护结构的刚度和整体性。如图 7.6.1～图 7.6.6 所示，型钢围檩的做法有以下三种：（1）单侧型钢围檩；（2）双侧型钢围檩；（3）双侧型钢围檩间加系梁。其中：单侧型钢围檩属于单纯的叠合梁结构，整体性和刚度最弱；双侧型钢围檩的内外侧围檩构件，通过传力件和 H 型钢连接，形成桁架结构，截面宽，且对围护桩内外侧均形成约束，因此整体性和刚度更优；双侧型钢围檩间加系梁，双侧型钢围檩的内外侧围檩构

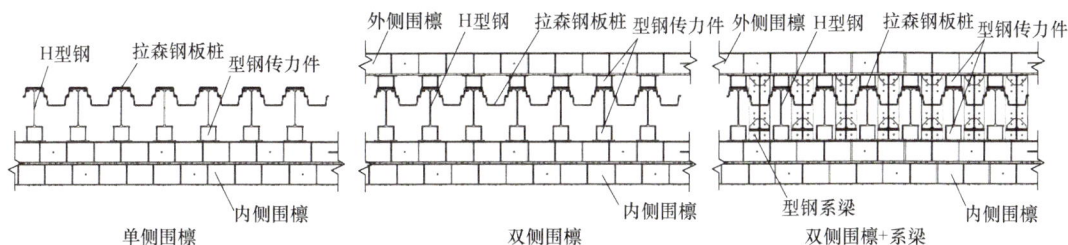

图 7.6.1　不同型钢围檩做法

图 7.6.2　单侧型钢围檩

图 7.6.3　双侧型钢围檩

图 7.6.4　双侧型钢围檩

图 7.6.5　双排桩连接方式

件，不仅通过传力件和 H 型钢连接，还增加了系梁连接，因此形成了一块刚度和整体性极高的板带结构。

型钢传力件也是一个非常重要的构造节点，传力件的做法决定了围檩与围护桩是否能有效固接，型钢传力件的做法可以分为两种：（1）传力件与围护桩焊接，如图 7.6.7、图 7.6.8 所示，这种方式的缺点是现场焊接工作量大，如果焊接不到位易发生节点剪切破坏；（2）为避免局部传力件焊接不到位，可增设素混凝土填充，如图 7.6.9 所示，加强整体性和对围护桩的约束，其优点是整体性更好。

图 7.6.6 双侧型钢围檩间加系梁

图 7.6.7 焊接质量控制是重点

图 7.6.8 焊接不到位导致抗剪失效

不论是钢管桩与拉森钢板桩组合，还是 H 型钢与拉森钢板桩组合，与灌注桩（墙）和 SMW 工艺相比，组合钢板桩工艺具有施工更加便利、施工效率更高、更加节能环保的特点。组合钢板桩工艺的材料均为工厂化生产的标准构件，施工质量更加可靠，避免了灌注桩易塌孔缩径、钢筋笼焊接质量不易控制、搅拌桩桩身质量容易有缺陷等问题。

图 7.6.9　传力件四周采用素混凝土填充加强约束和整体性

同时也应清楚地认识到，任何工艺有其优点也有其缺点：组合钢板桩适用的地层条件有限，在硬质地层中施工困难，如需引孔施工，施工效率急剧降低、施工代价急剧攀升、施工精度急剧下降，此类条件下灌注桩工艺更为合适；受拉森钢板桩桩长的限制，不适用于较长止水帷幕要求，此类条件下搅拌桩工艺更为合适；受运输和施工机械能力的限制，组合钢板桩工艺的桩长也受到限制，此类条件下灌注桩工艺更为合适；受打桩有一定振动的影响，拔桩后土体被带出形成空隙的不利影响，以及回填不密实等影响，如周边环境对变形很敏感（紧邻桥梁隧道、重要管线、老旧房屋、浅基础建构筑物），要谨慎采用组合钢板桩工艺，同时要严格控制回填质量、拔桩顺序，此类条件下更适宜采用不回收的灌注桩工艺。

第8章 典型工程案例

8.1 超大深基坑

8.1.1 软土地基中超大深基坑

如图 8.1.1 所示，项目位于杭州市西湖区，为二层（局部一层）地下室深基坑，基坑开挖面积约 4.5 万 m^2，基坑周长约 906m（160m×293m），开挖深度 5.95~12.90m。设两层支撑，角撑最大长度 95m、对撑最大长度 155m。场地地貌属于海湾~河湖相沉积地貌，基坑开挖影响深度内主要为粉质黏土和淤泥质黏土，土层参数如表 8.1.1 所示。如图 8.1.2、图 8.1.3 所示，支撑方案选型时，对比了钢筋混凝土支撑方案与型钢组合支撑方案：如果采用钢筋混凝土支撑方案，两道支撑的混凝土用量达上万立方米、钢筋达数千吨，在基坑结束后均将变成建筑垃圾，极大地浪费社会资源和自然资源；采用型钢组合支撑，两道支撑的型钢用量约 6500 余吨，这些材料均可回收重复使用。基坑北侧部分区域形状不规整，采用型钢组合支撑会大大增加用钢量，故仍采用钢筋混凝土支撑。项目实施过程如图 8.1.4 所示，基坑变形监测结果如图 8.1.5、图 8.1.6 所示。

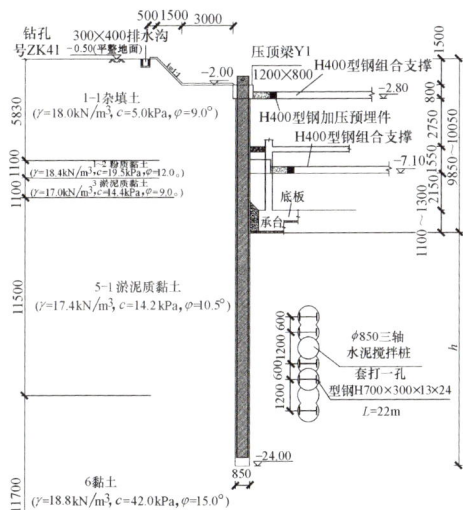

图 8.1.1 支护结构剖面图

土层参数		表 8.1.1	
土层及层号	γ_0 (kN/m³)	固结快剪	
		c (kPa)	φ (°)
①-1 杂填土	18 *	5.0 *	18.0 *
①-2 粉质黏土	18.4	39.0	21.5
③ 淤泥质黏土	16.9	14.4	9.0
④-1 粉质黏土	19.2	38.4	19.2
④-2 粉质黏土	18.4	34.6	22.3
⑤-1 淤泥质黏土	17.4	20.3	15.0
⑤-2 黏土	17.6	34.0	18.5

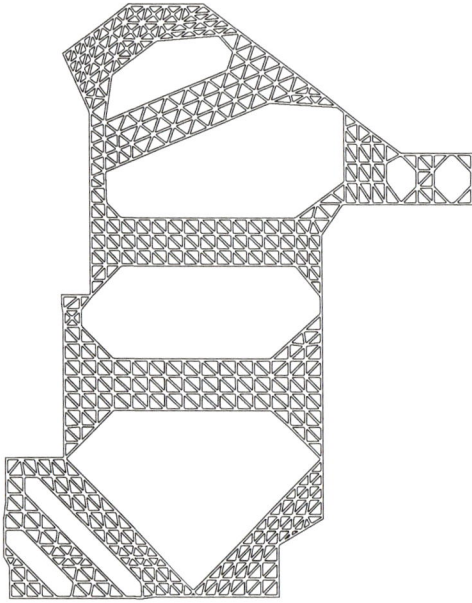

图 8.1.2　钢筋混凝土支撑方案

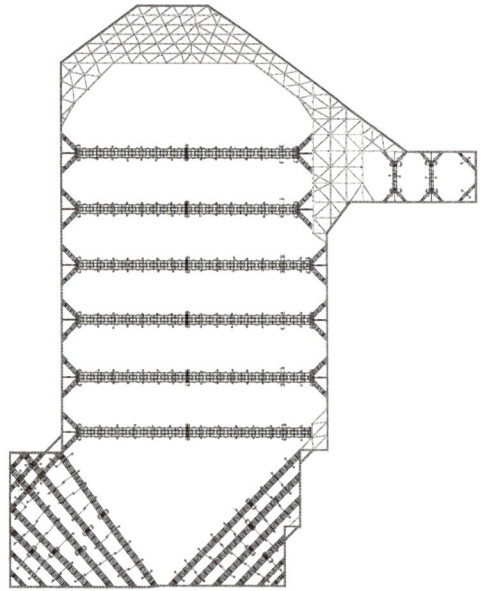

图 8.1.3　型钢组合支撑方案

图 8.1.4　项目实施过程

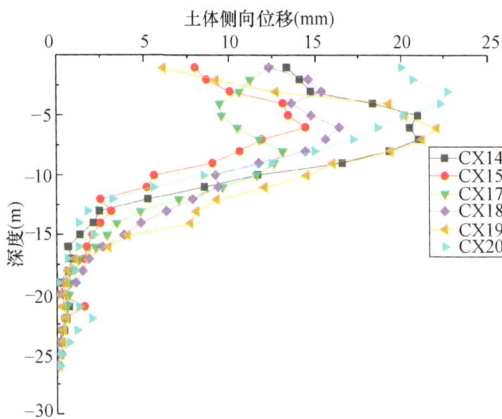

图 8.1.5　钢筋混凝土支撑部位深层土体水平位移

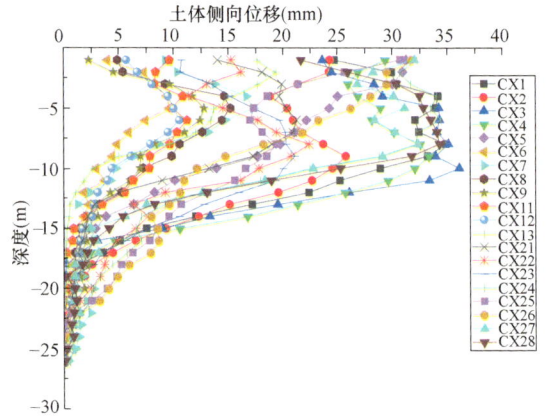

图 8.1.6　型钢组合支撑部位深层土体水平位移

8.1.2 深厚软土中的超大深基坑

如图 8.1.7~图 8.1.12 所示，项目位于杭州市萧山区，为两层地下室基坑工程，整体形状接近矩形，局部有阳角。开挖深度 9.4~10.5m，基坑周长 1060m（180m×350m），基坑面积约 6 万 m²，属于超宽、超大型深基坑。设一层双拼型钢组合支撑，支撑的型钢用量 9000 余吨，角撑最大长度 120m、对撑最大长度 170m。场地地貌单元属于冲海积平原区，基坑开挖影响深度内主要为地表的黏质粉土和 18m 厚的淤泥质粉质黏土，土体参数如表 8.1.2 所示。

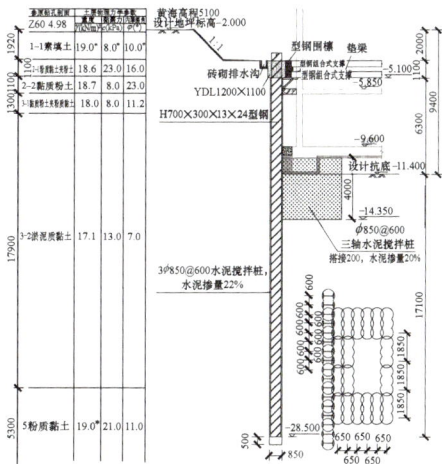

图 8.1.7 支护结构剖面图

土层参数　　　　表 8.1.2

编号	土层	重度 γ (kN/m³)	黏聚力 c (kPa)	内摩擦角 φ (°)
2-1	粉质黏土夹粉土	18.6	23.0	16.0
2-2	黏质粉土	18.7	8.0	23.0
3-1	淤泥质粉质黏土夹粉土	18.0	10.0	14.0
3-2	淤泥质黏土	17.1	13.0	7.0
4-1	粉质黏土	19.0	30.0	15.0

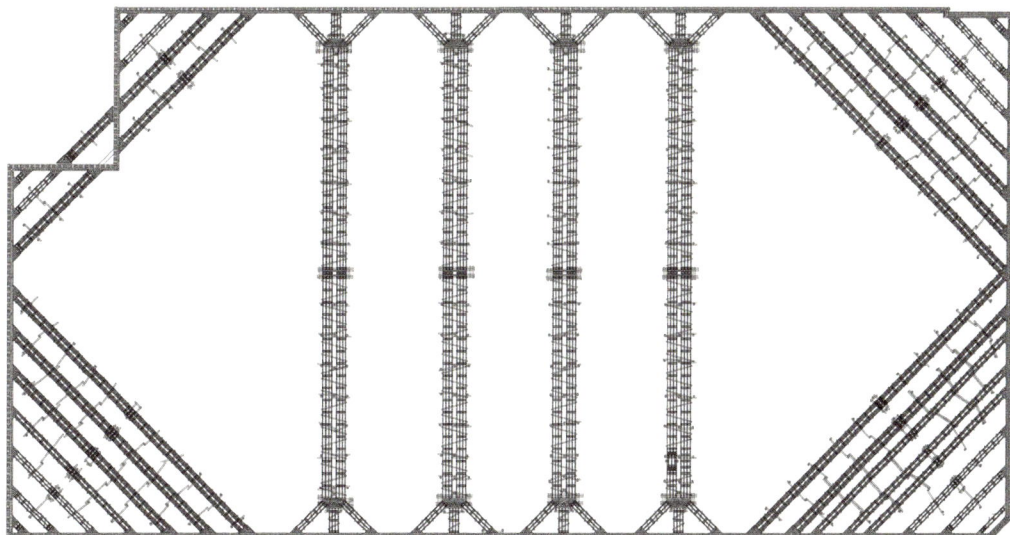

图 8.1.8 支撑平面布置

8.1.3 粉砂土地层中的超大深基坑

如图 8.1.13、图 8.1.14 所示，项目位于杭州市余杭区，基坑周长 810m（长 285m×

宽 120m），基坑东侧为一层地下室，开挖深度 5.7m，基坑西侧为两层地下室，开挖深度
9.4m。场地地貌单元为冲积平原，基坑开挖范围内主要为粉土。一层地下室采用 SMW
工法悬臂，二层地下室采用 SMW 工法结合一层型钢组合支撑。为尽可能创造开阔施工作
业面，采用超大复合八字对撑，单道对撑横向覆盖范围达 50m。

图 8.1.9 角撑区域先施工

图 8.1.10 对撑区域后施工

图 8.1.11 角撑体系

图 8.1.12 对撑体系

8.1.4 强透水层中的超长超深基坑

如图 8.1.15～图 8.1.20 所示，项目位于江西省南昌市南昌县，紧邻赣江，设 3～4
层地下室，为长条形基坑，基坑周长约 1700m，基坑开挖面积约 4 万 m²，从地面计算开

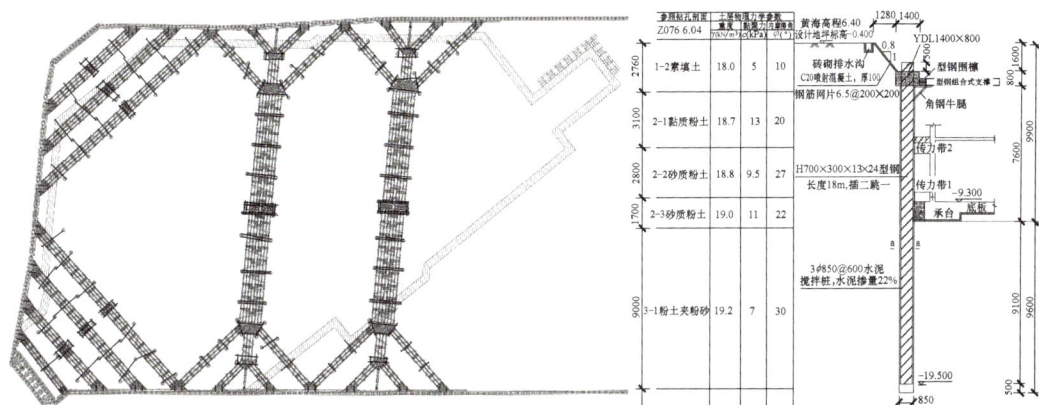

图 8.1.13　支撑平面及剖面图

图 8.1.14　项目实施过程

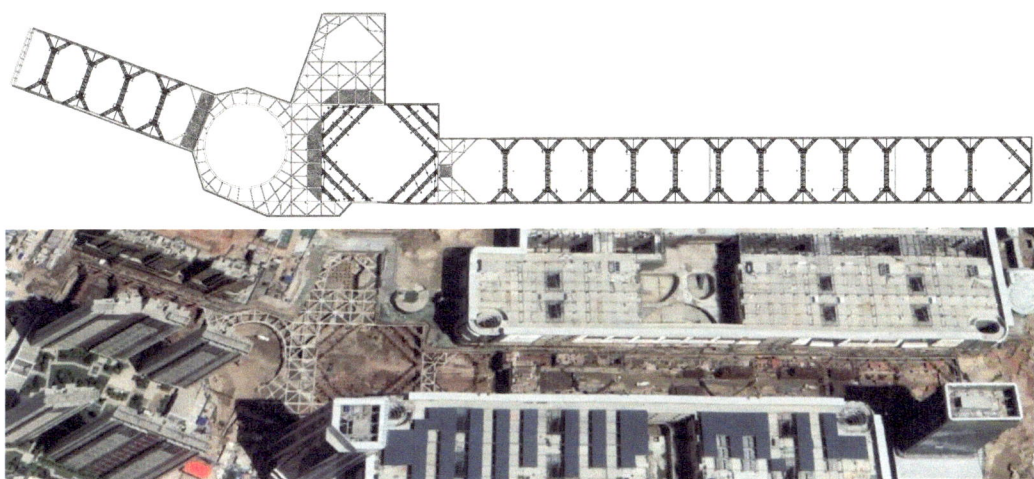

图 8.1.15　支撑体系平面

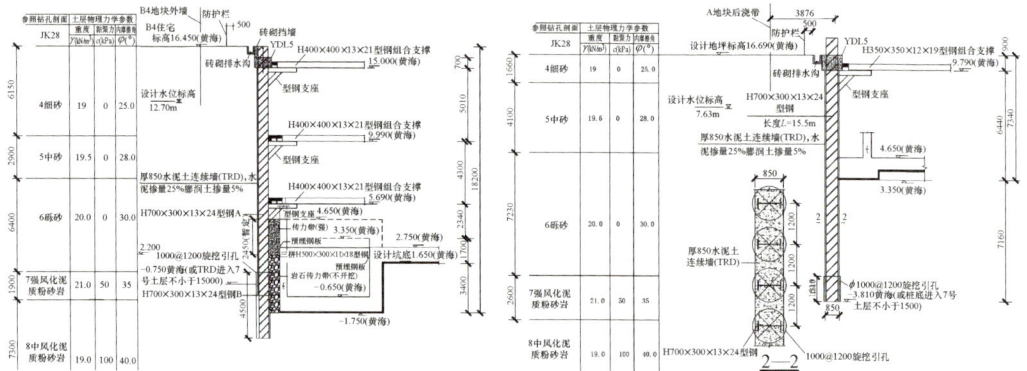

图 8.1.16　围护结构剖面图

图 8.1.17　旋挖与 TRD 组合施工

图 8.1.18　东区基坑实施过程

图 8.1.19　中区基坑实施过程

图 8.1.20　西区基坑实施过程

挖深度 17～18m，宽约 50m，长约 800m，属于超长、超深基坑。基坑南北两侧均为已建高层建筑物，已建建筑物距离坑边仅 2m 左右，设 1～3 层型钢组合支撑。项目特点为场地地下水位高，场地土质条件为赣江沉积砂土，基坑开挖面非常接近中风化基岩面，围护结构采用 850mm 厚 TRD 水泥土墙内插 H700 型钢，H 型钢桩底进入中风化岩层 2m。施工工序为：首先，采用 1000mm 直径旋挖引孔至 H 型钢桩底；其次，进行 TRD 水泥搅拌墙施工，TRD 水泥墙底为中风化基岩顶面；最后，在旋挖引孔位置插入 H 型钢。

8.1.5 地铁车站超长超深基坑

1. 地铁车站与广场地下空间共同开发基坑

如图 8.1.21～图 8.1.23 所示，某地铁车站与广场地下空间合建，整体开发利用，总长约 245m，宽度约 31m，为地下三层车站，埋深约 27.6m。基坑开挖影响深度内主要为海积粉质黏土为主。广场地下空间大基坑开挖深度 13.2m，采用桩顶放坡＋钻孔灌注桩＋一层混凝土支撑。车站开挖深度由自然地面算起 27.6m，由南广场地下空间大基坑底算起 14.4m，采用地下连续墙＋两道预应力型钢组合支撑。车站基坑从支撑开始安装至开挖至坑底用时约 45d，到支撑拆除完成用时约 75d。

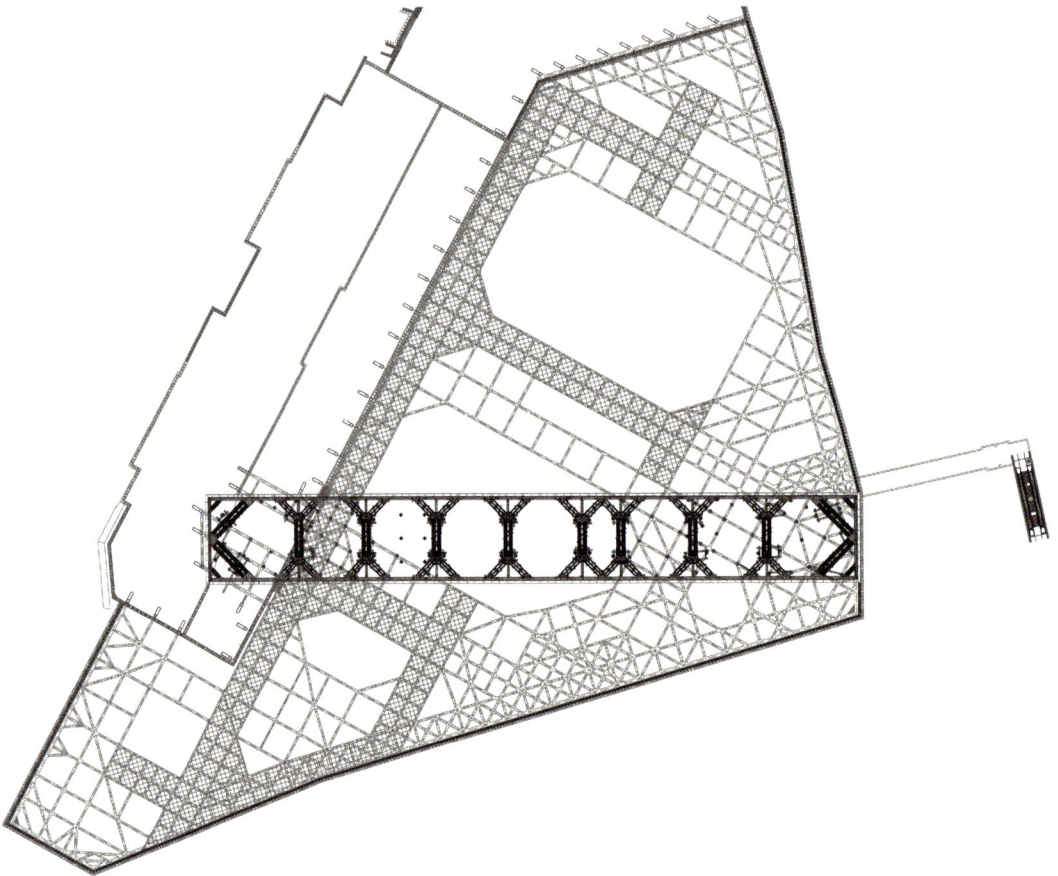

图 8.1.21 广场地下空间大基坑支撑平面布置

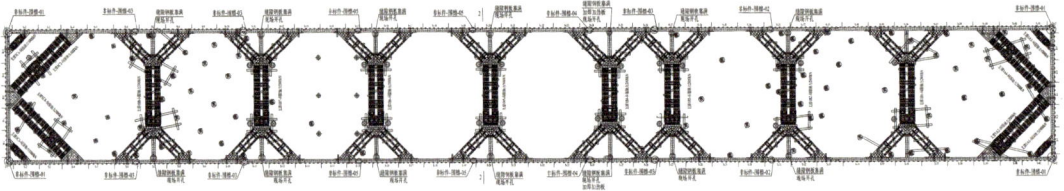

图 8.1.22 车站基坑支撑平面布置（一）

图 8.1.22　车站基坑支撑平面布置（二）

图 8.1.23　项目实施过程（一）

图 8.1.23　项目实施过程（二）

2. 地铁标准车站基坑

如图 8.1.24、图 8.1.25 所示，某深圳地铁地下二层岛式车站，采用明挖法施工，车站长约 192m，宽约 21m，开挖深度约 19m。采用三层预应力型钢组合支撑结合咬合桩的基坑支护方式，其中第一层支撑为对撑形式，第二、三层支撑采用小八字撑形式。车站基坑开挖范围内主要影响土层为粉质黏土，褐黄色、灰褐色，可塑～硬塑，局部坚硬，成分由灰岩风化残积的粉黏粒及砾石组成，局部夹砾石。采用三维有限元数值模型对装配式结构节点受力进行验算，分析模型中对螺栓连接采用接触模拟，如图 8.1.26～图 8.1.39 所示。项目实施过程如图 8.1.40 所示。

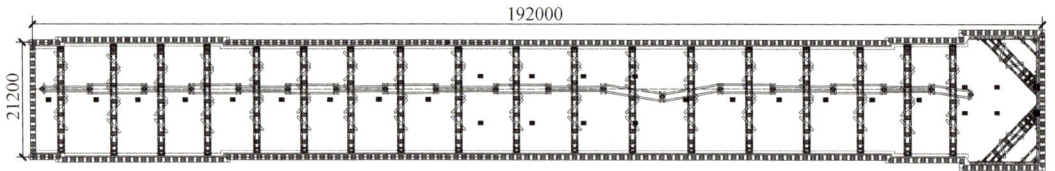

图 8.1.24　第一层支撑平面布置

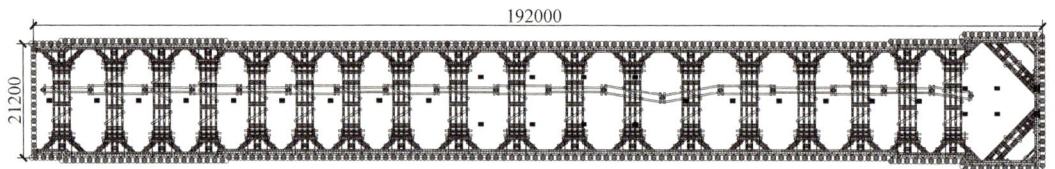

图 8.1.25　第二、三层支撑平面布置

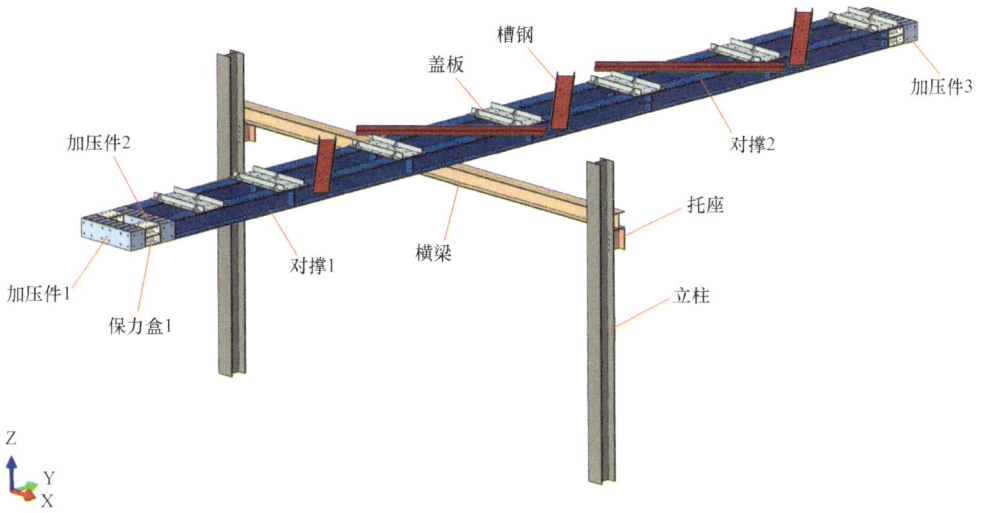

图 8.1.26 第一层支撑装配结构分析模型

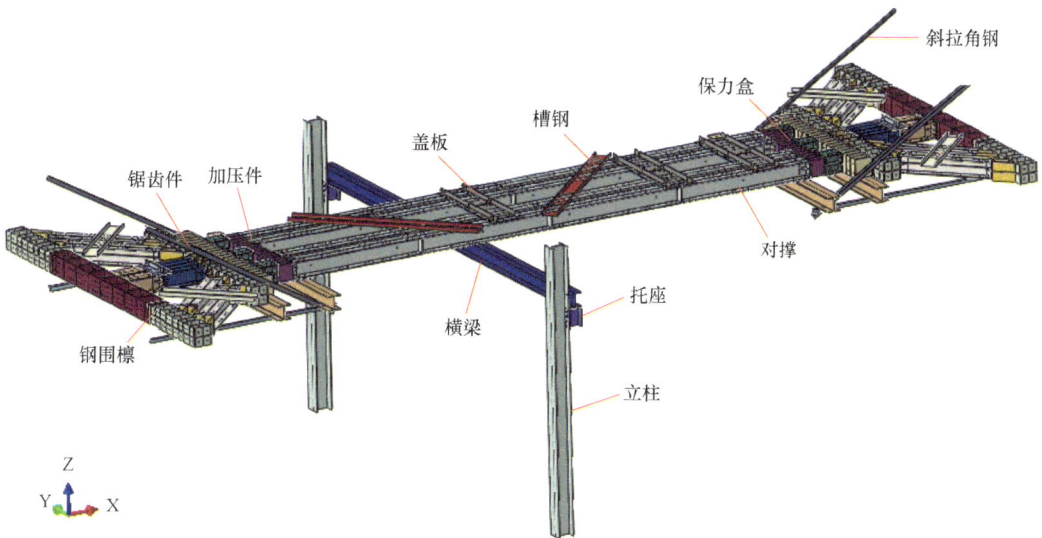

图 8.1.27 第二、三层支撑装配结构分析模型

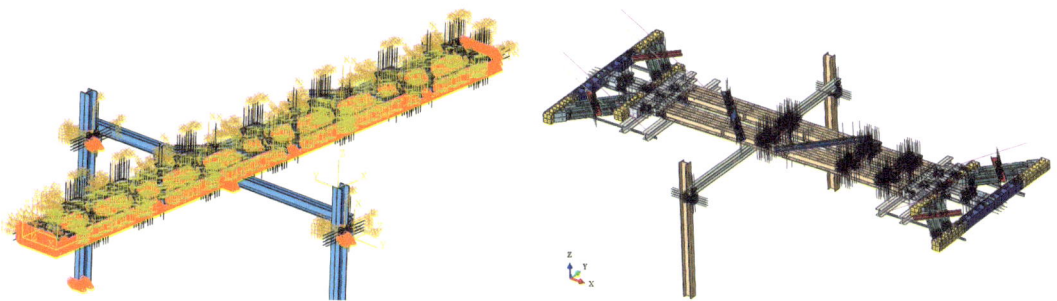

图 8.1.28 高强度螺栓紧固连接模拟

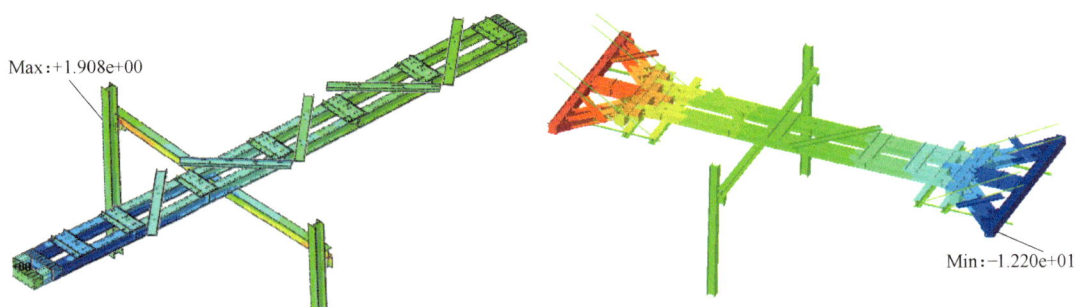

图 8.1.29　支撑变形分析结果

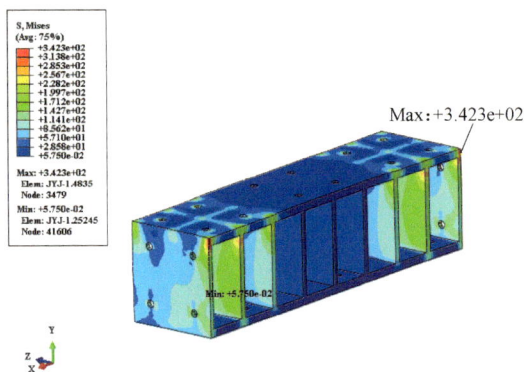

图 8.1.30　加压件 Miscs 应力云图

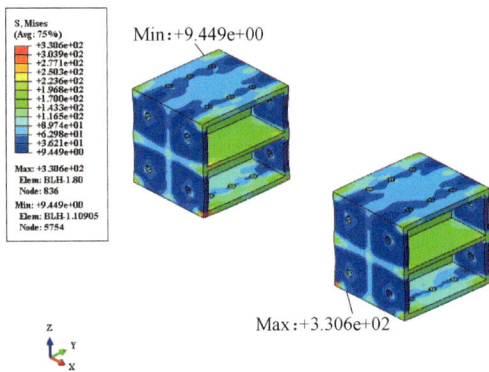

图 8.1.31　保力盒 Mises 应力云图

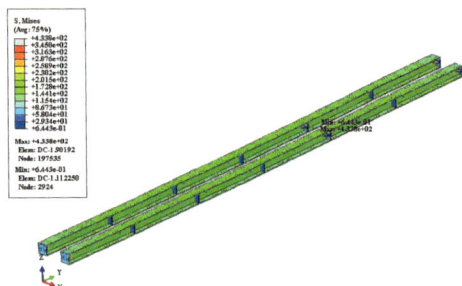

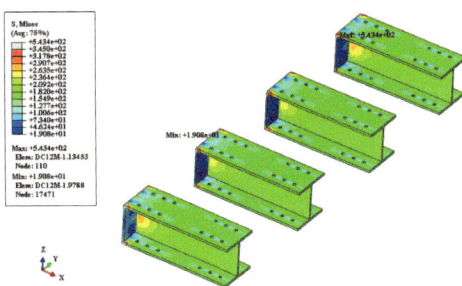

图 8.1.32　长对撑构件 Mises 应力云图

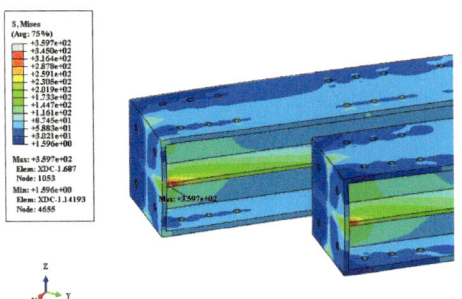

图 8.1.33　角撑构件 Mises 应力云图

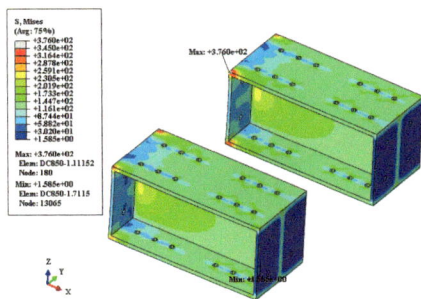

图 8.1.34　短对撑构件 Mises 应力云图

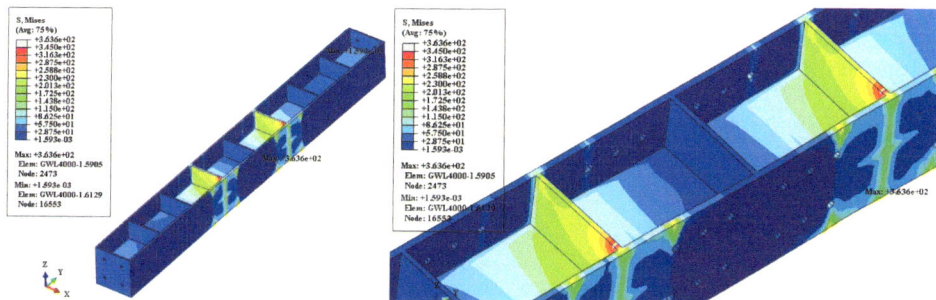

图 8.1.35　围檩 Mises 应力云图

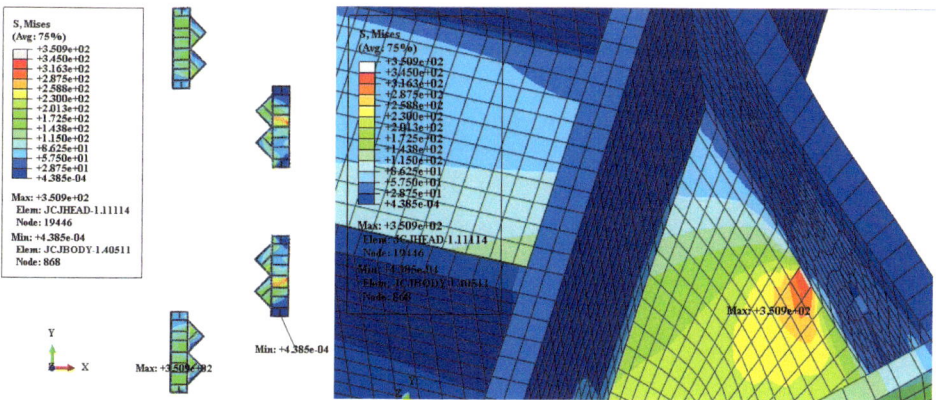

图 8.1.36　锯齿件 Mises 应力云图

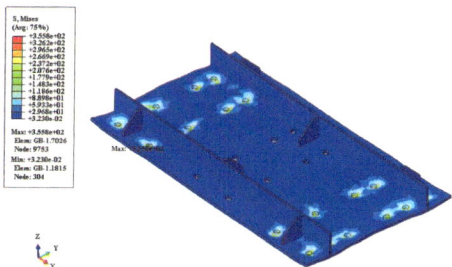

图 8.1.37　盖板 Mises 应力云图

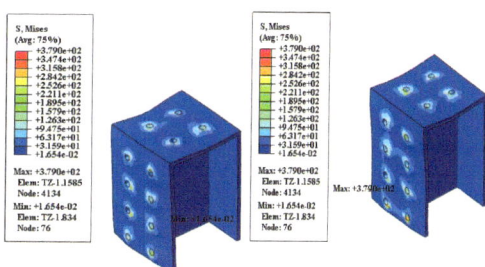

图 8.1.38　托座件 Mises 应力云图

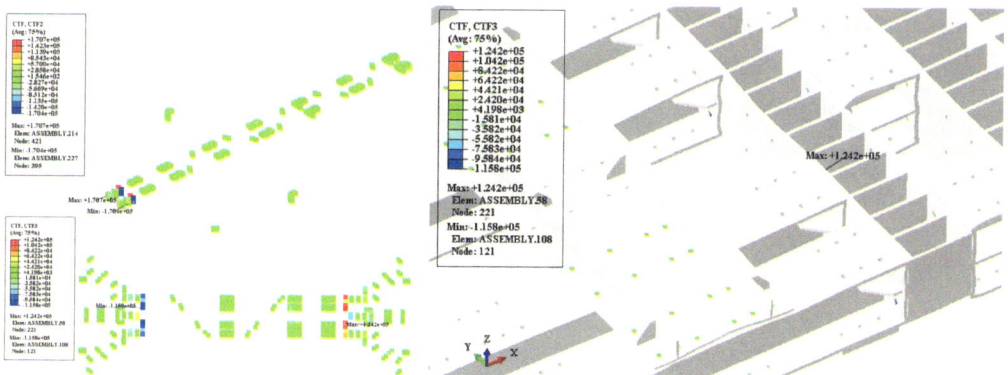

图 8.1.39　螺栓剪应力分析结果

图 8.1.40　项目实施过程

8.2　超深基坑群

郑州综合交通枢纽东部核心区地下空间综合利用工程位于郑东新区，总建筑面积约47万 m²，主要建设内容包括地上空中廊道、附属设施和公共服务设备用房、地下附属设施及车库等。建筑分为地上部分和地下部分：地上部分为空中廊道、景观公园、附属设施和公共服务设备用房，场地中央为已完成的地铁隧道；地下部分为地下一层附属设施，地下二、三层地下车库。如图 8.2.1～图 8.2.4 所示，同时开工建设的 8 个基坑（D1、D2、D3、D4、A、B、C、D），其中：D1、D2、D3、D4 近似为正方形基坑，A、B、C、D 近似为长方形基坑；D1 基坑周长约 287m（77m×77m），开挖深度 18m；D2 基坑周长约362m（74m×107m），开挖深度 17.5m；D3 基坑周长约 282m（72m×87m），开挖深度17.5m；D4 基坑周长约 362m（72m×77m），开挖深度 17.96m；A、C 基坑平面形状类似，对称布置，周长各为 645m（84m×248m），开挖深度 14.6m；B、D 基坑平面类似，对称布置，周长各为 1445m（75m×610m），开挖深度 16.4m。围护结构均采用地下连续墙，D1、D2、D3、D4 采用三层型钢组合支撑，A、B、C、D 地表放坡结合一层型钢组合支撑。

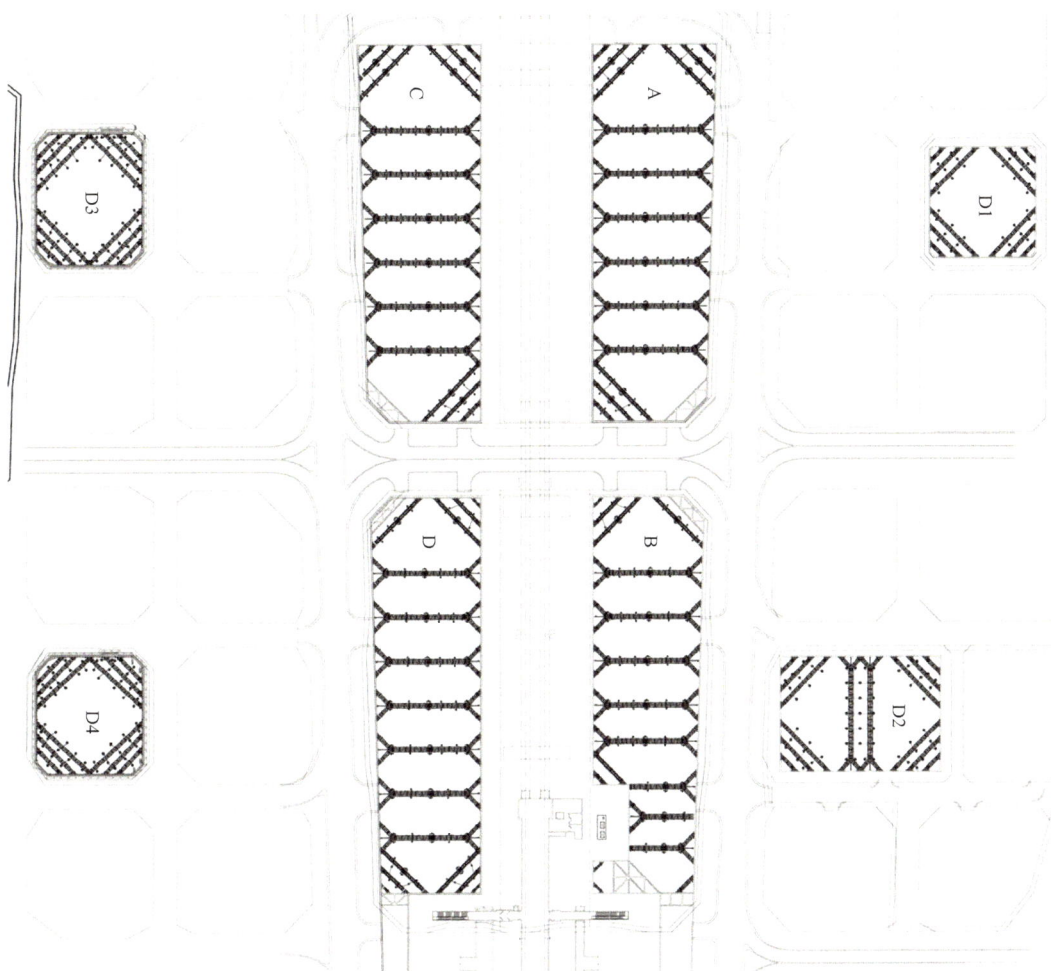

图 8.2.1　群坑平面布置

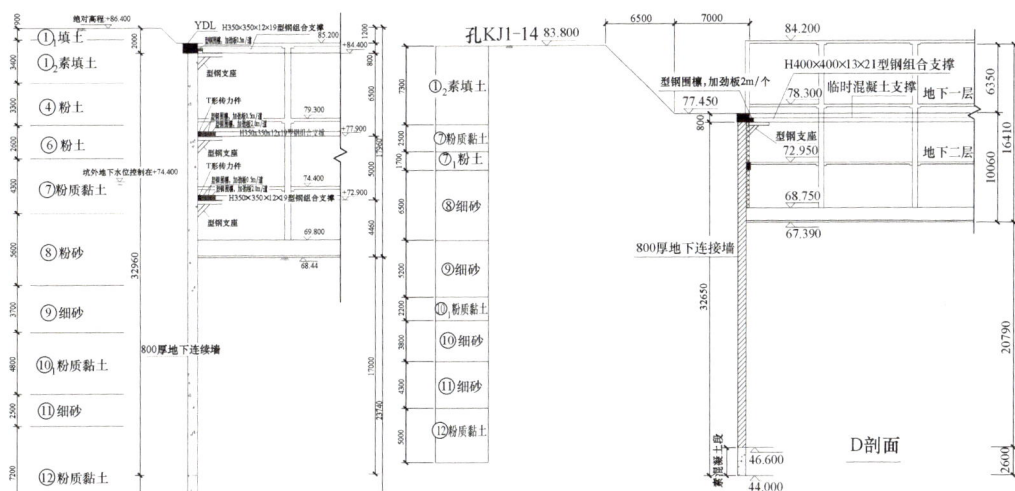

图 8.2.2　基坑围护剖面图

图 8.2.3　群坑同步实施过程

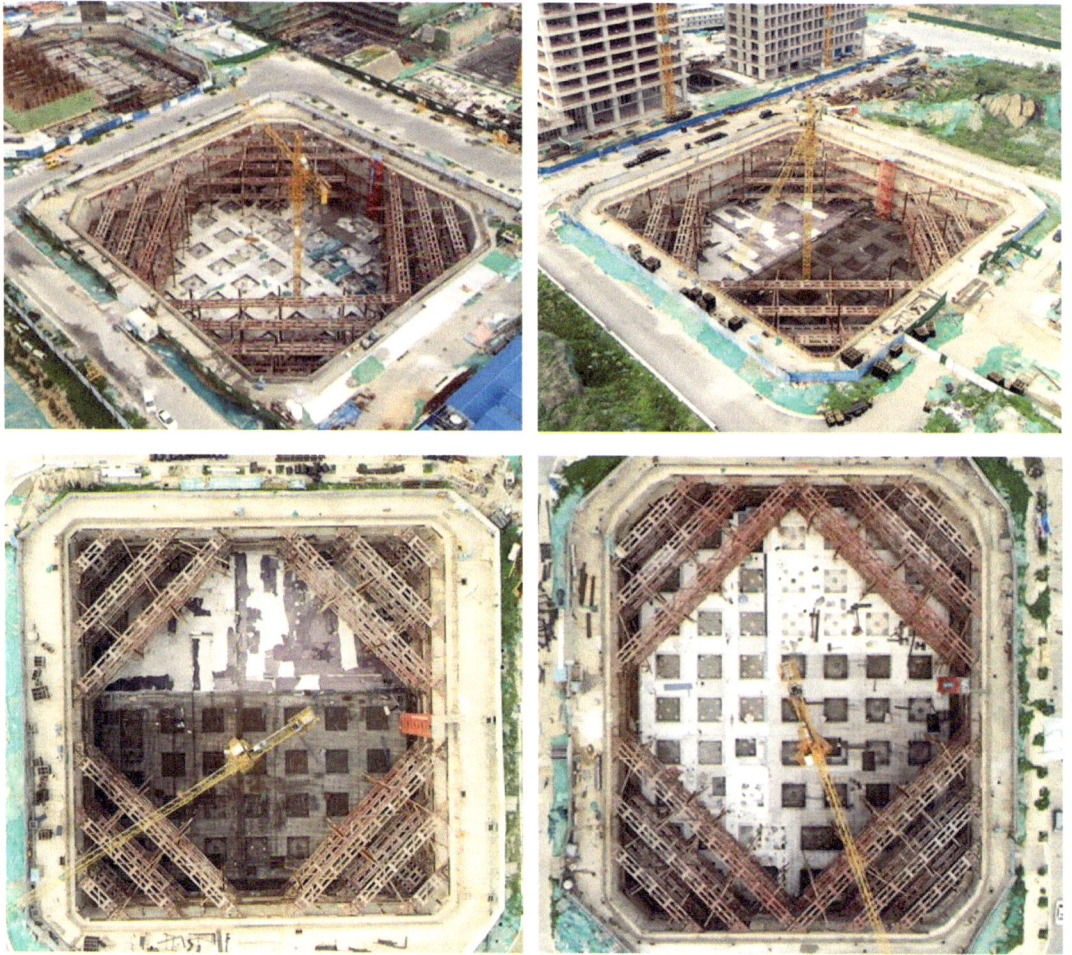

图 8.2.4　各个基坑实施过程（一）

图 8.2.4　各个基坑实施过程（二）

8.3 采用主动变形控制技术的超深基坑

钢筋混凝土支撑结构，由于施工工序多、养护等时间长、基坑暴露时间长，同时混凝土支撑自身还有收缩变形，导致基坑变形大。即使采用大刚度的支撑截面，仍然无法消除基坑变形，是一种被动的变形控制技术。传统的钢管支撑虽然也可以施加预应力和采用轴力伺服技术，可以实现主动变形控制，但其不稳定的单杆结构体系和节点做法的缺陷，导致基坑安全性无法得到保障，当为了控制基坑变形而施加过大的支撑轴力时，钢管支撑结构容易发生失稳破坏，严重影响基坑安全，同时钢管支撑间距小，严重影响土方开挖施工作业，因此超挖等情况屡禁不止，进而导致基坑变形增大。支撑体系的最大抗力（包括支撑的受压承载能力、围檩受弯和受剪承载能力、传力件受剪承载能力等），决定了主动变形控制的能力上限，如果支撑体系抗力低下，无法提供足够的反力，则主动变形控制能力低下。

型钢组合支撑结构与钢筋混凝土支撑的结构体系类似，是一种超静定的桁架结构体系，所有节点均为刚接，具有大刚度、高强度、稳定性好的特点，可以承受拉、压、弯、剪、扭等各种荷载，同时也可以施加预应力和采用轴力伺服系统。将型钢组合支撑结构与轴力伺服系统相结合，即能保障基坑安全，又能实现主动变形控制，同时可以根据变形控制程度的需要，采用灵活的支撑组合方式，在提供足够支撑反力的同时，还能提供开阔的施工作业面。

8.3.1 复杂形状超深地铁车站基坑

杭州某地铁 T 形换乘站，其中 6 号线车站为地下 4 层，沿运河东路设置，9 号线车站地下 3 层，沿钱江路设置。场地土质以砂质粉土、淤泥质粉质黏土和粉质黏土为主，基坑北侧有钱江隧道，隧道最大埋深 11m，距离 6 号线车站主体基坑地下连续墙外边线最小间距仅 3.57m，基坑安全等级和变形控制要求极高，坑外不降水。6 号线基坑深 30.85～32.41m，9 号线基坑深 23.85m，第七结构段为换乘节点，如图 8.3.1 所示，原设计方案采用地下连续墙＋竖向采用 4 层混凝土支撑和 5 层钢管支撑，并分坑施工，在深、浅坑交界处设置封堵墙，换乘节点施工至顶板之前，相邻 9 号线主体不能开挖，整个车站的施工周期极长。为加快施工进度，不设置分割墙，整个 T 形换乘站同步施工。同时为确保基坑变形可控，第 1、5、7 层支撑维持原混凝土支撑，第 2、3、4、5、8、9 层支撑采用高强度型钢组合支撑与主动变形控制系统，如图 8.3.2 所示。

如表 8.3.1 所示，在设定高强度型钢组合支撑截面形式时，采用静止土压力控制，最大伺服加压轴力按静止土压力计算结果设定阈值，支撑的最大支撑抗力比静止土压力计算结果得到的轴力控制值还要高出 24%～43%，确保支撑的稳定性。对于上层支撑，有时需要通过加大支撑轴力，将围护结构朝坑外做一定量的推挤，坑外土压力要超过静止土压力，因此上层支撑的最大抗力富余度要更大（40%～43%）；中间层支撑可以按基本维持围护结构不动为原则，保持在静止土压力状态，因此中间层最大抗力富余度可以略小（33%～40%）；对于底层支撑，支撑使用的时间最少，基底土的暴露时间最短，因此底层最大抗力富余度最小（24%～28%）；但是越往下，土压力越大，支撑轴力也越大（还与

单道支撑控制的范围有关），支撑总的最大抗力越大。基坑变形实测结果如图 8.3.3～图
8.3.5 所示，地下连续墙最大变形 20～35mm（0.06％～0.11％）。

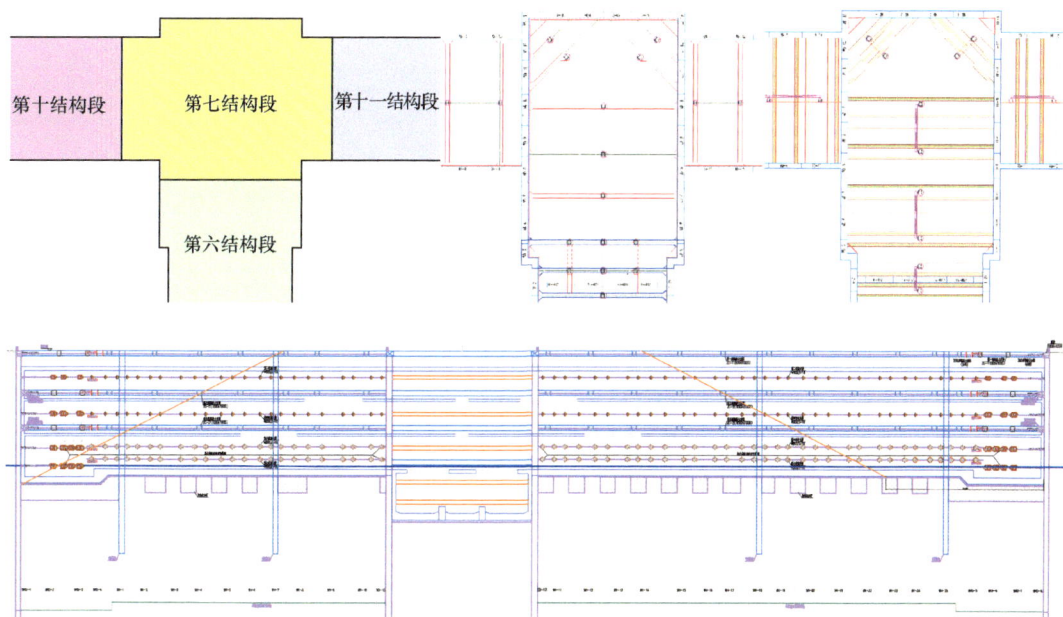

图 8.3.1　原分坑施工方案

围檩位置设置牛腿加强竖向约束；地下连续墙、围檩、支撑形成面、线、点的传力路径；伺服位置设置井字架加强竖向约束

图 8.3.2　型钢组合支撑方案

支撑轴力控制标准　　　　　　　　　　　　　　表 8.3.1

支撑编号	按静止土压力计算支撑轴力(kN)	按偏心受压强度控制		按偏心受压平面内稳定控制		按偏心受压平面外稳定控制	
		支撑最大抗力(kN)	安全度	支撑最大抗力(kN)	安全度	支撑最大抗力(kN)	安全度
ZC-3-1	8783	16274	1.85	15387	1.75	12517	1.43
ZC-6-1	12567	21858	1.74	21185	1.69	16759	1.33
ZC-3-4	15033	27345	1.82	26528	1.76	20982	1.40
ZC-8-1	16393	27345	1.67	26528	1.62	20982	1.28
ZC-6-4	17991	32725	1.82	31635	1.76	25126	1.40
ZC-8-5	18307	26856	1.47	24993	1.37	22681	1.24

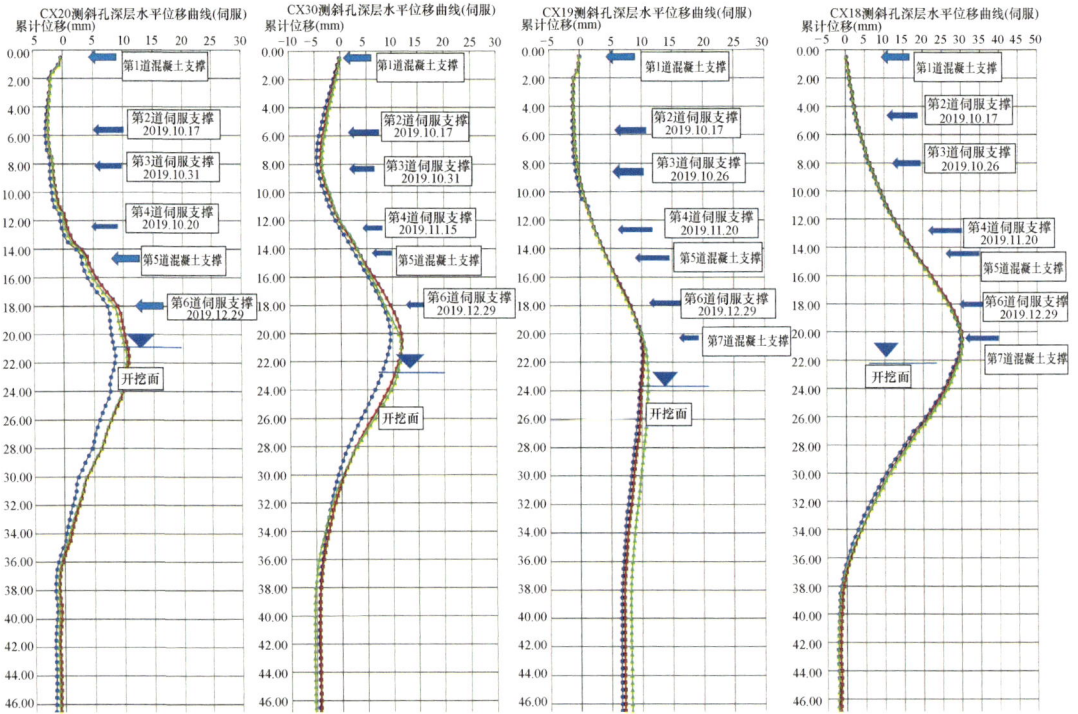

图 8.3.3　开挖至 22～24m 变形实测结果

8.3.2　复杂环境的超深基坑

如图 8.3.6～图 8.3.11 所示，项目位于杭州市江干区，北侧既有建筑距离基坑 8～10m，南侧浅基础既有建筑距离基坑 2～5m，东侧浅基础既有建筑距离基坑 1.7～5m，场地西侧紧邻秋涛北路秋石高架，距离基坑 14～15m。设 3 层地下室，开挖深度 14.2m，整体形状接近矩形，基坑周长 286m（60m×83m），基坑开挖面积约 5000m²，基坑开挖影响深度内主要为第四系全新统中组冲海层黏质粉土。本项目的特点为周边环境复杂，浅基础民居房和高架桥等距离基坑很近，坑外严禁降水（坑内外水头差约 13m），基坑开挖需要严格控制渗漏水情况和基坑变形。支护结构采用 850mm 厚 TRD 水泥土搅拌桩内插 H700 型钢作围护结构和止水结构，设 3 层型钢组合支撑，并采用主动变形控制系统。

如图 8.3.12～图 8.3.16 所示，从监测数据可以看出：开挖至坑底最大变形 7～15mm，角撑位置变形小、对撑位置变形大；同一道支撑中的每根支撑轴力均匀分布；水位稳定在地表以下 1.4～2.2m，随季节性降雨略有浮动；坑外最大沉降 2～9mm，其中局部点受冠梁开挖表层土流失的影响达到 14～16mm，后期地表采用注浆加固后沉降稳定。

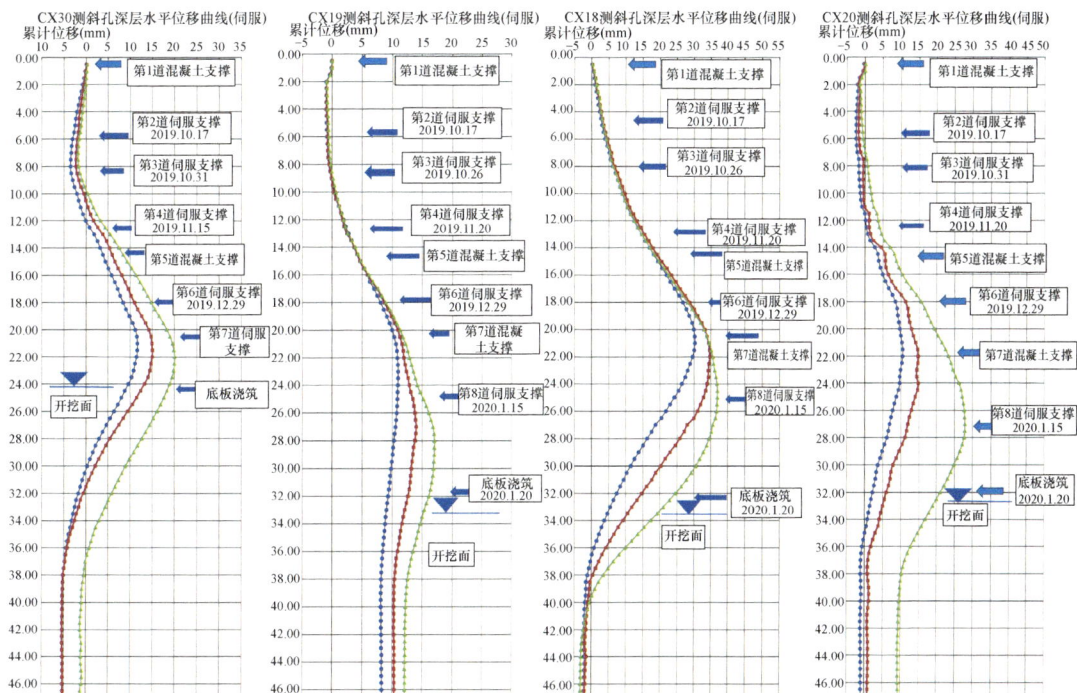

图 8.3.4　开挖至坑底变形实测结果

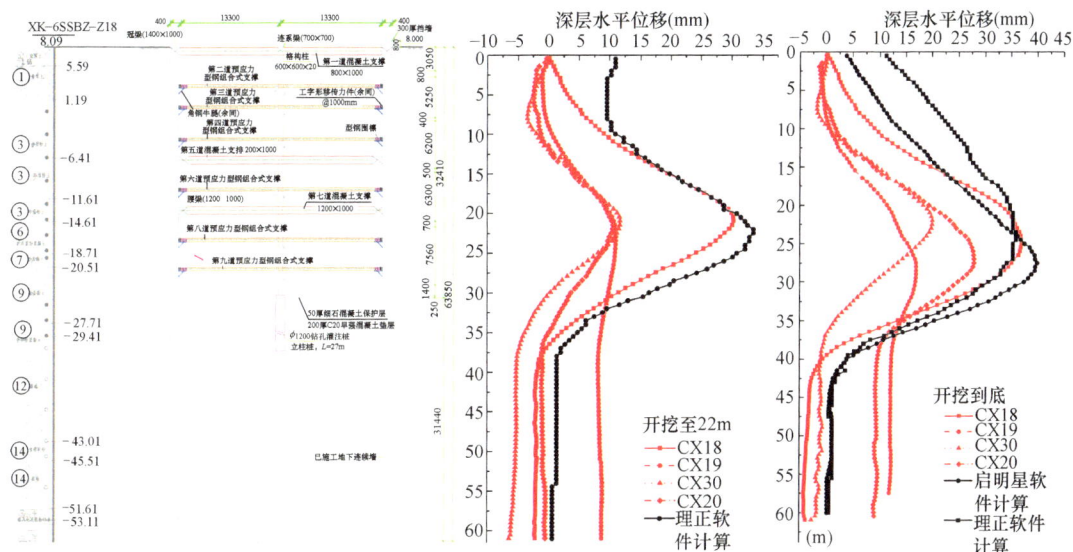

图 8.3.5　围护剖面及墙体位移监测结果

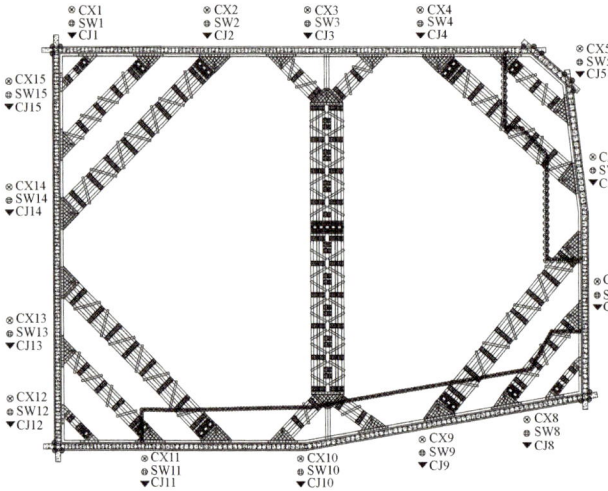

图 8.3.6　基坑监测点平面布置

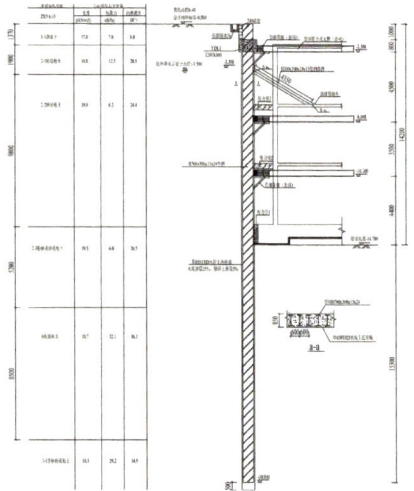

图 8.3.7　围护剖面

图 8.3.8　周边环境（距浅基础房屋最小距离 3m，距高架最近 10m）

图 8.3.9　土方开挖过程

图 8.3.10　开挖至坑底

上部拉通盖板增强伺服位置的竖向稳定性　　　　　侧面拉通盖板增强伺服位置的侧向稳定性

图 8.3.11　主动变形控制系统（一）

图 8.3.11 主动变形控制系统（二）

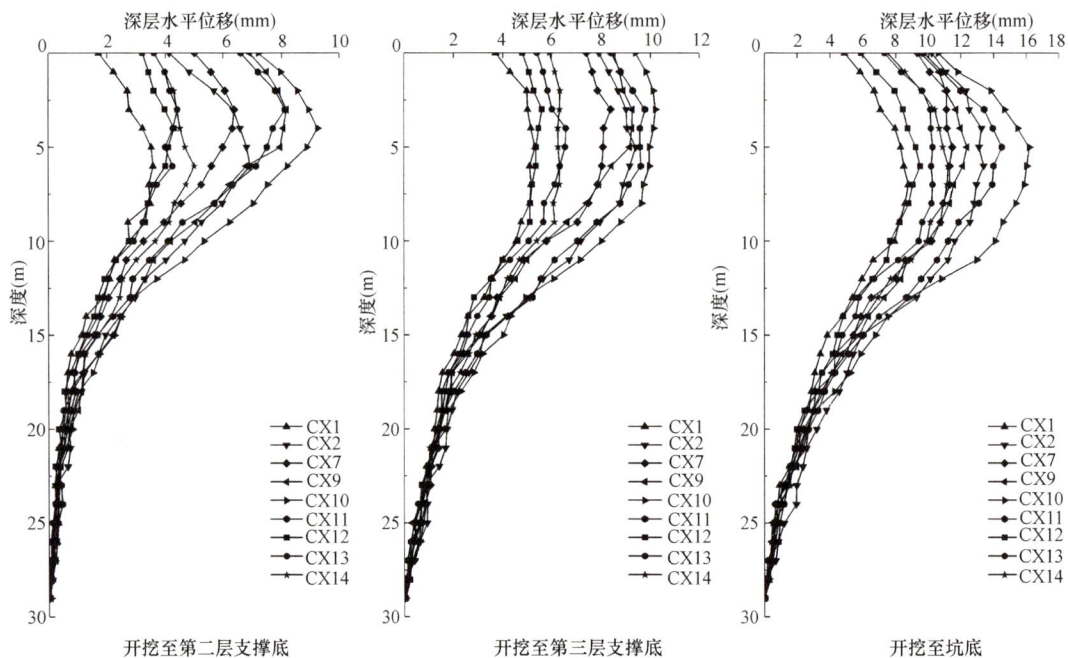

开挖至第二层支撑底　　　　开挖至第三层支撑底　　　　开挖至坑底

图 8.3.12 开挖至坑底最大变形 7～15mm

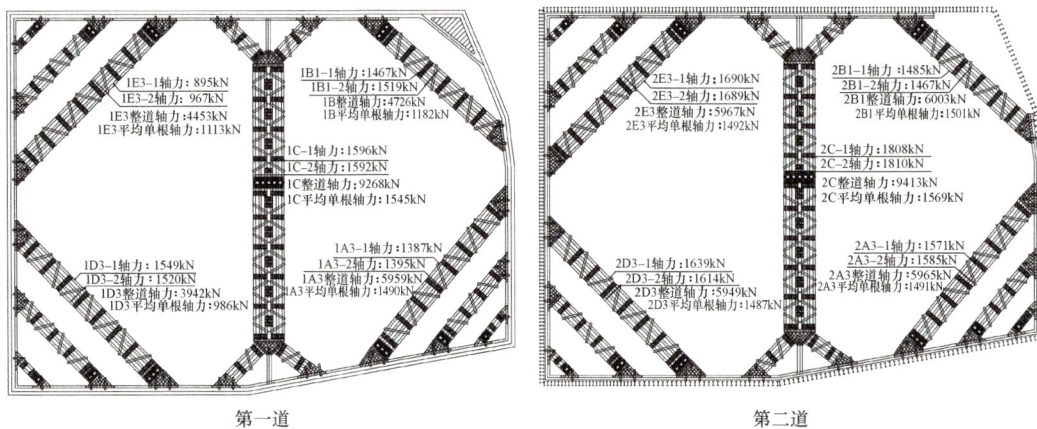

第一道　　　　　　　　　　　　　第二道

图 8.3.13 支撑轴力监测结果（每根支撑均匀受力）

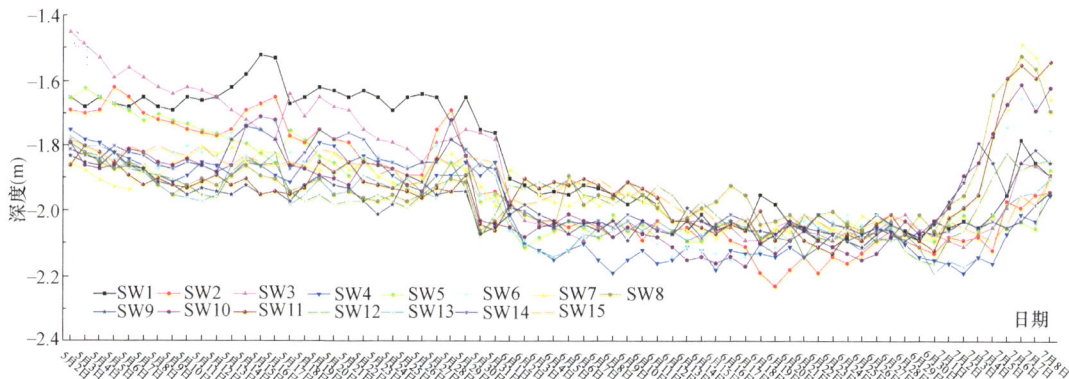

图 8.3.14 坑外水位随时间变化（水位稳定在地表以下 1.4～2.2m）

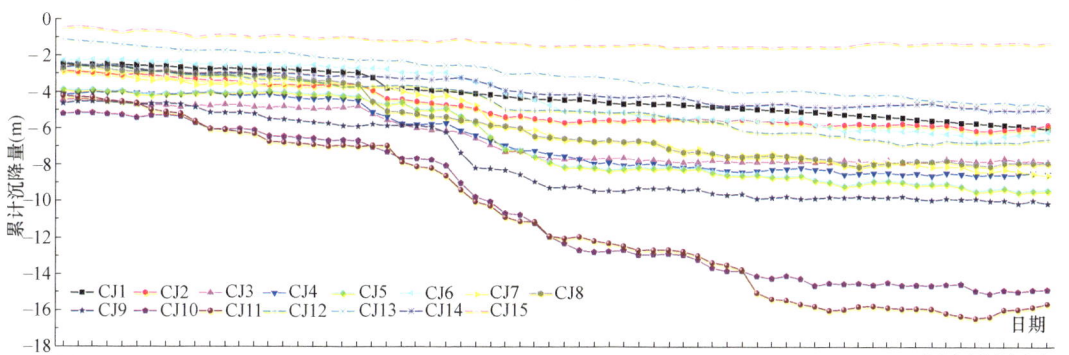

（坑外最大沉降2～8mm，其中10、11号监测点受冠梁开挖表层土体流失的影响达到14～16mm，后期地表采用注浆加固后沉降稳定）

图 8.3.15 坑外地表沉降随时间变化

10、11号监测点冠梁开挖浅表土体流失　　后期地表注浆加固　　其余位置地表高喷地基加固后开挖冠梁

图 8.3.16 表层土地基加固

8.3.3 复杂环境的双拼支撑

如图 8.3.17～图 8.3.19 所示，项目位于浙江省杭州市下城区，设 2 层地下室，基坑开挖深度 9.85m，基坑周长 270（42m×93m），基坑开挖面积约 4000m²。场地土质为深厚淤泥质粉质黏土，周边紧邻老旧民居和高架桥，为确保基坑安全，围护结构采用 $\phi850@600$ 三轴

水泥搅拌桩密插 H700 型钢，支撑采用 2 层双拼型钢组合支撑，双拼型钢组合支撑具有刚度大、极高的稳定性等优点，能有效控制基坑开挖对周边环境的影响。

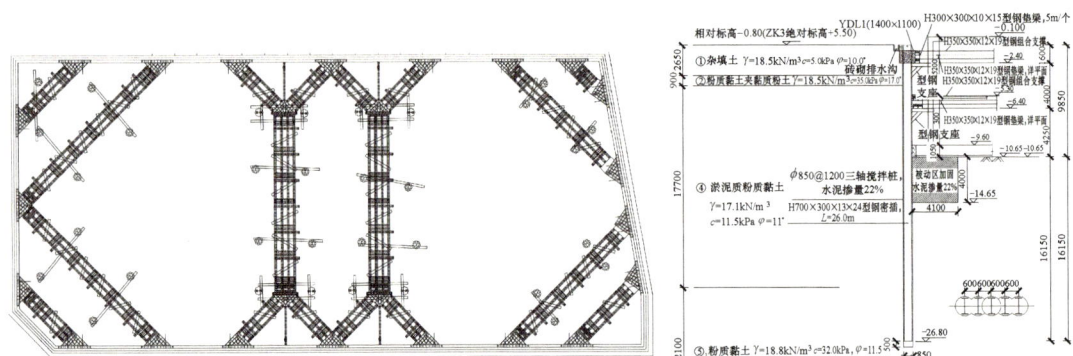

图 8.3.17　支撑平面及围护结构剖面图

图 8.3.18　土方开挖过程

图 8.3.19 开挖至坑底

8.4 地铁旁侧基坑

8.4.1 紧邻地铁出入口基坑

如图 8.4.1、图 8.4.2 所示，项目位于浙江省杭州市江干区，紧邻杭州地铁盾构轨道与出站口，东南角地下室外墙距出站口垂直升降电梯仅 2m，南侧地下室外墙距地铁盾构轨道约 10m。该项目对变形控制、防渗漏控制、施工工艺的作业面等都有极高的要求。受作业面限制，只能采用 TRD 水泥土地下连续墙内插 H700 型钢的方式；基坑开挖深度 11.15m，基础底板面与顶板间距 8.4m，受换撑的限制，在地下室结构施工完毕前不允许拆支撑，如采用钢筋混凝土支撑，外墙与钢筋混凝土支撑包裹面无法实施有效的防水措施，因此采用型钢组合支撑。综上，围护结构采用 TRD 水泥土地下连续墙内插 H700 型钢，第一层采用钢筋混凝土支撑，第二、三层采用型钢组合支撑。

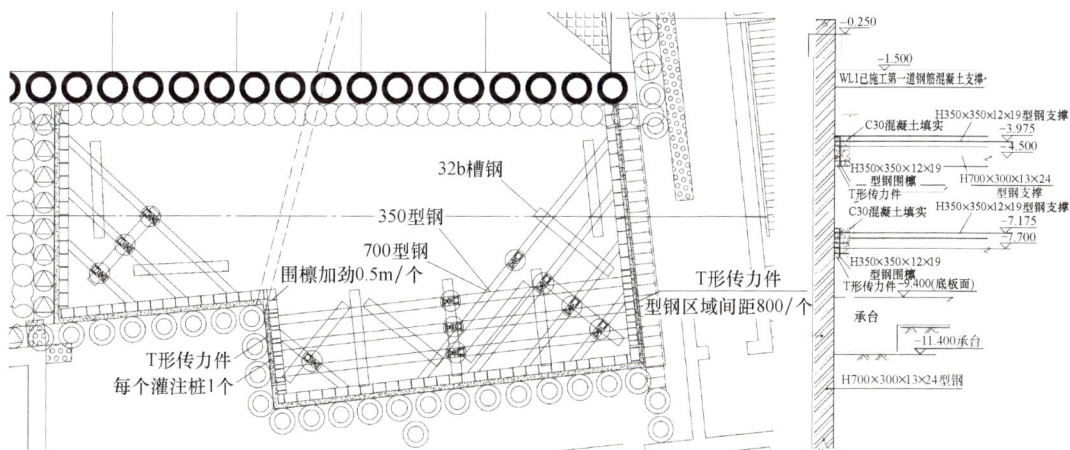

图 8.4.1 支撑平面及围护结构剖面图

图 8.4.2 项目实施过程

8.4.2 紧邻地铁车站与隧道基坑

如图 8.4.3、图 8.4.4 所示,项目位于拟建场地位于杭州滨江区,南侧靠近地铁车站及盾构区间,最近处围护结构外边线距离地铁出站口附属结构约 6.7m,距离南侧盾构区间约 29.9m。基坑东西向长约 260.9m,南北向宽约 111.0m,呈矩形,周长约 743.8m,面积约 8.8 万 m²。整体下设 3 层地下室,承台垫层底挖深为 13.1m。

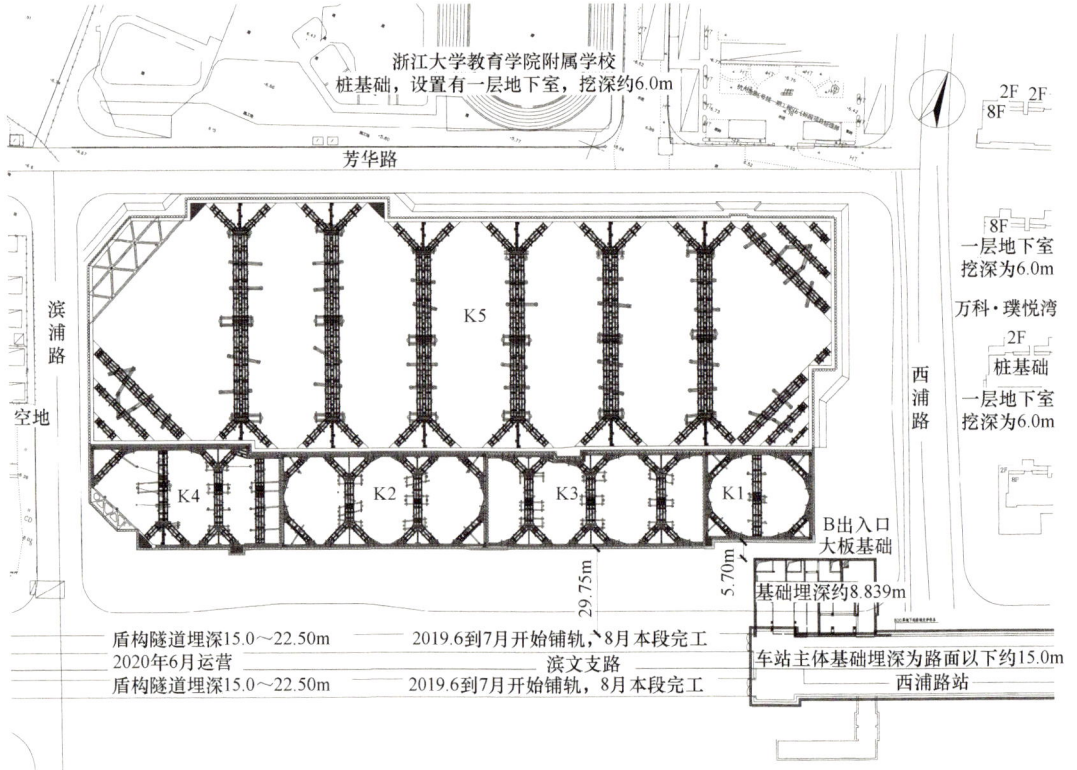

图 8.4.3 基坑平面图

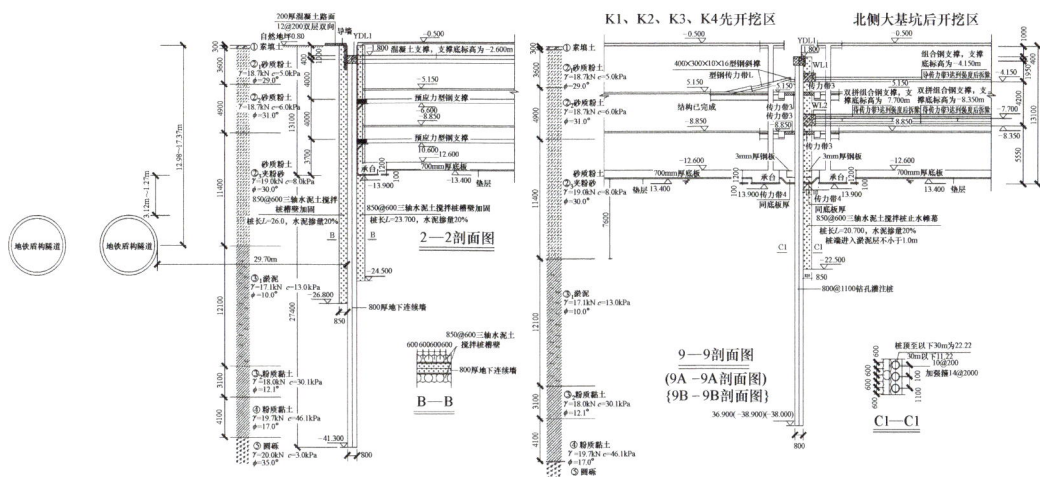

图 8.4.4　围护结构剖面图

如图 8.4.5～图 8.4.8 所示，南侧采用分坑形式，共分为 K1、K2、K3、K4 四个小坑，采用地下连续墙＋三层内支撑（第一层混凝土支撑，下设两层带伺服系统的预应力型钢支撑）的支护形式。北侧为一个整体基坑，采用钻孔灌注桩＋二层内支撑（第一层单拼型钢支撑，第二层双拼型钢支撑）的支护形式。

图 8.4.5　分坑施工

图 8.4.6　土方开挖（一）

图 8.4.6 土方开挖（二）

图 8.4.7 浇筑底板

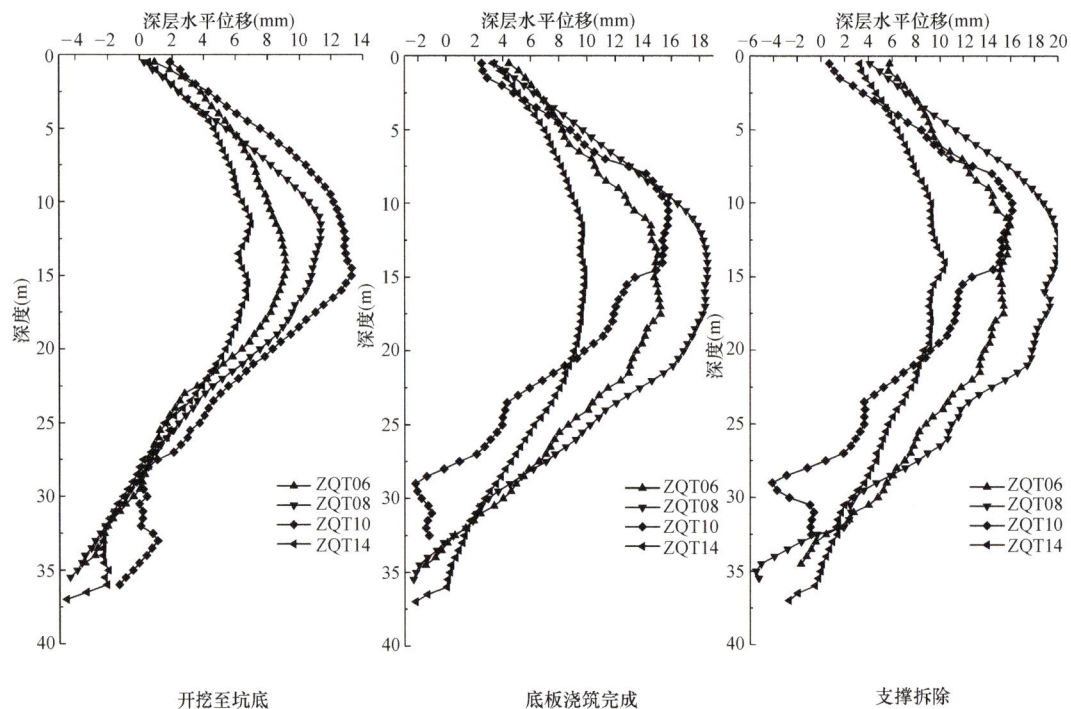

开挖至坑底

底板浇筑完成

支撑拆除

图 8.4.8 地下连续墙墙体深层位移

基坑变形实测结果与地铁设施变形实测结果如图8.4.8、图8.4.9所示，地下连续墙最大位移10～20mm（0.07％～0.15％），地铁设施各项变形指标均小于3mm。

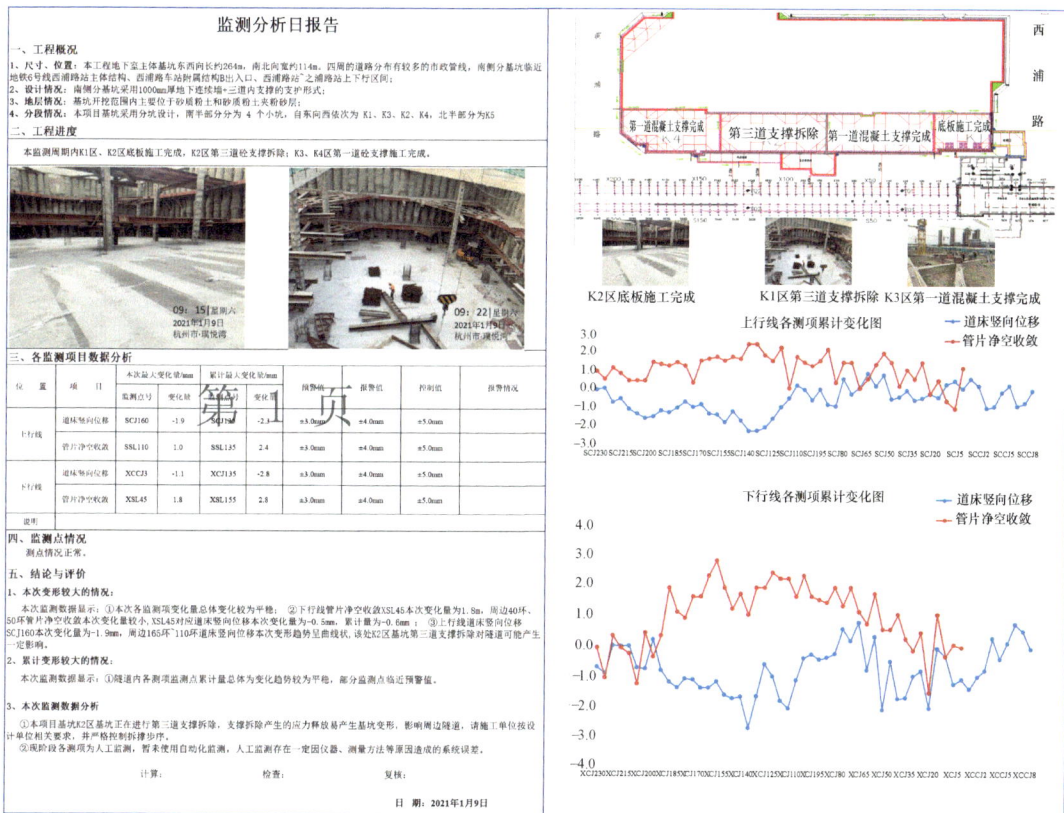

图8.4.9 地铁车站及隧道变形

8.4.3 紧邻地铁隧道微扰动施工

1. 非微扰动施工案例

如图8.4.10、图8.4.11所示，某地铁车站基坑紧邻已建地铁车站及地铁隧道结构，围护结构距离已建车站最近5m，距离已建地铁隧道最近8m。车站主体结构基坑开挖深度16.68m，总长587.08m，属于典型的超深、超长基坑。项目地质条件以粉砂土为主，采用TRD槽壁加固、地下连续墙围护结构，设1层混凝土支撑和4层钢管支撑。TRD采用三步法施工，水泥掺量25％（450kg/m³），施工速度不超过10m/24h（10m一段）。如图8.4.12、图8.4.13所示，TRD槽壁加固施工完毕后，隧道最大水平位移3.9mm，隧道最大沉降3.2mm；地下连续墙施工完毕后，隧道最大水平位移6.1mm，隧道最大沉降5.9mm。

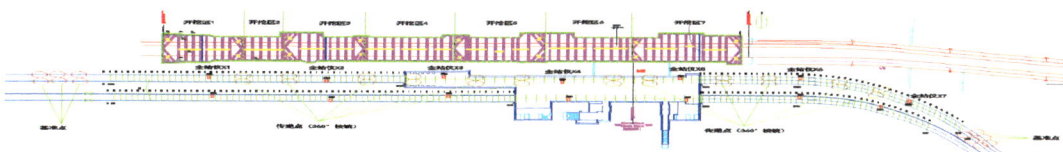

图8.4.10 基坑与邻近地铁设施平面位置关系

深基坑型钢组合支撑与变形控制技术

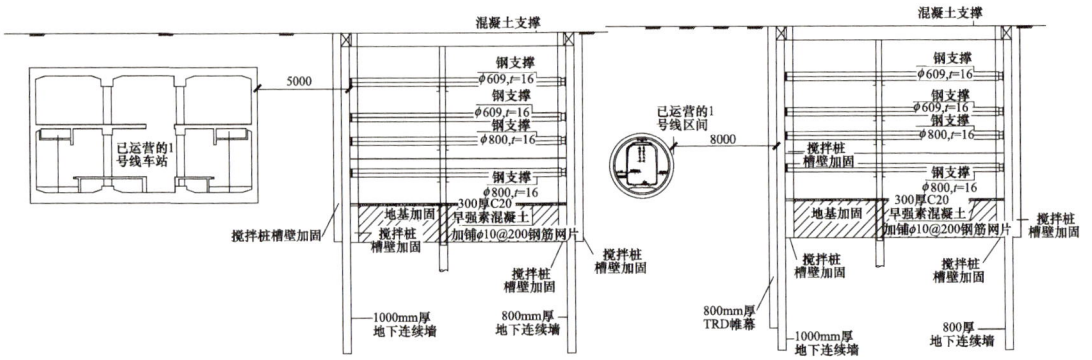

图 8.4.11　基坑与邻近地铁设施剖面位置关系

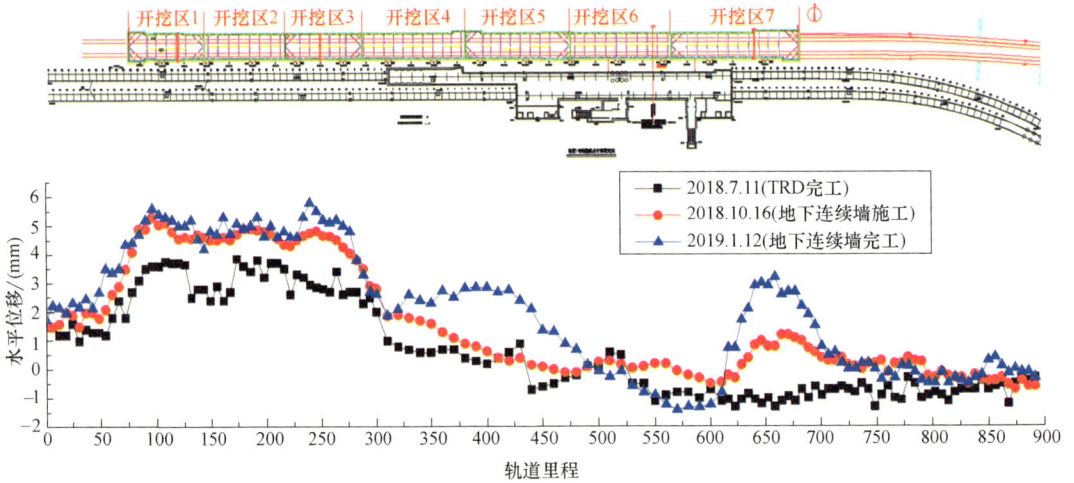

图 8.4.12　TRD 及地下连续墙施工对地铁结构水平位移的影响

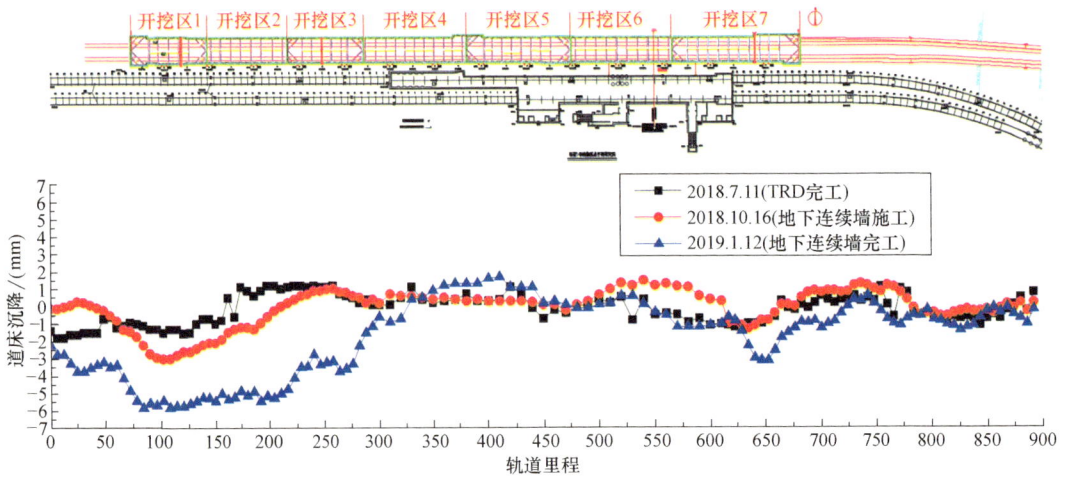

图 8.4.13　TRD 及地下连续墙施工对地铁结构竖向位移的影响

2. 微扰动施工案例

如图8.4.14～图8.4.16所示，项目紧邻在运行的杭州地铁1号线九堡地铁车站及区间隧道，基坑长约240m（与地铁平行方向），宽约140m，采用分坑施工，其中北区为2层地下室，基坑开挖深度为9.7m，分为5个基坑，围护外边线距隧道最近处约10.1m；南区为3层地下室，开挖深度约14.1m，围护外边线距隧道最近处约26.6m，分为3个基坑。

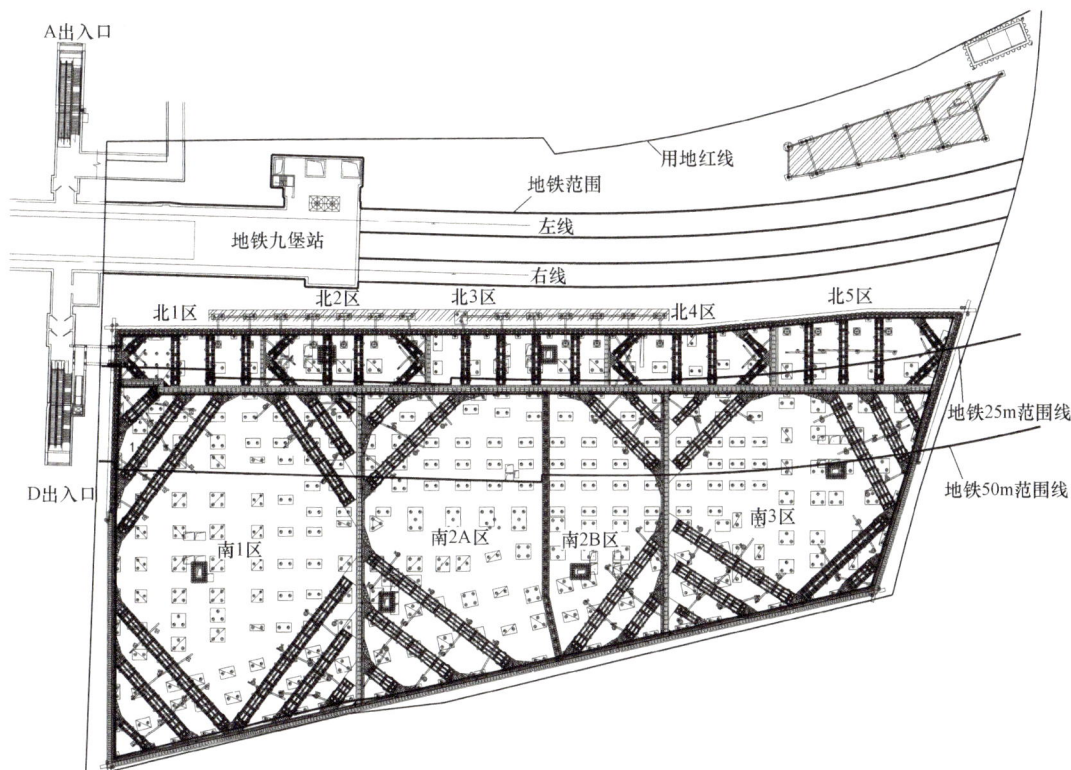

图8.4.14 基坑与邻近地铁设施平面位置

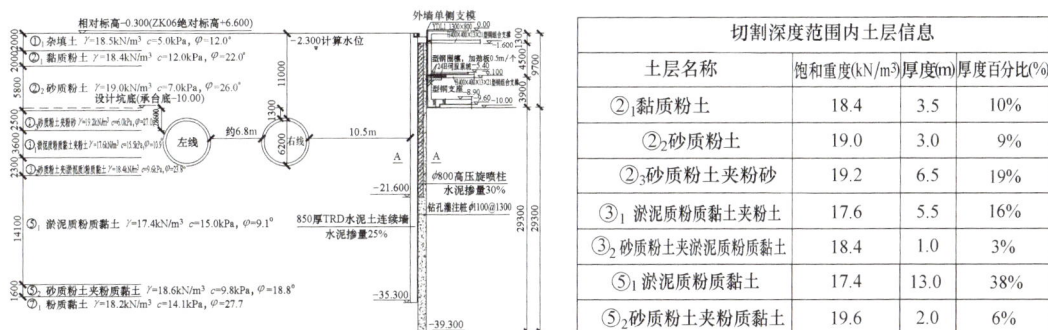

切割深度范围内土层信息			
土层名称	饱和重度(kN/m³)	厚度(m)	厚度百分比(%)
②黏质粉土	18.4	3.5	10%
②₂砂质粉土	19.0	3.0	9%
②₂砂质粉土夹粉砂	19.2	6.5	19%
③₁淤泥质粉质黏土夹粉土	17.6	5.5	16%
③₂砂质粉土夹淤泥质黏土	18.4	1.0	3%
⑤₁淤泥质粉质黏土	17.4	13.0	38%
⑤₂砂质粉土夹粉质黏土	19.6	2.0	6%

图8.4.15 基坑与邻近地铁设施剖面位置关系及土层条件

1）TRD微扰动施工控制

如图8.4.17～图8.4.19所示，本项目采用850mm厚TRD水泥土墙作为止水结构，北区基坑设两层型钢组合支撑，并采用主动变形控制系统。在前述案例经验的基础上，对

TRD 施工工艺进行改进：地铁保护区范围内 TRD 采用"一步法"工艺施工，切割土体同时注浆；水泥掺量 25%（450kg/m³），水灰比 0.8～1.2；膨润土含量 90kg/m³，添加生石膏粉（18kg/m³）、SN201-A 型（0.7kg/m³），施工过程中水泥土浆相对密度 1.73～1.75（原状土加权平均重度的 0.95）；施工速度不超过 5m/12h（5m 一段）。施工过程中，道床沉降、水平位移、水平收敛等各项监测数据均保持在 1mm 以内。

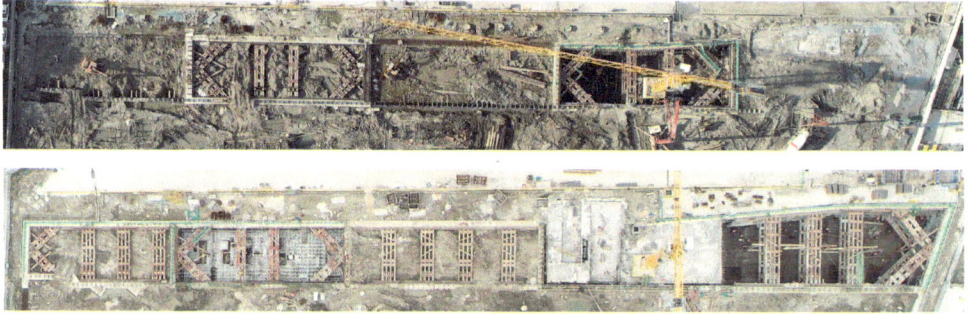
图 8.4.16　靠地铁设施北侧基坑施工过程

图 8.4.17　半固态水泥土浆

图 8.4.18　沟槽两侧适当堆高增加沟槽内水泥土浆压力

图 8.4.19　水泥土浆相对密度测试结果

如图 8.4.20、图 8.4.21、表 8.4.1 所示，从水泥土强度随时间的关系可以看出，水泥土养护 6～9h 可达到甚至超过原状砂质粉土的强度。切割速度约 1.5h/m，一次性切割 5m 约需 9h，因此间隔 9h 后可进行下一次切割施工，总速率控制为 5m/12h。

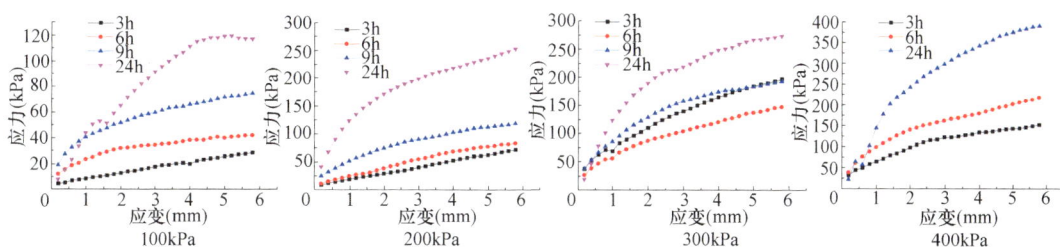

图 8.4.20　水泥土不固结排水剪试验应力应变曲线

不同固化时间的水泥土强度　　　　　　　　　　表 8.4.1

养护时间(h)	抗剪强度 τ(kPa)(100kPa)	黏聚力 c(kPa)	摩擦角 φ(°)
3	19.9	0	21.2
6	38.8	0	25.5
9	66.5	7.5	28.2
24	111.6	49.6	35.9

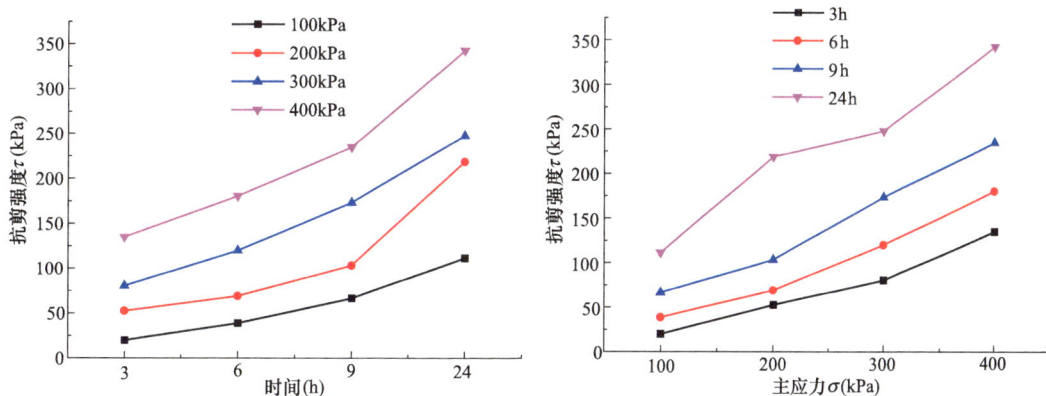

图 8.4.21　水泥土抗剪强度随时间的关系

2）全回转微扰动施工控制

在基坑与地铁隧道之间设有一排工程桩，桩长约 70m，桩径 1.4m。为减小工程桩施工对地铁隧道的影响，采用全钢护筒。钢护筒打穿淤泥层，长度 34m，采用 360°全回转工艺施工。如图 8.4.22～图 8.4.25 所示，360°全回转钢护筒施工微扰动控制应注意以下几个方面：（1）护筒壁厚不易太厚，减少护筒下压挤土效应；（2）护筒下沉应通过旋转切割的方式，不应采用过大的下压力，减少桩侧摩阻力引起的地层沉降；（3）保持足够的筒内土塞高度，减少基底涌水涌土的风险，当筒底位于淤泥土地层中，筒内不得取土，当筒底位于砂土或硬质黏性土地层中，取土方式宜采用水冲法，筒底原状土土塞长度不得少于 5 倍桩径，且筒内水头要高于地下水水头，在砂性土地层中，可采用黏性土或膨润土进行制浆，避免停钻时砂土沉淀；（4）护筒接头及切割刀头不宜扩大，减少桩侧土体体积损失（以护筒外径为 1.5m 为例，若护筒接头或切割刀头扩大 2cm，则体积损失率达 5.4%，会造成严重的地层损失扰动），因此须采用内嵌式刀头（适用于硬土层）或锯齿刀头（适用于软土层）。本项目工程桩桩径 1.4m，护筒外径 1.5m，护筒长度 34m，若采用扩大接头或切割刀头，则每根桩将损失 3.24m³ 土体，24 根工程桩将损失 78m³ 土体，因此采用锯齿刀头，护筒接头采用坡口对焊，取土方式采用水冲法。

图 8.4.22　扩大的护筒接头或钻头　　图 8.4.23　内嵌式钻头或锯齿刀头

图 8.4.24　水冲法取土

3）微扰动施工控制实施效果

本项目施工工序有：TRD、围护桩（钻孔灌注桩、桩中间高喷嵌缝）、坑内工程桩、坑外工程桩（距地铁隧道最近 5m，采用全回转钢护筒）、土方开挖、降水施工等。项目特点：工序繁多、距离地铁设施近（10m）、影响范围大（平行地铁方向 240m）、开挖深度深（靠地铁侧挖深 10m，远离地铁侧挖深 14m）、隧道埋深浅（埋深 11m）、隧道底部为淤泥土地层。地铁设施变形控制值均为 5mm，因此各个工序均应采用微扰动施工。

图 8.4.25　分段护筒坡口焊连接

TRD 微扰动施工如前所述，全回转施工过程中严控土塞深度和体积损失率，支撑体系采用型钢组合支撑结合伺服系统，土方开挖过程中通过控制支撑轴力，将开挖面以上的土体位移限制为朝坑外的变形。各工况条件下的地铁隧道变形如图 8.4.26、图 8.4.27 所示：TRD 及坑外工程桩（全回转钢护筒）施工完毕后，地铁设施各项变形指标均小于 2mm；土方开挖前，北侧 1～5 号基坑均进行了降水施工，坑内水位降至地面以下 11m，坑外水位受雨期影响上升至地面以下 2m 左右，水头差达 9m，在巨大的坑内外水压力差作用下，

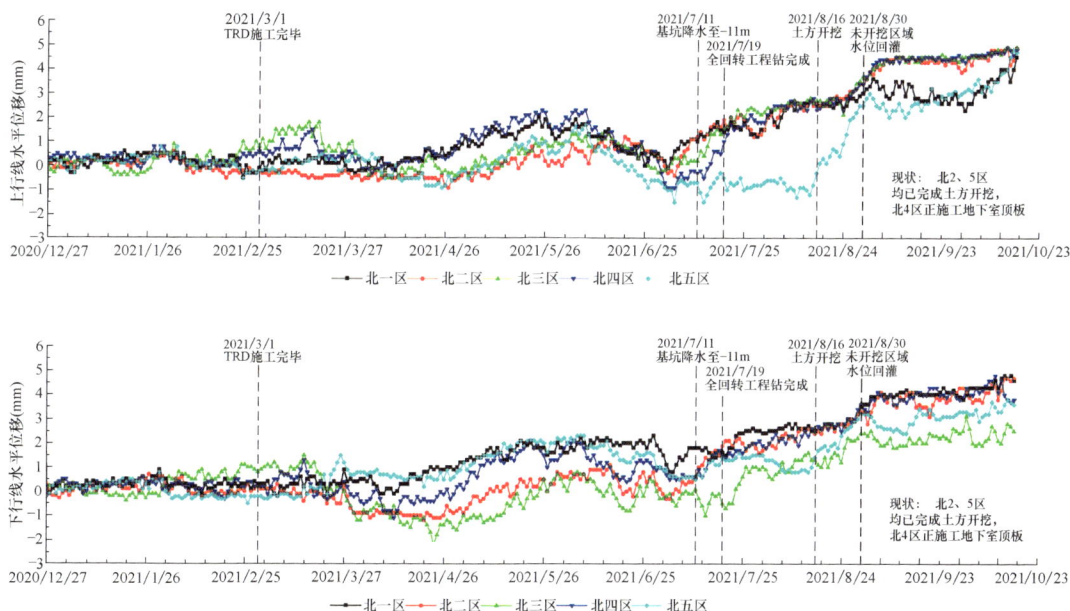

图 8.4.26　地铁设施随时间及施工工况的变形发展趋势（一）

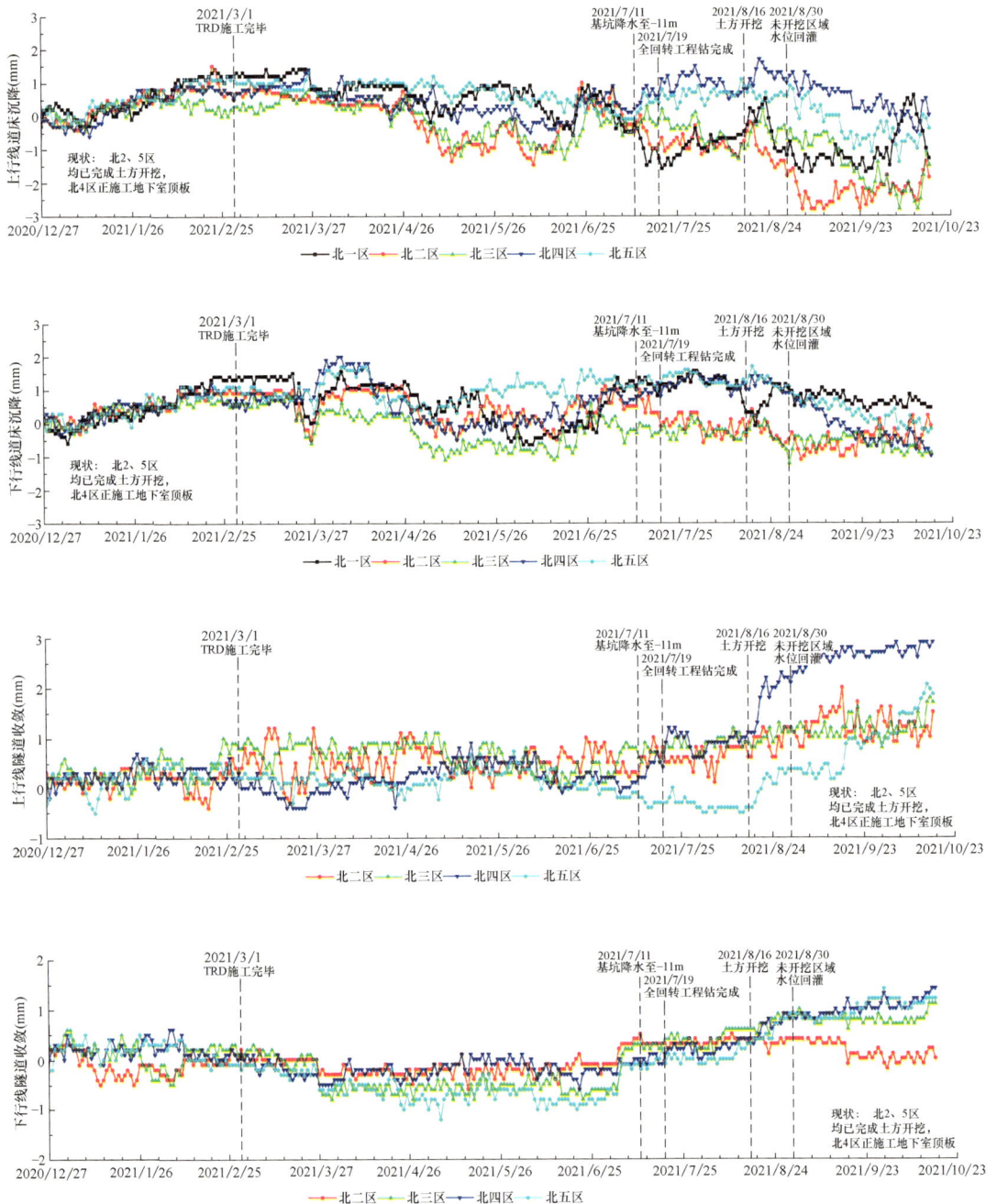

图 8.4.26 地铁设施随时间及施工工况的变形发展趋势（二）

基坑整体由北往南发生位移，引起地铁设施产生由北往南的水平位移（1mm 增加至 4mm），发现此问题后立即对未开挖基坑（北 1、2、3、5）进行回灌，遏制水平位移的进一步发展；隧道竖向变形随坑外水位上下波动，总体受基坑开挖影响有所沉降；除个别点外，隧道收敛变形受基坑开挖影响较小。

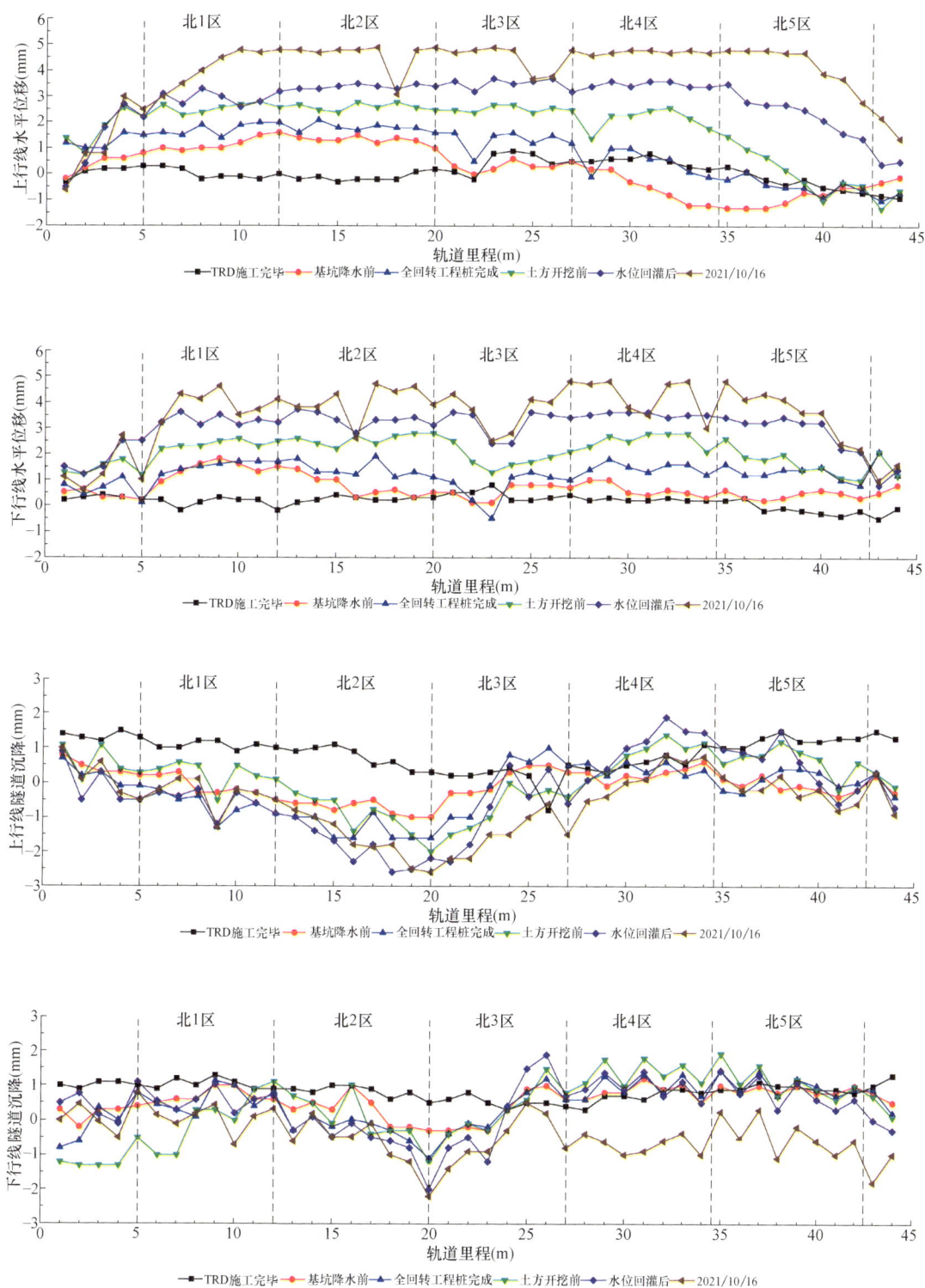

图 8.4.27　各工况地铁设施变形矢量图 (一)

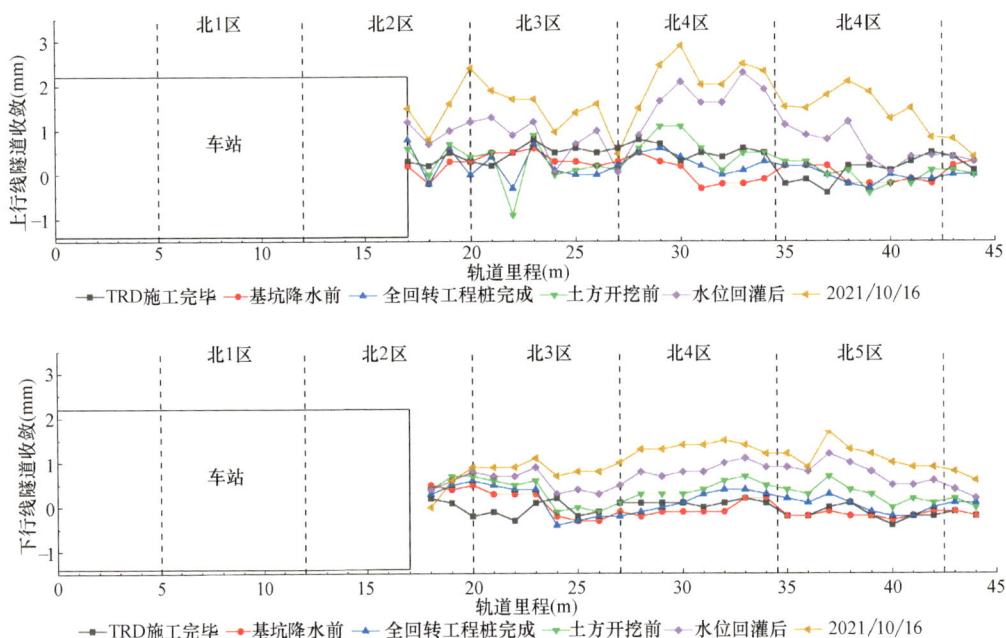

图 8.4.27　各工况地铁设施变形矢量图（二）

8.5　钢筋混凝土支撑与型钢支撑结合

8.5.1　形状不规则基坑

如图 8.5.1～图 8.5.4 所示，项目位于杭州市萧山区，基坑周长 760m（长 240m×宽 60～140m），基坑形状不规则，类似马鞍形，存在一个受力非常不利的大阳角。基坑设 3 层地下室，大底板开挖深度 13.0～17.3m，同时具有两个超大面积的核心筒深坑，核心筒深坑开挖深度 19.5m。地表以下 20m 深度范围内为砂质粉土，地表以下 20～30m 为淤泥质粉质黏土。项目的特点是基坑形状不规则，地下水位高，土体渗透性好，核心筒深坑开挖面积大，存在承压水突涌的风险。支护方案采用 SMW 工法结合两层内支撑，在基坑

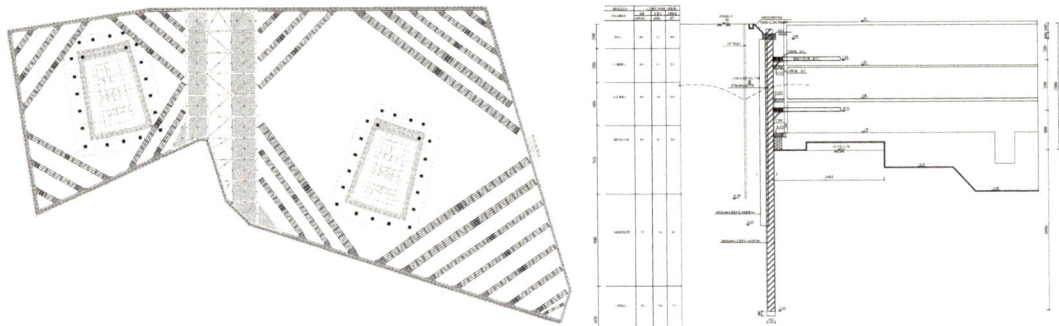

图 8.5.1　基坑平面与剖面图

图 8.5.2　项目实施过程

图 8.5.3　土方开挖

图 8.5.4　底板施工

中部形状不规则位置采用钢筋混凝土对撑，并设置板带，作为刚性受力转成结构，将基坑分为南北两个区块，南北两个区块可以相对独立施工，采用型钢组合支撑角撑布局方式，避开核心筒塔楼位置。

8.5.2 角度不规则基坑

如图 8.5.5～图 8.5.9 所示，项目位于杭州市余杭区，由两个相邻基坑组成，设 2 层地下室，基坑开挖深度 9.6m，西侧基坑周长 1028m（237m×277m），基坑面积约 6.6 万 m²；东侧基坑周长 1008m（142m×362m），基坑面积约 5.1 万 m²，均属于超宽、超大型深基坑。场地地貌单元属于冲海积平原区，基坑开挖影响深度范围内为地表以下 3.5m 填土和 16m 厚的粉土。围护方式采用 SMW 工法结合一层水平内支撑，由于基坑宽度过大，且角度不规则，如采用角撑加对撑的方式，最大角撑长度达 144m，角撑道数多达 10 道，经济性和施工便利性均较差，因此可以采用钢筋混凝土做角部边桁架结合型钢组合支撑的方式，减少角撑道数，增大支撑间距。

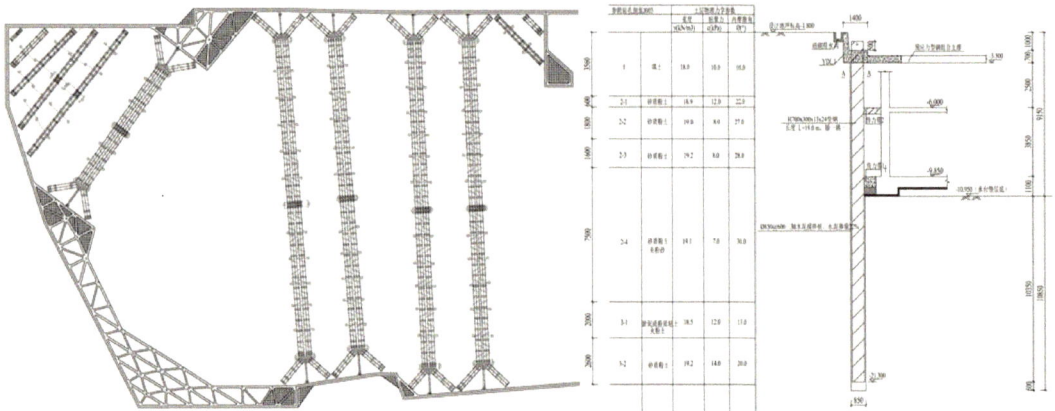

图 8.5.5 东侧基坑平面及剖面图

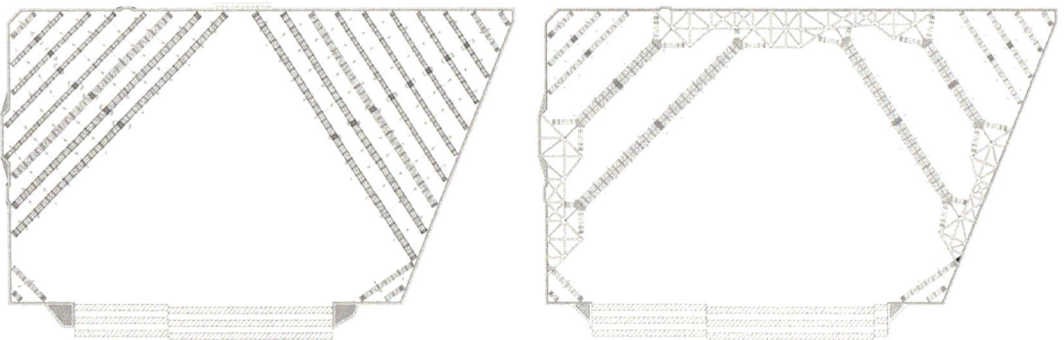

纯型钢组合支撑角撑布局   钢筋混凝土边桁架结合型钢支撑布局

图 8.5.6 西侧基坑两种平面布置形式

图 8.5.7 项目实施过程

图 8.5.8 东侧基坑实施过程

图 8.5.9 西侧基坑实施过程（采用了纯型钢支撑角撑形式）

8.6 斜支撑

8.6.1 楼板斜抛撑

如图 8.6.1～图 8.6.4 所示，某超大基坑群由 4 个地块组成，其中：05 地块基坑工程

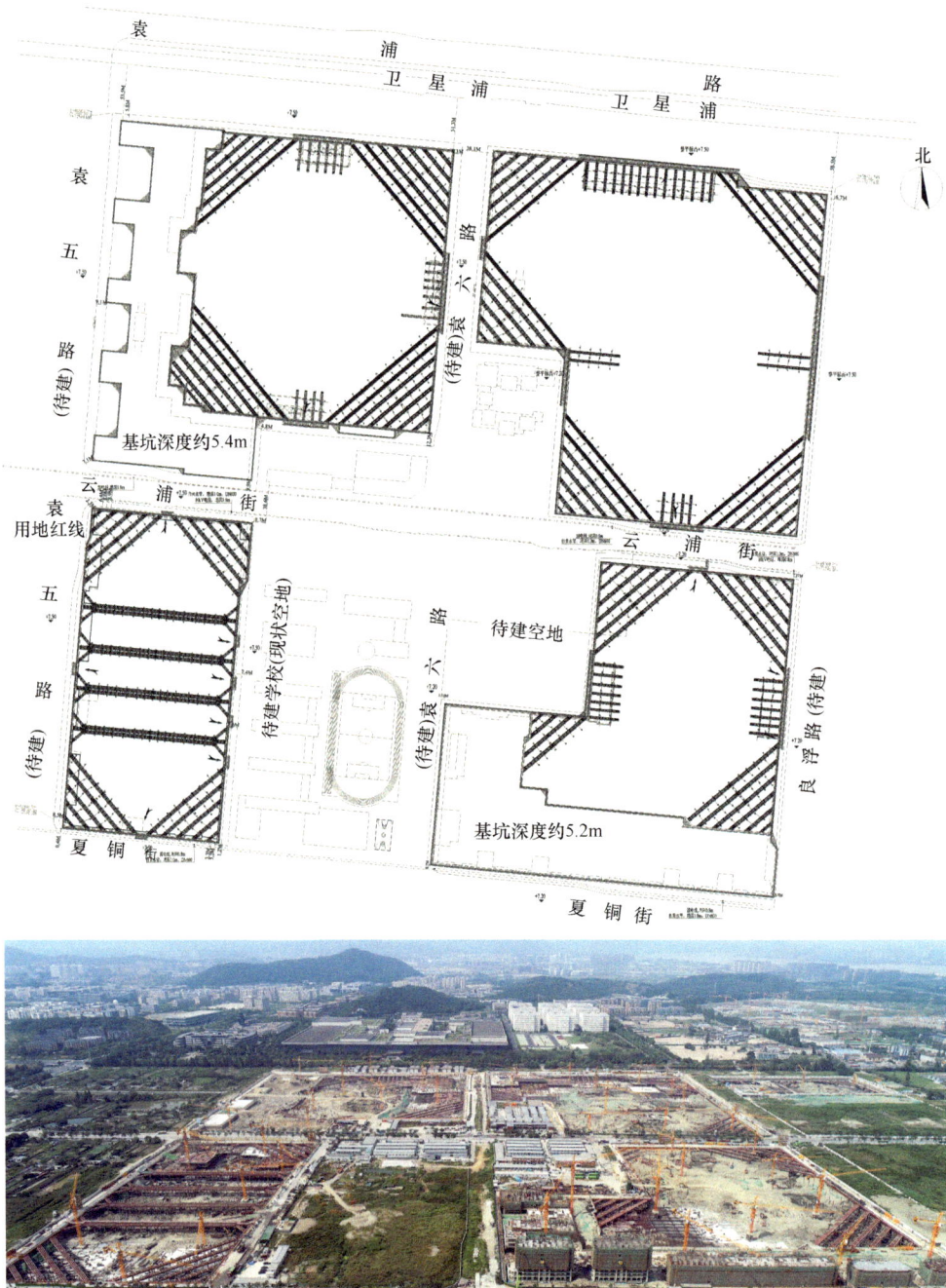

图 8.6.1 群坑平面布置

图 8.6.2　水平对撑

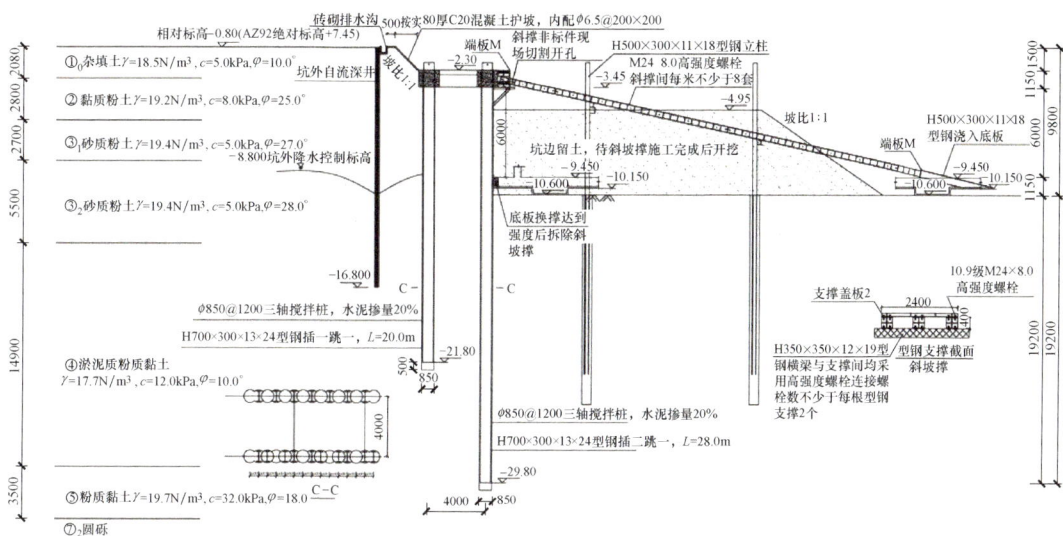

图 8.6.3　底板斜抛撑剖面图

周长约 1340m，占地面积约 10 万 m²，基坑开挖深度约 5.9m（一层地下室）、9.8m（二层地下室），二层地下室部分采用 φ850@600 三轴水泥搅拌桩内插型钢作止水帷幕兼挡土结构，角部采用一层预应力型钢组合支撑作水平支撑，基坑中部采用型钢斜抛撑；07 地块基坑工程周长约 1335m，占地面积约 10 万 m²，基坑开挖深度约 9.8m（二层地下室），角部采用一层预应力型钢组合支撑作水平支撑，基坑中部采用型钢斜抛撑；15 地块基坑工程周长约 1240m，占地面积约 7.5 万 m²，基坑开挖深度约 5.7m（一层地下室）、9.5m（二层地下室），基坑中部采用型钢斜抛撑。

　　如图 8.6.5、图 8.6.7 所示，底板斜抛撑的抗剪墩做法可以有：型钢预埋件抗剪墩、型钢三角件抗剪墩、钢筋混凝土抗剪墩等多种类型。型钢斜抛撑穿越地下室结构外墙如图 8.6.8 所示。

图 8.6.4　底板斜抛撑实施过程

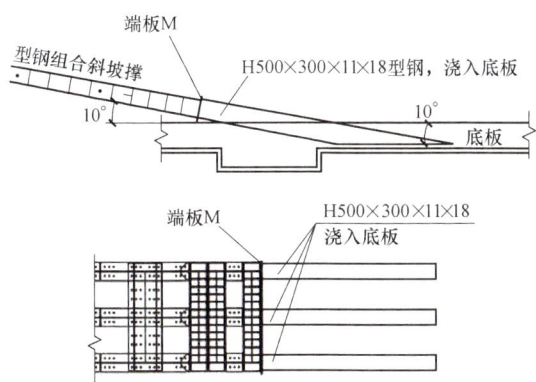

图 8.6.5　型钢预埋件斜抛撑抗剪墩做法

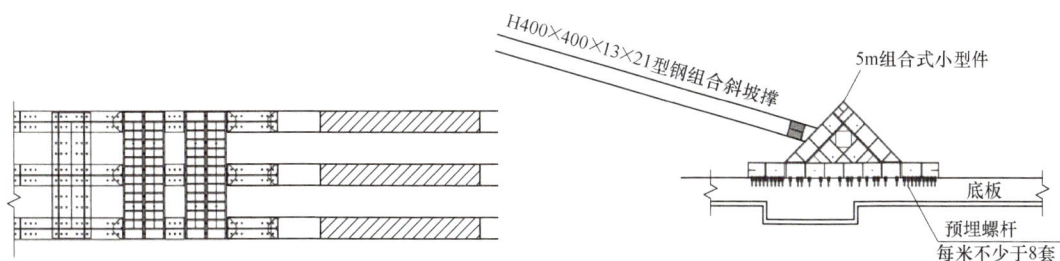

图 8.6.6　型钢三角件抗剪墩做法

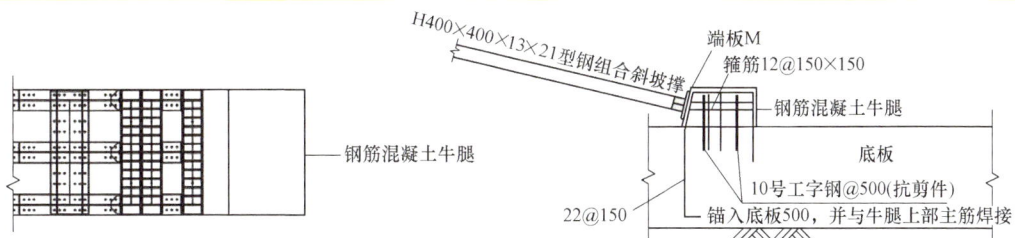

图 8.6.7　钢筋混凝土抗剪墩做法

图 8.6.8 型钢斜抛撑穿地下室外墙

8.6.2 坑内锚桩斜抛撑

如图 8.6.9~图 8.6.11 所示，某基坑项目位于杭州市余杭区，项目设置整体一层地下室，开挖深度为 5m，场地土质以粉砂土为主。基坑南侧紧邻既有厂房，为控制基坑变形，支护结构采用 HU 工法桩＋坑内锚桩斜抛撑。

图 8.6.9 基坑平面图

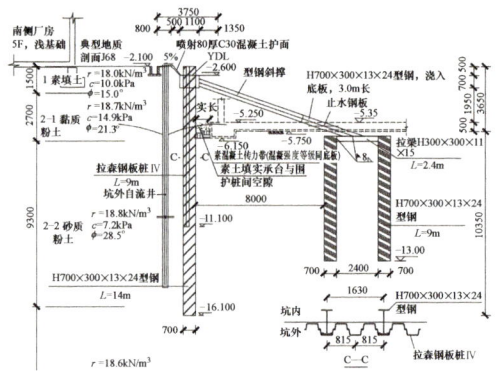

图 8.6.10 锚桩斜抛撑剖面图

图 8.6.11　项目实施过程

8.6.3　坑内锚桩水平承载力试验

在某淤泥土场地中进行锚桩水平承载力试验，锚桩试验平面布置如图 8.6.12 所示，剖面如图 8.6.13 所示。场地土质为表层 2m 淤填土、1m 厚的耕植土、深部为 20m 厚的

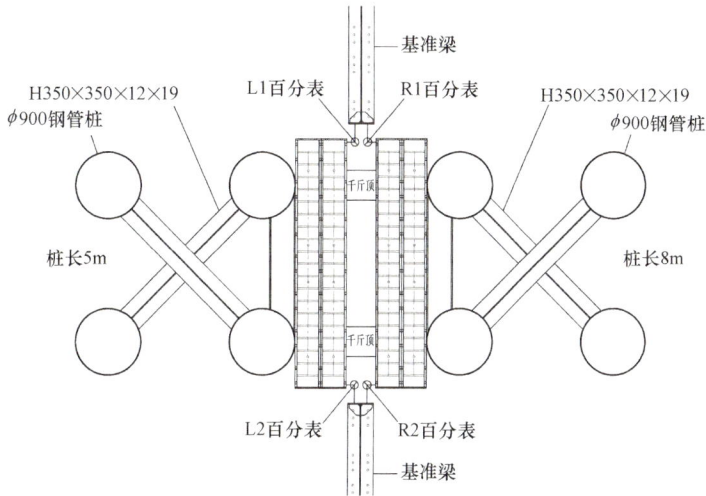

图 8.6.12　锚桩试验平面布置

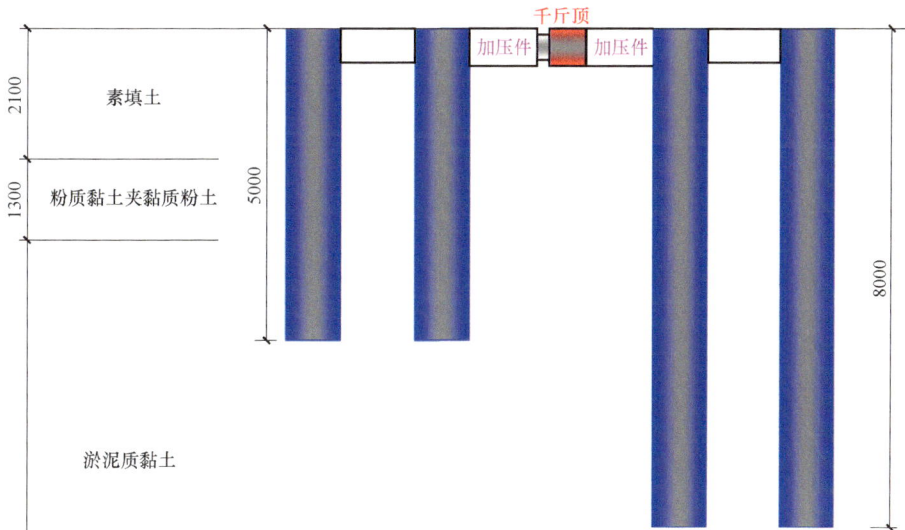

图 8.6.13　锚桩试验剖面图

淤泥，锚桩采用一组 4 根 5m 长的 900mm 直径钢管和一组 4 根 8m 长的 900mm 直径钢管。锚桩水平承载力试验结果如图 8.6.14 所示：最大加载量为 1100kN；5m 长 900mm 直径钢管最大侧向变形约 100mm；8m 长 900mm 直径钢管最大侧向变形约 70mm。现场试验过程如图 8.6.15 所示，由于水平变形较大，桩侧与土体发生脱空情况。从试验结果可以看出：在淤泥土地层中，锚桩要获得较大水平承载力，对应的变形也很大，因此需要施加预加轴力，消除锚桩水平变形对基坑的影响。

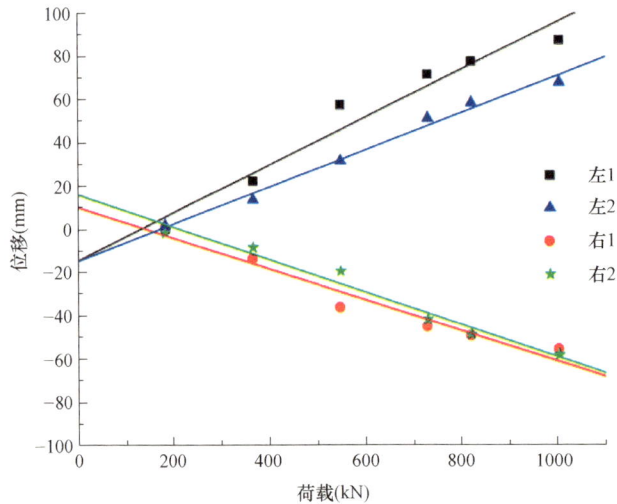

图 8.6.14　锚桩桩顶水平位移与水平推力关系

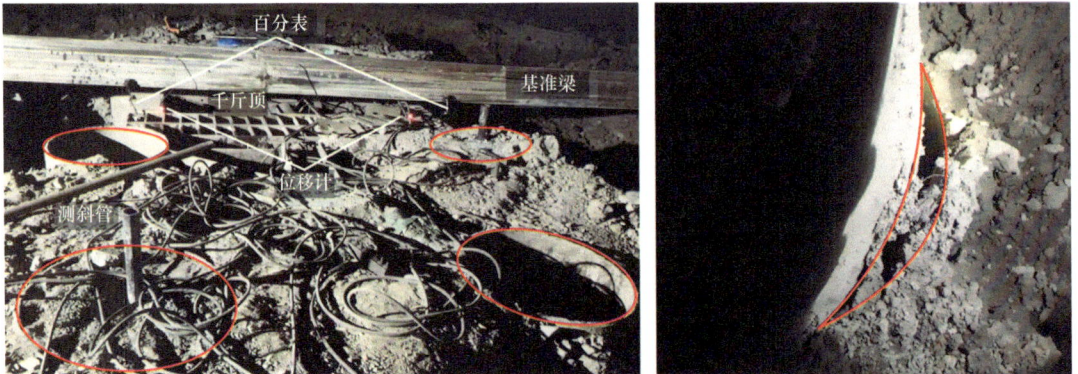

图 8.6.15　锚桩水平承载力试验现场

8.7　基坑应急抢险及复建

8.7.1　软土地基中三层地下室基坑复建

如图 8.7.1～图 8.7.4 所示，某软土地基中深大基坑设三层地下室，基坑总周长约 870m（95m×340m），面积约 2.93 万 m²，开挖深度 12.96～13.50m，围护桩为 $\phi900$、

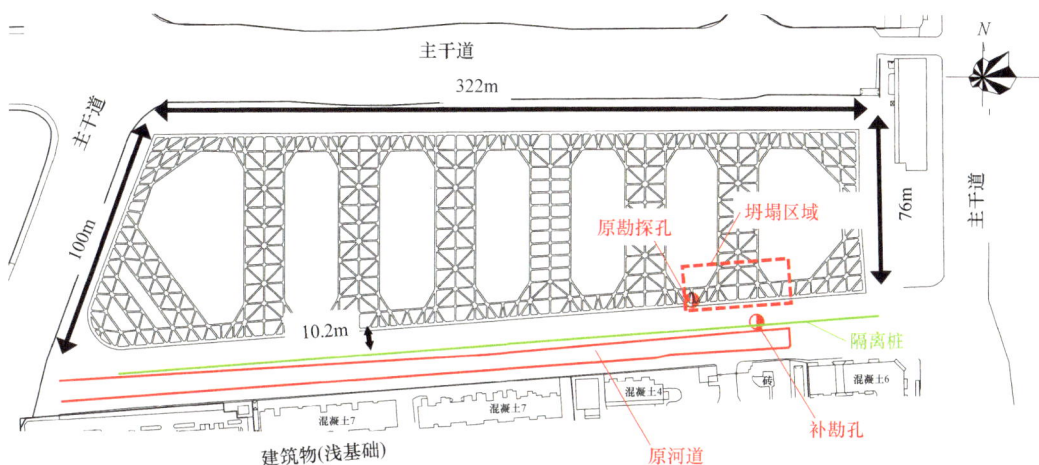

图 8.7.1　基坑平面图

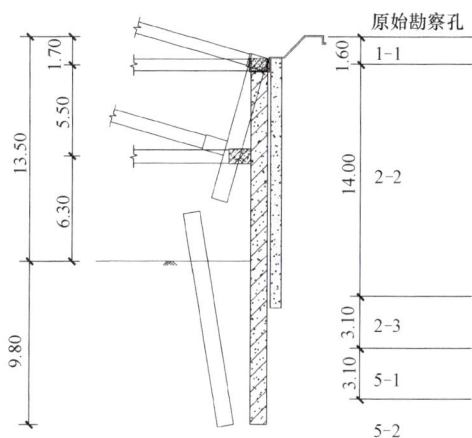

土层	黏聚力 c(kPa)	内摩擦角 φ(°)
1-1 杂填土	6.0	8.0
2-2 粉质黏土	18.0	15.0
2-3 淤泥质土	10.0	12.0
3 粉质黏土	45.0	14.0
5-1 强风化泥岩	40.0	25.0
5-2 中风化泥岩	160.0	30.0

图 8.7.2　坍塌剖面示意图及地层参数

ϕ1000、ϕ1200 钻孔灌注桩，围护桩进入基岩 2m，原设计采用两层钢筋混凝土支撑。事后调查发现：坍塌区域曾经有一条秦淮河的支流河道，在 20 世纪 80 年代后逐渐淤填；淤填区的土体力学性能指标很差；后期复建过程中，旋挖桩机干取土验证了这一推断，采用 22m 长（原设计桩长）的钢制护筒在施工过程中仍然会产生护筒下沉、筒底挤土的情况，实际最深基岩面在地表下 26m。从基坑整体稳定性分析结果可以看出：由于围护桩桩底未进入好土层，桩长嵌固深度又不足，发生踢脚破坏。当围护变形过大甚至折断以后，支撑受到竖向拉拽作用，在竖向超大偏心荷载作用下，支撑体系失效，从而导致整体垮塌。

复建方案做法如图 8.7.5、图 8.7.6 所示：坍塌区域基坑外卸土高度 4.5m，将垂直开挖深度变为 9m，采用 ϕ1200@1400 的大直径灌注桩，全护筒旋挖成孔，终孔标准为桩底进入中风化粉砂岩 2m；水平支撑采用一层上下双拼型钢组合支撑。

图 8.7.3　基坑破坏情况

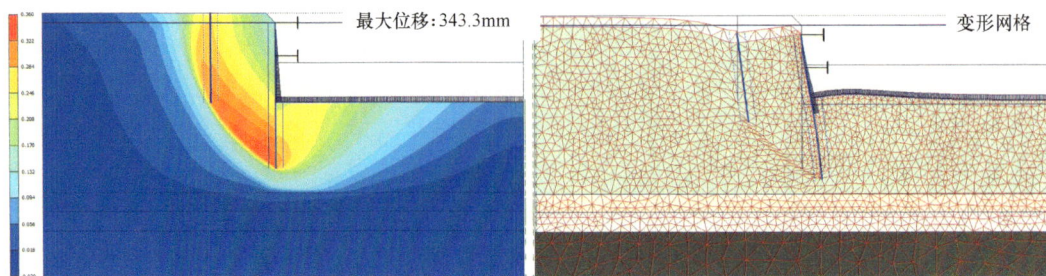

图 8.7.4　基坑破坏模式模拟结果（一）

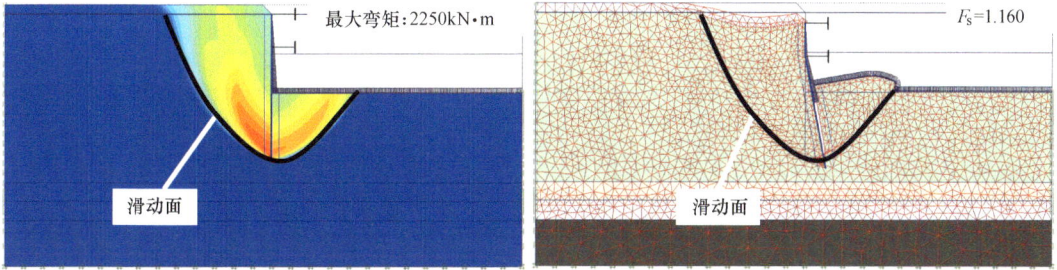

最大弯矩:2250kN·m

滑动面

F_s=1.160

滑动面

图 8.7.4 基坑破坏模式模拟结果（二）

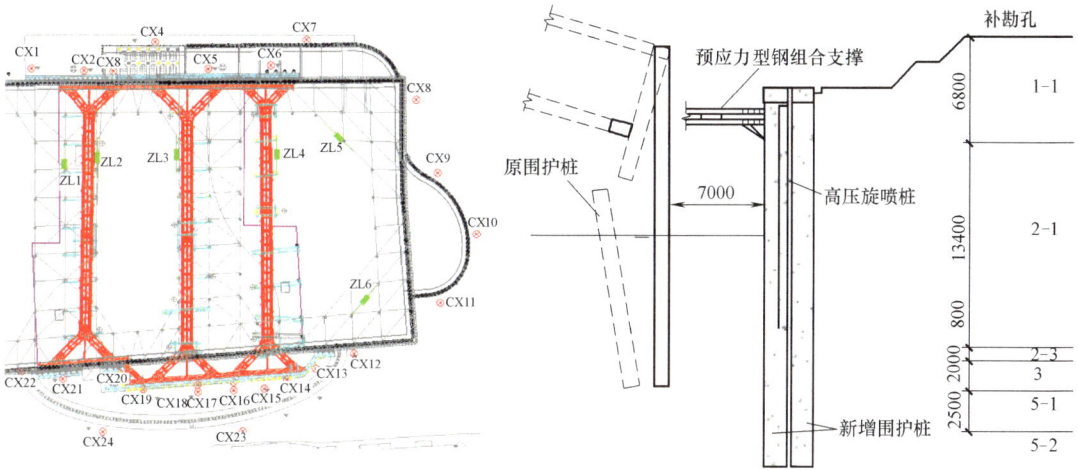

预应力型钢组合支撑

原围护桩

高压旋喷桩

新增围护桩

补勘孔

6800

1-1

13400

2-1

800

2-3

2000

3

2500 2000

5-1

5-2

7000

图 8.7.5 复建方案

图 8.7.6 复建过程及基坑监测数据（一）

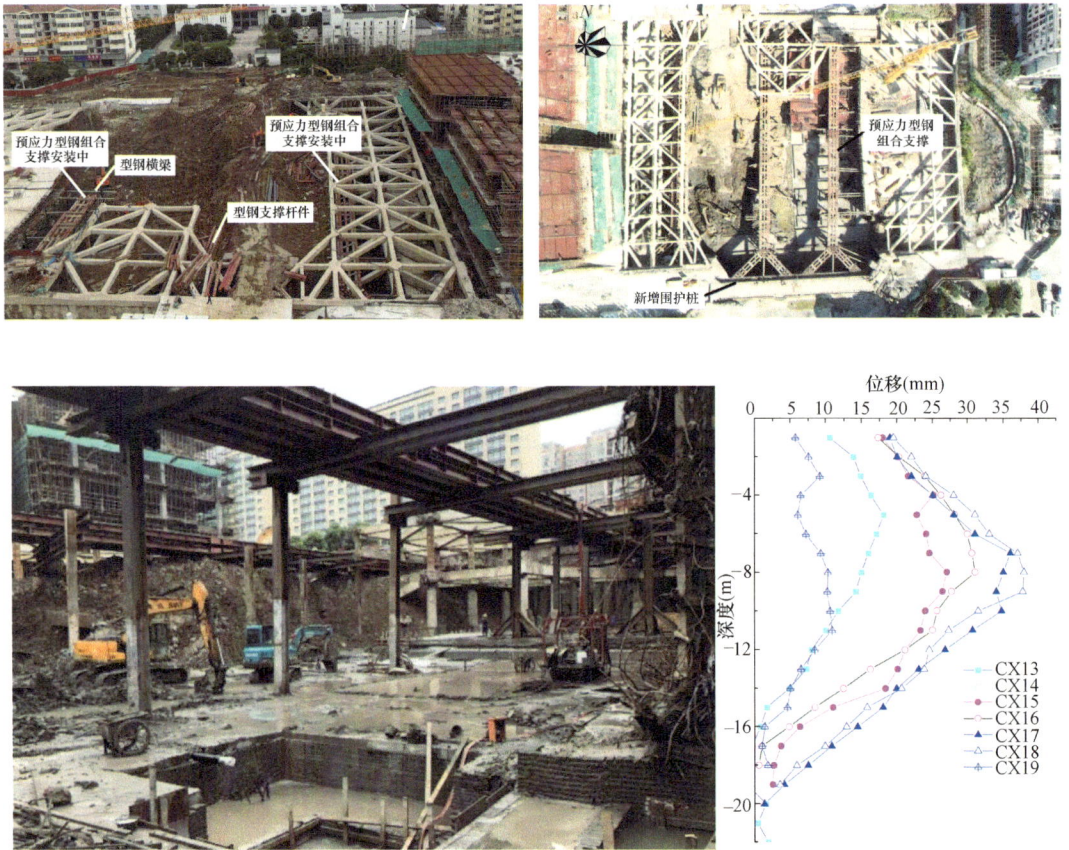

图 8.7.6　复建过程及基坑监测数据（二）

8.7.2　深厚软土地基中两层地下室基坑复建

如图 8.7.7～图 8.7.9 所示，某深厚软土地基中两层地下室深基坑，基坑周长 480m（75m×165m）、开挖面积约 1.2 万 m²，开挖深度约 9m；基坑西侧采用 SMW 工法桩加一层钢筋混凝土支撑；基坑东侧角撑区域采用 ϕ800@1000 灌注桩加二层混凝土支撑。在东侧基坑开挖第二层支撑下方土体的过程中，角撑与对撑交界处压顶梁剪断，东南角角撑整体向坑内发生扭转破坏。同时，对撑部位的监测数据反映出桩顶变形较大，也存在倾覆的可能。因此对撑部位（局部已施工垫层）均采用沙袋回填至支撑底，坍塌的角撑部位采用土方回填至地表。究其原因可以发现：对撑（一层支撑）与角撑（两层支撑）交界位置的压顶梁分两次浇筑，且钢筋几乎无搭接；对撑的围檩与角撑的围檩位置不在一个标高，两者也是相互独立的，且缺乏相互搭接长度；角撑区域基坑边线形状不规则，存在一个阳角和临边的坑中坑，坑中坑挖深约 2.8m，导致局部受力不均衡；工法桩冠梁尺寸过小，仅为 1000mm×800mm，H700 型钢外边缘至压顶梁外边线平均仅有 150mm 的高度，局部型钢位置偏差，导致压顶梁有效高度极小，在基坑坍塌前压顶梁已产生大量的 45°斜裂缝，压顶梁的刚度和强度被严重削弱。

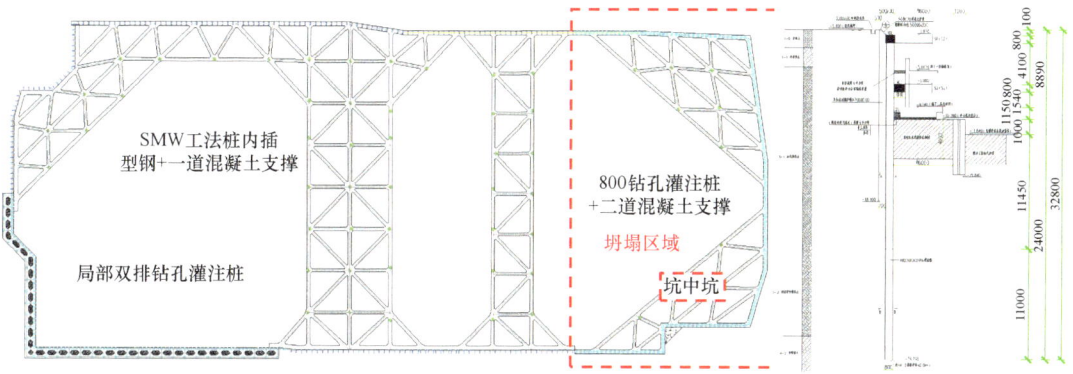

图 8.7.7 基坑平面及剖面图

图 8.7.8 基坑破坏前状态

图 8.7.9 基坑破坏形态

　　如图 8.7.10、图 8.7.11 所示，根据现场的基坑破坏情况、围护结构和支撑的受损情况、已完成的施工进度，制定了复建方案：基坑中部区域采用型钢组合支撑加固；东南角倒塌部位土方已回填至地表，采用两层钢筋混凝土支撑复建；东北角支撑未严重受损，采用钢筋混凝土板带加固；坑外新增一排灌注桩进行围护结构加固。

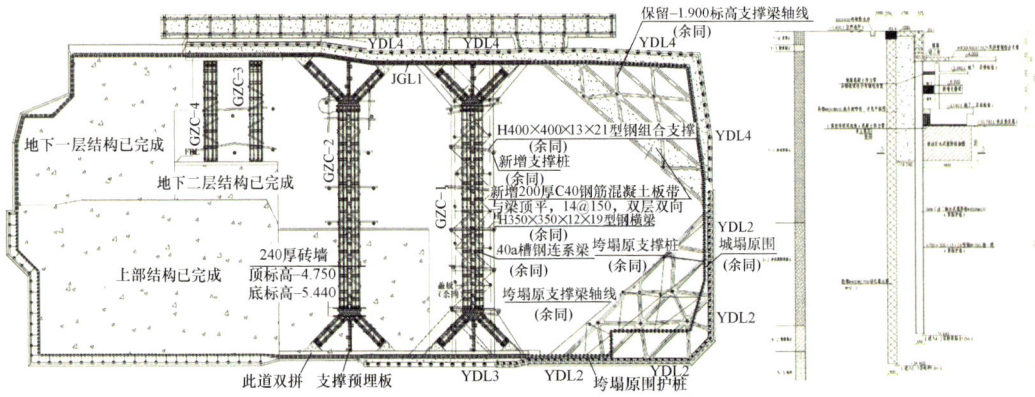

图 8.7.10　复建方案平面及剖面图

图 8.7.11　复建实施过程

8.7.3　基坑突涌复建

如图 8.7.12～图 8.7.14 所示，某项目位于江苏省南京市河西地区，设 3 层地下室，为长条形基坑，基坑周长 568m（92m×192m）。基坑开挖面积约 1.8 万 m²，大底板开挖深度约 16m，塔楼核心筒位置开挖深度 19m。围护结构为 φ1100@1300 钻孔灌注桩，止水帷幕采用 29m 深 φ850@600 三轴水泥搅拌桩，设 3 层钢筋混凝土水平支撑。开挖至坑底并施工垫层及底板钢筋时，发生承压水突涌，承压水携带大量土体涌入坑内，在基坑东南侧形成了坑外塌陷区，并造成局部支撑梁断裂，为防止水土流失造成基坑坍塌，采用回灌的方式控制突涌。经调查发现，基底第二层粉细砂承压含水层发生了突涌，导致事故发生。第二层粉细砂的埋置深度已经超过了三轴搅拌桩的施工深度。因此复建时新增 800mm 厚 TRD 水泥土墙进入 6-1 强风化粉砂质泥岩，作为封闭式止水帷幕，完全隔断坑内外的水力联系，TRD 水泥土墙施工深度 61.5m，采用抓斗式成槽机先开槽再采用 TRD 进行切割搅拌；局部支撑梁受损位置采用型钢组合支撑进行补强，并设置双排桩；坑外土体塌陷区域采用袖阀管注浆加固。

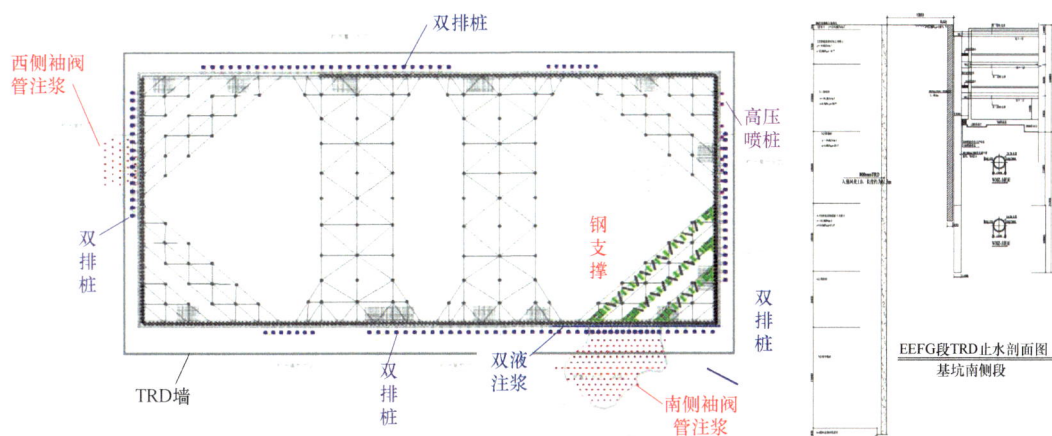

图 8.7.12　基坑复建平面及剖面图

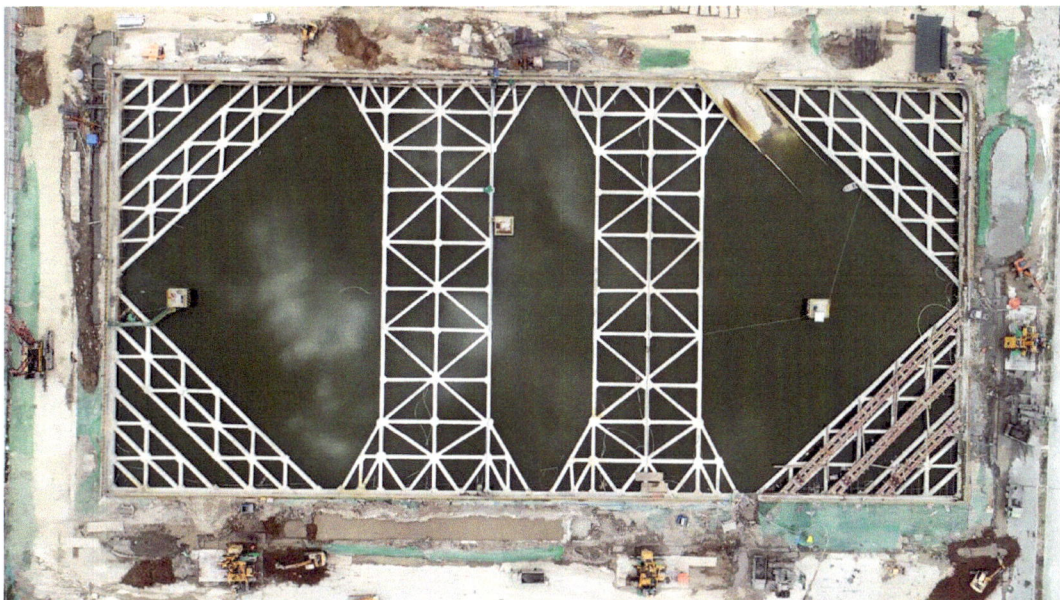

图 8.7.13　坑内回灌及支撑梁受损

图 8.7.14 复建止水帷幕及支撑梁加固

在新打 TRD 止水帷幕与原围护体间的夹心区设置 47 口 50m 深混合降水井,井的做法如图 8.7.15 所示,7 口承压水水位观察井,TRD 外侧设置 18 口备用 50m 深承压水降水井,7 口潜水观测井,共计 79 口降水井,井的平面布置如图 8.7.16 所示。坑内大面积抽水前,进行了夹心区的抽水试验,以检验止水帷幕效果。试抽水试验时,启动南侧 16 口降水井和北侧 13 口降水井,东、西两侧降水井未开启作为观测井,以此推断基坑底部

图 8.7.15 混合减压降水井

的水位降深，同时对 TRD 外侧水位进行观测，检验新增止水帷幕效果。如图 8.7.17～
图 8.7.19 所示，经过 29 口降水井 2 昼夜的试抽水，夹心区的水位快速降低 10～14m
（地表下 13～17m），接近大筏板开挖面，新增 TRD 止水帷幕外侧水位降深 0.5～2.0m
（说明强风化粉砂质泥岩有一定的裂隙，会有少量渗水，但不影响基坑安全）。经过试
抽水试验，验证了新增止水帷幕的可靠性，正式降水时，夹心区降水与坑内明水排水
采用分层台阶式降水，每层水位降深 5m，在基坑变形和支撑轴力稳定且安全的前提下
进行下一层降水。

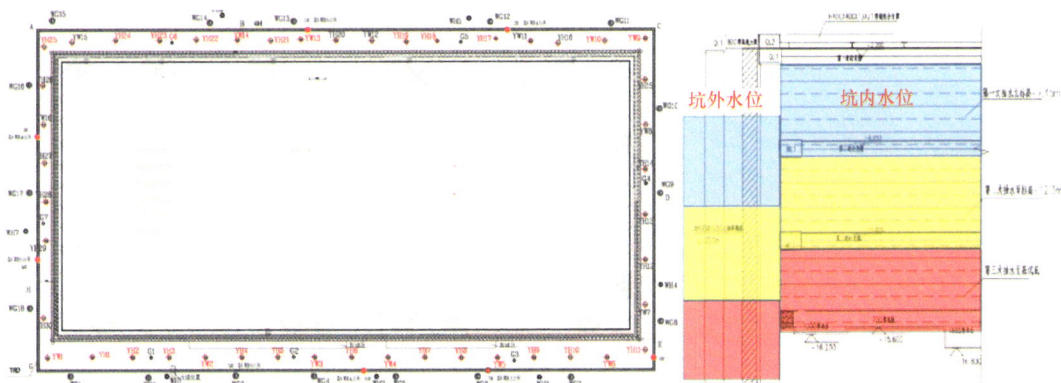

图 8.7.16　降水井平面布置及降水工况

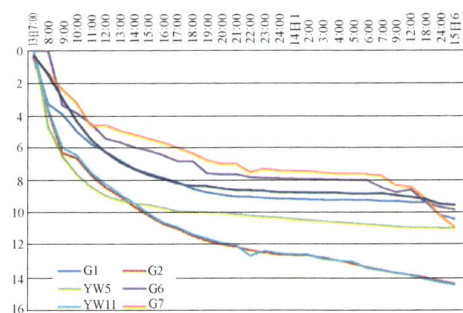

图 8.7.17　夹心区水位降深

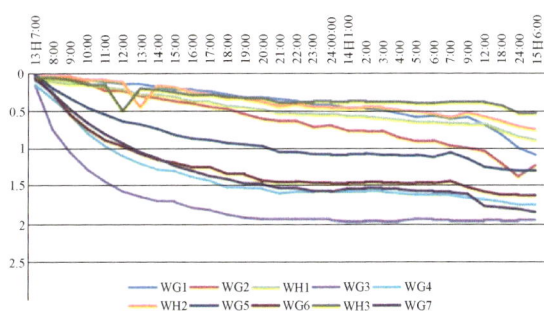

图 8.7.18　止水帷幕外观测井水位降深

图 8.7.19　复建开挖至坑底

8.8　全装配式支护结构基坑

8.8.1　深厚软土地层中开口深基坑

如图 8.8.1、图 8.8.2 所示，项目位于绍兴市上虞经济开发区，整体形状接近 U 形，开挖深度 8.75m，基坑周长 113m（30m×43m），基坑面积约 1236m²，属于小而深的基坑。场

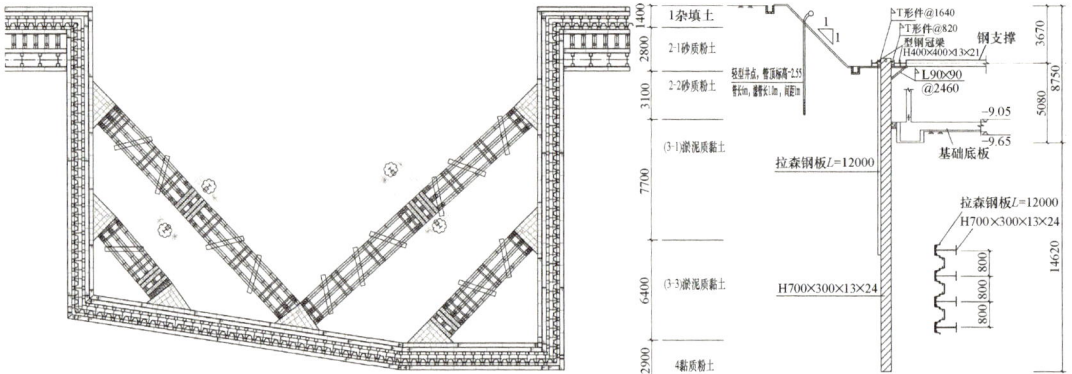

图 8.8.1　基坑平面及剖面图

图 8.8.2　项目实施过程中

地地貌单元属于萧绍滨海平原地貌，基坑开挖影响深度内主要为地表的砂质粉土和14m 厚的淤泥质黏土，采用 HU 工法结合一层型钢组合支撑。项目主要特点是一侧为放坡开挖，没有形成封闭式支护结构，因此在开口侧采用局部双排桩加强，防止基坑整体偏移。

8.8.2 深厚软土地层中复杂周边环境条件

如图 8.8.3～图 8.8.9 所示，项目场地位于浙江湖州南浔区，基坑开挖面积约 2 万 m²，周长约 680m（80m×260m），开挖深度 4.85～6.85m，西侧为 6 层住宅小区及 2 层商铺，南侧距离坑边 10m 有天然气管道，东侧 2～3m 为同步建设的高层住宅，周边环境复杂，对变形控制要求高。支护结构采用 HU 工法桩结合一道型钢组合支撑。场地地貌属于河湖相沉积地貌，基坑开挖影响深度内主要为表层杂填土和深厚的淤泥质粉质黏土层。

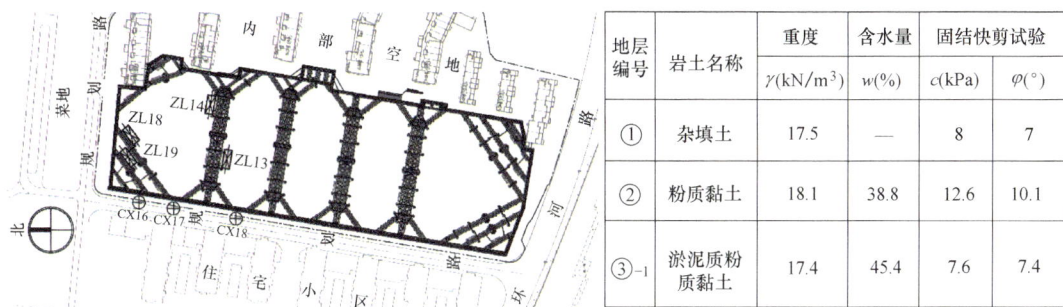

地层编号	岩土名称	重度 γ(kN/m³)	含水量 w(%)	固结快剪试验 c(kPa)	φ(°)
①	杂填土	17.5	—	8	7
②	粉质黏土	18.1	38.8	12.6	10.1
③-1	淤泥质粉质黏土	17.4	45.4	7.6	7.4

图 8.8.3 基坑周边环境及土质参数

图 8.8.4 土层条件

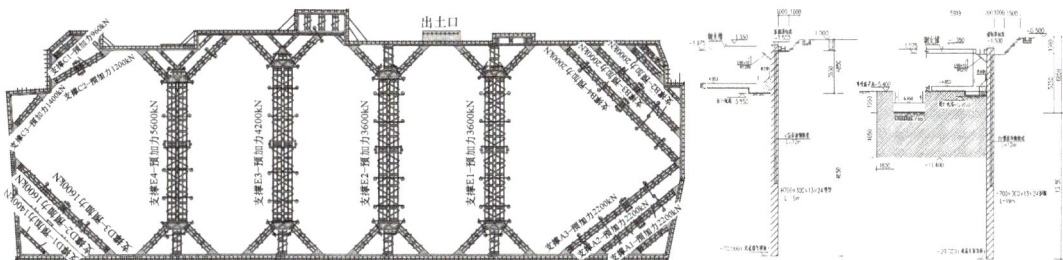

图 8.8.5 基坑平面及剖面图

图 8.8.6 项目实施过程

图 8.8.7 采用分段分次拔桩、多次压实的回填

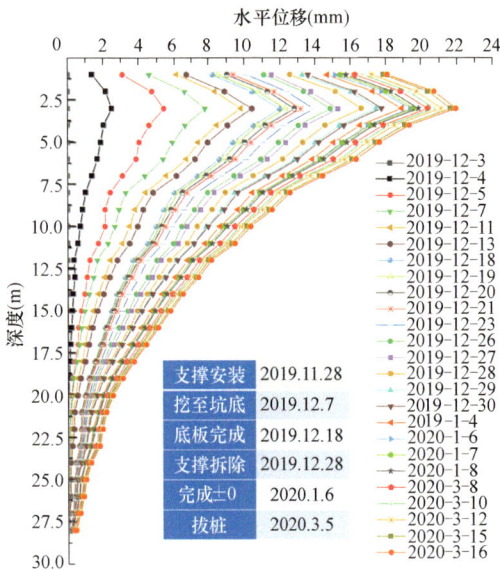

图 8.8.8 角撑范围内的深层土体变形

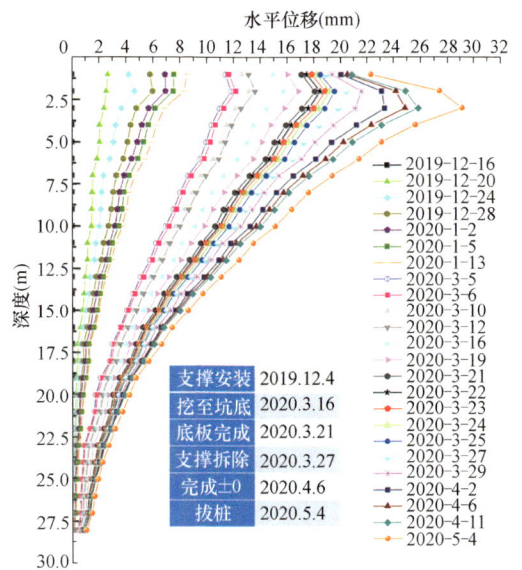

图 8.8.9 对撑范围内的深层土体变形

8.8.3 较硬土层中复杂周边环境条件

如图 8.8.10~图 8.8.14 所示，项目位于杭州市余杭区，为一层地下室基坑工程。整

体形状接近矩形，开挖深度 5.9～6.9m，基坑周长约 530m（85m×180m），面积约 1.5
万 m²。基坑开挖影响深度内主要为硬可塑黏性土，采用 HU 工法桩＋一层预应力型钢组
合支撑。

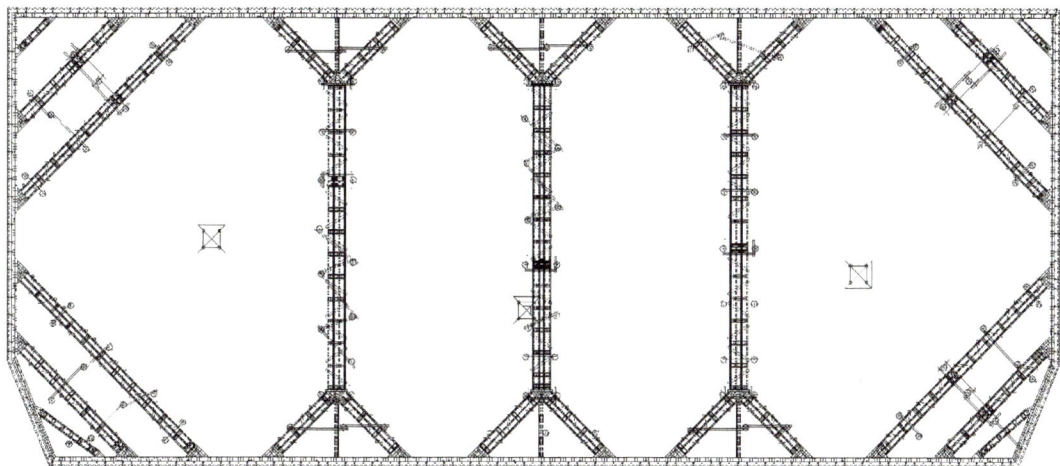

图 8.8.10　基坑平面布置图

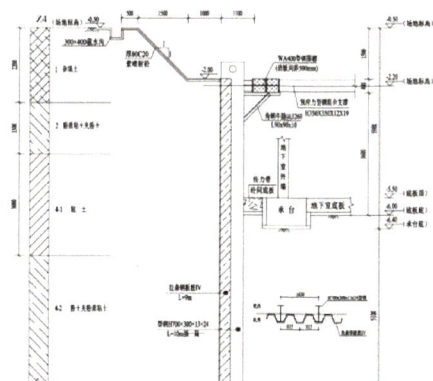

地层序号	土层名称	重度 γ (kN/m³)	黏聚力 c (kPa)	内摩擦角 φ (°)
2	粉质黏土夹粉土	18.6	26.8	16.0
4-1	黏土	19.2	39.3	17.8
4-2	粉土夹粉质黏土	18.9	6.6	26.5

图 8.8.11　围护结构剖面及土质条件

图 8.8.12　支撑安装与土方开挖

图 8.8.13　支撑拆除

图 8.8.14　拔桩施工

8.9　特殊功能基坑

8.9.1　考古发掘项目

我们国家历史悠久，文化传承久远，在广袤的大地下静静地躺着无数的文化宝藏，这些宝藏需要进行保护性发掘。人类活动遗址的覆盖层厚度一般较薄（3～5m 深度），或位于土质较好的地区（古墓类），考古发掘通常采用放坡开挖，基本无需支护。

按考古学家假定的时间区段，新石器时代大约从 10000 年前开始，结束时间从距今5000 多年至 2000 多年不等。我国具有代表性的新石器时代考古文化遗存有：河姆渡文化遗址、良渚文化遗址、草鞋山遗址和龙山文化遗址。河姆渡文化，是中国长江流域下游以南地区古老而多姿的新石器时代文化的代表，它是新石器时代母系氏族公社时期的氏族村落遗址，反映了距今约 7000 年前长江下游流域氏族的情况。河姆渡文化遗址最重要的发现是大量人工栽培的稻谷，这是目前世界上最古老、最丰富的稻作文化遗址。它的发现，不但改变了中国栽培水稻从印度引进的传统传说，许多考古学者还依此认为河姆渡可能是中国乃至世界稻作文化的最早发源地。上一个冰河时期称为"大冰河时代"，发生于距今18000 年前，结束于 10000 年前，与新石器时代在时间上有一定的重叠，因此新石器时代的海岸线经历了升温海浸过程。河姆渡文化分布于中国浙江杭州湾南岸平原地区至舟山群岛的沿海地区，这一时间范围内人类活动区域的变化与海岸线的变化有一定的关系，随着海岸线的侵入，人类活动范围逐步向内陆收缩，后期随着冲、沉积平原的形成，海岸线又有所后退，因此新石器时代早期的遗址有一部分埋在较为深厚的淤泥土中。

余姚井头山遗址考古发掘区，位于浙江省余姚市，距离田螺山遗址 1～2km。2013 年某公司拟在场地上新建厂房，在地质钻探取样过程中，采集到碎陶片、残骨器、动物遗骸等，其中大量蚶、牡蛎、螺等海产贝壳最为引人注目，为浙江史前考古所未见，是一处全新的文化堆积。2014 年进行了考古钻探调查，遗址呈南北向椭圆形分布，总面积约

7000m^2，文化层堆积深度距自然地表 7～8m，厚度在 1m 左右，年代距今 8200～8100
年。另外发现橡子类植物遗存、石器等人工制作残器物，陶片和石器显示其文化面貌不同
于河姆渡文化。如图 8.9.1、图 8.9.2 所示，该遗址的发现，将对今后中国沿海地区史前
考古的探索方向产生独特的启示意义：从埋藏深度看，虽然与田螺山遗址仅一步之遥，但
埋藏深度远大于田螺山遗址，是已知中国沿海地区最深的一处遗址，突破了对原有的史前
遗址在沿海地区分布规律的认识；从堆积性状看，是浙江境内迄今发现的唯一的一处史前
贝丘遗址；从年代测定看，明显早于河姆渡文化，对于河姆渡文化来源的探索具有特别重
要的价值；从保持状况看，对研究中国沿海地区新石器时代早中期环境变迁与人类文化的
相互关系提供了殊为难得的案例。由于遗址的埋藏深度在 7～8m 之间，加上现场已回填
1m 多厚的塘渣，实际挖掘深度 8～10m，挖掘深度范围内均为淤泥土，在浙江省乃至全
国未有考古发掘经验可以借鉴，发掘过程中的安全问题较为突出。

图 8.9.1　田螺山遗址

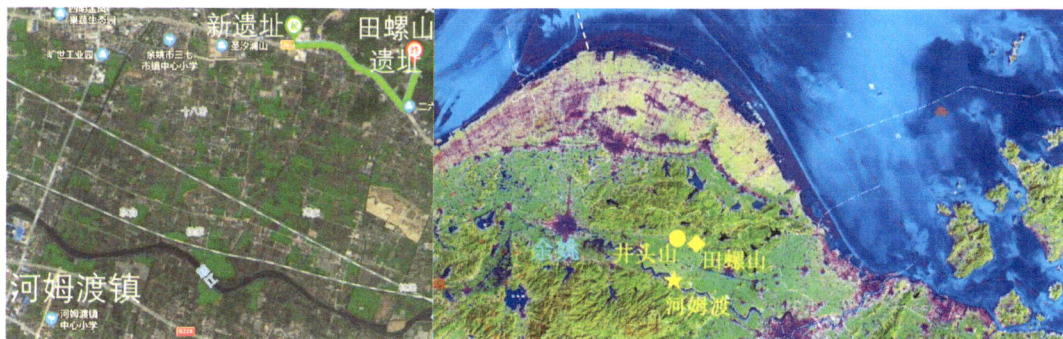

图 8.9.2　遗址间的地理关系

　　试发掘区长 50m、宽 15m，文化层顶部埋深约 6.8～10.35m，底部埋深约 7.5～
11.0m。项目地理位置为宁绍平原中部，地处东海之滨，地貌类型属于海相沉积平原，场
地土质由上至下为：杂填土，厚度 1.00～1.30m；淤泥土，厚度 3.90～12.40m；黏土，
厚度 0.50～5.20m；砾砂夹粉质黏土，胶结程度较好；强风化凝灰岩。考古发掘项目与
常规工程建设存在很大的差异性：首先，施工活动中不能加入任何化学物质，以避免对堆

积物造成腐蚀；其次，施工活动中要尽量减少外部砖、木、陶等碎片混入堆积物中，以免对考古造成干扰；再次，施工活动要尽量减少对原状堆积物和土体的扰动和破坏；最后，要给考古工作提供开阔的视野和便利的作业面。发掘工作的基坑开挖深度达 11m，场地土质为淤泥土，考古场地周边已经聚集了大量的民居和厂房，如果采用平常的基坑支护方式，如搅拌桩、灌注桩等，不可避免地会对堆积物造成化学污染，纯钢支护结构则能满足上述大部分要求。为保证基坑稳定性，围护桩底需要进入胶结程度较好的砾砂夹粉质黏土和强风化凝灰岩层，这是静压法和振动法都无法施工的地层，同时又要兼顾尽量少扰动原状地层，因此，采用长短桩的方式，部分桩通过旋挖引孔至强风化岩层中，部分桩打至硬壳层表面。如图 8.9.3、图 8.9.4 所示，最终的支护方案为：H700×300 型钢作为挡土结构，长桩通过引孔嵌入基岩；H 型钢中间嵌入槽钢作为桩间挡土作用；支撑采用型钢组合支撑，围护桩与支撑通过型钢冠梁连接；旋挖引孔空腔部分采用原状土回填，为避免淤泥土回填不密实，在淤泥土中掺入糯米粉（距今约 1500 年前，古代中国的建筑工人将糯米和熟石灰混合，制成浆糊，然后将其填补在砖石的空隙中，制成了"糯米砂浆"），这样既增强了土的黏性，又避免采用水泥等腐蚀性材料。

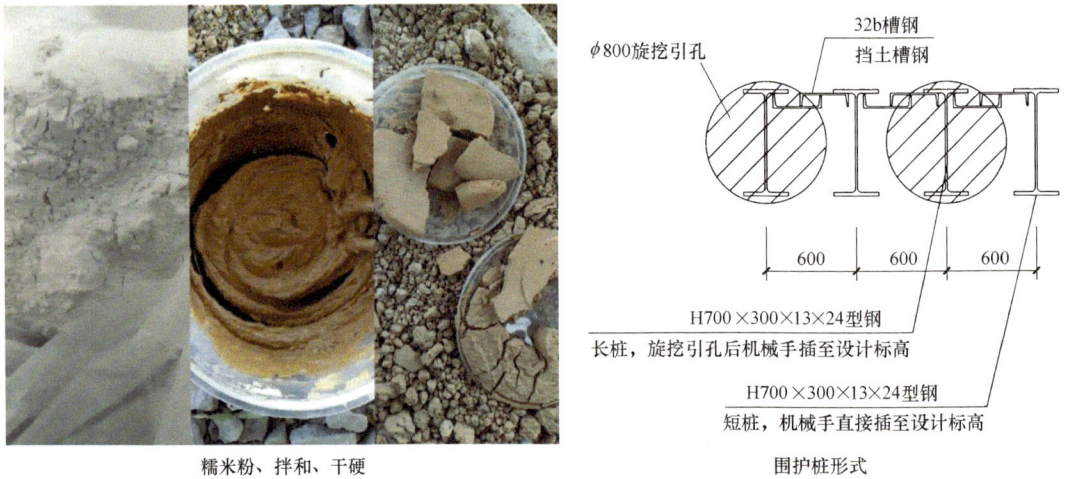

糯米粉、拌和、干硬

围护桩形式

图 8.9.3　围护桩的选型与施工

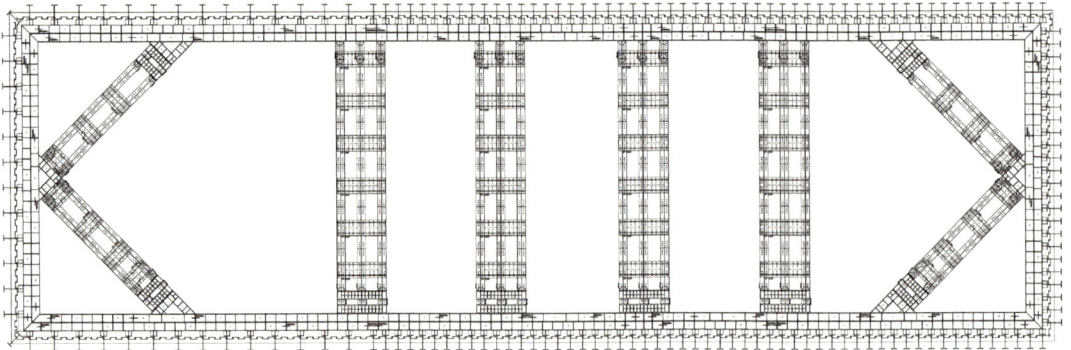

图 8.9.4　基坑平面布置图

图 8.9.5 考古发掘现场

考古发掘现场如图 8.9.5 所示，考古出土文物如图 8.9.6 所示，经过考古发掘，出土了大量精美的陶器、石器、木器、骨器、贝壳器等人工遗物和早期稻作遗存，以及极为丰富的水生、陆生动植物遗存：第一大类是当时先民食用后丢弃的数量巨大的各种海生贝类（蚶、螺、牡蛎、蛏、蛤、蚝等）；第二大类人工制品，有陶器、石器、骨器、木器、贝器、编织物等；第三大类为动物大量碎骨头和大量的植物种子。C14 测年和文化类型比较研究结果表明：井头山遗址是目前宁波地区发现的时代最早的文化遗存，是迄今为止中国东南沿海地区埋藏最深、年代最早的一处海岸贝丘遗址，是距今 8000 年左右海平面高度的直接证据。

图 8.9.6　考古出土文物

8.9.2　古建筑物保护项目

如图 8.9.7～图 8.9.10 所示，项目位于嘉兴市南湖区，场地东、北侧为京杭运河及其支流，北侧紧邻古建筑望吴楼，最近距离仅为 2.3m，东侧紧邻运河支流上的古石桥，南侧为嘉兴市第二医院住院部，直线距离为 24m。基坑施工对古建筑物的保护要求很高，且应避免噪声、振动和粉尘污染。基坑周长约 770m（65m×320m），面积约 2 万 m²，开挖深度 6.1～10.9m。基坑开挖范围内主要为淤泥质黏土和黏土，支撑采用一道钢筋混凝土支撑和型钢组合支撑混合形式。

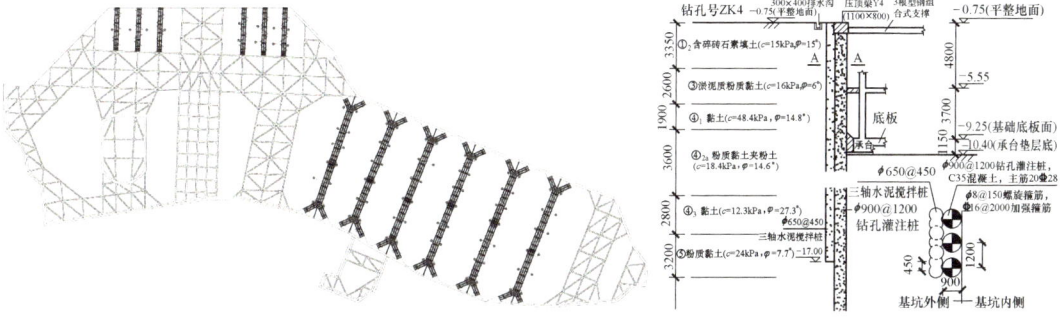

图8.9.7 基坑平面及剖面图

图8.9.8 基坑俯视图及变形监测数据

图8.9.9 基坑周边古建筑

图8.9.10 项目实施过程

8.10 历年型钢组合支撑项目汇总

8.10.1 2015 年实施项目汇总

63号地块商业金融用房兼停车场项目13.7m

中国丝绸博物馆改扩建工程项目5.9～9.65m

杭州市七格污水处理厂三期提标改造工程项目4.0～5.2m

余政储出[2013]16号地块9.0m

余杭区星桥中心幼儿园汤家分园(一期)项目4.6～5.95m

华贸国际广场项目11.5～15.1m

拱宸桥单元FG08-R21-37、38地块拆迁安置房项目6.3～9.6m

昆明市王旗营城中村改造项目(万宏嘉园)6.0m

杭政储出[2013]60号地块商业商务设施用房9.95～12.65m

昆明粤商大厦项目10.3m

图 8.10.1 2015 年实施项目汇总

8.10.2　2016 年实施项目汇总

宇通集团研发楼项目9.7m

旭日爱上城项目一期10.0m

旭日爱上城项目二期12.5m

福悦商务楼建设项目7.0m

红谷滩中顺大厦地下公共停车场项目9.0m

溧水区市民中心工程6.5~11.9m

太原新建康达综合楼地下室14.0~17.0m

嘉兴市望吴门地下空间(人防工程)7.0~10.6m

洪殿片区B-35地块南区地下室项目8.2m

上城区体育中心16.0m

新洪城大市场长薪文化旅游城7.6~19.6m

长兴县中医院二期医疗综合楼项目6.5~8.9m

织里镇童装产业园一期商业配套工程商业服务综合楼9.1~11.3m

鼓楼区大庙村地块经济适用住房项目三期8.7~10.2m

宁波国家高新区GX08-01-04地块项目4.1~8.0m

杭政储出[2013]90号地块商业商务用房5.8m

织里镇晟舍商业安置区5.8~7.6m

温州汇昌河水上公园项目5.2~6.2m

图 8.10.2　2016 年实施项目汇总

8.10.3 2017 年实施项目汇总

杭州伟东实业有限公司工业项目9.9m	三花扩建产品测试用房及生产辅助用房项目6.1m	南京地铁换乘中心人防工程项目竹山路站14.0～15.0m
南昌中顺大厦停车场项目9.0m	余政储出【2016】1号地块项目东区二层地下室11.0m	长兴县人民医院二期住院综合楼项目6.7～7.7m
杭政工出(2013)4号地块工业厂房项目7.8m	太原中铁十七局集团第一工程有限公司职工住宅综合楼项目10.0m	余政储出[2011]86号地块项目5.9～8.0m
萧山市北东农贸市场项目7.6m	仓前街道六号农居点高层公寓项目6.7～8.2m	天津红桥五十一中北地块工程12.0～14.0m
北京师范大学台州实验学校项目5.3～6.5m	杭政储出[2016]7号地块项目5.3～9.6m	杭州市滨江区农转居拆迁安置房耀洋地块一期项目9.1～10.3m
南昌豫泉宾馆项目8.7～11.8m	大江东艾美依航空制造装备项目5.0m	余政储出[2015]5号地块项目6.5m
南昌新洪城大市场滨江E1地块10.3m	杭州长河高级中学教学综合楼、体艺活动中心项目5.3m	云南师范大学附属中学校舍基础设施建设项目8.2～9.3m

图 8.10.3　2017 年实施项目汇总

8.10.4　2018 年实施项目汇总

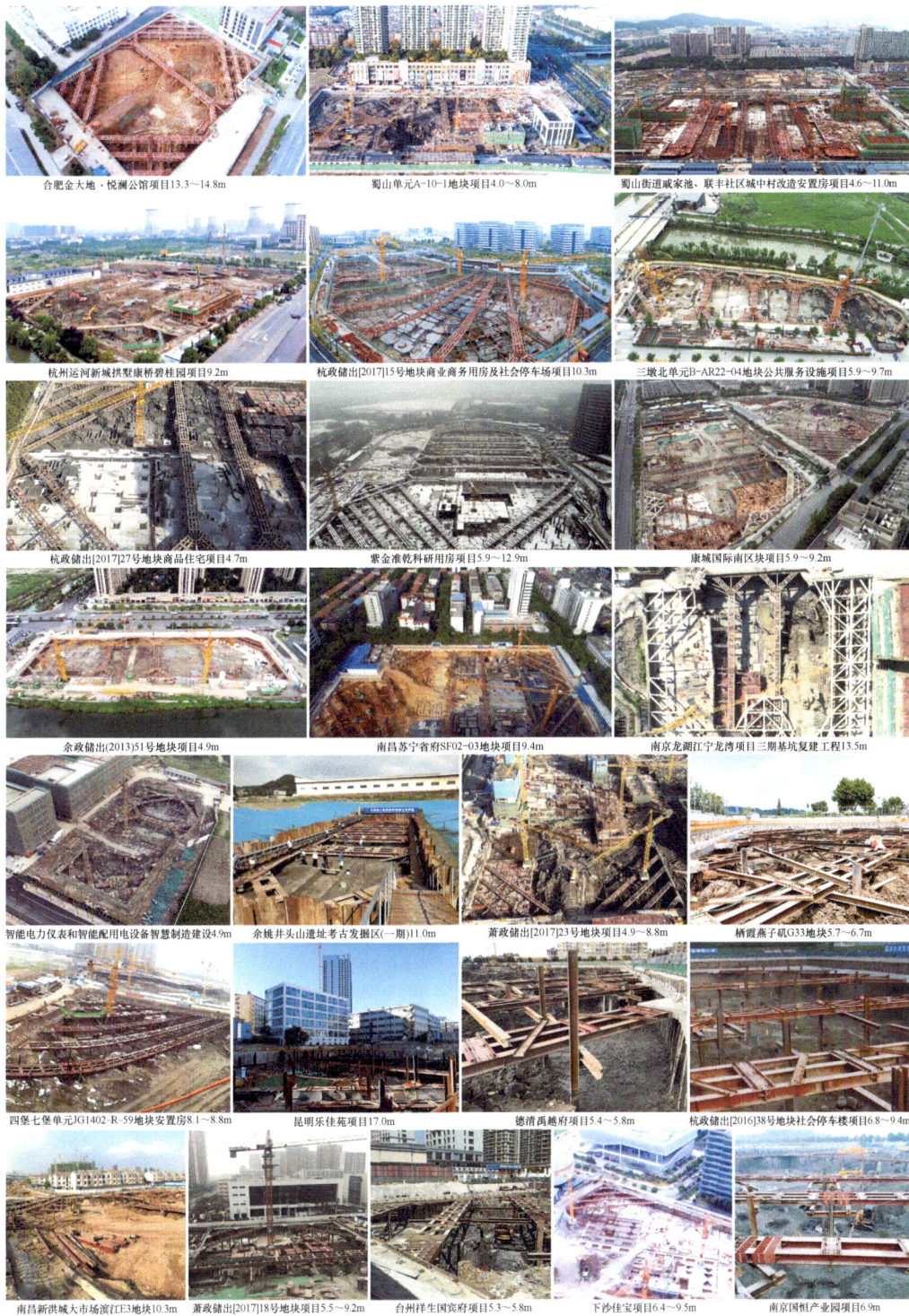

合肥金大地·悦澜公馆项目13.3～14.8m

蜀山单元A-10-1地块项目4.0～8.0m

蜀山街道戚家池、联丰社区城中村改造安置房项目4.6～11.0m

杭州运河新城拱墅康桥碧桂园项目9.2m

杭政储出[2017]15号地块商业商务用房及社会停车场项目10.3m

三墩北单元B-AR22-04地块公共服务设施项目5.9～9.7m

杭政储出[2017]27号地块商品住宅项目4.7m

紫金准乾科研用房项目5.9～12.9m

康城国际南区B地块项目5.9～9.2m

余政储出(2013)51号地块项目4.9m

南昌苏宁省府SF02-03地块项目9.4m

南京龙湖江宁龙湾项目三期基坑复建工程13.5m

智能电力仪表和智能配用电设备智慧制造建设4.9m

余姚井头山遗址考古发掘区(一期)11.0m

萧政储出[2017]23号地块项目4.9～8.8m

栖霞燕子矶G33地块5.7～6.7m

四堡七堡单元JG1402-R-59地块安置房8.1～8.8m

昆明乐佳苑项目17.0m

德清禹越府项目5.4～5.8m

杭政储出[2016]38号地块社会停车楼项目6.8～9.4m

南昌新洪城大市场滨江E3地块10.3m

萧政储出[2017]18号地块项目5.5～9.2m

台州祥生国宾府项目5.3～5.8m

下沙佳宝项目6.4～9.5m

南京国恒产业园项目6.9m

图 8.10.4　2018 年实施项目汇总

8.10.5　2019 年实施项目汇总

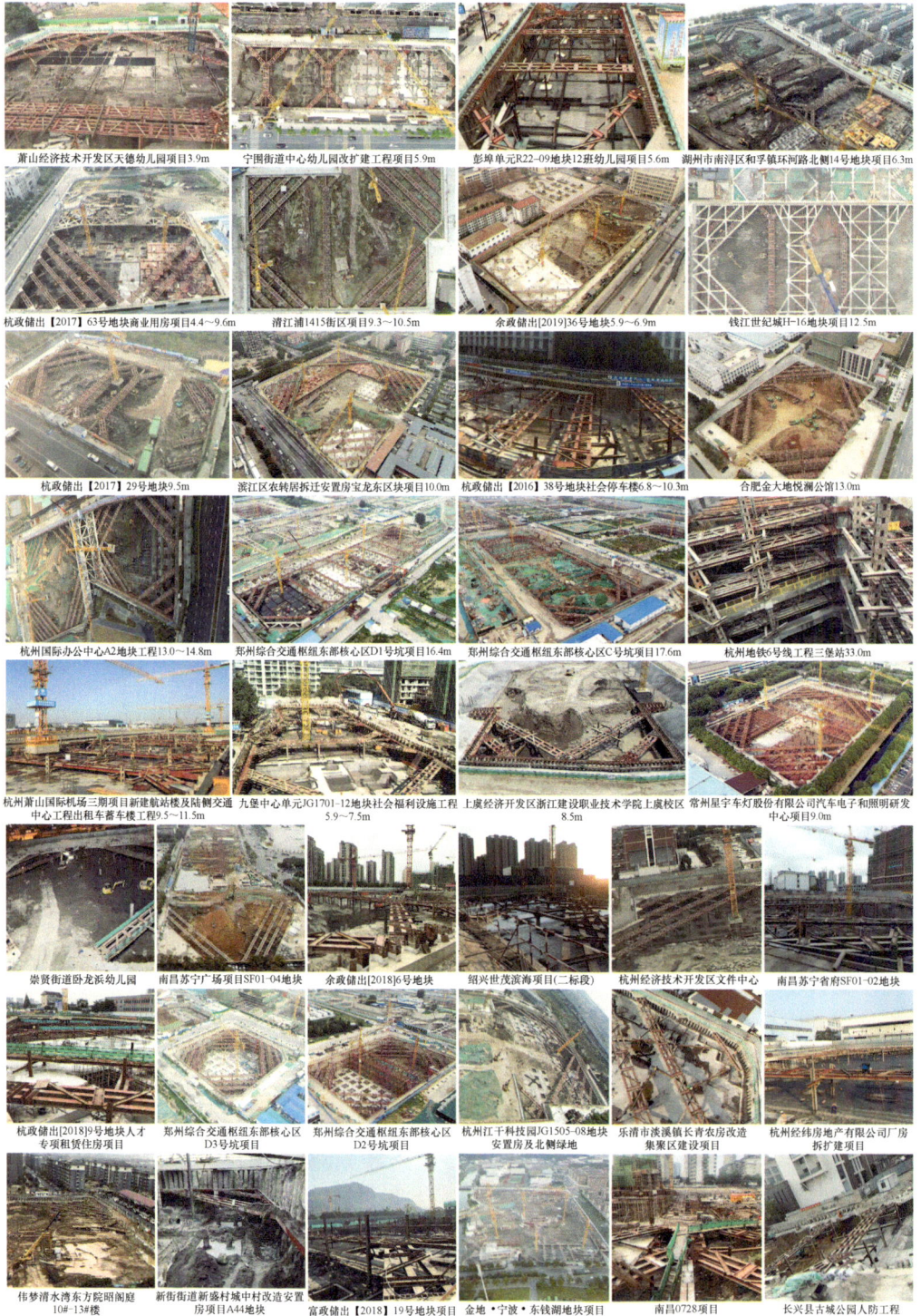

萧山经济技术开发区天德幼儿园项目3.9m　　宁围街道中心幼儿园改扩建工程项目5.9m　　彭埠单元R22-09地块12班幼儿园项目5.6m　　湖州市南浔区和孚镇环河路北侧14号地块项目6.3m

杭政储出【2017】63号地块商业用房项目4.4～9.6m　　滨江浦1415街区项目9.3～10.5m　　余政储出[2019]36号地块5.9～6.9m　　钱江世纪城H-16地块项目12.5m

杭政储出【2017】29号地块9.5m　　滨江区农转居拆迁安置房宝龙东区块项目10.0m　　杭政储出【2016】38号地块社会停车楼6.8～10.3m　　合肥金大地悦澜公馆13.0m

杭州国际办公中心A2地块工程13.0～14.8m　　郑州综合交通枢纽东部核心区D1号坑项目16.4m　　郑州综合交通枢纽东部核心区C号坑项目17.6m　　杭州地铁6号线工程三堡站33.0m

杭州萧山国际机场三期项目新建航站楼及陆侧交通中心工程出租车蓄车楼工程9.5～11.5m　　九堡中心单元JG1701-12地块社会福利设施工程5.9～7.5m　　上虞经济开发区浙江建设职业技术学院上虞校区8.5m　　常州星宇车灯股份有限公司汽车电子和照明研发中心项目9.0m

崇贤街道卧龙浜幼儿园　　南昌苏宁广场项目SF01-04地块　　余政储出[2018]6号地块　　绍兴世茂滨海项目(二标段)　　杭州经济技术开发区文件中心　　南昌苏宁省府SF01-02地块

杭政储出[2018]9号地块人才专项租赁住房项目　　郑州综合交通枢纽东部核心区D3号坑项目　　郑州综合交通枢纽东部核心区D2号坑项目　　杭州江千科技园JG1505-08地块安置房及北侧绿地　　乐清市淡溪镇长青农房改造集聚区建设项目　　杭州经纬房地产有限公司厂房拆扩建项目

伟梦清水湾东方院昭阁庭10#-13#楼　　新街街道新盛村城中村改造安置房项目A44地块　　富政储出【2018】19号地块项目　　金地·宁波·东钱湖地块项目　　南昌0728项目　　长兴县古城公园人防工程

图 8.10.5　2019 年实施项目汇总

8.10.6　2020 年实施项目汇总

图 8.10.6　2020 年实施项目汇总

8.10.7 2021年实施项目汇总

秀洲高新区科创服务中心社会停车场11.0m　浙商文化产业园8.5m　桐乡市金融商务区地下停车场工程10.25m　杭州安保指挥中心项目5.85m

萧政储出(2021)14号地块8.07m　东杭集团项目8.85m　红山新城科研A1地块12.1m　杭州钱塘新区中心区人才房项目10.05m

融尚嘉玺广场9.8m　三墩单元XH0306-M1-61地块6.0m　上淮府地下车库9.3m　天城单元R21-42地块安置房9.0m

杭州市城北净水厂工程8.3~13.6m　杭政储出【2019】77号地块6.9m　南京大学苏浙运动场人防工程15.7m　新生闻涛大厦13.1m

转塘街道社区卫生服务中心及西湖区妇幼保健计划生育服务中心建设工程10.55~12.95m　余政工出[2019]29号(浙江大学校友企业总部经济园二期2地块)13.9m　杭政储出(2020)62号地块商业商务综合用房9.75m　年组装5万套新能源材料项目设计、研发、运营中心瓶窑鼎胜轻智造产业园)一期工程10.0m

浙商中拓总部大楼项目　江南村36号地块　乔司第二中学　桐乡新澳、新凤鸣总部大楼项目　余政储出(2020)36号地块(02地块)　杭政储出(2020)68号地块(南区)

绍兴市城市轨道交通2号线一期工程海南路站　新塘街道姑娘桥村城中村改造安置房项目　杭政储出(2020)65号地块(笕桥单元JG0604-R21-02地块)　近江单元SC0302-B1B2-14地块项目　杭政储出【2020】29号地块商业商务兼容社会停车场项目　丽水市中医院中医传承创新楼工程9.1m

杭州三墩单元XH0306-M1-66地块林达科技总部新制造提升项目　江河汇汇东地块工程邻近地铁小基址A1、A2　盐官音乐小镇-盐官古城旅游项目酒吧、个人演唱会馆　南京卓坤物联网产业园二期工程　宁围小学拆复建项目　安桥地块公租房项目

图8.10.7 2021年实施项目汇总